高手系列－學 SolidWorks 2016 翻轉 3D 列印

詹世良、張桂瑛　編著

全華圖書股份有限公司

國家圖書館出版品預行編目資料

高手系列－學 SolidWorks 2016 翻轉 3D 列印 /
詹世良,張桂瑛編著. -- 初版. -- 新北市：
全華圖書,2016.11
面 ； 公分
ISBN 978-986-463-053-0(平裝附光碟片)
1. SolidWorks(電腦程式) 2. 電腦繪圖
312.49S678 104020547

高手系列－學 SOLIDWORKS 2016 翻轉 3D 列印

作者 / 詹世良、張桂瑛
發行人 / 陳本源
執行編輯 / 蔣德亮
封面設計 / 楊昭琅
出版者 / 全華圖書股份有限公司
郵政帳號 / 0100836-1 號
印刷者 / 宏懋打字印刷股份有限公司
圖書編號 / 06225007
初版二刷 / 2018 年 8 月
定價 / 新台幣 600 元
ISBN / 978-986-463-053-0 (平裝附光碟)
全華圖書 / www.chwa.com.tw
全華網路書店 Open Tech / www.opentech.com.tw
若您對書籍內容、排版印刷有任何問題，歡迎來信指導 book@chwa.com.tw

臺北總公司(北區營業處)
地址：23671 新北市土城區忠義路 21 號
電話：(02) 2262-5666
傳真：(02) 6637-3695、6637-3696

南區營業處
地址：80769 高雄市三民區應安街 12 號
電話：(07) 381-1377
傳真：(07) 862-5562

中區營業處
地址：40256 臺中市南區樹義一巷 26 號
電話：(04) 2261-8485
傳真：(04) 3600-9806

版權所有・翻印必究

SolidWorks 目前是企業中最愛，也是最具競爭力的 CAD 產品，它是以特徵爲基礎之參變數式實體模型設計工具。它之所以成爲目前初學者及專業者最喜歡採用之一種 3D 軟體，是因爲它除了掌握了 Windows 圖形化，使用者操作介面容易學習及應用的優勢外，它更以特徵爲基礎，透過視窗瞭解模型的特徵結構，並依設計意念做參數式、關係式...等之變更，且含有模型所有必要的線架構及曲面，尤其 SolidWorks 2016 不僅在實體基本特徵掃出與疊層拉伸上功能更強，在變形、彎曲、凹陷等等都有令人意想不到的效果。在曲面的建構配合 3D 草圖繪製，可輕易的繪製出複雜多變的曲面造型，模塑在模具開發設計上，更能容易的建立產品之公母模，是目前模具業者最佳之設計工具，也促使筆者再度執筆編寫本書最大之動機。

本書共分十四章，除常用指令的應用有深入淺出介紹外，並有動態檔案說明學習。在基礎章節部分以思考繪圖步驟引導讀者進入繪圖之思考架構。並有以 2D 平面圖配合 3D 實體圖之範例說明，使讀者除能迅速學習軟體指令之應用外，更可藉以提升工程圖之識圖能力。

本書得以付梓，要感謝實威科技許泰源總經理的鼎力支援，全華圖書邱經理淑蓮、編輯部曾琡惠主任與蔣德亮先生的指導與細心校稿。

3D 列印是工業 4.0 相當重要基礎技術一環，也是有心於產品設計創新開發的讀者欲學習課題之一，但 3D 列印的基礎是模型的建立，本書以此發想而寫，但唯恐有疏漏之處，尚望各界不吝指正，專此致謝。

賜教處：

ntubolla@gmail.com

mekelly0817@gmail.com

編者　謹識於台北

「系統編輯」是我們的編輯方針，我們所提供給您的，絕不只是一本書，而是關於這門學問的所有知識，它們由淺入深，循序漸進。

本書共分十四章，除常用指令的應用有深入淺出介紹外，並有動態檔案說明學習。在基礎章節部分以思考繪圖步驟引導讀者進入繪圖之思考架構。並有以 2D 平面圖配合 3D 實體圖之範例說明，使讀者除能迅速學習軟體指令之應用外，更可藉以提升工程圖之識圖能力。

同時，為了使您能有系統且循序漸進研習相關方面的叢書，我們以流程圖方式，列出各有關圖書的閱讀順序，以減少您研習此門學問的摸索時間，並能對這門學問有完整的知識。若您在這方面有任何問題，歡迎來函連繫，我們將竭誠為您服務。

相關叢書介紹

書號：06294017
書名：SOLIDWORKS 2016 基礎範例應用(第二版)(附多媒體光碟)
編著：許中原
16K/592 頁/580 元

書號：06220007
書名：深入淺出零件設計 SolidWorks 2012(附動態影音教學光碟)
編著：郭宏賓.江俊顯.康有評.向韋愷
16K/608 頁/730 元

書號：06026017
書名：SolidWorks 產品與模具設計(第二版)(附範例光碟)
編著：陳添鎮.孫之遨.郭宏賓
16K/504 頁/560 元

書號：06289007
書名：SolidWorks2015 3D 鈑金設計實例詳解(附動畫光碟)
編著：鄭光臣.陳世龍.宋保玉
菊 8K/584 頁/750 元

書號：10448017
書名：SOLIDWORKS Simulation 2015 原廠教育訓練手冊(附範例光碟)
編著：實威國際股份有限公司
16K/688 頁/880 元

書號：04358090
書名：丙級電腦輔助立體製圖 SolidWorks 術科檢定解析(含學科)(2018 最新版)(附學科測驗卷、光碟)
編著：豆豆工作室
菊 8K/516 頁/690 元

◎上列書價若有變動，請以最新定價為準。

流程圖

書號：0379901
書名：投影幾何學(修訂版)
編著：王照明

書號：05903057
書名：工程圖學－與電腦製圖之關聯(第六版)(附教學光碟)
編著：王輔春.楊永然.朱鳳傳.康鳳梅.詹世良

書號：03407047
書名：圖學(第五版)(附範例光碟)
編著：王照明

書號：06220007
書名：深入淺出零件設計 SolidWorks 2012(附動態影音教學光碟)
編著：郭宏賓.江俊顯.康有評.向韋愷

書號：06225007
書名：高手系列－學 SolidWorks 2016 翻轉 3D 列印(附動態影音教學光碟)
編著：詹世良、張桂瑛

書號：06294017
書名：SOLIDWORKS 2016 基礎範例應用(第二版)(附多媒體光碟)
編著：許中原

書號：06026017
書名：SolidWorks 產品與模具設計(第二版)(附範例光碟)
編著：陳添鎮.孫之遨.郭宏賓

書號：04358090
書名：丙級電腦輔助立體製圖 SolidWorks 術科檢定解析(含學科)(2018 最新版)(附學科測驗卷、光碟)
編著：豆豆工作室

授權同意書

依據中華民國著作權法之規定，作者「詹世良‧張桂瑛」所著「高手系列-學 SOLIDWORKS 2016 翻轉 3D 列印」一書，並由「全華圖書股份有限公司」出版，已經由 SOLIDWORKS 在台灣總代理實威國際股份有限公司之同意授權，得以使用與引述 SOLIDWORKS 軟體程式之指令畫面、操作方法、範例圖形與專有名詞，並准予編目註冊發行。

此致

作者：詹世良‧張桂瑛

授權人：SOLIDWORKS 台灣總代理

實威國際股份有限公司

中　華　民　國　一　0　五　年　八　月　六　日

Contents

第 1 章 快速入門

1-1 快速體驗 1-2
1-2 作圖概念 1-10
1-3 滑鼠操作 1-12

第 2 章 伸長填料除料

2-1 完整草圖伸長基材 2-2
2-2 解析草圖伸長基材 2-5
2-3 草圖繪製分析 2-7
2-4 變化圓角 2-15
2-5 偏移圖元與反向除料 2-20
2-6 尺度標註與限制條件 2-23
2-7 草圖環狀複製 2-27
2-8 特徵環狀複製 2-29
2-9 除料伸長-往兩方向成形 2-30
2-10 草圖的複合應用 2-34
2-11 伸長與特定方向除料 2-38
2-12 伸長與除料至某面平移處 2-40
2-13 歪斜基準面伸長與除料 2-42

第 3 章 旋轉

3-1 邊線旋轉 3-2
3-2 旋轉除料 3-6
3-3 旋轉解析 3-10
3-4 旋轉畫壺 3-14
3-5 多本體應用 3-18

第 4 章 掃出

4-1 平面曲線掃出 4-2
4-2 渦捲線掃出 4-5
4-3 螺旋曲線掃出 4-8
4-4 變化螺距曲線掃出 4-10
4-5 錐形螺線掃出 4-12
4-6 輪廓扭轉掃出 4-15
4-7 3D 曲線掃出 4-17
4-8 單線導引曲線掃出 4-22
4-9 多導引曲線掃出 4-24
4-10 曲面曲線掃出 4-26
4-11 迴圈曲線掃出 4-31
4-12 空間曲線建立掃出 4-34

第 5 章 疊層拉伸

5-1 基礎疊層拉伸 5-2
5-2 中心線疊層拉伸 5-5
5-3 曲面疊層拉伸與螺旋相交 5-10
5-4 疊層拉伸問題探討 5-15
5-5 多面體疊層拉伸 5-18
5-6 門把疊層拉伸造型 5-23
5-7 合成蝸捲線疊層拉伸 5-26

第 6 章 特徵複製與組態

6-1 肋環狀複製排列 6-2
6-2 消波塊環狀複製排列 6-7
6-3 變化特徵環狀複製排列 6-11
6-4 曲線導出環狀複製排列 6-15
6-5 直線排列複製 6-19
6-6 表格導出複製排列 6-22
6-7 變化草圖與鏡射 6-26

6-8 數學關係式 6-30
6-9 組態 6-38
6-10 設計表格產生組態 6-42

第 7 章 曲面

7-1 曲面縫織餐盤 7-2
7-2 元寶 7-5
7-3 曲面圓角 7-9
7-4 骰子 7-11
7-5 投影曲線 7-14
7-6 凹陷 7-17
7-7 曲面疊層拉伸 7-25

第 8 章 組合件

8-1 組合件 8-2
8-2 爆炸視圖(立體分解系統圖) 8-8
8-3 爆炸線 8-11
8-4 從組合件產生新零件 8-12

第 9 章 工程圖

9-1 開啓零件為工程圖 9-2
9-2 工程圖編輯 9-6
9-3 立體剖視圖 9-15
9-4 尺度標註 9-17

第 10 章 2D to 3D

10-1 電腦圖檔轉成實體圖 10-2
10-2 工作圖檔轉成實體圖 10-13

第 11 章 模塑

11-1 皂盒模塑 11-2

11-2 側滑塊製作 11-9

第 12 章 鈑金

12-1 基材凸緣(Base Metal) 12-2

12-2 邊緣凸緣(Edge Flange) 12-5

12-3 斜接凸緣 (Miter Flange) 12-6

12-4 草圖繪製彎折(Sketched Bend) 12-9

12-5 實體薄殼鈑金(12-5.sldprt) 12-11

12-6 成形工具(Forming Tools) 12-13

第 13 章 綜合設計

13-1 薄件特徵設計變更 13-2

13-2 杯子與浮雕字 13-5

13-3 螺旋樓梯 13-10

第 14 章 3D 列印

14-1 需自行切片之 3D 列印機操作流程 14-2

14-2 內建切片之 3D 列印機操作流程 14-11

14-3 組合件成品列印 14-17

14-4 拆解支撐層 14-26

快速入門

1-1　快速體驗

1-2　作圖概念

1-3　滑鼠操作

本章你將學到的基本概念有：

- 基準面的使用
- 草圖繪製
- 尺度標註
- 特徵伸長基材
- 特徵旋轉
- 特徵掃出
- 特徵疊層拉伸

SolidWorks 其強大且易學的功能，對於 3D CAD/CAM 軟體使用者，如能善用實體模型設計軟體的特性，不僅可以繪製生動的實體圖、漂亮的彩現圖及準確的工程圖，更可以就使用者的需求配合其他軟體加以應用在型錄產品介紹、機構分析、動態模擬、實體加工、互動式教材等等，相信這是一套值得學習的軟體。

1-1 快速體驗

1-1-1.avi

開啓新檔「 」，點選零件「 」，即將進入 3D 學習之旅。爲了後續介紹作圖步驟，將軟體操作介面簡單區分爲三個區域。1.指令區。2.特徵區。3.作圖區。

1. 指令區左上方「SOLIDWORKS ▸」之「▸」點開還有下拉式功能表。
2. 特徵區又稱爲「特徵管理員」，顯示出特徵建構之屬性。
3. 作圖區搭配視角可任意顯示方位。

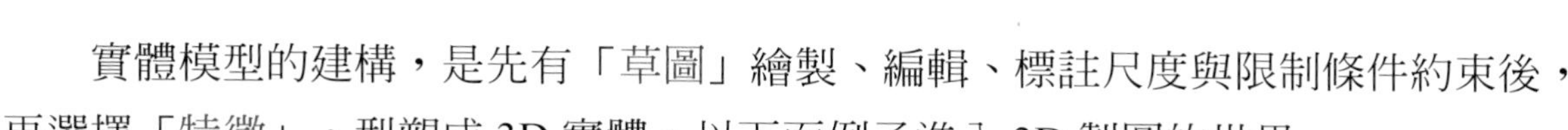

實體模型的建構，是先有「草圖」繪製、編輯、標註尺度與限制條件約束後，再選擇「特徵」，型塑成 3D 實體。以下面例子進入 3D 製圖的世界。

1. 點選「前基準面」出現「」草圖，點選「」繪製直線，從原點「」向右邊畫如右圖之「凸」字，按特徵區「直線屬性 ✓ ×」之「V」完成草圖。

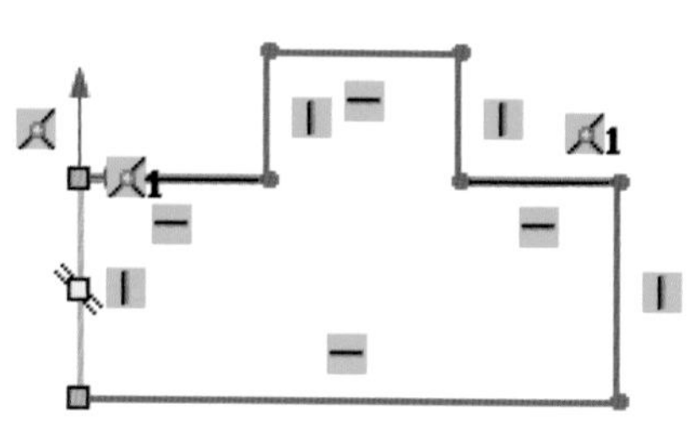

2. 點選特徵之「伸長填料/基材」，輸入伸長距離「30」，如下圖。

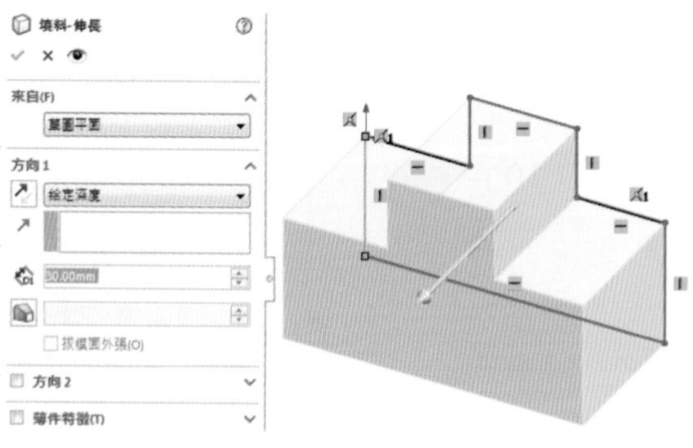

重點提示

完成草圖，直接點選特徵之「伸長填料」，可直接輸入伸長深度。若在草圖完成時，點選作圖區右上角之「」完成草圖，此時草圖為「灰色」。然後點選特徵之「伸長填料」，會出現錯誤訊息，點選草圖之任一線條，即可進入特徵畫面。

3. 在特徵區按下「✓」，完成實體的伸長基材。
   標註尺度是約束實體模型重要的步驟。

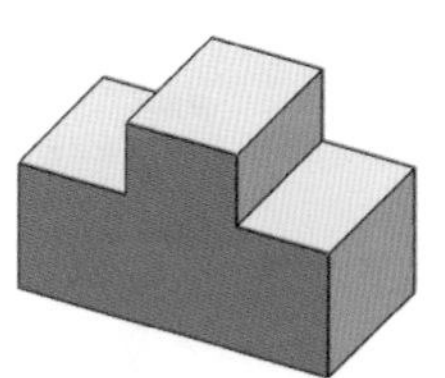

4. 點選特徵區之「填料-伸長2」按右鍵「」編輯草圖，點選「智慧型尺寸」標註尺度。完成如右圖之尺度標註。點選作圖區右上角「」，完成實體圖。

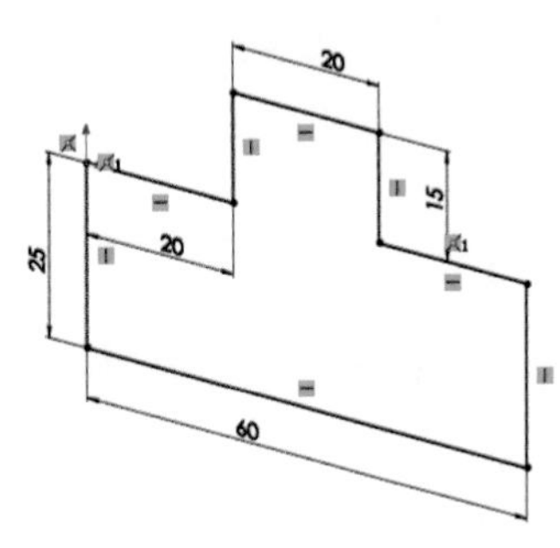

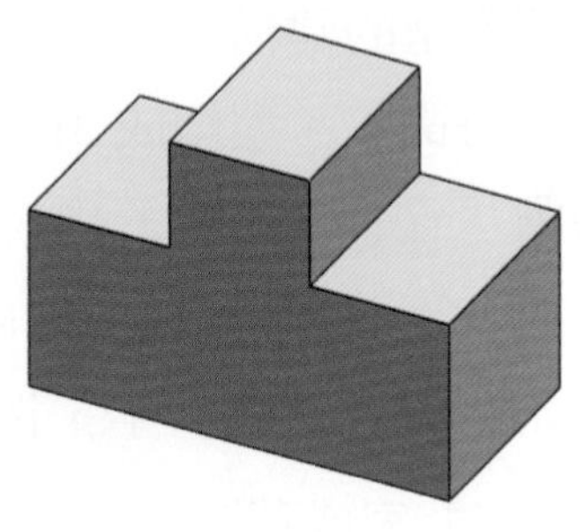

(1-1-1.sldprt)

重點提示

草圖繪製後一定要以「尺度標註」或「限制條件」約束為唯一的草圖幾何圖形後，再依需求之特徵成型。

5. 點選特徵區之「填料-伸長2」按右鍵「」編輯特徵，按「」拔模開啓，伸長深度「80」，角度「10」。

1-1-2.avi

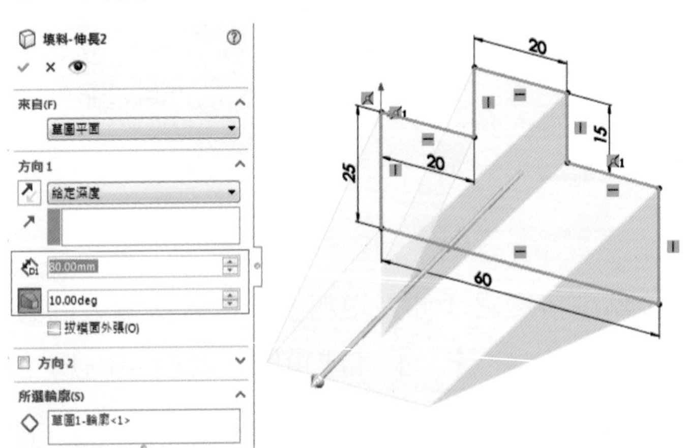

打 V 點選「方向 2」，在方向 2 伸長「30」，完成特徵之編輯。

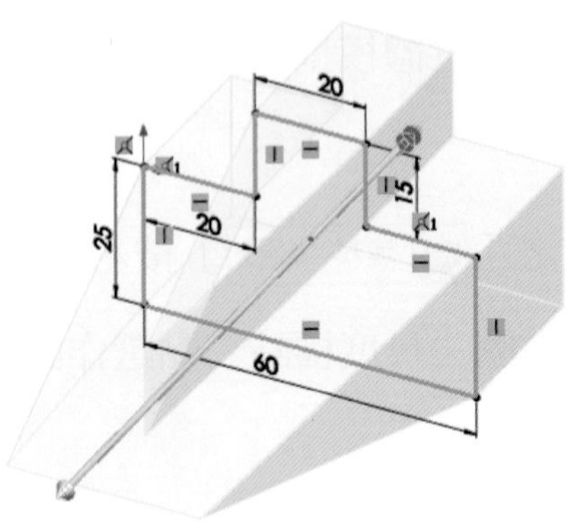

重點提示

「編輯特徵」與「編輯草圖」，對於產品設計之變更有很大預覽效果。

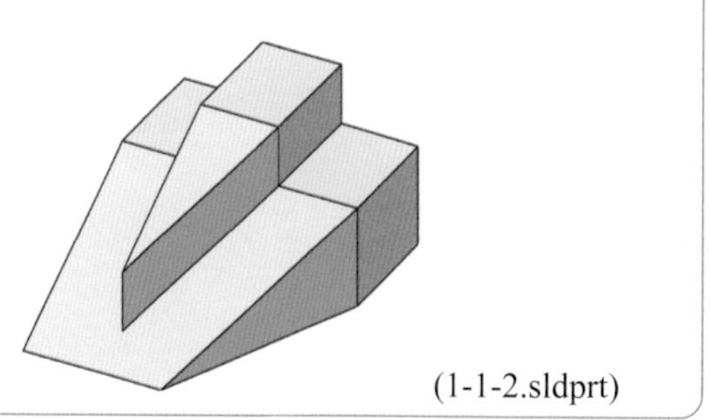

(1-1-2.sldprt)

6. 點選特徵區之「填料-伸長2」作圖區之實體是被選取的狀態，爲淡藍色，按鍵盤之 Del 可以刪除實體，回到「草圖」狀態。

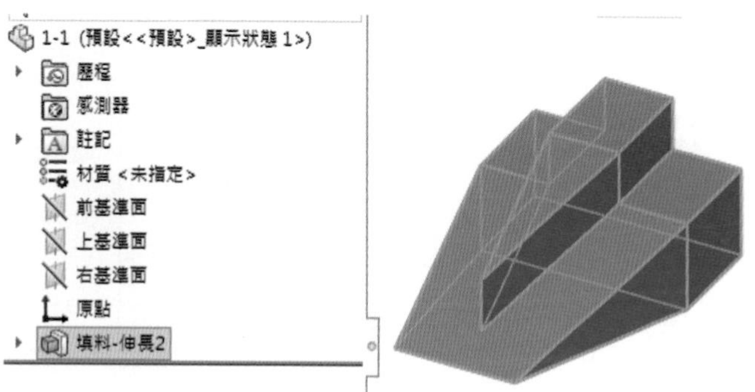

7. 在未選取草圖時，點選特徵「旋轉填料/基材」，將會出現如左圖「X」的訊息，此時點選「旋轉軸」即可預覽旋轉 360deg 的旋轉特徵。

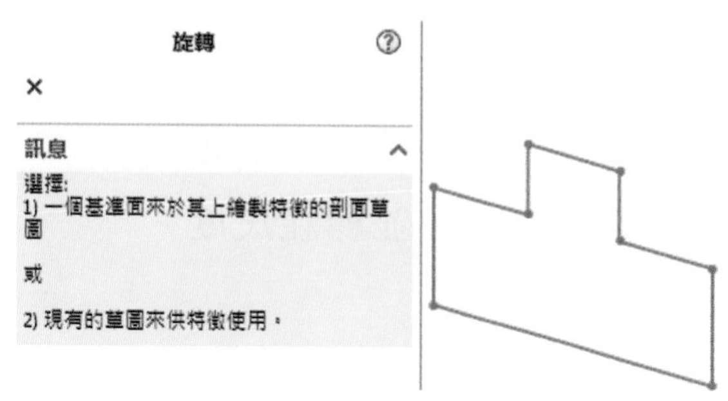

8. 點選最長軸爲旋轉軸時，得到如右圖之旋轉特徵。

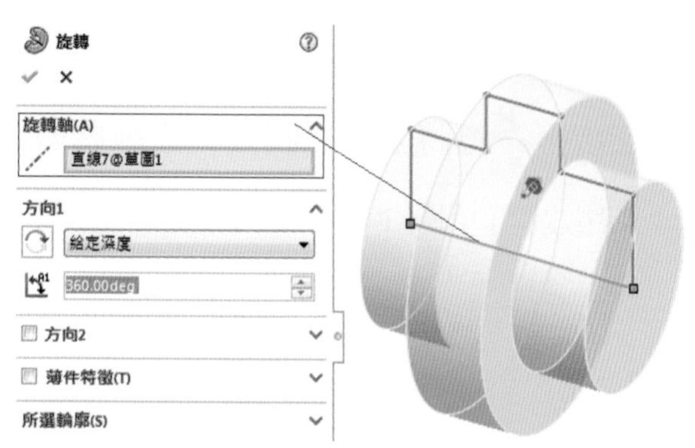

(1-1-3.sldprt)

9. 點選另一旋轉軸，不同旋轉軸之旋轉特徵，如右圖。

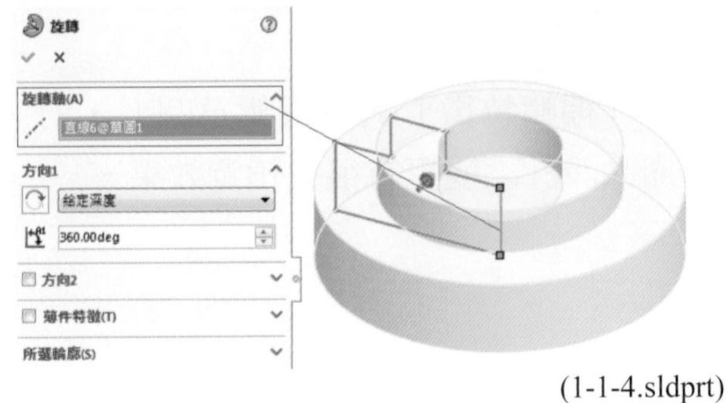

(1-1-4.sldprt)

重點提示

草圖之邊緣直線都可以當旋轉軸，或是草圖之中心線「中心線(N)」也可以產生中孔的旋轉特徵。

1-1-3.avi

10. 以「前基準面」繪製之凸字草圖完成後。另點選「右基準面」繪製草圖，標準視角之「正視於」右基準面，繪製草圖。

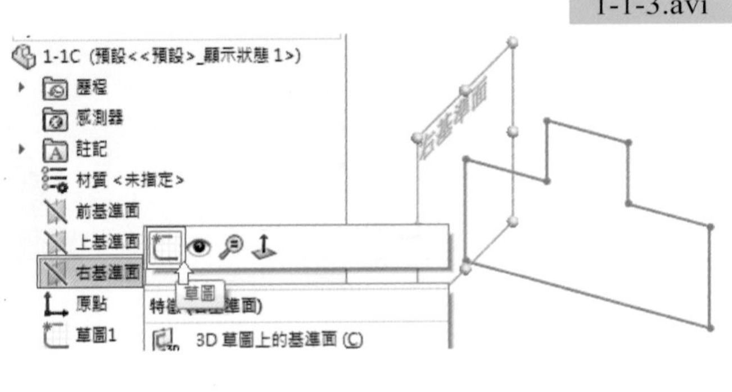

11. 點選草圖之圓「」與直線「」繪製如右圖之相切圓與直線，並標註尺度「智慧型尺寸」。

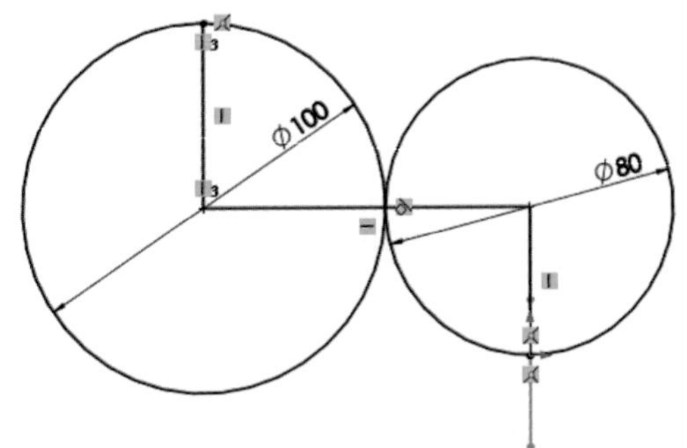

12. 點選「修剪圖元(T)」將多餘之圓弧與直線修剪除去，如下圖所示，然後按右上角「」。特徵區有草圖 1 與草圖 2。

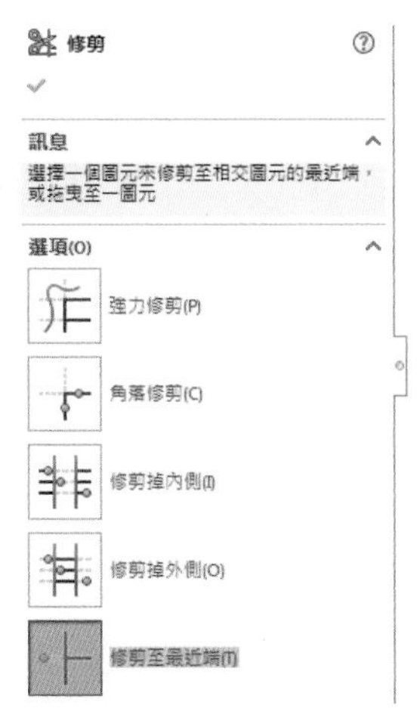

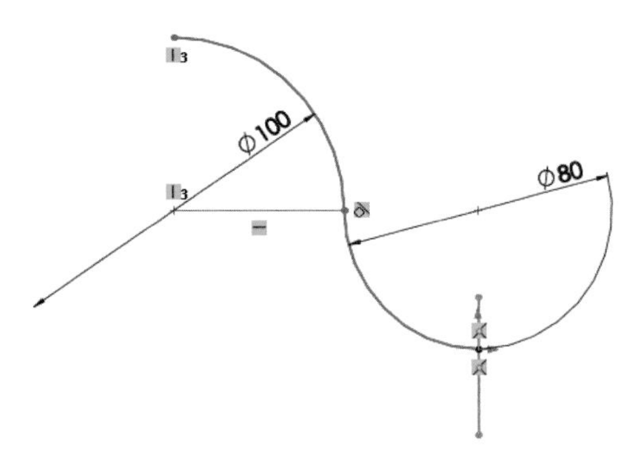

13. 在特徵區，有草圖 1 與草圖 2，點選標準視角之等角視「」，點選特徵之掃出「掃出填料/基材」。

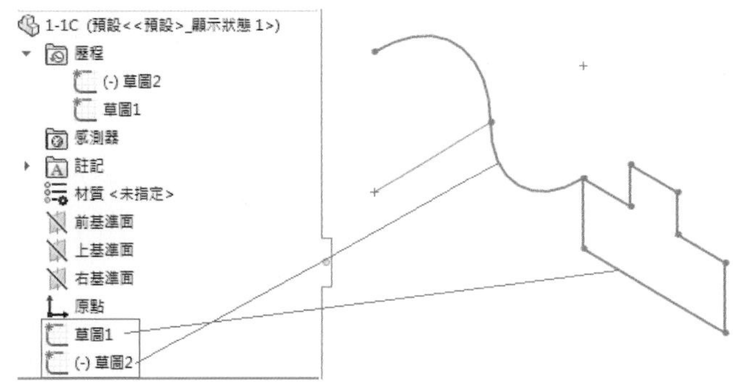

14. 掃出是以一「輪廓」沿著「路徑」掃掠而出的特徵。右圖之凸字是輪廓，兩相切圓弧是路徑，點選選擇群組「」後點選圓弧，按「」確定。

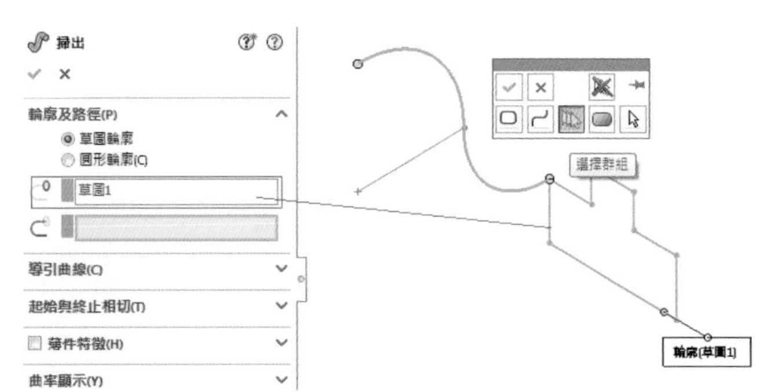

15. 點選圓弧，完成「路徑」之選擇，完成掃出特徵。

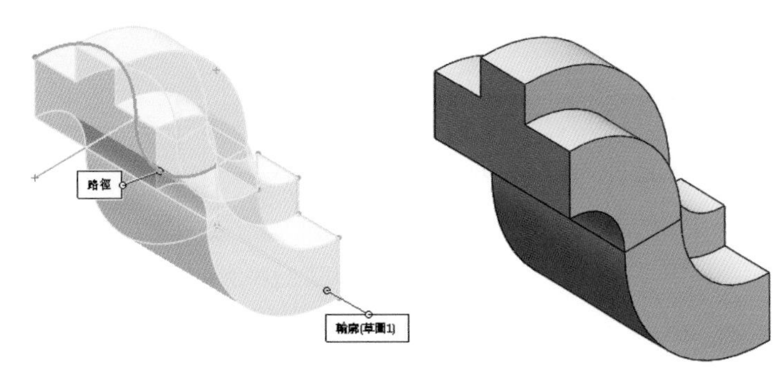

(1-1-5.sldprt)

重點提示

除了三個內定基準面的使用外，還可自行產生基準面。草圖的繪製與編輯，尤其是限制條件的應用，是初學者必須學會的基本功。

1-1-4.avi

16. 點選特徵區「草圖 1」按滑鼠「右鍵」點選「」編輯草圖。可以做草圖的修改或重畫。

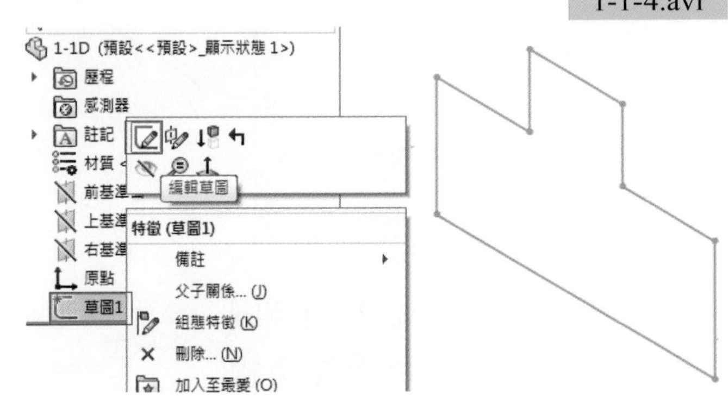

17. 點選正視於「」。此時草圖與畫面平行，與作圖者完全正視垂直，方便修改。

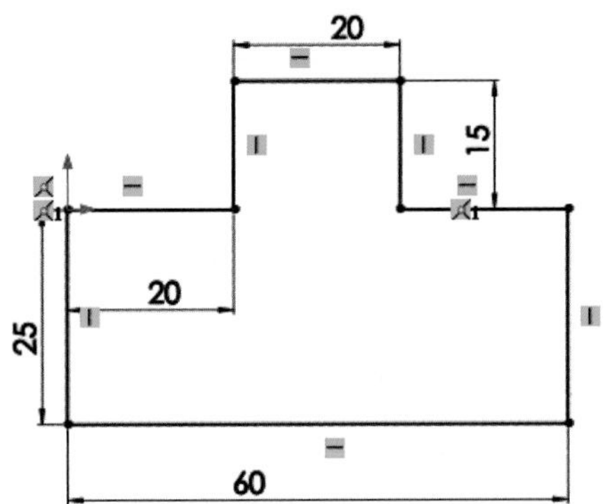

18. 點選凸字上方 20 及 15 等之 4 線段，按鍵盤「Del」刪除，如右圖所示。

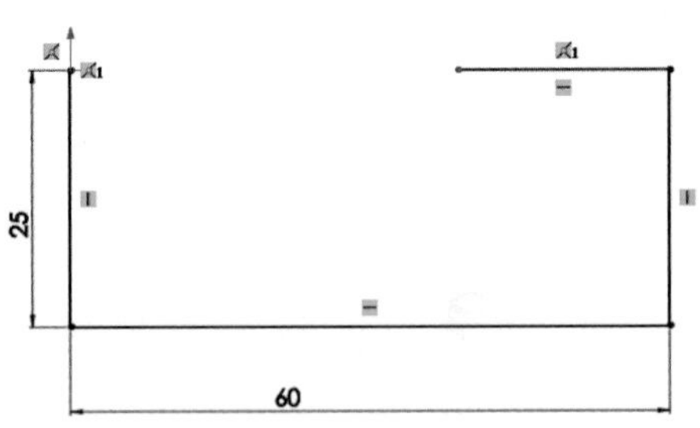

19. 滑鼠左鍵將線條端點，按壓移往左邊之原點，完成草圖編輯，如右圖。

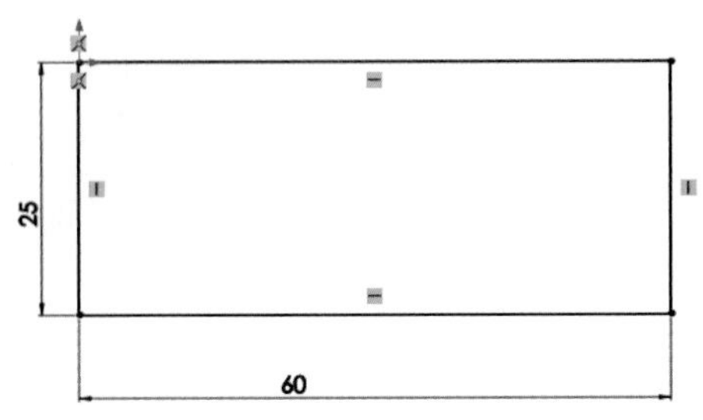

20. 從下拉式功能表「插入」/「參考幾何」/「基準面」。或是點選特徵區之「前基準面」，右手按著滑鼠之靠近「前基準面」當出現「✥」符號時搭配左手按著鍵盤之「Ctrl」拖曳往左。

21. 拖曳出藍色之基準面，輸入距離「100」。
按「✔」完成新的基準面「平面1」。

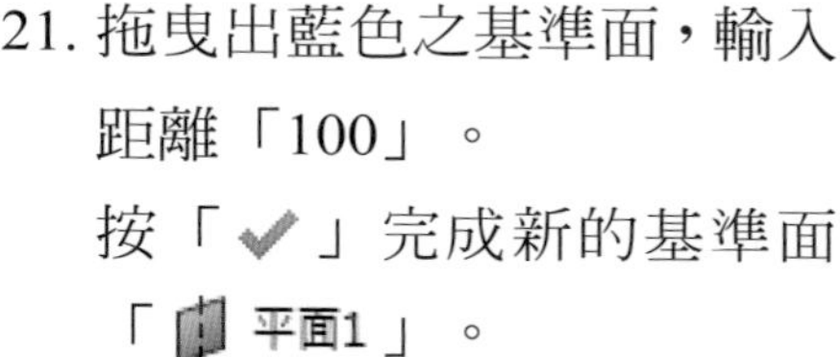

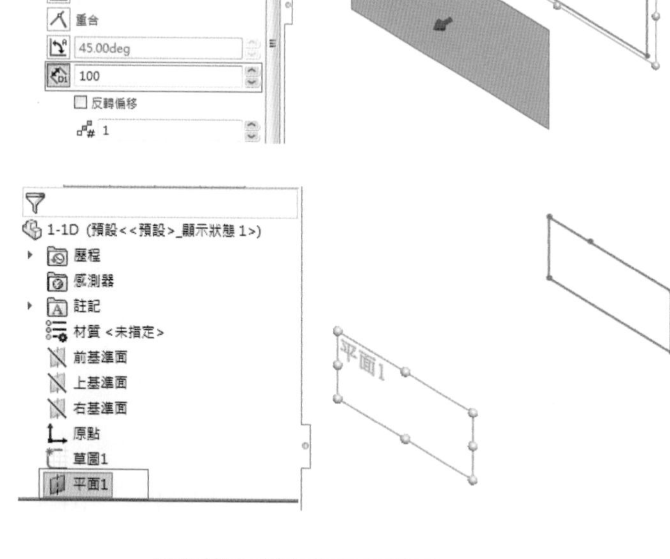

22. 點選「平面 1」繪製草圖，按正視於「⊥」，以角落矩形「□」繪製後，標註如右圖之尺度，完成「草圖 2」。

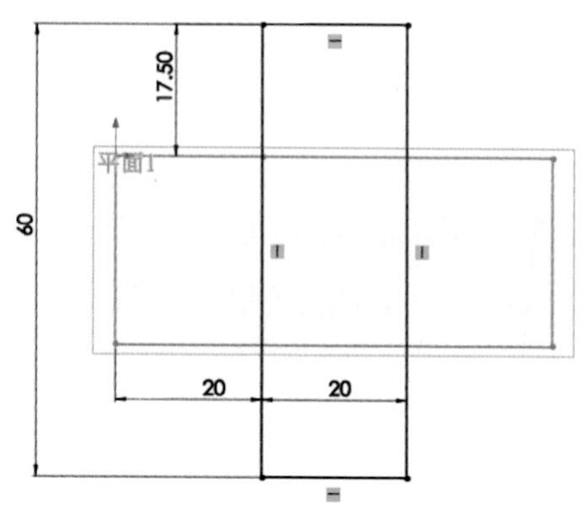

23. 按等角圖「⬡」，特徵區有「草圖 1」與「草圖 2」。

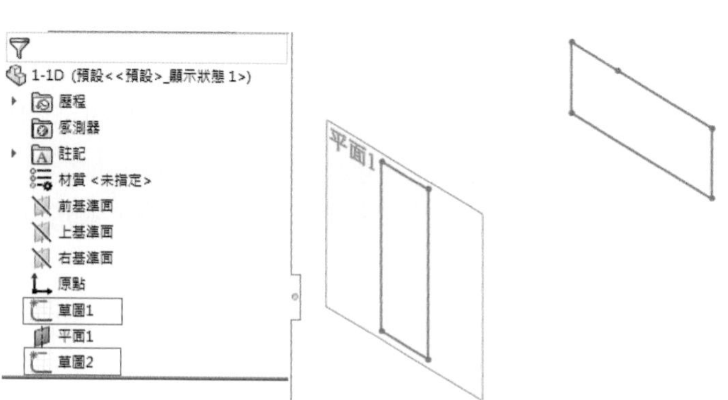

24. 點選指令區之特徵「 疊層拉伸填料/基材 」點選如下圖之「點 1」與「點 2」。

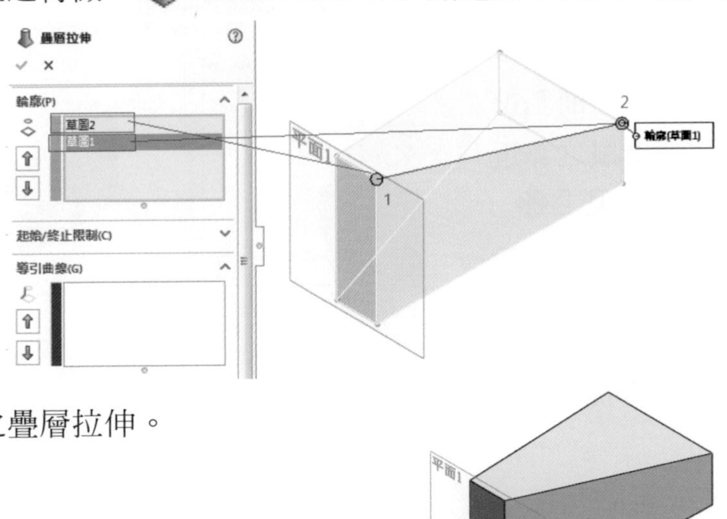

25. 完成特徵之疊層拉伸。

(1-1-6.sldprt)

從上述例子中，讀者已經很快學到「草圖」的建立，選擇欲型塑的「特徵」，例如「伸長填料」長出基材。也可以選擇「旋轉」特徵，或是在另一基準面上劃上「路徑」草圖，產生「掃出」特徵，或是再增加一平行基準面繪製草圖，建立「疊層拉伸」特徵。

下個章節開始讀者對於「基準面」的建立、「草圖」的繪製編輯與約束、「特徵」建立的順序，都是需要充分瞭解的，因爲 3D 實體模型的建立是參變數的繪製模式，對於往後設計變更的應用才是重點。

1-2 作圖概念

1-2.avi

一般傳統 2D 作圖，一定要有「紙張」，再拿一枝「筆」開始繪圖，得到平面圖形。以此觀念點選「前、右、上基準面之一」（也就是紙張），會在「基準面」上出現「 」，亦即點選「筆」繪製「草圖」。再使用「特徵」指令，完成 3D 圖形。

SolidWorks 的作圖觀念非常簡單，只要把握此原則點選「工作平面」→「繪製草圖」→「尺度標註及限制條件」→「特徵產生實體模型」之順序將使您輕易的操控 SolidWorks，遨遊 3D 繪圖軟體，本節先簡述之，以期能使讀者有個概念，再繼續往前學習。

將作圖步驟順序圖示如下，記住步驟後，對於草圖或特徵的編修有很大的幫助。

1. 選擇基準面

2. 草圖繪製工具

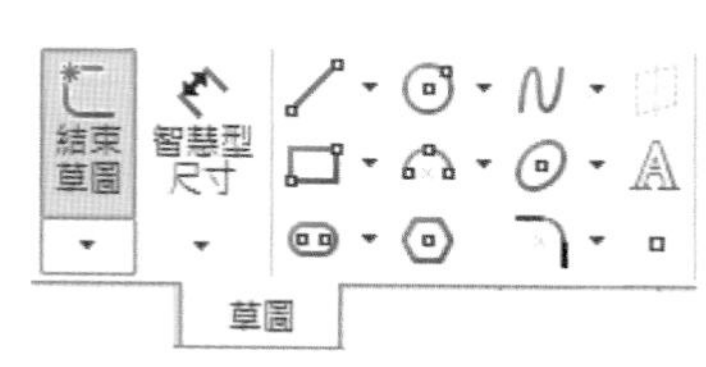

3. 繪製草圖

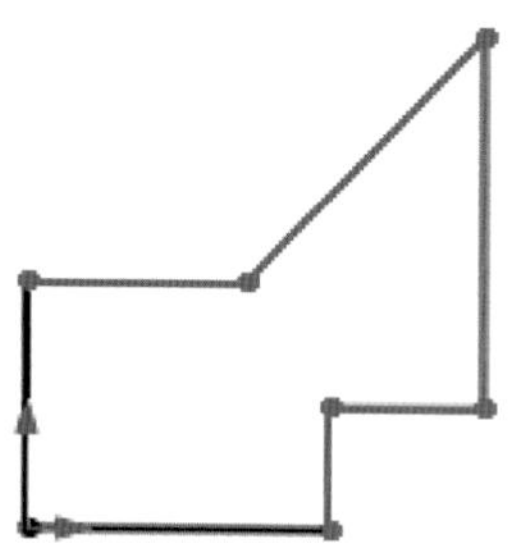

4. 標註尺度或限制條件

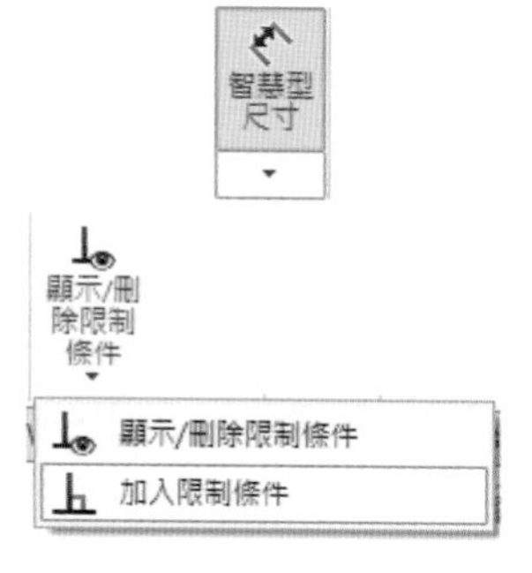

5. 完成草圖約束

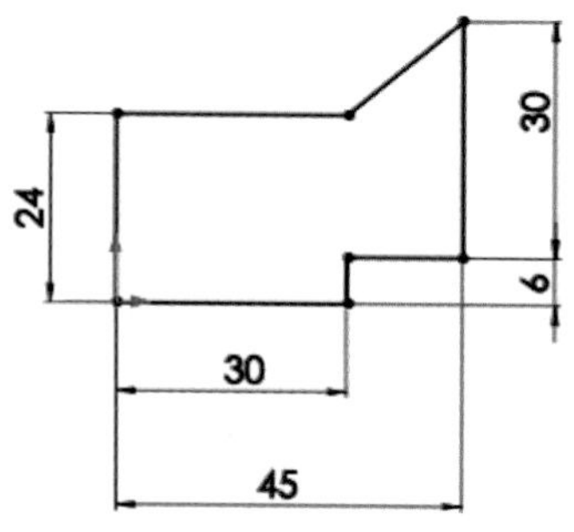

6. 點選特徵

7. 點取草圖

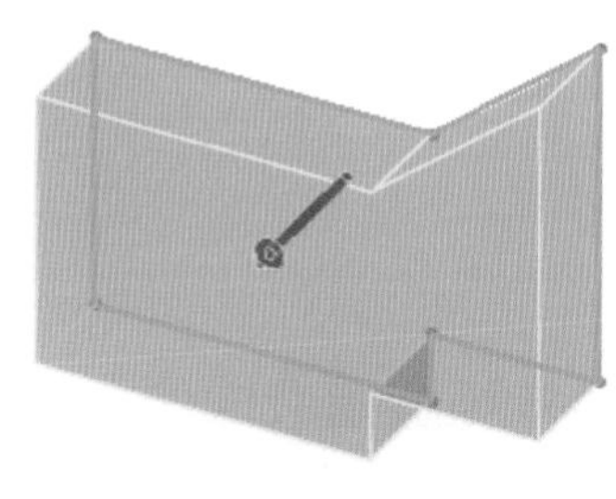

8. 輸入特徵條件

9. 完成實體圖

基準面或模型的任一平面皆可作爲工作平面。開啓零件畫面後，從「特徵管理員」中顯示出軟體內定的「前基準面」、「上基準面」、「右基準面」。

利用滑鼠點選「特徵管理員」中「前基準面」則從繪圖工作區產生前基準面，點選「草圖繪製工具」，便可以執行草圖繪製工作，此時「前基準面」即爲工作平面。亦可點選「上基準面」或「右基準面」爲工作平面。配合「標準視角工具列」中點選「等角視」，點選「上基準面」、「右基準面」可以很清楚的看出，此三個基準面就是三度空間的基準面。

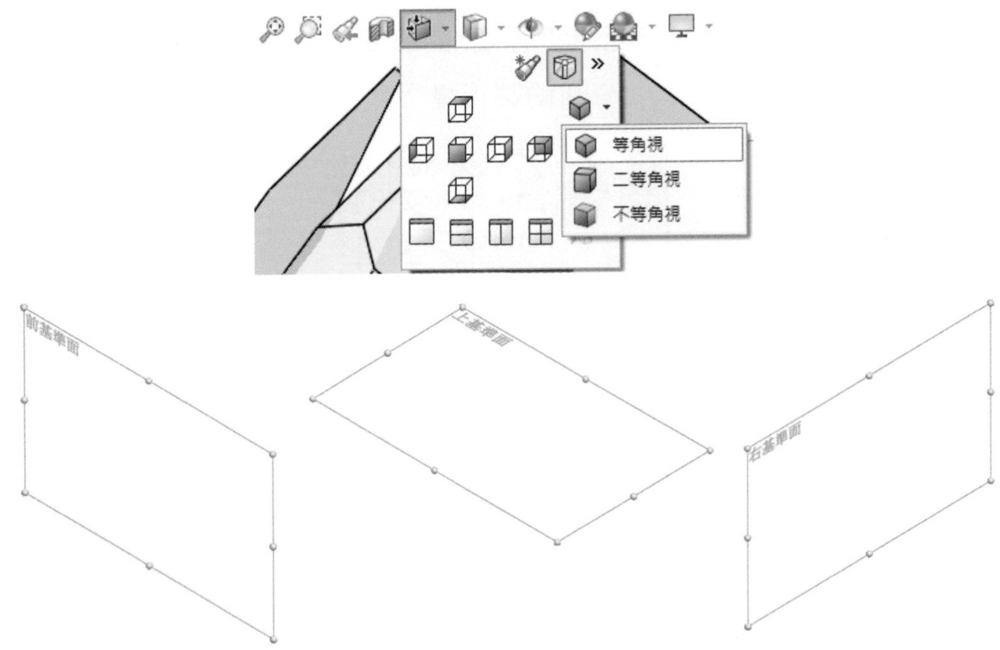

以圖學投影原理觀念來看，「前基準面」就是直立投影面 (Vertical Plane of Projection) 簡稱「V」，「上基準面」就是水平投影面 (Horizontal Plane of projection) 簡稱「H」，「右基準面」就是側投影面 (Profile Plane of Projection) 簡稱「P」。

因此在「前基準面」所形成的視圖即爲「前視圖」，「上基準面」爲「俯視圖」，「右基準面」即爲「右側視圖」。

1-3 滑鼠操作

右鍵：點選指令圖像或是選取模型特徵，如下圖包含很多相關指令操作。

中鍵：按著中鍵可以任意旋轉。

左鍵：針對不同特徵或是指令給予即時的編輯。

重點提示

當操作上產生錯誤或無法結束時，按鍵盤左上角「Esc」鍵，可取消指令之執行。

作圖區點右鍵

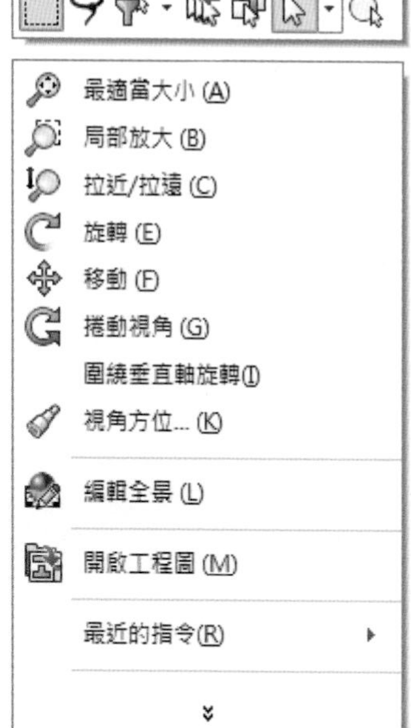

特徵區點右鍵

按實體點右鍵

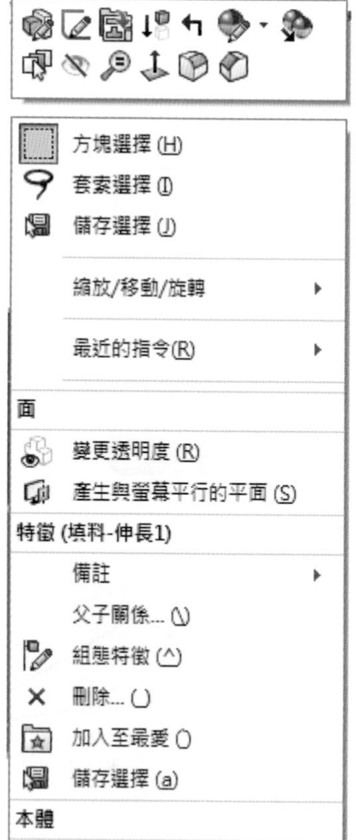

作圖區上方，視窗視角方位之操作，以滑鼠點選圖標後，如下圖。可任意操作實體之呈現角度。在後續的介紹中，會融入使用，讓讀者輕易學習。

前一個視角　(Ctrl+Shift+Z)
顯示前一個視角。

剖面視角
顯示使用一或多個剖切平面的零件或組合件剖面圖。

視角方位
變更目前的視角方位或視埠的號碼。

顯示樣式
變更使用中視圖的顯示樣式。

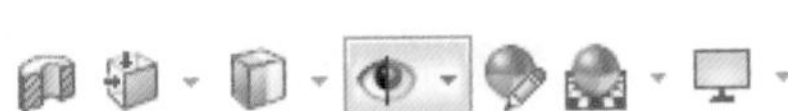

隱藏/顯示項次
變更在圖面中項次的顯示情形。

編輯外觀
編輯在模型中圖元的外觀。

套用全景
套用一特定全景至您模型中。

檢視設定
切換各種不同的檢視設定。例如，RealView、陰影、周圍吸收、及遠近透視。

綜合練習

1.

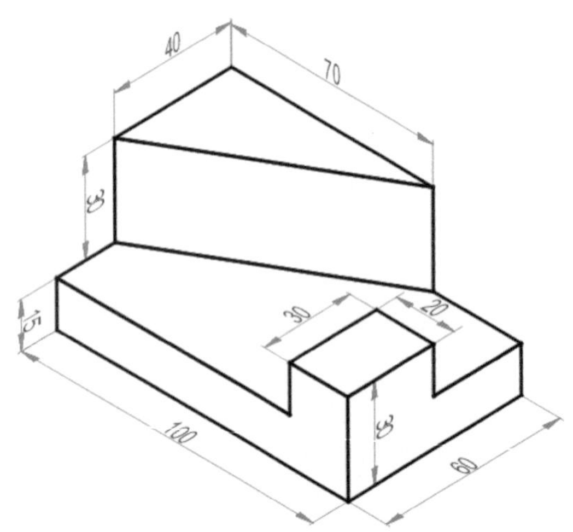

(P1-1.sldprt)

2.

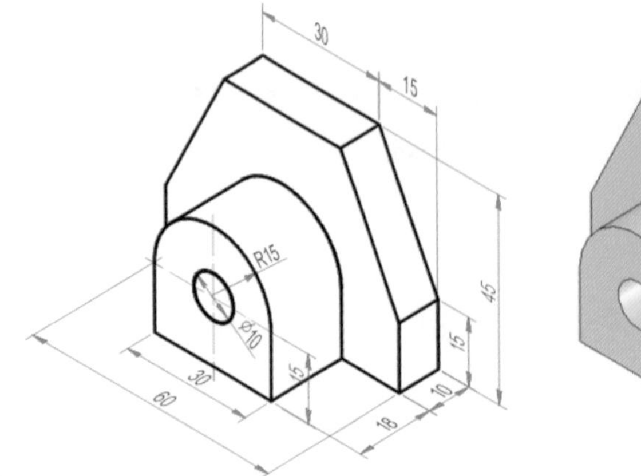

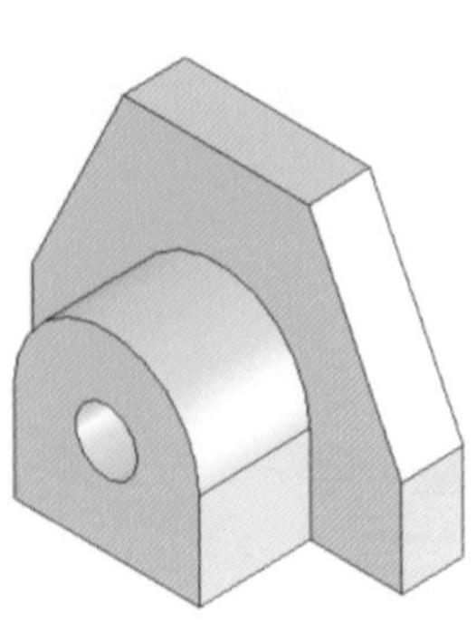

(P1-2.sldprt)

伸長填料除料

2-1 完整草圖伸長基材

2-2 解析草圖伸長基材

2-3 草圖繪製分析

2-4 變化圓角

2-5 偏移圖元與反向除料

2-6 尺度標註與限制條件

2-7 草圖環狀複製

2-8 特徵環狀複製

2-9 除料伸長-往兩方向成形

2-10 草圖的複合應用

2-11 伸長與特定方向除料

2-12 伸長與除料至某面平移處

2-13 歪斜基準面伸長與除料

本章你將學到的技能有：

- 草圖繪製與限制條件
- 尺度標註
- 特徵伸長基材
- 草圖步驟解析
- 文字草圖特徵
- 特徵步驟分析
- 特徵變化圓角
- 特徵薄殼
- 零件組合
- 草圖環狀複製
- 特徵環狀複製
- 草圖輪廓區域複合應用
- 特徵指定除料方向
- 特徵伸長至某面
- 產生歪斜基準面

本章節正式進入 SolidWorks 的學習旅程，本章節將以伸長填料與除料之特徵成型，介紹草圖繪製與編輯技巧，尺度標註與限制條件應用，也對於基準面的建立做詳細的介紹，在作圖過程有些題目會有不同作法的比較，讀者可以仔細體會建構實體模型的差異性，因爲 3D 實體模型的建立是爲參變數核心程式的應用，設計變更的快速與合理也是建構模型中重要的一環，使用時機請讀者思考與琢磨。

2-1 完整草圖伸長基材

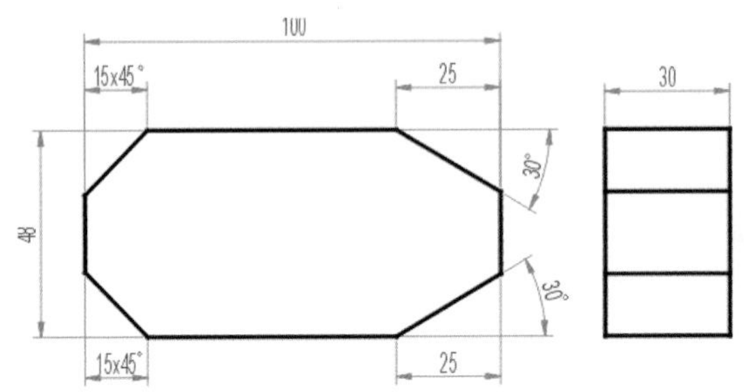

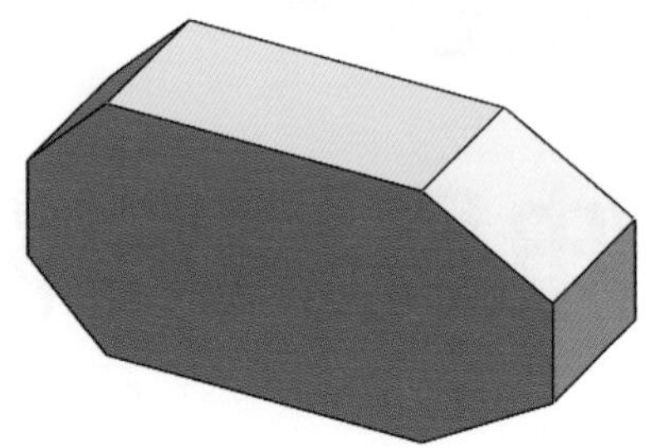

(2-1.sldprt)

1. 在特徵區點選「前基準面」作爲工作平面（紙張），按右鍵點「」繪製草圖。

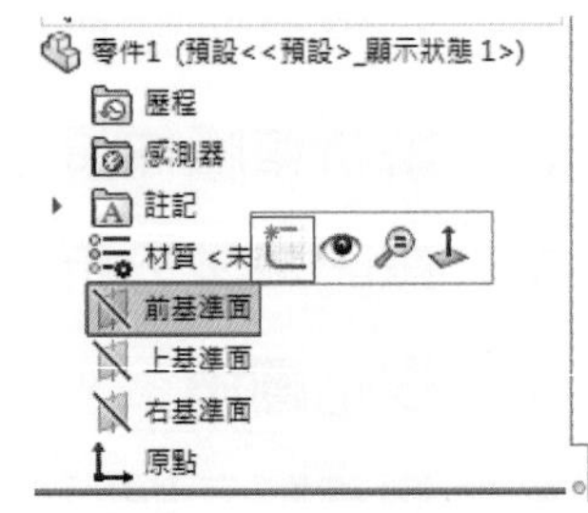

2. 矩形畫法，選擇「中心矩形」。其餘畫法，從圖標很容易理解請自行練習與運用。

3. 從原點「　」開始繪製，向右上角拉開，得到右圖之矩形。善用原點作為草圖的起點，因為通過原點有三個基準面可以使用。

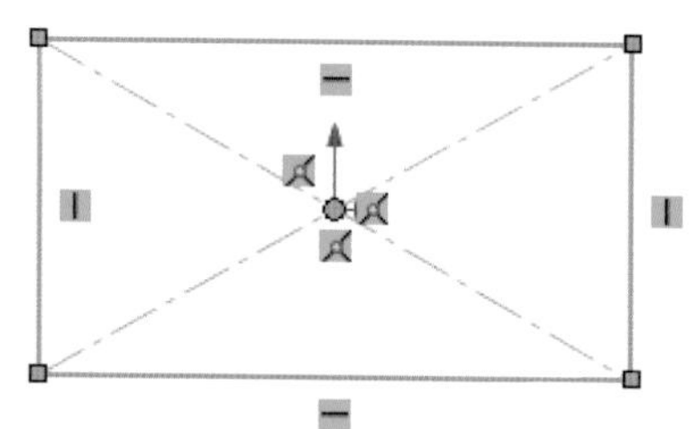

4. 矩形草圖後標註尺度約束。點選「智慧型尺寸」，可以點選線段兩點「1」、「2」標註長度，出現對話框，輸入「100」修正距離，勾選「　」或按鍵盤「Enter」。也可以直接點選線段如下圖「3」之線條標註尺度修正為「48」。

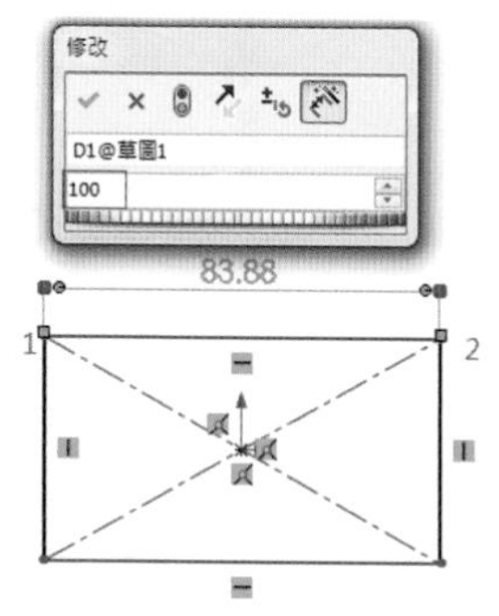

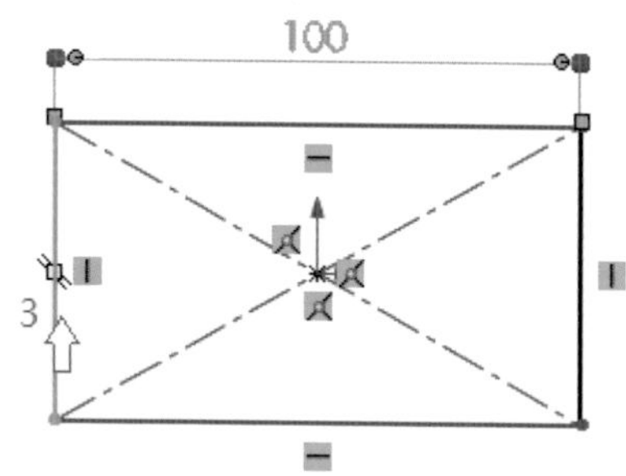

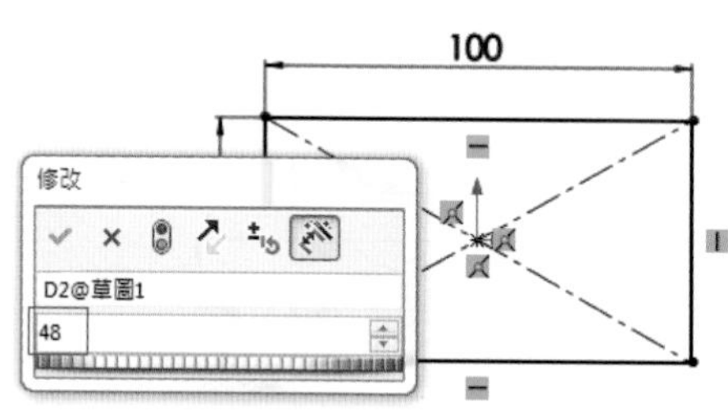

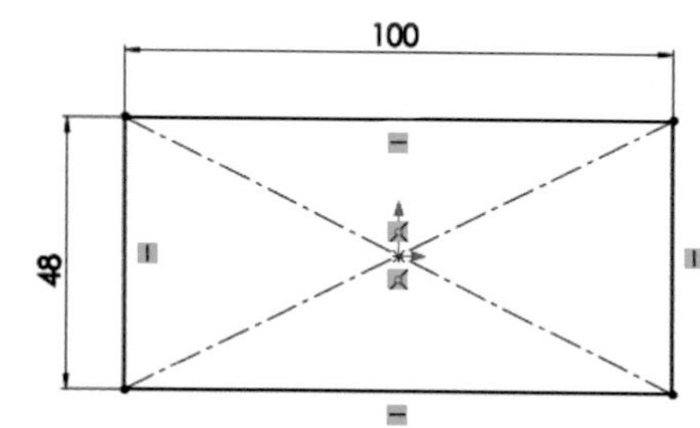

5. 右圖，草圖畫直線「　」，從點 1 畫到點 2，在特徵區按「　」或按鍵盤 Esc 鍵，完成線條繪製。

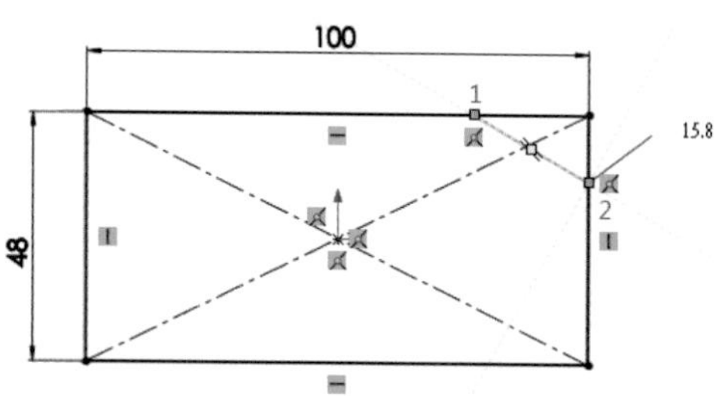

6. 依序完成右圖之直線繪製。

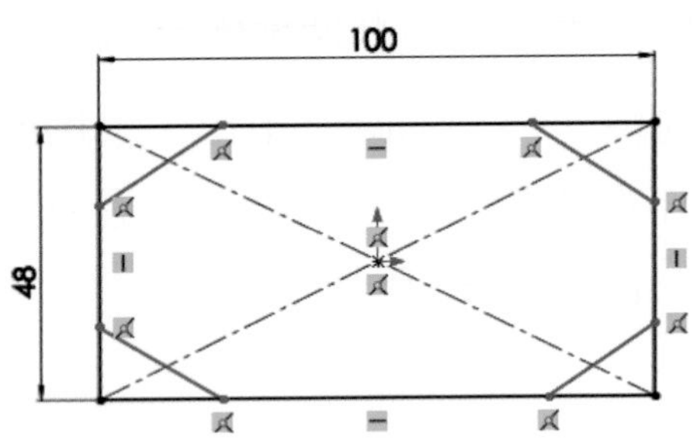

7. 點按「智慧型尺寸」標註如右圖之尺度，智慧型尺度標註，點選兩點可自動標註距離，輸入正確數字後完成尺度標註。點選兩相交直線可以標註夾角角度。

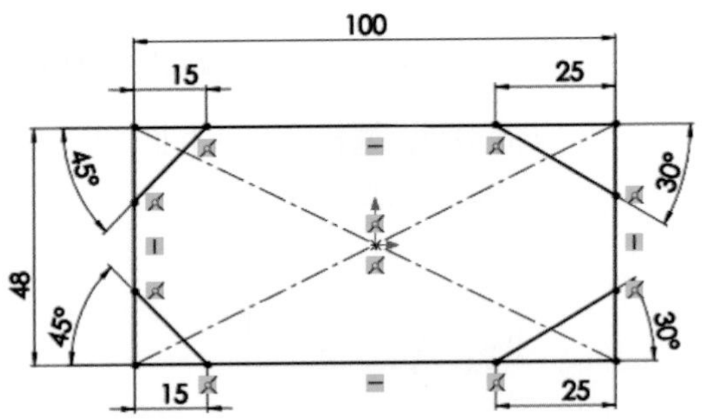

8. 編輯草圖，點選「修剪圖元(T)」，選取最下方之「修剪至最近端(T)」修剪多餘線條。

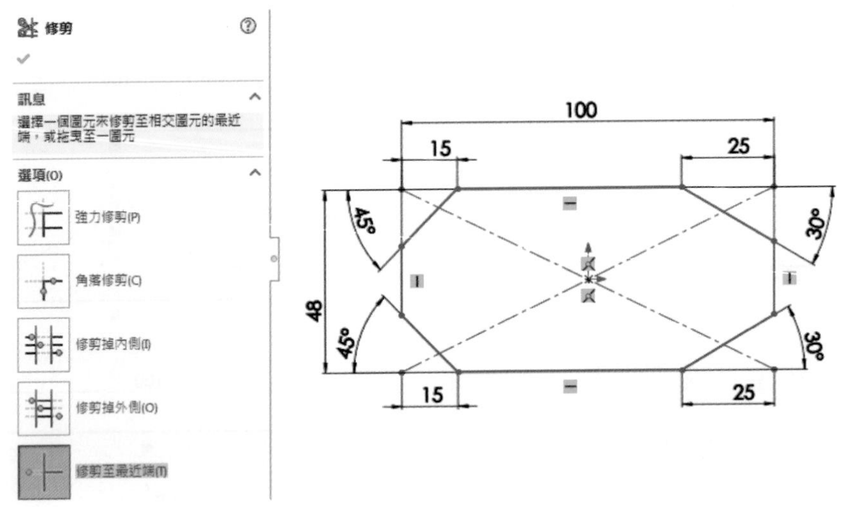

9. 草圖完成後，點選特徵之「伸長填料/基材」，「給定長度」輸入「30」，完成特徵之基材伸長。

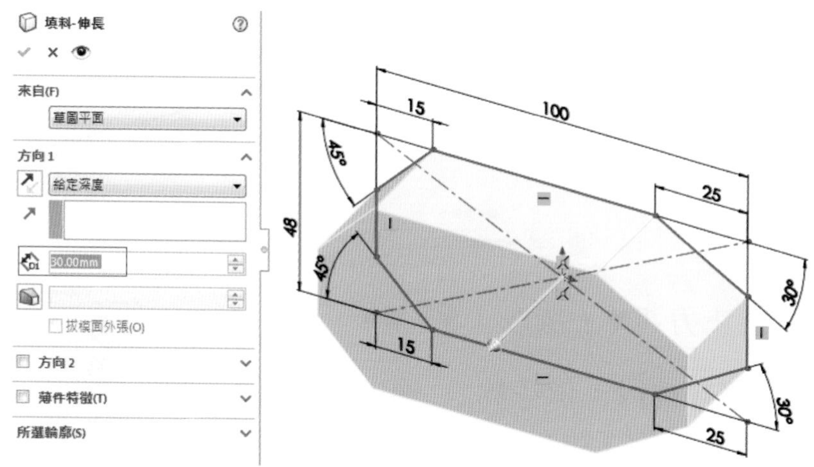

10. 完成之實體特徵如右圖，有四個去角之矩形物體。

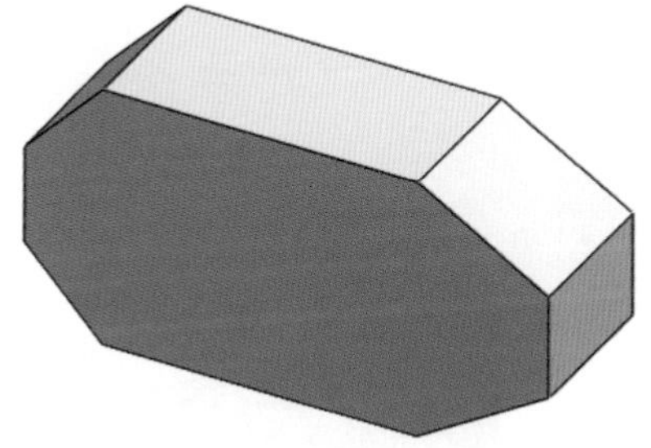

2-2 解析草圖伸長基材

1. 在「前基準面」草圖繪製點選「角落矩形」從原點「」往右下角繪製，然後標註尺度如右圖。

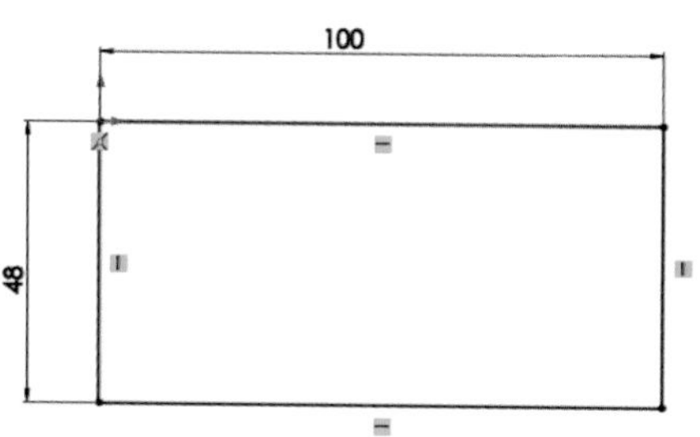

2. 特徵點選「伸長填料/基材」，「給定長度」輸入「30」。

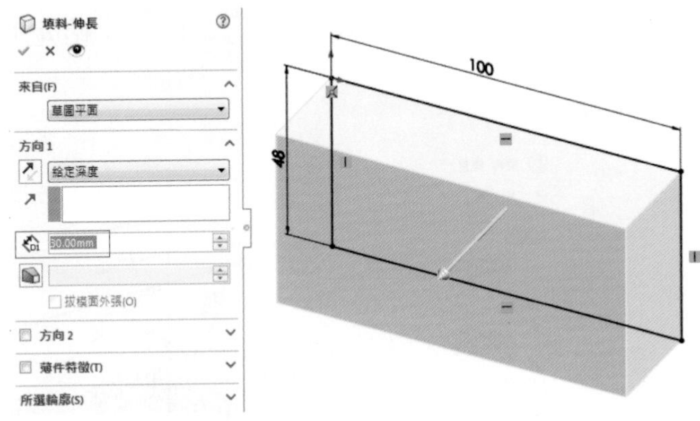

3. 點選「圓角」下方「▼」選取「導角」，點選下圖之邊緣線段，依步驟 1 輸入距離「25」。步驟 2 角度「30deg」。從預覽之黃色導角可知方向是否正確，如方向錯誤，依步驟 3 打 V 反轉方向，按「✓」完成。

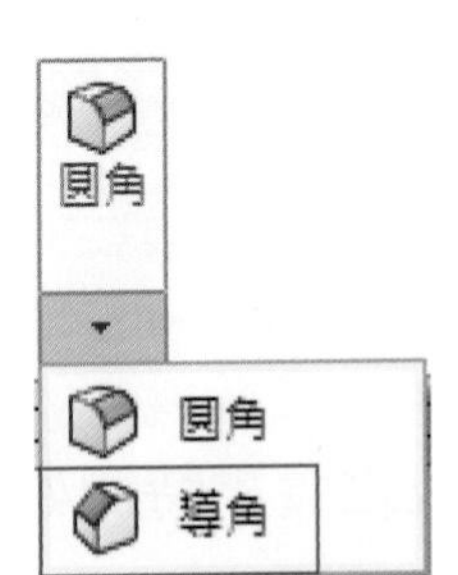

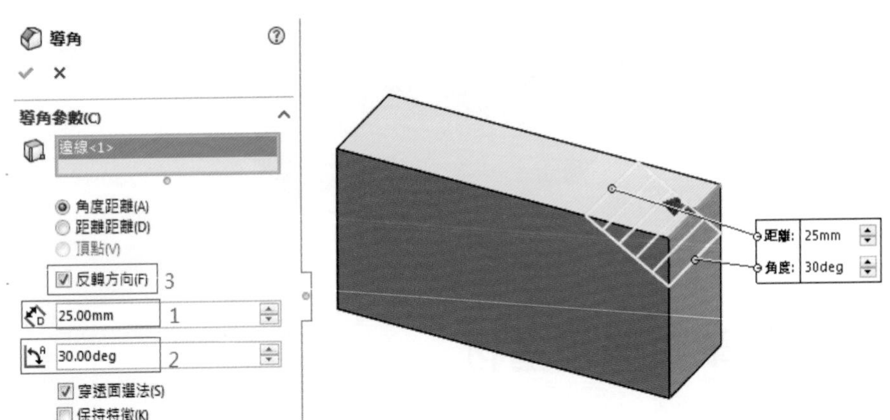

4. 再選「導角」後，再點選下一條邊緣線段，如下圖所示，在按「✓」完成。

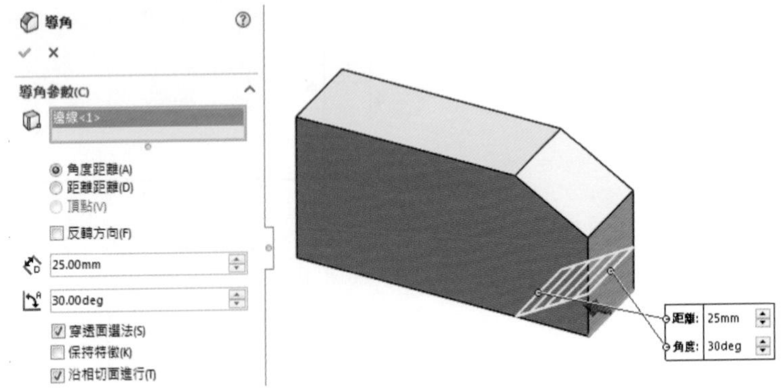

5. 再選「導角」後，再點選下一條邊緣線段，輸入距離「15」。角度「45deg」。如下圖所示，按「✓」完成。最後完成所有的導角。

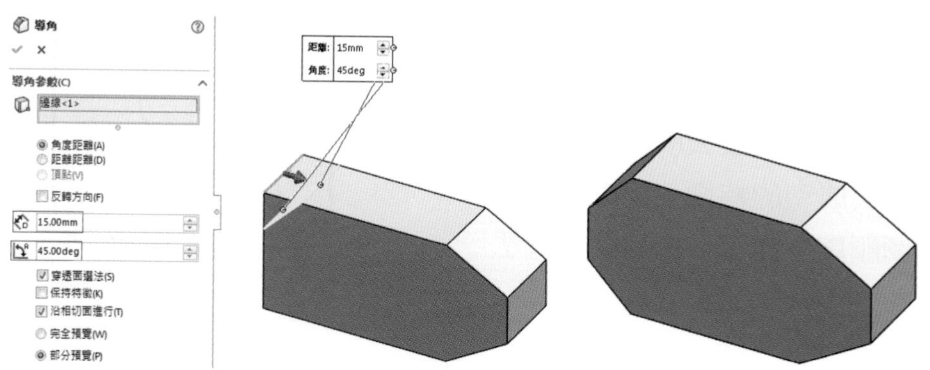

(2-2.sldprt)

技巧解析

草圖繪製導角與特徵之導角比較。矩形是基材特徵，導角也是特徵，盡量讓草圖越簡單越好，完成矩形伸長後再建立導角特徵完成實體。若草圖繪製矩形與導角編輯標註後，會發現草圖好複雜。以後做設計變更時，當幾何圖形異動時，草圖將會產生更多問題。

2-3 草圖繪製分析

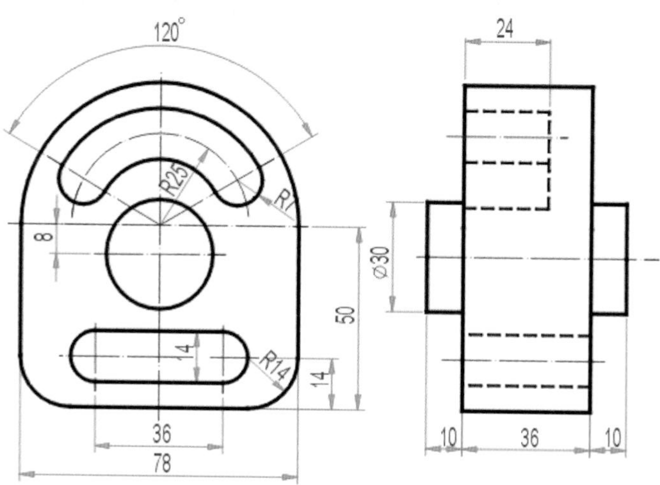

(2-3.sldprt)

繪製 3D 實體圖，還有一個重要的課題，是看懂正投影視圖與所標註之尺度意義。很多初學者，在繪製草圖時，直接抄繪如右圖之完整草圖。應該避免這種畫法。

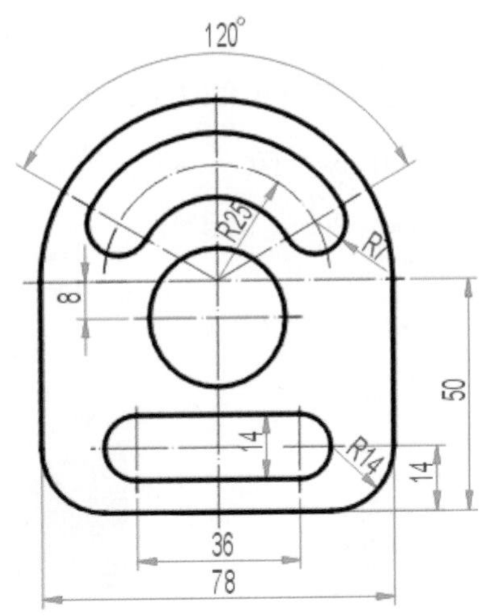

其實，應該分階段去解讀分析草圖的繪製步驟與成型的特徵，作圖步驟如下面之草圖順序，從每一個封閉幾何去完成。

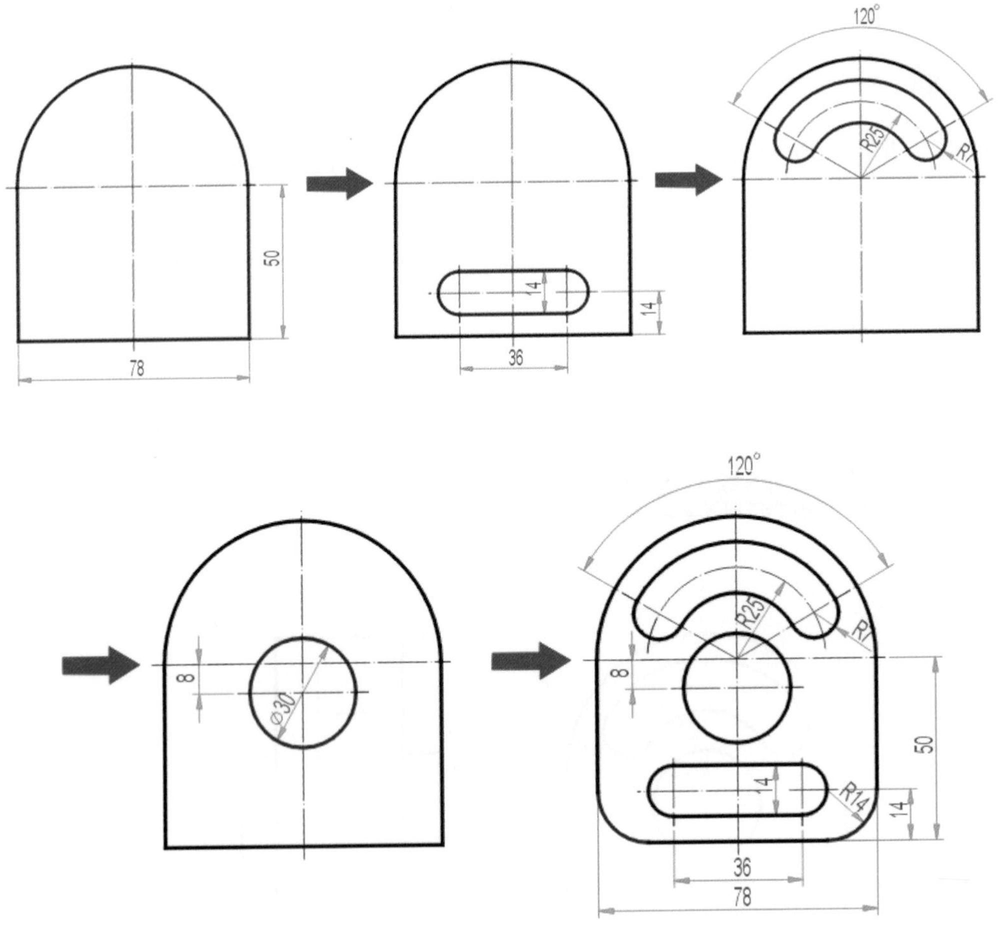

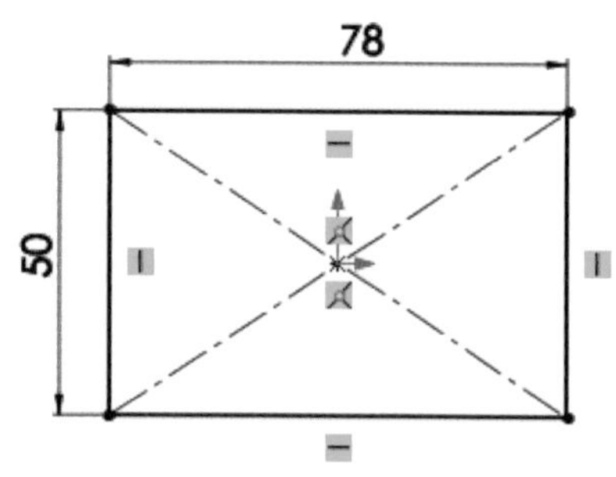

1. 點選「前基準面」，草圖繪製從原點「」開始繪製中心矩形「」，「智慧型尺寸」標註尺度如右圖之尺度。

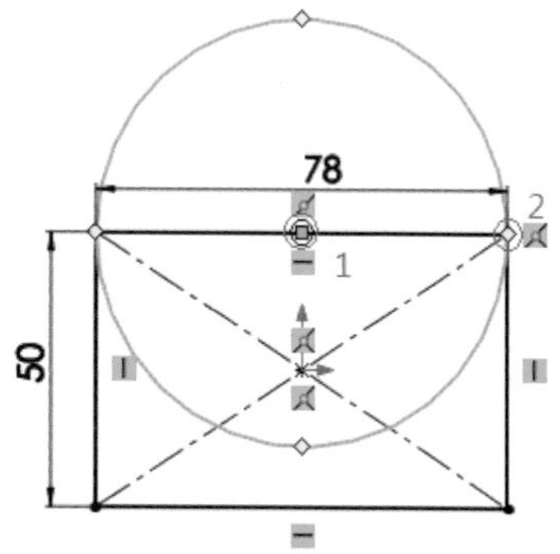

2. 草圖繪製圓「」，點選右圖點 1 當圓心，另一點 2 為半徑畫圓。

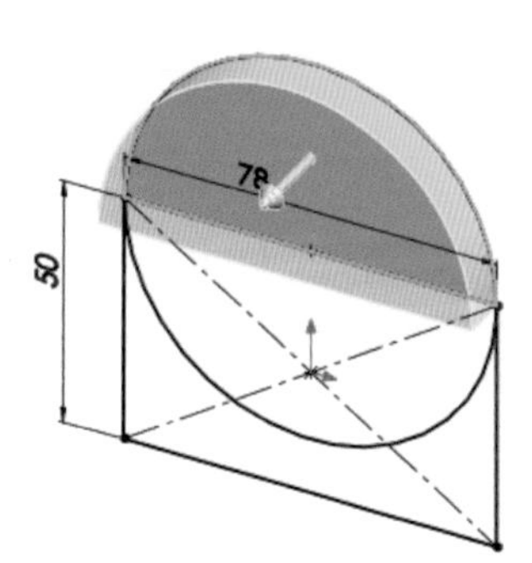

作法 1：特徵「伸長填料/基材」，因為草圖由矩形與圓相交錯，區域為 3，「所選輪廓」如下圖有 3 處，再厚度距離「36」。

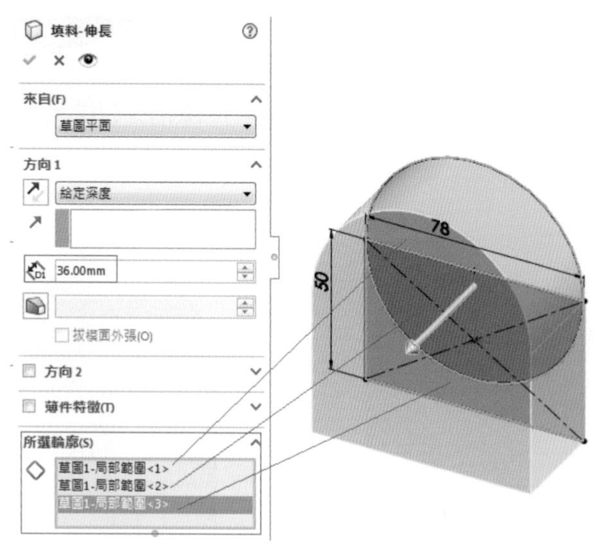

作法 2：草圖編輯「修剪圖元(I)」修剪如右圖，修剪成一封閉區域，然後特徵「伸長填料/基材」，輸入厚度距離「36」。

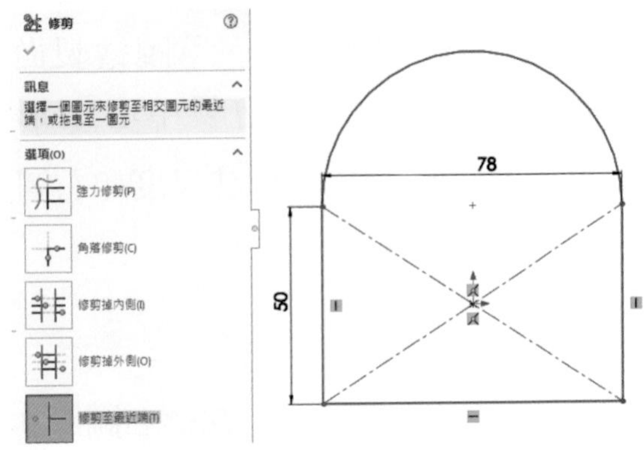

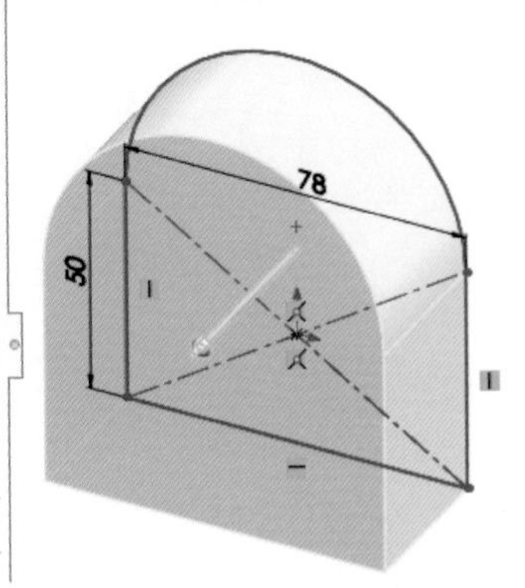

3. 點選藍色面為作圖面，按右鍵「草圖」繪製草圖。再點選正視於「」。

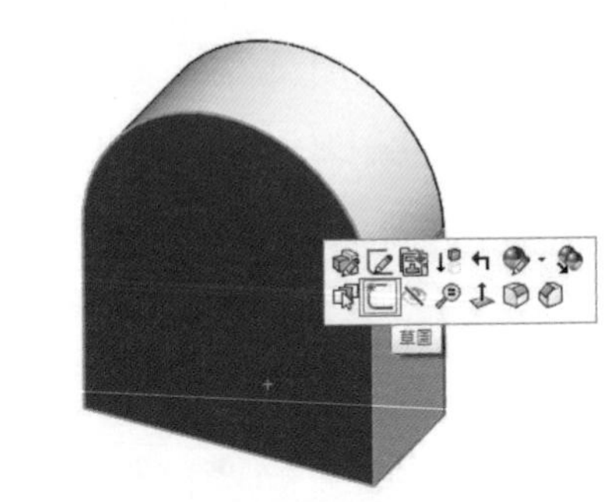

4. 草圖繪製角落矩形「」，點選「智慧型尺寸」標註尺度，然後在矩形短邊繪製圓「」。

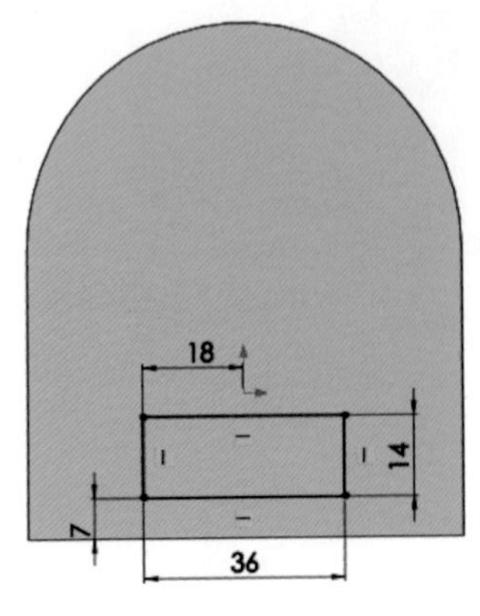

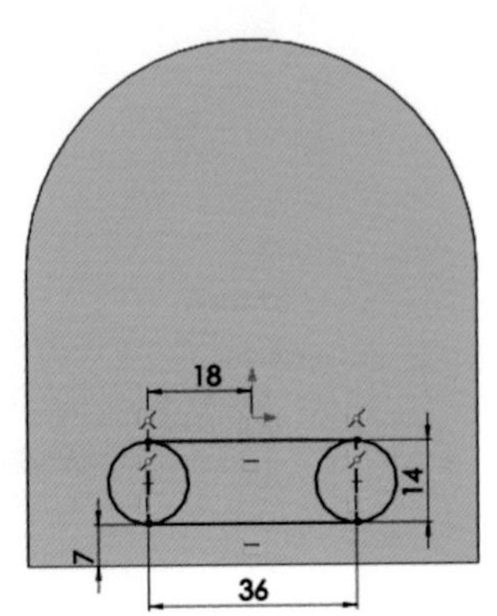

5. 草圖編輯「修剪圖元(T)」修剪如右圖，點選等角視「」，然後特徵「伸長除料」，方向 1 選擇「完全貫穿」。

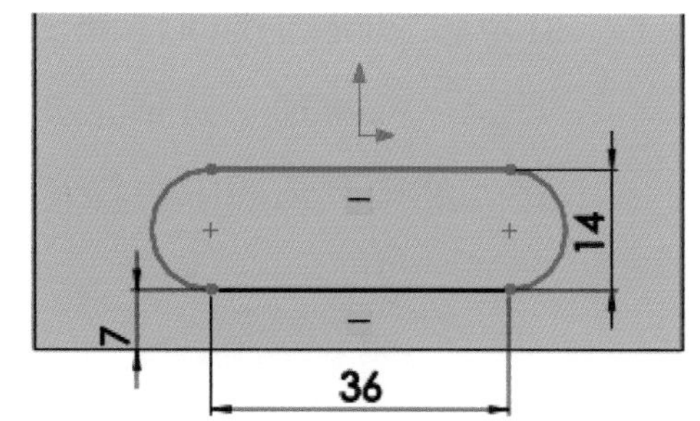

另法：　草圖「直狹槽」從點 1 畫到點 2 直接繪製，並標註尺度，如右圖。

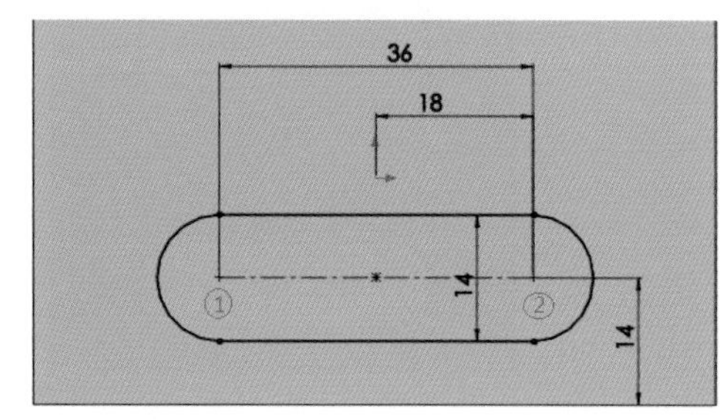

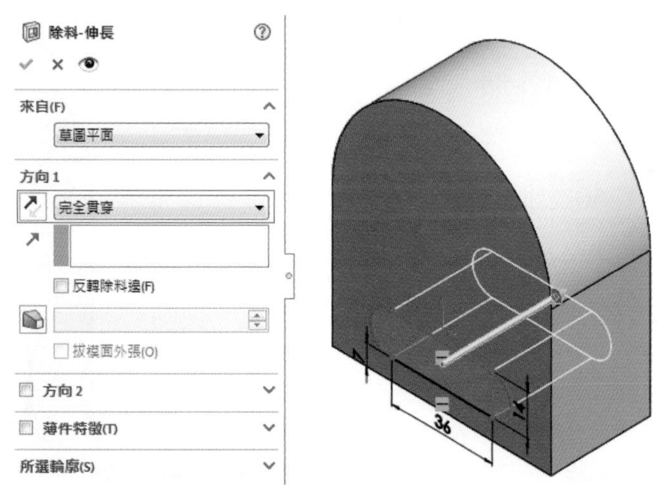

6. 點作圖面爲「藍色」正視於「」繪製草圖畫圓「」，滑鼠靠近點 1 圓弧邊，會自動出現圓心點 2，以點 2 爲圓心畫圓，並標註尺度。

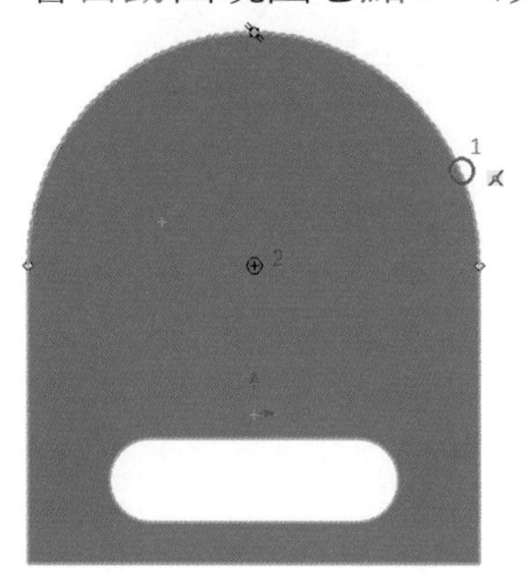

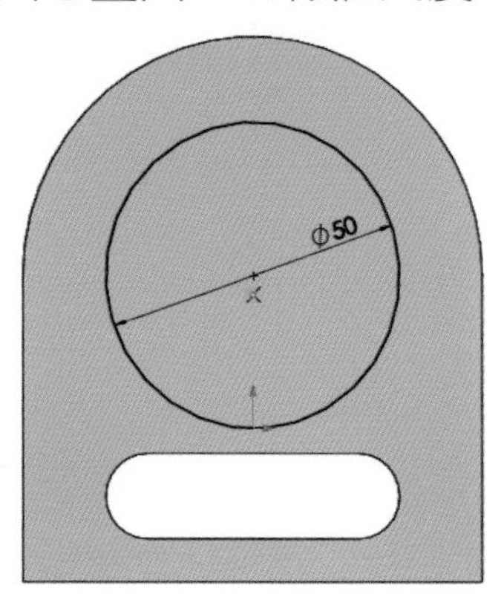

作法 1： 這是較傳統的幾何作圖法。草圖直線「 」按「▼」點選中心線「 中心線(N)」從圓心繪製往上直立線與兩條斜線，各與直立線夾角 60°。然後圓弧與中心線交點為圓心畫圓，並標註尺度。

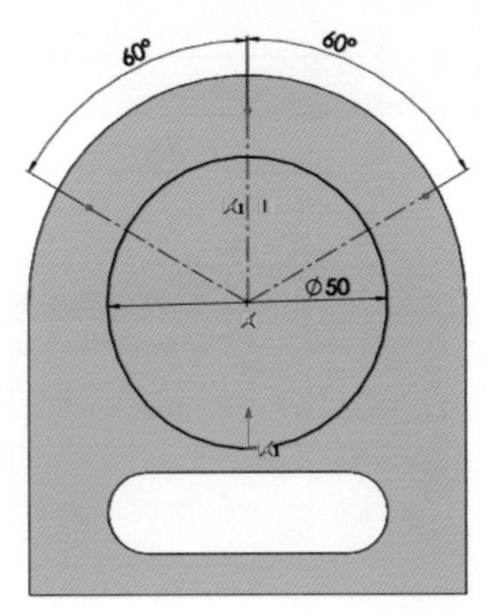

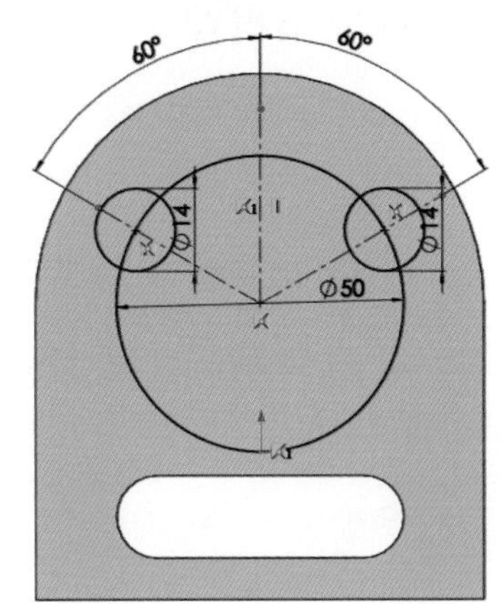

點選「 偏移圖元」，點選直徑，輸入偏移距離「7」，自動向外偏移，按「✔」完成後。再一次按「 偏移圖元」，點選直徑 50 之圓，偏移距離「7」，點選反轉「☑ 反轉(R)」，往內偏移。

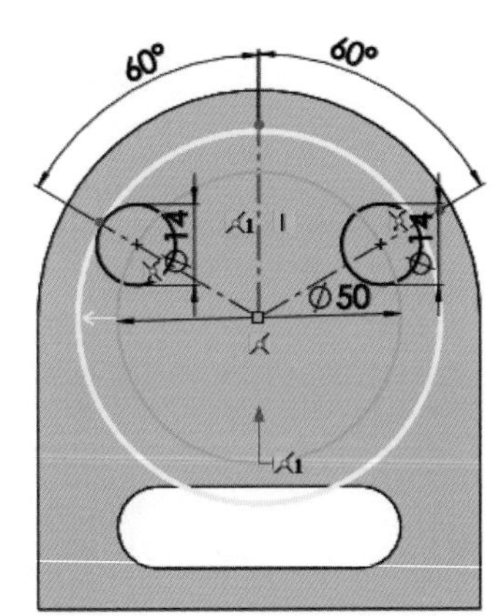

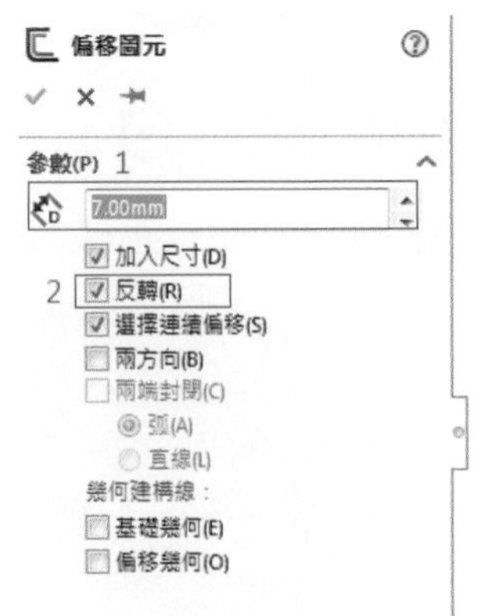

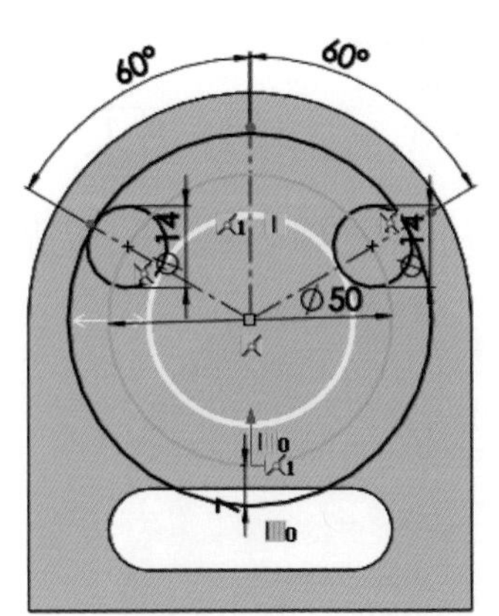

草圖編輯「修剪圖元(T)」，修剪多餘的線條，如下圖右邊圖形。

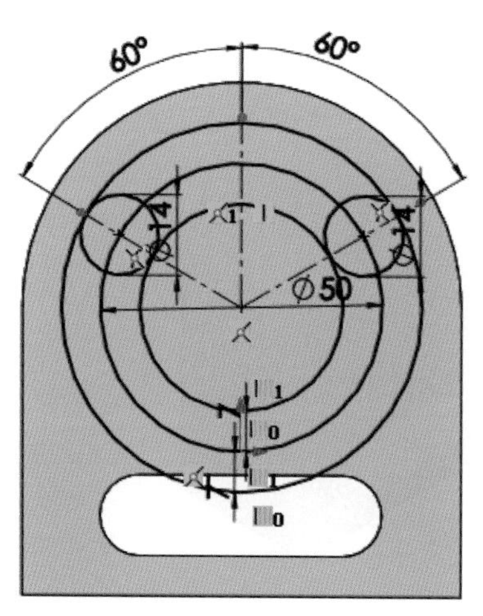

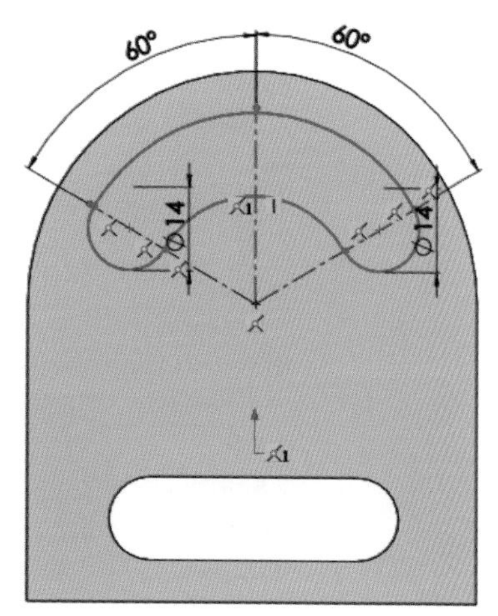

作法 2：善用草圖功能。點選圓弧狹槽，繪製草圖，靠近圓弧點 1 自動抓取圓弧圓心點 2，從點 3 畫弧到點 4，然後標註尺度 R25 與 R7。

直狹槽
圓心/起/終點直狹槽
三點定弧狹槽
圓心/起/終點畫弧狹槽(I)

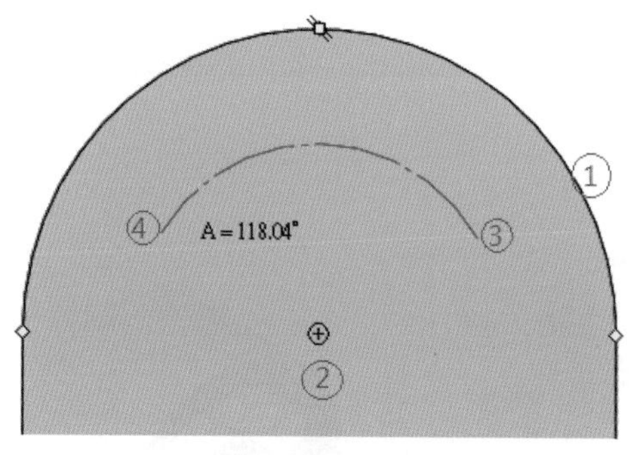

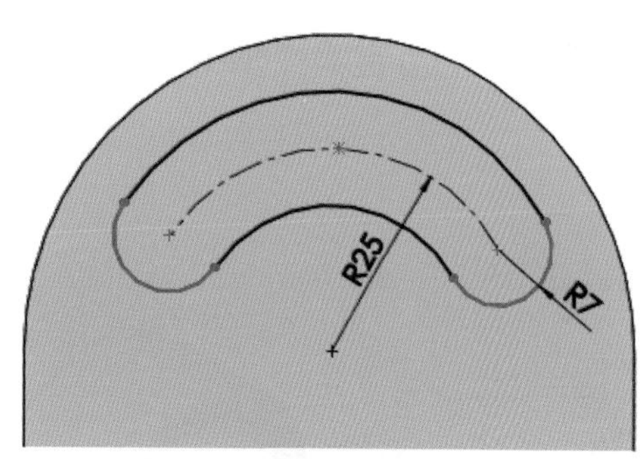

繪製中心線「中心線(N)」如右圖 3 條中心線，標註尺度。

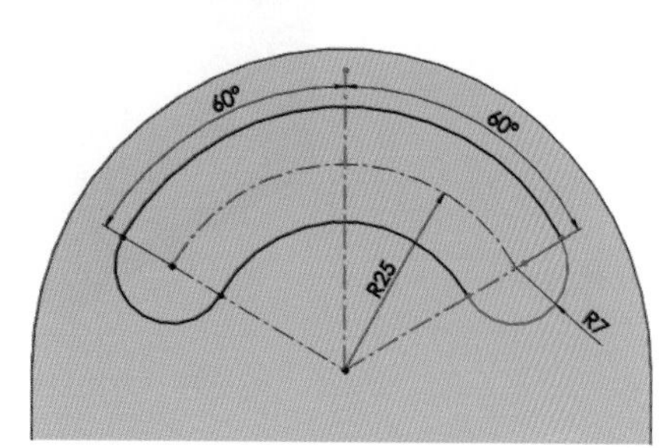

等角視「」，特徵「伸長除料」給定深度「24」。

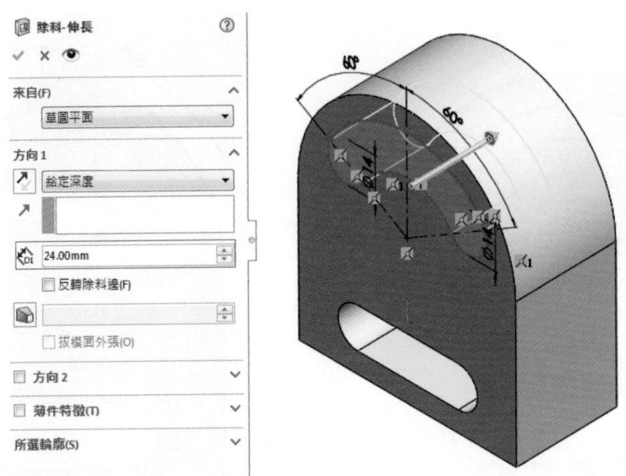

7. 繪製圓「」直徑 30，視角為等角視「」，特徵「伸長填料/基材」，方向 1 伸長 10。勾選方向 2，輸入長度「46」，為兩方向之伸長，如下圖完成實體圖繪製。然後特徵「圓角」固定大小圓角半徑「14」。

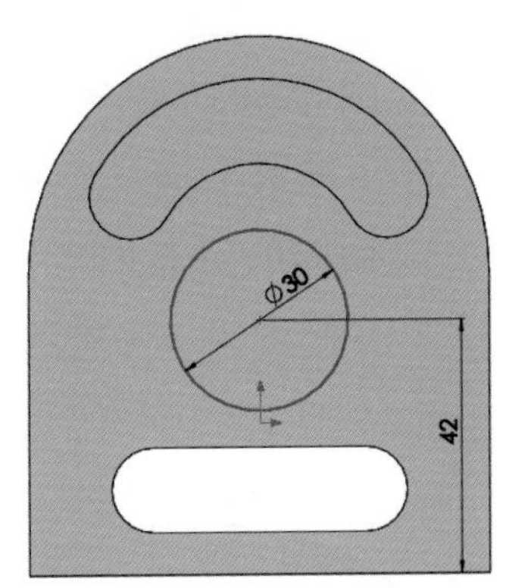

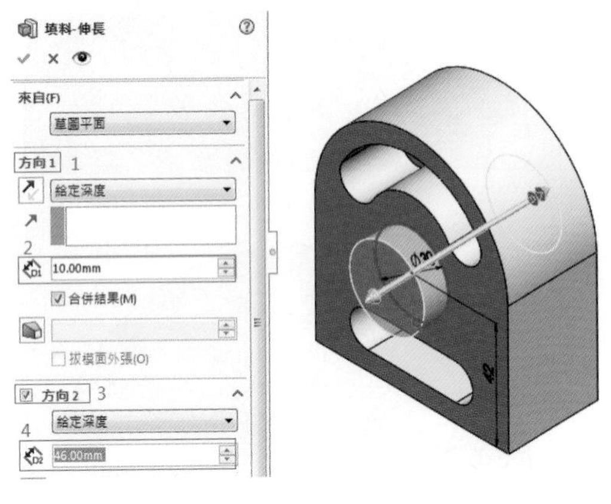

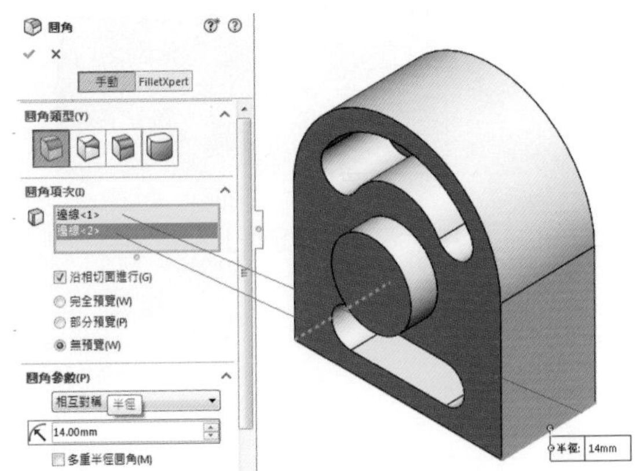

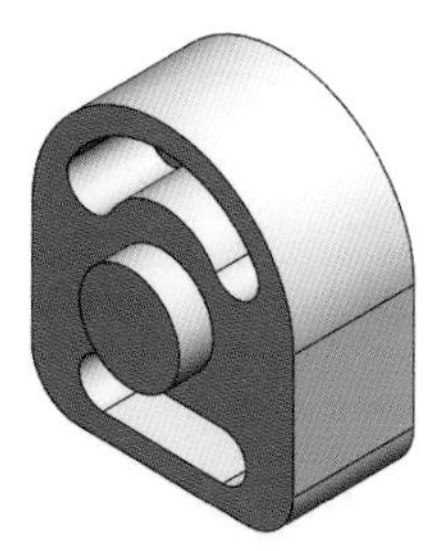
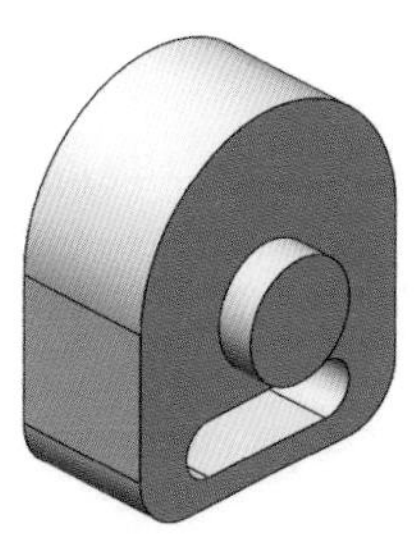

技巧解析

繪製草圖輪廓越簡單產生特徵越好，滑鼠移動時會自動抓取「圓弧中心」，繪製直線時會自動產生「垂直」或是「水平」，圓與直線「相切」等都是草圖繪製需善加應用的技能。

2-4　變化圓角

2-4.avi

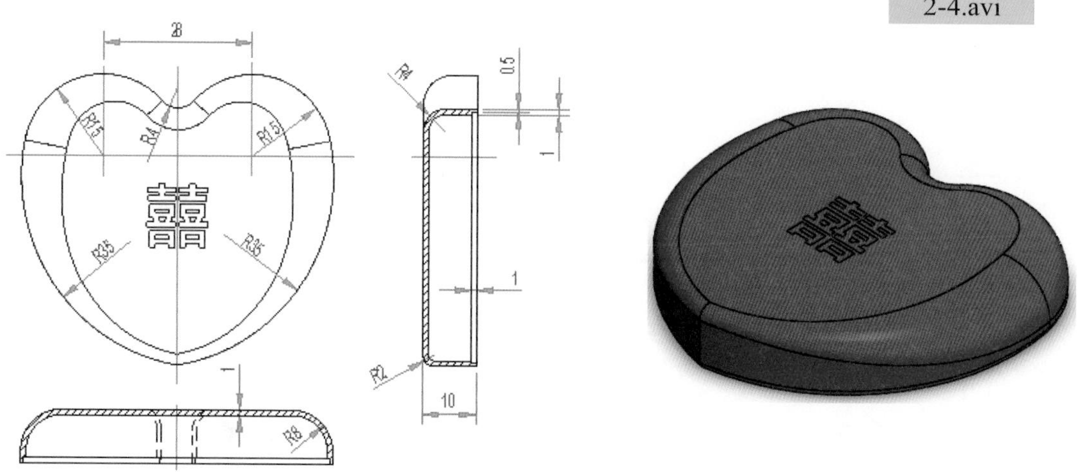

(2-4.sldprt)

1. 「上基準面」繪製草圖「」畫圓「」，圓心與原點「」平行。在畫弧「三點定弧(T)」依 1、2、3 順序畫弧，點「顯示/刪除限制條件」之「加入限制條件」，點選兩圓弧後按「相切(T)」。

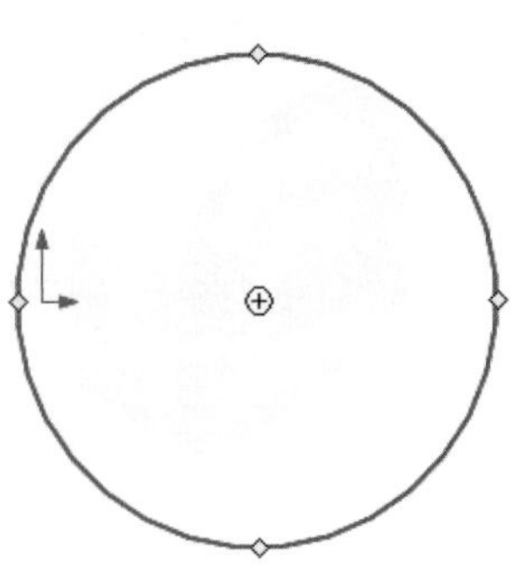

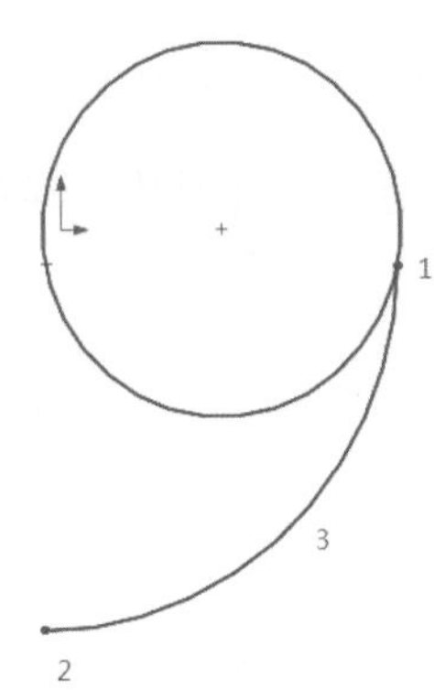

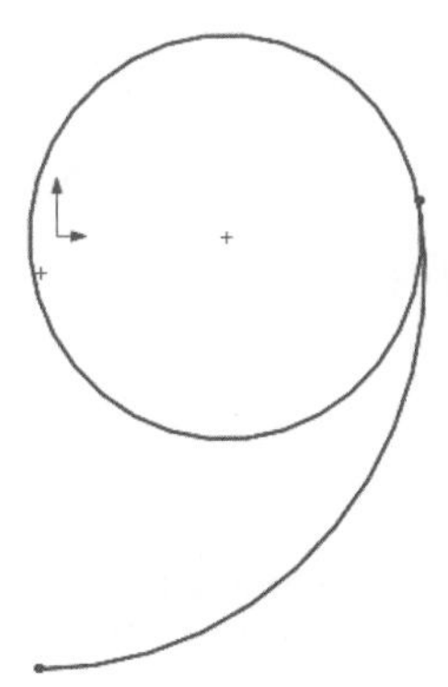

2. 標註尺度「智慧型尺寸」並畫從原點向下之直線「」，然後鏡射「鏡射圖元」。

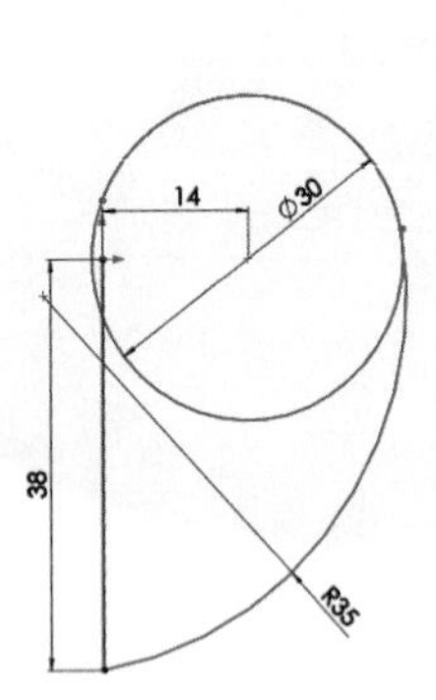

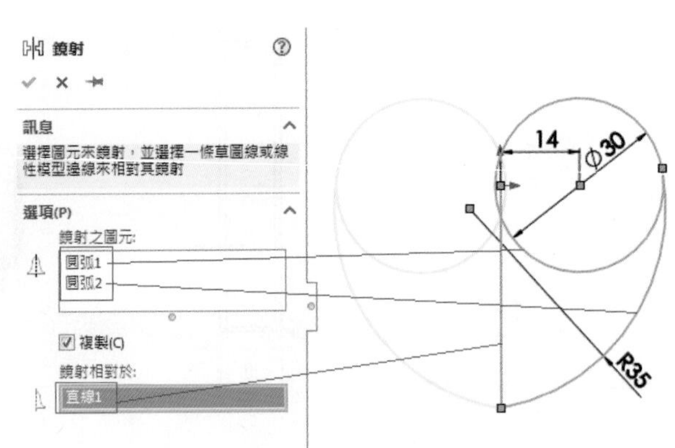

3. 編輯修剪「修剪圖元(T)」選擇「修剪至最近端(T)」，完成心型圖案。特徵「伸長填料/基材」伸長「10」。

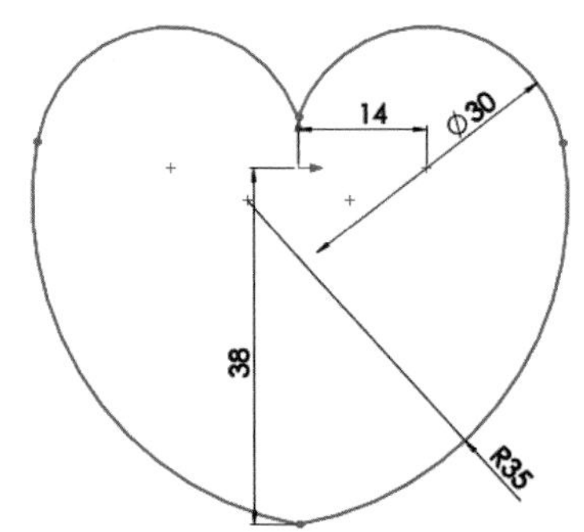

4. 特徵「圓角」圓角類型「　」固定大小圓角「4」。

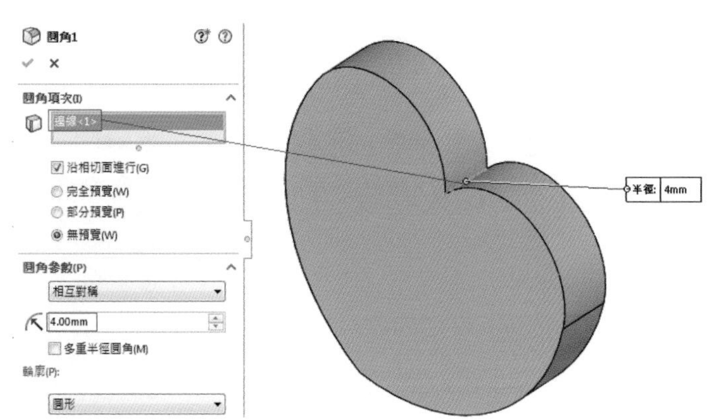

5. 特徵「圓角」圓角類型「　」變化大小圓角。點選「邊線 1」後在①處輸入「2」在②處輸入「8」，如下圖所示。

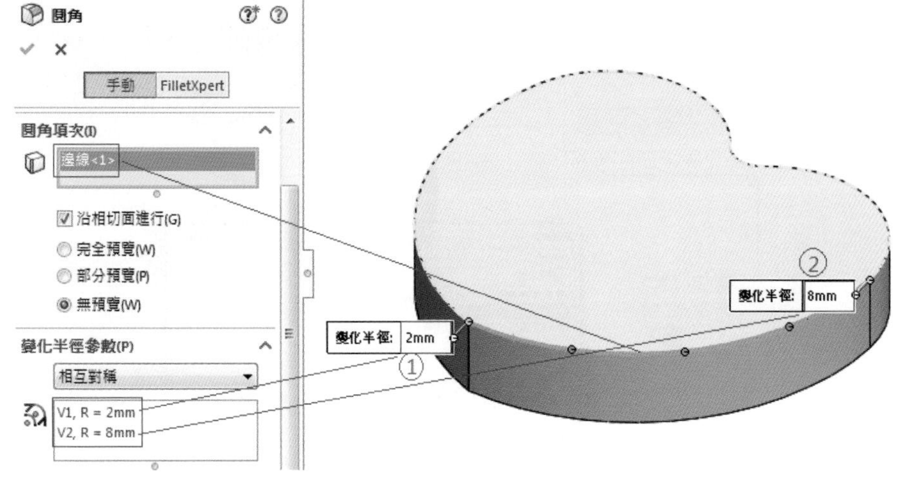

6. 依序繼續點選邊線 2、邊線 3…並輸入不同半徑，如下圖所示，然後按「✔」。

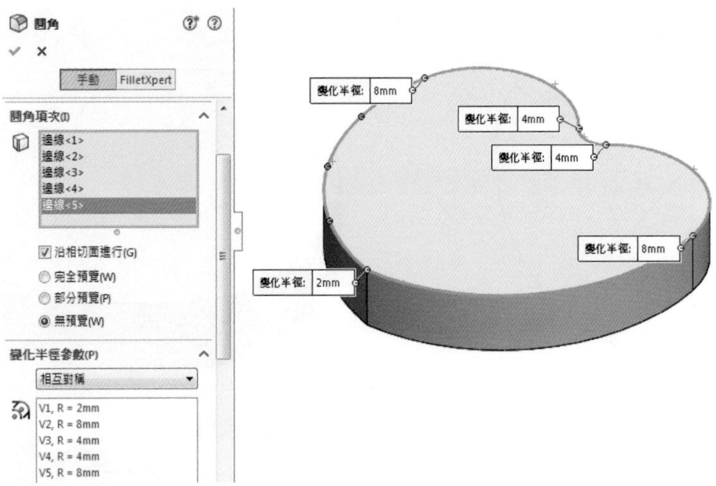

7. 特徵點選「薄殼」選取背面之平面，輸入厚度「1」。

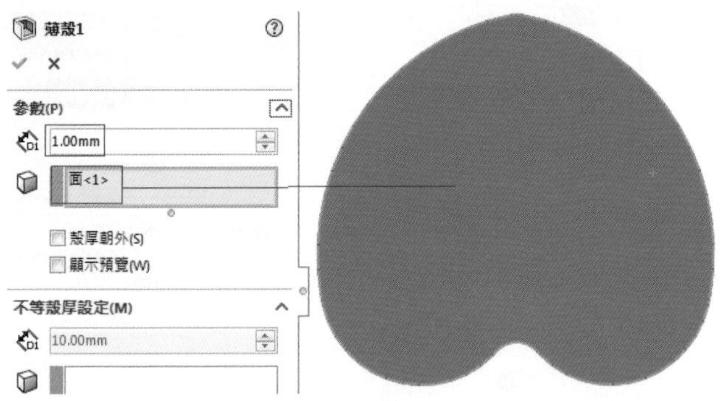

8. 下拉式功能表「工具」/「草圖圖元」/「文字(T)...」，在草圖文字之文字欄位輸入「囍」，將「☑ 使用文件字型(U)」之 V 點除，如下圖，點選「字型(F)...」出現標準字型選擇框，選擇字型、型式與大小，完成後確定，按「✔」完成文字。

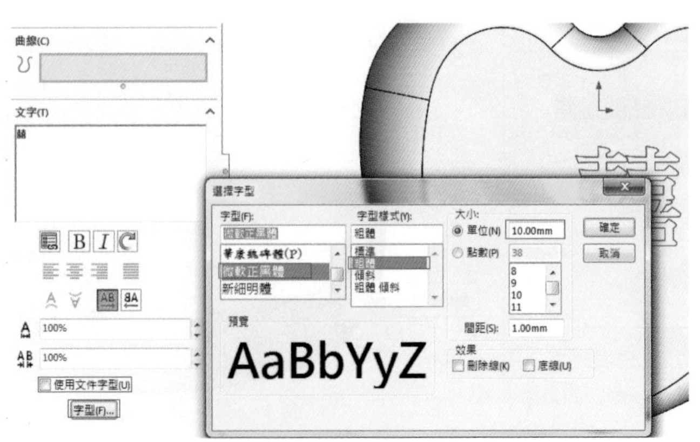

9. 標註尺度以「囍」左下角之點為基準標註尺度確定位置。特徵除料「伸長除料」，深度「0.1」。

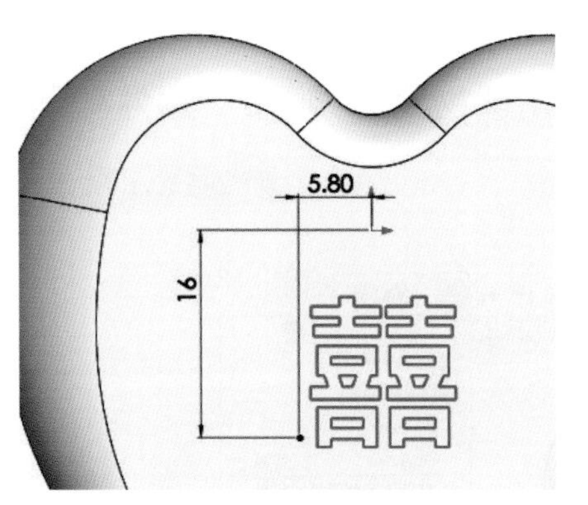

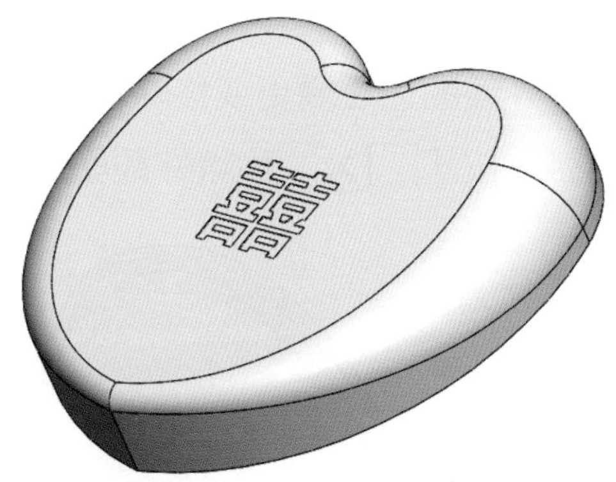

10. 點選「」編輯外觀，從左邊選項區色彩選擇喜愛的顏色，可以改變實體外觀顏色。或右邊「」，右邊「外觀、全景、及移畫印花」選項區。從 1「外觀」選擇 2「玻璃」3「透明玻璃」拖曳到心型盒。

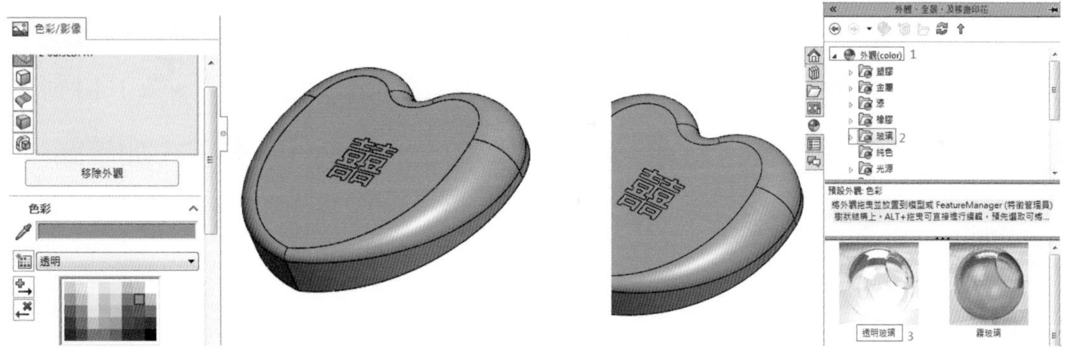

11. 完成透明之心型盒。

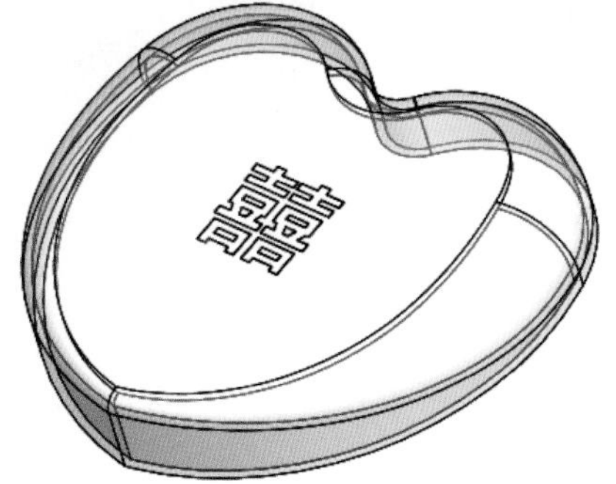

重點提示

在平面上的文字也是草圖，可除料凹陷也可以伸長凸出，亦可以在圓弧面上成型，也可依附曲線做波浪形文字排列等等。

2-5 偏移圖元與反向除料

1. 對於外觀顏色之變更或移除，如下圖順序 1 點選物表面，順序 2 點外觀「」，順序 3 按「×」移除外觀顏色。 2-5.avi

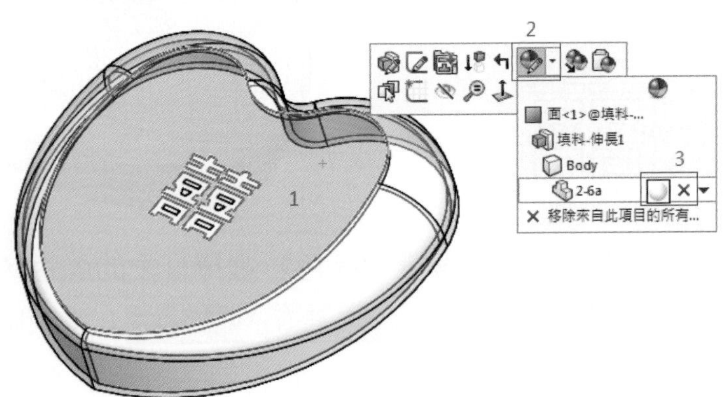

2. 點選下圖「藍色」平面為工作平面，繪製草圖「」點選「偏移圖元」自動參數為 10 向外偏移，出現黃色預覽。輸入參數為「0.5」點「反轉」，如下圖。

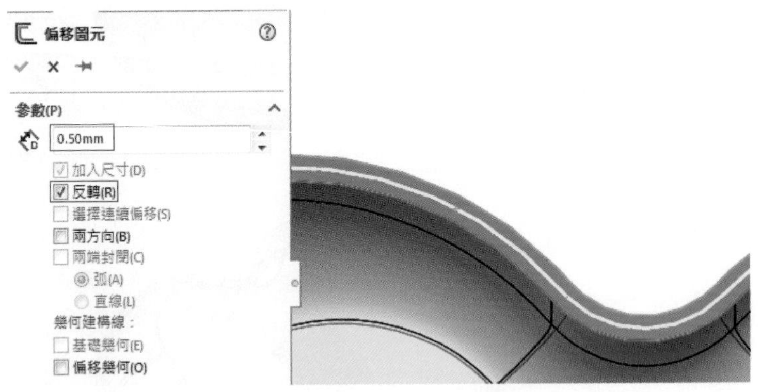

3. 特徵除料「伸長除料」，深度「1」。除料邊在內圈，存檔為「2-5-1A.SLDPRT」外觀為玻璃。

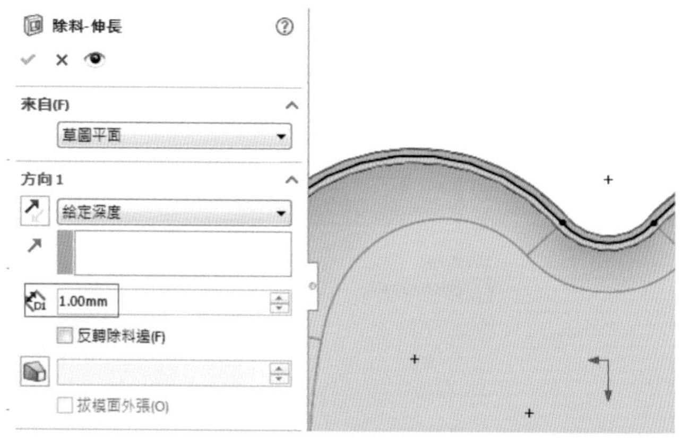

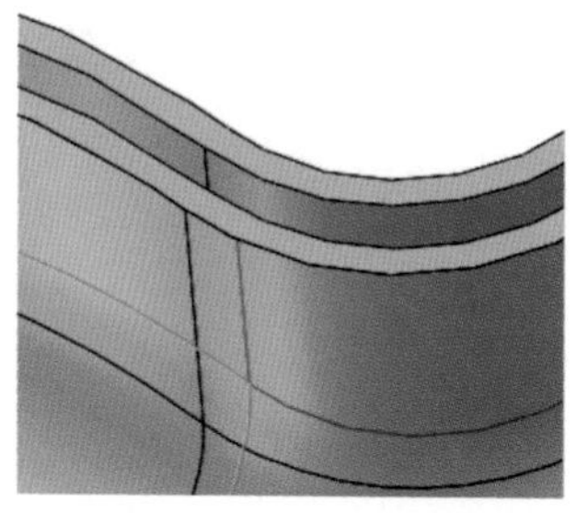

4. 點選特徵區「除料-伸長1」出現「」編輯特徵，勾選「☑ 反轉除料邊(F)」，除料邊在外圈。存檔爲「2-5-1B.SLDPRT」外觀爲紅色。

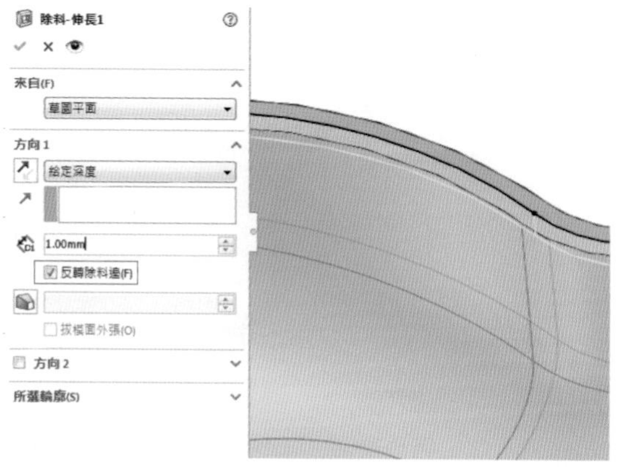

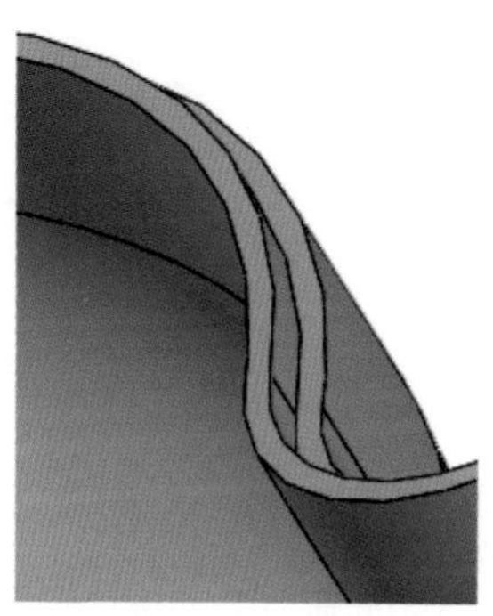

5. 開啓新檔「開新檔案(N)」，選組合件「」，因爲因先開啓零件 2-5-1A 與 2-5-1B 兩零件，在選項交談框點選「2-5-1A」，拖曳至作圖區。點選「插入零組件」再次拖曳「2-5-1B」至作圖區中，如下圖所示。

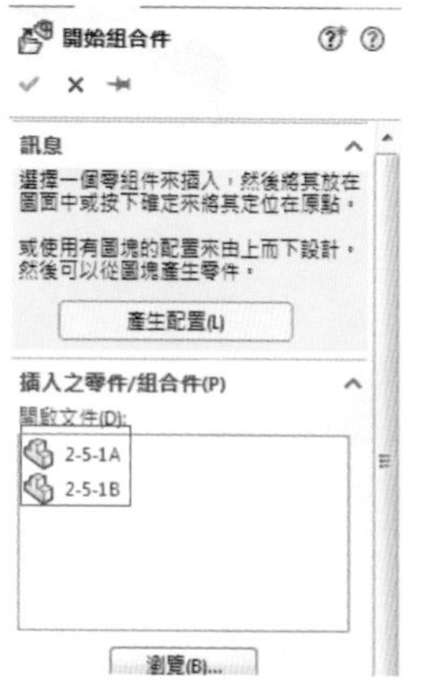

6. 點選「結合」，如下圖點選欲結合之平面，預覽「結合對正」同向還是對向，選擇「」然後按「✓」。

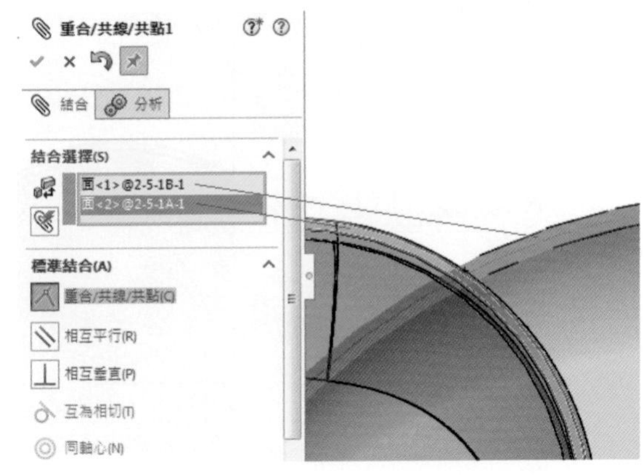

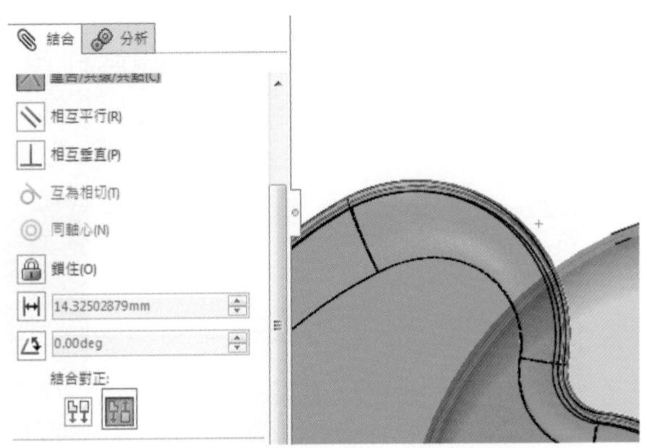

7. 結合面正確後，選擇欲結合之邊線讓其正確結合，順序如下圖，大圓弧線「共線」按「✓」，再一次小圓弧邊線「共線」，按「✓」完成組合。

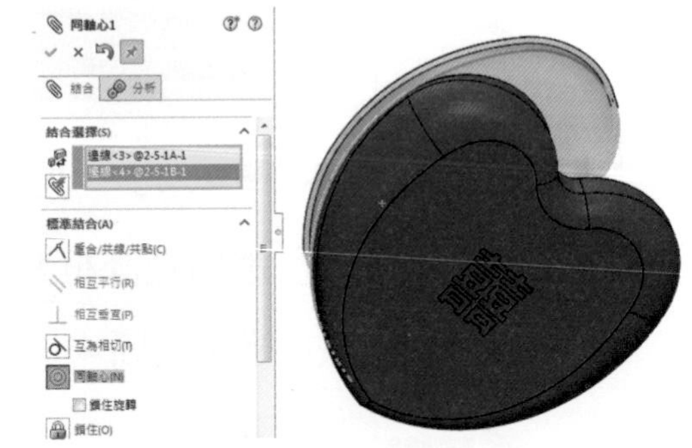

8. 完成囍字盒組合。

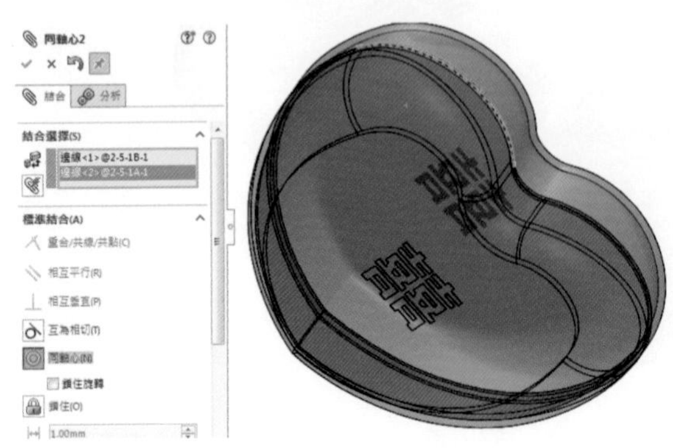

(2-5.sldprt)

2-6 尺度標註與限制條件

繪製草圖時往往需要確實的「到位」，例如：與端點「相接」，連接到線段的「中點」，與圓相切於「四分點」等等，在繪製草圖時，SolidWorks 會出現相關的「快速抓取」符號，快速抓取工具列常用者介紹如下：

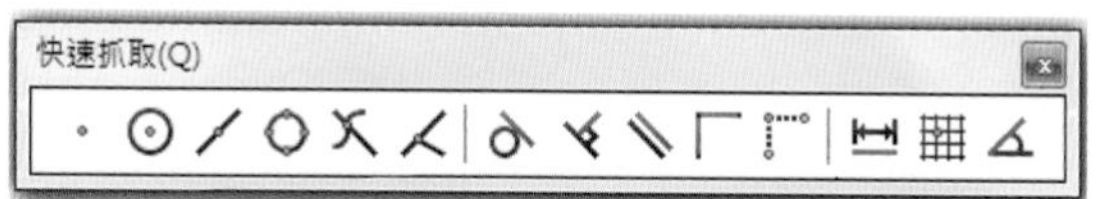

符號	名稱	圖例	說明
	端點與草圖點		繪製草圖點選直線、多邊形、圓角、圓弧、拋物線、部分橢圓、不規則曲線、點、倒角及中心線之端點作爲起點，或是連接所至的終點，皆會顯示。
	中心點		不論繪圖起點或是終點，碰到圓弧、拋物線、部分橢圓或圓心時，會出現中心點符號，確實到位。
	中點		繪圖至線段或圓弧中點時，當到中點時出現中點符號，表示確實碰到中點。
	四分點		繪製草圖到圓、圓弧、拋物線、部分橢圓的四個位置 0°、90°、180°、270°時出現符號，確實到位。
	相交點		草圖繪製到圓弧或線段相交點時，會出現符號，代表確實到位。
	最近點		繪製草圖確實碰到接近之圖元。
	相切		繪製圖元與圓弧、拋物線、部分橢圓相切
	垂直		與直線之垂直點相交觸時，出現垂直符號。
	平行		與直線平行時出現平行符號。

尺度標註與限制條件是讓草圖達到準確的兩個控制器，只要掌握這兩個控制器便可以很快將草圖準確完成，只要把握不造成「過多定義」，便是準確的草圖。當繪製草圖輪廓後，需標註尺度精確定位時，在標註時，會出現量測到之尺度，輸入需要尺度後，按「Enter」或「✔」，便可得所需之尺度。

點選單一線段標出線段長度，點選線段兩端點標出水平或垂直距離，點選平行兩線標出距離，相交或傾斜線段標出角度，圓標出直徑，圓弧標出半徑，如下圖所示。

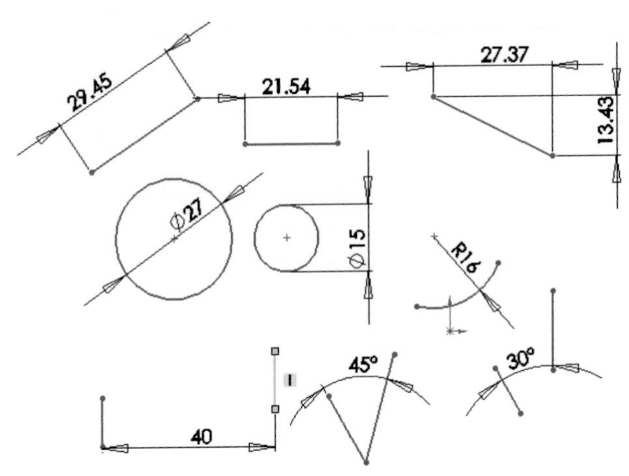

草圖繪製時，任意畫兩個圓，點選「加入限制條件」，在特徵區左下角出現「加入限制條件」之選項，如右圖所示，例如點選「相切」即完成相切之限制。

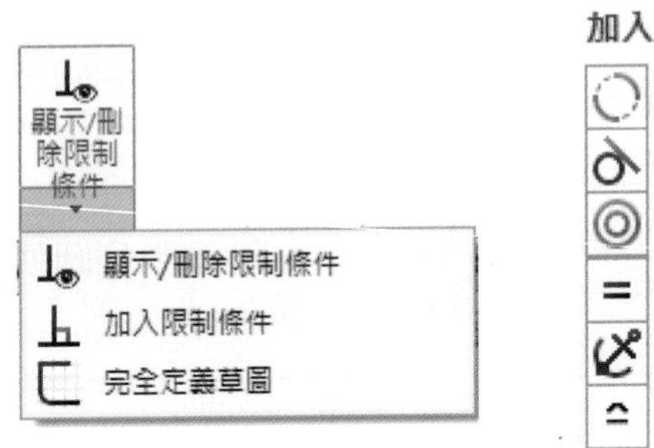

限制條件使用例，說明如下：

(1) 水平放置(H)：點或線的水平限制。

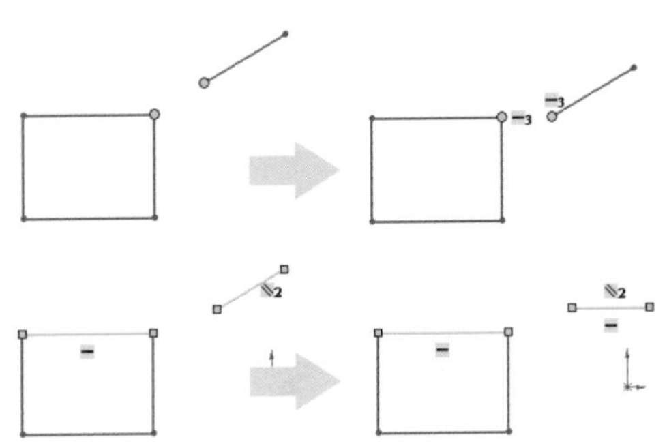

(2) 垂直放置(V)：點或是線的垂直限制。

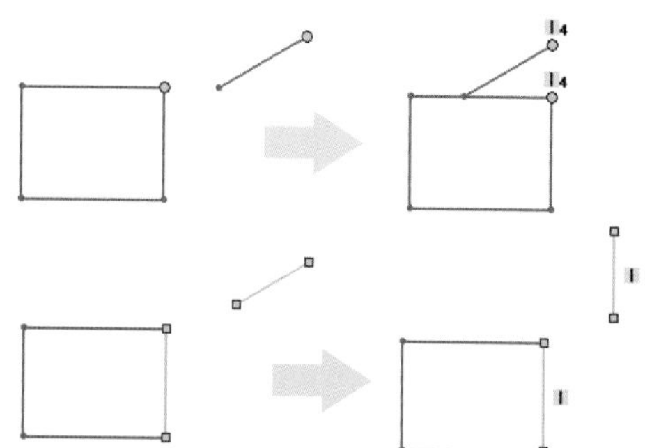

(3) 共線/對齊(L)：線的共線對齊。

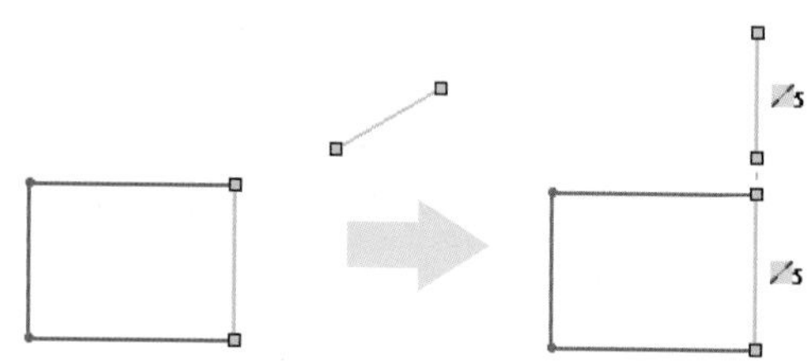

(4) 相互垂直(U)：線段與線段或與邊緣線之互相垂直。

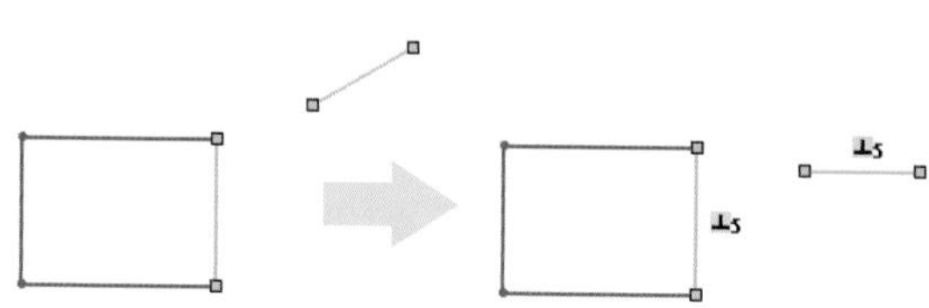

(5) 相互平行(E)：線段與線段或與邊緣線之相互平行。

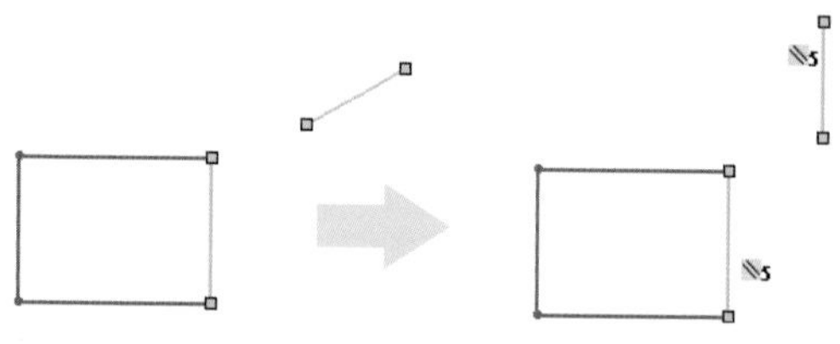

(6) 等長/等徑(Q)：線段或圓直徑相等。

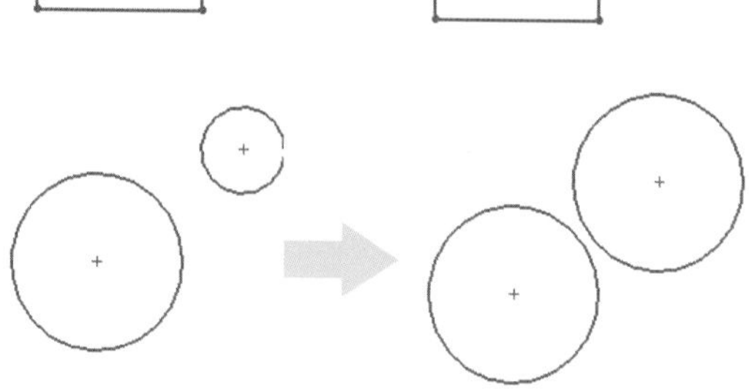

(7) 

：點與端點、原點之重合。

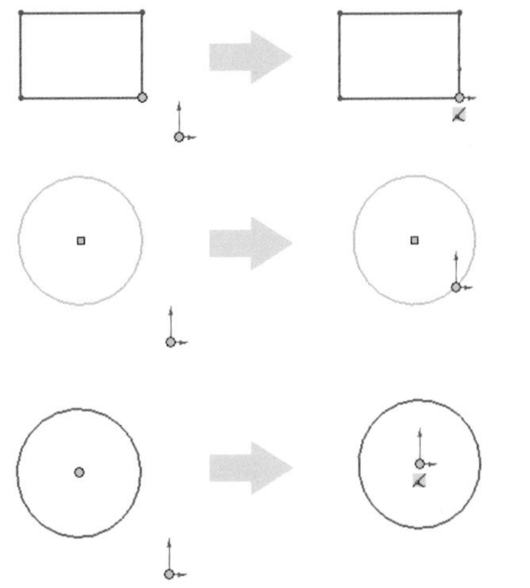

(8) 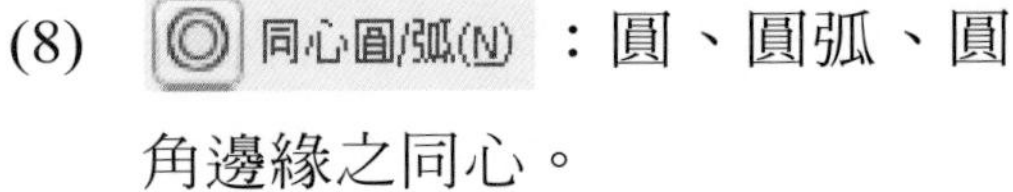

：圓、圓弧、圓角邊緣之同心。

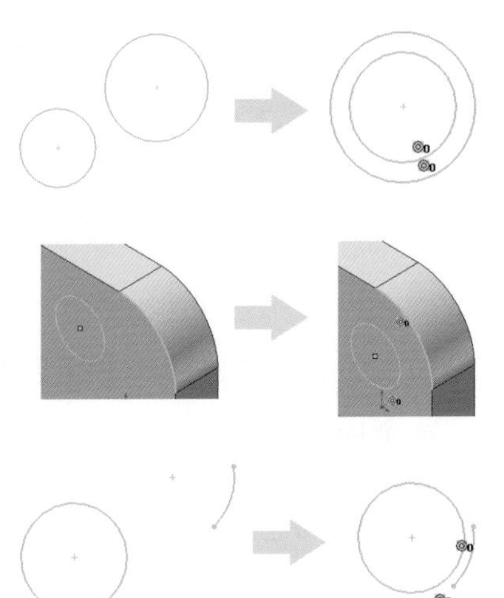

(9) 互為相切(A)：線段、圓、圓弧之相切。

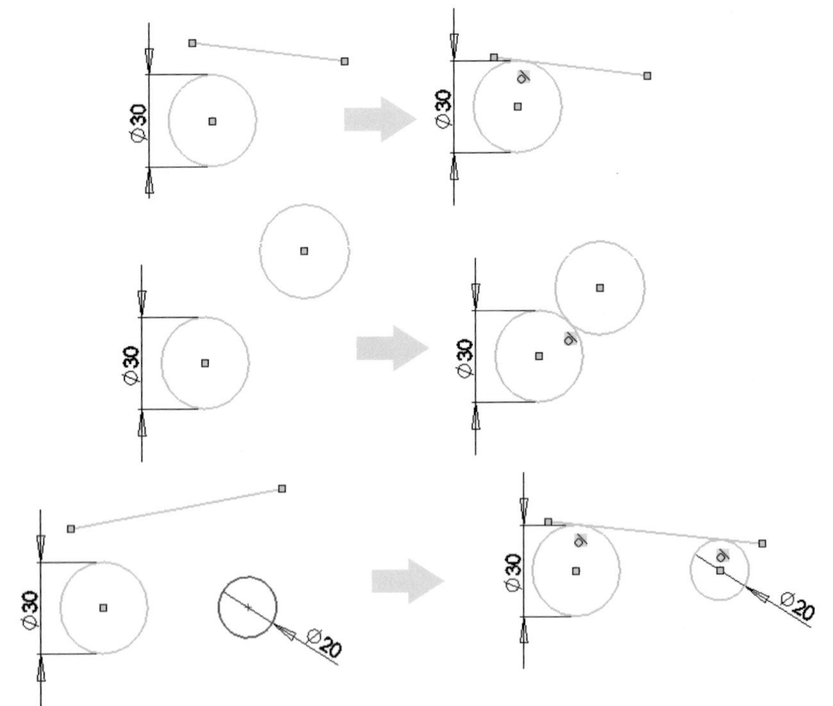

精選範例練習

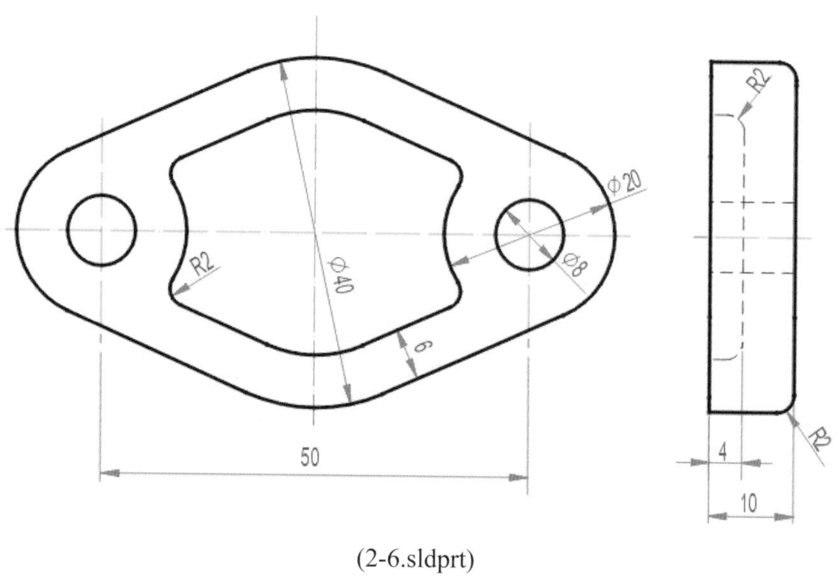

(2-6.sldprt)

2-7 草圖環狀複製

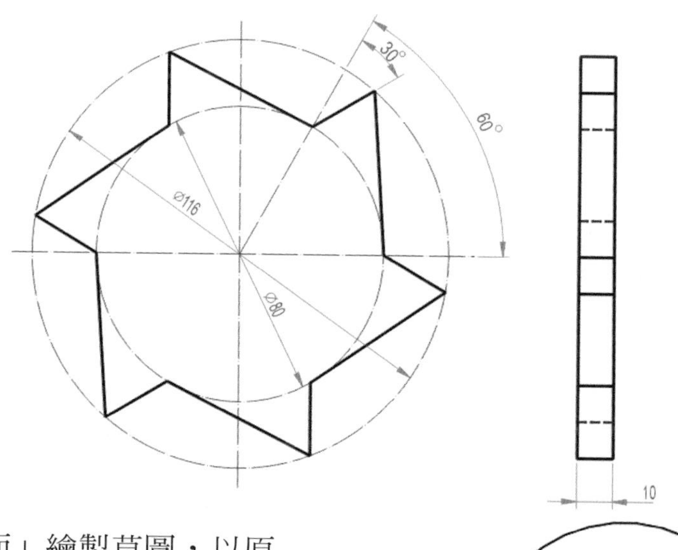

(2-7.sldprt)

1. 「上基準面」繪製草圖，以原點「」爲圓心繪製圓「」直徑 80 與 116。

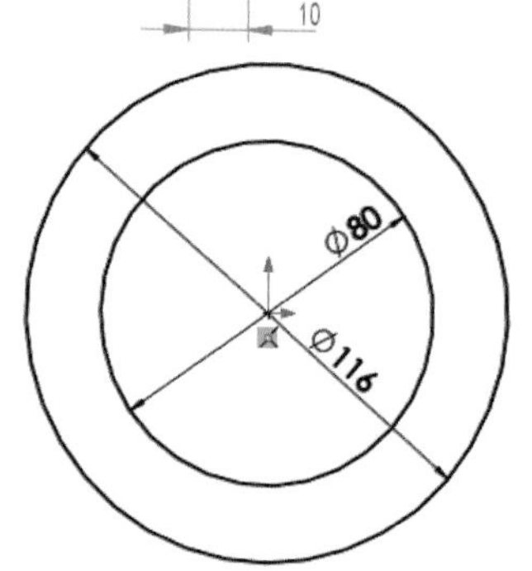

2. 草圖繪製「中心線(N)」如下圖從點 1（圓的四分點）向右畫到原點點 2，再畫到點 3，標註尺度夾角 60°。

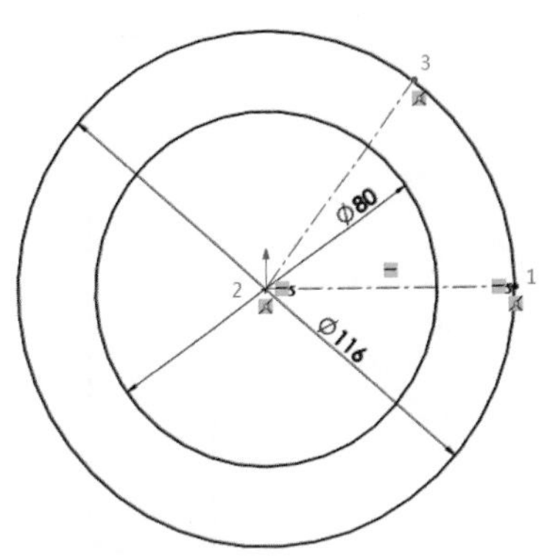

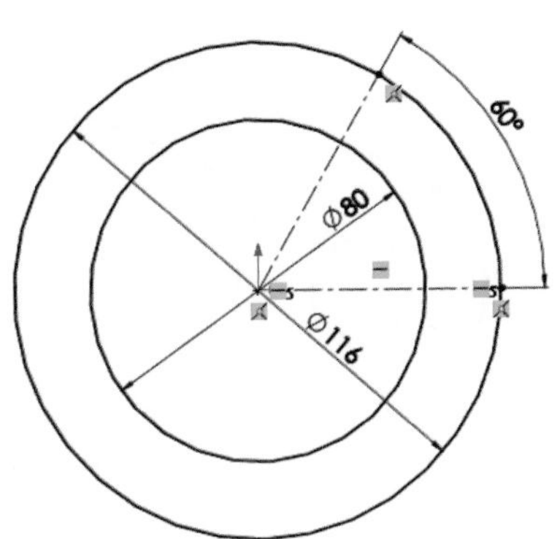

3. 右圖直線「」，從點 1 畫到大圓弧邊緣點 2，再畫到點 3，標註夾角 30°。
草圖複製「環狀草圖複製排列」如下圖，點選環狀複製原點 1，複製圖元直線 5 與直線 6，輸入複製數量「6」，如下圖，完成草圖環狀複製。

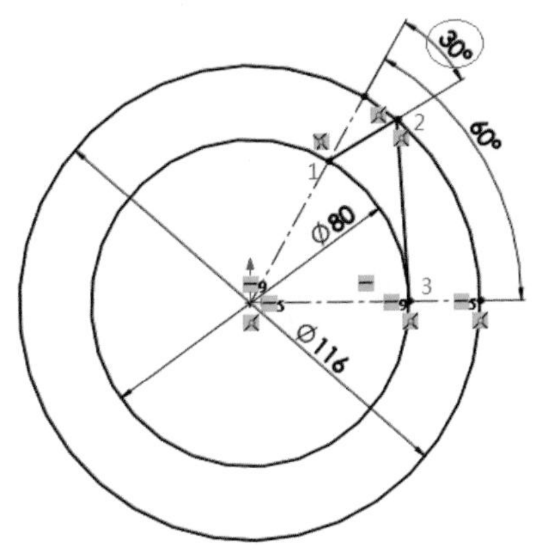

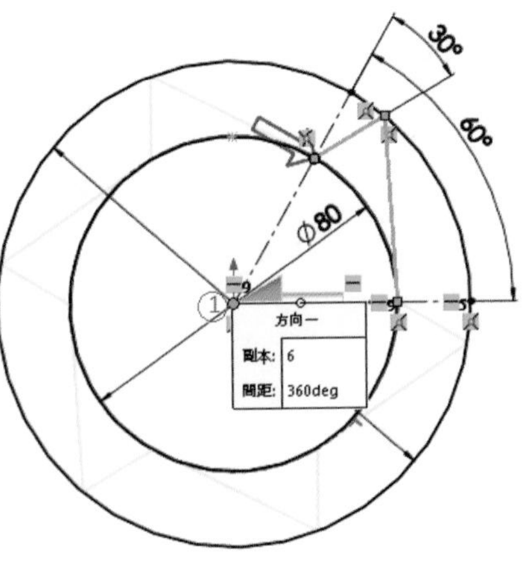

4. 修剪「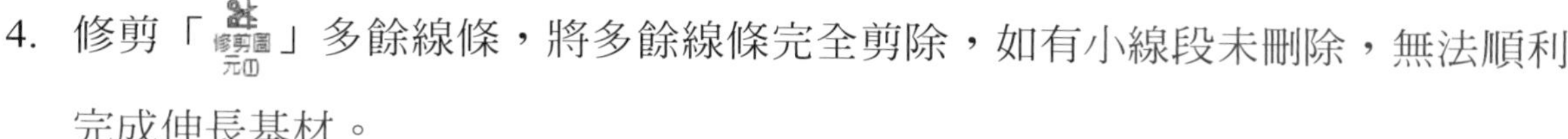」多餘線條，將多餘線條完全剪除，如有小線段未刪除，無法順利完成伸長基材。

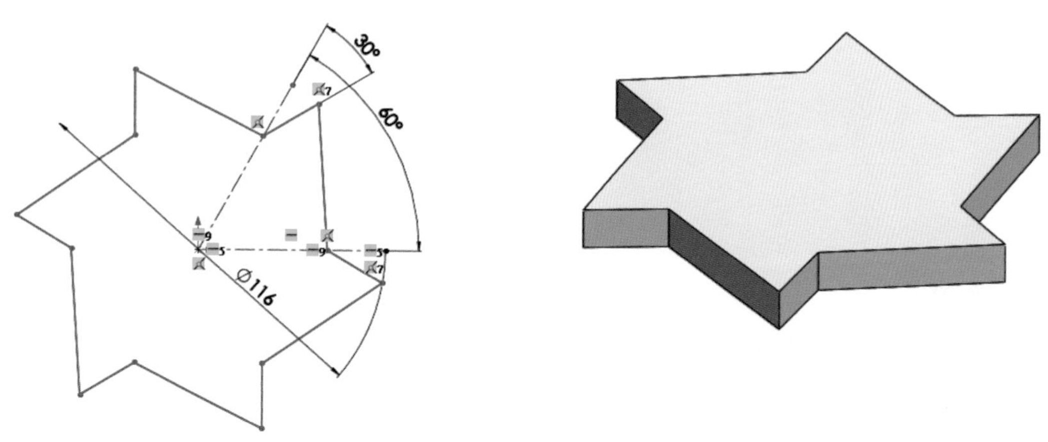

2-8 特徵環狀複製

1. 判讀正投影視圖，以六分之一視圖之尺度是否完整？以「上基準面」繪製草圖如下圖左，標註尺度，特徵伸長「10」，如下圖右所示。

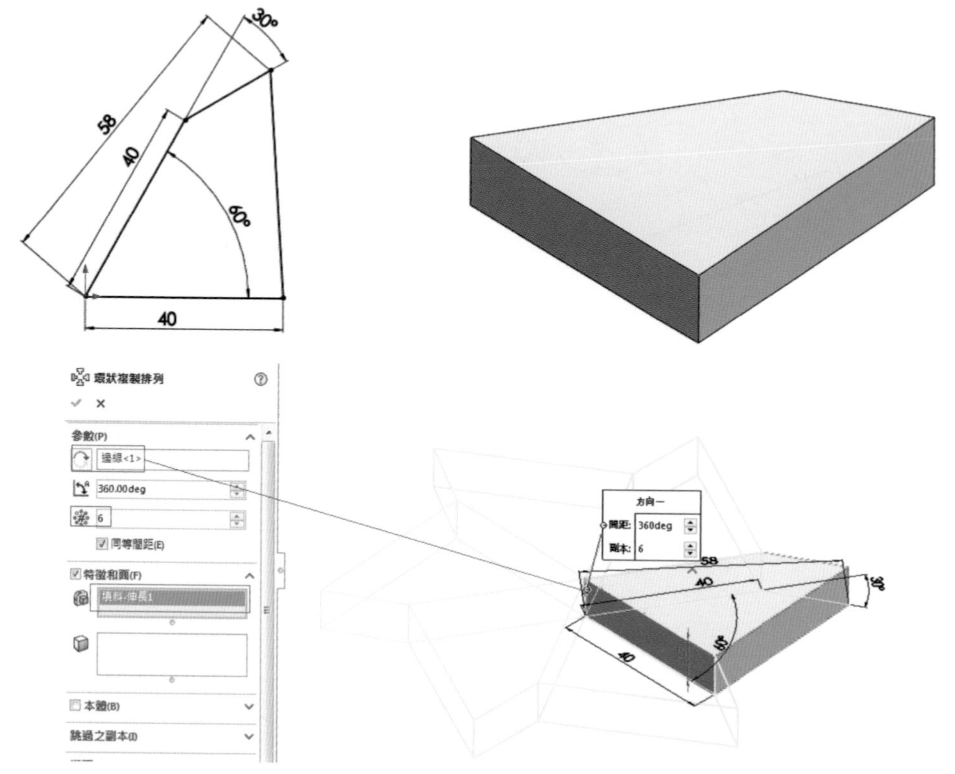

2. 使用特徵編輯「環狀複製排列」，如上圖，選擇「邊線」為轉軸，數量 6 個，完成如右圖之環狀陣列複製。

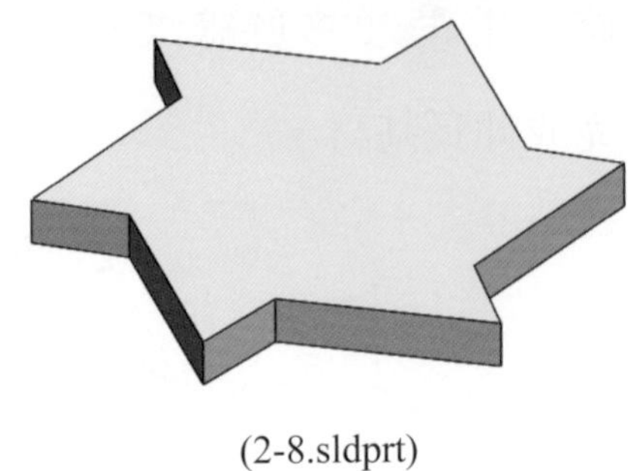

(2-8.sldprt)

技巧解析

以最簡單的草圖，產生特徵後，運用編輯特徵之環狀陣列複製，避免草圖複製後較為複雜，編輯時容易產生錯誤，尤其是有變更設計時更是麻煩。

2-9 除料伸長-往兩方向成形

2-9.avi

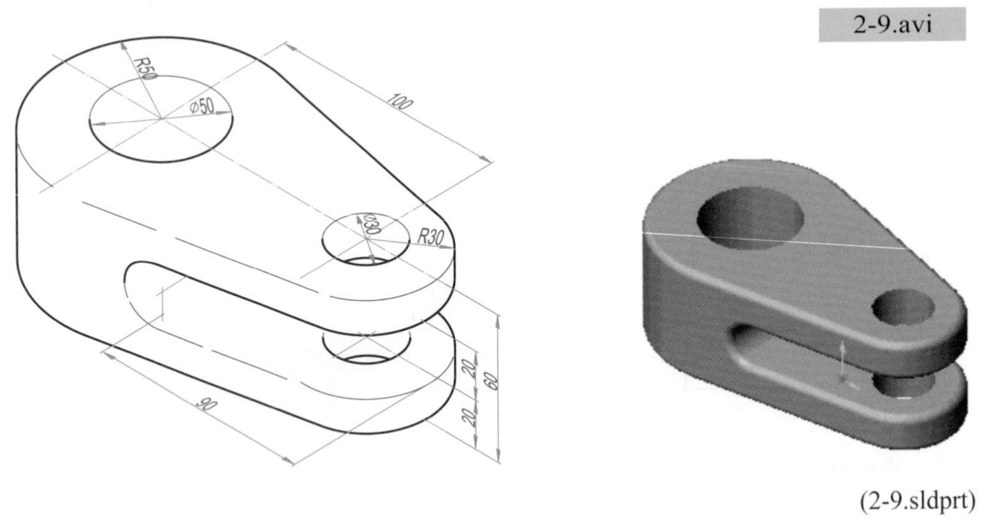

(2-9.sldprt)

學習內涵有● 基準面的選用● 中心線● 草圖鏡射● 除料伸長-往兩方向成形

1. 從思考模式瞭解，本實體圖從俯視圖著手較為理想，所以點選**「上基準面」**。
2. 草圖繪製「草圖」，繪製一條中心線，然後在中心線上方自動延伸與其垂直為起點，畫一向右下角之斜線，然後編輯草圖之「鏡射圖元」，鏡射為上下對稱之線條，如下圖右所示。

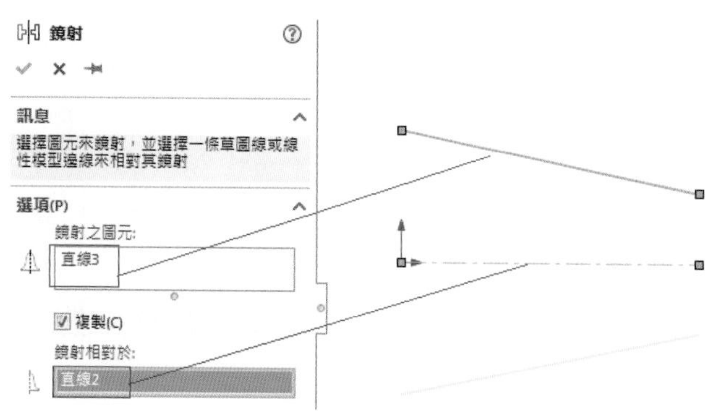

3. 點選「切線弧」，繪製切線弧，並完成尺度之標註。「加入限制條件」讓 R50 圓心與原點「合併」。

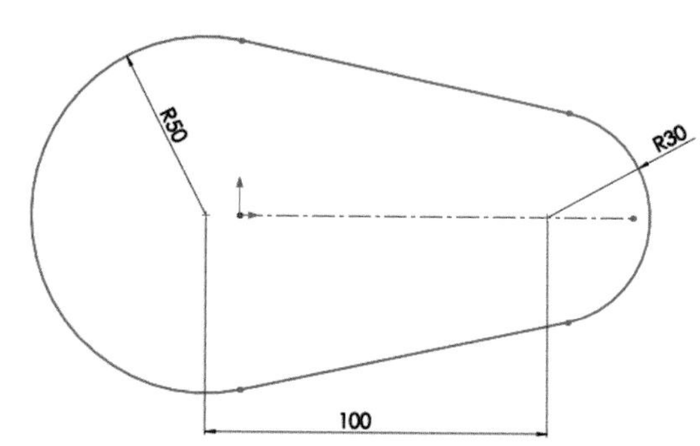

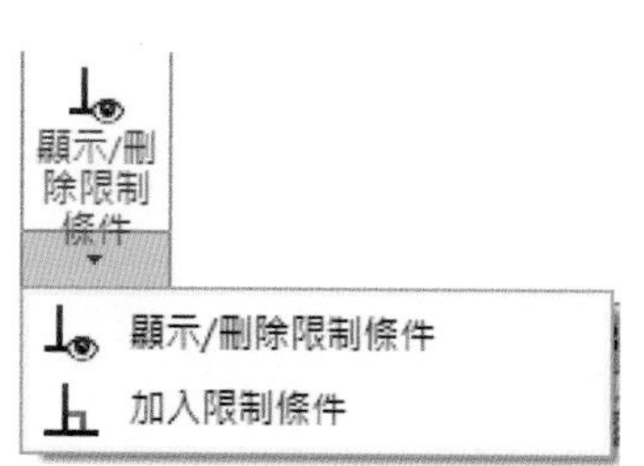

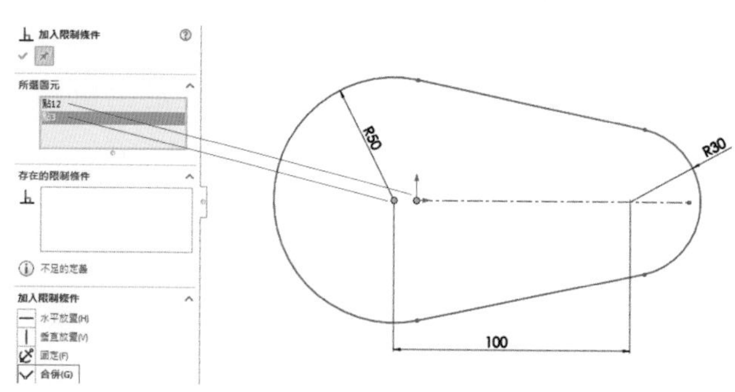

4. 點選「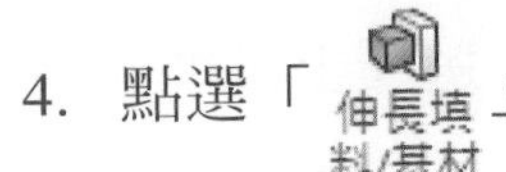」，方向為「兩側對稱」輸入深度「60mm」。

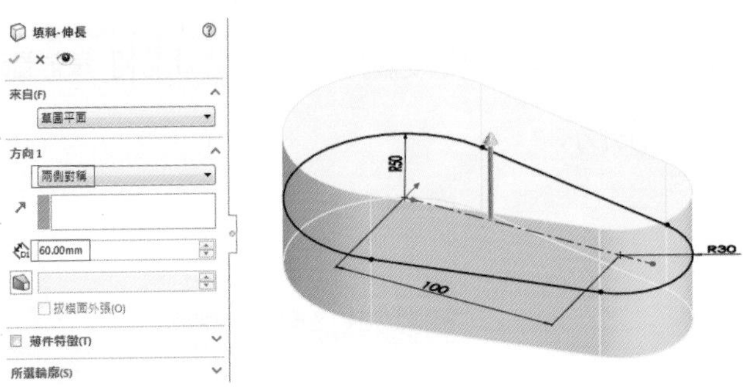

5. 點選「前基準面」後點選草圖繪製並點選正視於「正視於」。繪製草圖，並完成尺度之標註，如下圖。

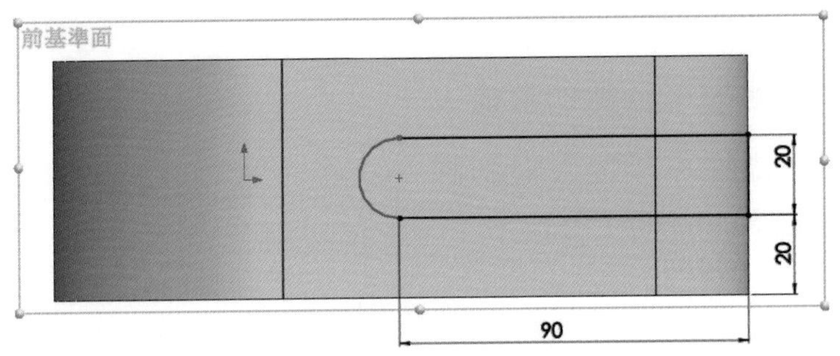

6. 點選除料「伸長除料」，「方向 1」類型選完全貫穿，在「方向 2」的地方也需打「ˇ」，類型選完全貫穿，因前述操作是以中心線、鏡射繪製，「方向 1」與「方向 2」全選，方能將兩方向都做完全貫穿的除料動作。

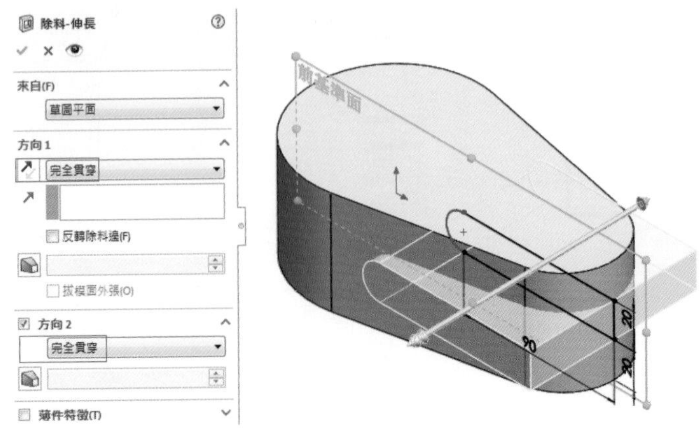

7. 點選基準面，草圖繪製「草圖」，繪製兩圓，並完成尺度標註。

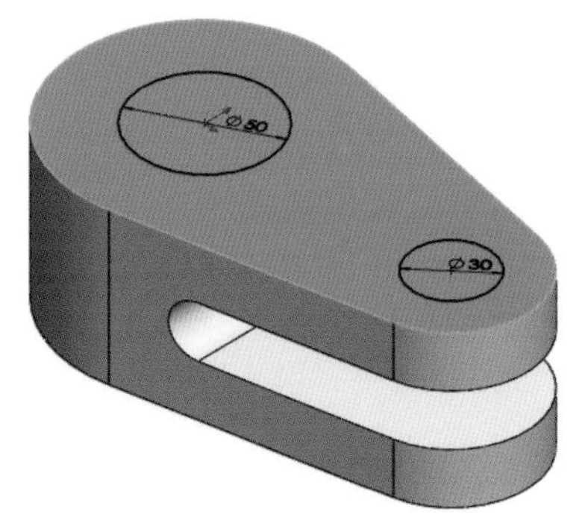

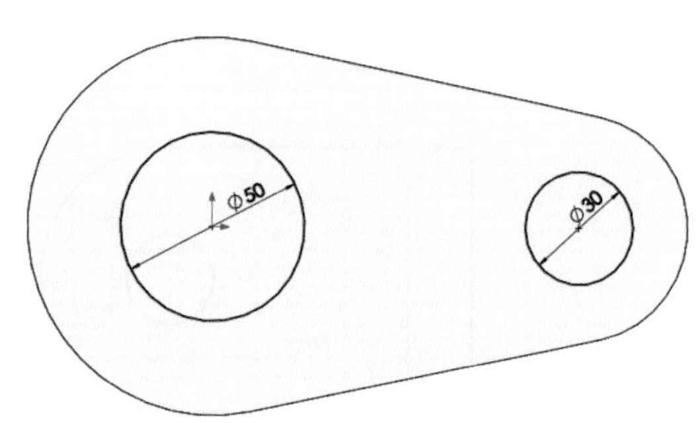

8. 點選除料「伸長除料」，類型選「完全貫穿」。選取欲導圓角的邊緣，然後點選圓角「圓角」，輸入半徑 4mm。

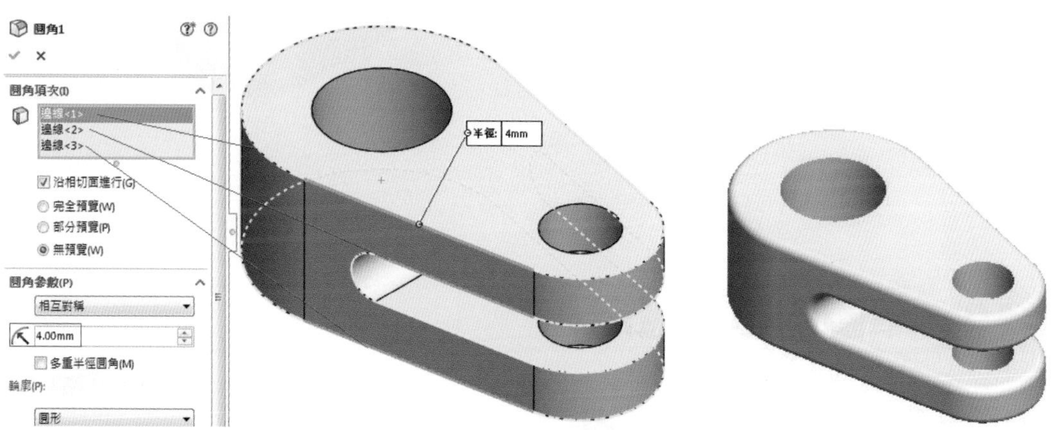

技巧解析

此草圖使用「切線弧」繪製較為簡易，若先畫兩圓後再以直線相切，可能是交點或是切點，需要以「加入限制條件」重新確認，才能畫出正確草圖。

精選範例練習

1. (A2-1.sldprt)

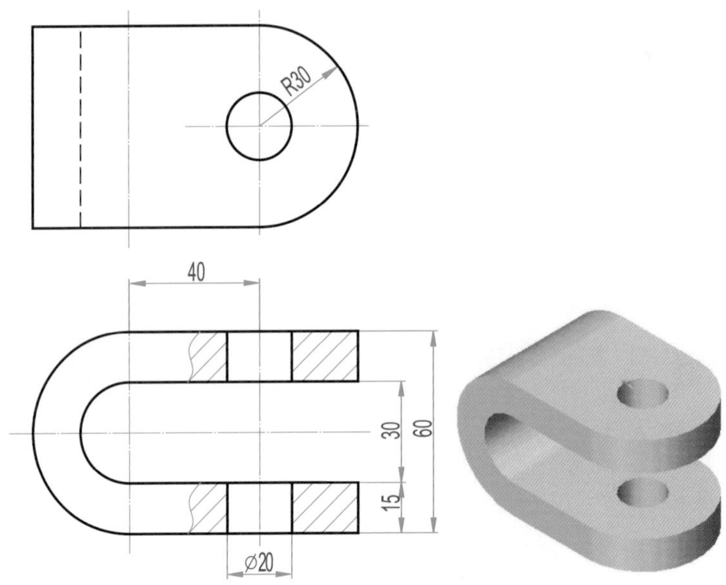

2-10 草圖的複合應用

2-10.avi

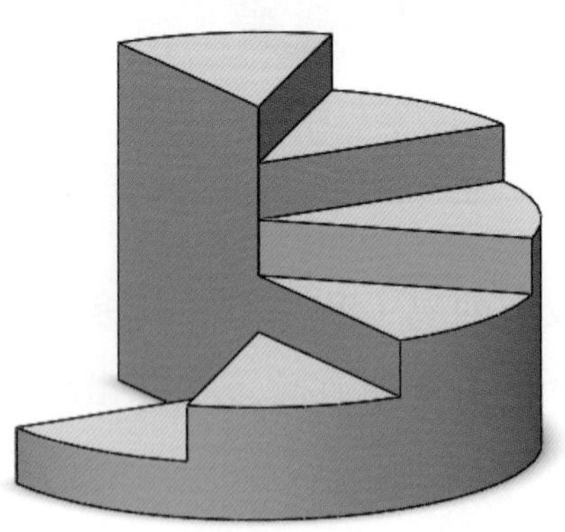

(2-10. sldprt)

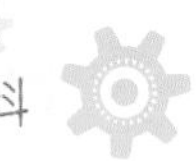

1. 點選「上基準面」出現「草圖」繪製草圖。

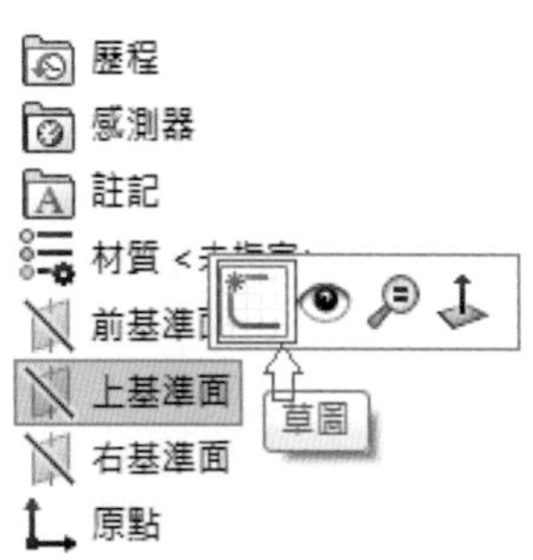

2. 點選草圖「⊙」畫圓，以「 」原點為圓心畫任意半徑之圓，使用「智慧型尺寸」標註直徑，修改直徑為「100」按 Enter，或「✓」完成。

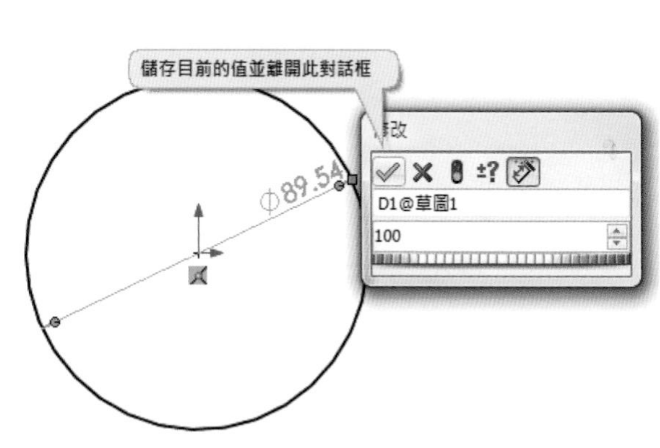

3. 點選草圖「╲」繪製直線。

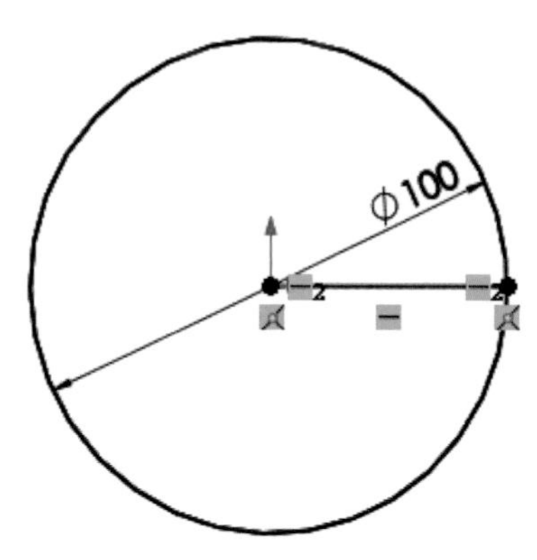

4. 點選草圖編輯之「環狀草圖複製排列」。環狀參數為「原點」，複製圖元點選「直線」，輸入環狀複製數量 8。

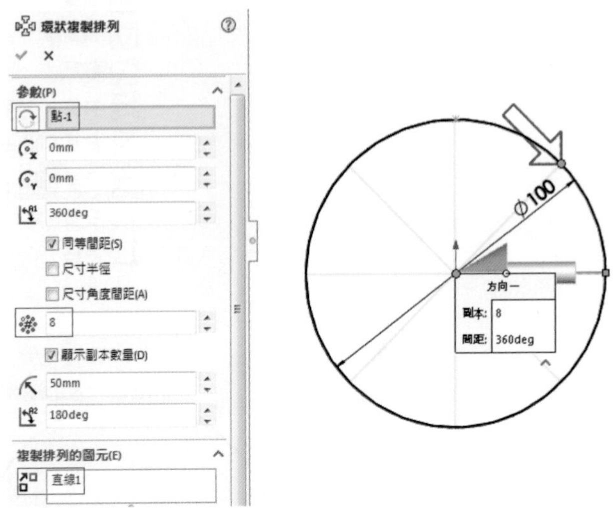

5. 點選特徵「伸長填料/基材」點選如圖所示位置，伸長「10」後按「✓」完成。

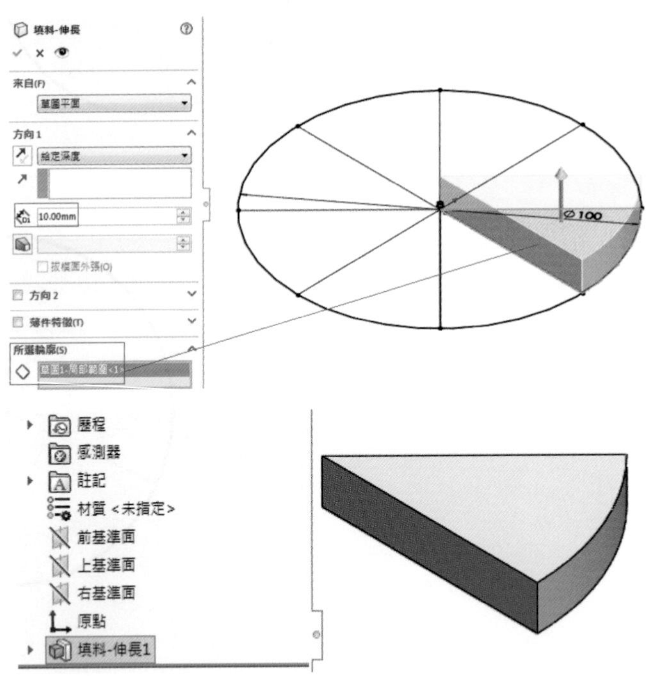

6. 點選「▸ 填料-伸長1」之「▶」展開後「草圖1」點選「草圖 1」。

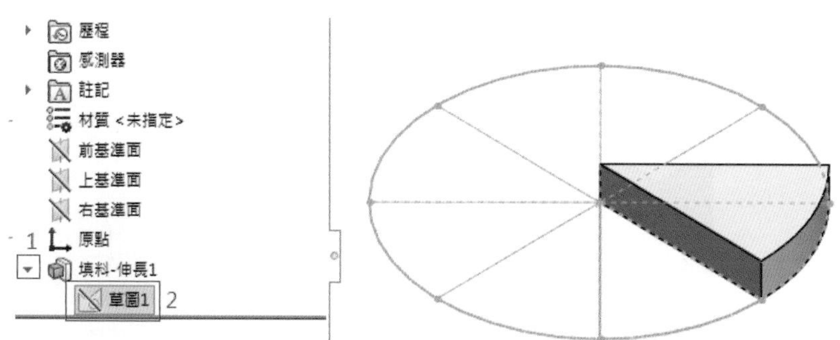

7. 點選特徵「伸長填料/基材」，然後按如下圖之區域。輸入伸長「20」後按 Enter，或「✓」完成。

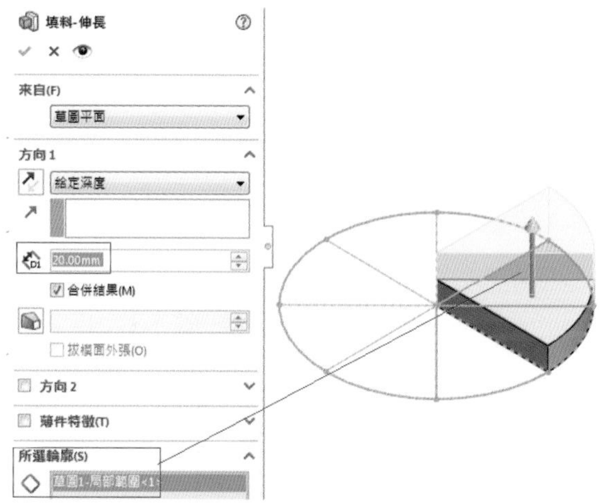

8. 重複點選「▸ 填料-伸長1」之「▶」展開後「草圖1」點選「草圖 1」。「填料伸長」特徵輸入伸長「30」。

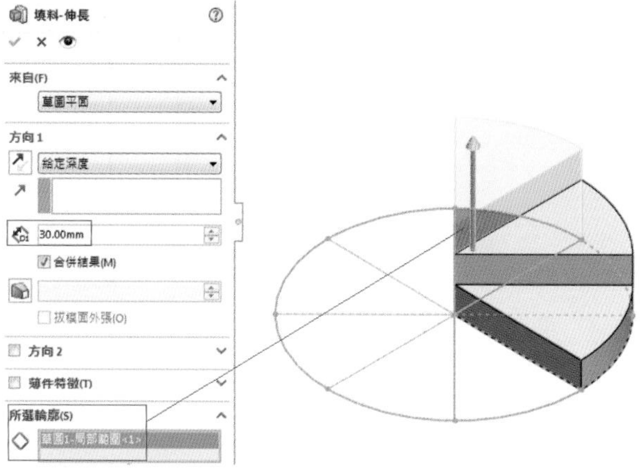

依序完成「40」、「50」、「60」等階梯高度完成樓梯模型。

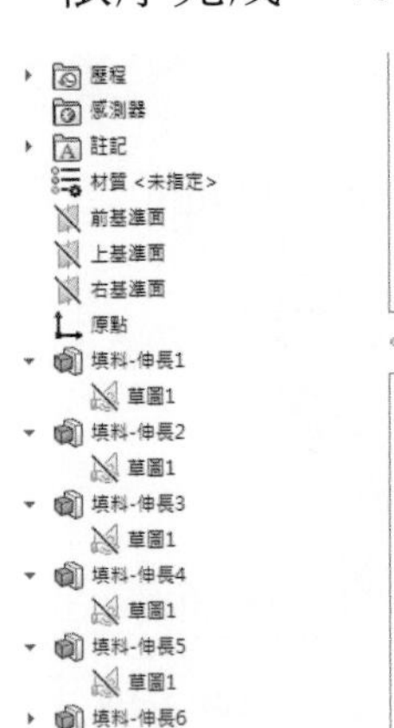

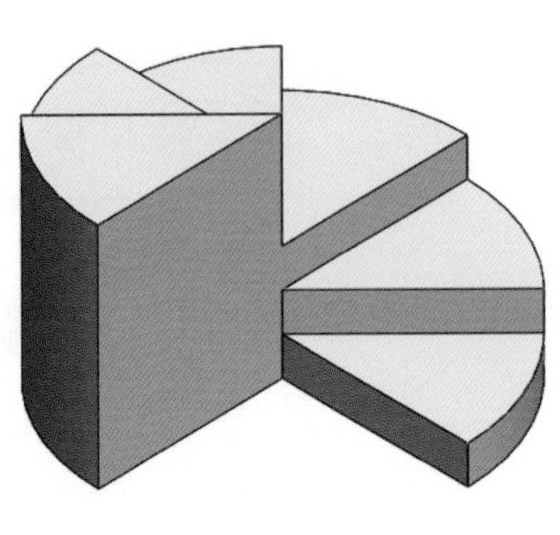

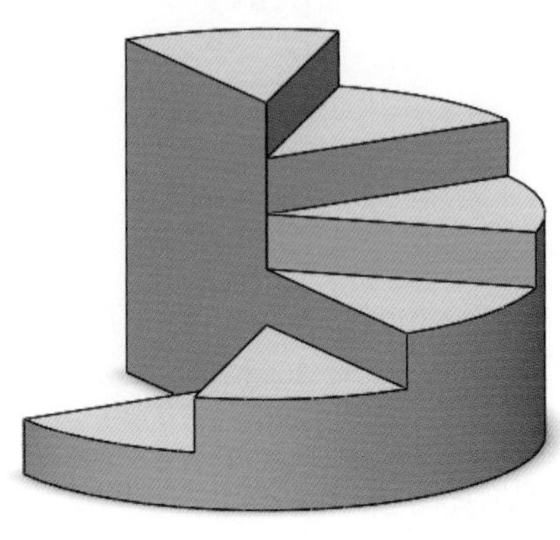

2-11 伸長與特定方向除料

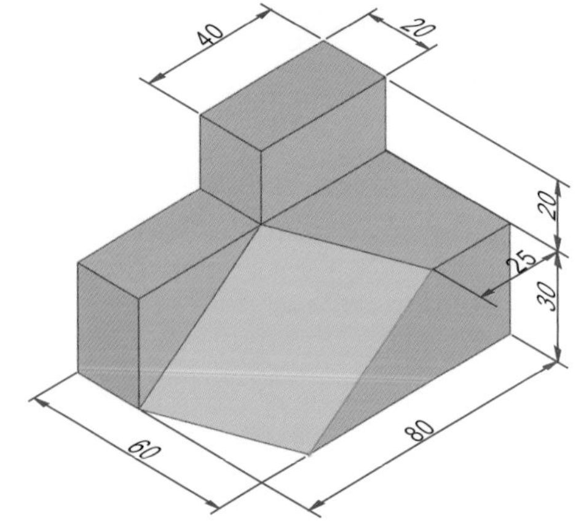

(2-11.prt)

1. 點選「上基準面」繪製長 80 寬 60 矩形「」。依序完成特徵伸長填料。

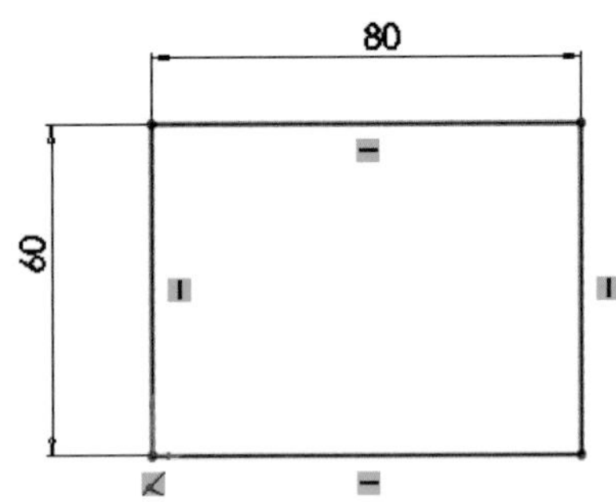

2. 完成後，點選藍色面為作圖面。

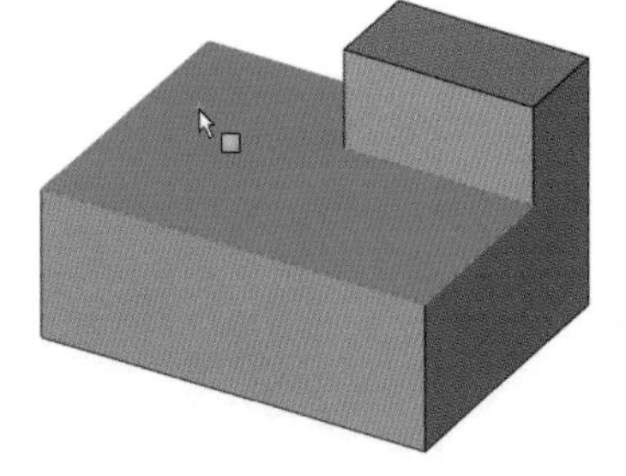

3. 正視「」作圖面，以直線「」繪製草圖，如右圖所示，完成草圖。

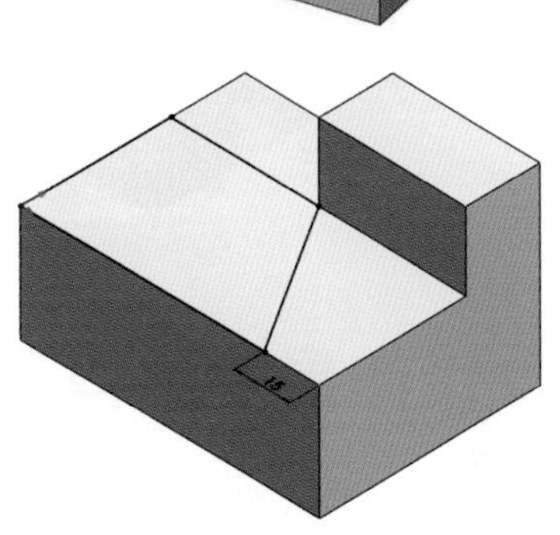

4. 如下圖，點選藍色面，正視「」畫直線「」繪製草圖。

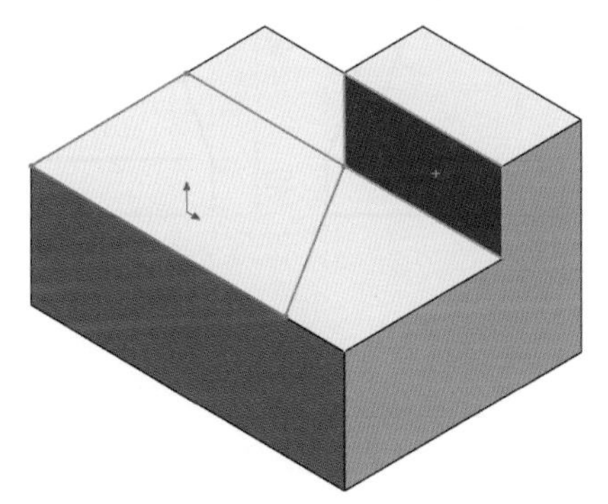

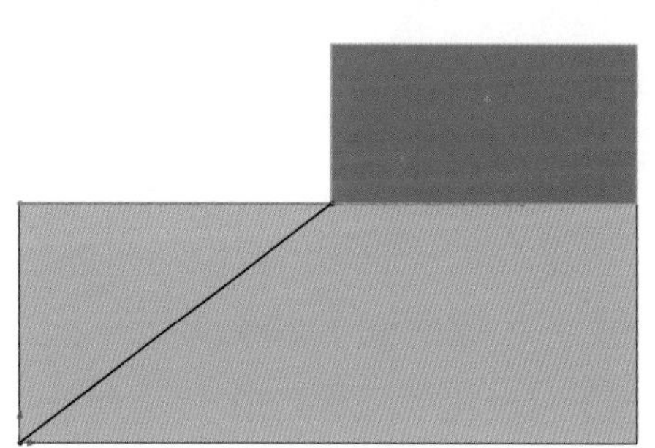

5. 如下圖所示，特徵「伸長除料」，點選「1」處之輪廓草圖，除料方向點選「2」處之草圖斜線，深度「完全貫穿」。

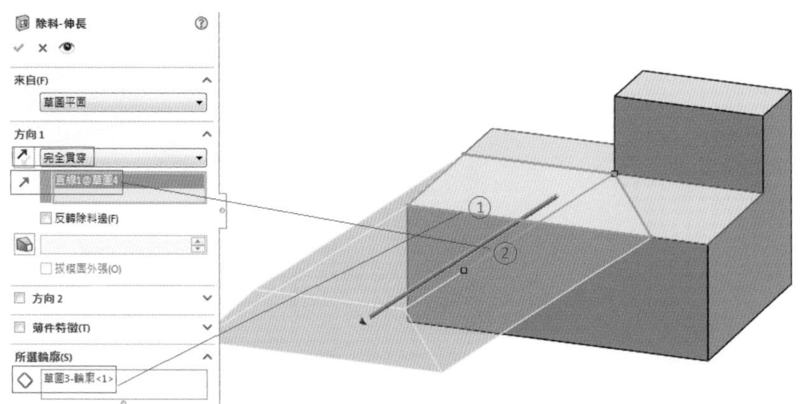

6. 完成實體圖。

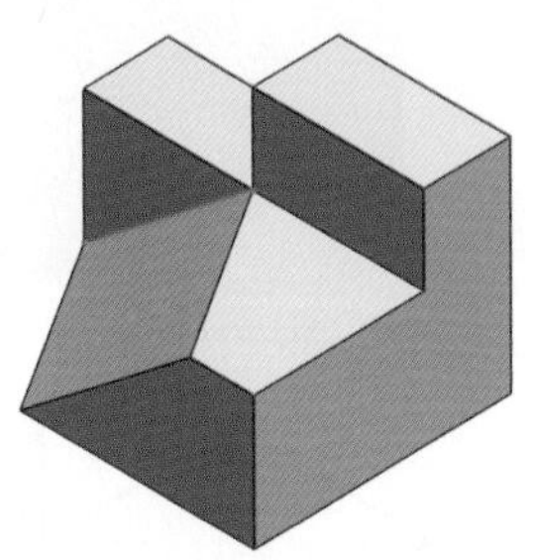
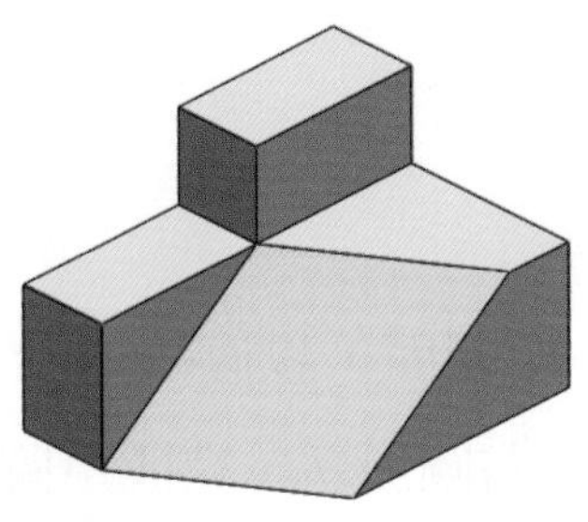

2-12 伸長與除料至某面平移處

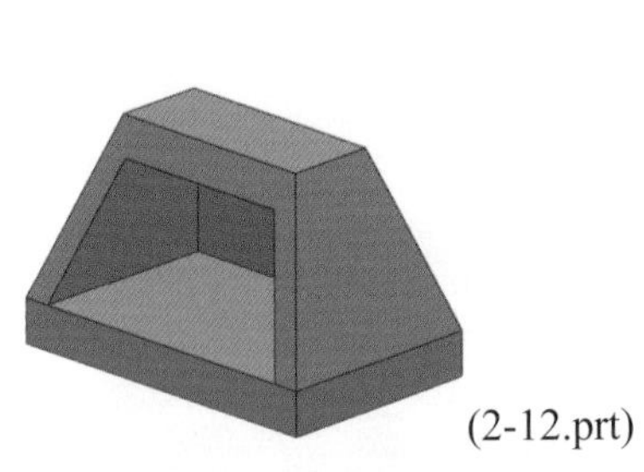
(2-12.prt)

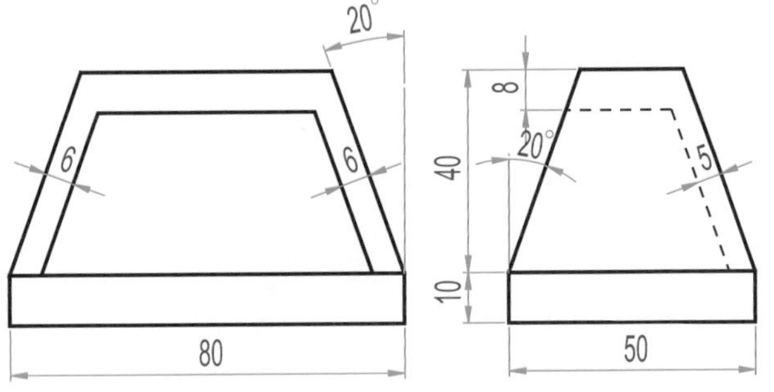

1. 點選「上基準面」繪製矩形「□」尺度為 80、50。

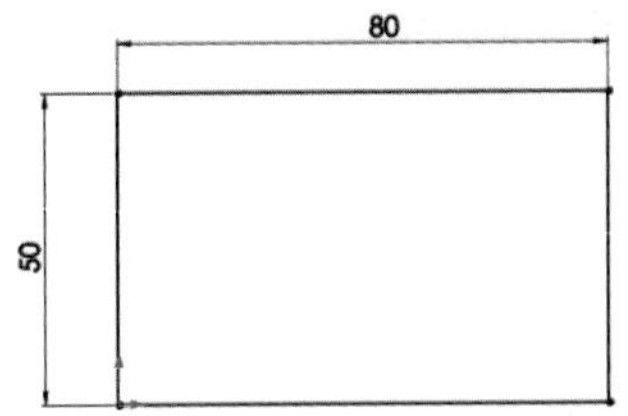

2. 點選特徵伸長基材之「伸長填料/基材」，「方向 1」向下伸長 10，「方向 2」向上伸長 40，角度向內 20°。

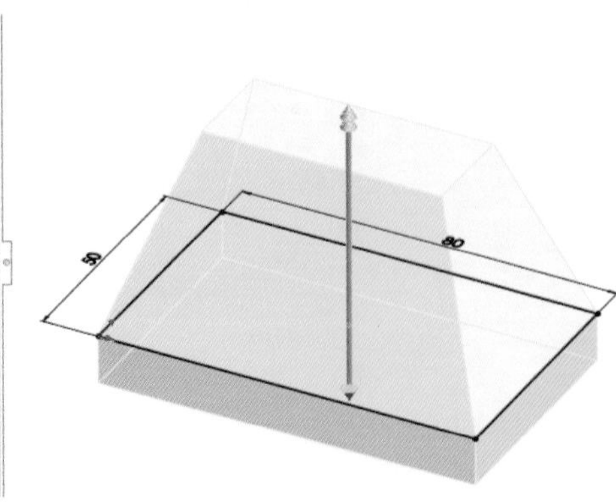

3. 點選藍色面為作圖面。正視於「」以直線「」繪製草圖。

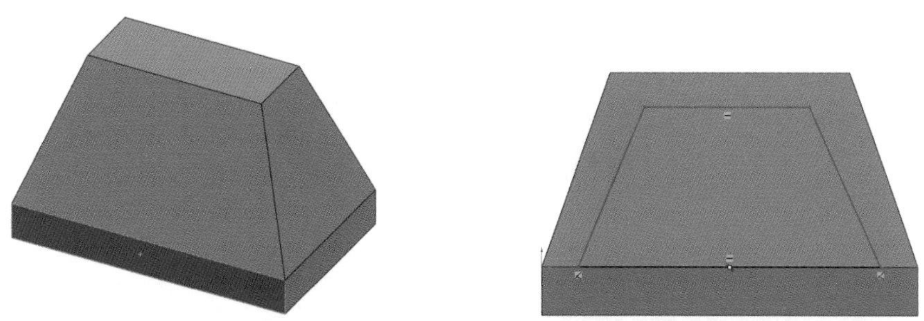

4. 「加入限制條件」相關線條互相平行，並標註尺度。

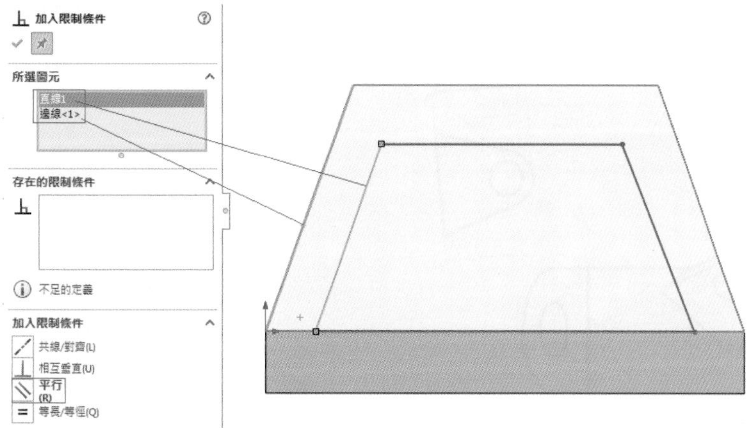

5. 右視圖「」，伸長除料「伸長除料」，方向 1 選擇「至某面平移處」選取「粉紅色面」，距離「5」，如右圖。

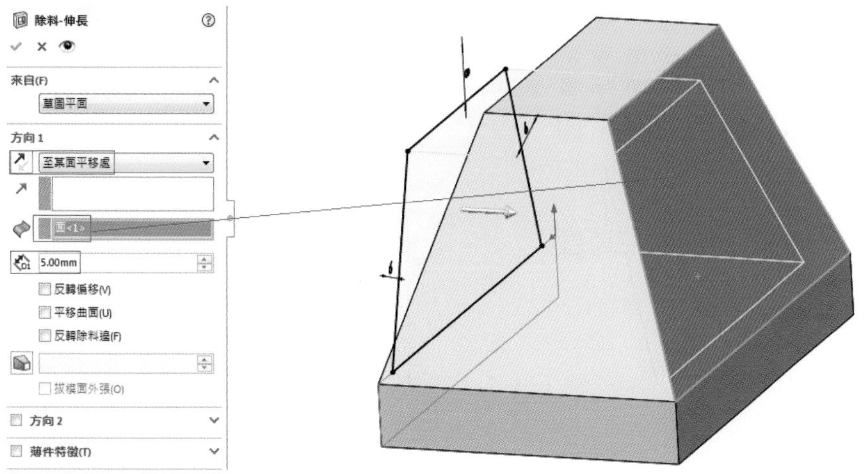

6. 完成。

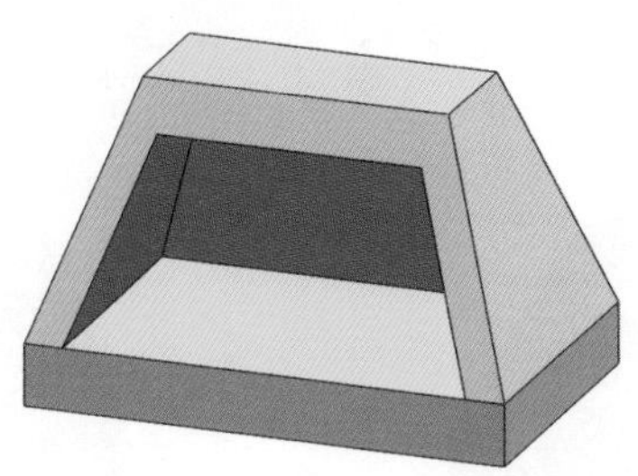

2-13 歪斜基準面伸長與除料

2-13.avi

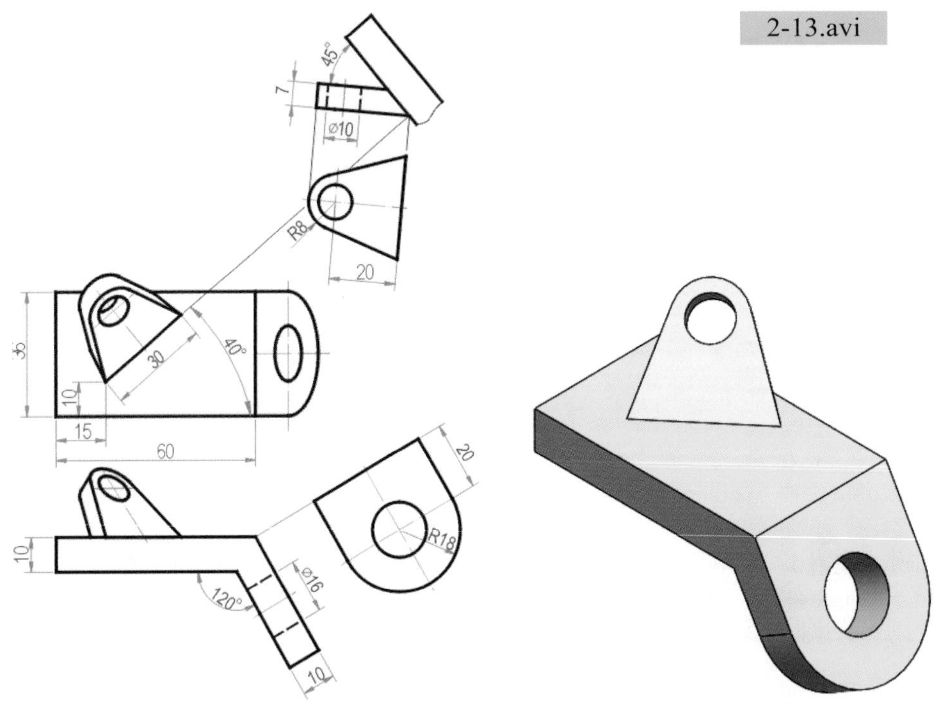

(2-13.sldprt)

1. 「上基準面」繪製草圖，如左圖。
2. 特徵基材伸長「向下」長度 10。

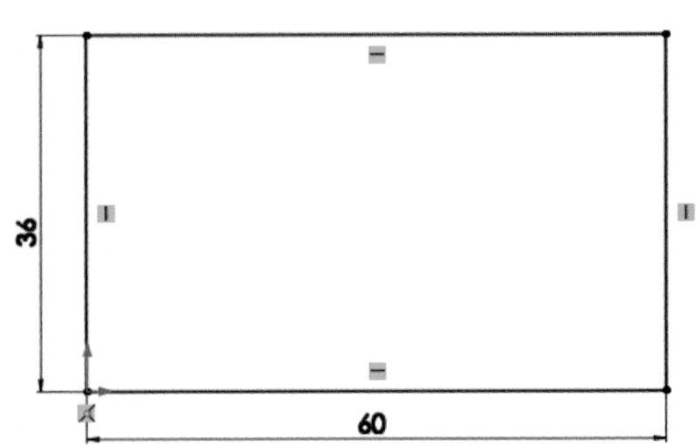

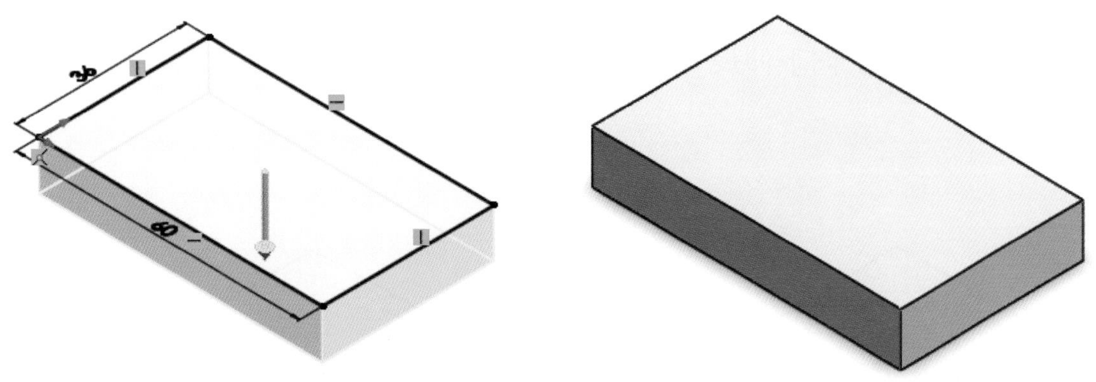

3. 「插入」/「參考幾何」/「基準面(P)...」，如下圖步驟 1：點選「面<1>」，步驟 2：點選「邊線<1>」，步驟 3：輸入基準面夾角 60°，完成新建「平面 1」。

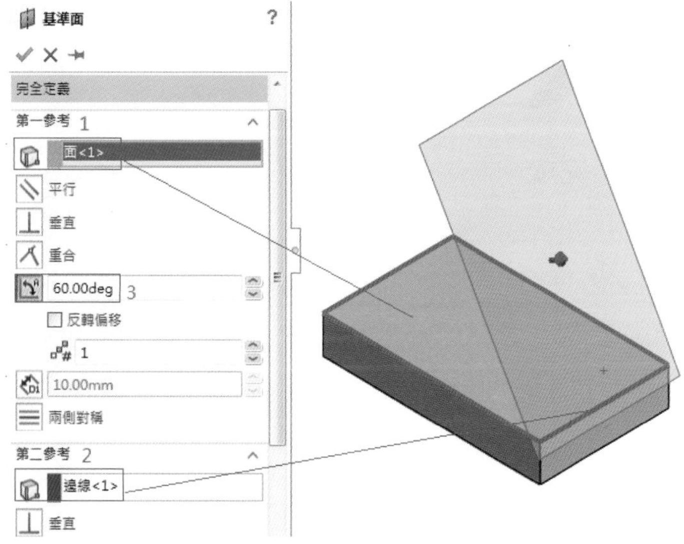

4. 點選「平面1」正視於「」繪製草圖「草圖」。善用智慧鎖點對齊模式，繪製矩形高度「20」，矩形長邊中點爲圓心畫圓，修剪完成。

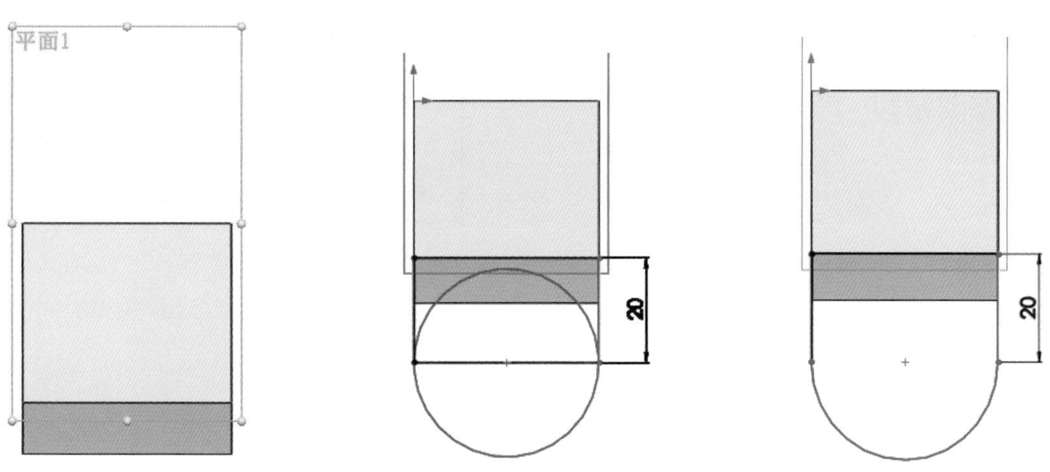

5. 特徵「伸長填料/基材」向下伸長「10」，點選斜面畫草圖直徑 16 之圓。

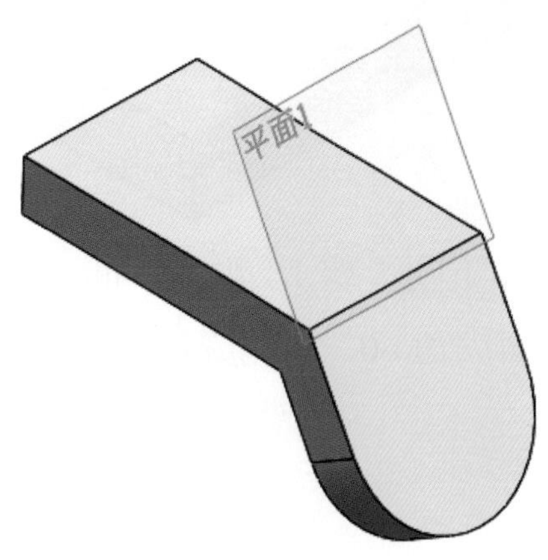

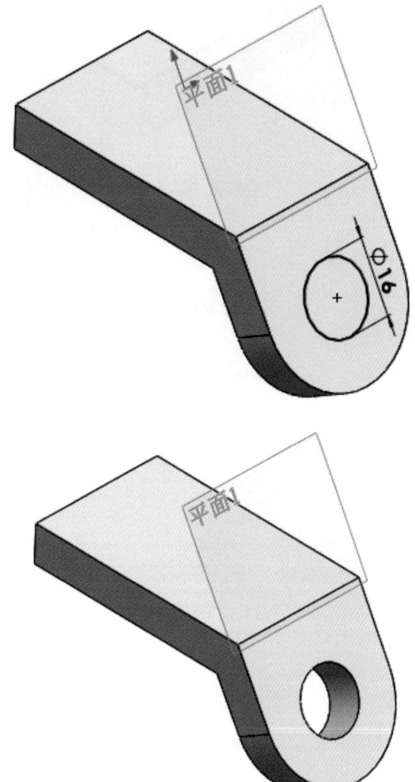

6. 特徵除料「伸長除料」完成。

7. 點選平面，正視於「」繪製草圖「草圖」，畫中心線，如下圖。完成草圖繪製。

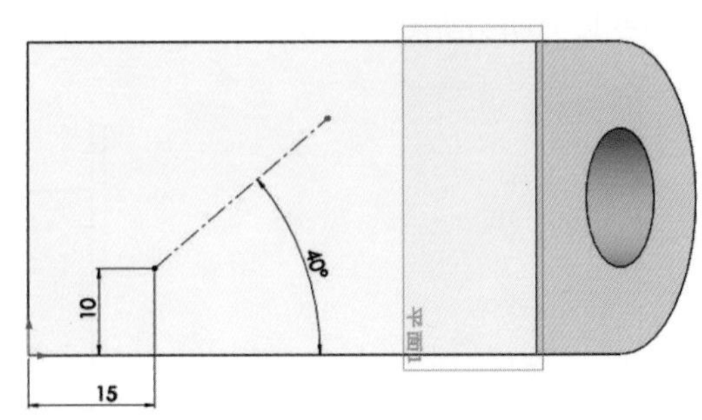

8. 「插入」/「參考幾何」/「 基準面(P)...」，依步驟點選「中心線」、「平面」、夾角「45°」，得到「平面<2>」，點選「平面<2>」。**正視於「」繪製草圖「草圖」**。

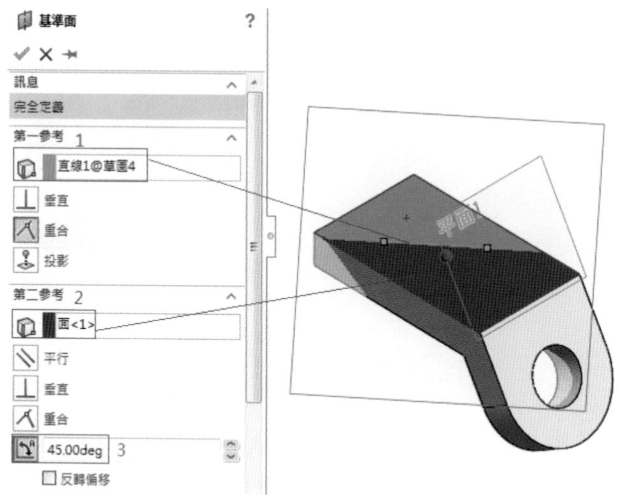

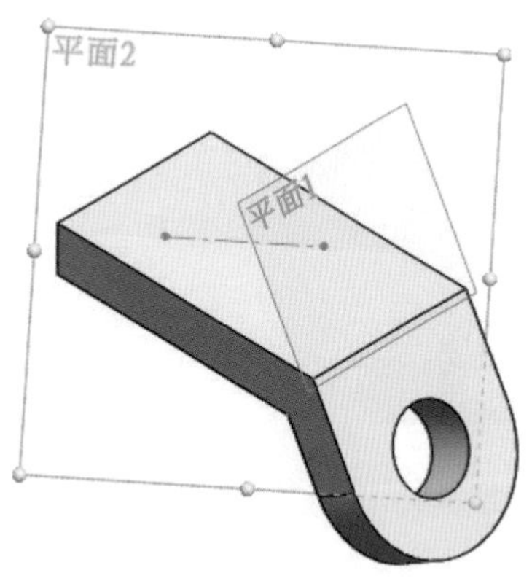

9. 繪製草圖如下圖所示。

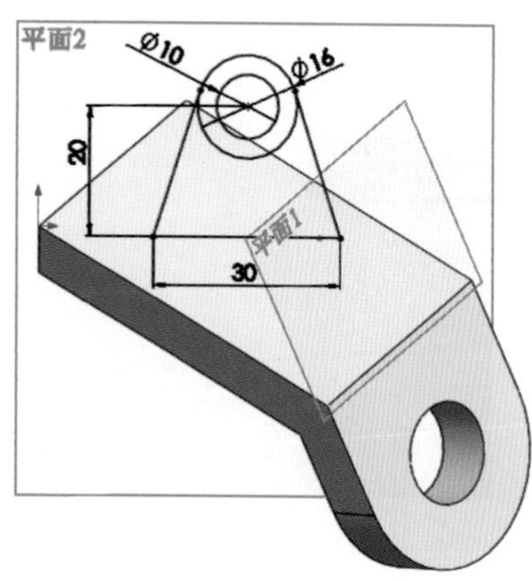

10. 修剪完成。

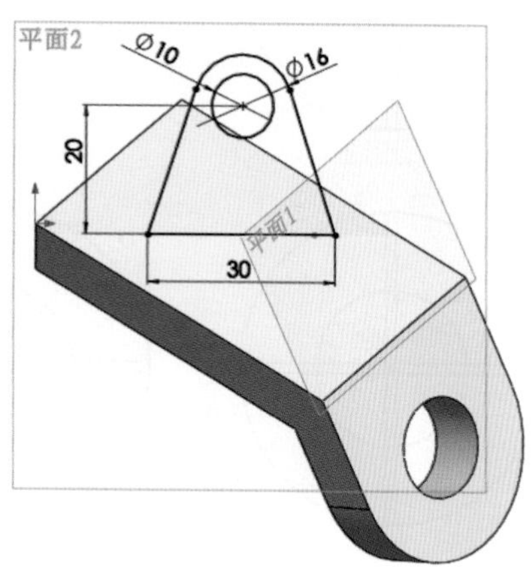

11. 特徵向下伸長「7」，完成斜面與歪(複斜)面之特徵。

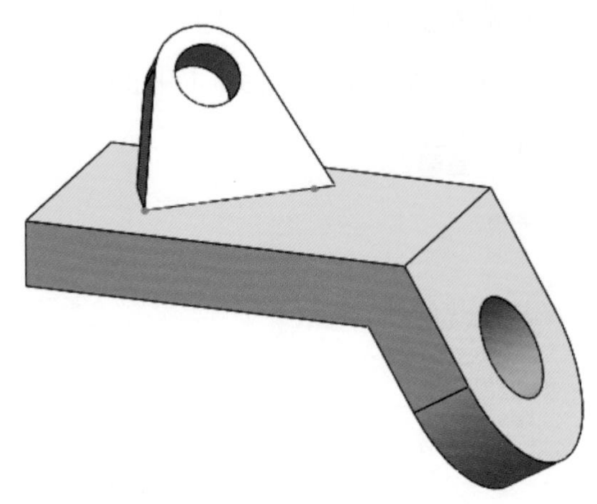

技巧解析

基準面的建立，是產生各種特徵很重要的步驟，有紙張(基準面)拿筆(繪製草圖)才能產生特徵，利用「中心線」與邊線配合平面，可以建立任何夾角的新基準面。

綜合練習

1.

(P2-1.sldprt)

2.

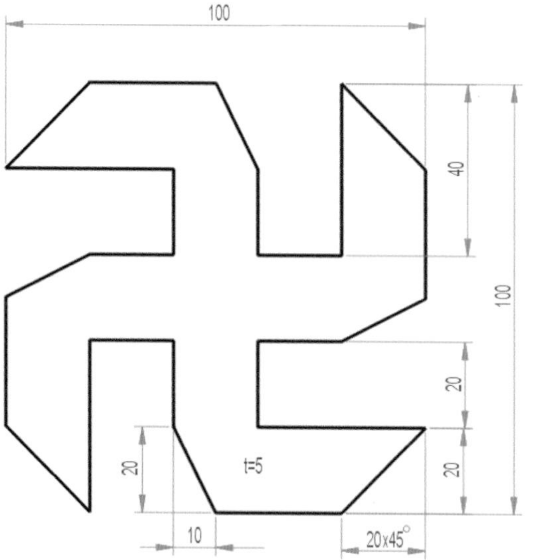

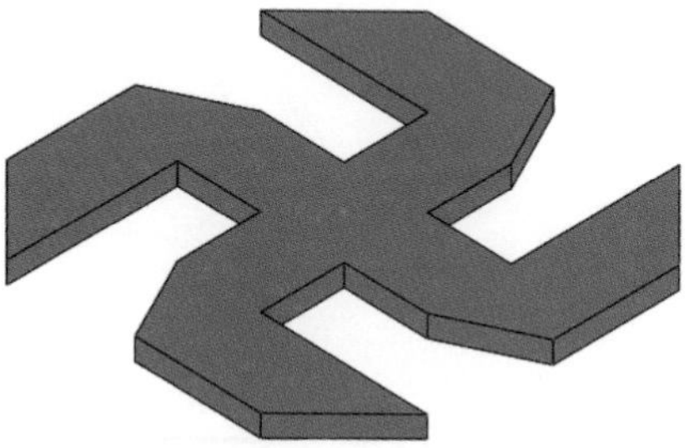

t=5

(P2-2.sldprt)

3.

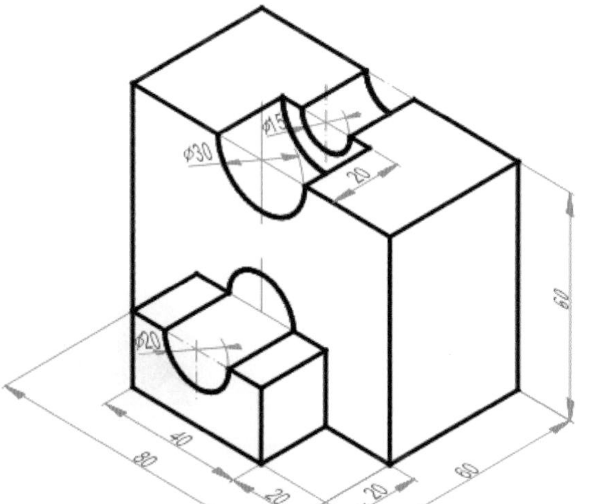

(P2-3.sldprt)

4.

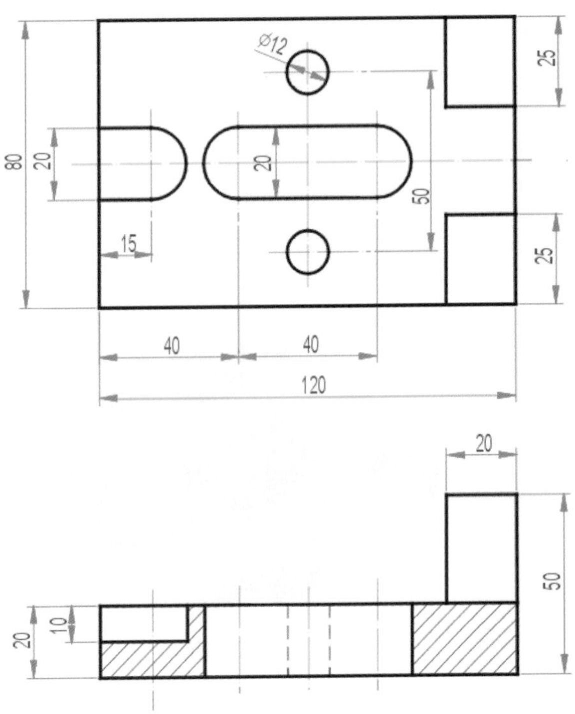

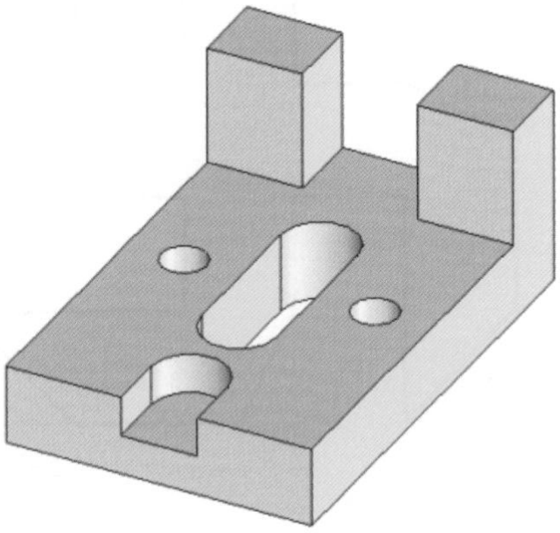

(P2-4.sldprt)

5.

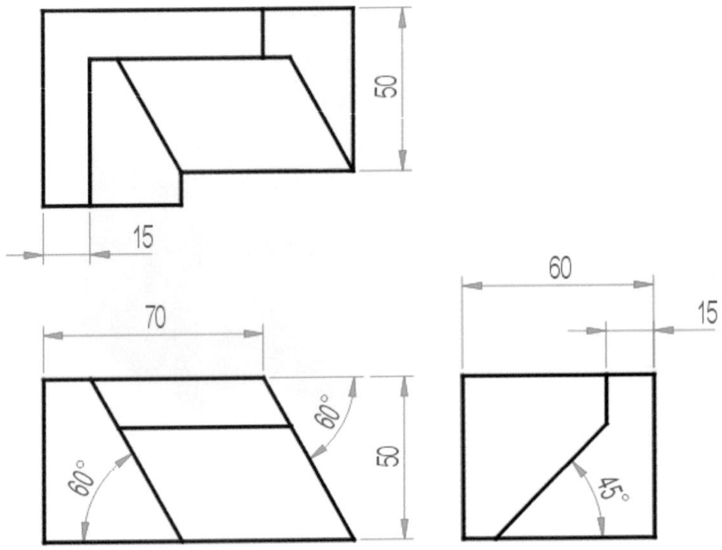

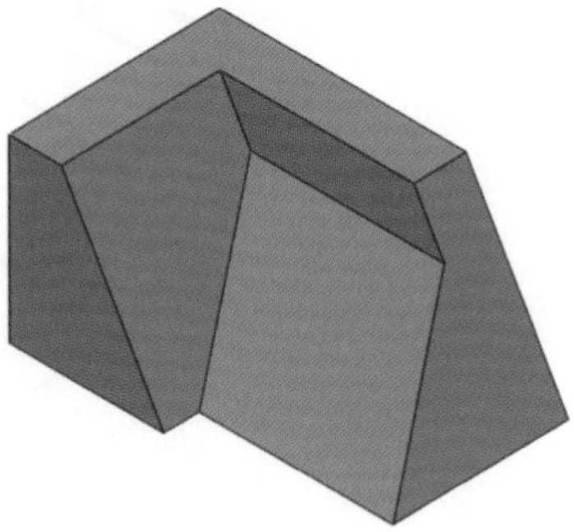

(P2-5.sldprt)

6.

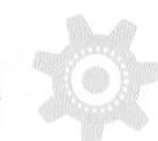

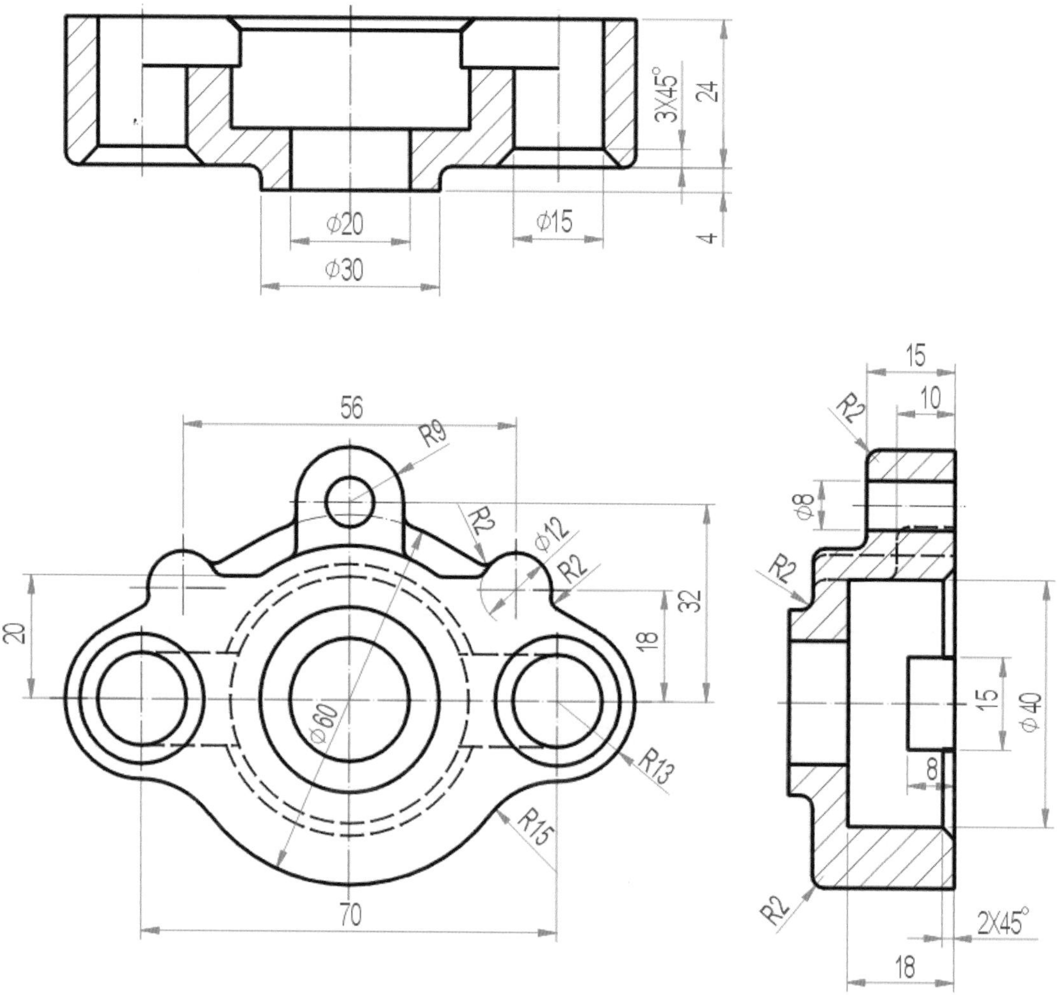
3X45°
24
4
Ø20
Ø15
Ø30
56
R9
R2
Ø12
R2
20
18
32
Ø60
R13
R15
70
15
10
R2
Ø8
R2
15
Ø40
8
R2
2X45°
18

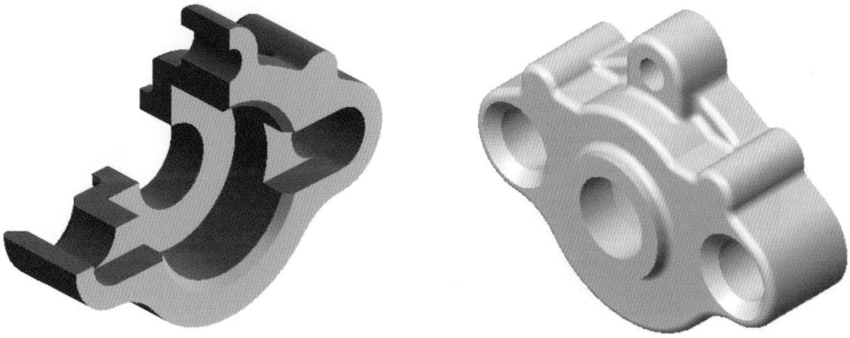

(P2-6.sldprt)

7.

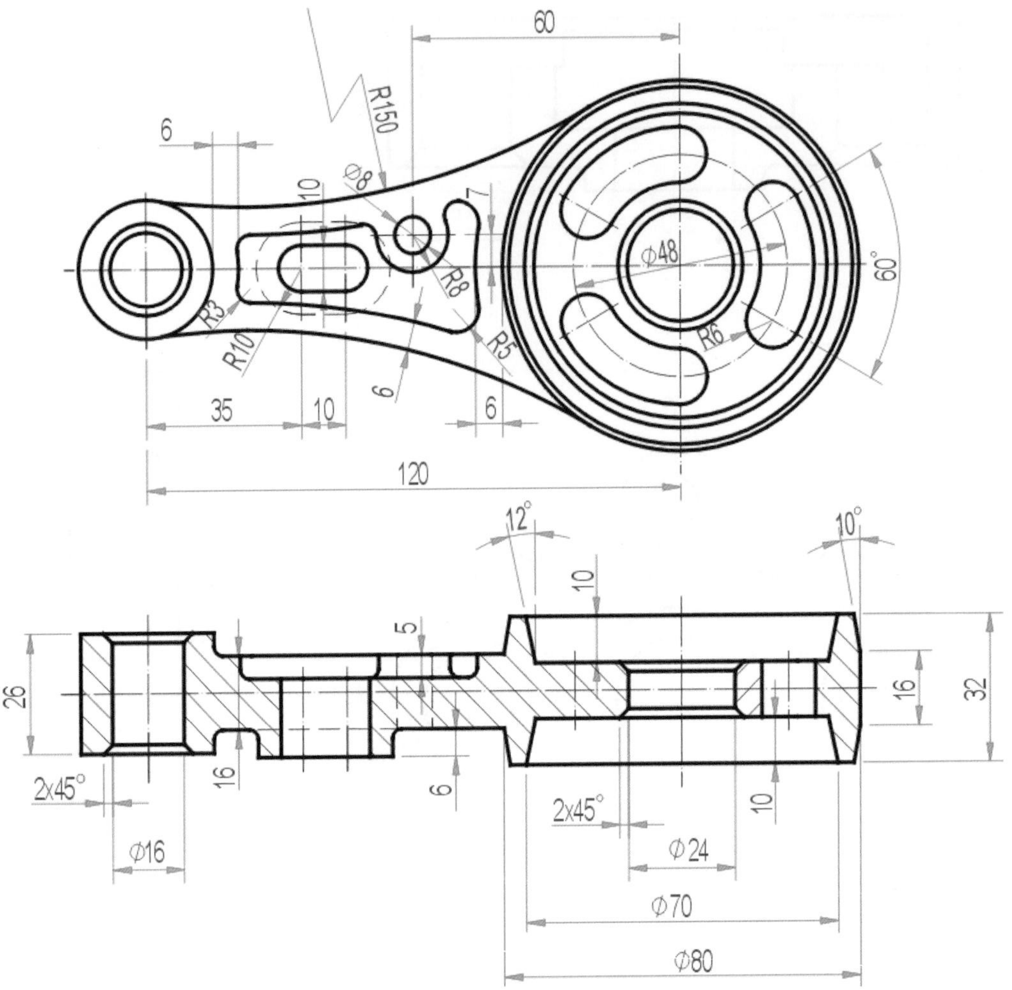

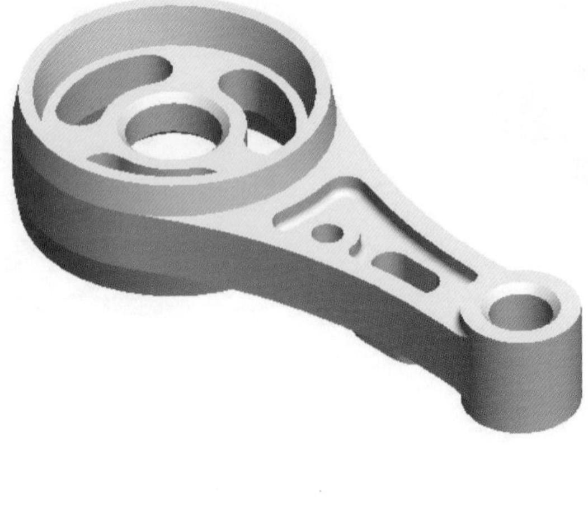

(P2-7.sldprt)

8.

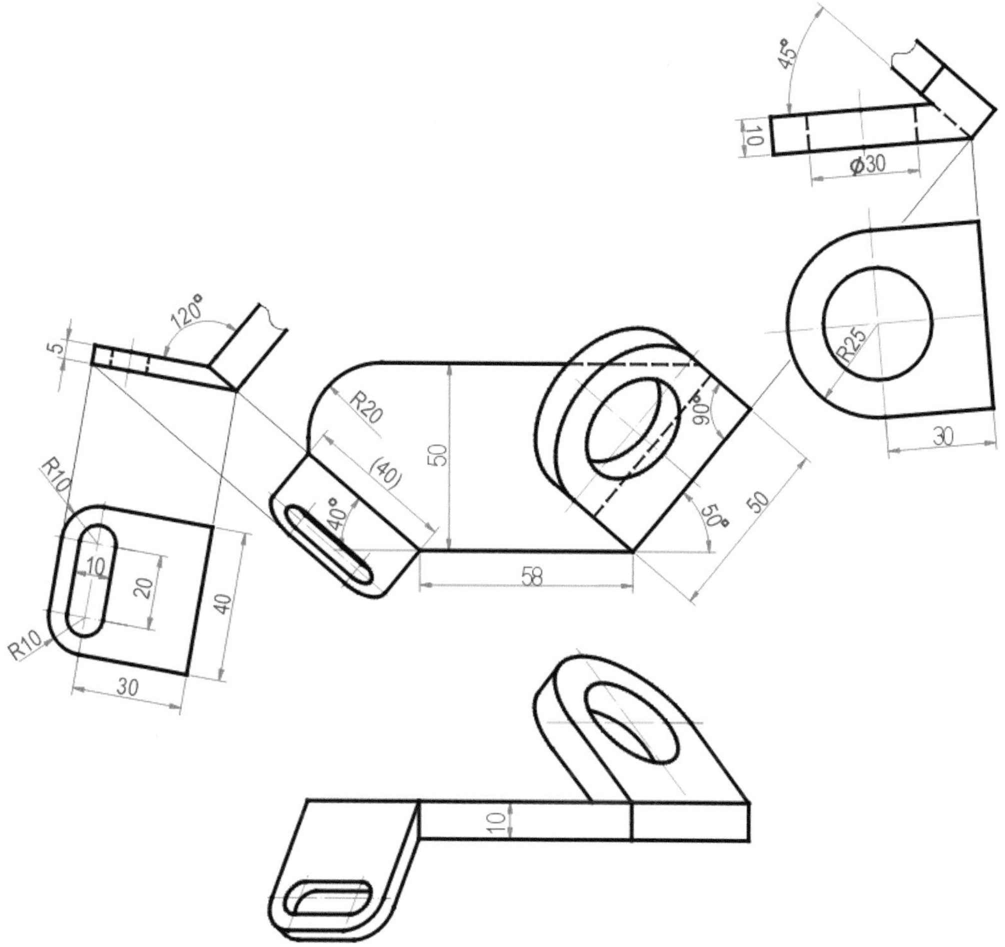

(P2-8.sldprt)

旋轉

3-1　邊線旋轉
3-2　旋轉除料
3-3　旋轉解析
3-4　旋轉畫壺
3-5　多本體應用

本章你將學到的技能有：

- 特徵旋轉填料
- 特徵旋轉除料
- 暫存軸
- 基準軸
- 特徵直線複製排列
- 內外螺紋繪製
- 特徵薄殼
- 多本體應用
- 特徵回溯棒
- 中空薄殼

「Revolve」，Solidworks 翻譯爲旋轉，依其功能，是以物體的一軸爲中心，以斷面形狀旋轉塑造而成型，如能譯爲旋塑似較達意。

3-1 邊線旋轉

3-1.avi

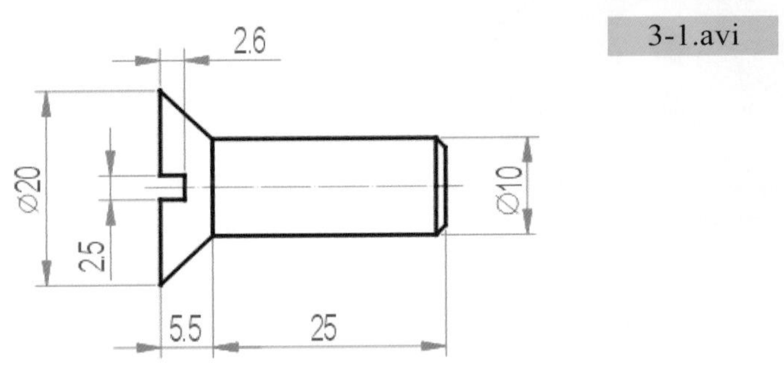

(3-1.sldprt)

1. 點選「前基準面」繪製草圖「 」，標註尺度，如右圖。左下角經過原點「 」。

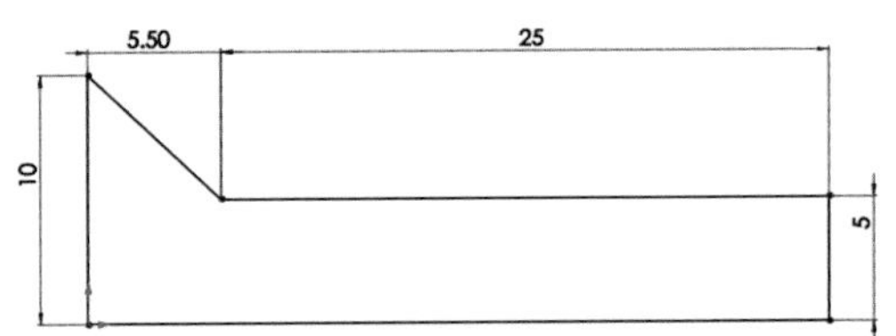

2. 特徵「旋轉填料/基材」，旋轉軸如下圖所示之最長線段，旋轉實體完成。

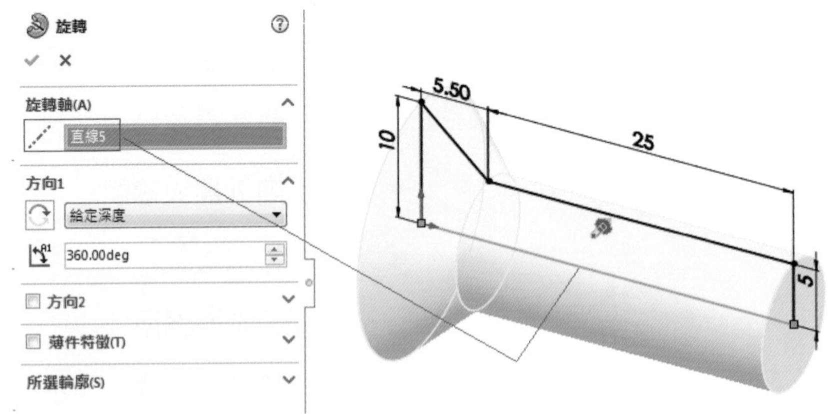

3. 點選「前基準面」繪製草圖矩形「 」，標註尺度，如下圖。特徵「伸長除料」方向 1「完全貫穿」，方向 2「完全貫穿」。

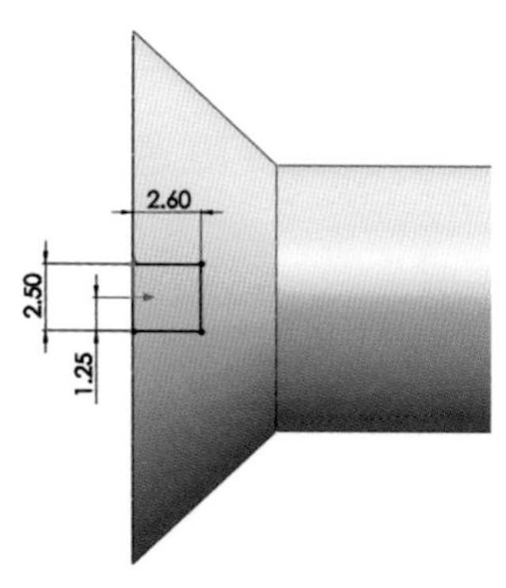

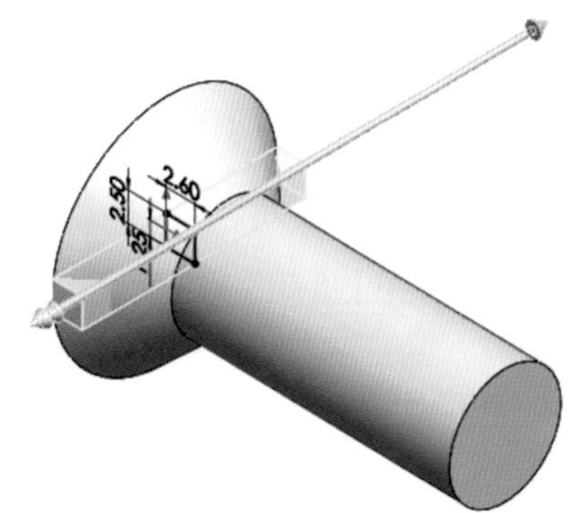

4. 介紹螺紋的相關作法。點選「前基準面」繪製草圖「」，標註尺度，如右圖。經過原點「」畫水平中心線「中心線(N)」。

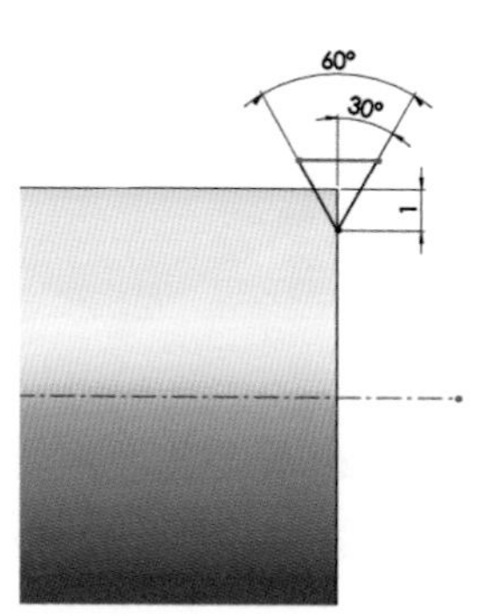

5. 特徵「旋轉除料」，旋轉軸點選中心線。按「✓」完成旋轉除料。

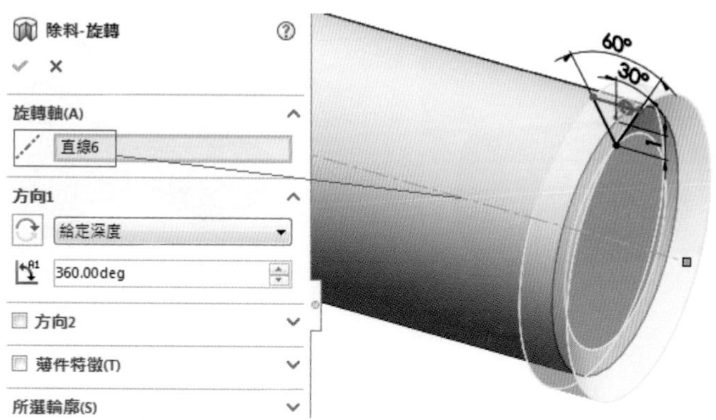

6. 從「下拉式功能表」/「檢視」/「隱藏/顯示（H）」/「暫存軸」，旋轉產生之實體，檢視中顯示暫存軸，可作爲環狀陣列複製之軸線。

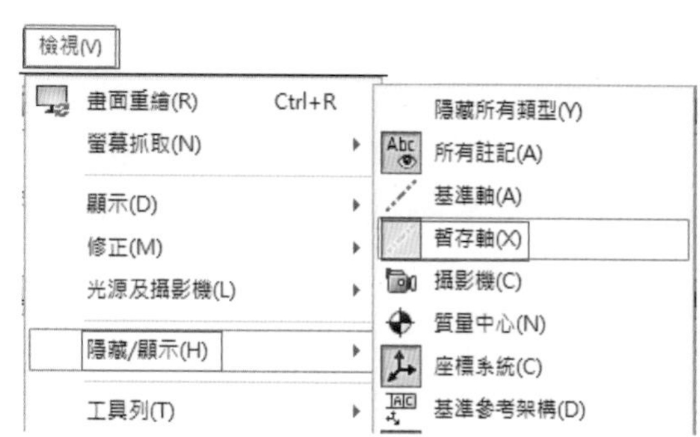

7. 特徵「環狀陣列複製」點選「直線複製排列」，步驟 1「方向 1」點選暫存軸。步驟 2 點選下圓圈②之「▸」可展開零件 1 之特徵樹狀歷程。步驟 3 點選「除料-旋轉1」作爲直線複製排列之特徵。

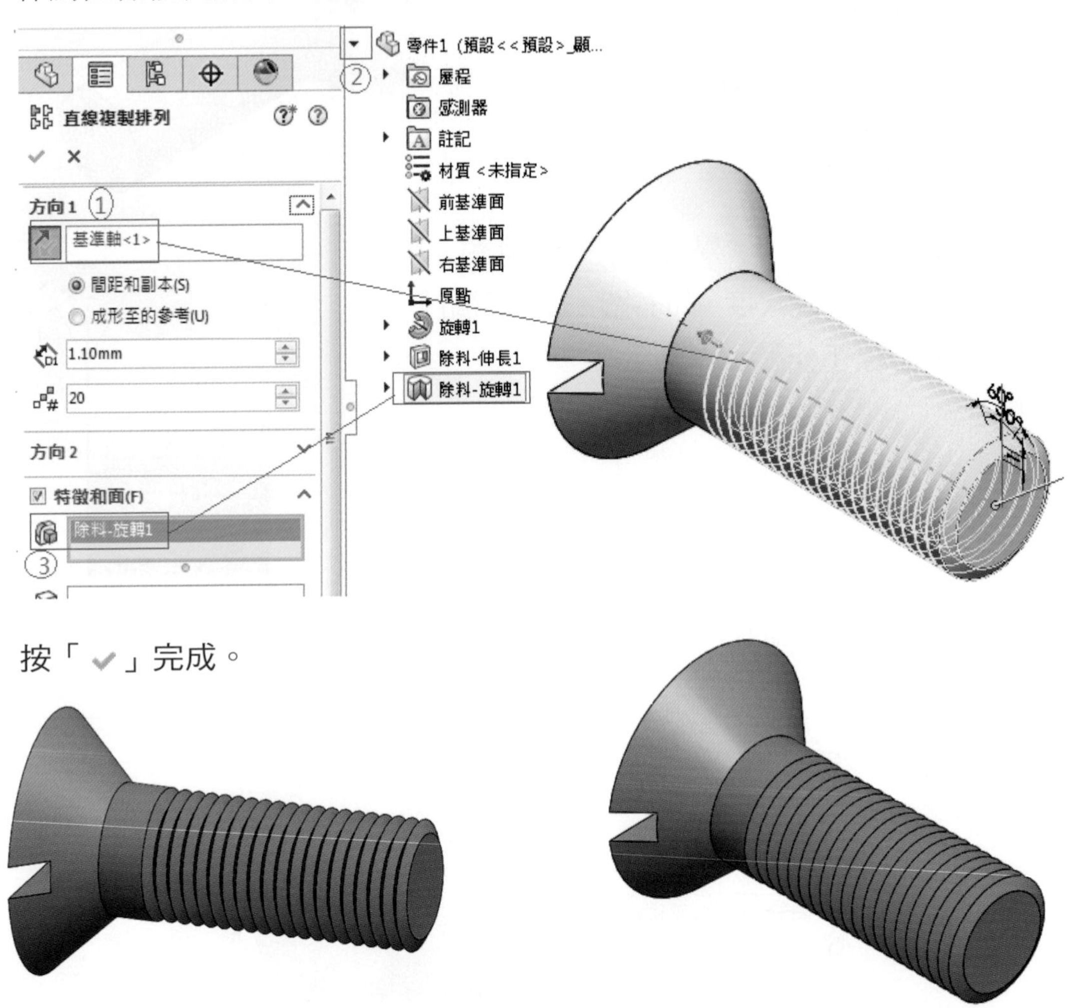

按「✓」完成。

技巧解析

利用三角形（與車刀尖形狀類似）旋轉除料，只是一種假的實體擬眞螺紋，有其應用時機，眞實螺紋線是螺旋式的一般以掃出繪製。

8. 點選特徵「異型孔精靈」下方之「▼」按「螺紋」，依據特徵區之步驟 1、2、3、4 順序，點選欲產生螺紋圓柱邊線，伸長距離「20」，規格資料公制螺紋類型「Metric Die」，大小爲「M10x1.0」，螺紋方法爲「伸長螺紋(X)」。

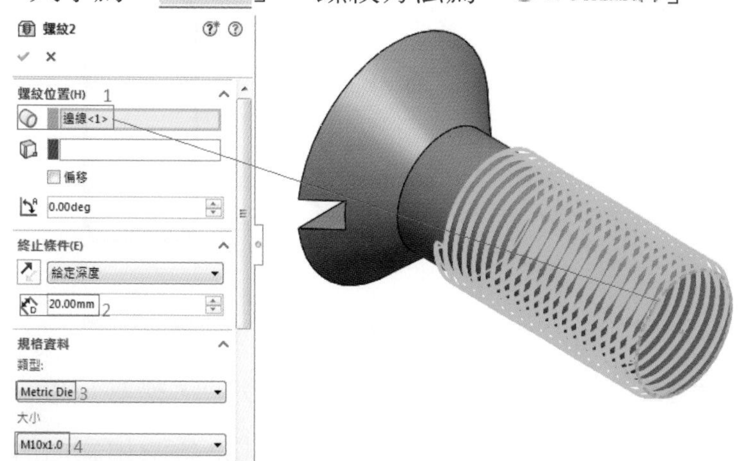

9. 螺紋零件之尺度有規範要求與機械功能，繪製需考慮很多合理性，此處先行介紹，外螺紋之繪製。

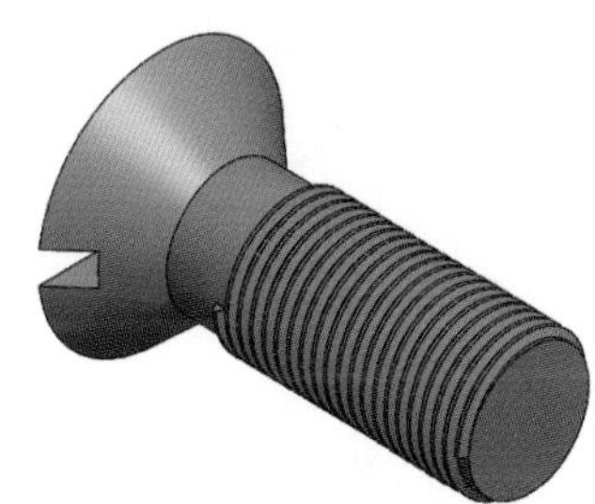

重點提示

圓柱型實體可從檢視中「顯示」暫存軸，平面實體需要從草圖「點」與「一平面」產生基準軸。

3-2 旋轉除料

3-2.avi

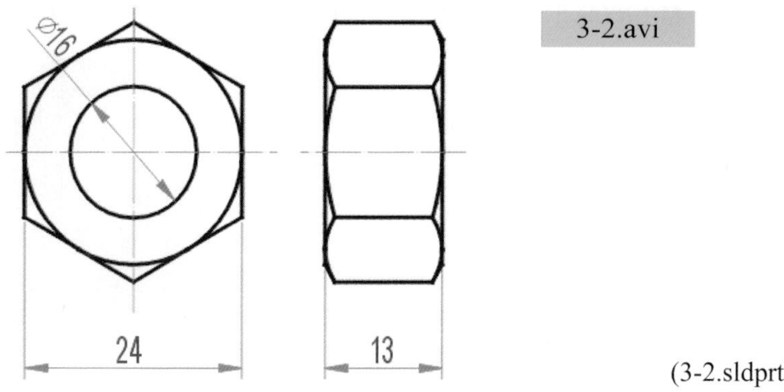

(3-2.sldprt)

1. 選取「前基準面」，草圖繪製多邊形「」，標註尺度。特徵「伸長填料/基材」伸長「13」。螺栓頭屬於標準機件，尺度一般都是依照規範所訂定。

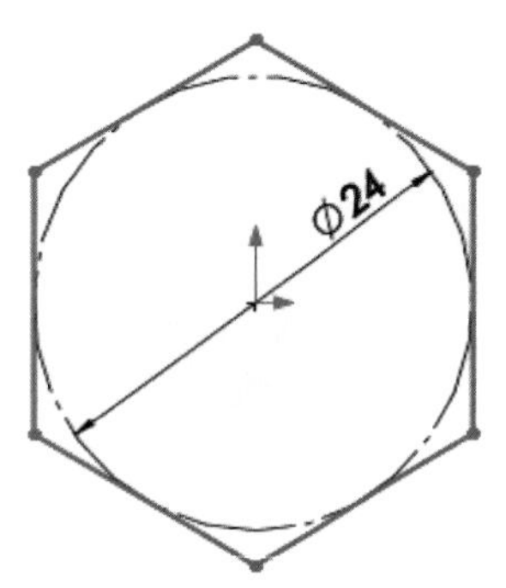

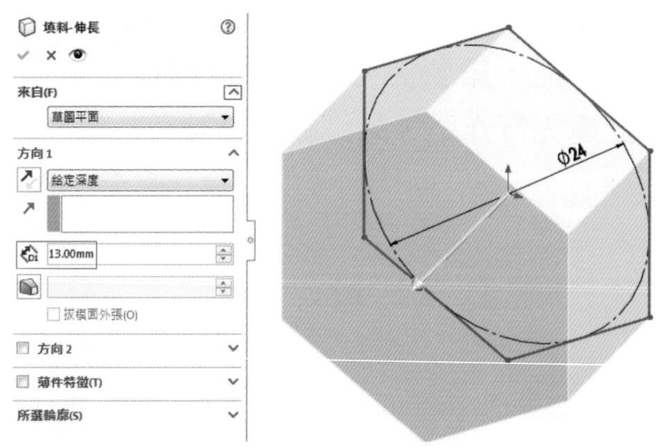

2. 點選「上基準面」正視於「」繪製草圖「」繪製兩個三角形與經過原點「」畫直立中心線「中心線(N)」，並標註尺度，如下圖。

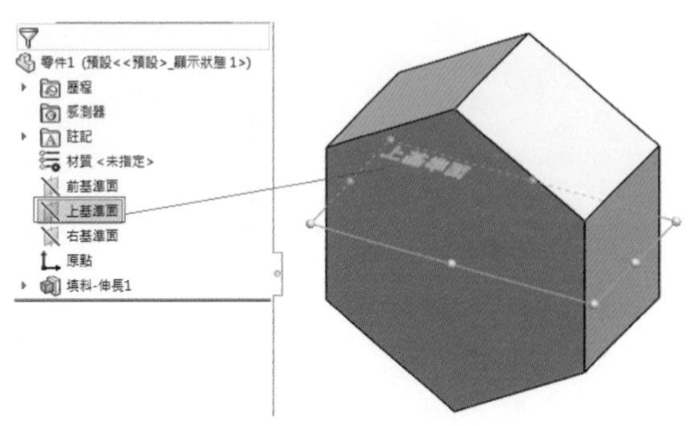

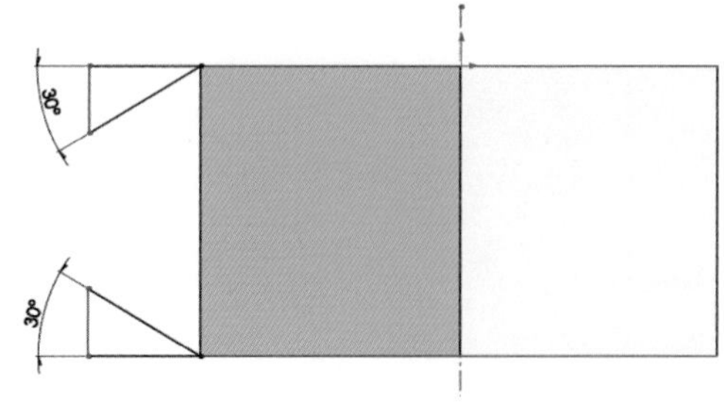

3. 特徵「旋轉除料」，以旋轉除料方式產生螺帽六角頭之去角。

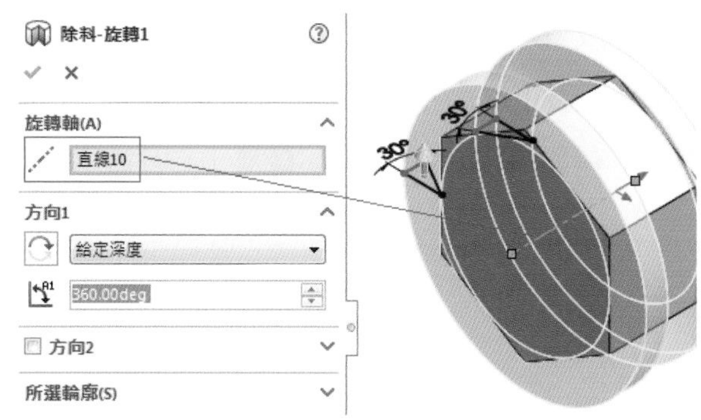

4. 點選平面草圖圓「」特徵「伸長除料」除料「完全貫穿」，完成如下圖。

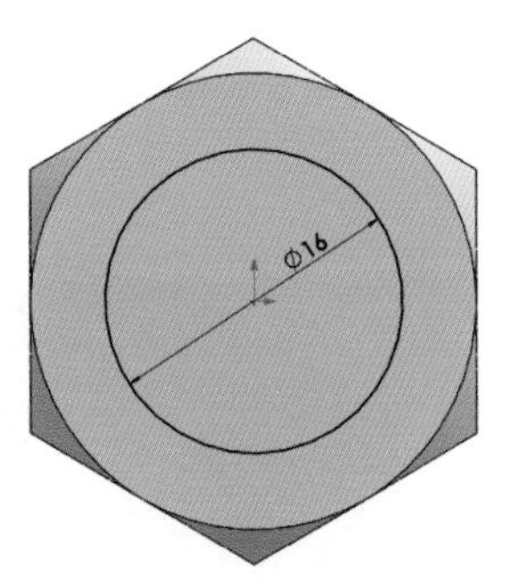

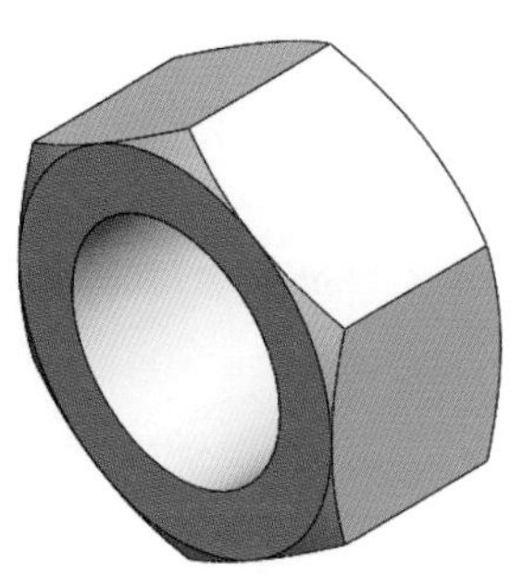

5. 點選特徵「異型孔精靈」下方之「▼」按「螺紋」，依據特徵區之步驟 1、2、3、4 順序，點選欲產生螺紋圓柱邊線，伸長距離「13」，規格資料公制螺紋類型「Metric Die」，大小為「M24x2.0」。

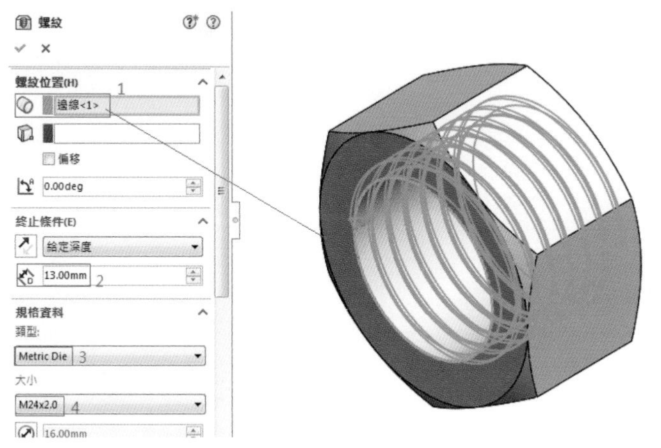

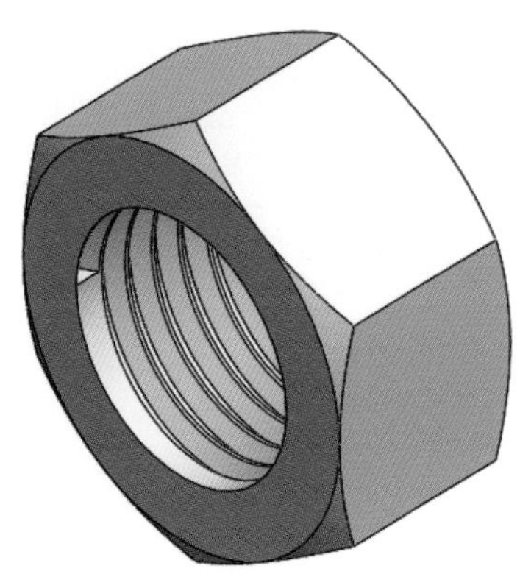

6. 按「✔」完成完成螺紋繪製。
7. 按剖面視角「」，特徵區「剖面 1」選擇右基準面「」，可觀視內部特徵。

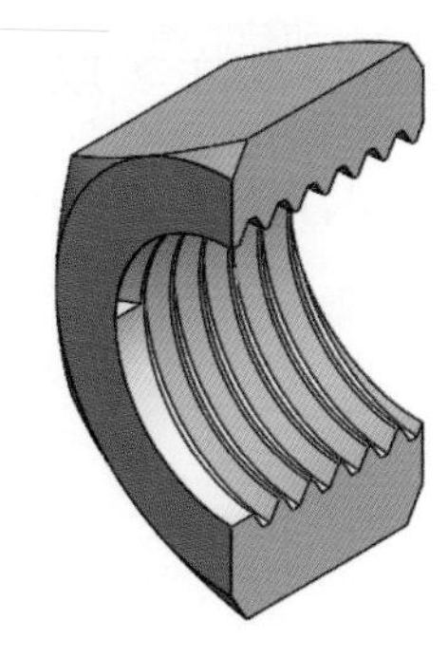

技巧解析

如上圖右所示從內圓孔邊緣開始之內螺紋，有一起點之小三角面,因起點在平面右邊而造成，螺栓無法旋入。特徵區修正如下面步驟 1、2、3、4 之輸入，才是合理的螺紋。

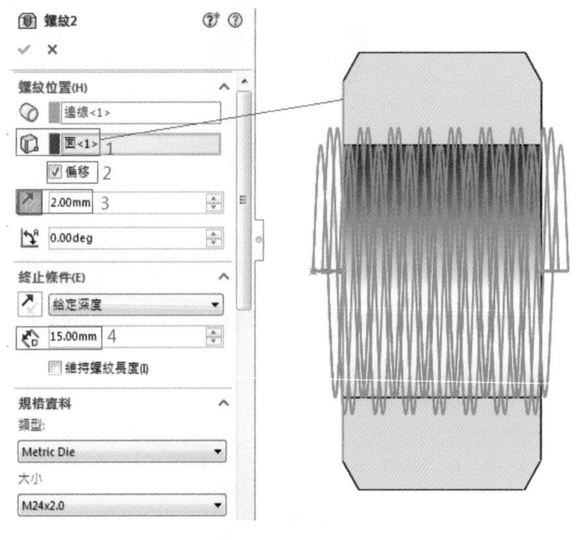

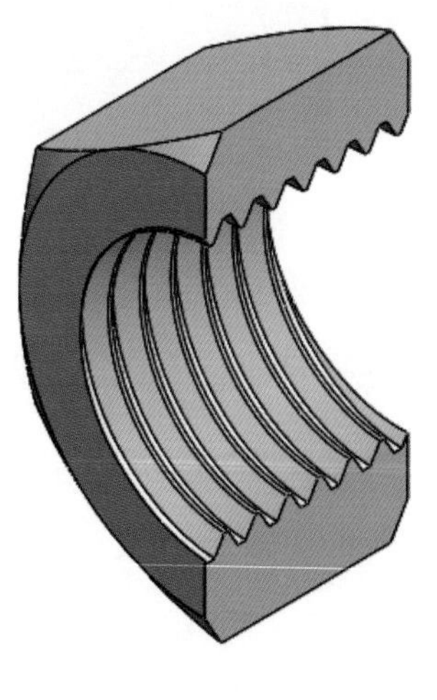

精選範例練習

1.

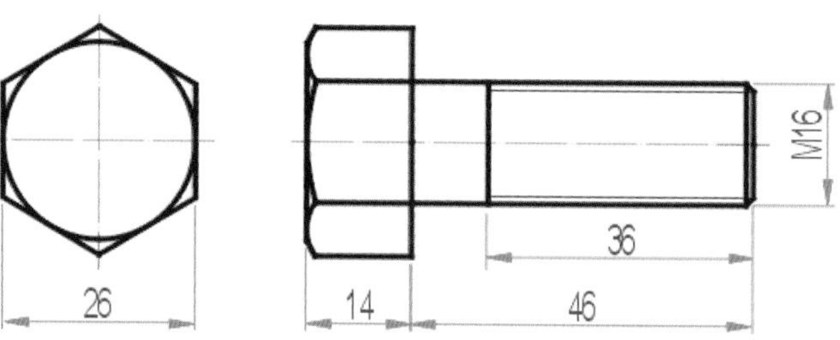

(A3-1-1.sldprt)

2.

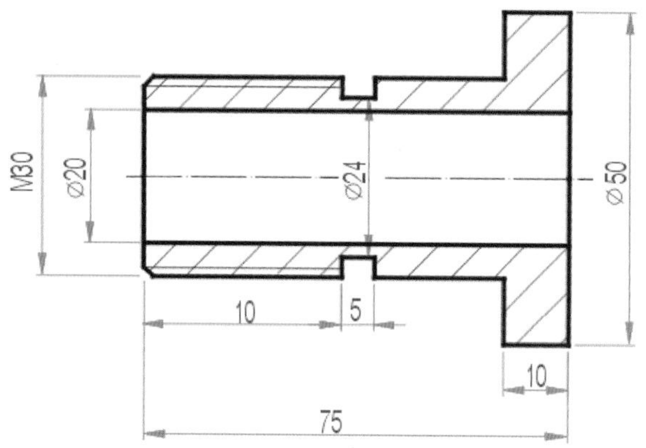

(A3-1-2.sldprt)

3.

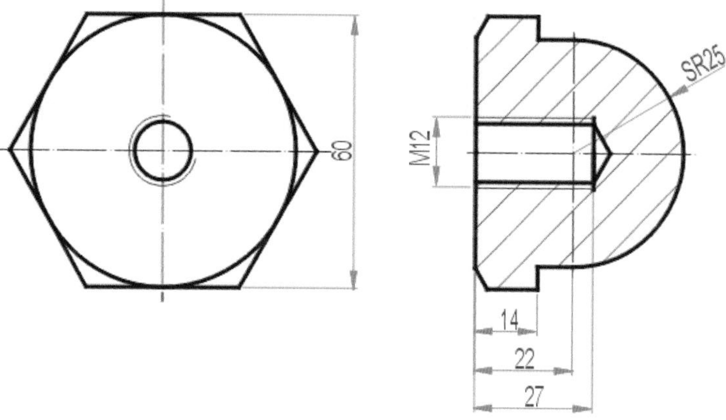

(A3-1-3.sldprt)

3-3 旋轉解析

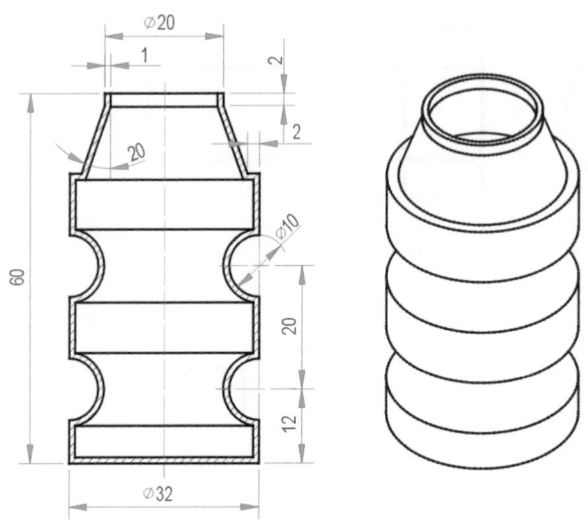

(3-3.sldprt)

1. 點選前基準面繪製草圖「」「」，編輯修剪「」標註「」後，偏移圖元「」再編輯，特徵旋轉「」完成。

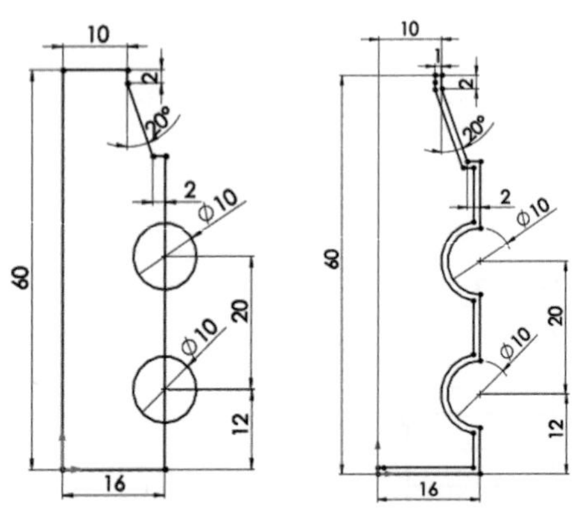

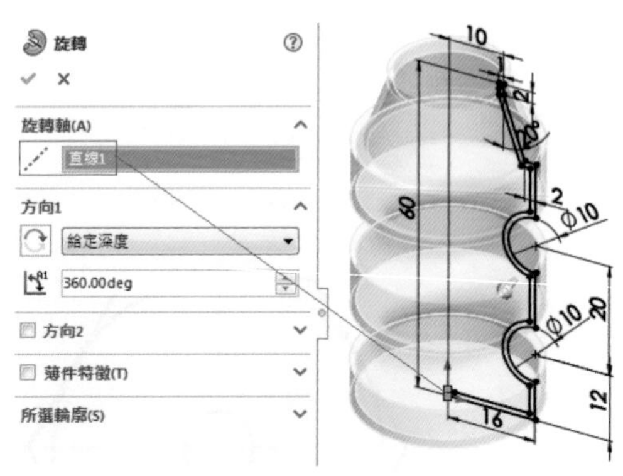

重點提示

嘗試著編輯草圖修改直徑 10 圓之直徑值，與高度 12 及 20，再回復旋轉特徵，不同草圖繪製過程，將會有不同的變化。繪製完成草圖再旋轉特徵是否恰當？分析於後。

2. 點選「前基準面」草圖「草圖」繪製直線「」後標註尺度如下圖後，特徵旋轉「旋轉填料/基材」。再次點選「前基準面」繪製中心線「中心線(N)」與圓「」，標註尺度圓之距離。

3. 標註直徑 10 之圓後，點選「顯示/刪除限制條件」下之「加入限制條件」，點選兩圓之後按「等長/等徑(Q)」完成草圖。

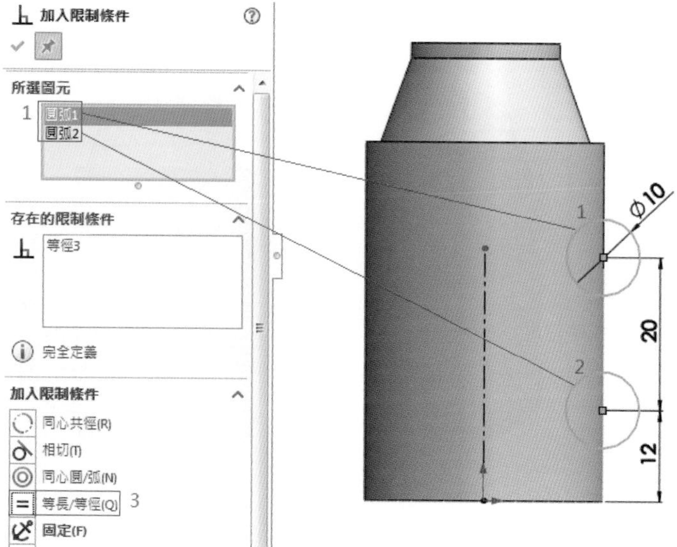

4. 特徵旋轉「旋轉除料」完成實體圖。

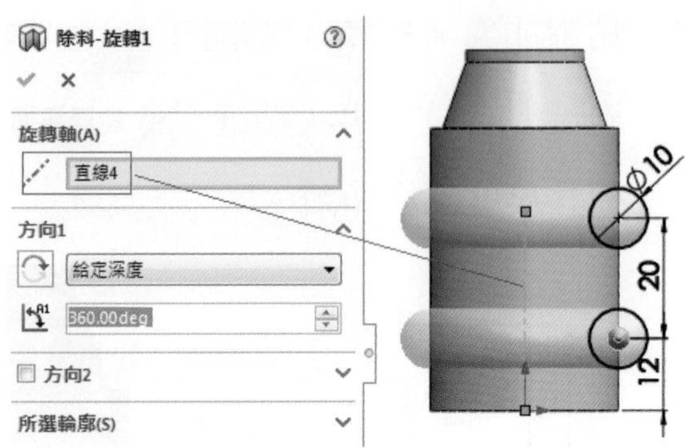

5. 點選等角視「」，特徵薄殼「薄殼」點選藍色面，薄殼厚度為「1」。

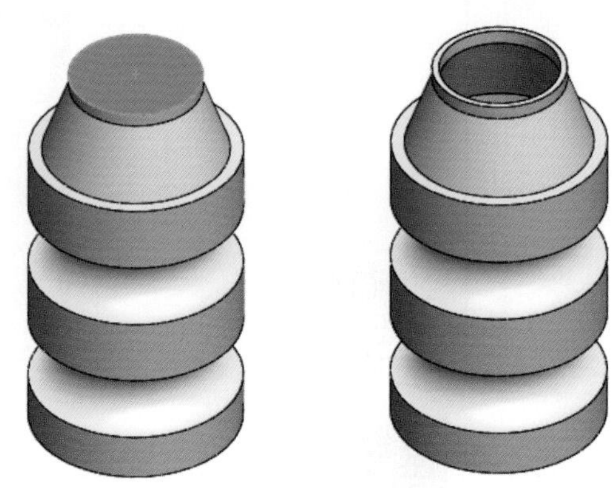

6. 點選特徵區「除料-旋轉1」選編輯草圖「」，直徑從 10 改為 15，完成修改如下圖。

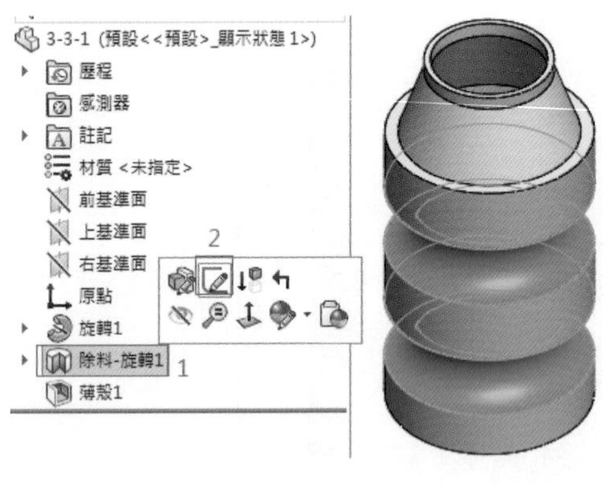

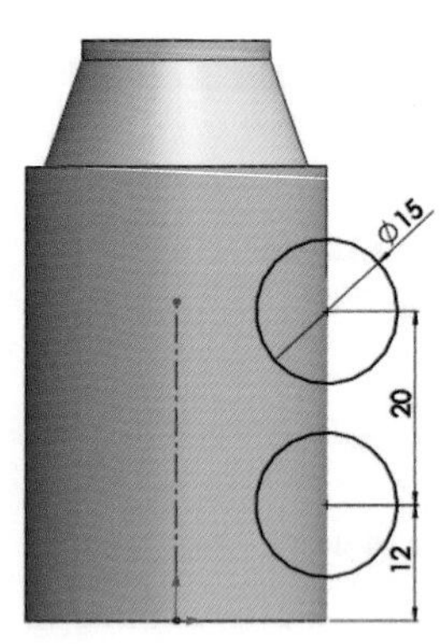

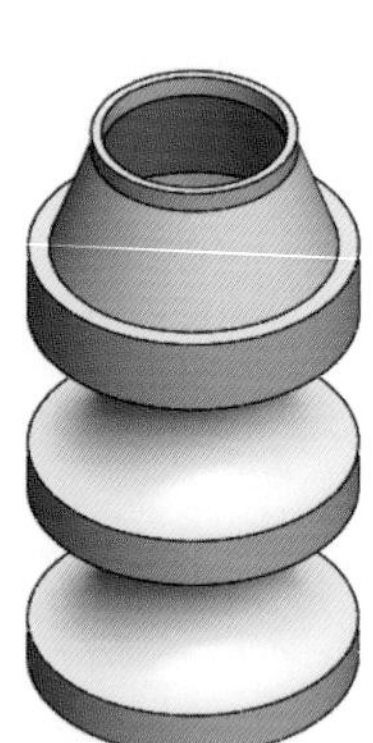

7. 再次點選特徵區「除料-旋轉1」選編輯草圖「」，修改直徑爲 12，高度也變更爲 20、15 如右圖所示，完成變更。如果是第一種作法繪製完整草圖旋轉，要變更設計較爲複雜。

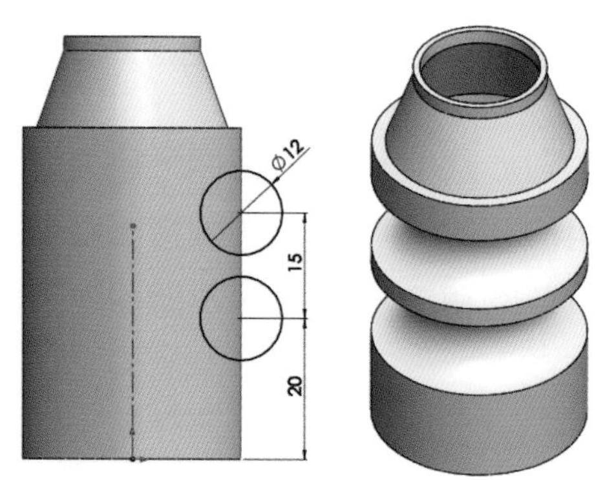

8. 點選特徵區「除料-旋轉1」選編輯草圖「」，修改直徑爲 10，高度也變更爲 10，如下圖。

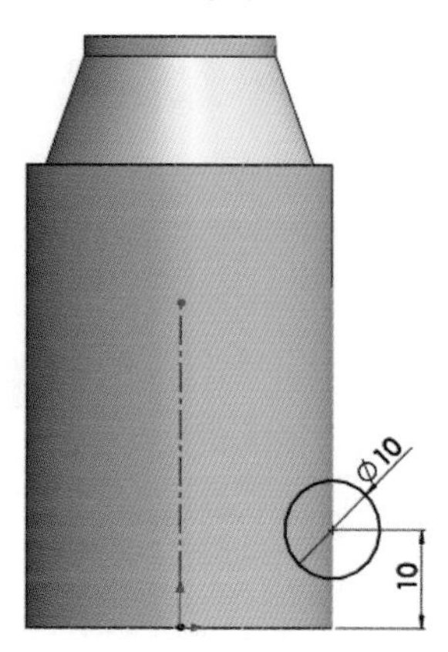

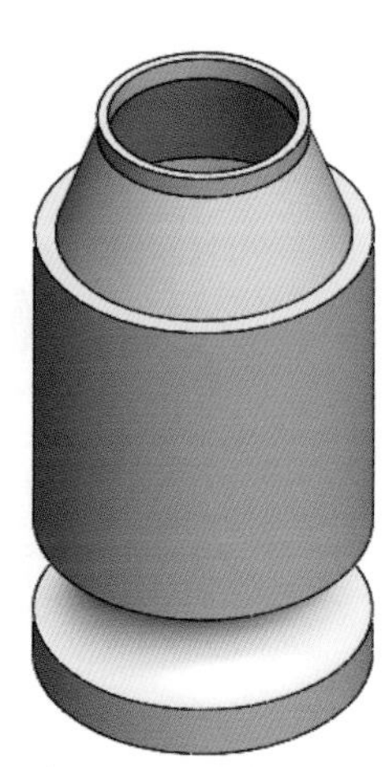

9. 下拉式功能表「檢視(V)」/「隱藏/顯示(H)」/「暫存軸(X)」開啓暫存軸之顯示。點選「直線複製排列」順序如下圖所示，點取基準軸、距離 14、數量 3，點選除料旋轉特徵，完成直線複製陣列。修改後之 3 槽旋轉除料實體如右圖。

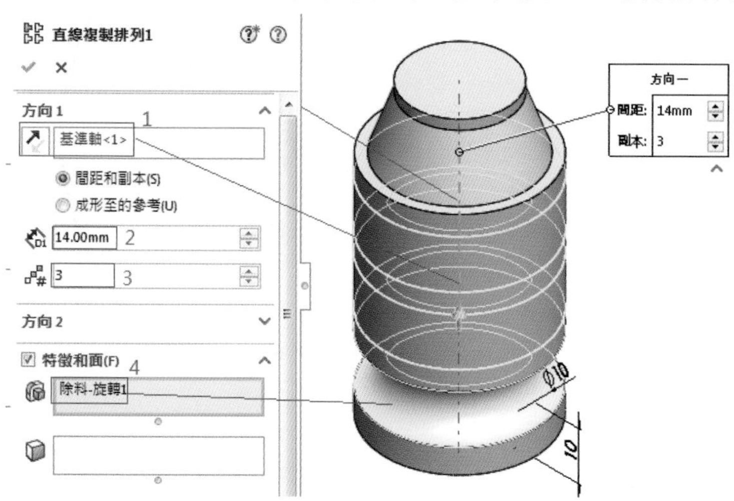

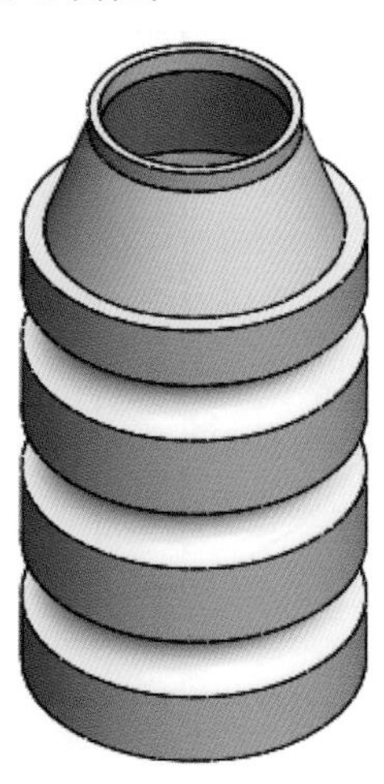

技巧解析

對於尺度相同之特徵，應考慮設計變更時之修改方便，單一草圖**完成特徵後，利用**複製工具（**例如直線複製排列**）**隨時變更設計**。一定要思考**依據工作圖面繪製**完整草圖**再完成特徵**，草圖繪製複雜易出錯，設計變更費時。

3-4 旋轉畫壺

3-4.avi

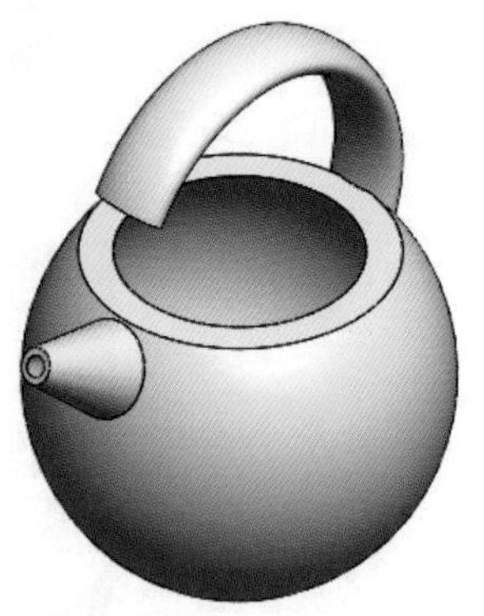

(3-4.sldprt)

1. 選取「前基準面」，草圖繪製以原點「」為圓心畫圓「」，畫直線「」標註尺度後，編輯修剪「修剪圖元(T)」。

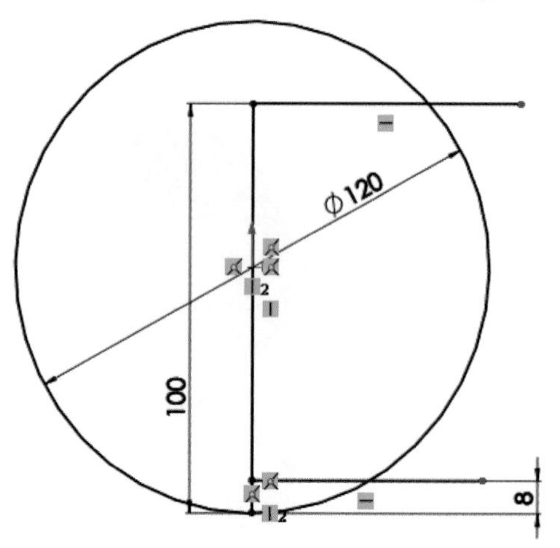

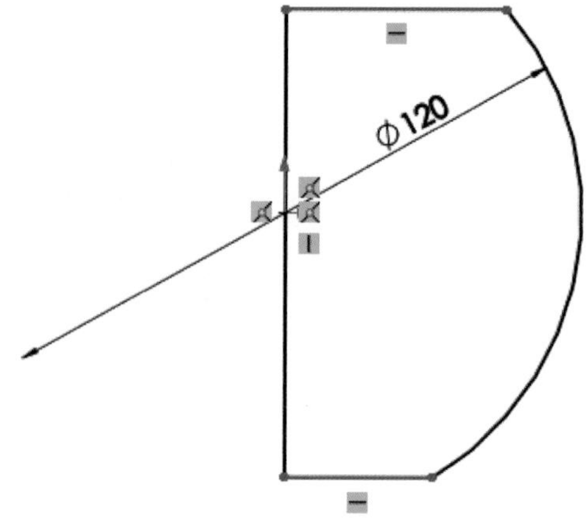

2. 特徵「旋轉填料/基材」後，選取「前基準面」草圖以原點「」爲圓心畫「」，尺度如下圖，並在原點上方高「50」處畫水平中心線「中心線(N)」。

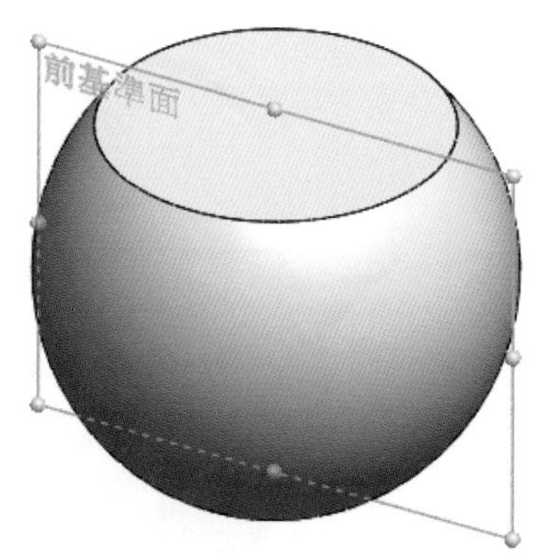

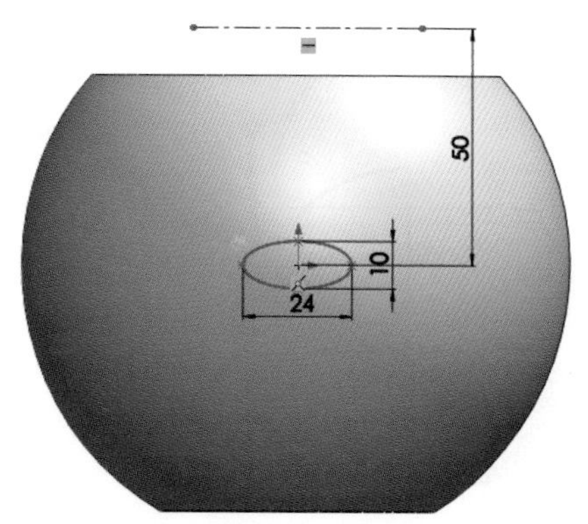

3. 特徵旋轉「伸長填料/基材」，旋轉軸爲「中心線」，旋轉角度爲「240deg」，如下圖。

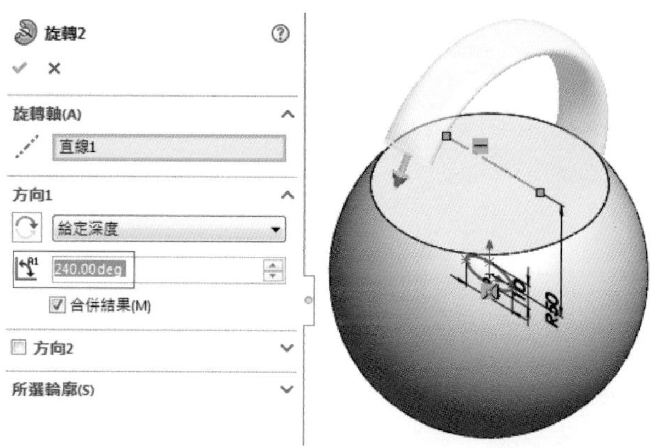

4. 選取「右基準面」，從原點「」往左上角草圖繪製「」，標註長度與角度後，以右下圖所示之直線爲「旋轉軸」特徵「旋轉填料/基材」。

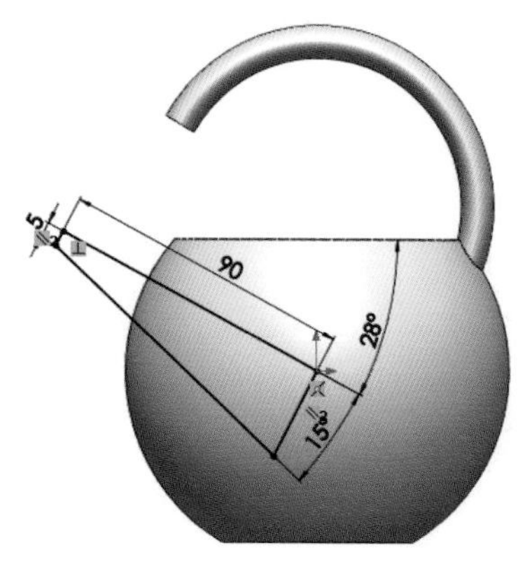

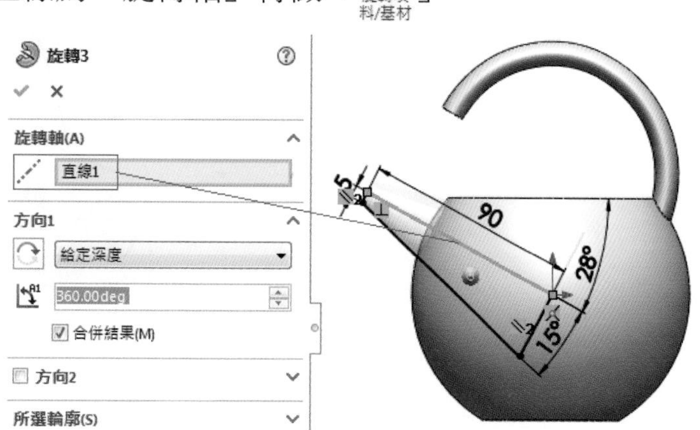

5. 選取「右基準面」繪製草圖從原點「」畫圓「」標註尺度後修剪，然後特徵旋轉除料「旋轉除料」，如下圖所示之「直線 1」為旋轉軸除料。

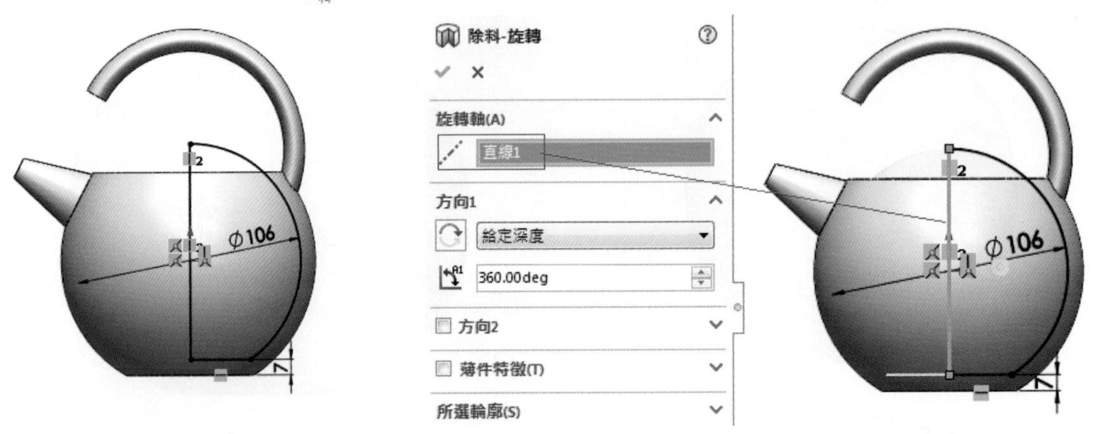

6. 選取壺嘴平面會草圖圓「」，標尺度後，特徵伸長除料「伸長除料」，「顯示樣式」為線架構「」，可預覽內孔之除料。

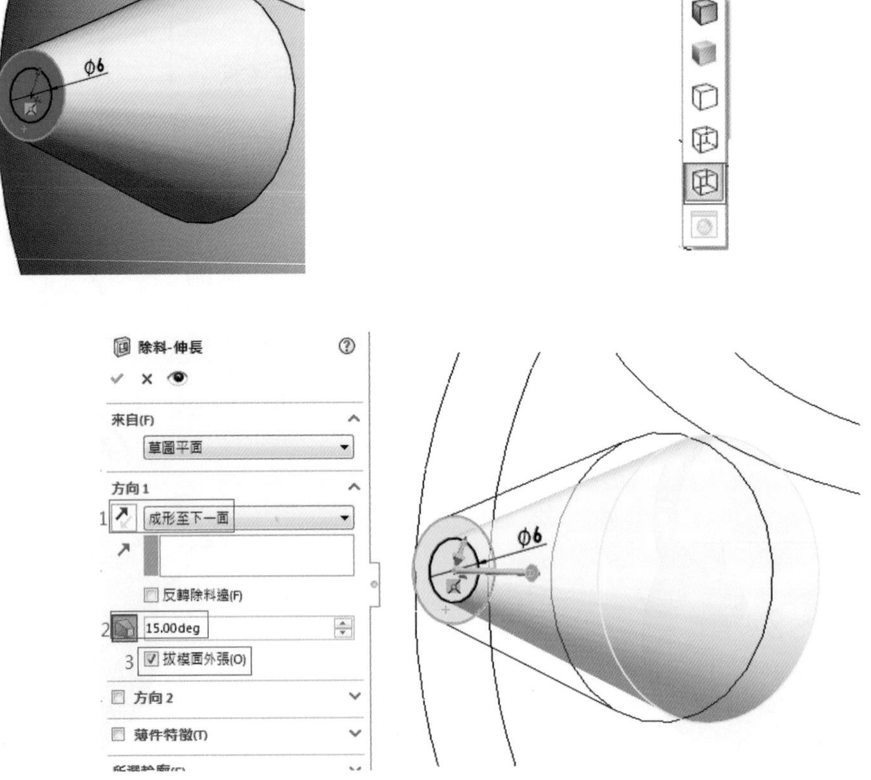

7. 完成提壺之實體外型，選取作圖區右邊「」之「外觀(color)」「石材」「粗陶」可貼附不同外觀材質。

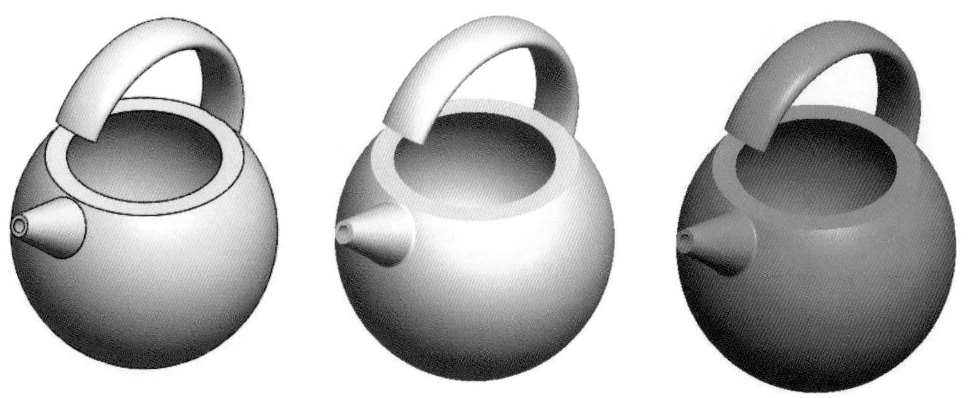

精選範例練習

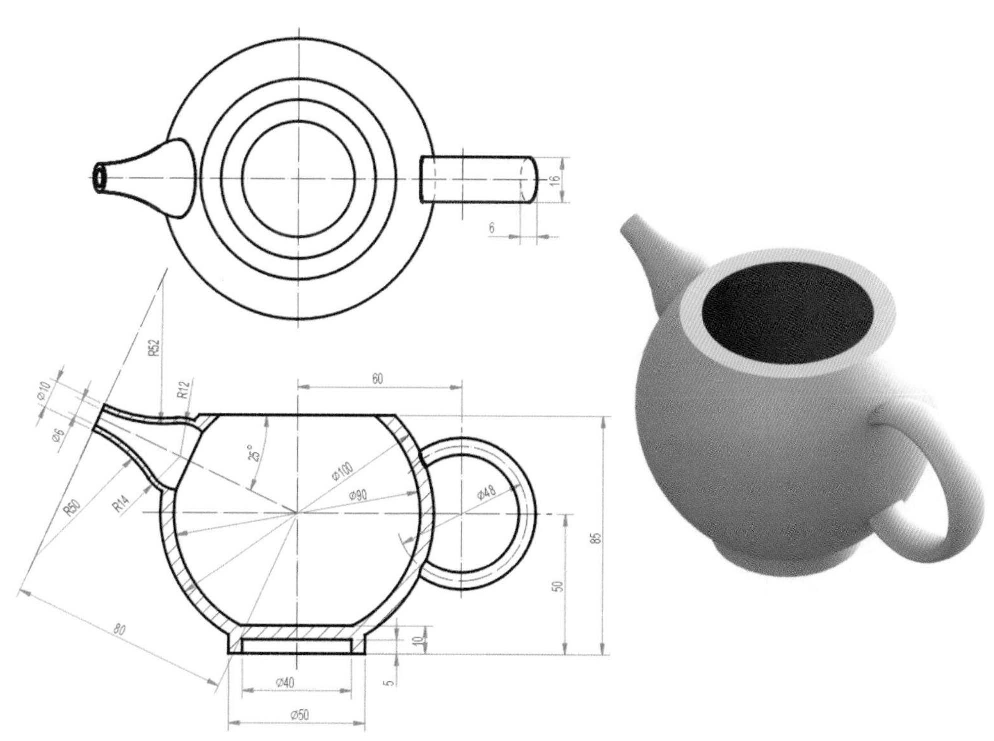

(A3-4-1.sldprt)

3-5 多本體應用

3-5.avi

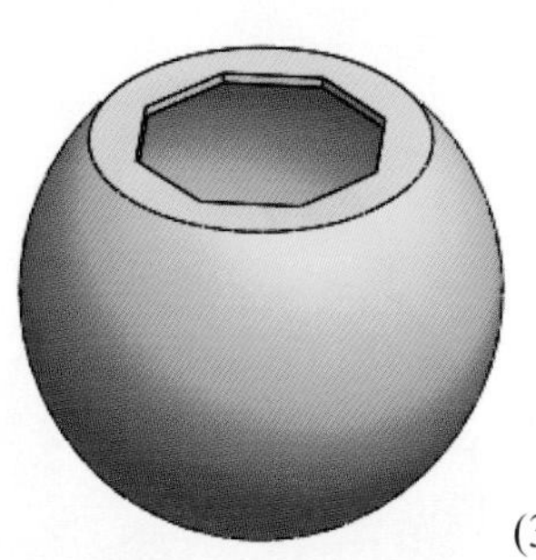
(3-5-1.sldprt)

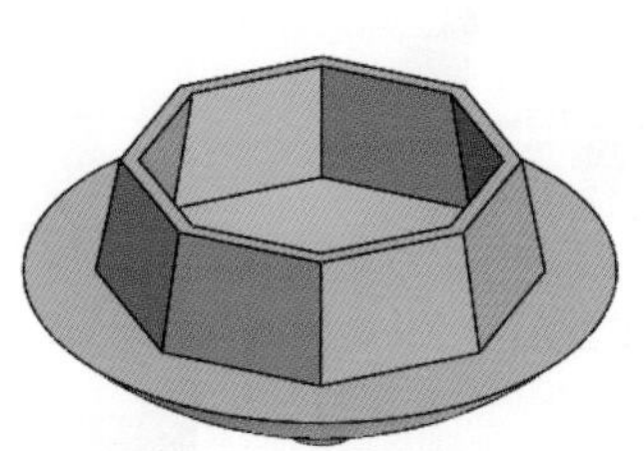
(3-5-2.sldprt)

1. 點選前基準面繪製草圖。

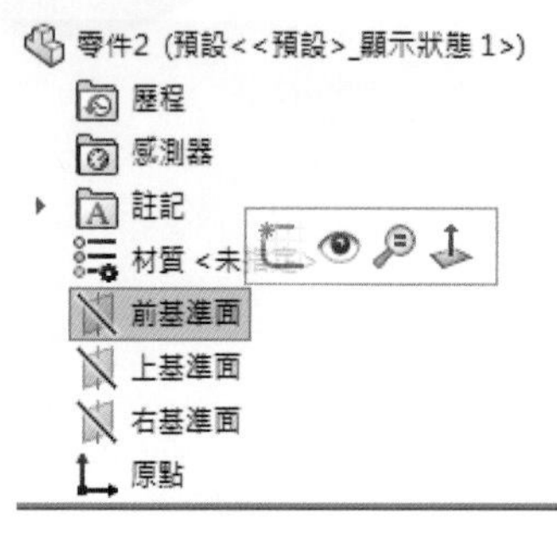

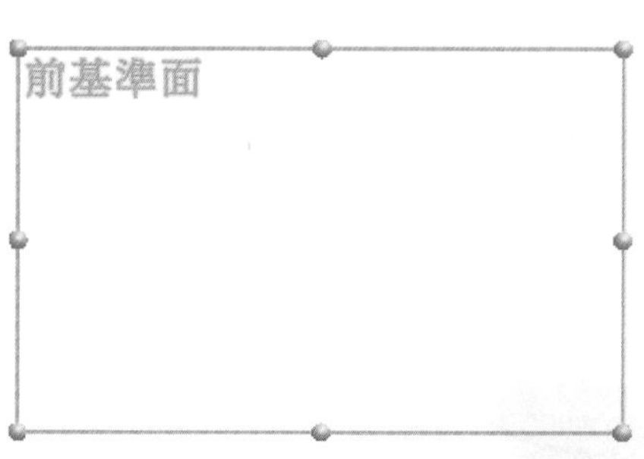

2. 以草圖「⊙」與「╱」做圖後「智慧型尺寸」然後修剪「修剪圖元」完成。

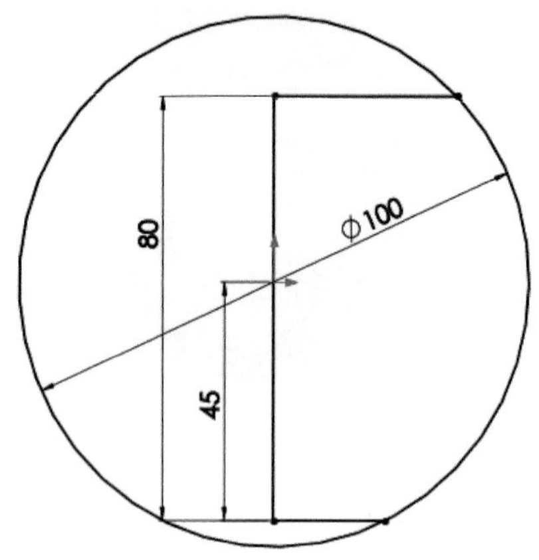

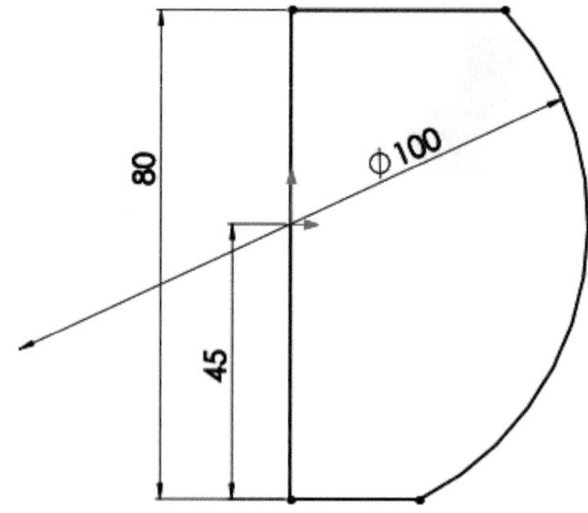

3. 特徵「旋轉填料/基材」以直線 1 爲旋轉軸，旋轉特徵。

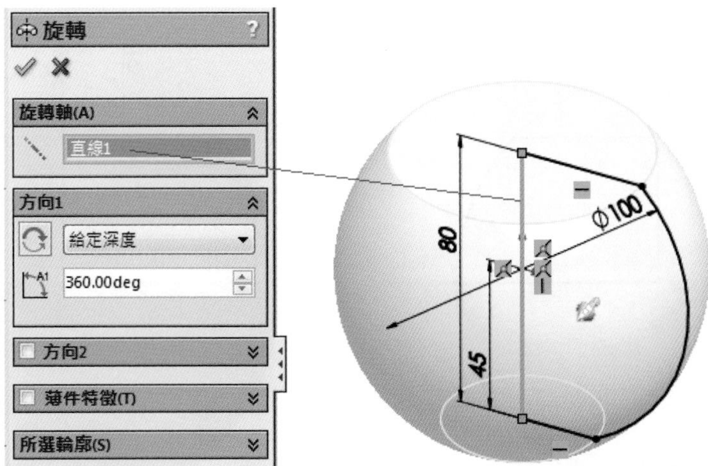

4. 點選作圖面後按「 」，「 」正視於作圖面畫草圖「 」8 邊形，直徑 50。

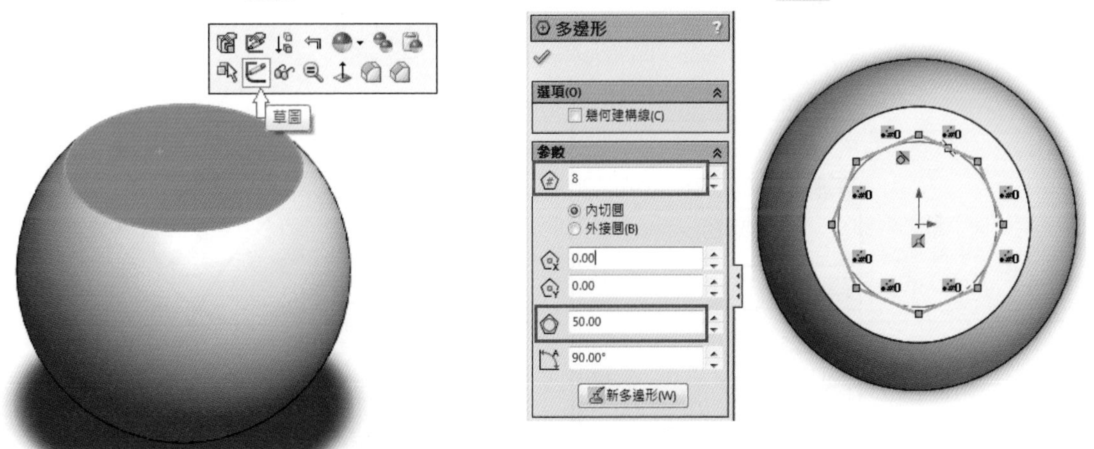

5. 特徵「伸長除料」除料伸長 15，拔模角向內 10°。給予色彩黃色。

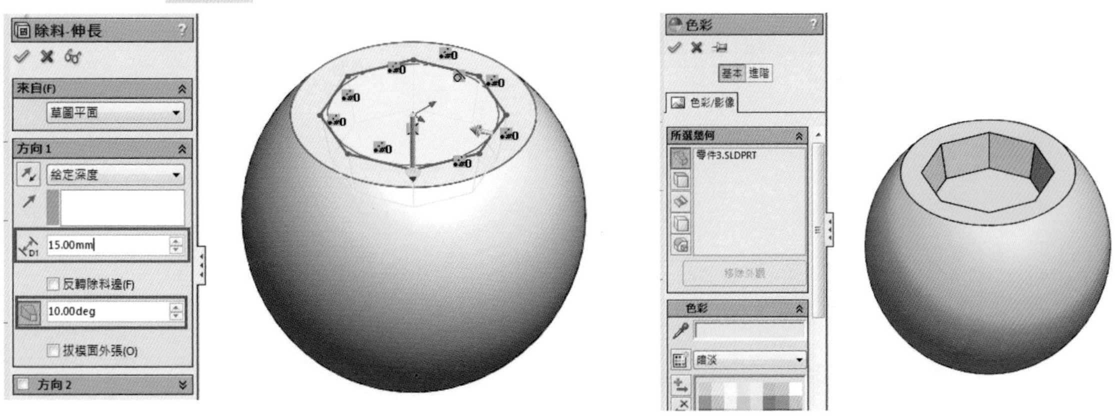

6. 以草圖「 」與「 」做圖後「智慧型尺寸」然後修剪「修剪圖元(T)」完成。

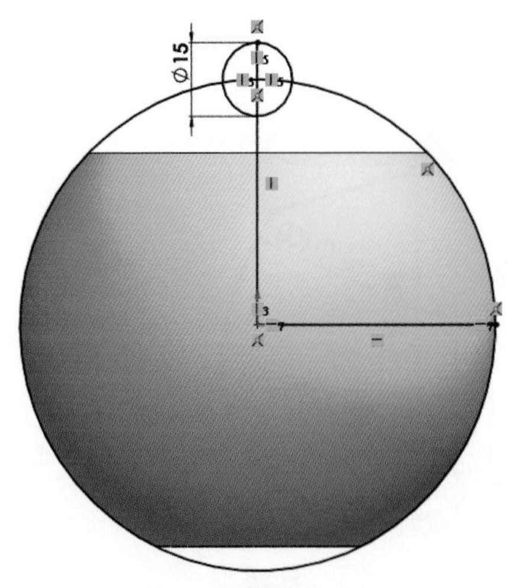

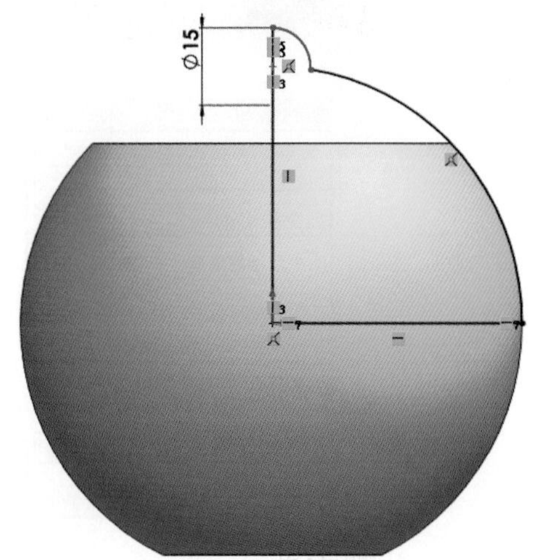

7. 特徵旋轉「旋轉填料/基材」取消「□合併結果（M）」。

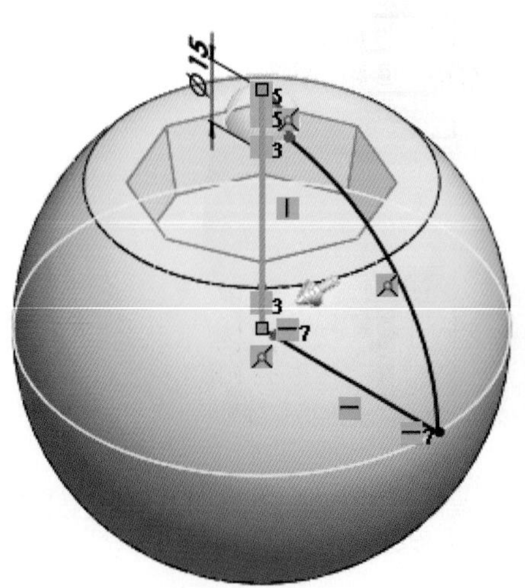

8. 變更上蓋色彩爲藍色。

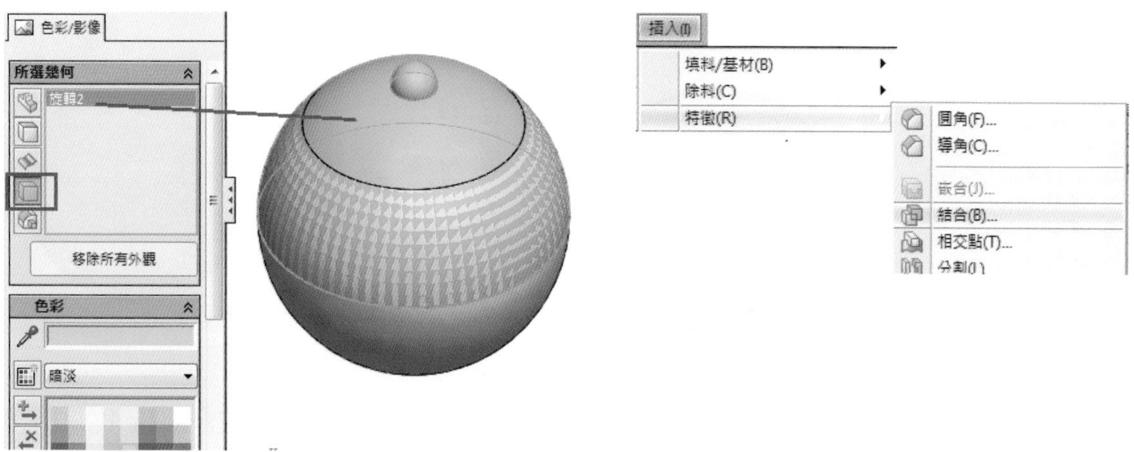

9. 點選下拉式功能表「插入」/「特徵」/「結合」「結合(B)...」操作型態爲「減除」，點選主要本體與結合之本體，如下圖。

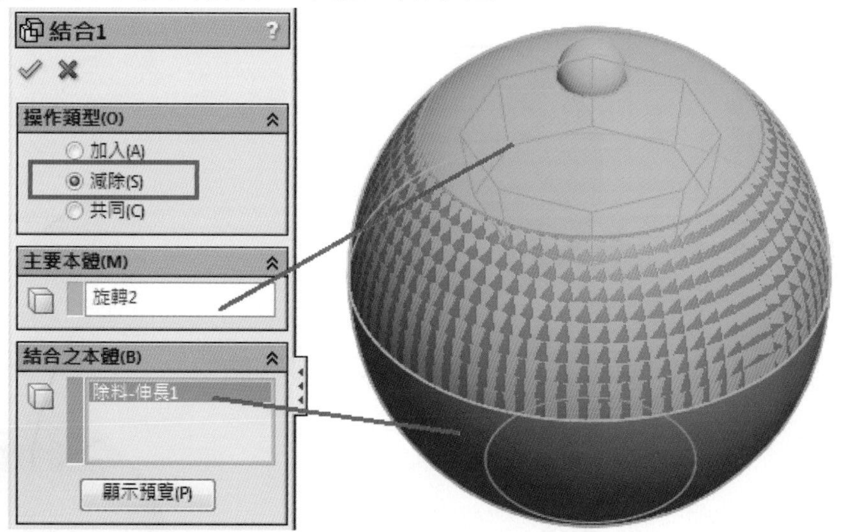

10. 完成上蓋之製作。薄殼厚度「2」。

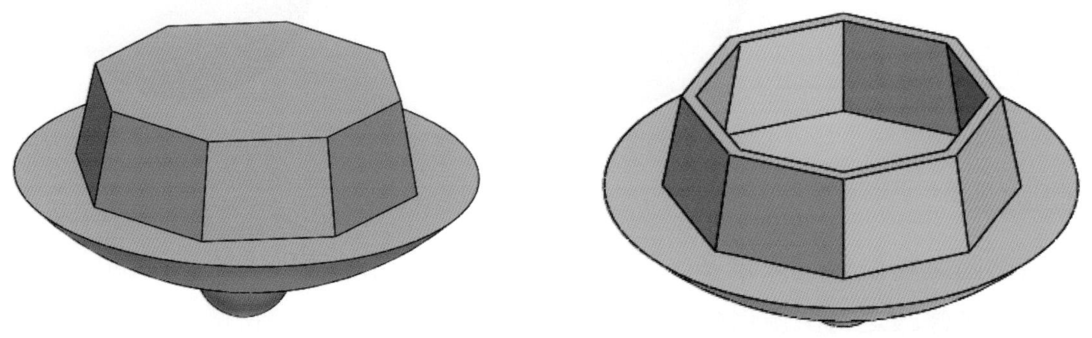

11. 壺體薄殼。開啓 3-5-1a. sldprt，滑鼠點選「特徵回溯棒」（下圖紅色箭頭所指之橫線），向上移動，「除料-伸長 1」已經被隱藏。

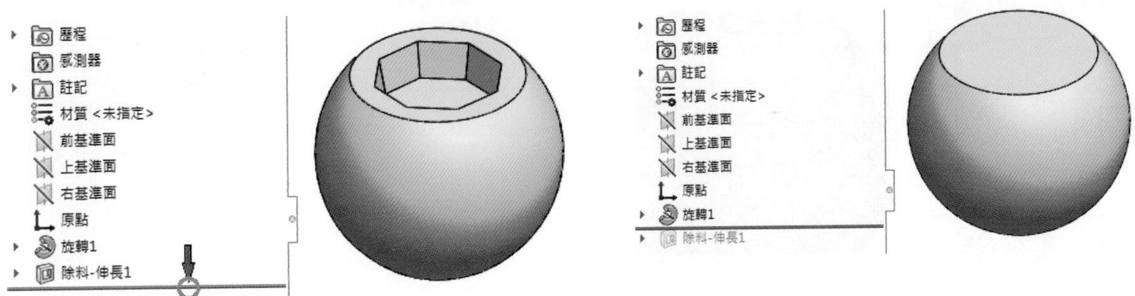

12. 特徵「薄殼」不點選任何平面，薄殼厚度「2」，產生中空薄殼。從顯示樣式「」點選線架構「」。

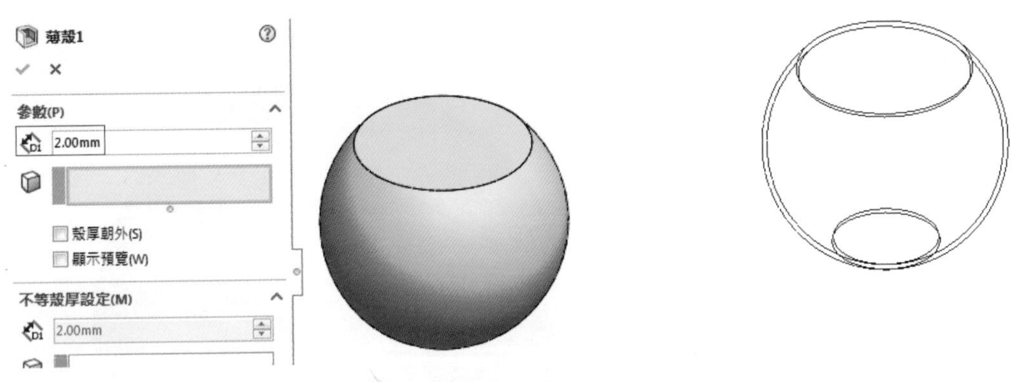

13. 滑鼠點選「特徵回溯棒」往下移，完成薄殼壺體。

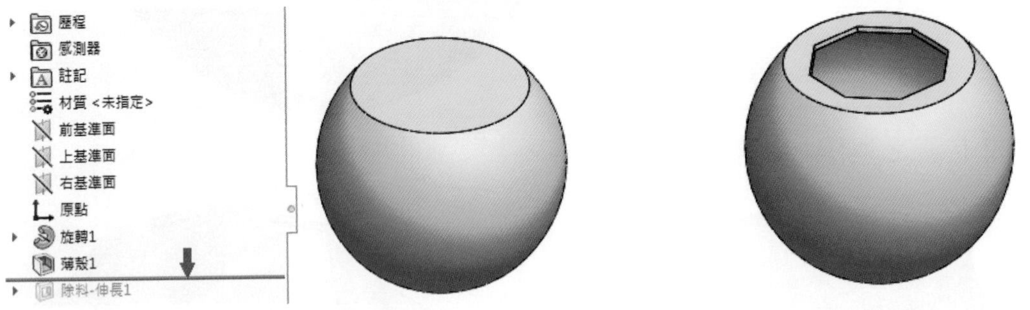

技巧解析

特徵區之特徵會越來越多，當設計欲修改時，可以使用「特徵回溯棒」上下移動，在需要修改之特徵處做變更，也可以點選特徵拖曳改變特徵之建構順序。

綜合練習

1.

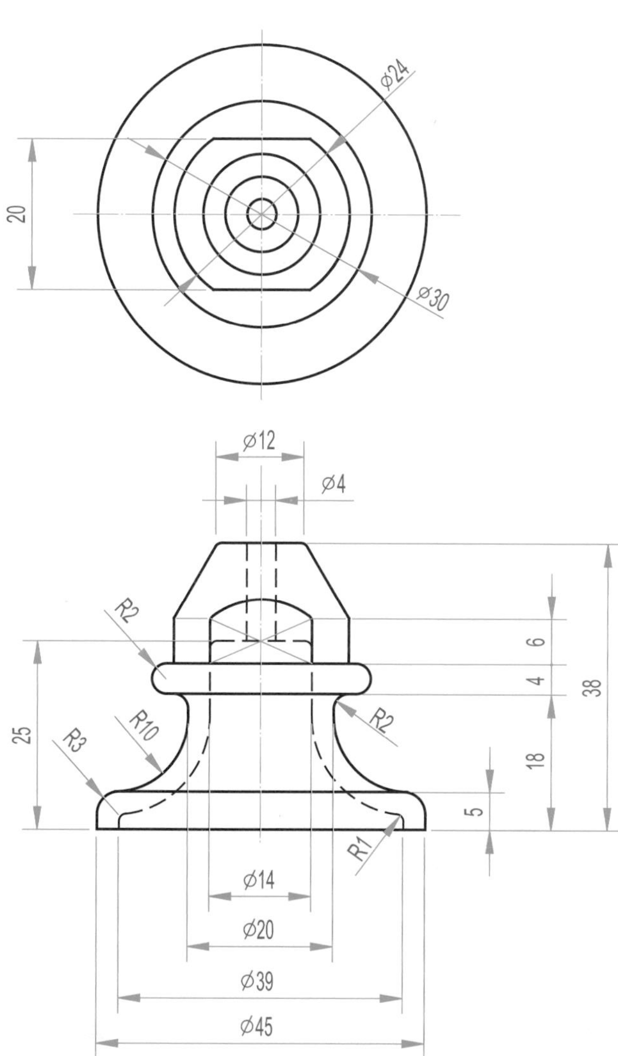

(P3-1.sldprt)

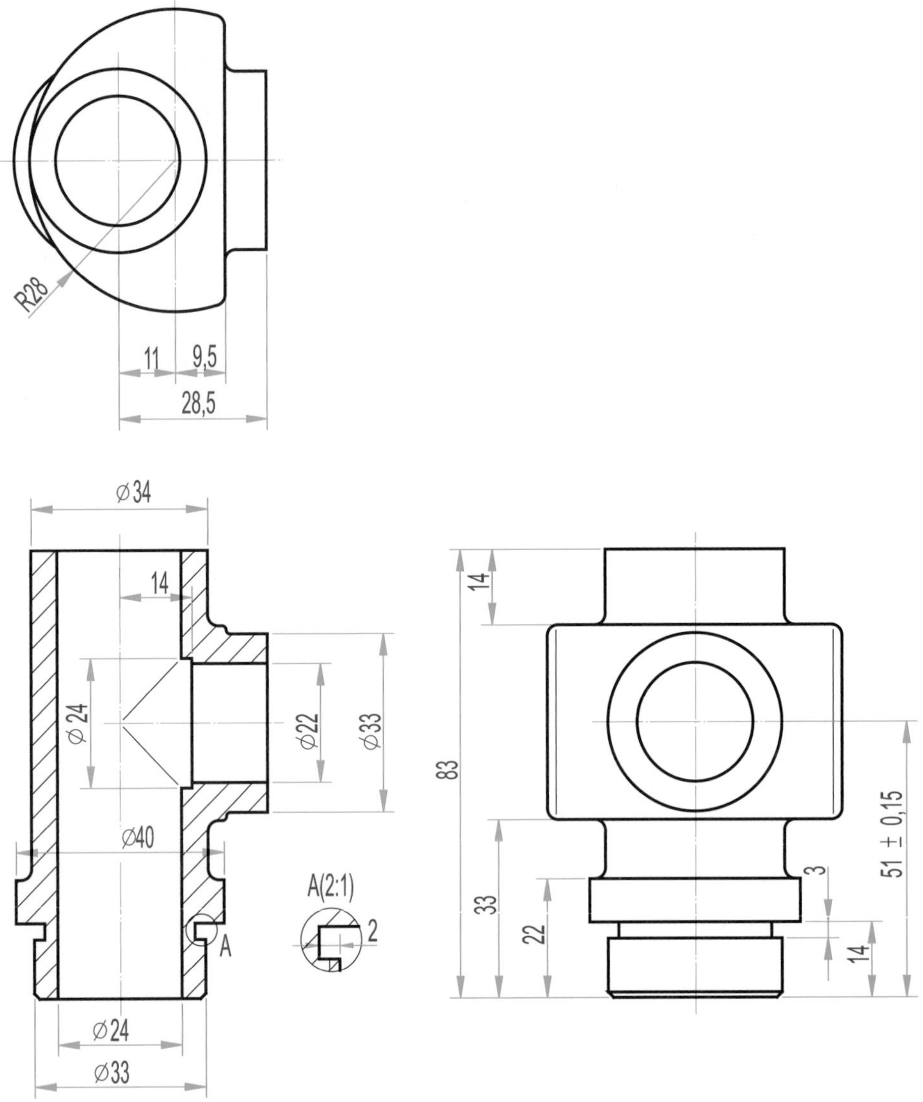

(P3-2.sldprt)

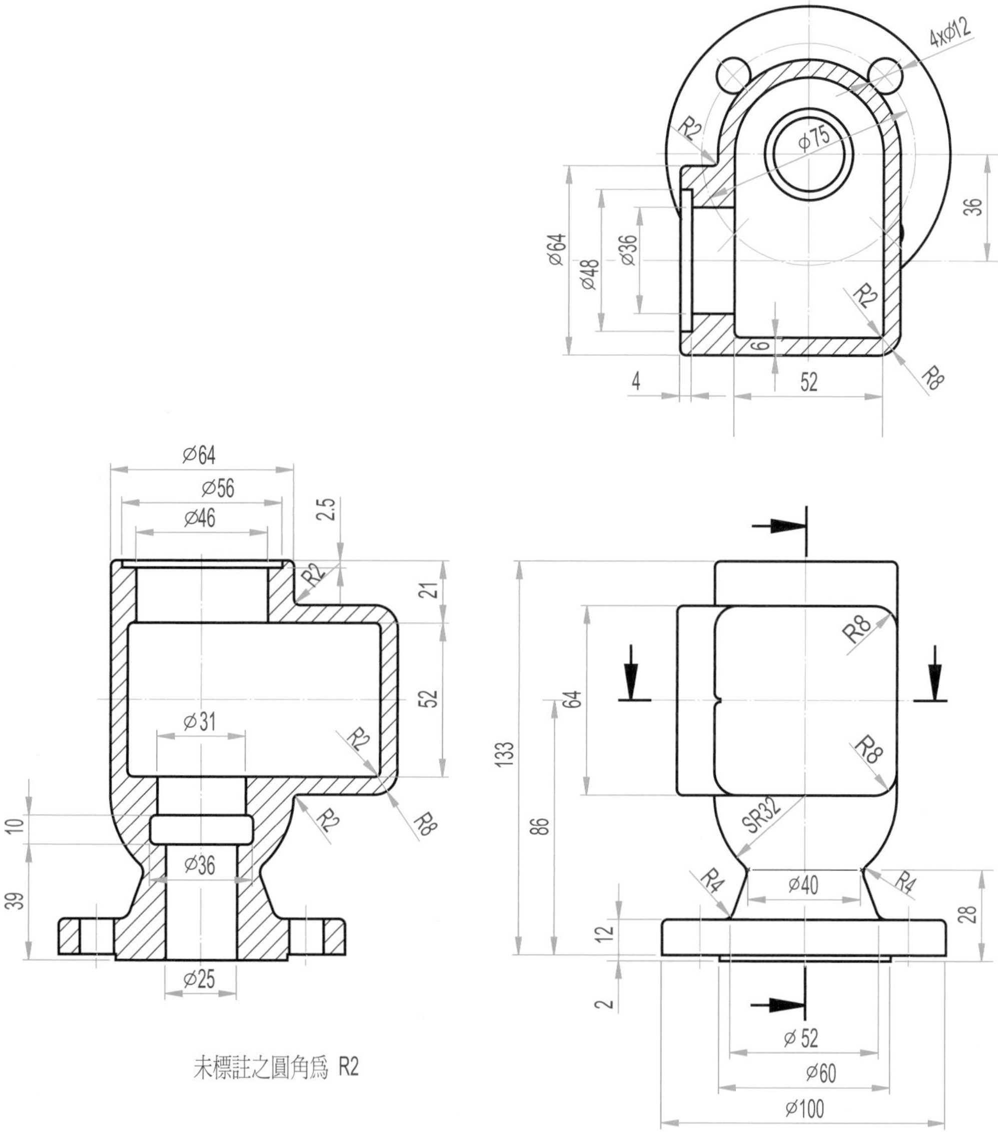
4xø12
R2
ϕ75
36
ø64
ø48
ø36
R2
6
R8
4
52
ø64
ø56
ø46
2.5
R2
21
52
ø31
R2
R8
R2
10
39
ø36
ø25
133
64
R8
R8
86
SR32
R4
ø40
R4
28
12
2
ø 52
ø60
ø100
未標註之圓角爲 R2

(P3-3.sldprt)

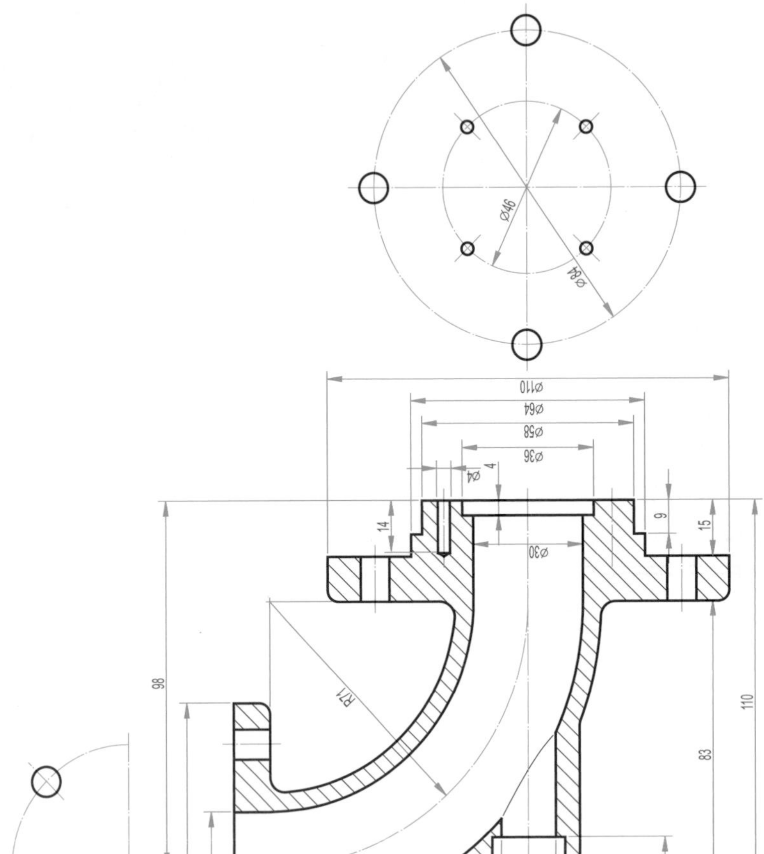
⌀46
⌀84
⌀110
⌀64
⌀58
⌀36
⌀4
4
14
9
15
⌀30
98
R71
110
83
20
9.4
⌀15
⌀20
⌀30
⌀88
⌀66
⌀8
R9
54
⌀34
10
81

(P3-4.sldprt)

掃出

4-1　平面曲線掃出
4-2　渦捲線掃出
4-3　螺旋曲線掃出
4-4　變化螺距曲線掃出
4-5　錐形螺線掃出
4-6　輪廓扭轉掃出
4-7　3D 曲線掃出
4-8　單線導引曲線掃出
4-9　多導引曲線掃出
4-10　曲面曲線掃出
4-11　迴圈曲線掃出
4-12　空間曲線建立掃出

本章你將學到的技能有：

- 特徵旋轉填料
- 圓弧草圖相切
- 平面曲線特徵掃出
- 渦捲線繪製
- 合成曲線
- 產生曲線端點之基準面
- 螺旋曲線掃出
- 變化螺距曲線掃出
- 錐形螺線掃出
- 輪廓扭轉掃出
- 3D 空間曲線掃出
- 組合件結合零件
- 曲面相交產生曲線
- 特徵環狀複製排列
- 迴圈曲線掃出
- 空間曲線建立掃出
- 產生曲面厚度

掃出(Sweep)是以一個封閉的斷面輪廓，沿著一條路徑前進所產生的填料或除料，此封閉的斷面輪廓可在此路徑上亦可偏移，但都必須是互相垂的，亦即「掃出之斷面」與「掃出路徑」不需要實際接觸，只要在端點的平面上即可。

掃出的基本動作是需要兩個草圖，一個是路徑，一個是斷面輪廓，分別建立在不同的基準面(或是平面)上。

4-1 平面曲線掃出

4-1.avi

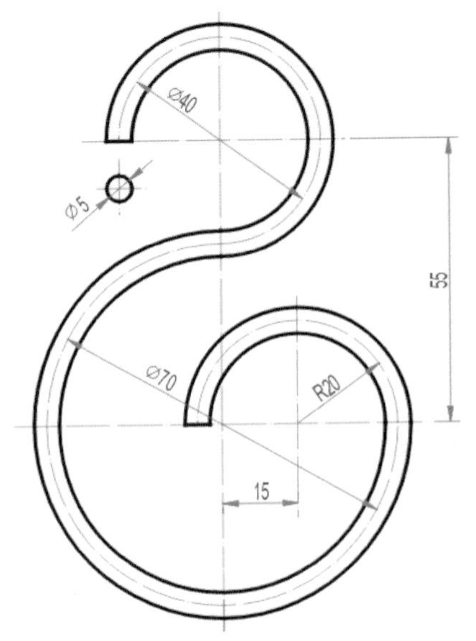

(4-1.sldprt)

1. 點選「前基準面」繪製草圖，上面的圓以原點「」為圓心畫圓，兩個直徑 40 與 70 之圓必須以「限制條件」使其相切「相切(T)」，然後編輯草圖修剪「修剪圖元(T)」，完成草圖 1。

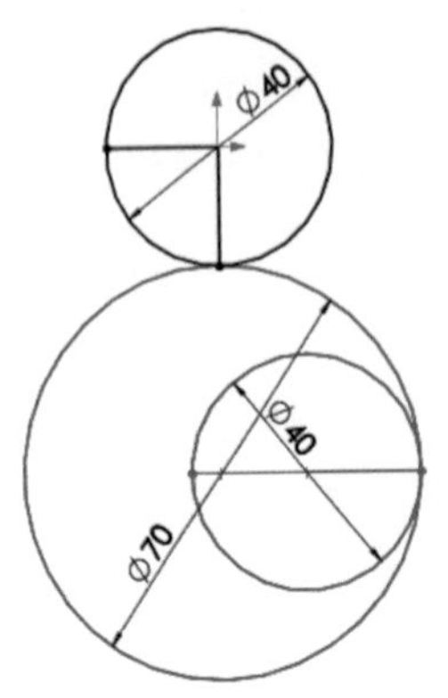

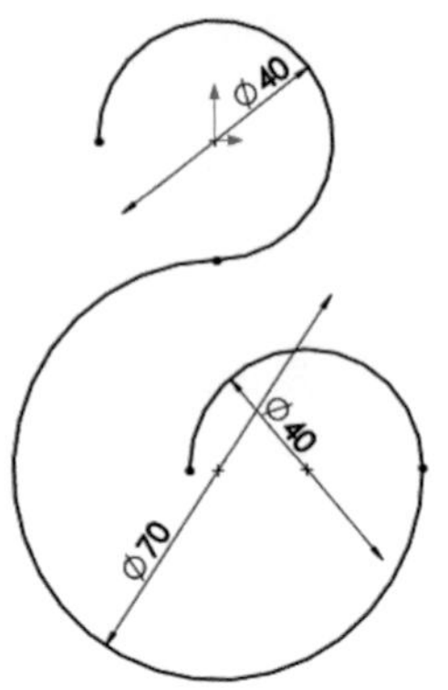

2. 點選「上基準面」正視於「 」，如下圖，繪製直徑 5 之圓，完成草圖 2。

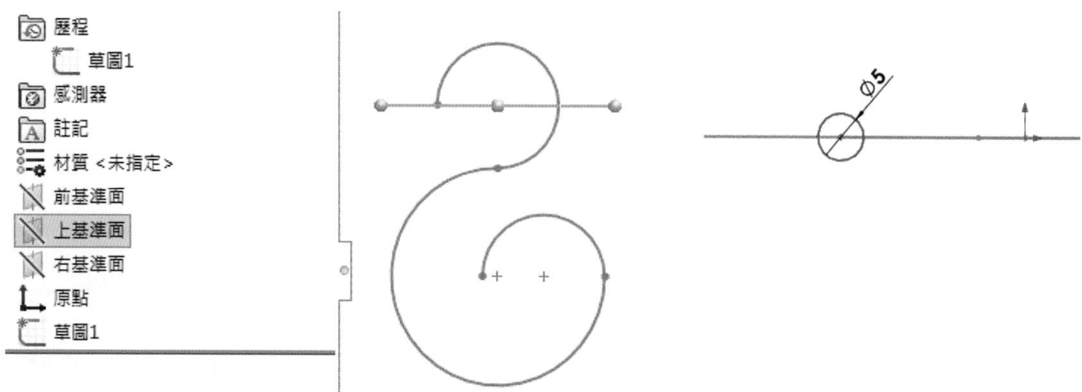

3. 點選等角視「 」，點選特徵「 掃出填料/基材」，點選「草圖輪廓」與「掃出路徑」。

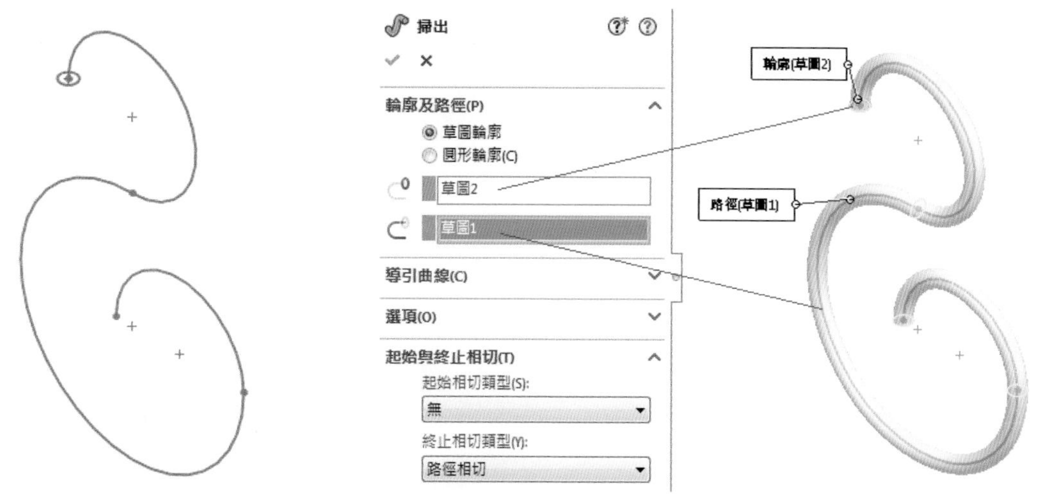

4. 完成掃出，若改變掃出輪廓如右圖。比較不同之掃出結果。

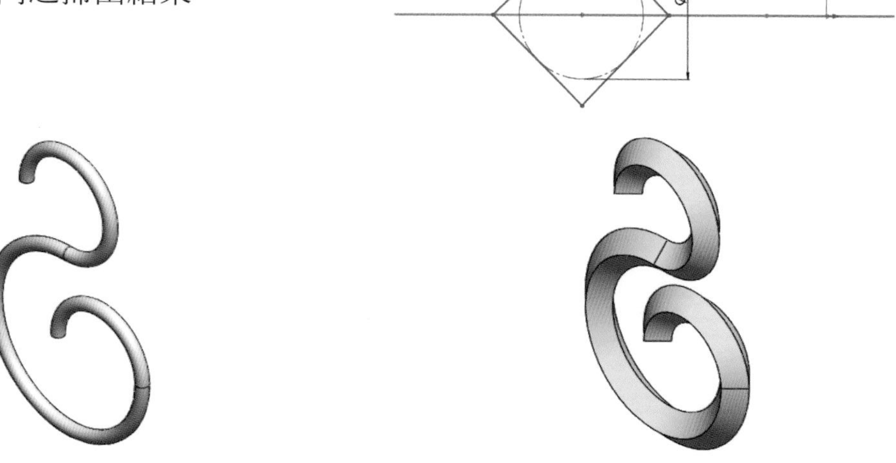

精選範例練習

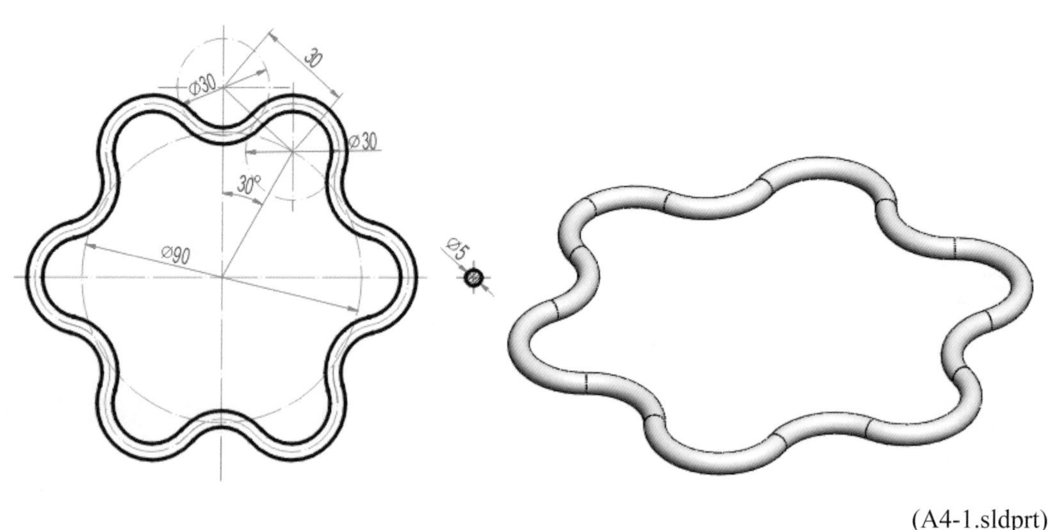

(A4-1.sldprt)

草圖提示

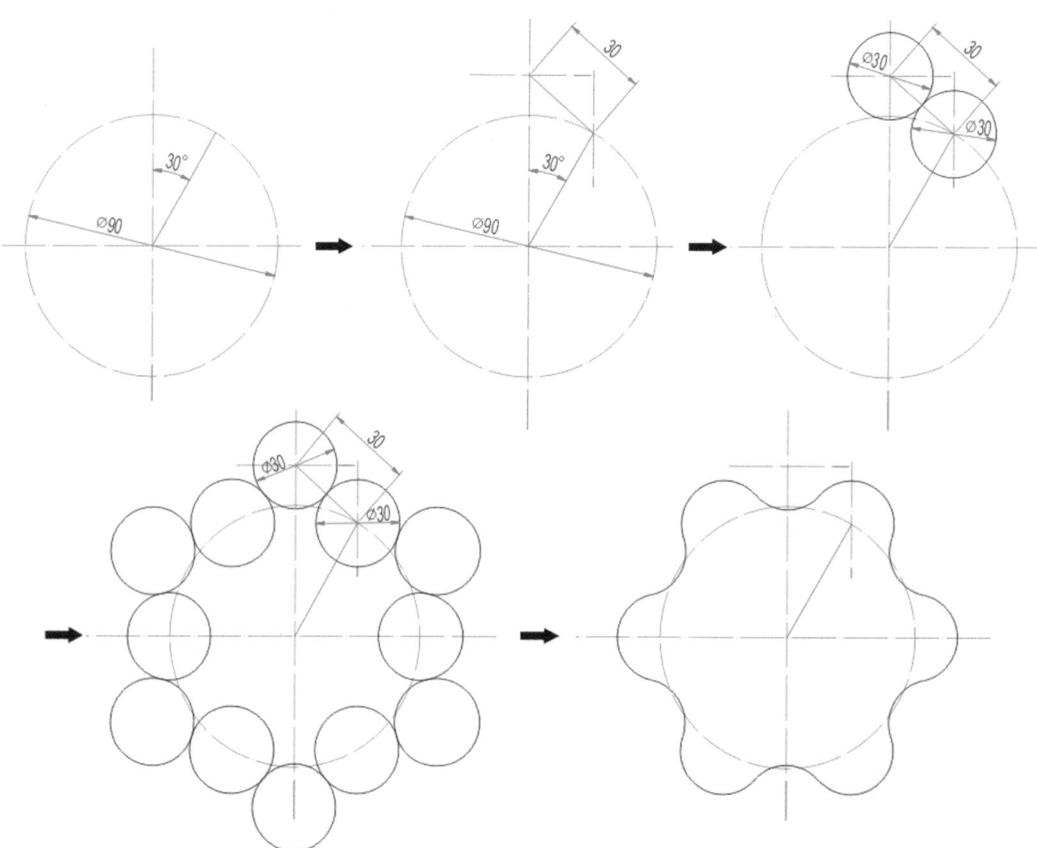

4-2 渦捲線掃出

4-2.avi

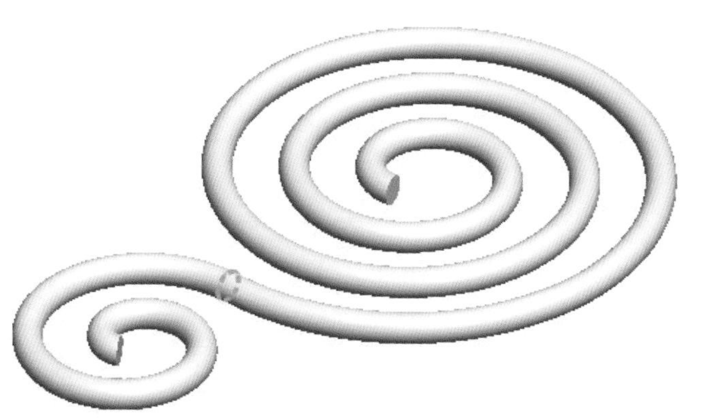

(4-2.sldprt)

1. 選「上基準面」草圖「草圖」畫直徑 20 之圓。

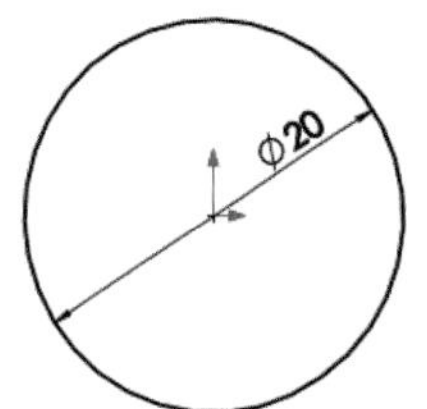

2. 下拉式功能表「插入」/「曲線」/「螺旋曲線/渦捲線(H)...」，步驟 1.點選「渦捲線」。步驟 2.螺距「20」。步驟 3.圈數「3」。步驟 4.起始角度「0」。步驟 5.「順時針。產生如下圖之渦捲線。

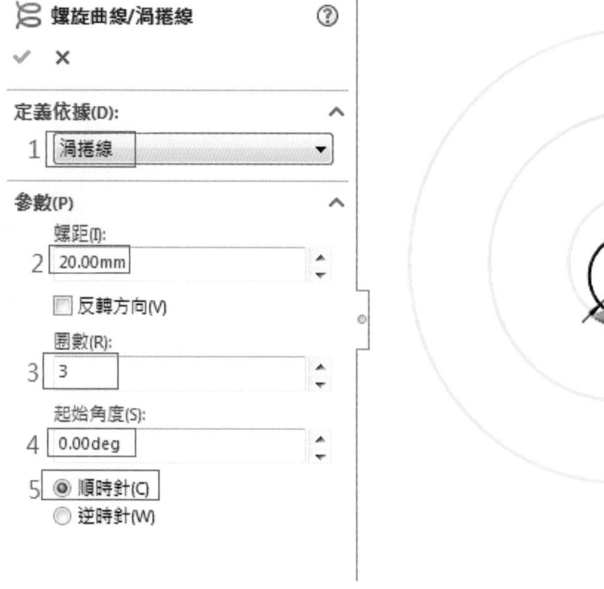

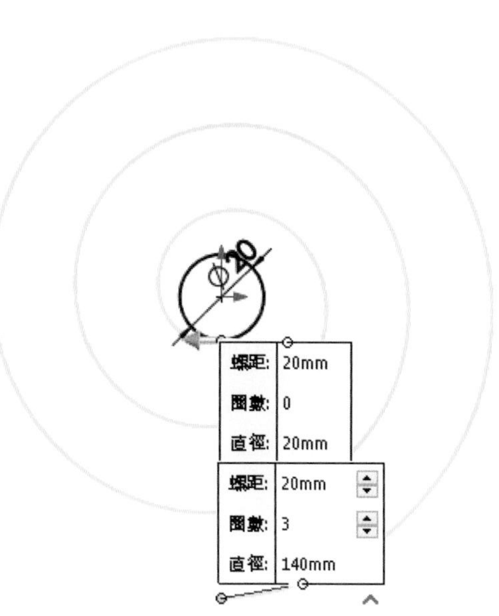

3. 完成後，再選「上基準面」草圖「草圖」畫直徑 10 之圓。距離尺度如下圖

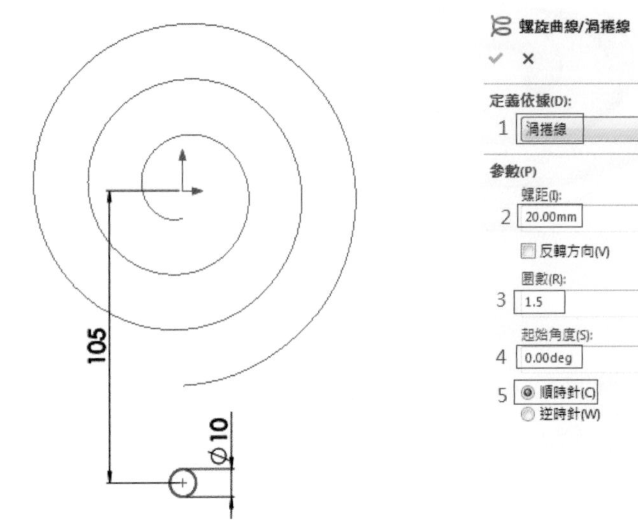

4. 依步驟完成螺距 20 圈數 1.5 圈從 0 度開始之順時針渦捲線，如下圖所示。

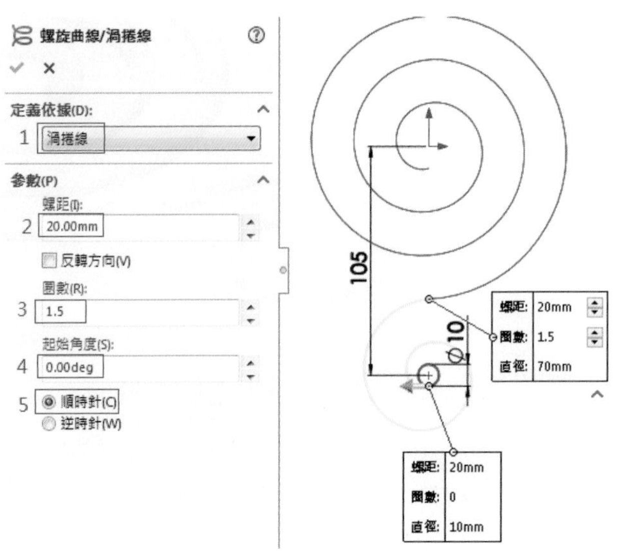

5. 下拉式功能表「插入」/「曲線」/「合成曲線(C)...」，點選渦捲線 1 與渦捲線 2，合成爲一條曲線。

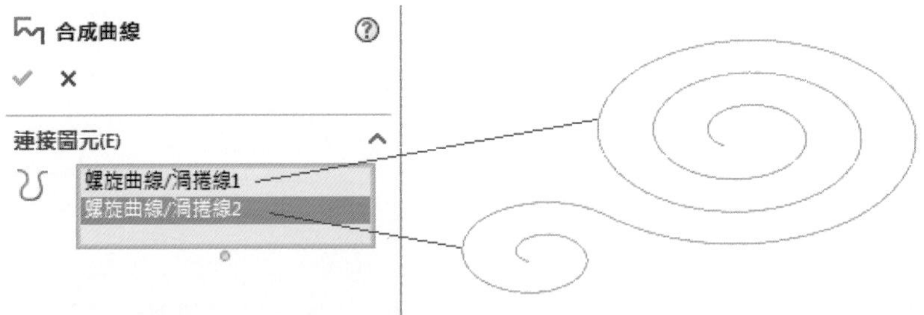

6. 視角爲等角視「」，下拉式功能表「插入」/「參考幾何」/「基準面(P)...」，選擇下圖之「點 2」與渦捲線，產生曲線端點之基準面。

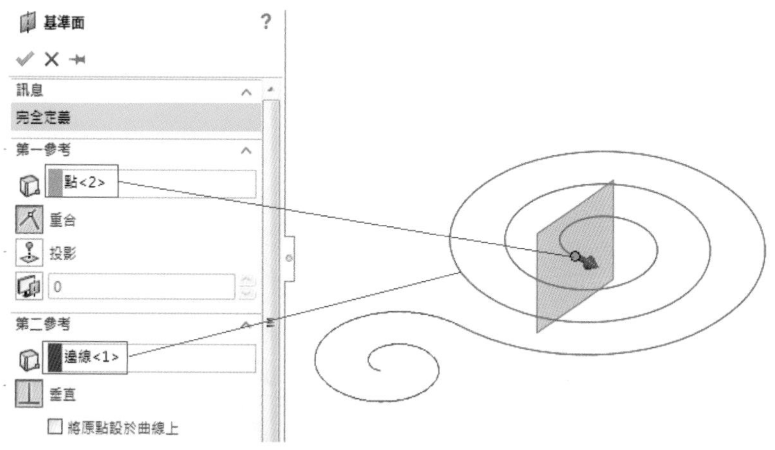

7. 點選平面 1，正視於「 」，繪製草圖「 草圖 」畫圓「 」，直徑為「8」。
8. 等角視「 」，特徵「 掃出填料/基材」，點選草圖輪廓「草圖 3」掃出路徑「合成曲線 1」，如下圖所示，完成渦捲線掃出。

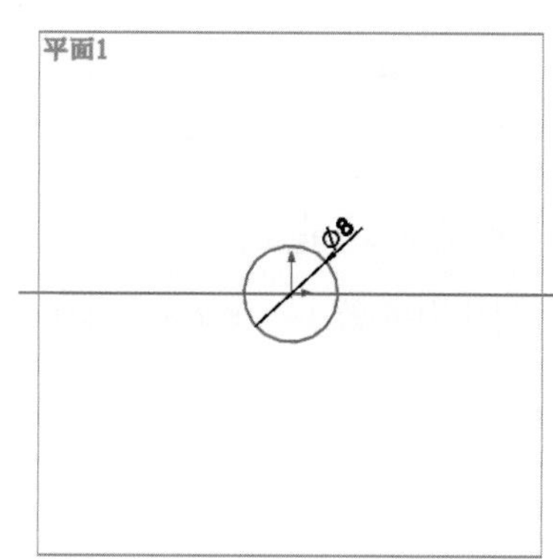

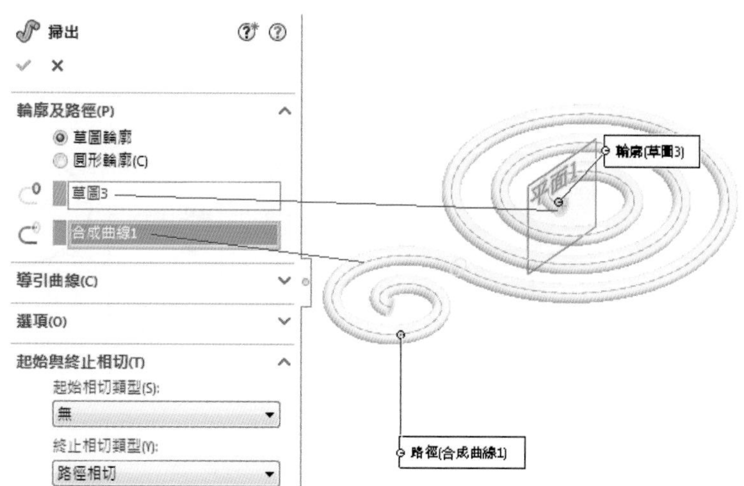

4-3 螺旋曲線掃出

4-3.avi

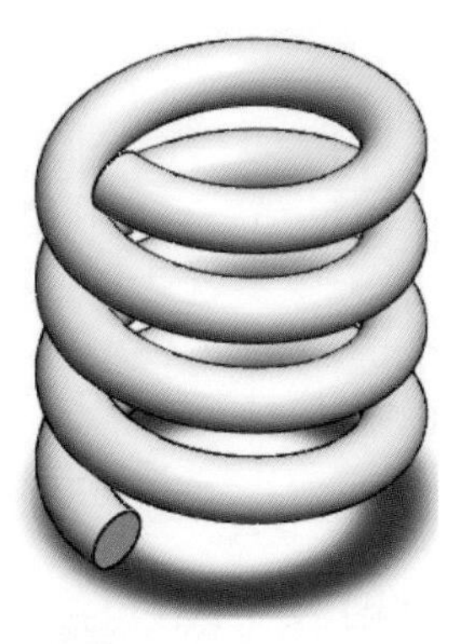

(4-3.sldprt)

1. 上基準面「上基準面」，繪製草圖「」，畫「」直徑 30 之圓。
2. 下拉式功能表「插入」/「曲線」/「螺旋曲線/渦捲線(H)...」。定義依據選取「螺距與圈數」，輸入螺距「10」，圈數「4」，起始角度「0」，旋向「順時針」。

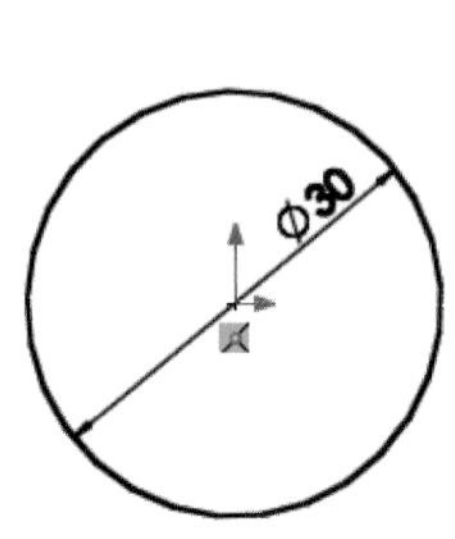

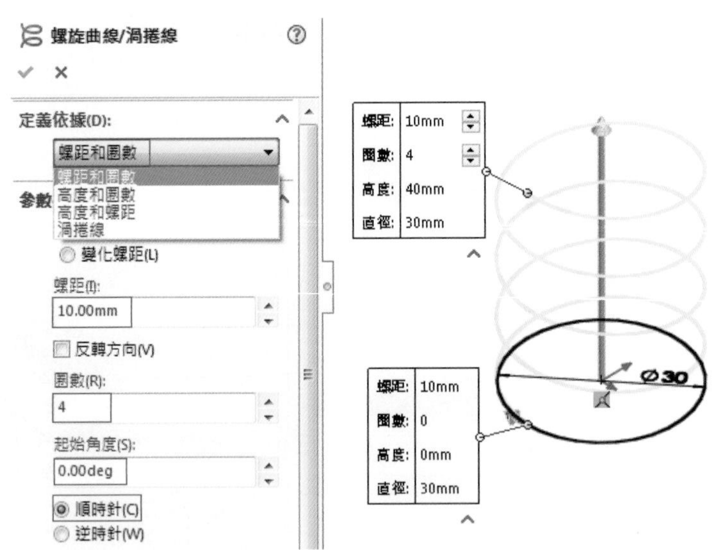

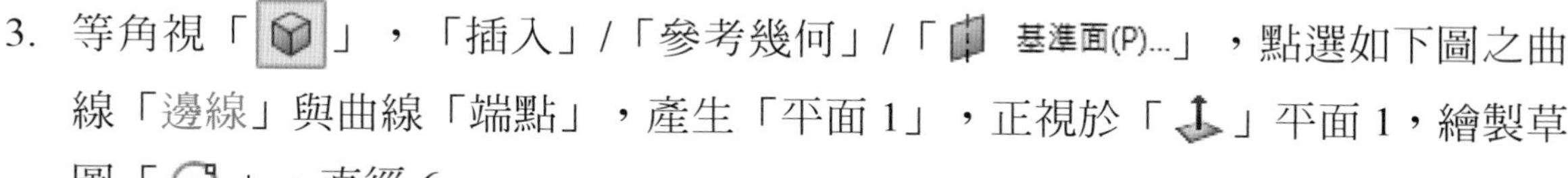

3. 等角視「」，「插入」/「參考幾何」/「 基準面(P)...」，點選如下圖之曲線「邊線」與曲線「端點」，產生「平面 1」，正視於「」平面 1，繪製草圖「」，直徑 6。

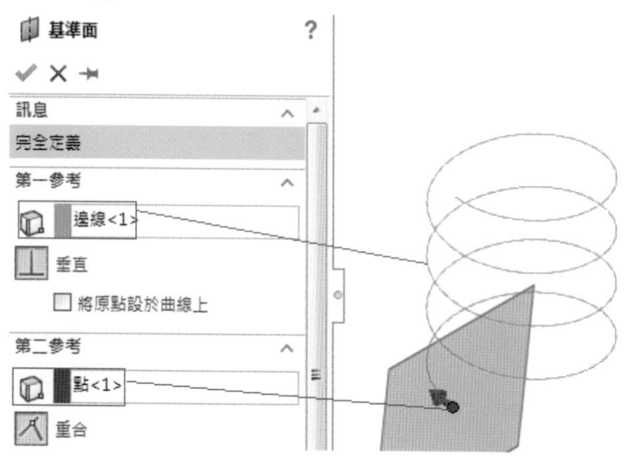

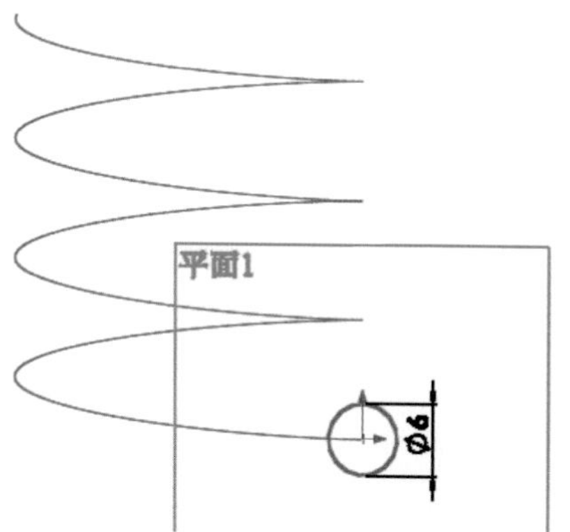

4. 等角視「」，特徵掃出完成螺旋彈簧。

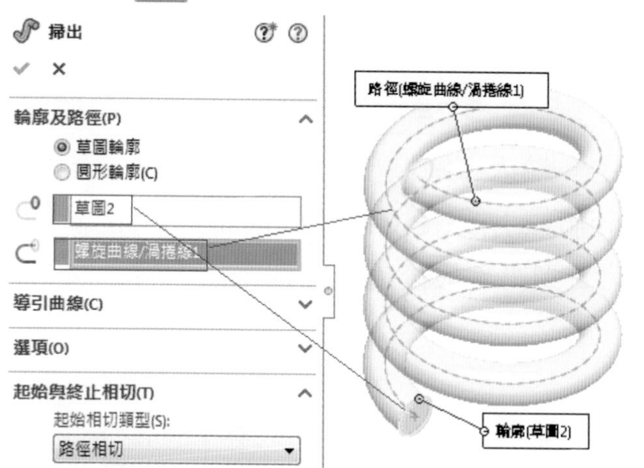

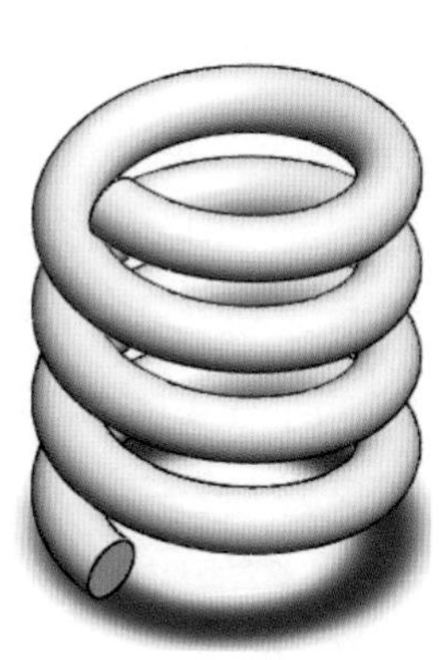

重點提示

螺旋曲線之定義包括：「螺距與圈數」、「高度與圈數」、「高度與螺距」三種，讀者可依據設計要求，自行選取項目繪製螺旋曲線。對於「起始角度」建議以「0」、「90」、「180」、「270」爲主，方便搭配三個主要基準面。對於曲線端點應重新產生基準面，以作爲掃出輪廓之草圖平面。

4-4 變化螺距曲線掃出

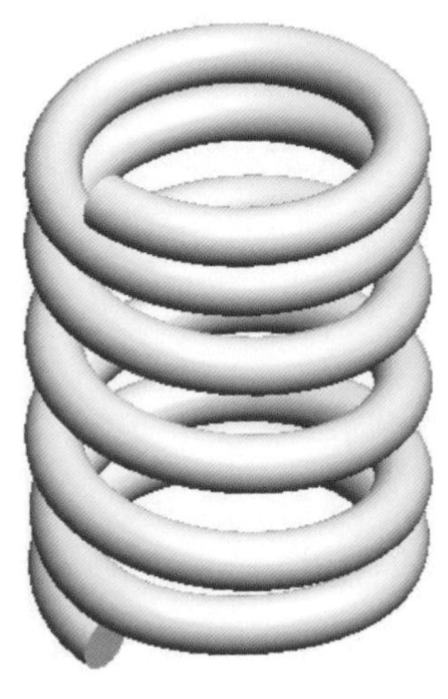

(4-4.sldprt)

1. 上基準面「上基準面」，繪製草圖「」，畫「」直徑 30 之圓。
2. 下拉式功能表「插入」/「曲線」/「螺旋曲線/渦捲線(H)...」。定義依據選取「螺距與圈數」，參數「變化螺距」。輸入「區域參數」如下圖表中之數值，因爲彈簧之線徑爲「5」(本題之設計值)，所以從 0 圈開始繞 1 圈螺距爲「5」，第 2 圈到第 4 圈螺距爲「10」，第 5 到第 6 最後這一圈螺距爲「5」。完成變化螺距之螺旋線。

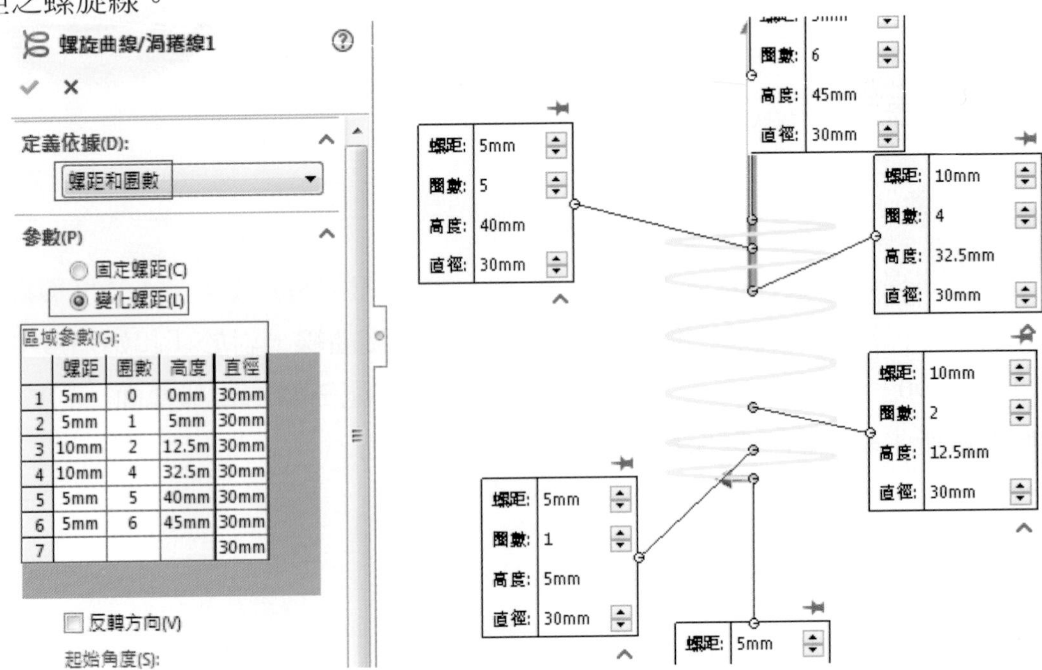

	螺距	圈數	高度	直徑
1	5mm	0	0mm	30mm
2	5mm	1	5mm	30mm
3	10mm	2	12.5m	30mm
4	10mm	4	32.5m	30mm
5	5mm	5	40mm	30mm
6	5mm	6	45mm	30mm
7				30mm

3. 等角視「 」，特徵掃出完成螺旋彈簧。

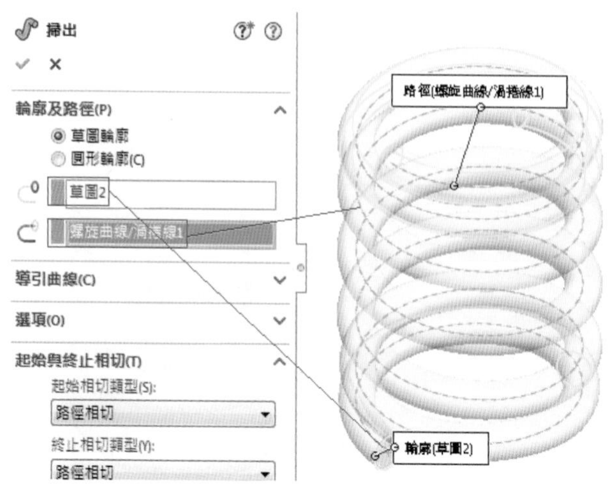

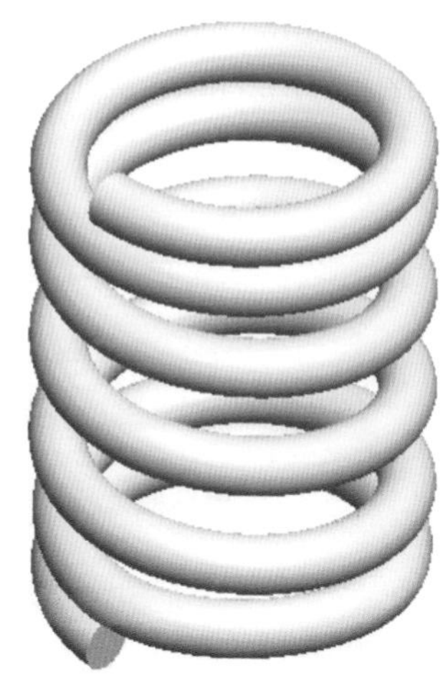

重點提示

壓縮彈簧的兩端是磨平的，與承載物接觸是平面的，如右圖所示，所以應該兩邊除料一圈後又再修剪掉 1/4，避免研磨後之尖銳危險，如右圖所示。

步驟如下，修改彈簧線徑為 4.5。

4. 「右基準面」繪製草圖「 」，如下圖。矩形邊線與線徑圓下方相切，特徵除料「兩側對稱」至將彈簧除去半圈。

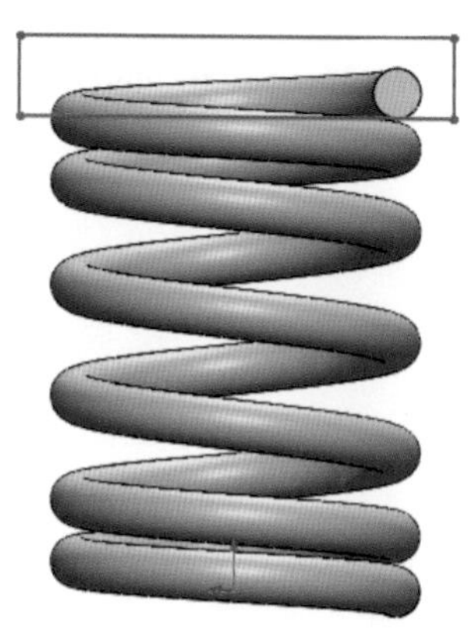

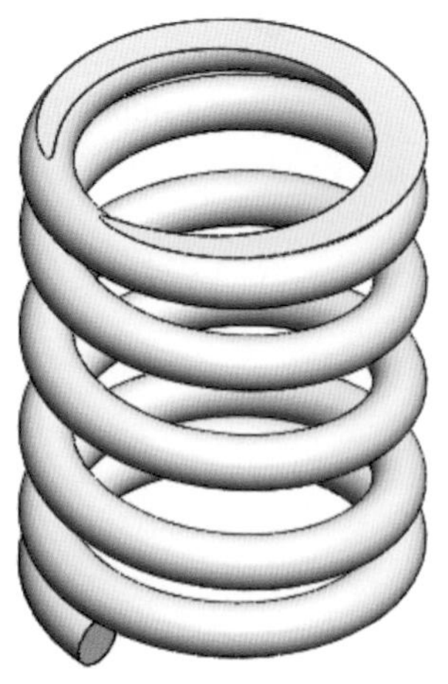

5. 「前基準面」繪製草圖「」如下圖所示，右邊對齊圓點，繪製依循螺旋邊緣之四邊形，向外除料，除去 1/4 的尖銳彈簧，完成壓縮彈簧的繪製。另一端用同法處理。

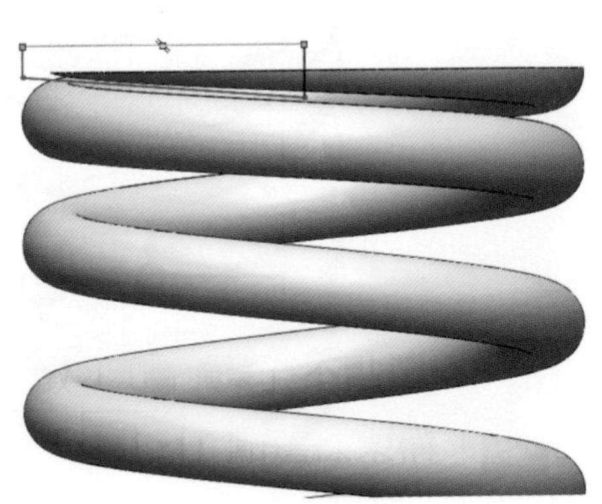

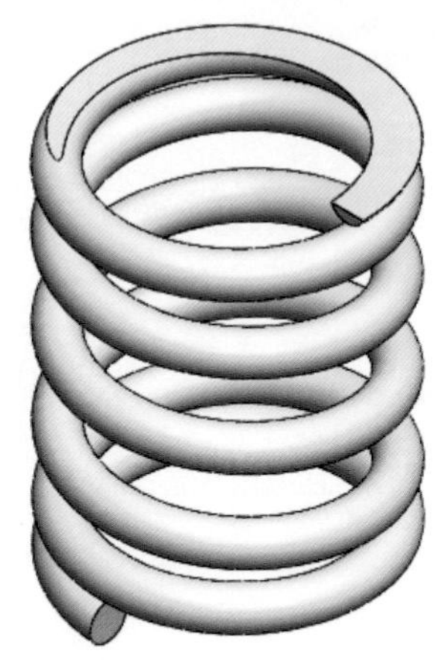

4-5 錐形螺線掃出

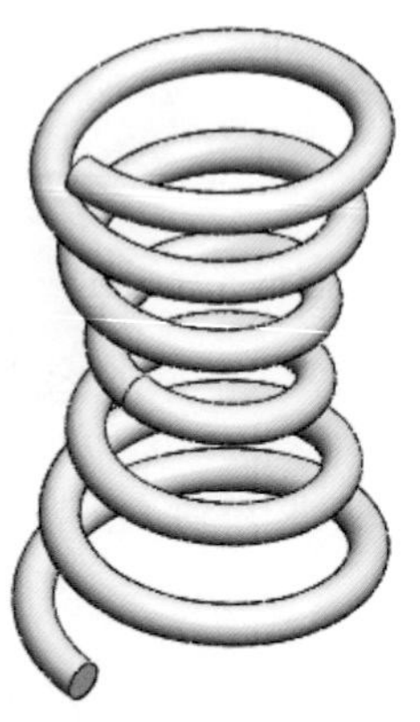

(4-5a.sldprt)

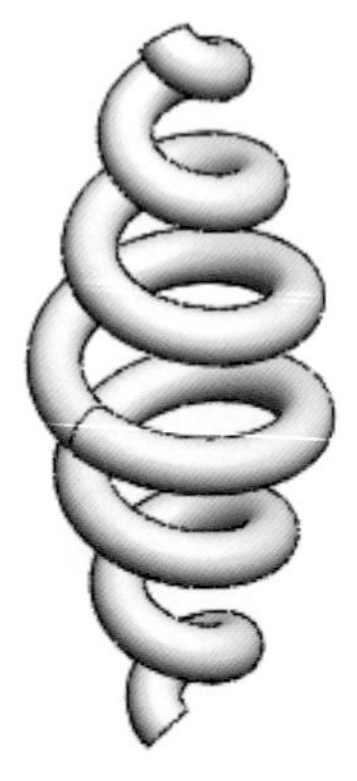

(4-5b.sldprt)

1. 「上基準面」繪製草圖「」直徑「20」，下拉式功能表「插入/「曲線」/「螺旋曲線/渦捲線(H)...」。點選步驟如下圖，依據紅色矩形框線所示之選項與數值填入。得到向上向外張「順時針」的螺旋線。

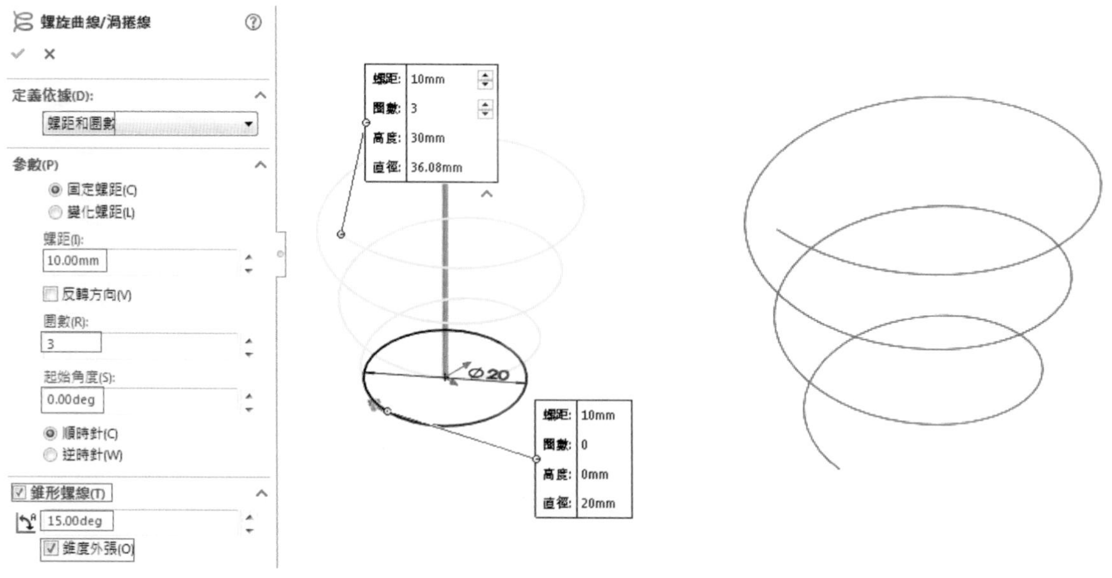

2. 再次以「上基準面」繪製草圖「」直徑「20」。下拉式功能表「插入/「曲線」/「螺旋曲線/渦捲線(H)...」。點選步驟如下圖，依據紅色矩形框線所示之選項與數值填入。得到向下向外張的「逆時針」螺旋線。

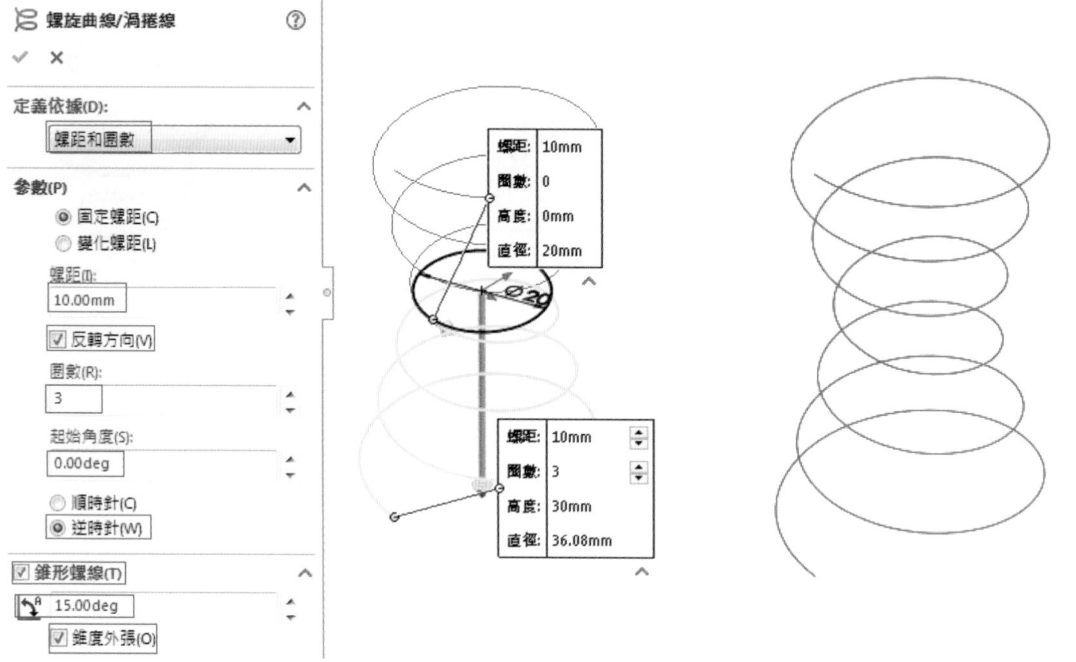

3. 「插入」/「曲線」/「合成曲線(C)...」，將「螺旋曲線 1」與「螺旋曲線 2」合成爲爲單一曲線，以作爲掃出之路徑。「插入」/「參考幾何」/「基準面」，點選曲線「端點」與曲線「邊緣」產生新增基準面「平面 1」，草圖「」直徑「4」。

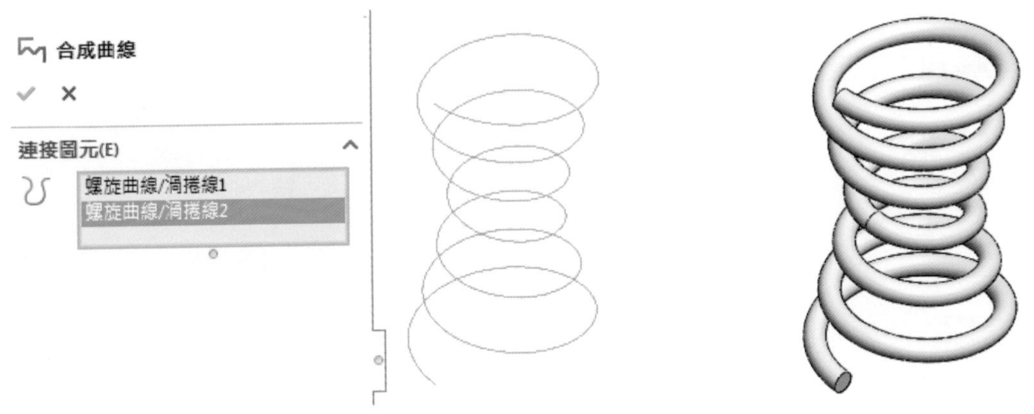

4. 若將上述步驟 1 與步驟 2，不勾選「錐度外張」，其他作法相同。

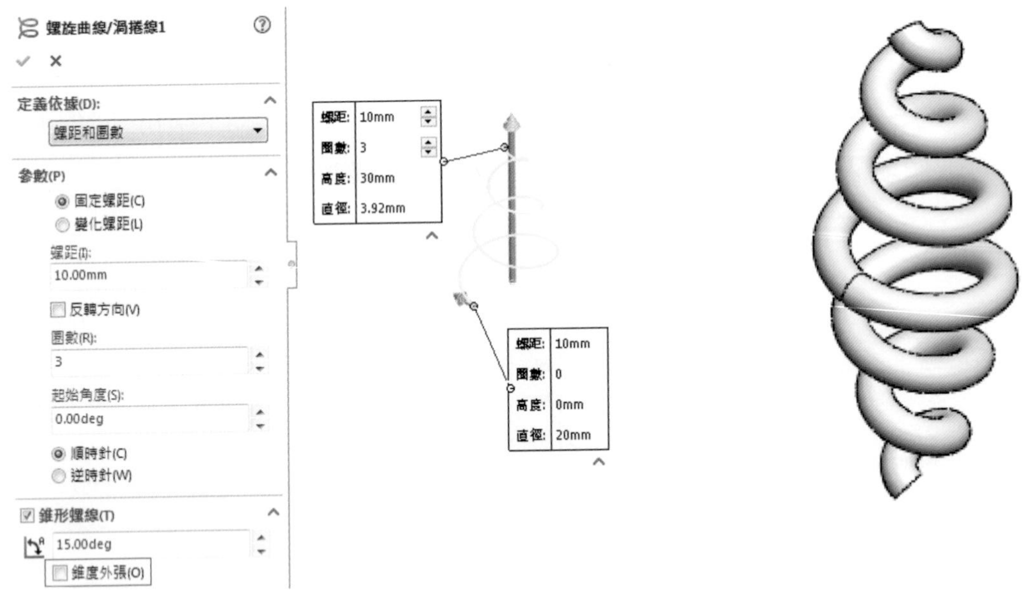

4-6 輪廓扭轉掃出

4-6.avi

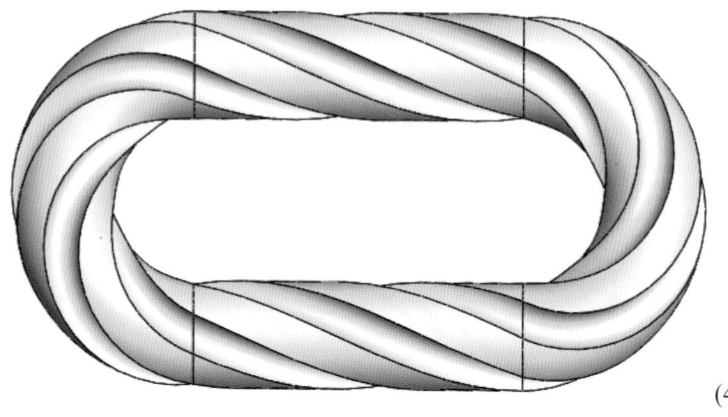

(4-6.sldprt)

1. 「上基準面」繪製草圖，草圖編輯「

」如下圖所示。

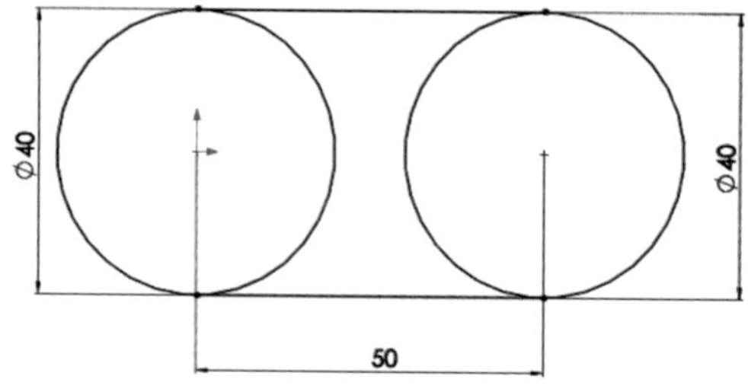

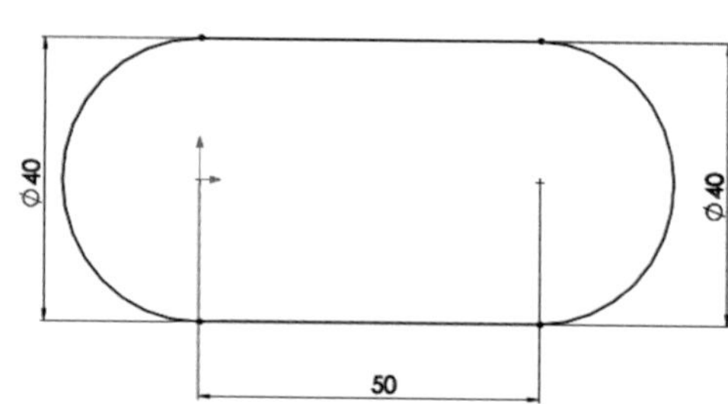

2. 「右基準面」繪製草圖然後編輯「

」，如下圖所示。

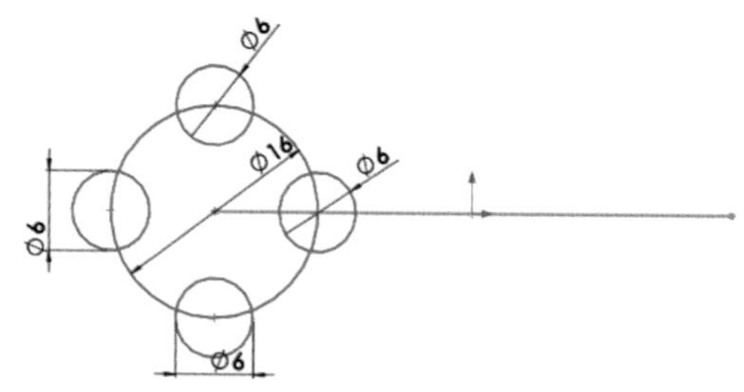

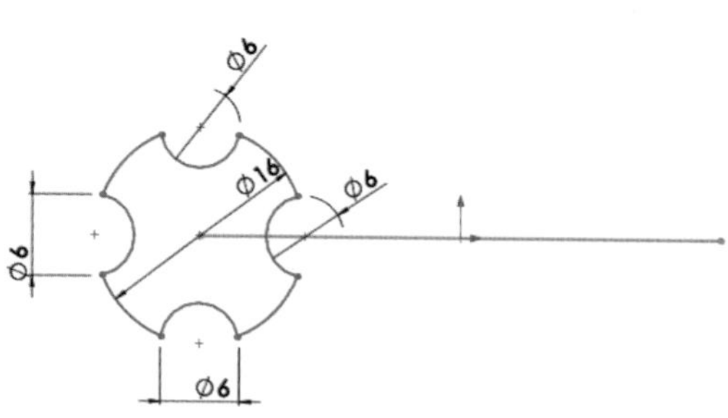

3. 等角視「 」，特徵掃出，步驟如下圖，「輪廓扭轉」，「指定扭轉值」爲圈數「2」圈，完成輪廓扭轉掃出。

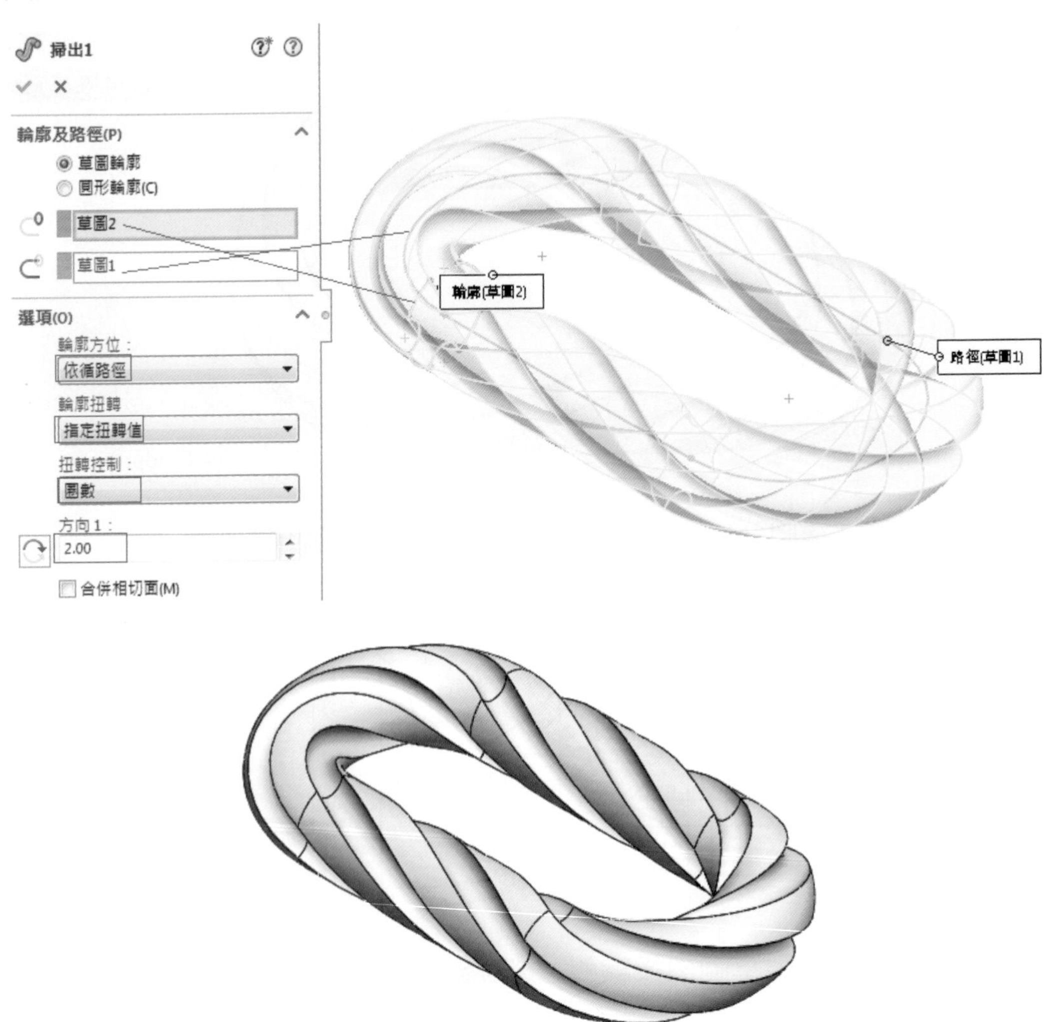

精選範例練習

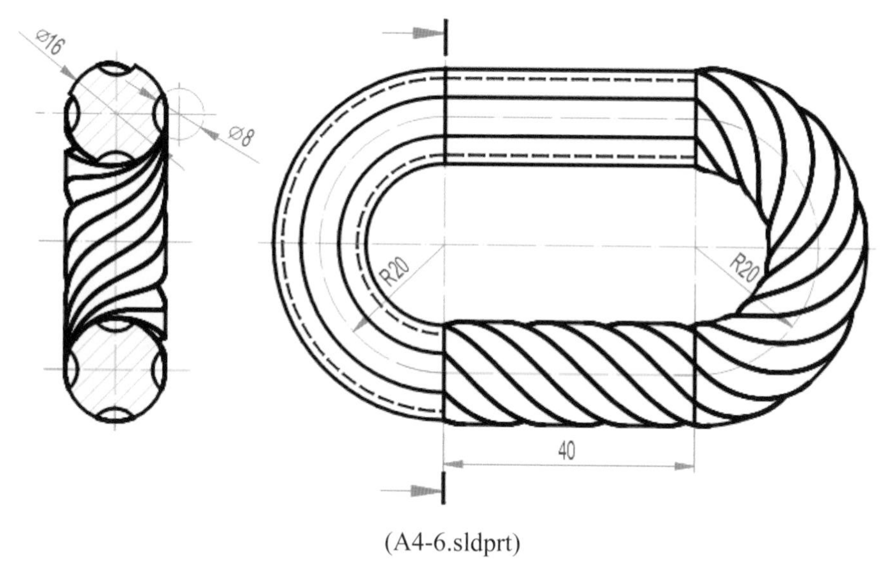

(A4-6.sldprt)

4-7　3D 曲線掃出

依所示尺度及圓管直徑為 25，繪製實體圖。

4-7-1.avi
4-7-2.avi

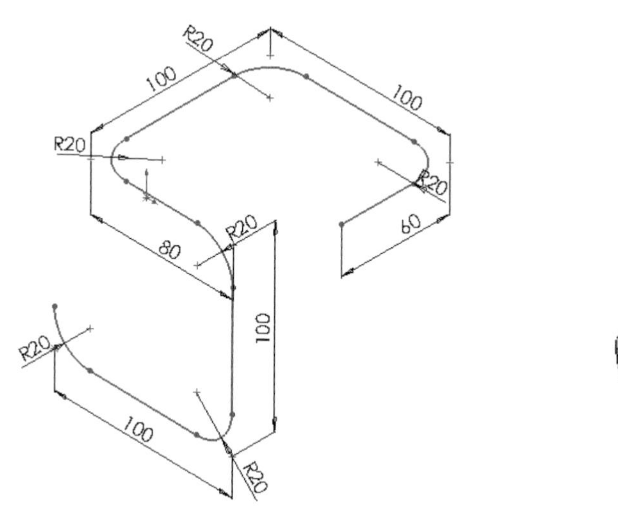

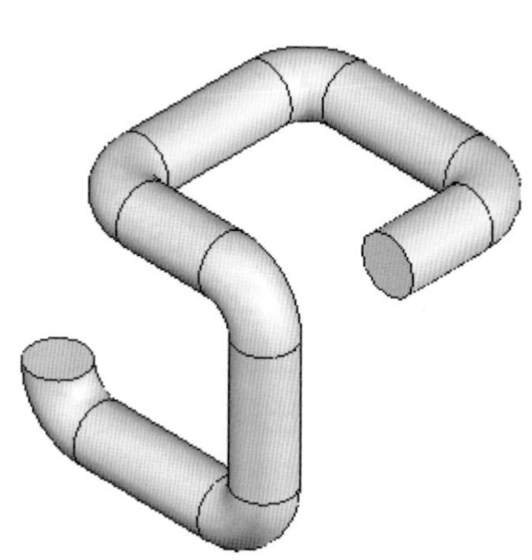

(4-7.sldprt)

1. 點選「草圖」下方「▾」，點選「3D 3D草圖」，點選等角視「」，容易判斷空間之 XY、XZ、YZ 平面，從原點「」開始草圖畫「」。參考作圖區左下角「 」之立體座標，按鍵盤 Tab 鍵可切換作圖平面，一開始從「XY」平面，按 Tab 鍵後轉換爲「XZ」開始畫線，畫完 4 條線後按 Tab 鍵，轉換到「XY」面繼續畫線，如下圖左所示，標註尺度，如下圖右所示。

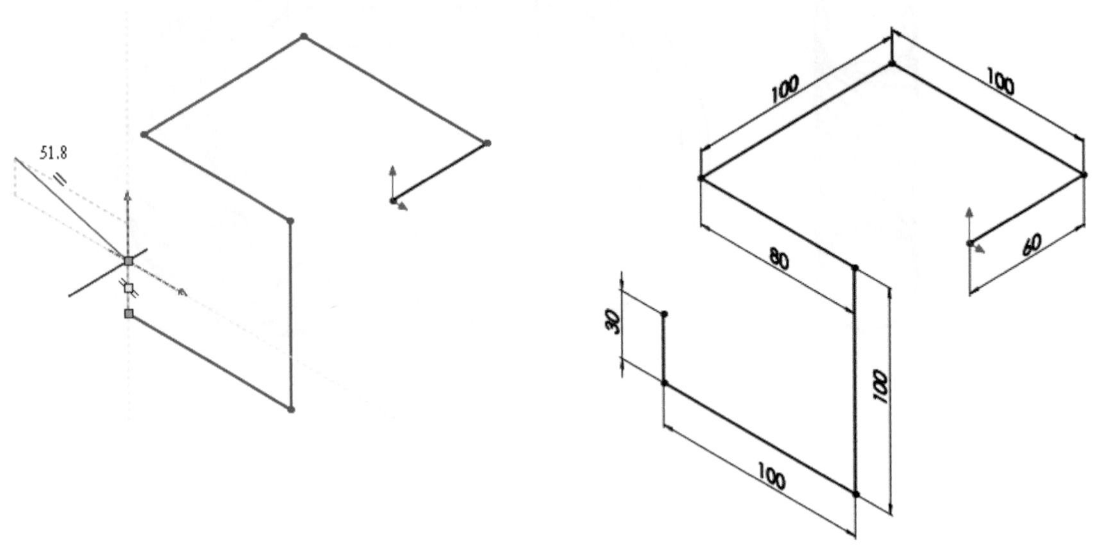

2. 倒圓角「 」點選欲圓角的相鄰兩直線，依序完成 6 個圓角「R20」。最後段長度「30」之直線倒 20 圓角後剩下長度「10」紅圈處，將其刪除(因爲留 30 長度大於倒圓角 R20，才可完成倒 20 之圓角)，完成草圖。

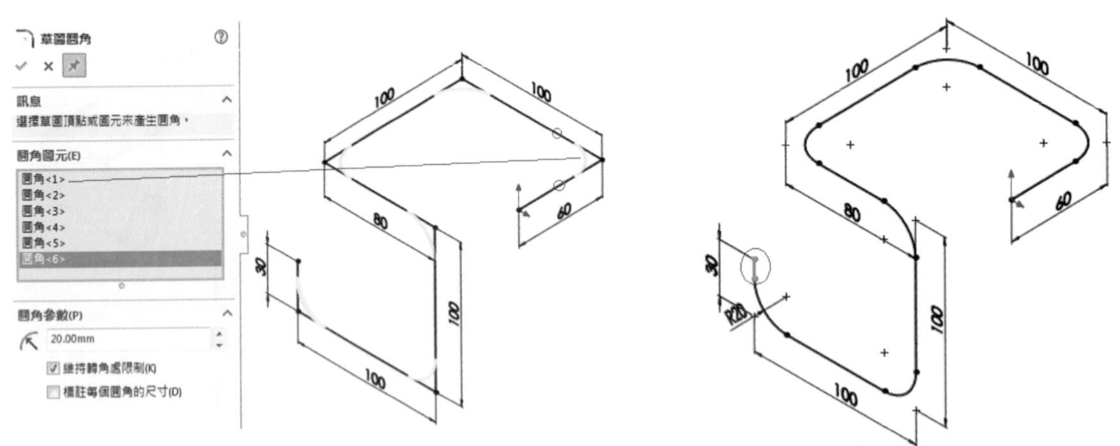

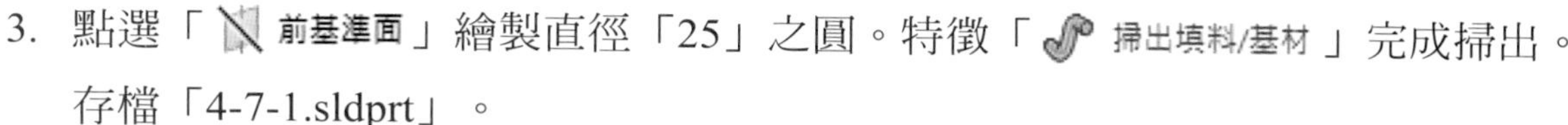

3. 點選「前基準面」繪製直徑「25」之圓。特徵「掃出填料/基材」完成掃出。存檔「4-7-1.sldprt」。

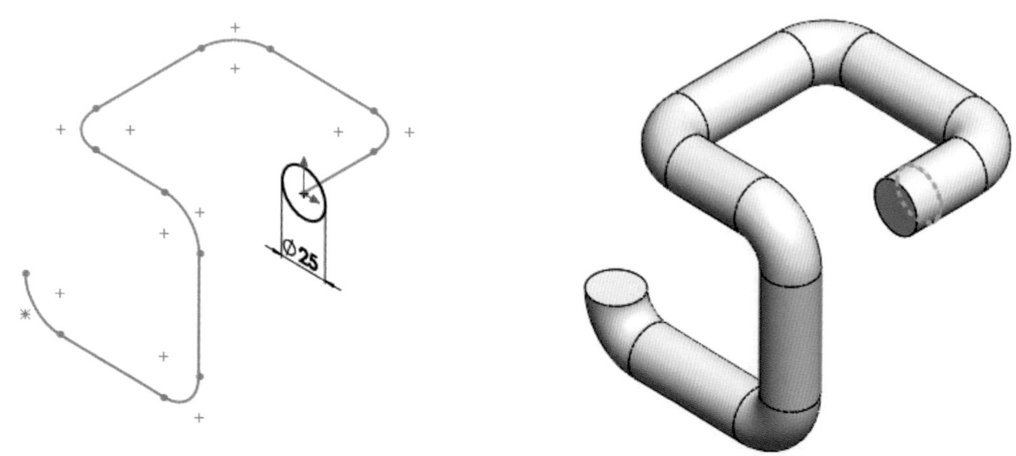

4. 開新檔案點選組合件「」，點選「插入零組件」在左邊「開啓文件」點取「4-7-1」拖曳至作圖區，共插入三次零件。

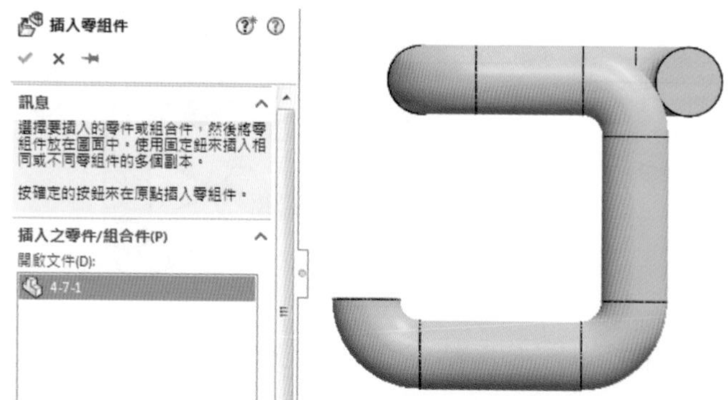

5. 組合件第一個插入之零件爲固定件，如下圖所示。

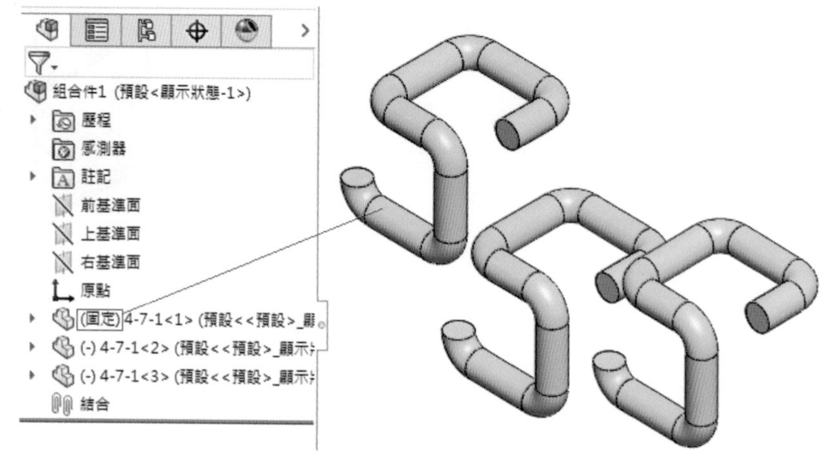

6. 「結合」點選「面 1」與「面 2」自動對齊。「 」按「✓」，再點選兩個欲結合圓之邊緣圓弧線，完成「面之結合」與「圓面之同心」。

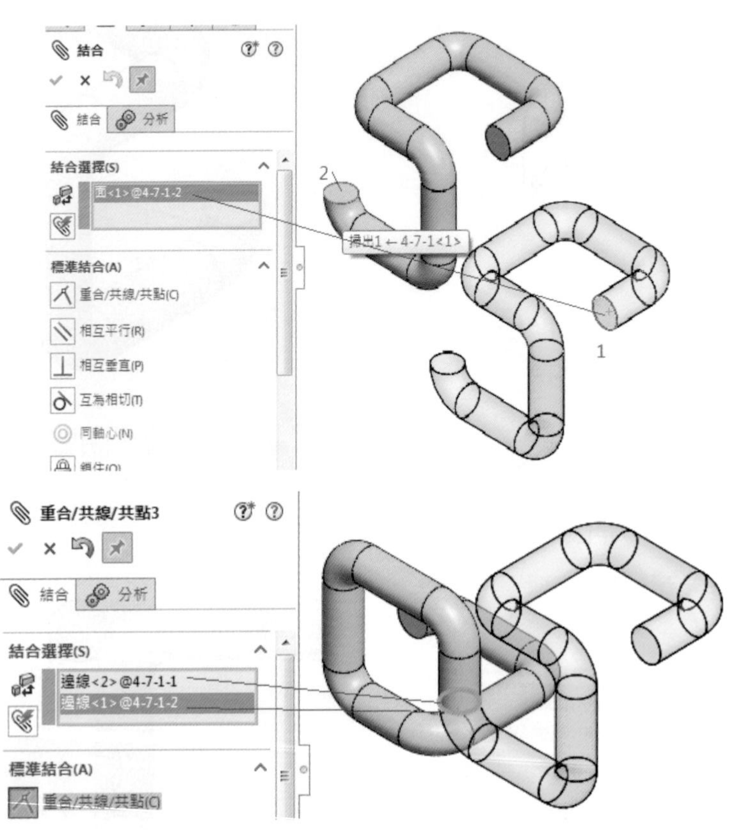

7. 將長邊與短邊之圓面依序完成結合，如下圖所示。

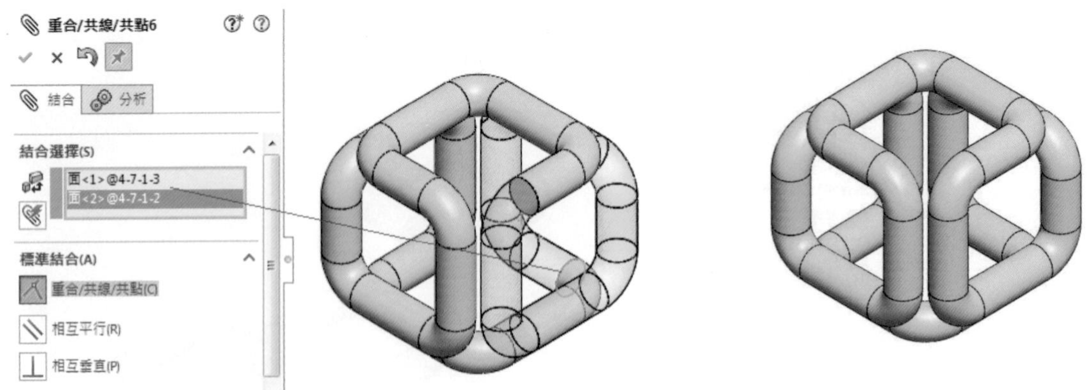

技巧解析

對於空間上對稱或可分割部分相似的零件，可使用組合件方式完成繪製。

精選範例練習

(A4-7.sldprt)

4-8 單線導引曲線掃出

在產品設計時，常想將產品的外形做較美觀的造型，SolidWorks 在此部分提供利用路徑線，導引曲線及斷面形狀來掃出物體外型，導引曲線可用一條，也可用兩條，分別敘述於下。

4-8.avi

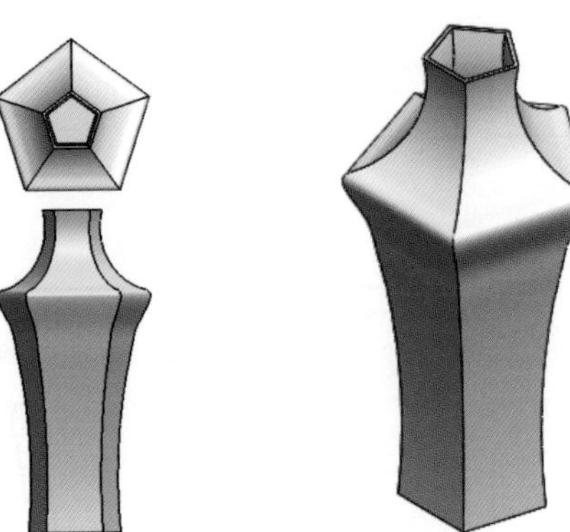

(4-8.sldprt)

1. 「前基準面」繪製草圖，直線「」，高度「120」，完成「草圖 1」。
2. 點選「右基準面」正視於「」繪製草圖，三點定弧「」，標註如下圖右之尺度。

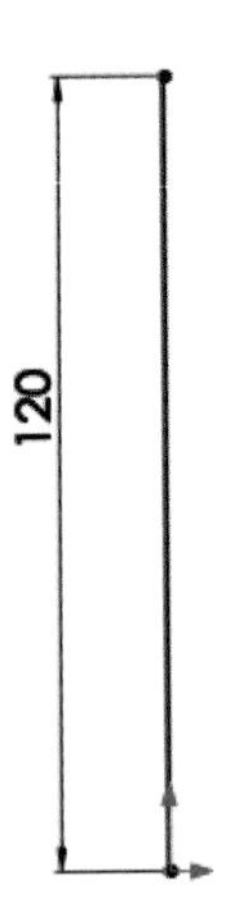

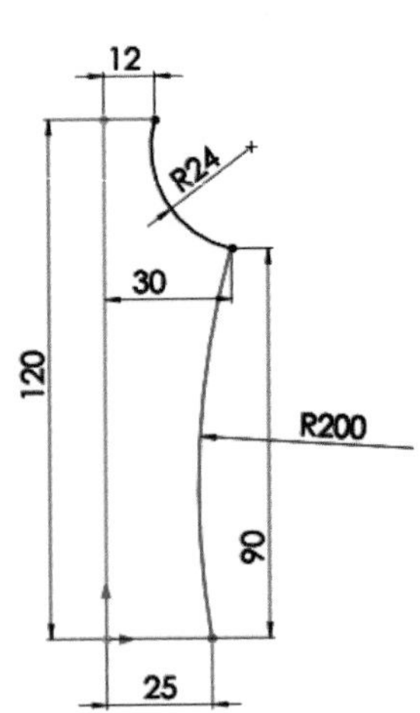

3. 點選「上基準面」等角視「」繪製草圖多邊形「」，參數「5」邊形，從圓點開始往 A 點繪製，完全相接外接圓直徑剛好「50」，完成「草圖 3」。

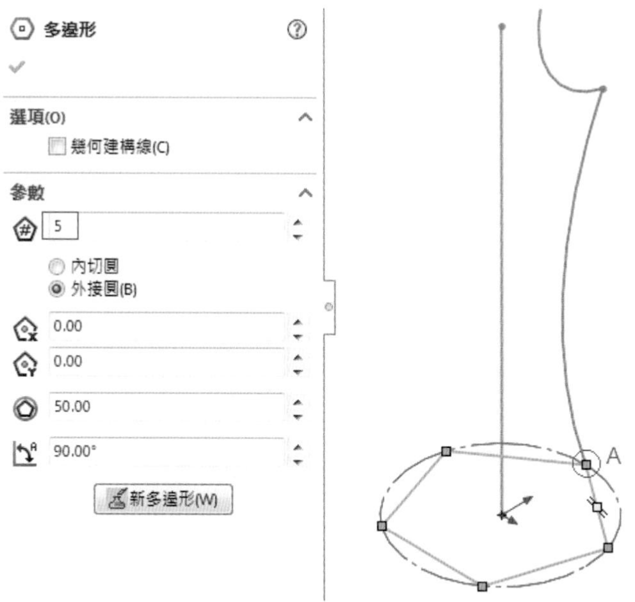

4. 等角視「」，特徵「掃出填料/基材」，點選輪廓「五邊形」路徑「直線」，導引曲線「弧線」，完成掃出。再薄殼「薄殼」厚度「1.0」完成五角瓶。

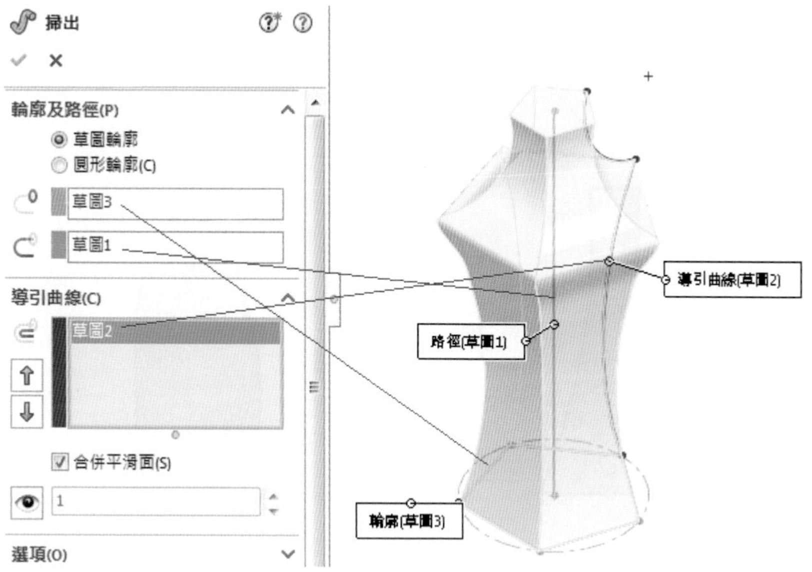

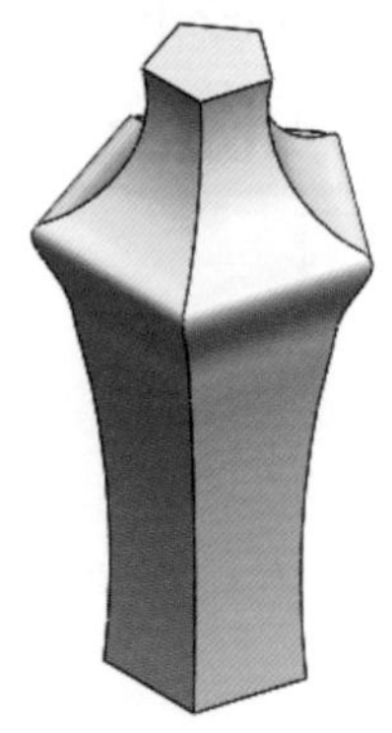

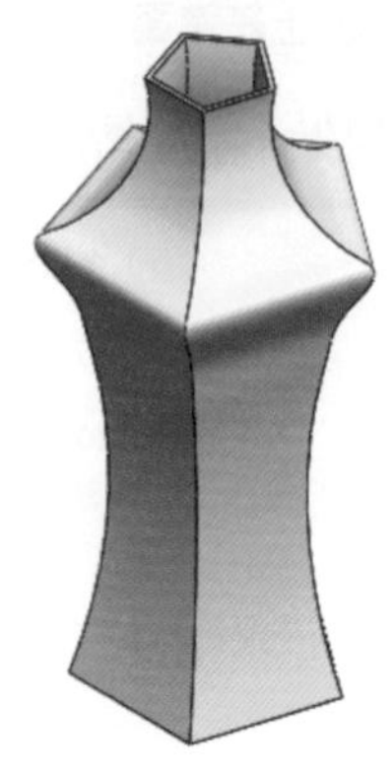

技巧解析

非常重要的步驟，導引曲線掃出之輪廓要最後畫，並確定與導引曲線之相接。

4-9 多導引曲線掃出

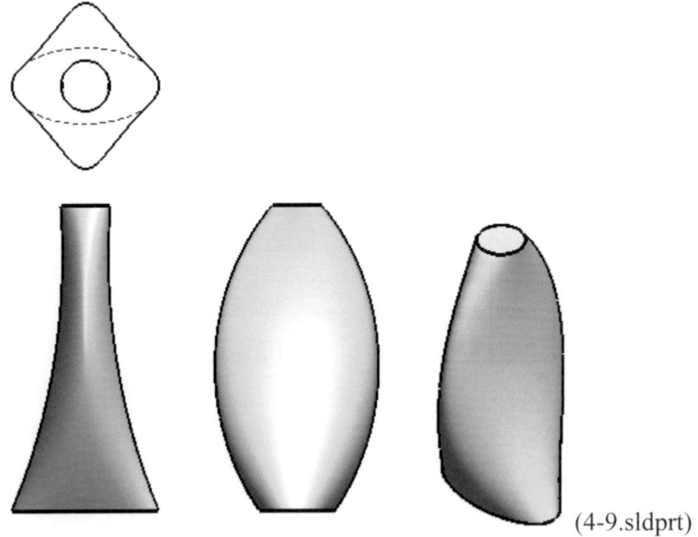

(4-9.sldprt)

1. 選取「前基準面」繪製草圖直線「」標註尺度，高度「120」如圖左所示，完成「草圖1」。再選取「前基準面」繪製草圖三點定弧「」，尺度如下圖中所示，完成「(-) 草圖2」。點選「右基準面」繪製草圖三點定弧「」，尺度如下圖右所示，完成「(-) 草圖3」。

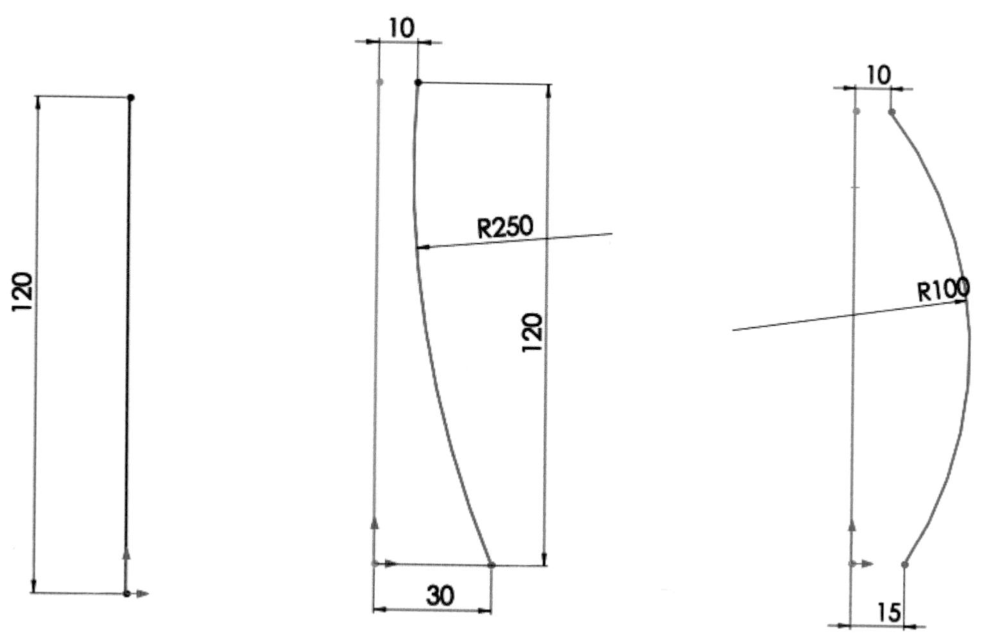

2. 選「右基準面」繪製草圖橢圓「」，視角方位按滑鼠中鍵調整至易於辨識位置，如下圖所示，橢圓長短軸與曲線端點相交接，完成「(-) 草圖4」，可使用「限制條件」確認線與點之相交。

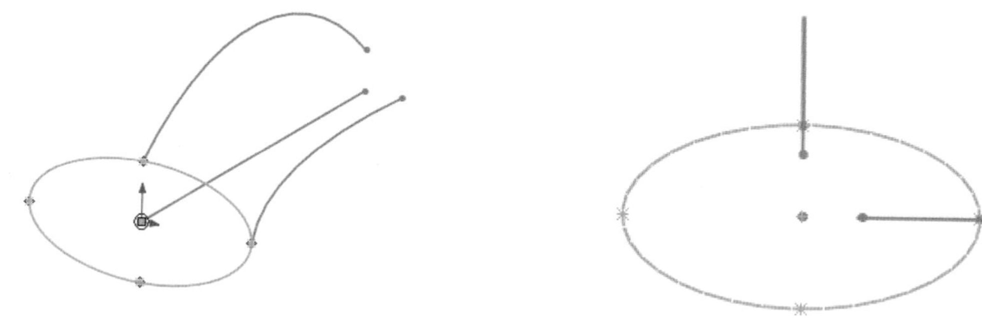

3. 等角視「 」，特徵「 掃出填料/基材」，輪廓與路徑，導引曲線如下圖依序選取。完成多導引曲線之掃出。

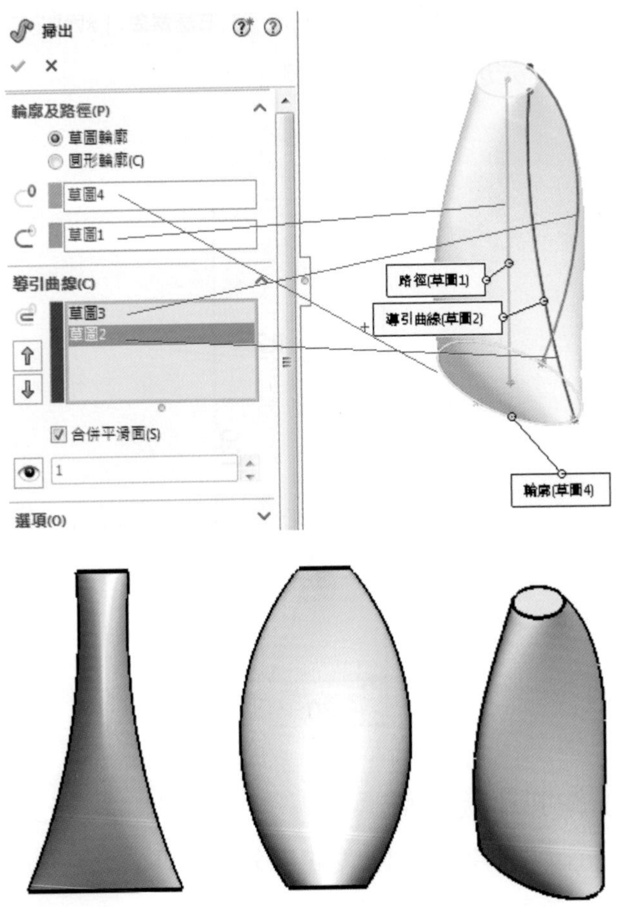

4-10 曲面曲線掃出

(4-10.sldprt)

1. 以「上基準面」繪製草圖，ϕ30 之圓，等角視，「插入」\「曲線」\「螺旋曲線/渦捲線」，螺距「200」，圈數「0.5」，起始角度「0」。

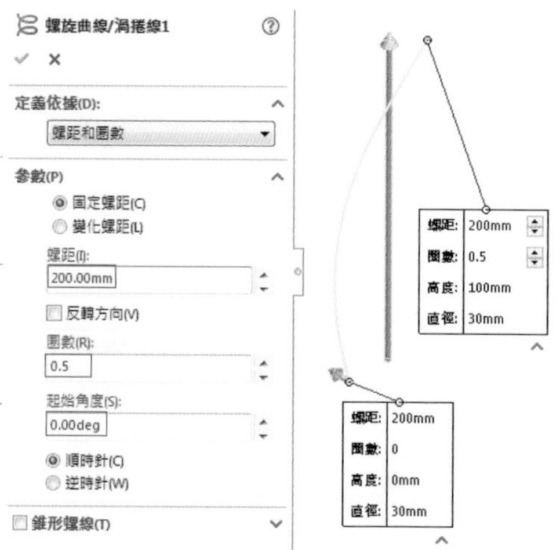

2. 「插入」/「參考幾何」/「基準面(P)...」，點選「螺旋曲線」與「端點」，得到「平面 1」，正視於「平面 1」，草圖繪製直線「」長度「50」。

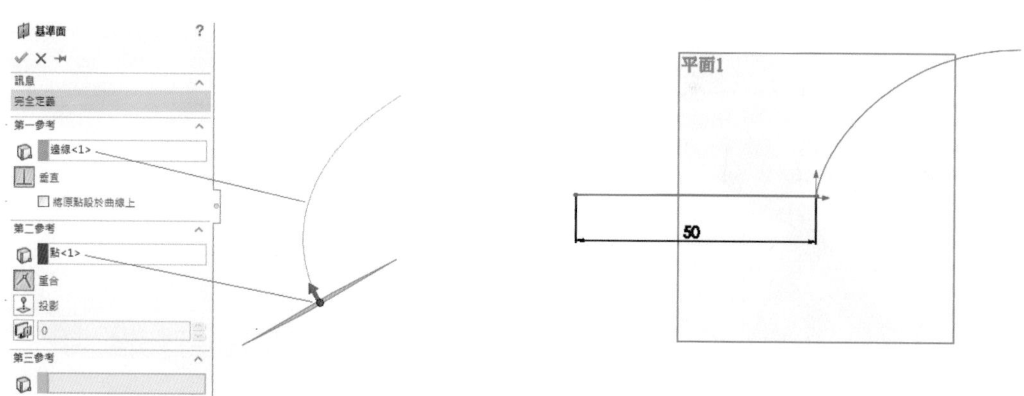

3. 等角視「」，「插入」/「曲面」/「掃出(S)...」或是從指令區之「曲面」「掃出曲面」(滑鼠右鍵點選「特徵」即可點取「曲面」)

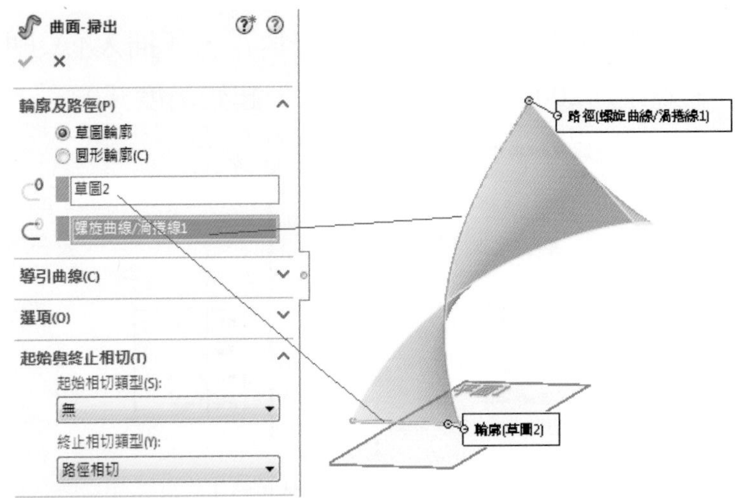

4. 以前基準面「前基準面」繪製不規則曲線與中心線，「插入」\「曲面」\「旋轉」以「旋轉曲面」完成旋轉曲面。

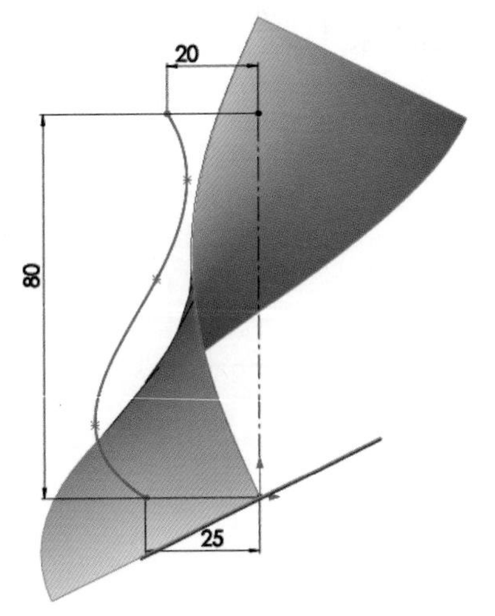

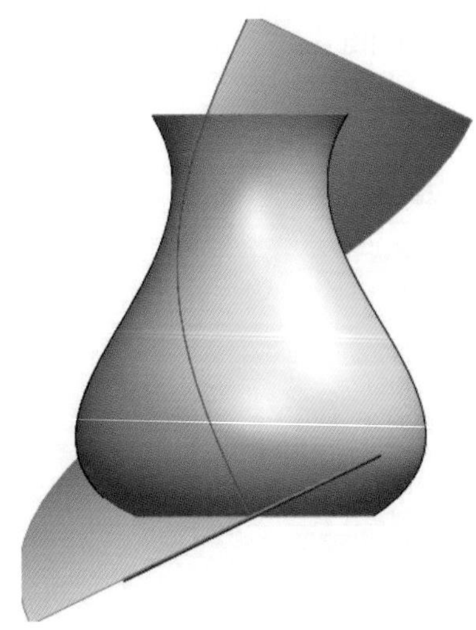

5. 隱藏前基準面。下拉式「工具」/「草圖工具」/「相交曲線」，點選兩曲面，按「✔」完成曲面相交之曲線。

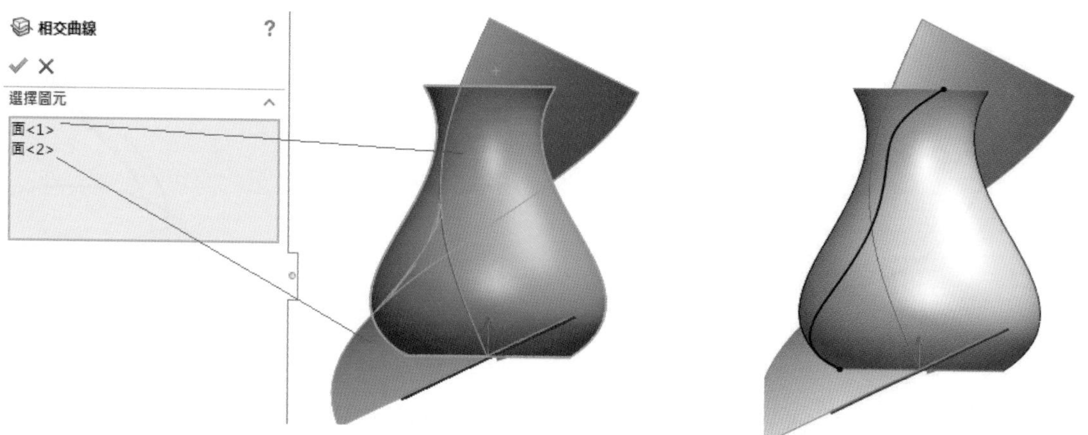

6. 滑鼠點曲面右鍵「主體」/「隱藏 0」，隱藏兩個曲面。「插入」/「參考幾何」/「基準面」，如下圖曲線與端點產生新平面，正視於「平面 2」，「草圖」繪製圓「」直徑 5。

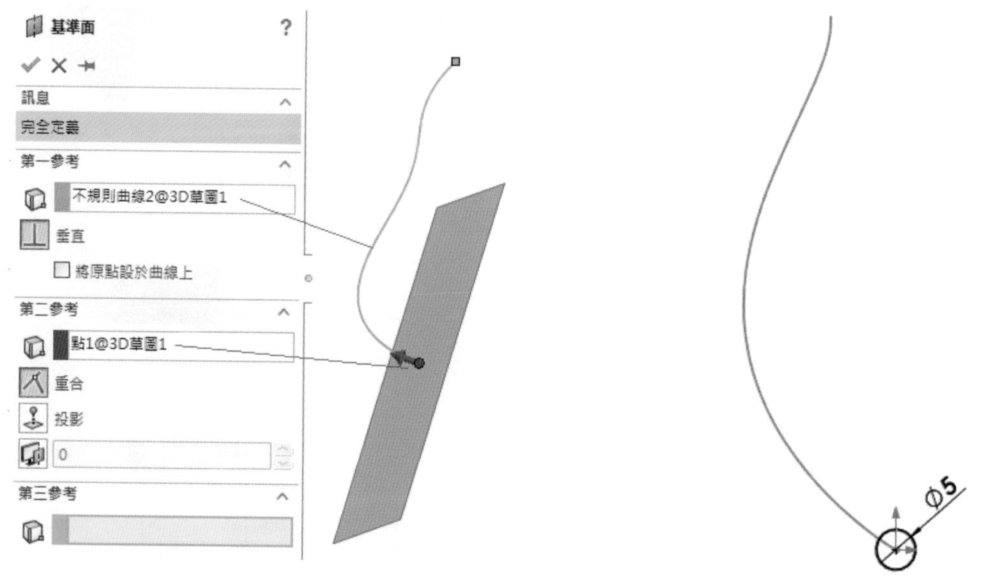

7. 特徵「掃出填料/基材」完成曲線掃出。點選「上基準面」草圖繪製「圓」直徑「65」，等角視「」，特徵基材伸長「」，伸長方向「兩側對稱」，距離「5」，如下圖右所示。

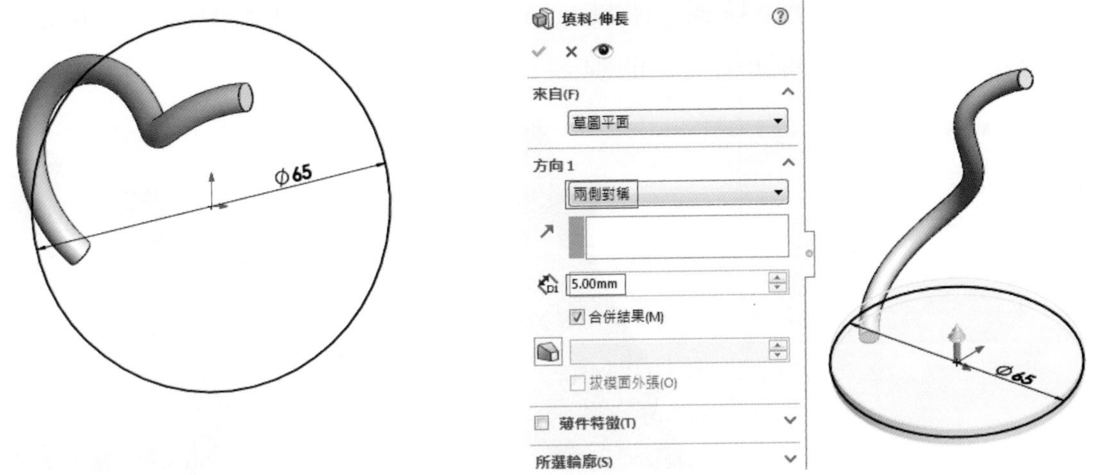

8. 檢視打開「暫存軸」，特徵編輯「環狀複製排列」，參數點選暫存軸時靠近直徑 65 圓盤之中心位置(滑鼠移近出現暫存軸線符號「」，才確定選取暫存軸)，個數「12」，完成環狀複製排列。

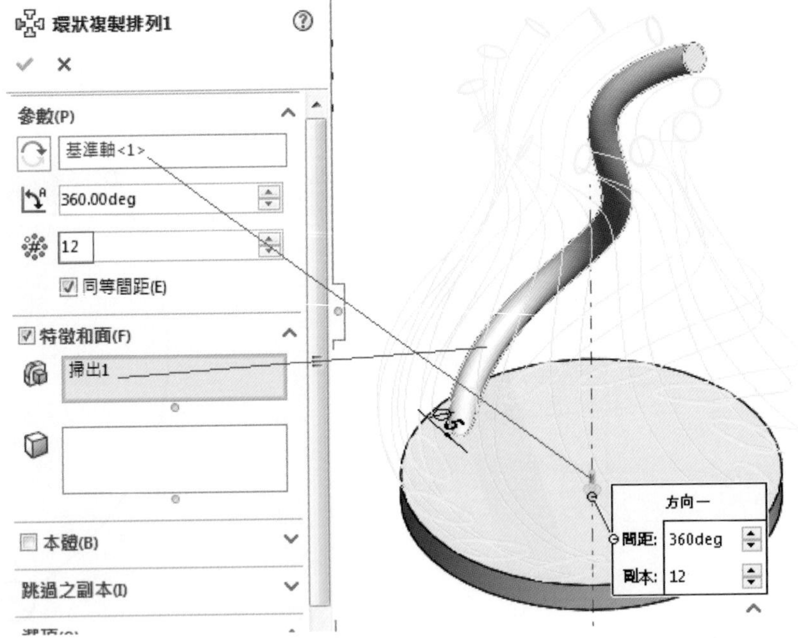

9. 「前基準面」草圖繪製「圓」及「中心線」，尺度如下圖，旋轉完成。

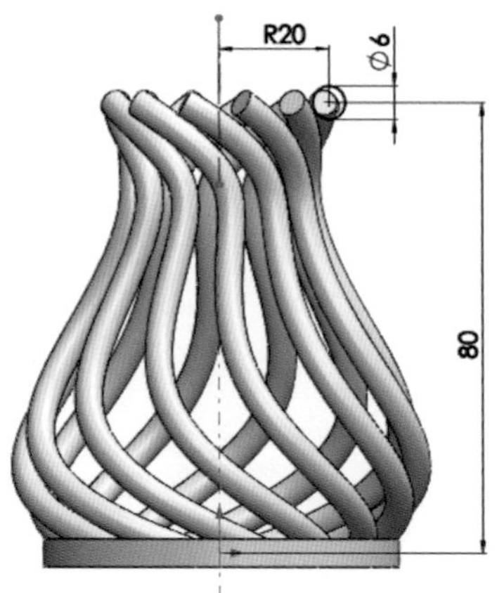

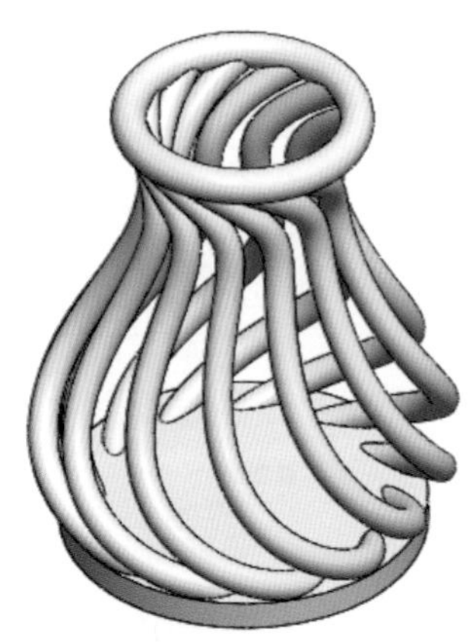

4-11 迴圈曲線掃出

4-11.avi

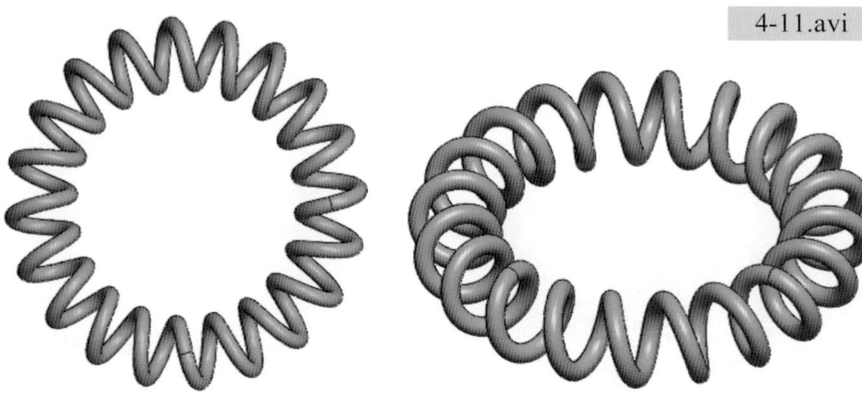

(4-11.sldprt)

1. 「上基準面 上基準面」草圖畫圓直徑「100」完成「草圖 1」。「 前基準面」繪製直線高度「12」，完成「草圖 2」。

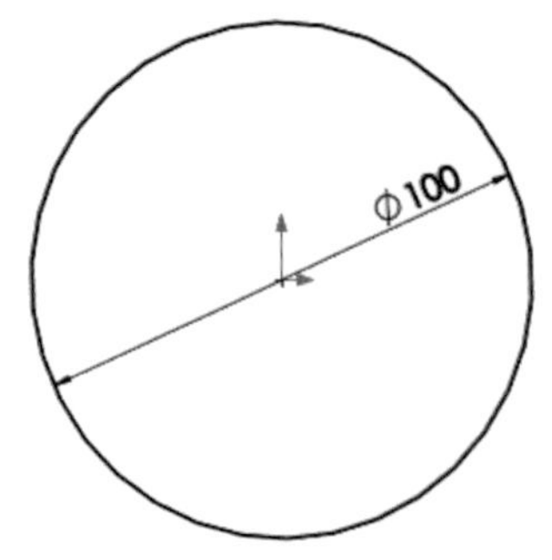

2. 等角視「」，選取曲面之「掃出曲面」，選項依步驟 1.「依循路徑」。步驟 2.「指定扭轉值」。步驟 3.「圈數」。步驟 4.「20」等資料輸入，完成曲面掃出。

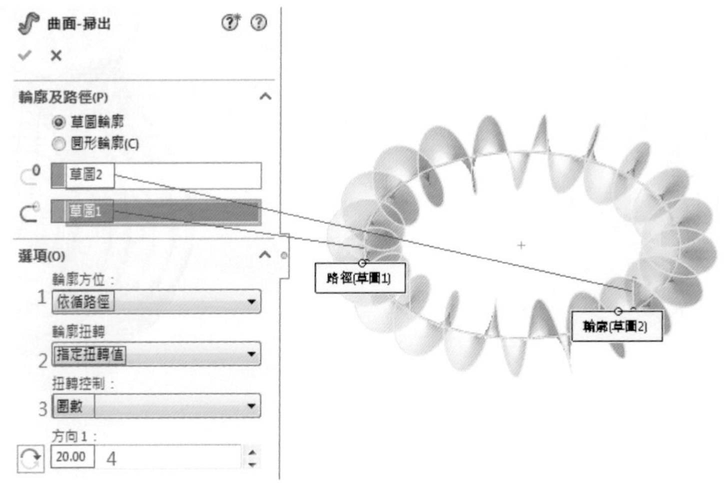

3. 「前基準面」正視於「」草圖繪製圓「」及中心線「中心線(N)」尺度如下圖。點選曲面「旋轉曲面」，完成旋轉曲面。

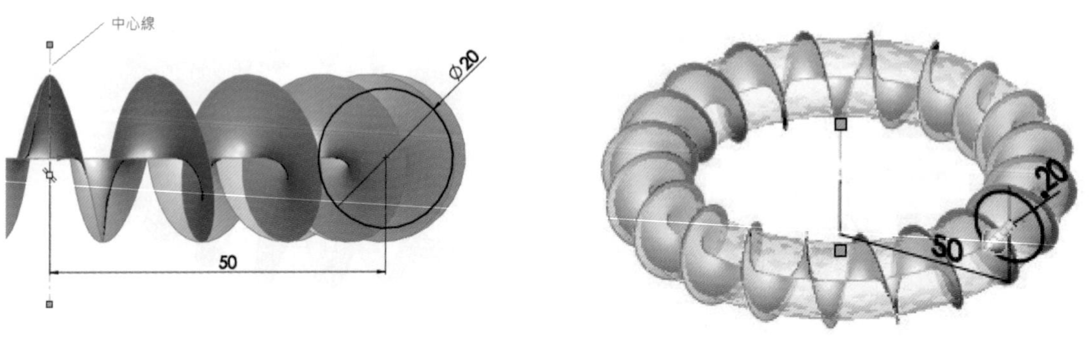

4. 下拉式「工具」/「草圖工具」/「相交曲線」，點選兩曲面，按「✔」完成曲面相交之曲線，相交曲線未完全產生。

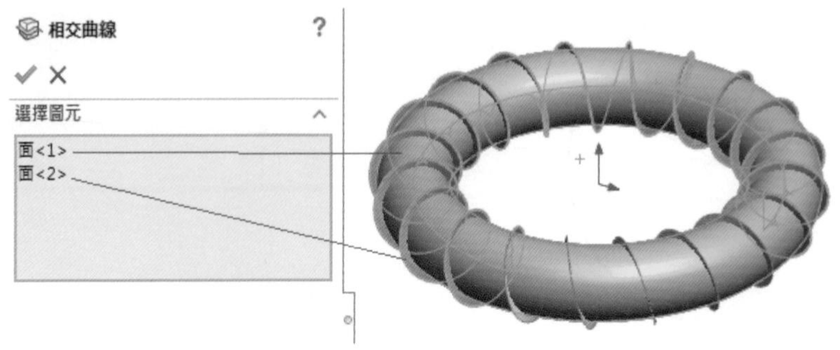

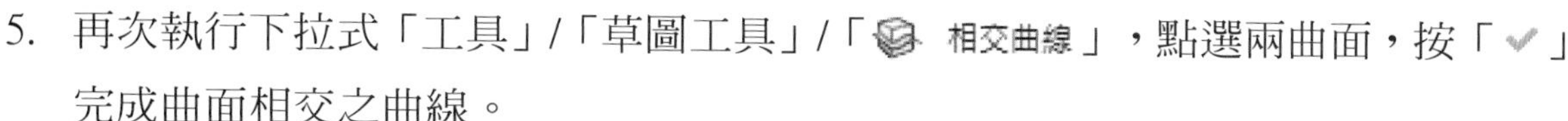

5. 再次執行下拉式「工具」/「草圖工具」/「相交曲線」，點選兩曲面，按「✓」完成曲面相交之曲線。

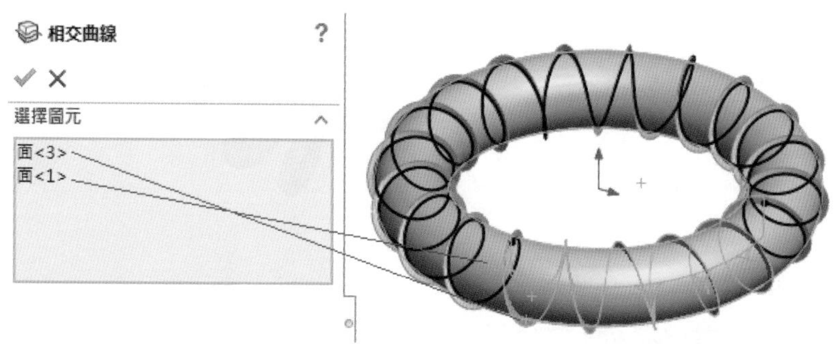

6. 滑鼠點曲面右鍵「主體」/「隱藏 0」，隱藏兩個曲面。「插入」/「參考幾何」/「基準面(P)」，點選曲線與「A」點，產生「平面 1」。

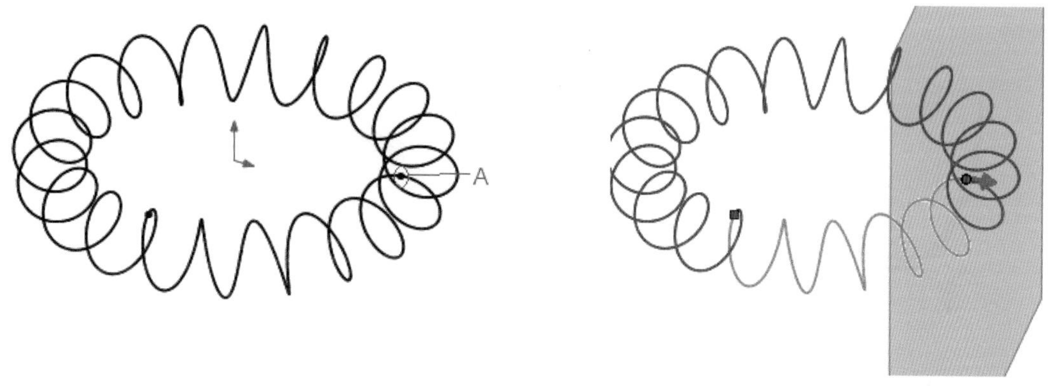

7. 正視於「」「平面 1」，草圖繪製圓「」，如下圖。特徵「掃出填料/基材」完成迴圈曲線掃出。

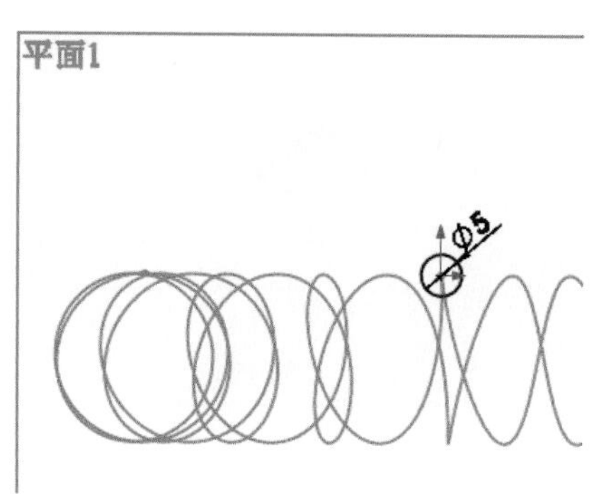

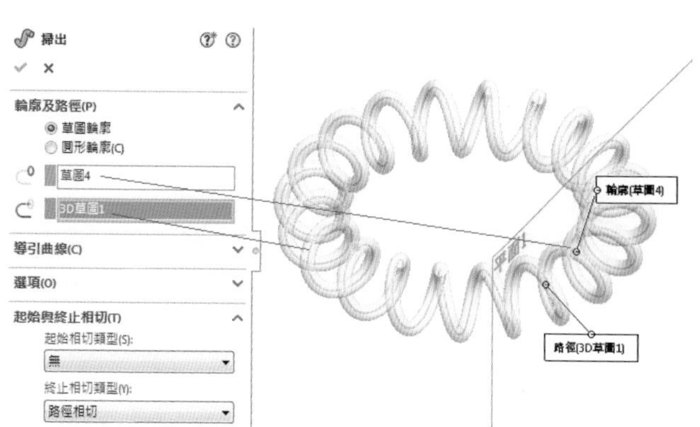

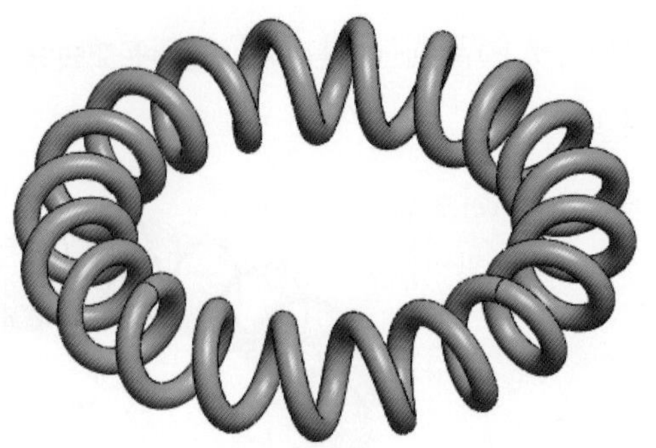

4-12 空間曲線建立掃出

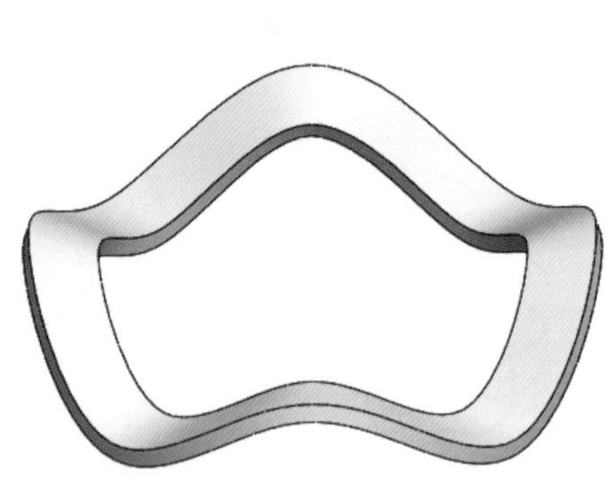

(4-12a.sldprt)

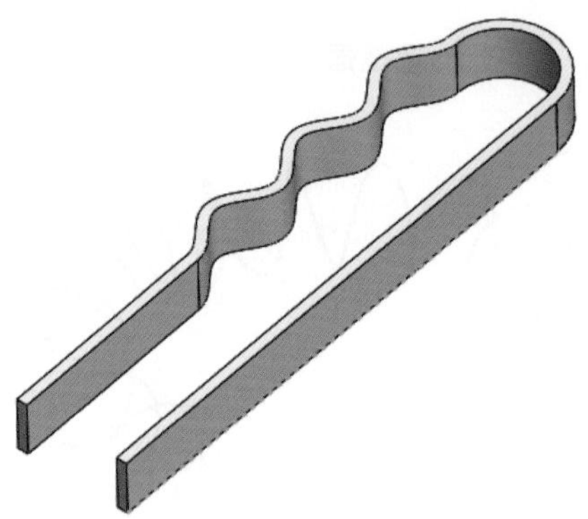

(4-12b.sldprt)

1. 「上基準面」草圖繪製多邊形「⊙」參數為「4」邊形，尺度如下圖。完成「草圖 1」。「插入」/「參考幾何」/「基準面(P)...」，點選「上基準面」向上偏移距離「5」，產生「平面 1」。

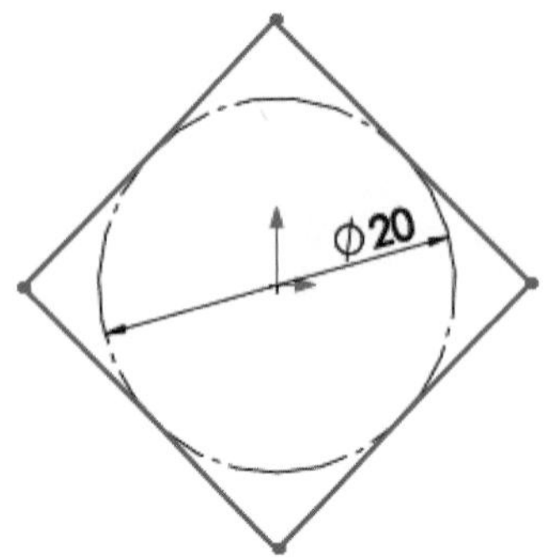

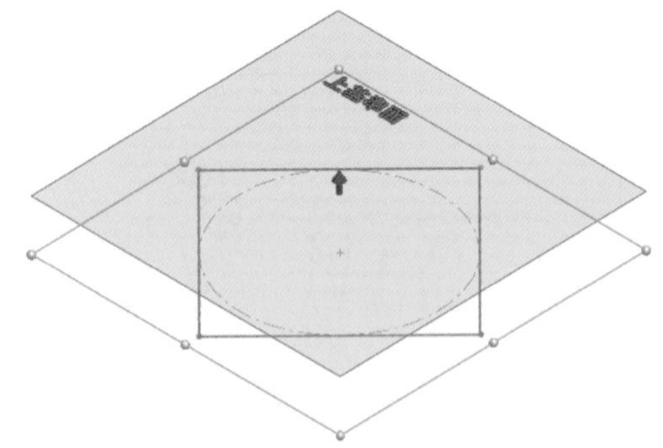

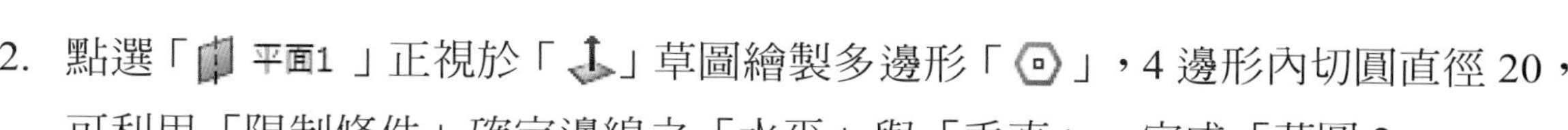

2. 點選「平面1」正視於「」草圖繪製多邊形「」，4 邊形內切圓直徑 20，可利用「限制條件」確定邊線之「水平」與「垂直」，完成「草圖 2」。
3. 等角視「」，草圖繪製選「3D 3D草圖」之「」，如下圖右所示，依序連接 8 個端點，成一個封閉空間曲線「3D 草圖 1」。

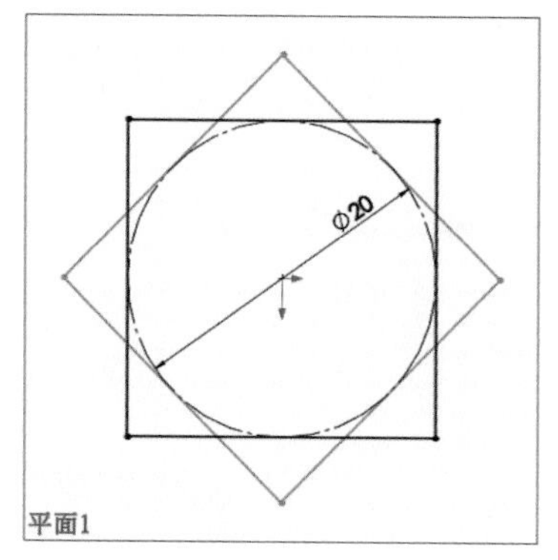

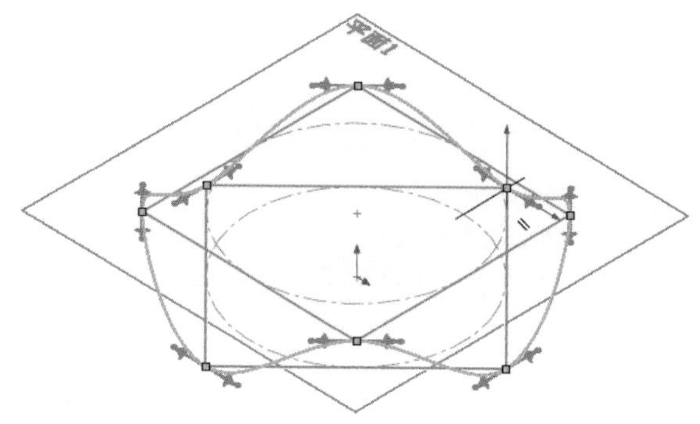

4. 「前基準面」繪製草圖「」，尺度如下圖。特徵「掃出填料/基材」，隱藏「」之基準面「」草圖「」完成掃出。

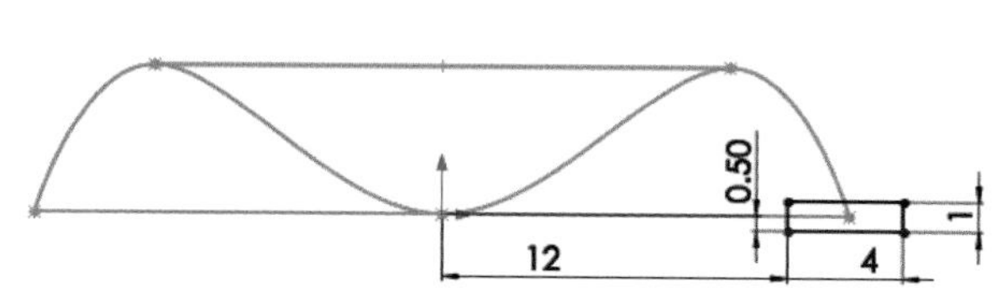

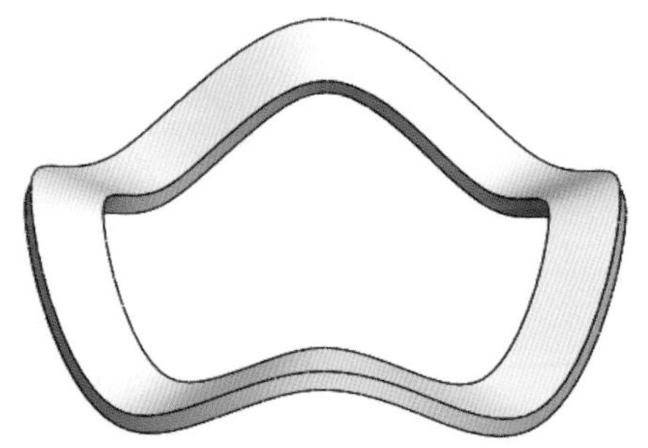

5. 「前基準面」草圖繪製圓「」直徑「10」。「插入」/「曲線」/「螺旋曲線/渦捲線(H).」，輸入參數如下圖所示，得 3 圈之螺旋線。

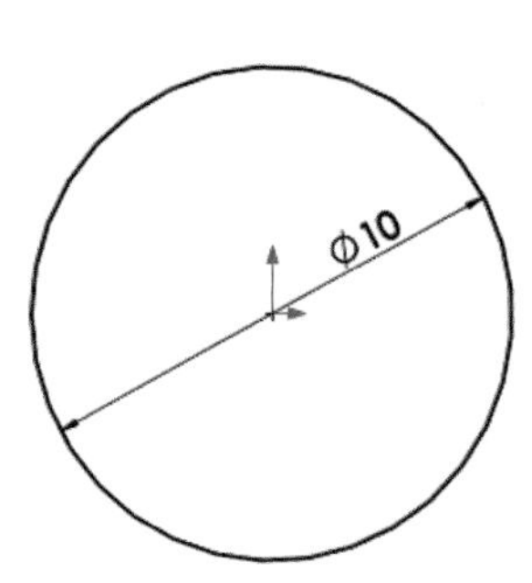

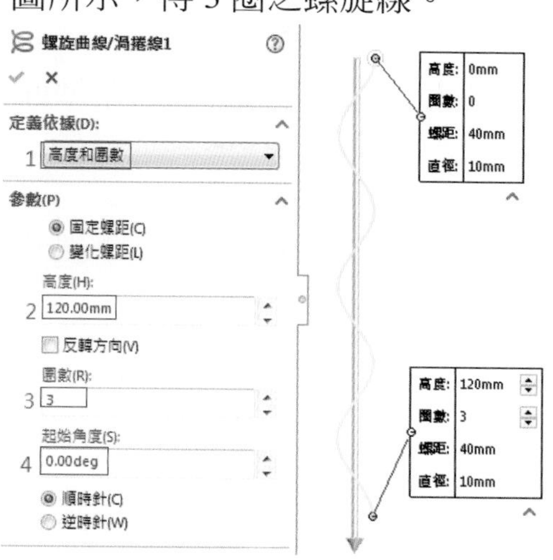

6. 點選「上基準面」等角視「」，草圖繪製「參考圖元」，點選螺旋線，完成立體螺旋曲線轉換成平面曲線，完成「草圖 2」。

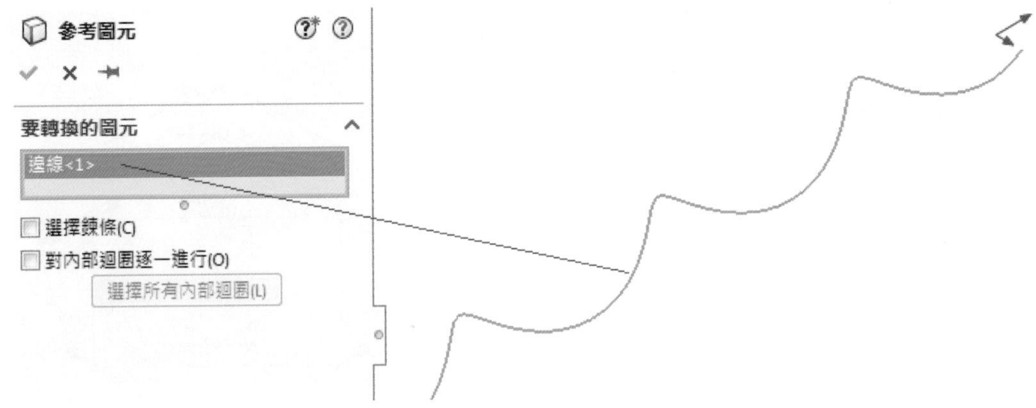

7. 點選「(-) 草圖2」按右鍵編輯草圖「」，如下圖畫圓與直線編輯草圖，完成草圖編輯。

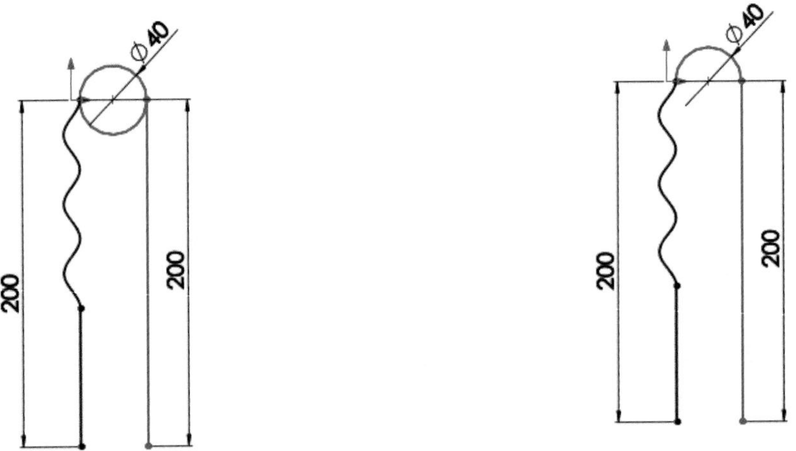

8. 「插入」/「參考幾何」/「基準面」，如下圖之直線與端點，產生「平面1」。

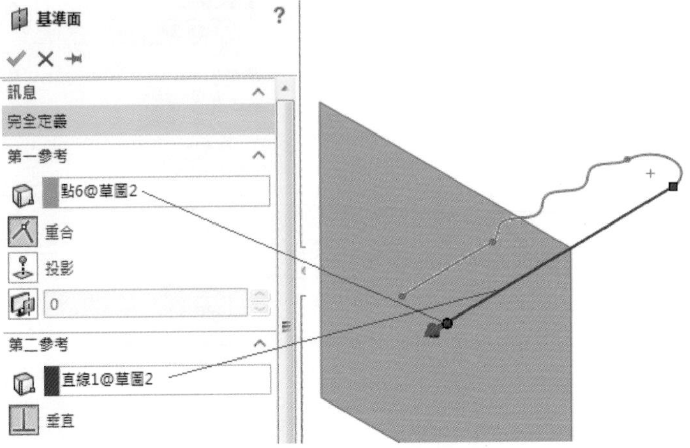

9. 點選「平面 1」繪製草圖「 」高度「12」，曲面掃出。「插入」/「填料/基材(B)」/「 厚面(T)..」厚度「2」，完成薄板掃出。

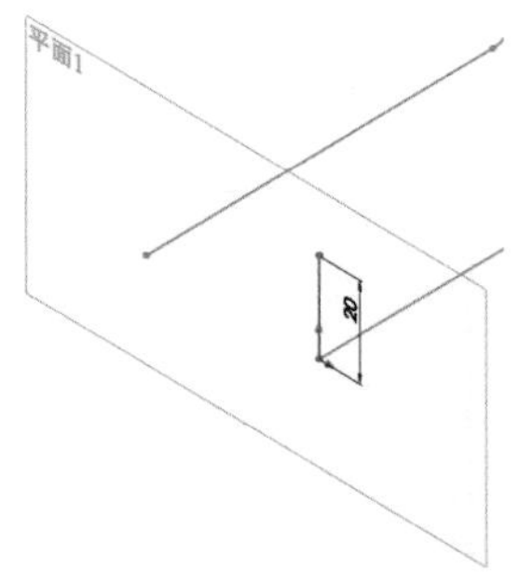

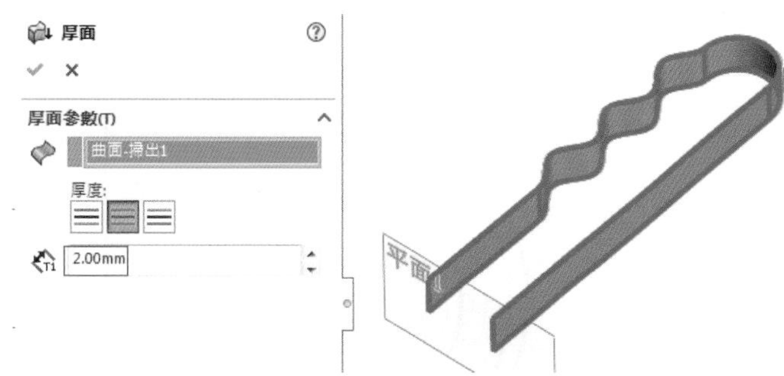

10. 完成利用螺旋線轉換平面曲線掃出。

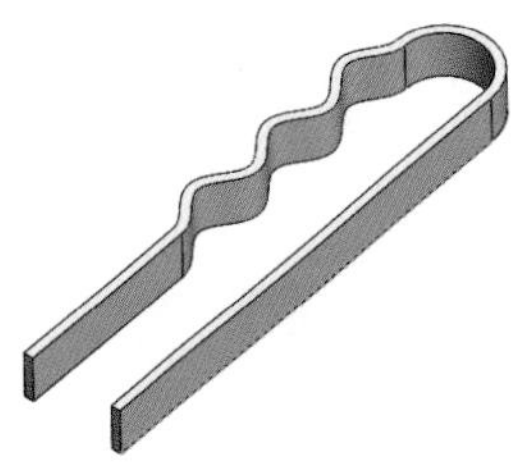

技巧解析

螺旋曲線之固定螺距轉換成規則彎曲之平面曲線，對於產品設計是很好的轉換應用。

綜合練習

1. (P4-1.sldprt)

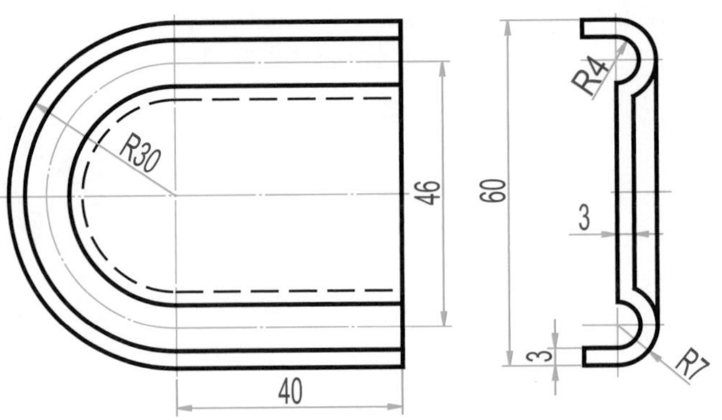

2. (P4-2.sldprt)

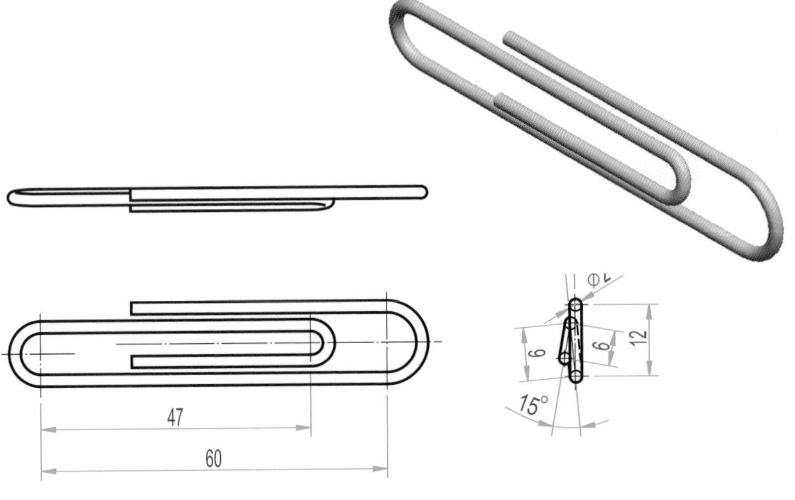

3. (P4-3.sldprt)

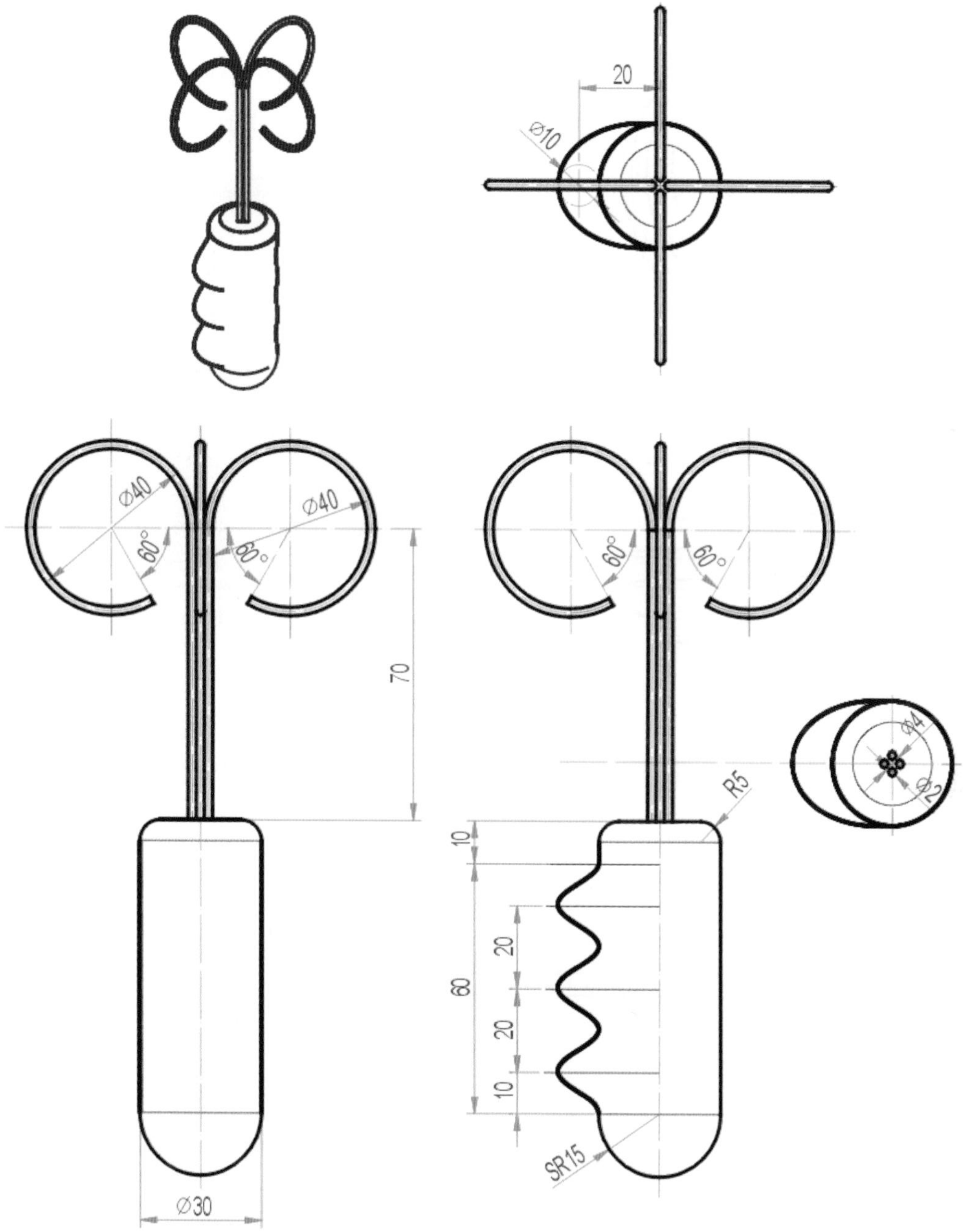

4.

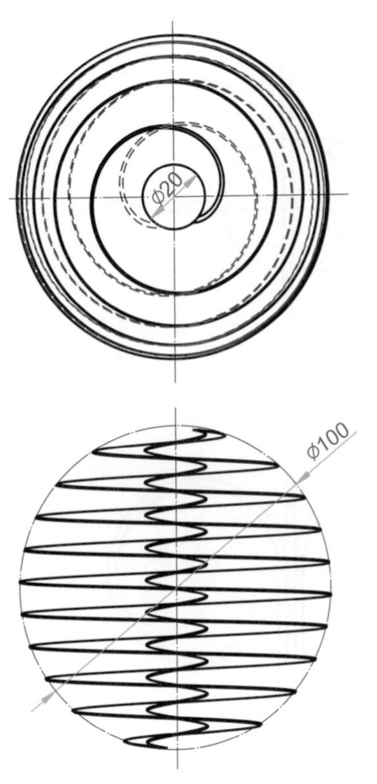

提醒：螺旋曲線高度 100，10 圈，曲面厚度 0.2，球體直徑 100，以「特徵」/「結合」，操作類型「共同」完成。

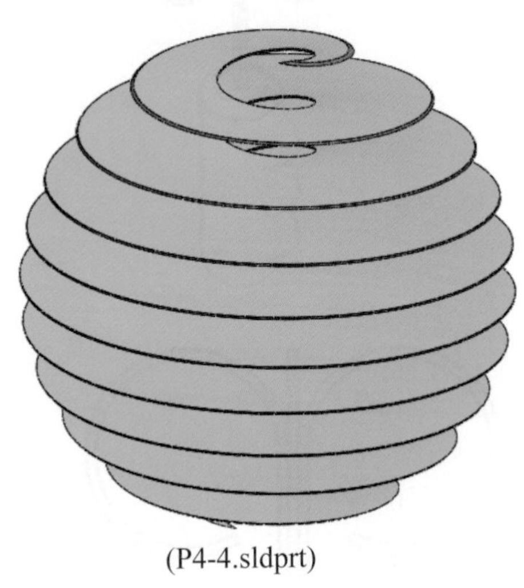

(P4-4.sldprt)

5. 依據尺度繪製掃出之連通管(提示：以直線繪製 3D 草圖後倒圓角)。

(P4-5.sldprt)

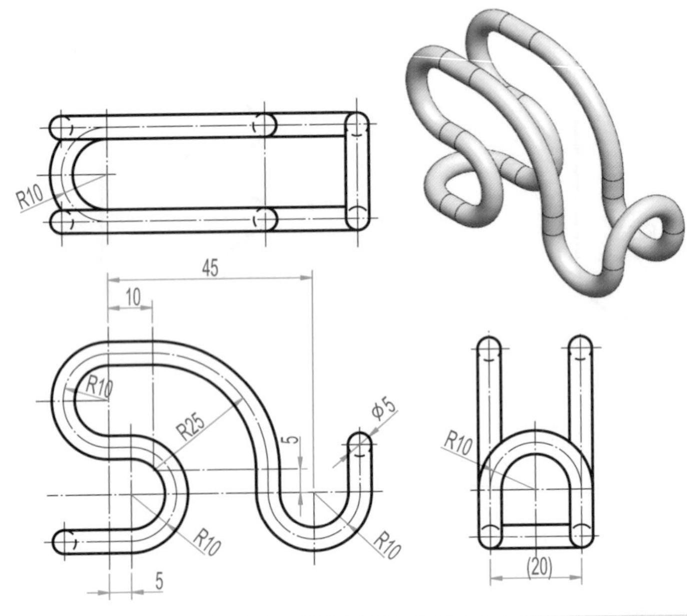

6. 依據尺度繪製掃出之連通管(提示：3D 圓弧相切之草圖)。(P4-6.sldprt)

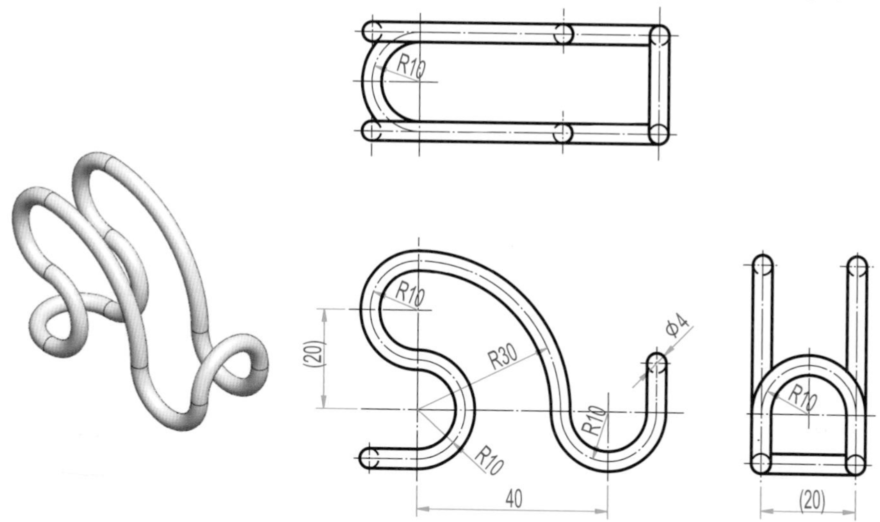

7. 依據尺度使用掃出繪製球狀螺旋。(P4-7.sldprt)

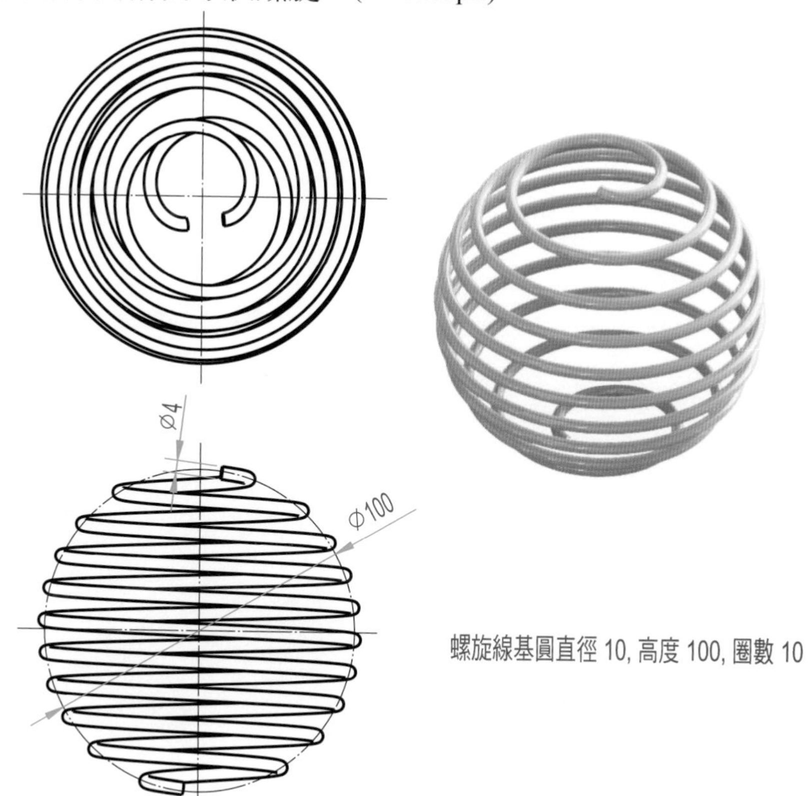

疊層拉伸

5-1　基礎疊層拉伸
5-2　中心線疊層拉伸
5-3　曲面疊層拉伸與螺旋相交
5-4　疊層拉伸問題探討
5-5　多面體疊層拉伸
5-6　門把疊層拉伸造型
5-7　合成蝸捲線疊層拉伸

本章你將學到的技能有：

- 插入平行基準面
- 使用中心線疊層拉伸
- 草圖切線弧相切直線
- 異型孔精靈產生內螺紋
- 曲面疊層拉伸與螺旋相交
- 合成曲線
- 多面體疊層拉伸
- 建立相交之基準面
- 合成蝸捲線疊層拉伸

將在不同平面的封閉草圖層層相疊串聯，沿著一條或多條的導引曲線進行填料或除料，稱爲疊層拉伸。

所謂基礎疊層拉伸就是將物體外形分爲二個以上的斷面，利用每個斷面形狀草圖上的點，連結而成導引曲線，進行實體圖之繪製，亦即爲不設定導引曲線的一種疊層拉伸方式。

疊層拉伸(Loft)與掃出相同，用來做產品外形的種種變化，在做掃出時，斷面(輪廓)形狀與掃出路徑不需要實際接觸，只要在端點平面上即可；但疊層拉伸的斷面(輪廓)形狀則必需與導引曲線確實接觸才能產生實體。

5-1 基礎疊層拉伸

5-1.avi

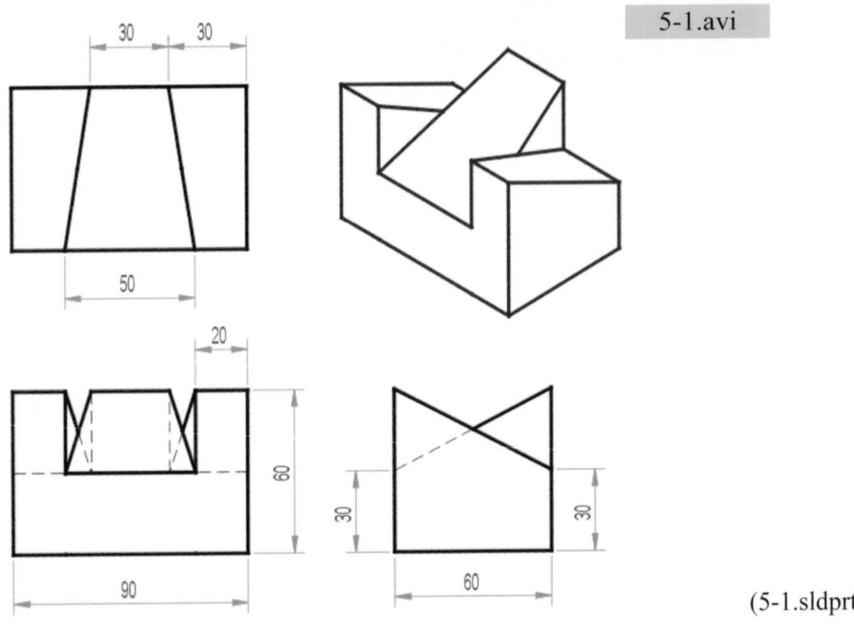

(5-1.sldprt)

1. 以「前基準面」繪製草圖「」矩形「」，並標註尺度「智慧型尺寸」如右圖所示，然後結束草圖。

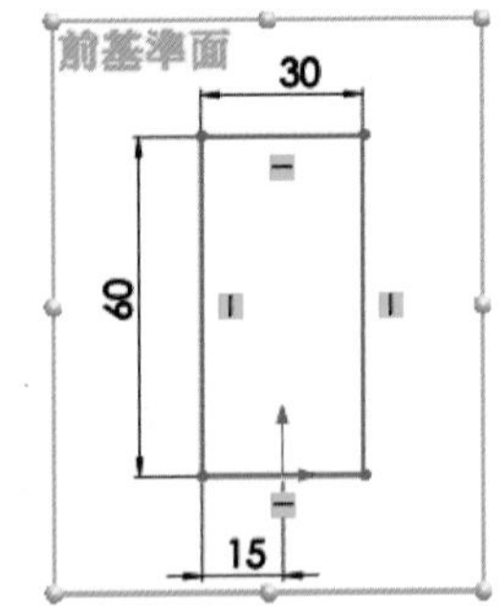

2. 等角視「」，「插入」/「參考幾何」/「 基準面(P)...」，從下圖「1」處之小▼展開，選擇「 前基準面」向前平行偏移「60mm」，得到「 平面1」。

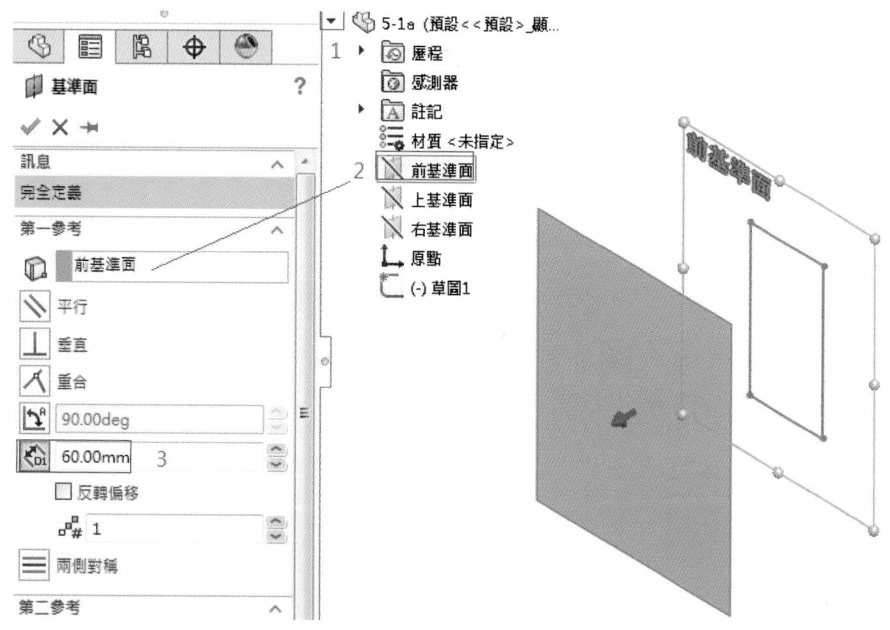

3. 「正視於」平面 1，繪製草圖，標註尺度如下方左圖所示，然後結束草圖。

4. 不等角視「」，特徵「 疊層拉伸填料/基材」，點選兩草圖之對應點，產生疊層拉伸特徵。

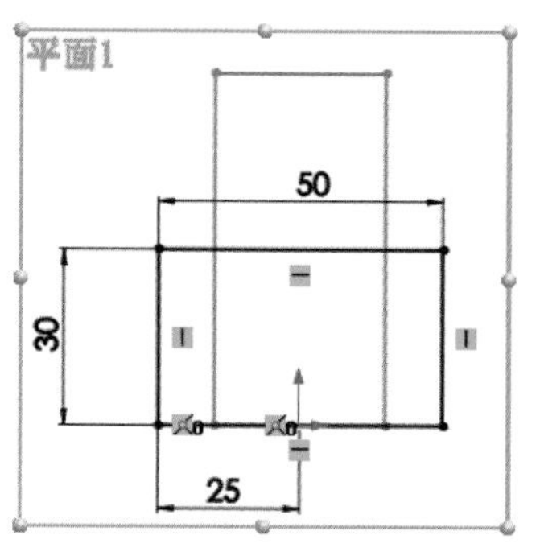

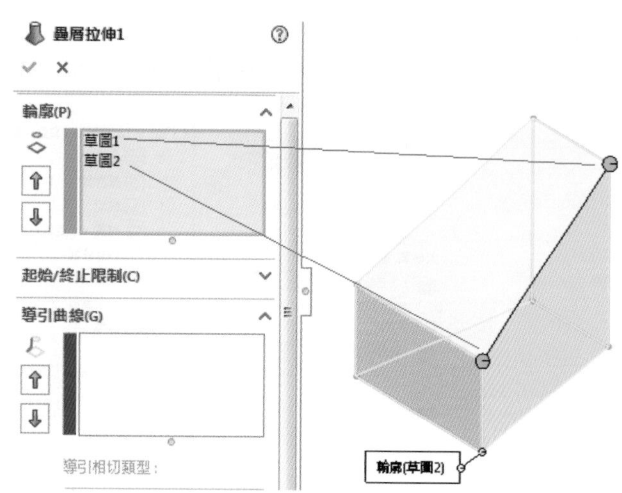

5. 點選「前基準面」並正視於此平面，繪製草圖，標註尺度如右圖所示，然後結束草圖繪製。

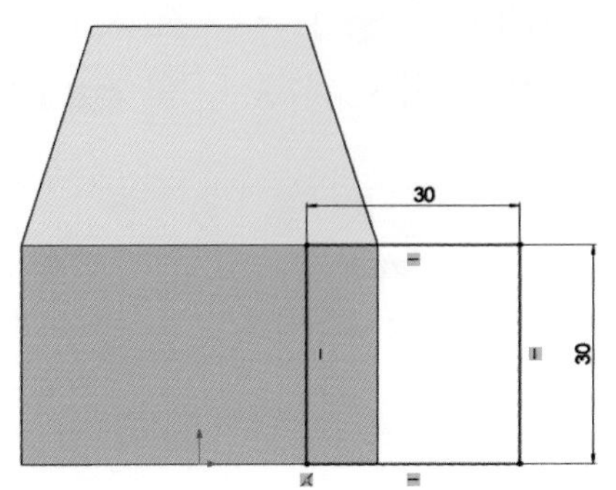

6. 點選「平面 1」並正視於此平面，繪製草圖，標註尺度如下方左圖所示，然後結束草圖，不等角視「」。特徵「疊層拉伸填料/基材」，點選兩草圖之對應點，產生疊層拉伸特徵。

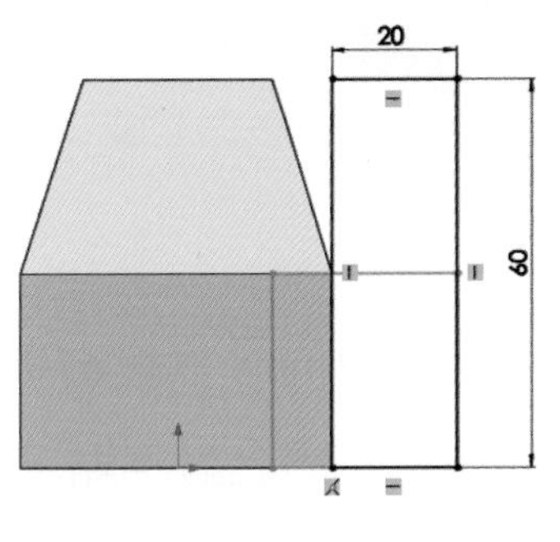

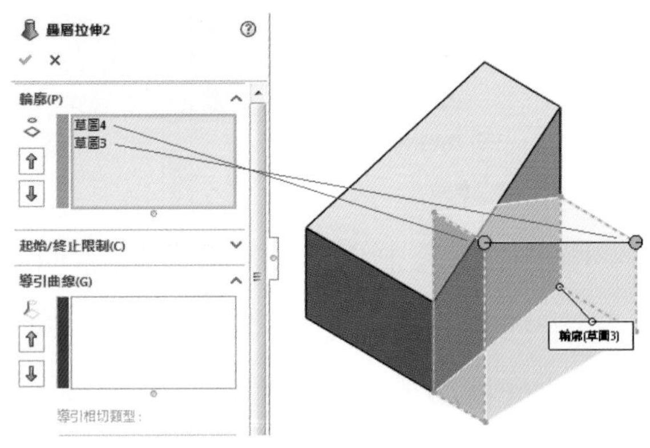

7. 特徵之「鏡射」，鏡射面選擇「右基準面」，鏡射特徵選擇「疊層拉伸2」。

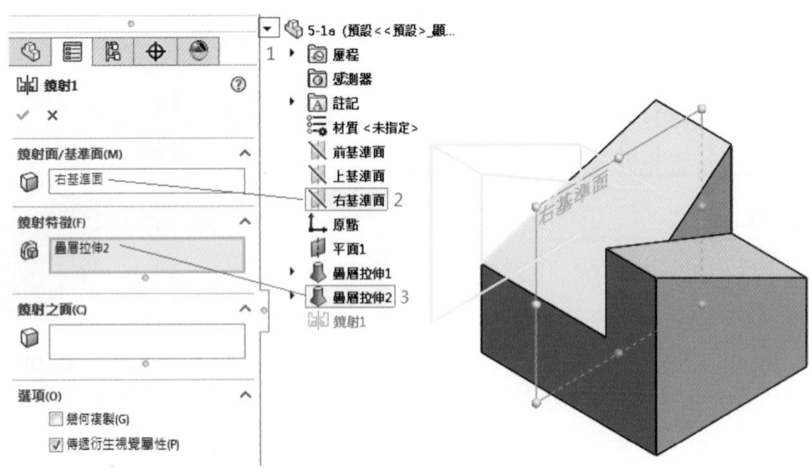

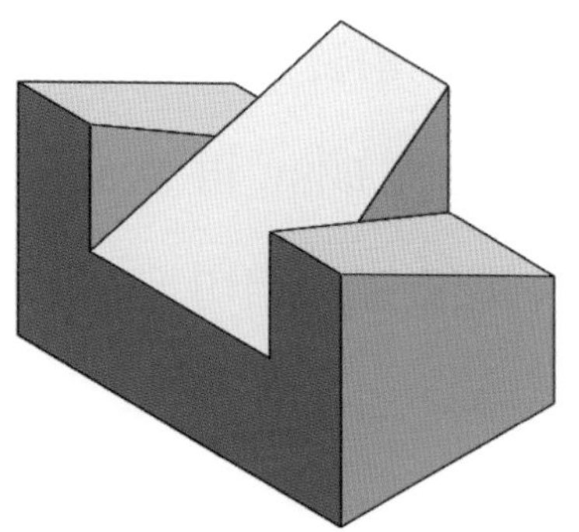

5-2 中心線疊層拉伸

對於相同斷面形狀的物體，只要給於斷面與路徑就可以掃出所需的物體。但如果斷面形狀一直在改變的話可在斷面形狀間加入一條中心線作導引線，給予斷面形狀控制後，再使用疊層拉伸。

5-2.avi

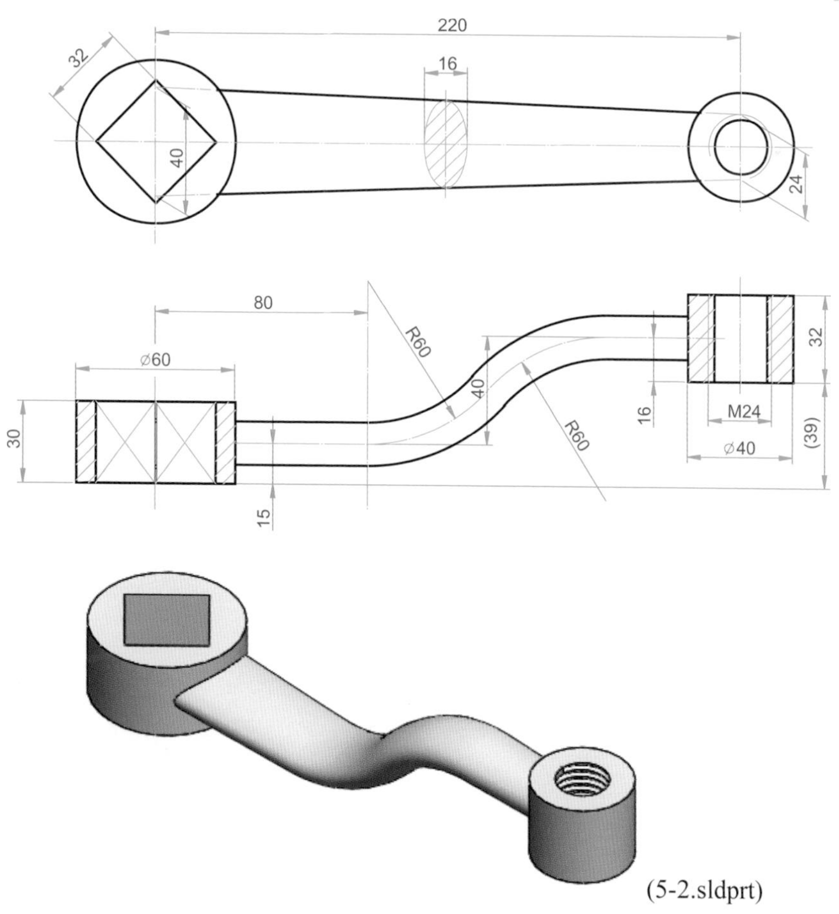

(5-2.sldprt)

1. 以「前基準面」為作圖平面，繪製草圖「」，使用直線「」與切線弧「切線弧」，初步草圖完成，再標註尺度「智慧型尺寸」與限制條件「加入限制條件」，注意線與弧之相切「相切(T)」，完成「草圖1」結束草圖繪製。

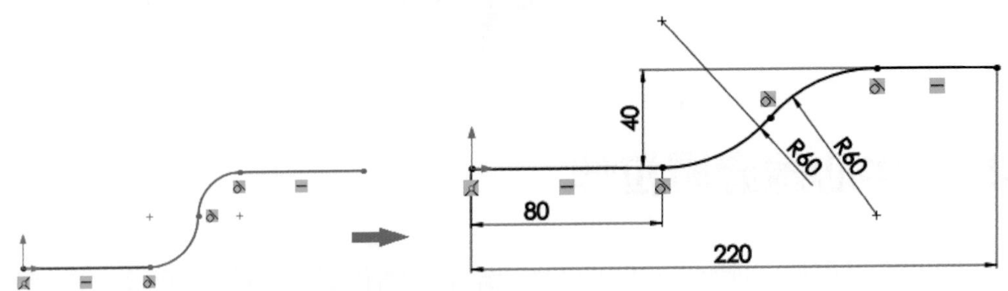

2. 不等角視「」點選「右基準面」，正視於「」繪製草圖「橢圓」，標註尺度，完成「(-) 草圖2」結束草圖繪製。

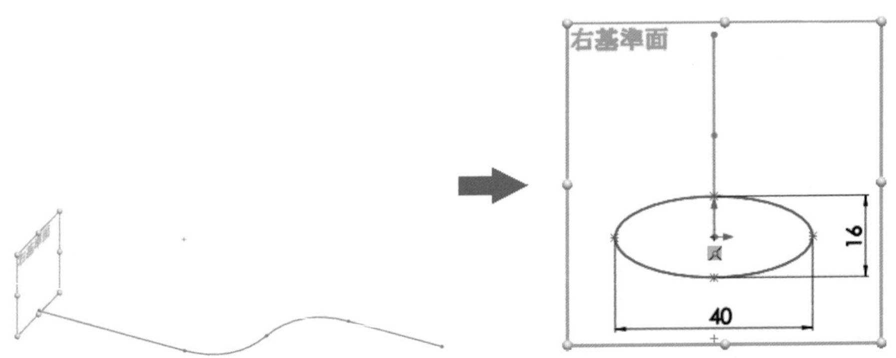

3. 等角視「」，「插入」/「參考幾何」/「基準面」，點選右端直線「直線2@草圖1」與端點「點8@草圖1」，得到「平面 1」。

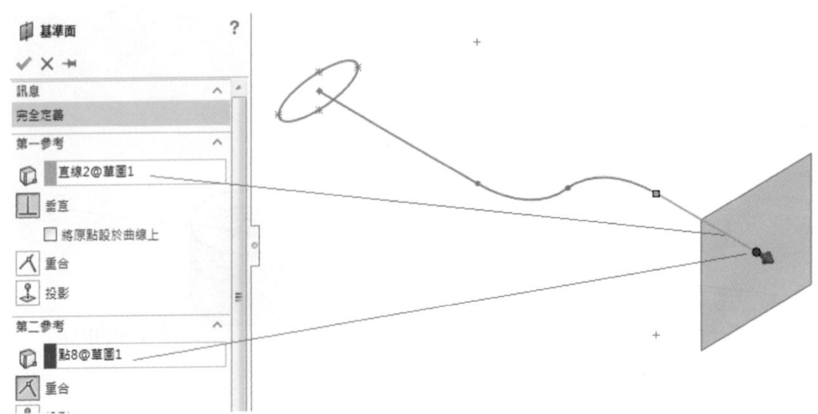

4. 正視於「」「平面 1」，繪製橢圓，標註尺度，結束草圖繪製。

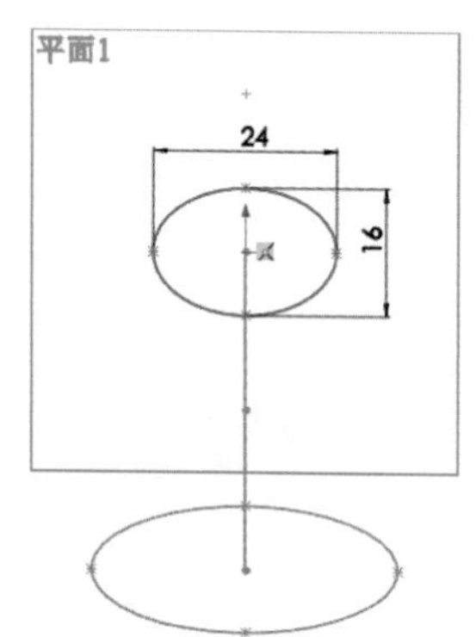

5. 不等角視「」，特徵「疊層拉伸填料/基材」，以兩個橢圓為輪廓，「中心線參數」點選「草圖 1」。完成疊層拉伸。

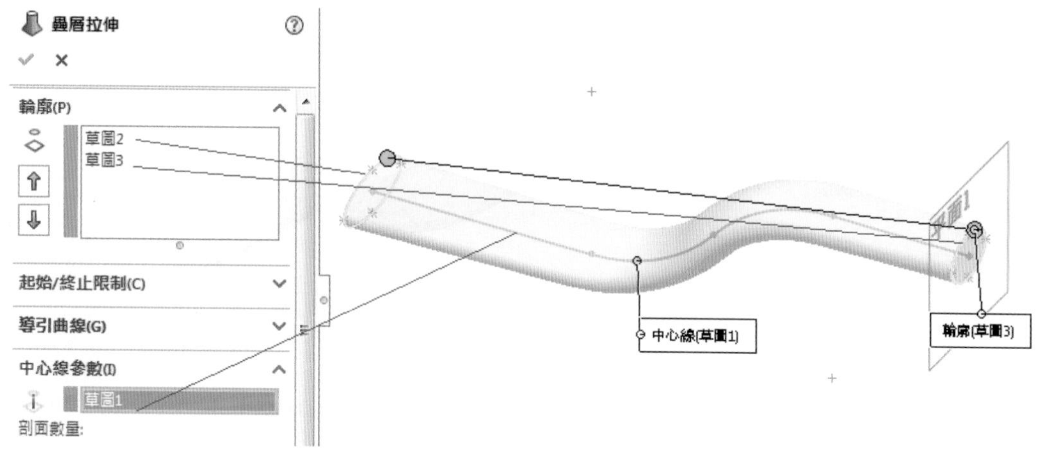

6. 點選「上基準面」後「正視於」上基準面繪製草圖ϕ60 圓，不等角視，特徵「伸長填料/基材」，方向 1 與方向 2 都給定深度「15」。

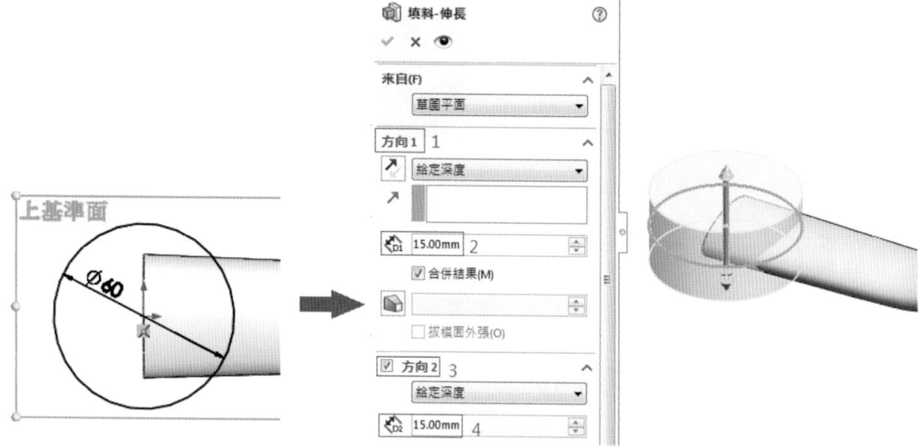

7. 點下圖頂面並正視於該面，繪製草圖「多邊形」，內切圓「32」，特徵「伸長除料」，完全貫穿。

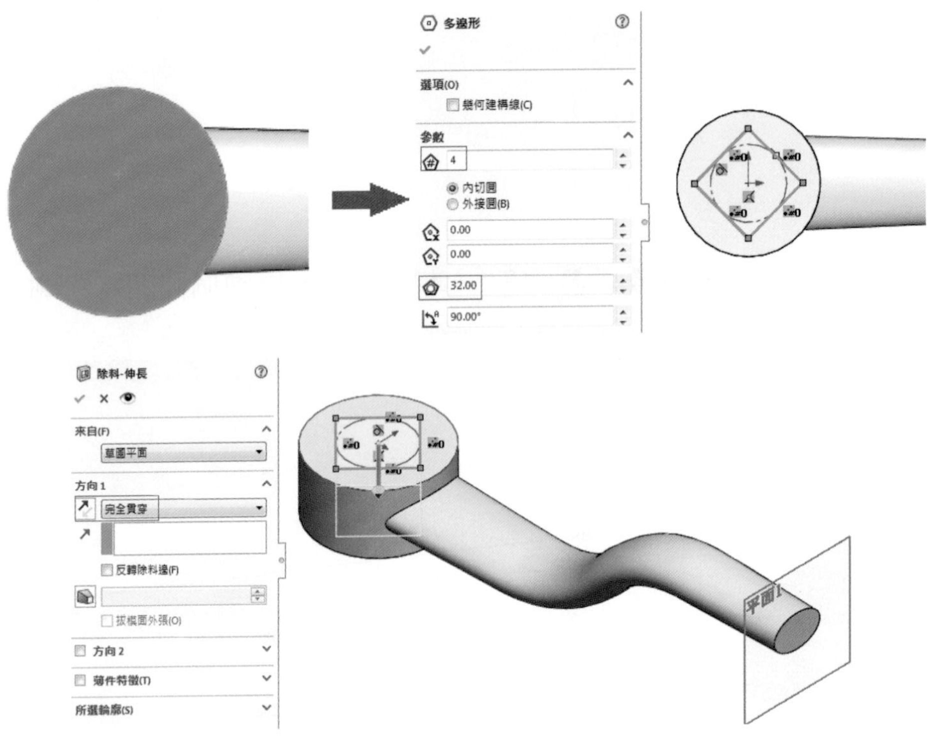

8. 「插入」/「參考幾何」/「基準面」，依下列步驟點取「上基準面」向上偏移 40(或按「Ctrl」滑鼠點上基準面上拉)，得到「平面 2」。

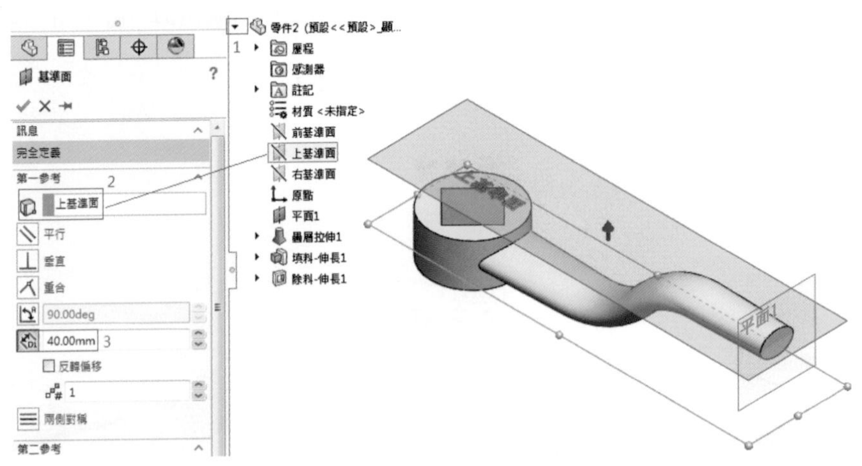

9. 正視於「平面 2」繪製草圖ϕ40 圓，等角視「」特徵「旋轉填料/基材」，方向 1 與方向 2，各給定深度「16」。

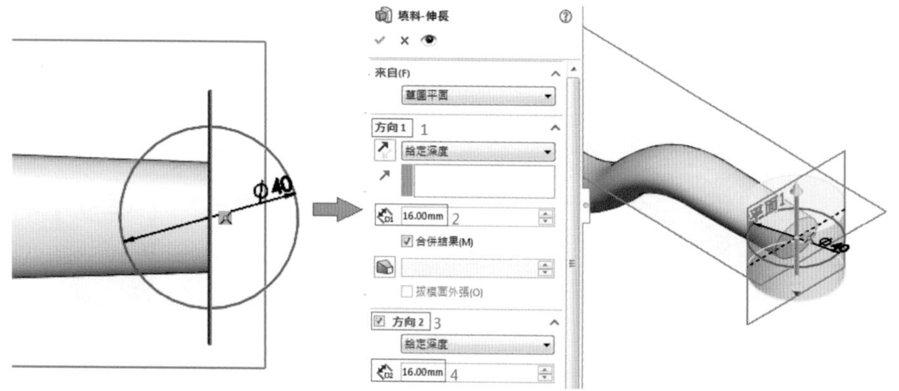

10. 隱藏「平面 3」，點選左下圖頂面並「正視於」，公制粗牙內螺紋 M24，經查表得知內徑 20.75，螺距 3，螺峰高度 2.6。因此先繪製直徑為 20.75 的圓來除料「伸長除料」。

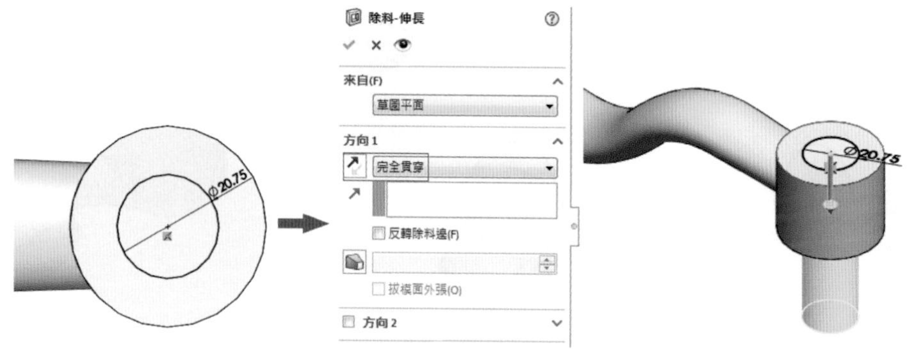

11. 選取「異型孔精靈」之三角形「▾」向下展開，點選「螺紋」，對話框內依序步驟 1.螺紋位置選取內孔邊線，步驟 2 給定深度「32」，步驟 3 螺紋類型「Metric Die」，步驟 4 大小「M24x3.0」，完成內螺紋之切割。

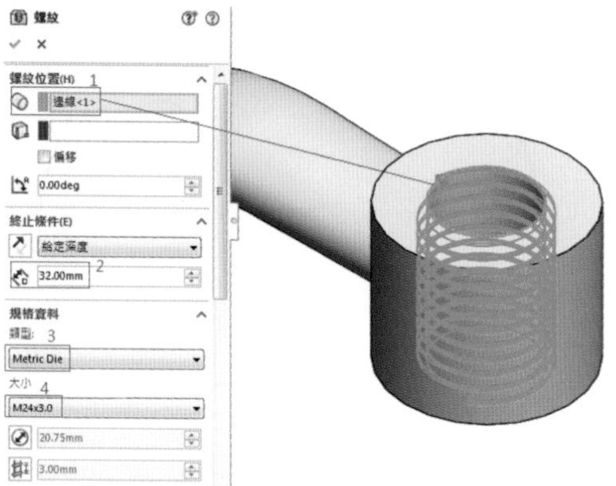

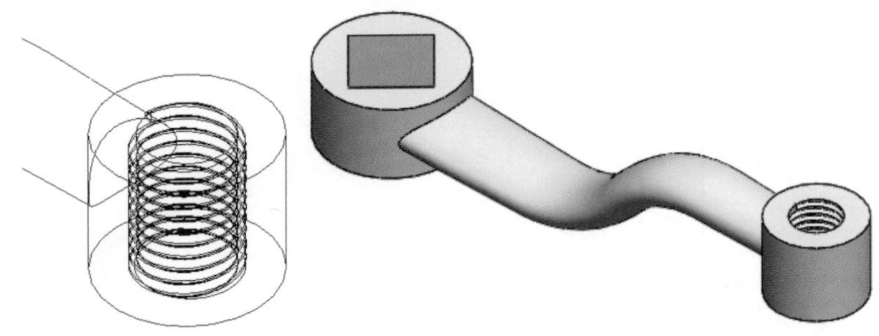

5-3 曲面疊層拉伸與螺旋相交

5-3.avi

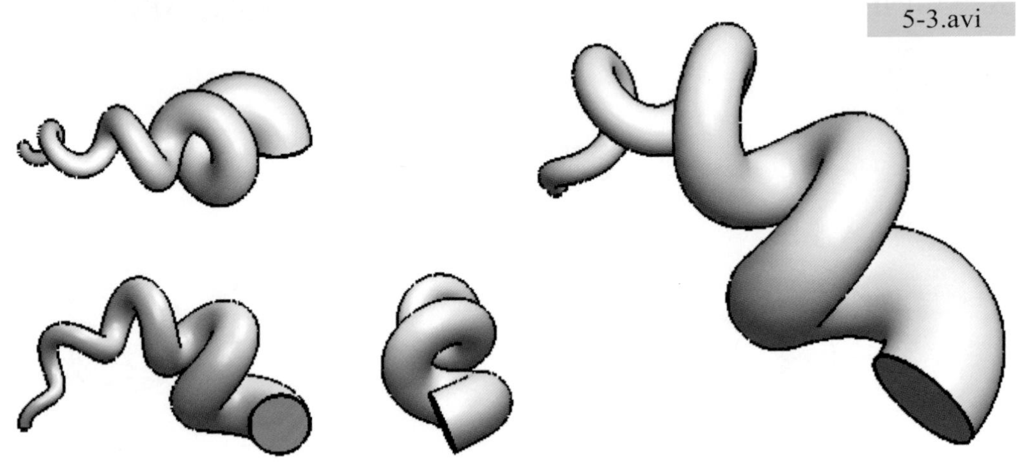

(5-3.sldprt)

1. 「前基準面」草圖繪製「三點定弧(T)」，標註 R50。完成「(-) 草圖1」

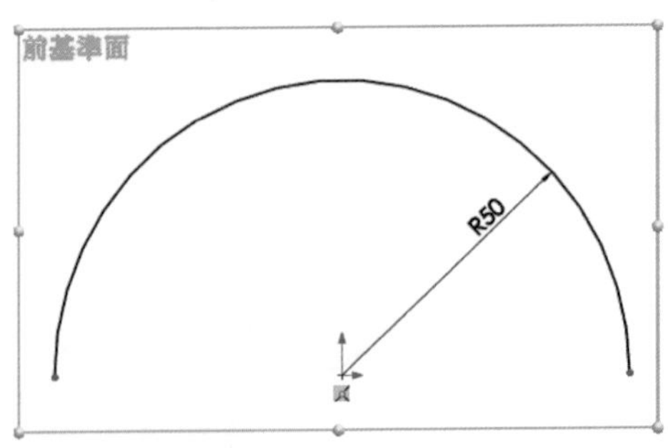

2. 「上基準面」草圖畫圓「 」直徑「10」，完成「 (-) 草圖2」。再點「上基準面」草圖畫圓「 」直徑「40」，完成「 (-) 草圖3」。

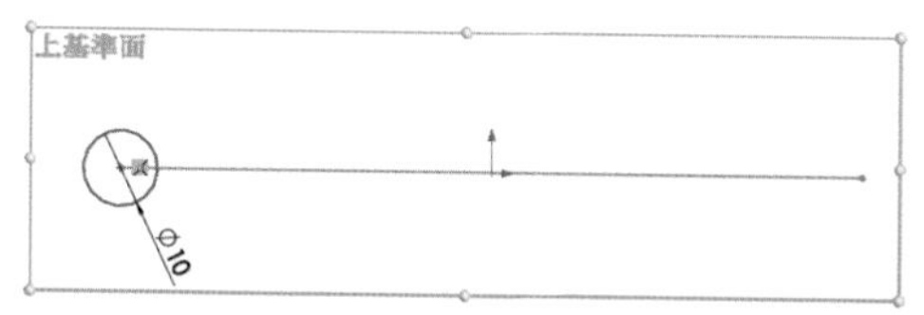

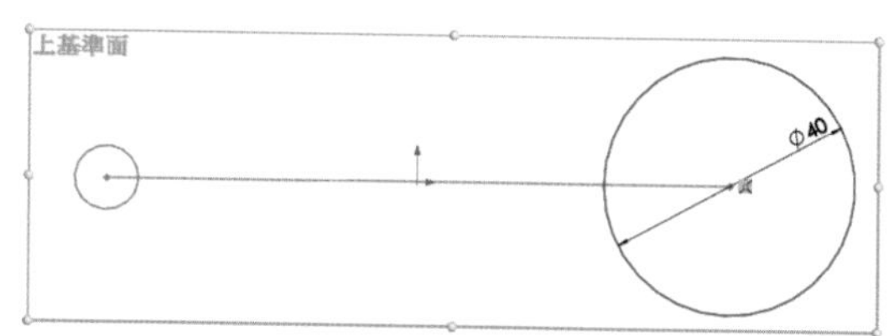

3. 曲面「疊層拉伸曲面」，如下圖以「草圖 2」與「草圖 3」爲輪廓，選取中心線參數「草圖 1」完成曲面疊層拉伸。

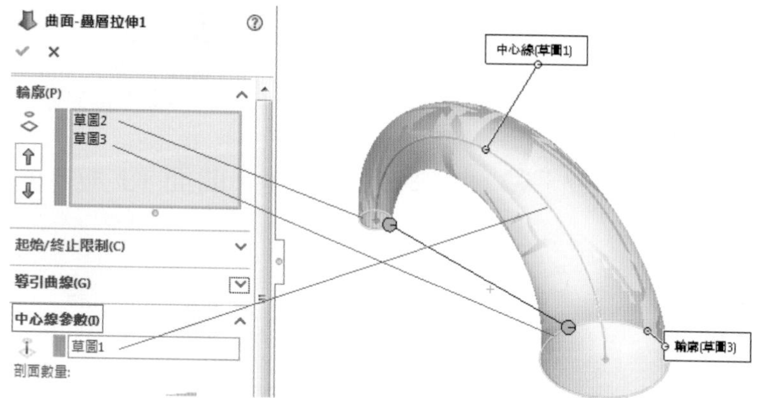

4. 「前基準面」草圖「 三點定弧(T)」，標註直徑 100。完成「 草圖4」

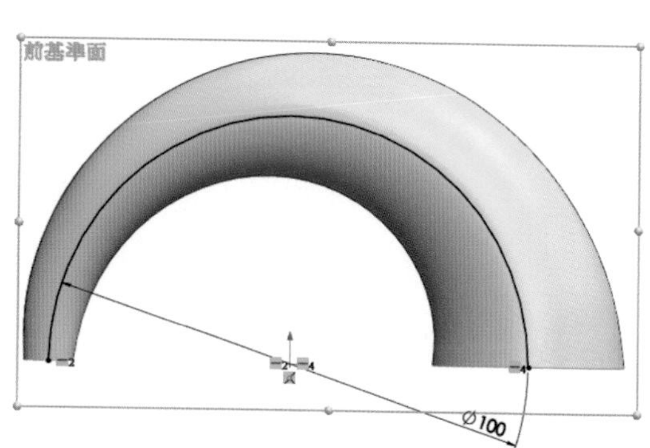

5. 「上基準面」草圖「 」標註長度「25」，如右圖所示，完成「 草圖5」。

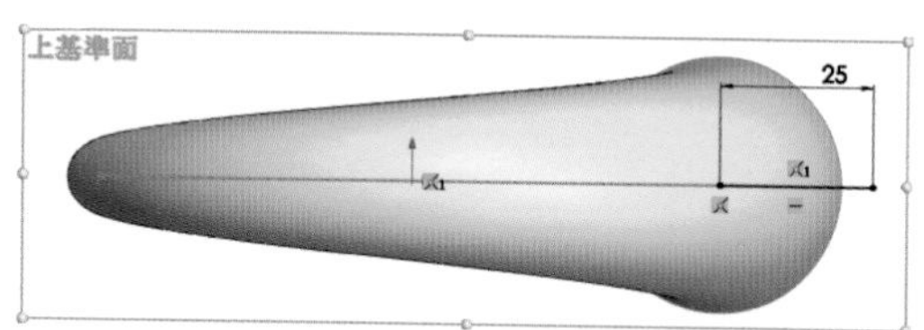

6. 等角視「」，曲面「掃出曲面」，路徑「草圖 4」輪廓「草圖 5」，選項依步驟 1.2.3.4 選取各選項。

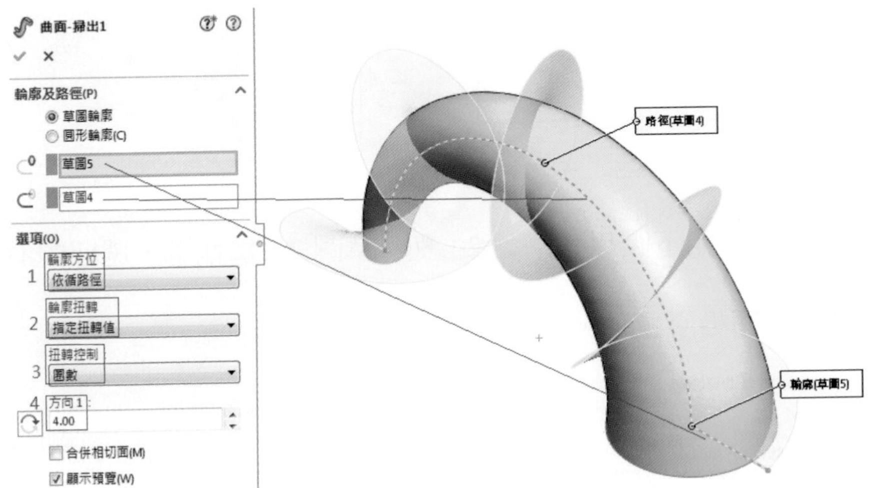

7. 「工具」/「草圖工具」/「 相交曲線」，點選「曲面 1」與「曲面 2」得到「3D 草圖 1」。

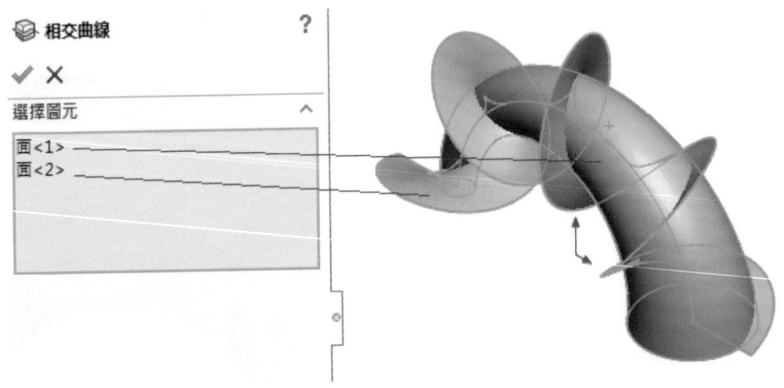

8. 點選曲面按滑鼠右鍵，如右圖點選「」，隱藏曲面。

9. 完成相交曲線，如右圖。

10. 「插入」/「參考幾何」/「基準面」。點選端點與曲線，產生「平面 1」。

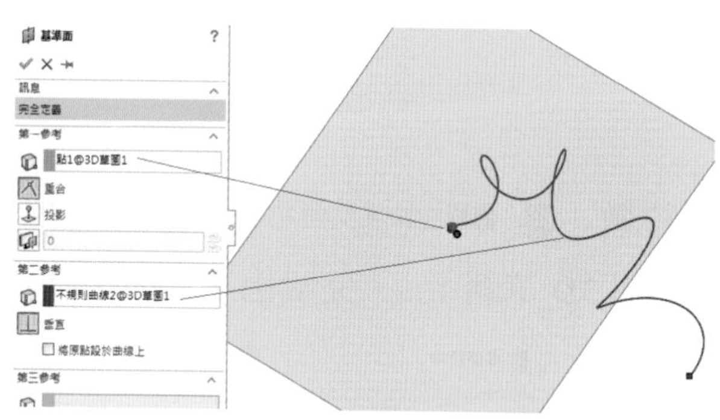

11. 正視於「」平面 1 草圖「」直徑 5，完成「草圖6」。

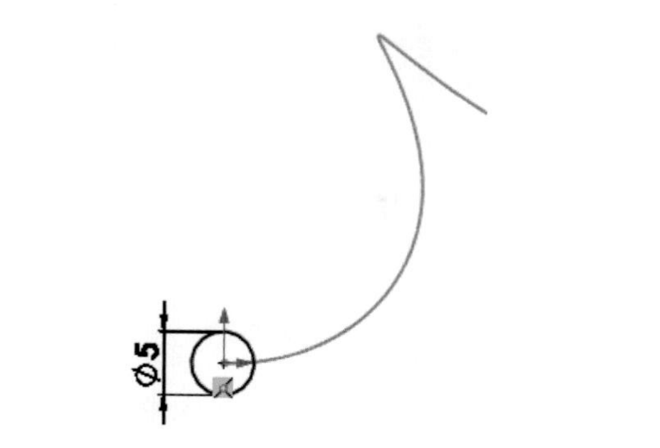

12. 另一端點新基準面，「插入」/「參考幾何」/「基準面」。點選端點與曲線,產生「平面 2」。

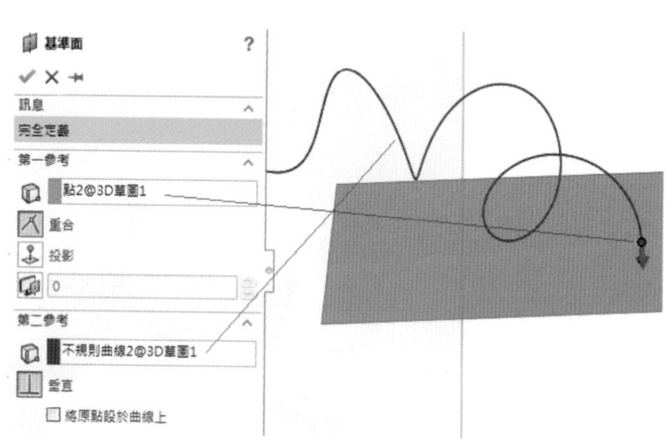

13. 正視於「」「平面 2」，草圖「」直徑 30。完成「草圖7」。

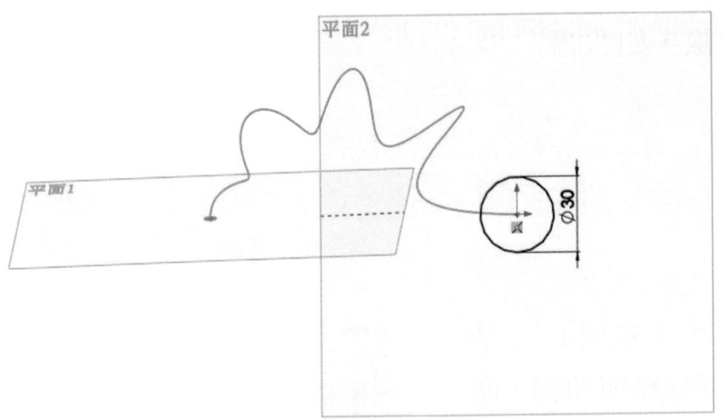

14. 特徵「疊層拉伸填料/基材」，輪廓選取「草圖」與「草圖 7」，中心線參數選取「3D 草圖 1」，完成由小而大繞圓弧而大之疊層拉伸。

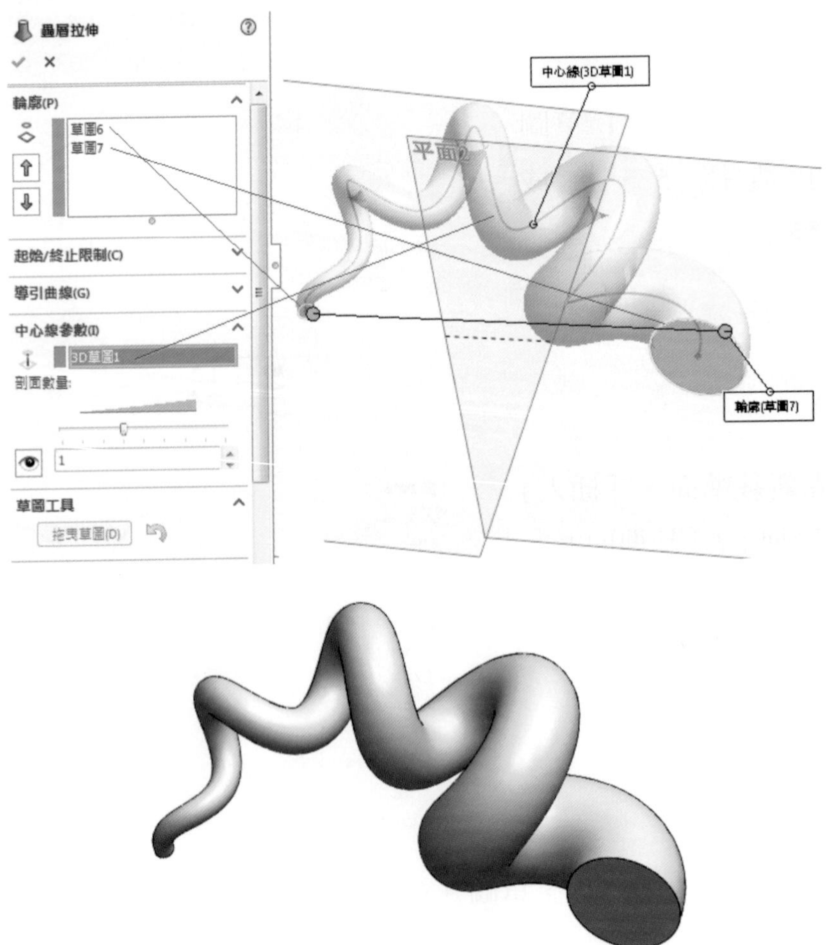

5-4　疊層拉伸問題探討

本節將以下面的例子來做探討疊層拉伸的幾個問題。

1. 「上基準面」繪製草圖「中心矩形」標註尺度如下，完成草圖後，「插入」/「參考幾何」/「基準面」平行一個新的參考平面「平面 1」。

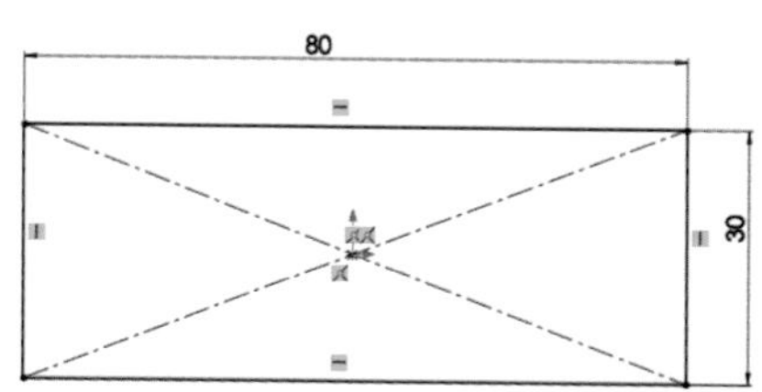

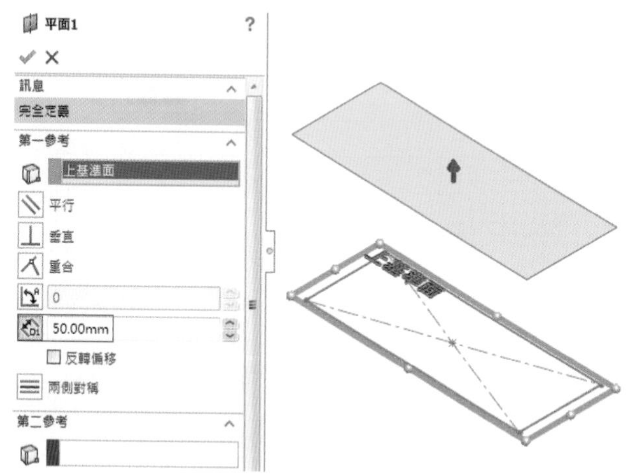

2. 在「平面 1」繪製草圖「中心矩形」標註尺度如右。

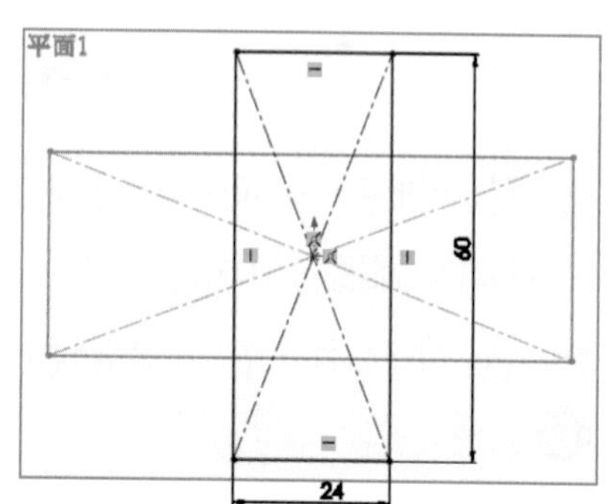

3. 準備疊層拉伸時，應選取每個輪廓上相同的對應點，因為系統會連接您所選取的點，如果您稍不小心，則產生的實體特徵會發生扭轉，甚至無法產生實體。

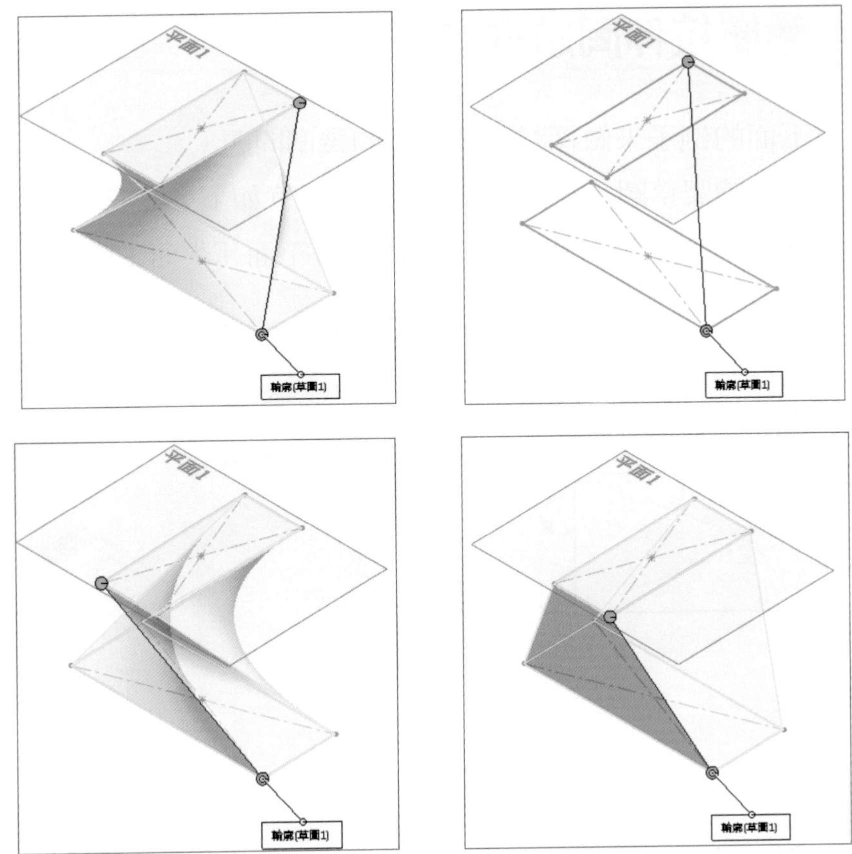

在疊層拉伸時，可使用疊層拉伸的起始和終止相切條件來控制特徵，並可由控制長度及方向來觀察其中的變化。

1. 到特徵管理員中，在「疊層拉伸」的特徵圖示上按下滑鼠右鍵，選擇「編輯特徵 」。
2. 預設值中，是「無」任何的起始 / 終止相切的條件被套用。
3. 起始/終止限制之起始限制「起始限制(S):」選取「垂直於輪廓」，起始相切長度為「1」，「終止限制(E):」選取「無」如下圖。

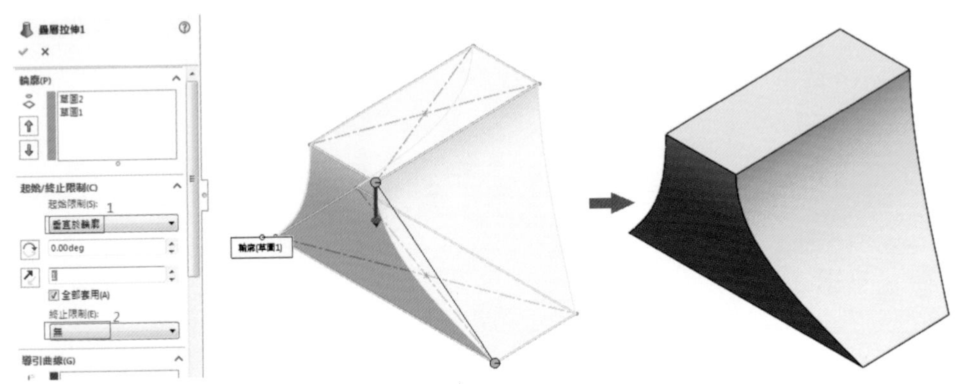

4. 起始/終止限制之起始限制「起始限制(S):」選取「垂直於輪廓」，起始相切長度爲「1」，終止限制「終止限制(E):」選取「垂直於輪廓」，起始相切長度爲「1」如下圖。

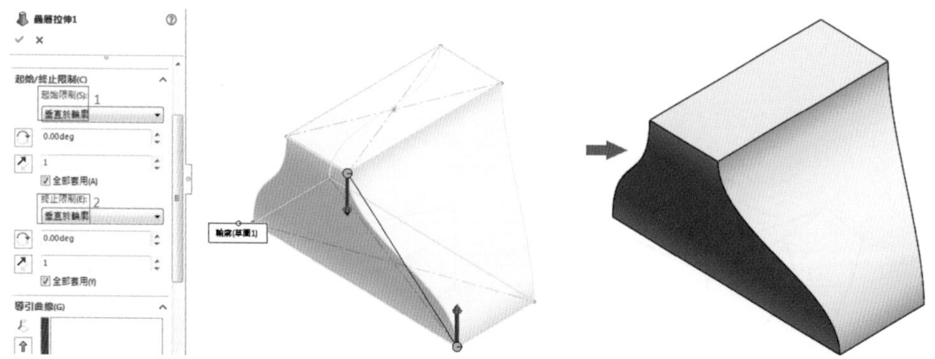

5. 起始/終止限制之起始限制「起始限制(S):」選取「垂直於輪廓」，起始相切長度爲「1」，終止限制「終止限制(E):」選取「垂直於輪廓」，起始相切長度爲「2」如下圖，下方往上相切高度較長。

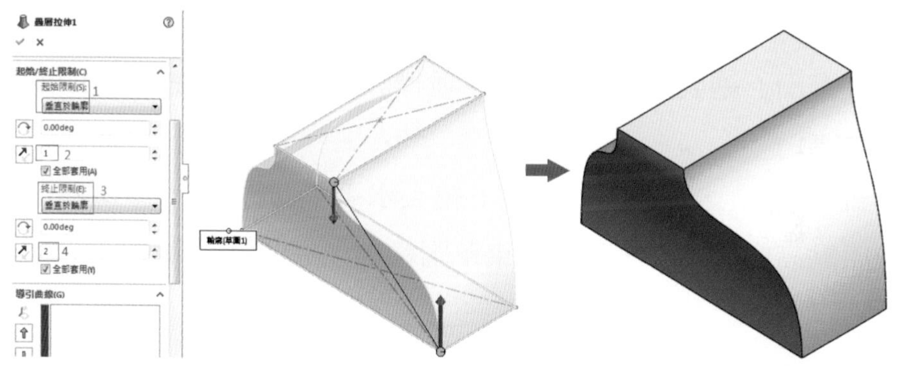

6. 起始/終止限制之起始限制「起始限制(S):」選取「垂直於輪廓」，方向角度「30.00deg」，起始相切長度爲「1」，終止限制「終止限制(E):」選取「垂直於輪廓」，方向角度「30.00deg」，起始相切長度爲「1」如下圖。疊層面向外伸長曲率 30 度之結果。

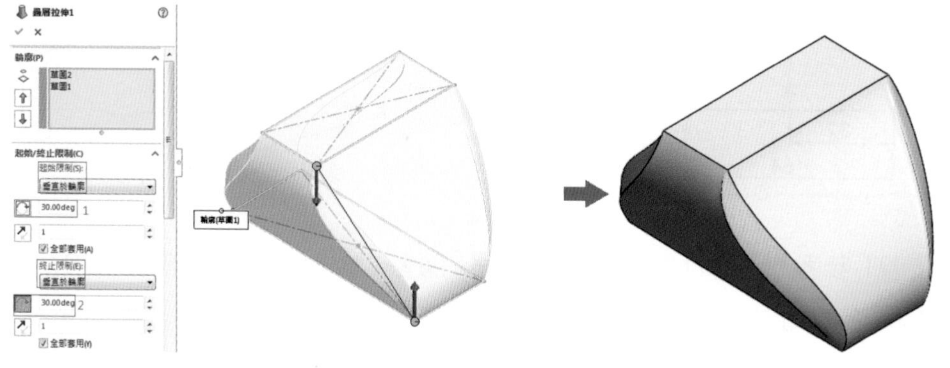

(5-4.sldprt)

5-5 多面體疊層拉伸

5-5.avi

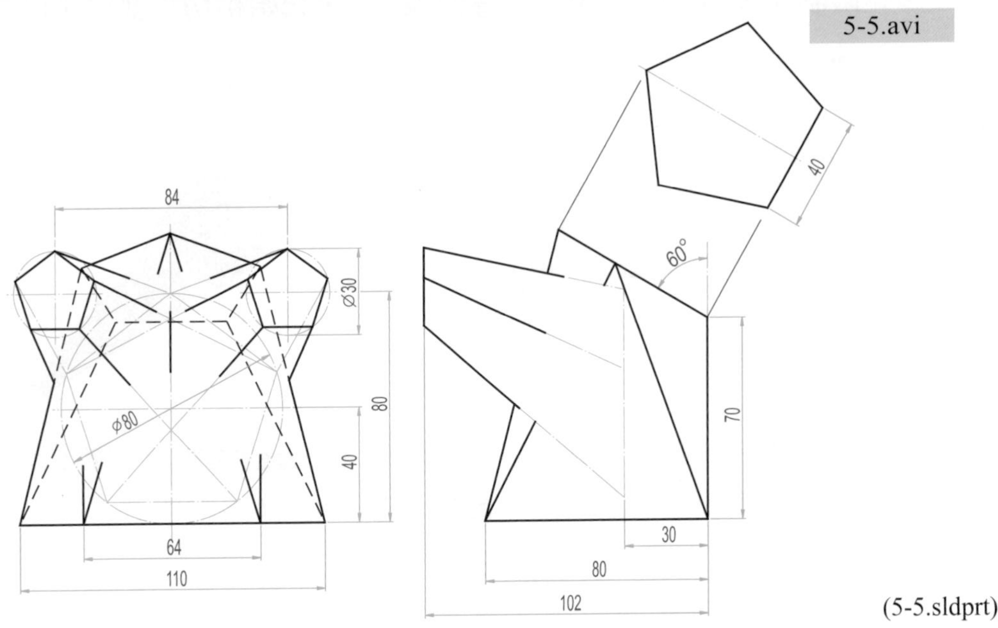

(5-5.sldprt)

1. 以「上基準面」繪製草圖「 」，並標註尺度如下圖左，結束草圖繪製，完成「 草圖1」。
2. 不等角視「 」，以「前基準面」繪製水平中心線「 中心線(N)」，標註尺度，與原點高度「70」，然後結束草圖繪製，完成「 草圖2」。

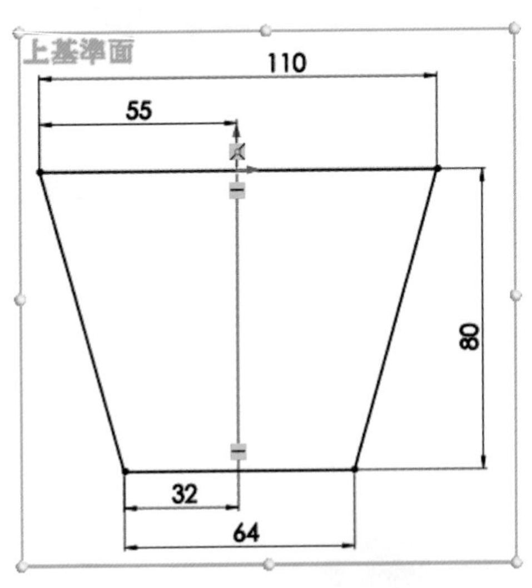

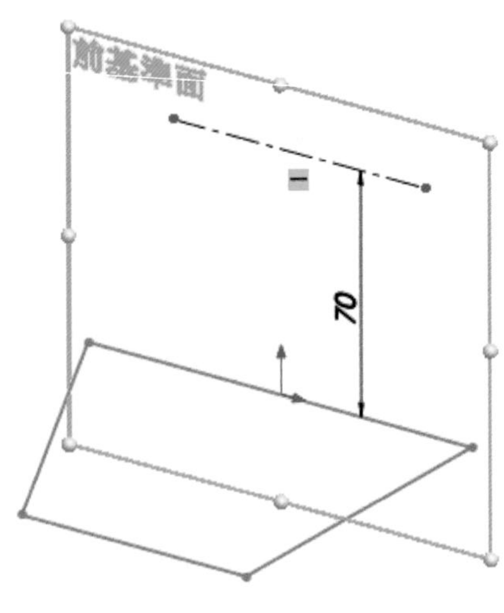

3. 「插入」/「參考幾何」/「基準面」，點選「前基準面」與「中心線」夾角「60.00°」，得到「 平面1」。

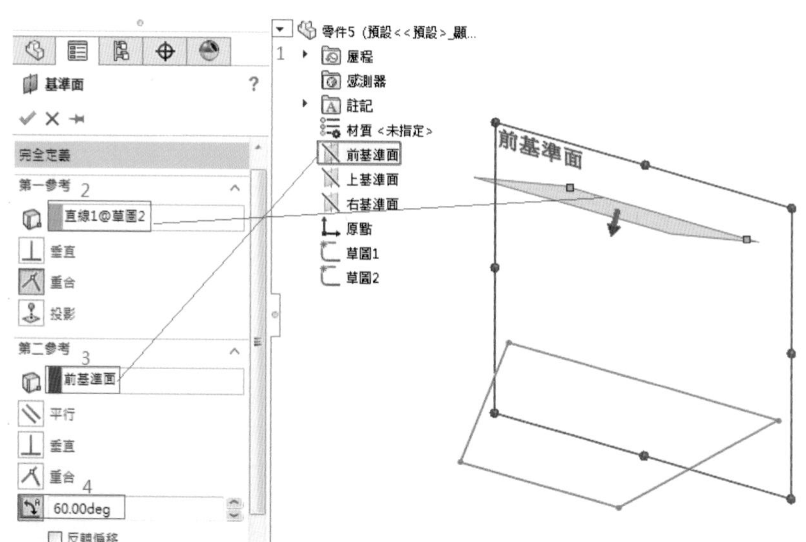

4. 正視於「平面 1」繪製草圖「⊙」畫 5 邊形，並標註尺度邊長「40」，加入限制條件「加入限制條件」選取中心線與下邊線加入限制條件「共線/對齊(L)」五邊形中心點與原點加入限制條件，「相互垂直(U)」結束草圖繪製。

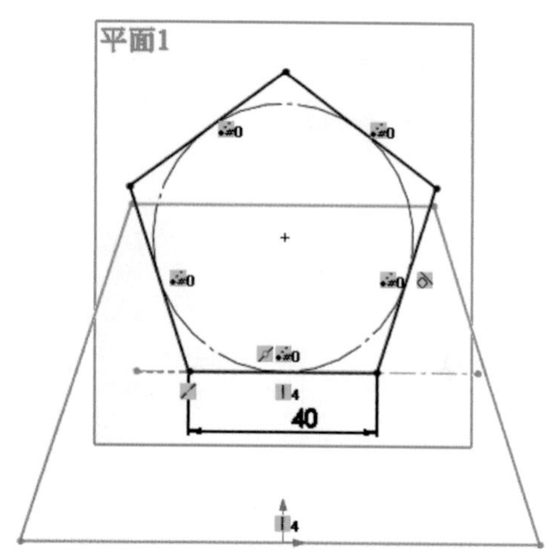

5. 等角視「」，3D 草圖「3D 3D草圖」繪製直線「」，「1A」完成「3D 草圖 1」，結束草圖繪製。接著依序完成 3D 草圖「1B」、「2B」、「2C」、「3C」、「3D」、「4D」、「4E」，每完成一條 3D 草圖必須結束草圖繪製，每條線爲個別草圖，共有 3D 草圖 8 條。

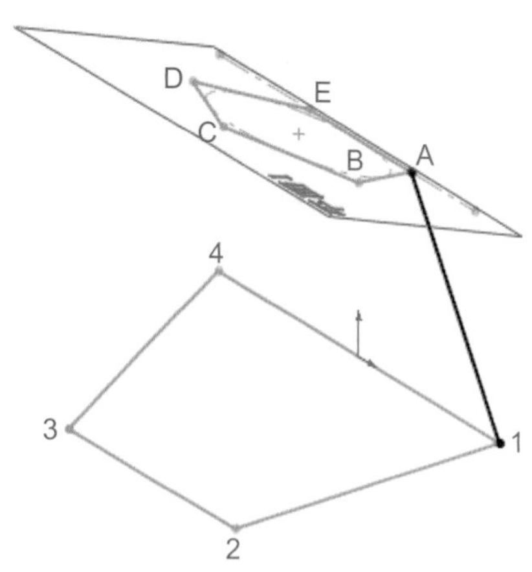

6. 完成 8 條導引線，注意每條導引線必須爲獨立且端點要確實「重合」。更要注意每條線接由梯形底之 1、2、3、4 往正五邊形 A、B、C、D、E 連接。

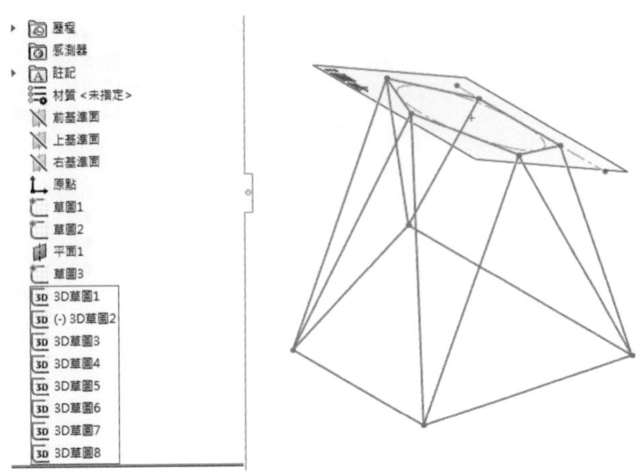

7. 等角視，特徵疊層拉伸「疊層拉伸填料/基材」，注意下圖之點選位置，先選「草圖 3」正五邊形，再點「草圖 1」梯形，注意對應點，完成「輪廓」之點選。再依順序點取導引線 1～8。完成疊層拉伸。

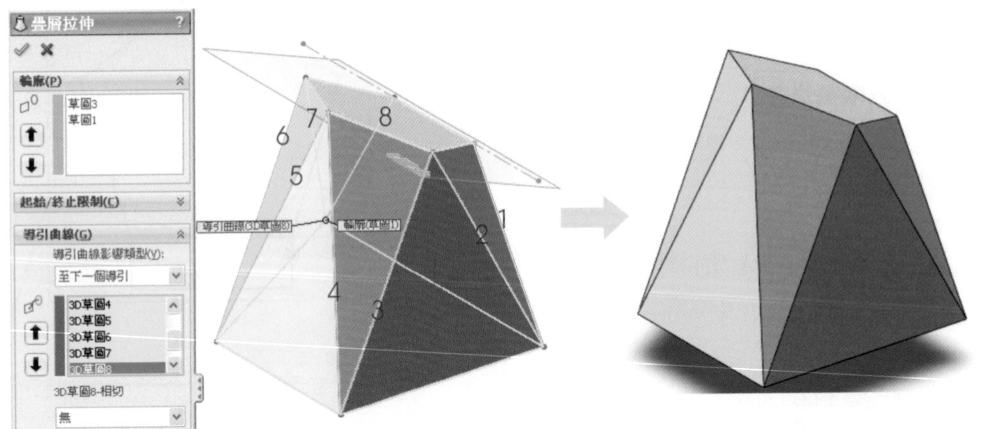

8. 插入基準面與「前基準面」平行距離「30」。得到「平面2」。

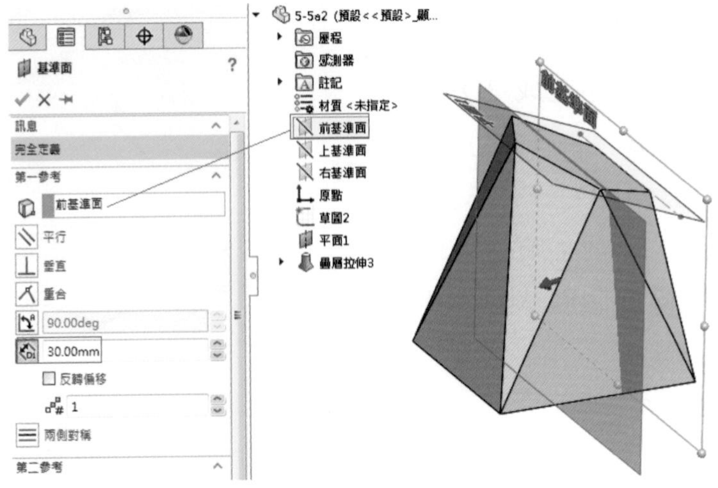

9. 正視於「平面2」繪製草圖「正五邊形 外接圓(B)」，標註尺度與限制條件。結束草圖繪製。

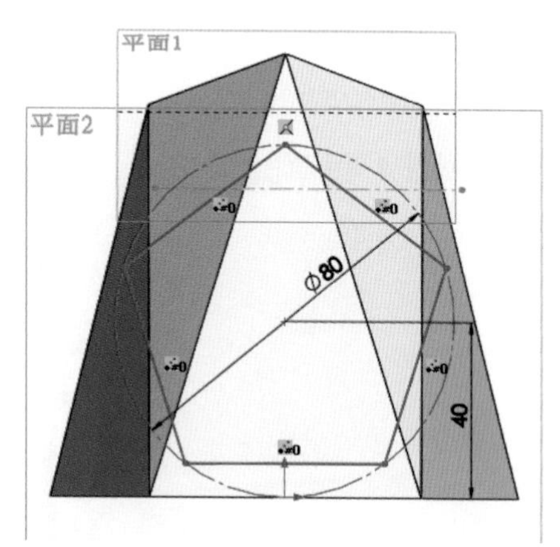

10. 「插入」/「參考幾何」/「基準面」，與「前基準面」平行相距「102」，得到「平面3」。

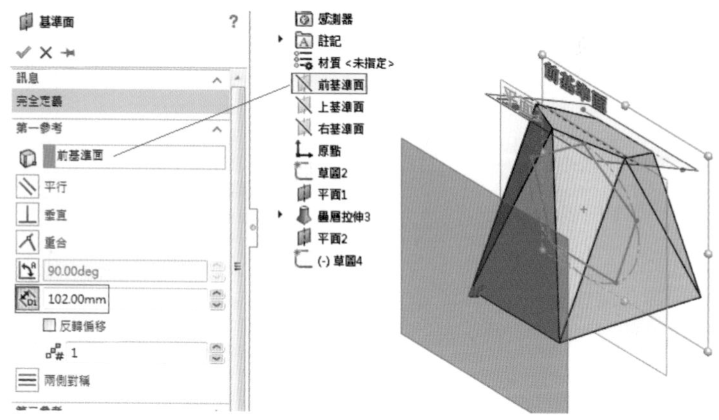

11. 正視於「平面3」，隱藏「」基準面「」與限制條件「」，讓讀者容易看清右圖，繪製草圖「正五邊形 外接圓(B)」，標註尺度與限制條件，結束草圖繪製。

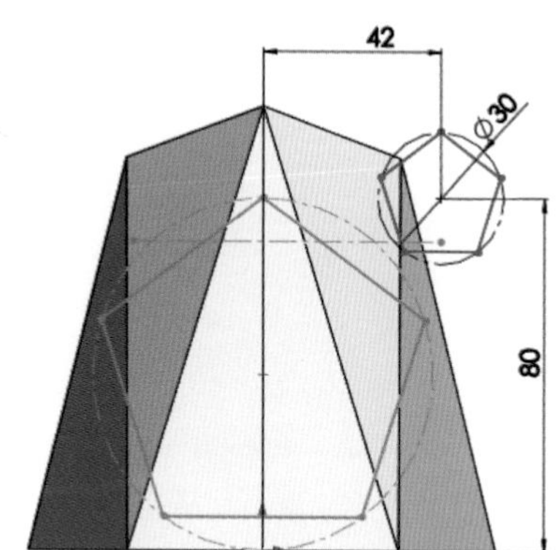

12. 等角視，特徵「疊層拉伸填料/基材」，選取草圖 4 與草圖 5 兩個正五邊形。

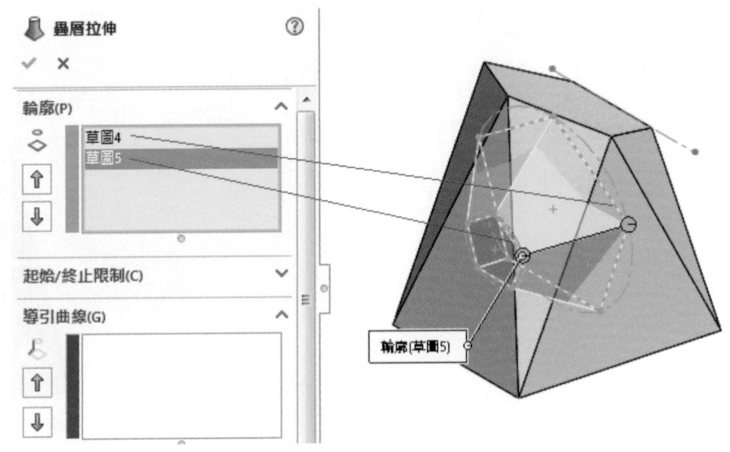

13. 特徵區「鏡射」，以「右基準面」爲鏡射面。鏡射「疊層拉伸 4」完成。

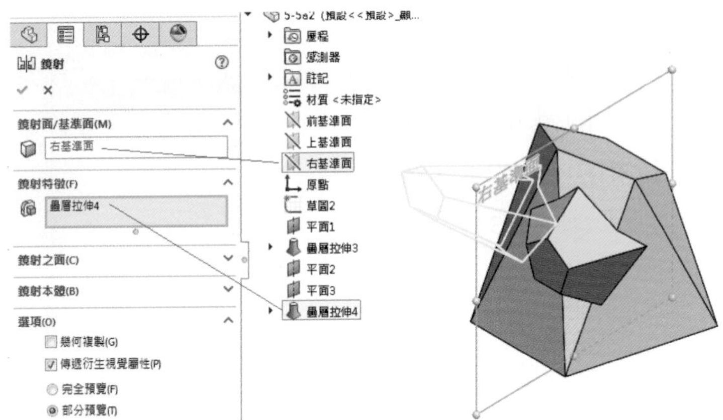

14. 完成多面體疊層拉伸。

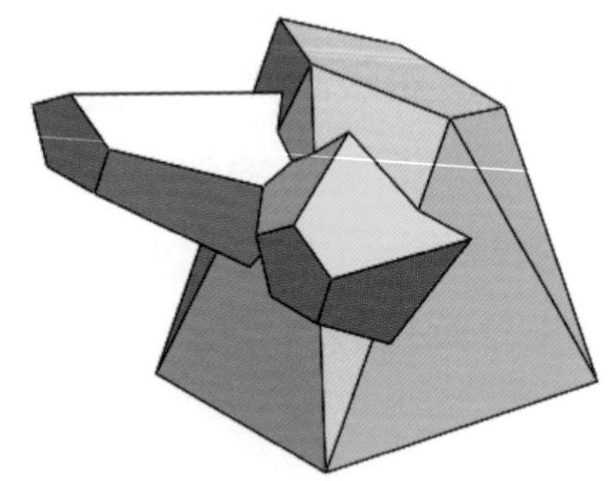

5-6 門把疊層拉伸造型

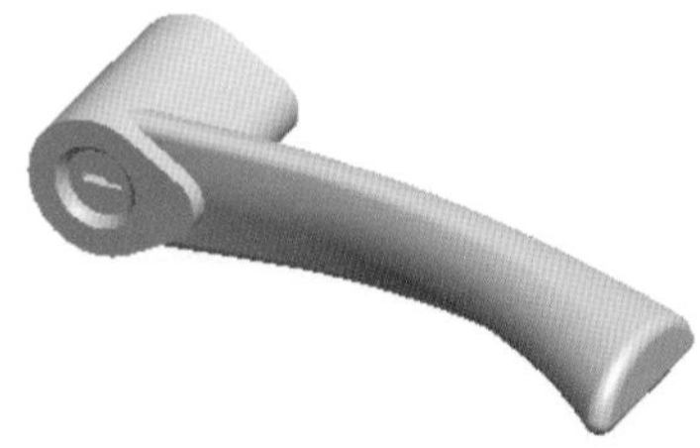
(5-6.sldprt)

1. 「插入」/「參考幾何」/「基準面」，(或是按 Ctrl 與右基準面向右拖曳)，向右平行偏移「90」，得到「平面 1」。

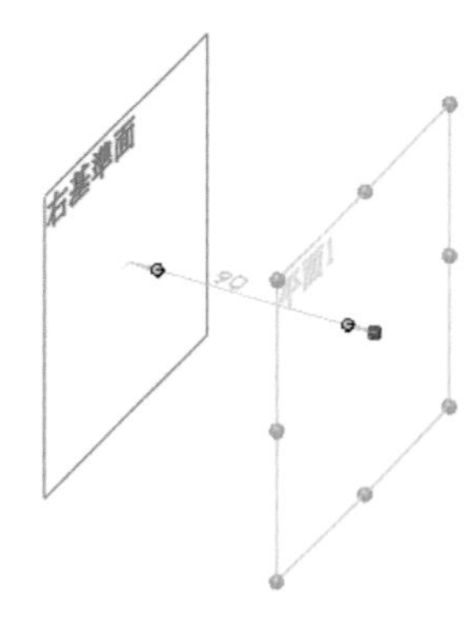

2. 正視於「平面 1」繪製「半橢圓」草圖，長軸「30」，短軸「20」，如右圖所示，然後結束草圖繪製。

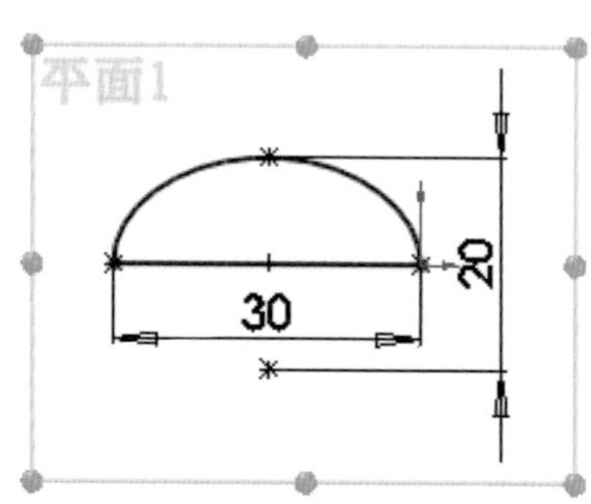

3. 以「右基準面」繪製草圖，ϕ20 之半圓，不等角視之如下圖所示。

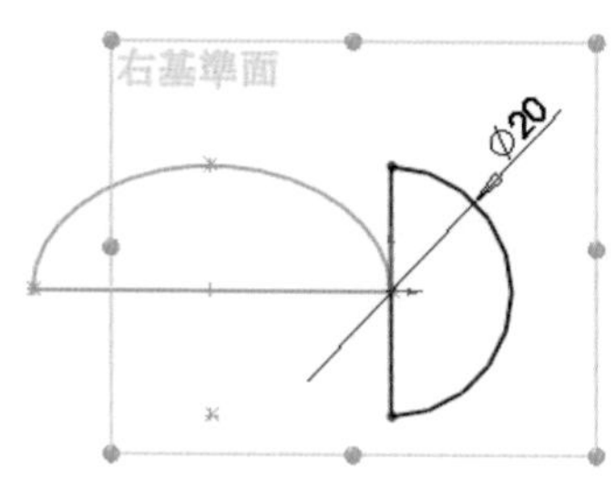

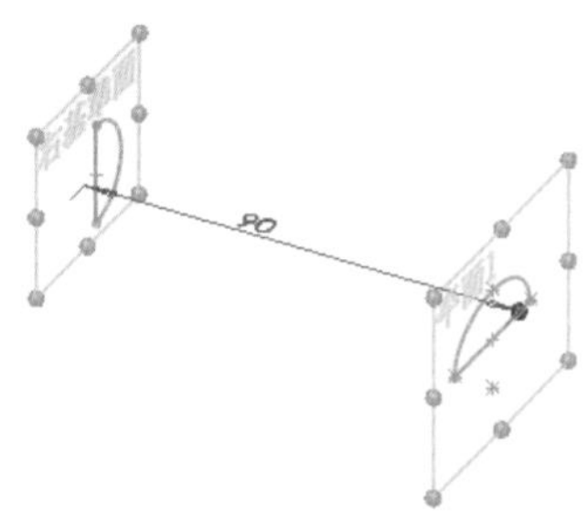

4. 點取「上基準面」正視於繪製草圖，以「 」與「 」繪製，標註尺度如右圖所示，注意直線與圓弧之相切限制條件，然後結束草圖繪製。

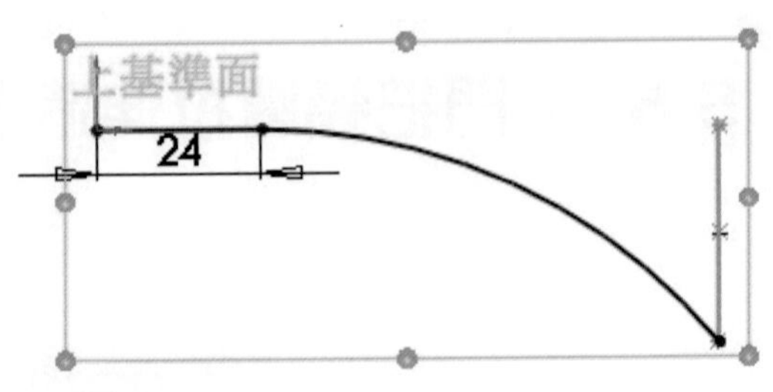

5. 正視於「上基準面」繪製草圖，圓弧 R290，注意端點之限制條件「貫穿」，如右圖所示，然後結束草圖繪製。特徵管理員中共有四個草圖。

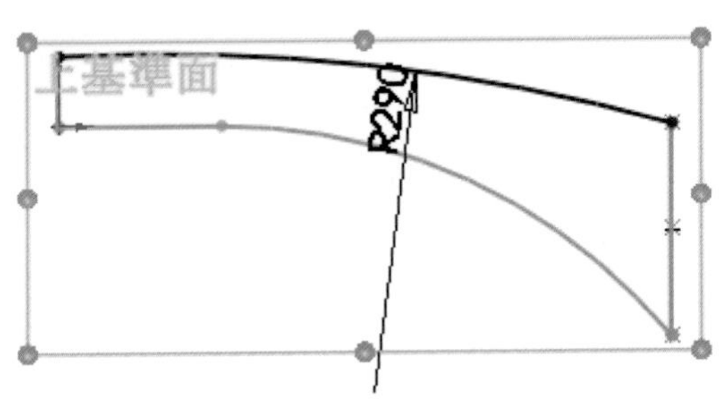

6. 特徵「 疊層拉伸填料/基材」點選「草圖 1」與「草圖 2」爲輪廓，導引曲線爲「草圖 3」與「草圖 4」。注意自動導引點「 」之位置如下圖所示。

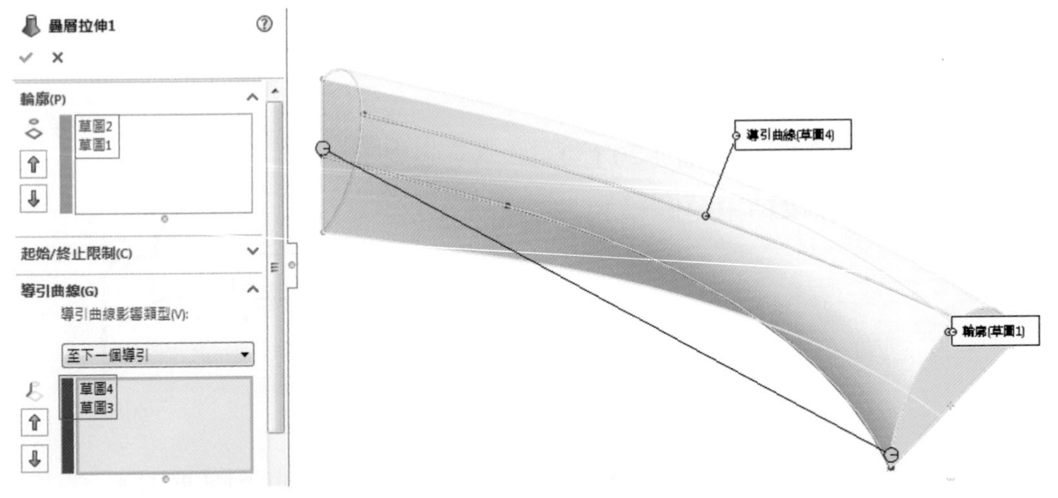

7. 點選「前基準面」繪製草圖，尺度標註如下圖所示。

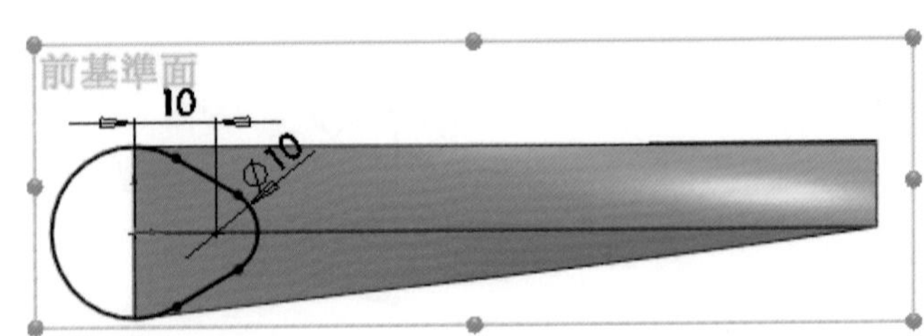

8. 特徵「伸長填料/基材」，「方向 1」伸長「27mm」，「方向 2」伸長「3mm」，如下圖所示。

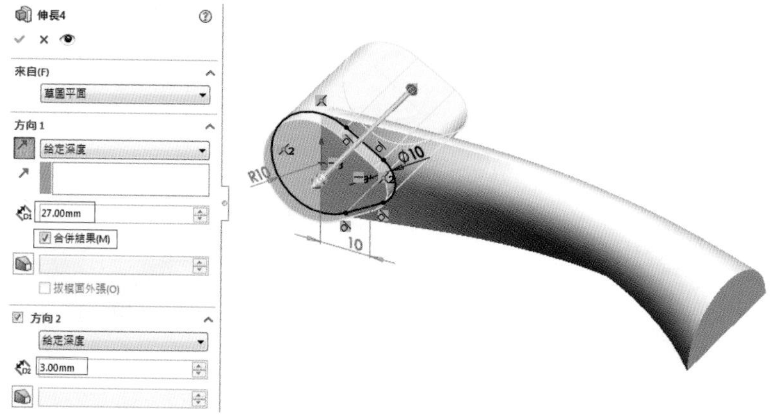

9. 點選平面，繪製直徑 10 之圓，特徵「伸長除料」深度「2mm」，如下圖。

10. 「圓角」下方「▾」之導角「導角」。距離「1mm」角度「45°」，然後點選平面，繪製矩形，尺度如下圖所示，特徵「伸長除料」貫穿。

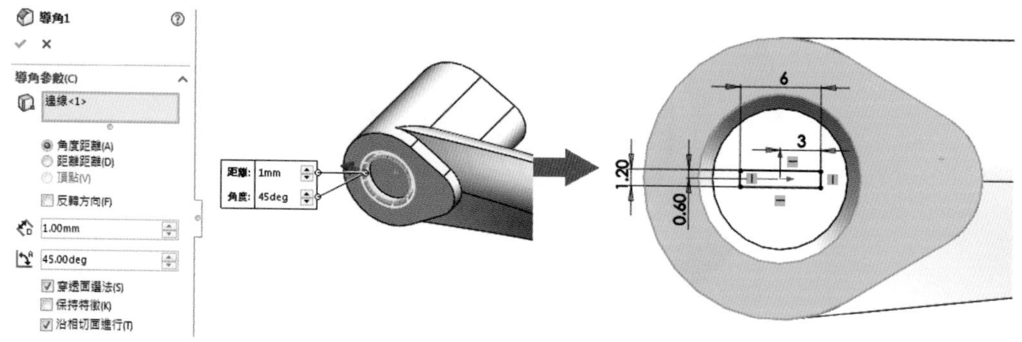

11. 特徵「圓角」R2，圓角處如右圖所示。

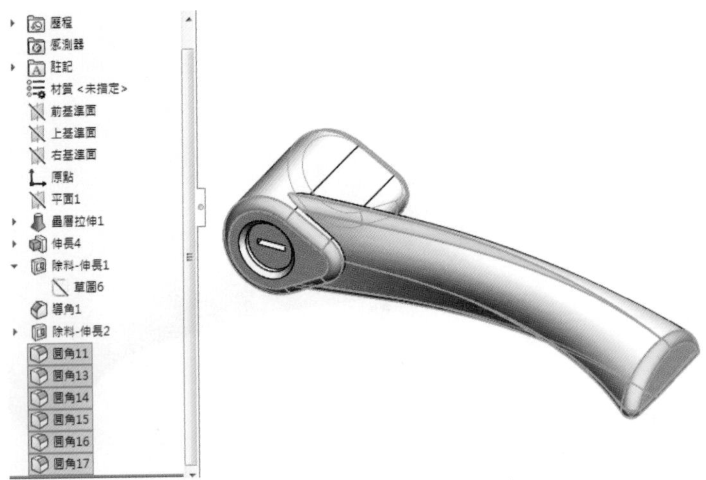

12. 完成以疊層拉伸繪製之門把造型。

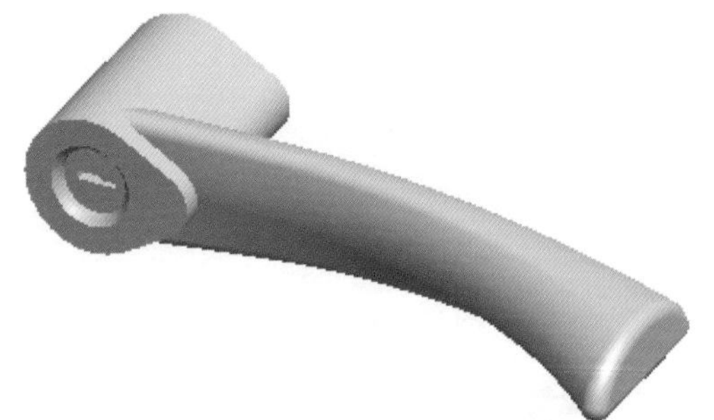

5-7 合成蝸捲線疊層拉伸

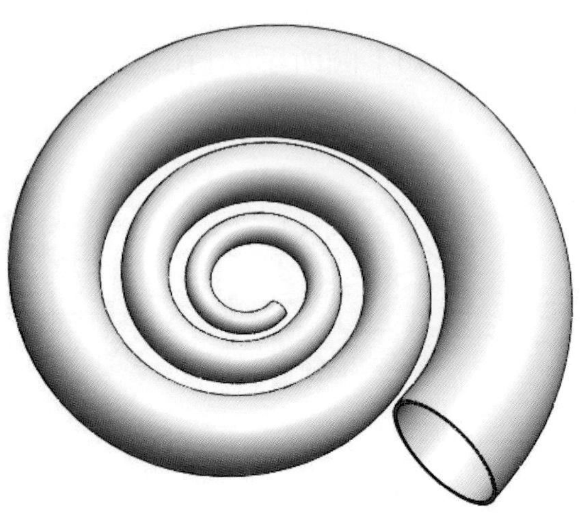

(5-7.sldprt)

1. 上基準面「上基準面」草圖畫圓「」直徑「20」。「插入」/「曲線」/「螺旋曲線/渦捲線(H)...」，螺距「10」，圈數「1」，起始角度「0」。

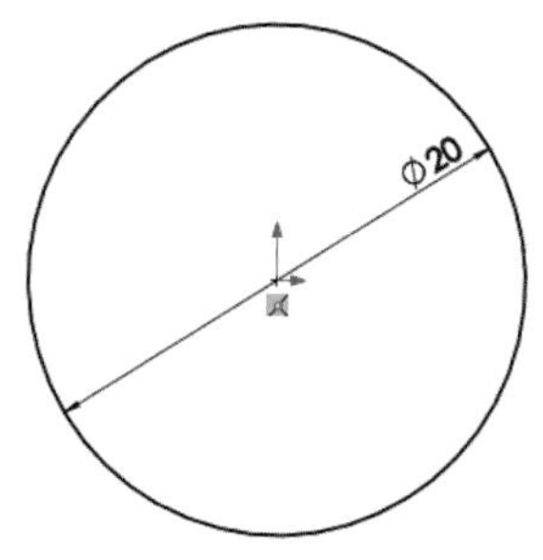

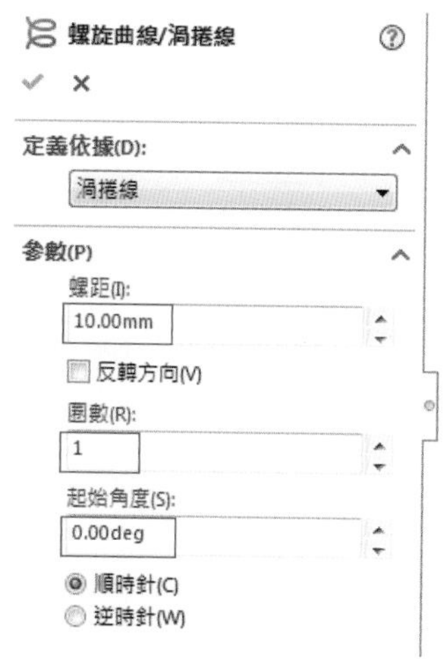

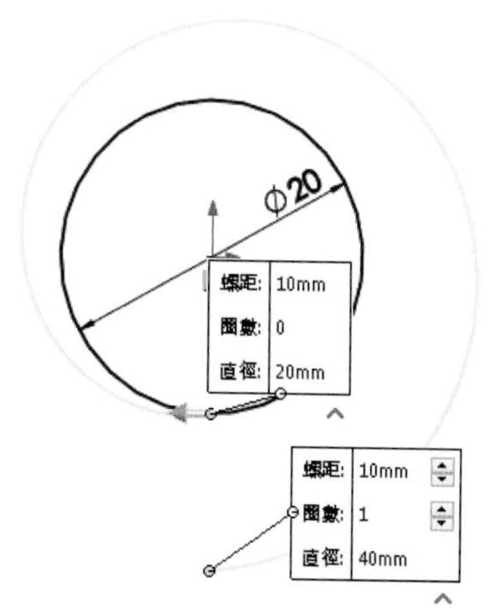

2. 上基準面「上基準面」草圖畫圓「」直徑「40」。「插入」/「曲線」/「螺旋曲線/渦捲線(H)...」，螺距「20」，圈數「1」，起始角度「0」。

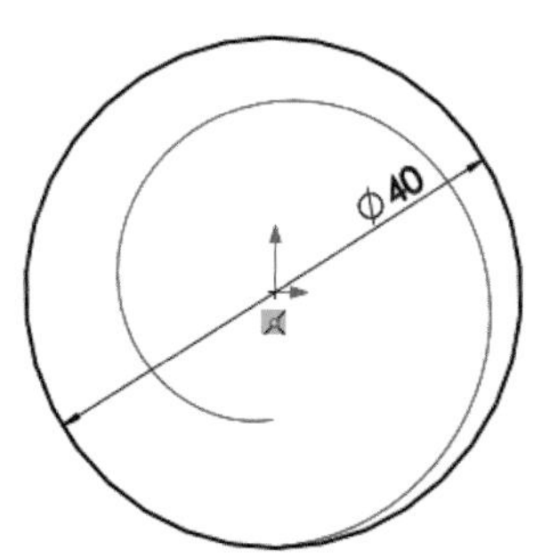

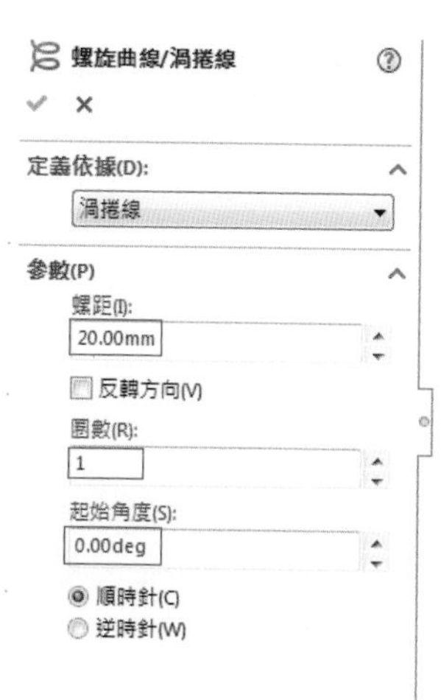

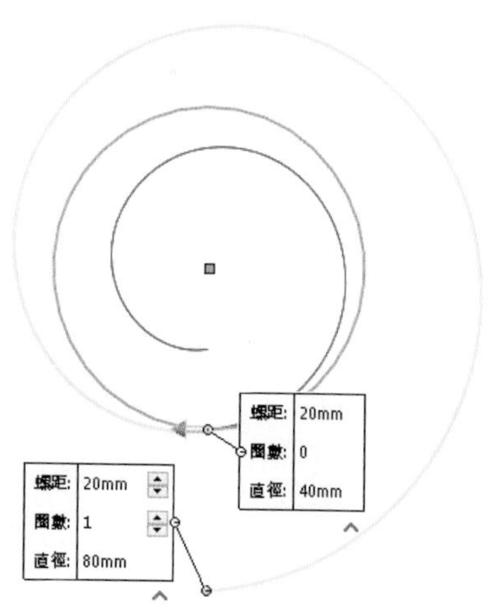

3. 上基準面「上基準面」草圖畫圓「」直徑「80」。「插入」/「曲線」/「螺旋曲線/渦捲線(H)...」，螺距「30」，圈數「1」，起始角度「0」。

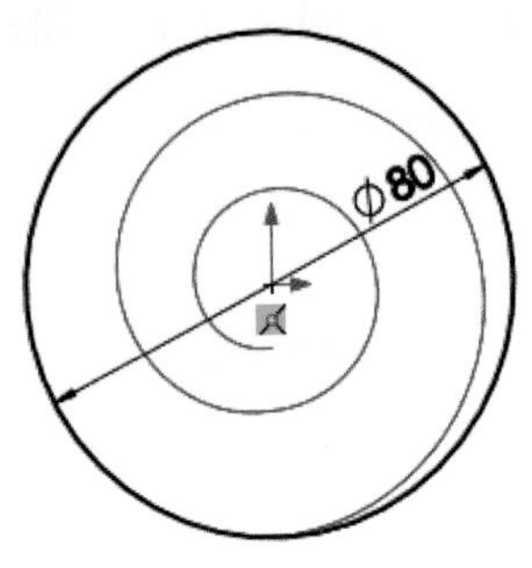

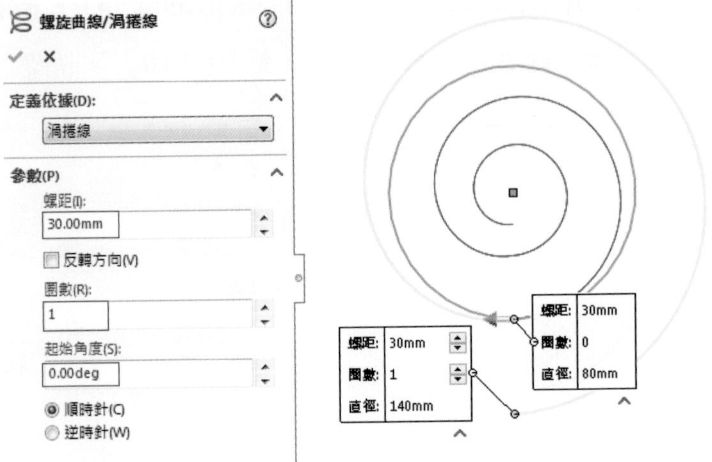

4. 「插入」/「曲線」/「 合成曲線(C)... 」

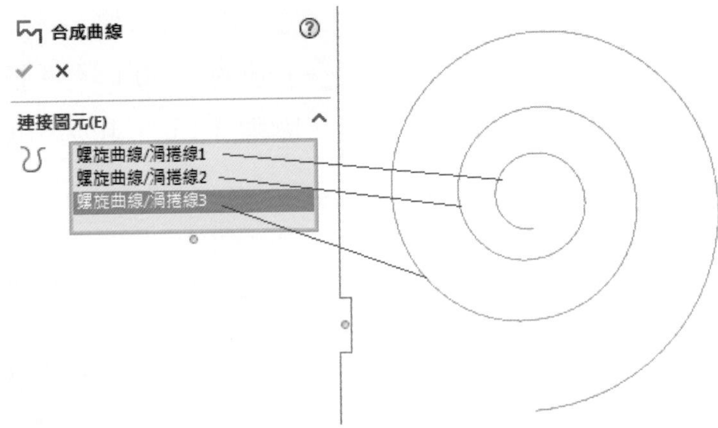

5. 等角視「 」，「插入」/「參考幾何」/「 基準面(P)...」產生「 平面1 」點選「 草圖 」，正視於「 」，繪製草圖「 」直徑「5」。

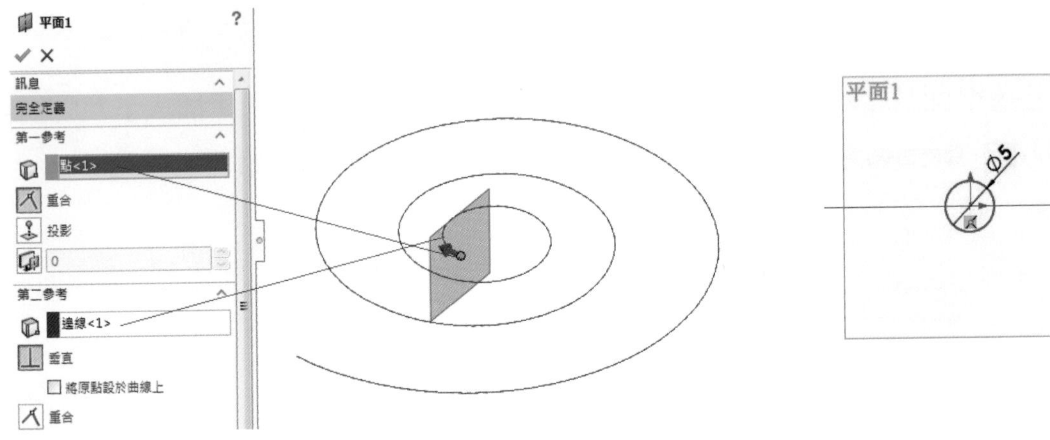

6. 等角視「」，「插入」/「參考幾何」/「基準面(P)...」產生「平面2」點選「草圖」，正視於「」，繪製草圖「」直徑「35」。

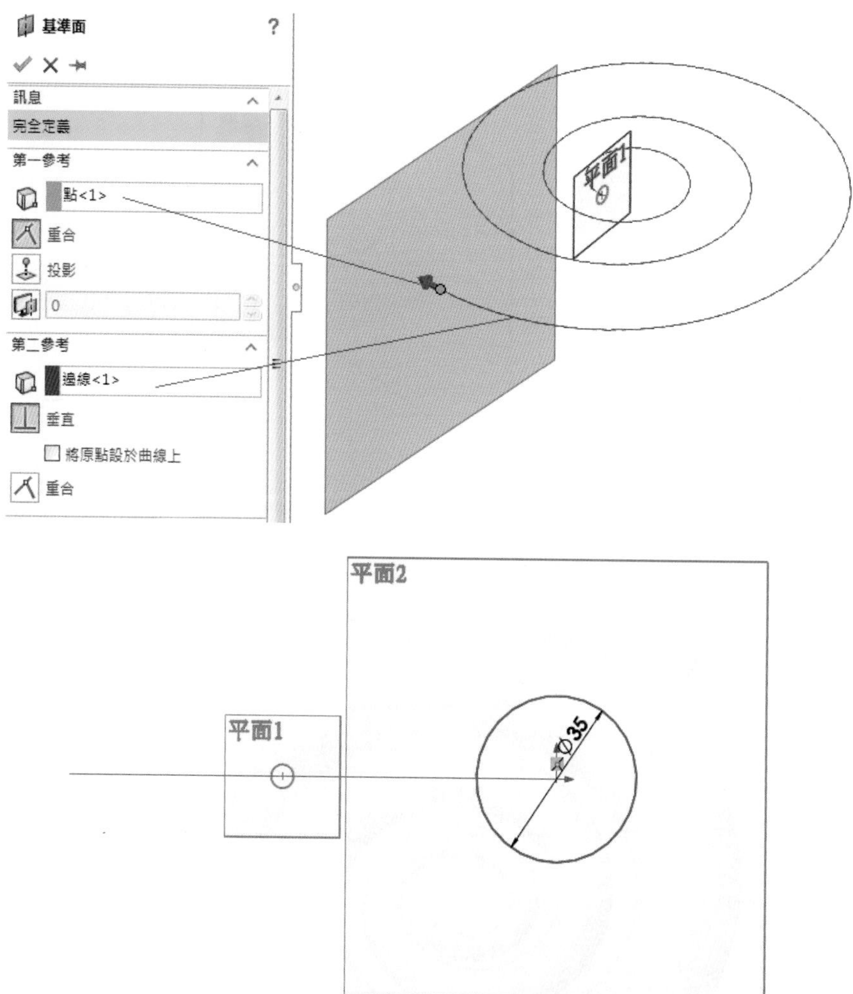

7. 等角視「」，「疊層拉伸填料/基材」，點選輪廓後，以「中心線參數」產生疊層拉伸特徵。

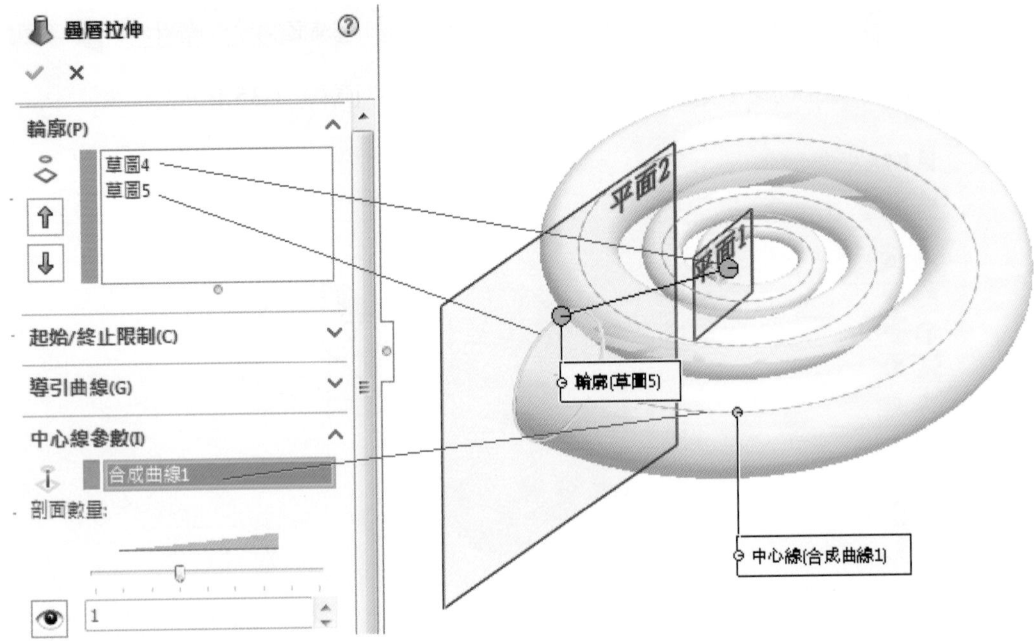
疊層拉伸
輪廓(P)
草圖4
草圖5
起始/終止限制(C)
導引曲線(G)
中心線參數(I)
合成曲線1
剖面數量:
1
平面2
平面1
輪廓(草圖5)
中心線(合成曲線1)

8. 薄殼「薄殼」厚度「1」，完成。

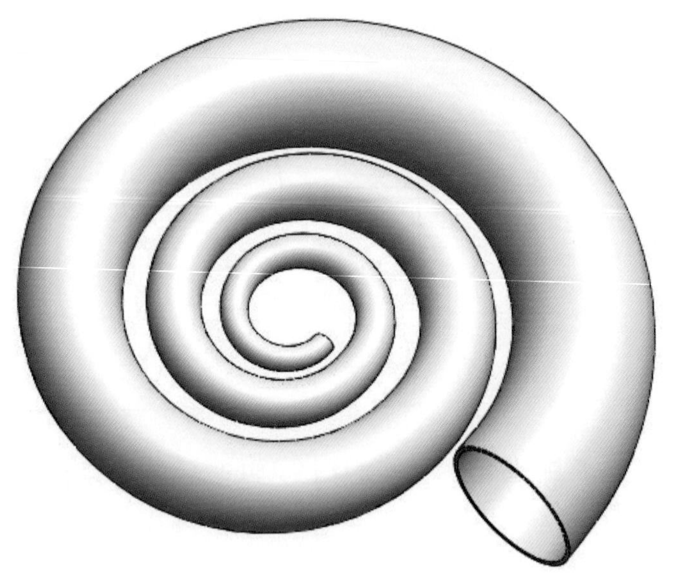

綜合練習

1.

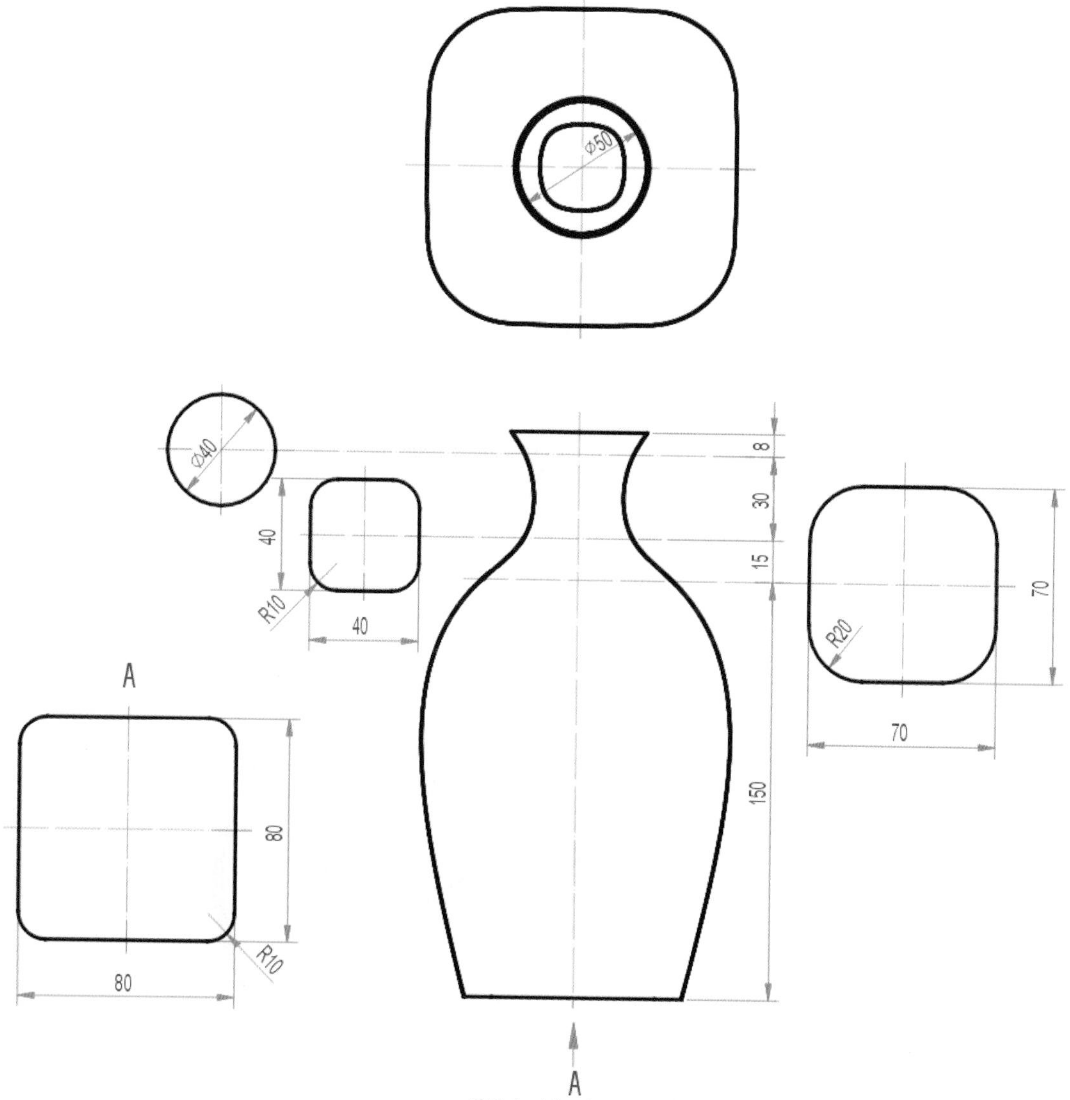

(P5-1.sldprt)

2.

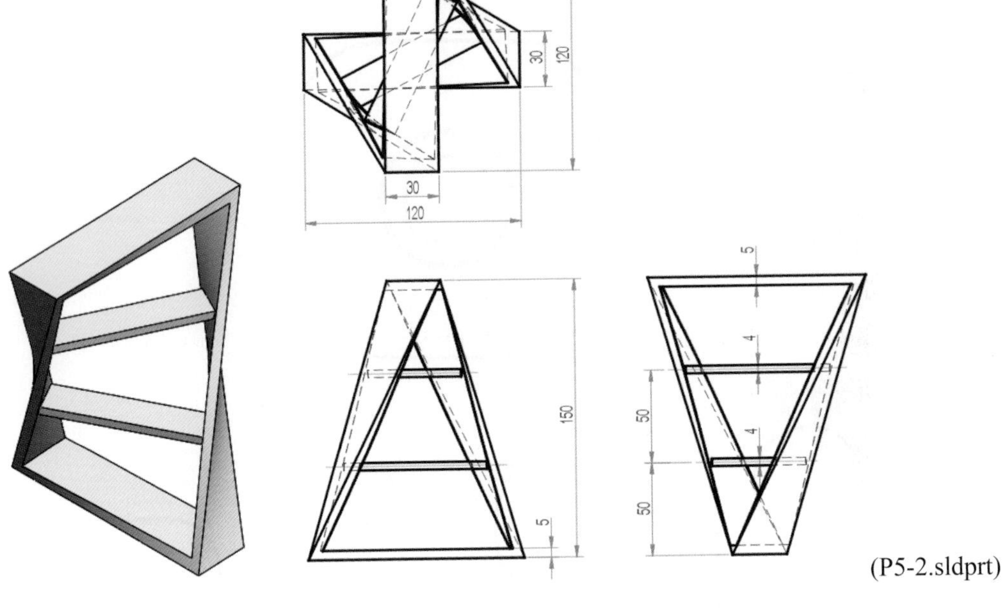

(P5-2.sldprt)

3.

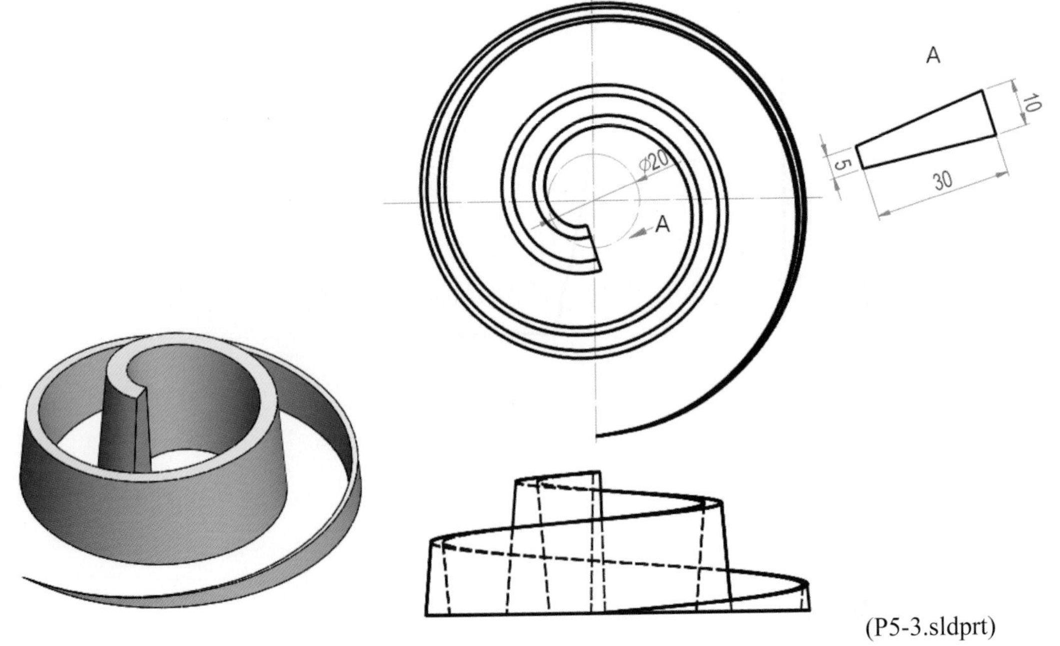

(P5-3.sldprt)

渦捲線螺距 20，2 圈

特徵複製與組態

6-1 肋環狀複製排列
6-2 消波塊環狀複製排列
6-3 變化特徵環狀複製排列
6-4 曲線導出環狀複製排列
6-5 直線排列複製
6-6 表格導出複製排列
6-7 變化草圖與鏡射
6-8 數學關係式
6-9 組態
6-10 設計表格產生組態

本章你將學到的技能有：

- 暫存軸產生環狀排列複製
- 肋材(Rib)
- 直線排列複製
- 異型孔精靈與鑽柱坑
- 曲線導出環狀複製排列
- 表格導出複製排列
- 建立新的座標系統
- 變化草圖之直線複製排列
- 特徵鏡射本體
- 數學關係式
- 加入導出的模型組態
- 加入模型組態
- 設計表格

SolidWorks 在複製功能中，除了環狀排列複製(Circular Pattern)與直線排列複製(Linear Pattern)外，還有草圖導出排列(Sketch Driven)複製、曲線導出排列複製及表格導出排列(Table Driven)複製，另還有鏡射(Mirror)複製的功能，這些複製功能歸列於「特徵複製」之中。

6-1 肋環狀複製排列

將物件已存在的一個或多個特徵(Feature)，以一個軸爲中心進行環狀複製稱爲環狀排列複製。

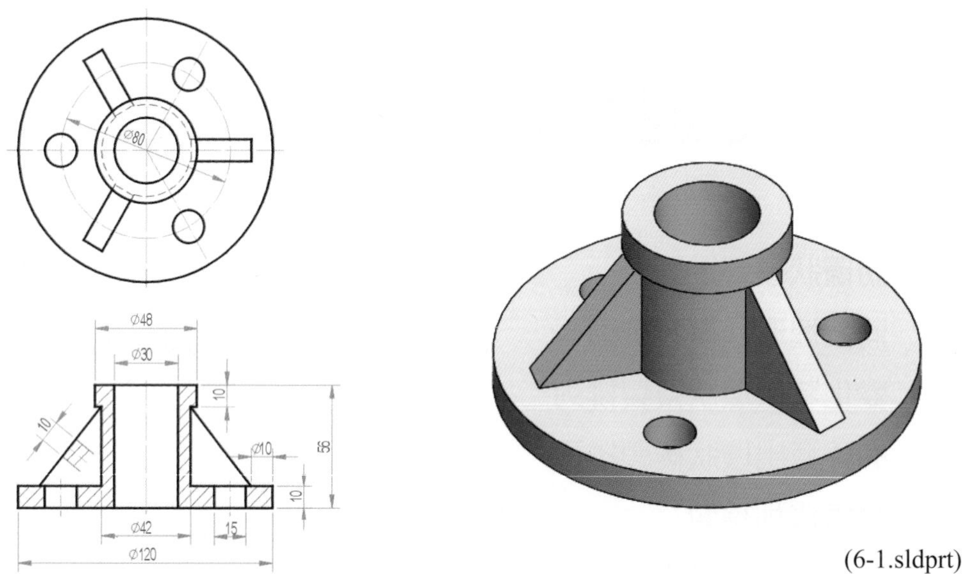

(6-1.sldprt)

1. 點選前基準面「前基準面」草圖繪製「」，經過原點「」，繪製中心線「中心線(N)」。然後直線「」畫如下草圖，標註尺度「智慧型尺寸」，以標註直徑 30 爲例，利用中心線繪製對稱圖形時，標註尺度時只要點選中心線與線段後，滑鼠移往中心線另一邊(無圖形邊)，再決定標註位置，就可以標註出直徑「30」，其他以中心線爲對稱之「48」、「42」、「120」依序標出。

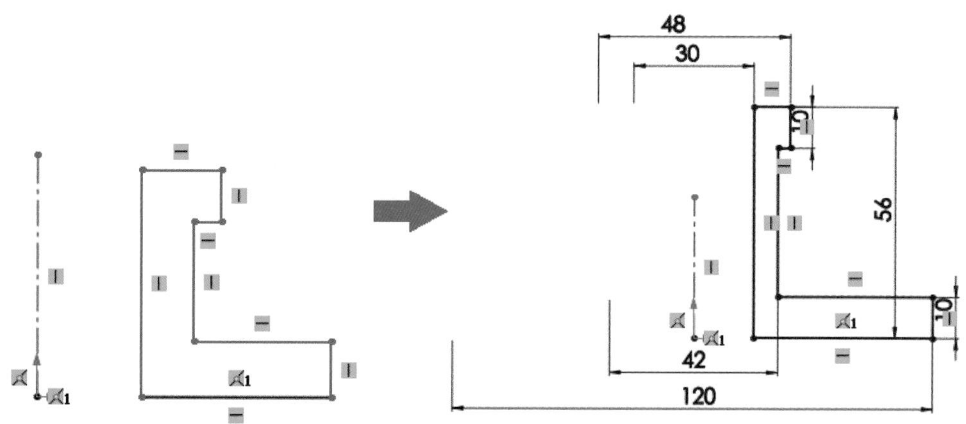

2. 特徵工具列中選取旋轉「旋轉填料/基材」，旋轉 360 度完成特徵旋轉。

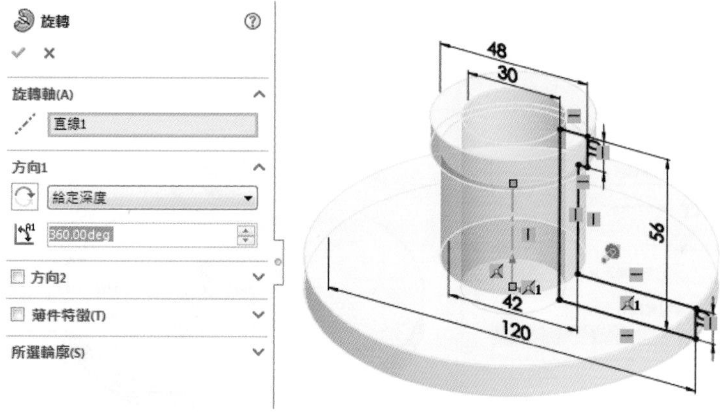

3. 點選前基準面「前基準面」草圖繪製「」，正視於「」草圖繪製直線「」。

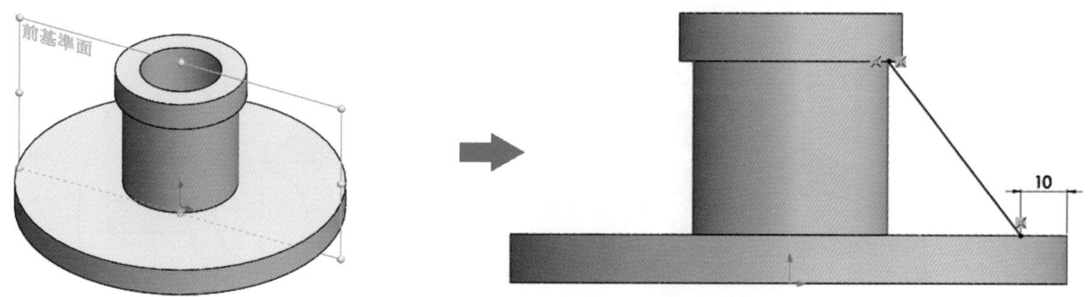

4. 等角視「」，.特徵「肋材」點選參數兩邊「」產生寬度 10 之肋板。

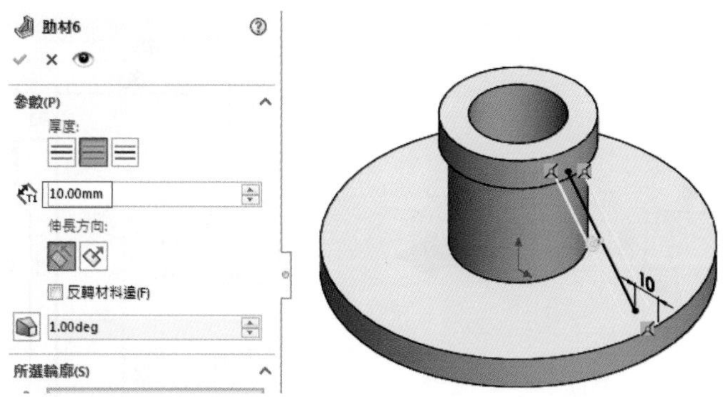

5. 先從下拉式功能表「檢視」/「隱藏/顯示(H)」/「暫存軸(X)」(或是 下之)，顯示暫存軸。再點選「直線複製排列」下方「 」之「環狀複製排列」。如下圖之選項完成肋板之環狀複製排列。

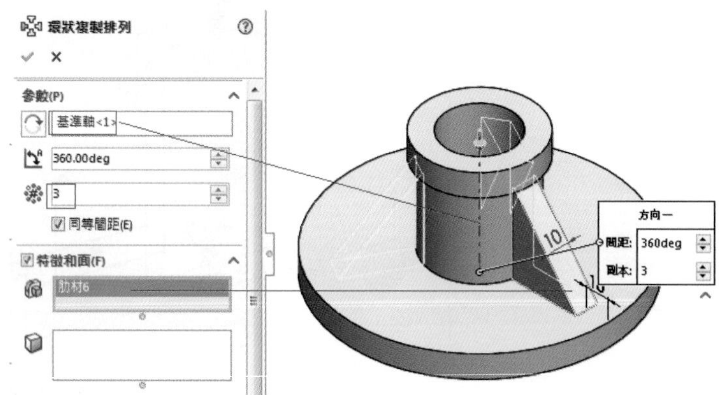

6. 點選藍色平面，正視於「 」繪製草圖「 」，將滑鼠從原點「 」向左移，自動產生水平輔助線，以便畫圓於水平方向，標註尺度。

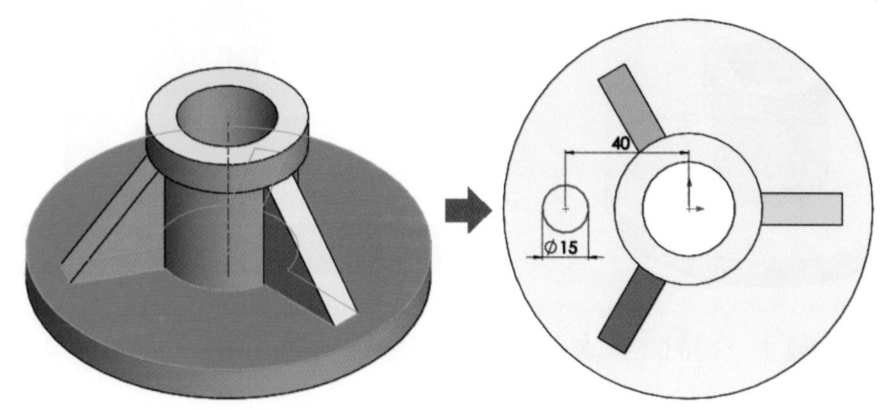

7. 先從下拉式功能表「工具」/「草圖工具(T)」/「環狀複製排列(C)..」。複製排列的圖元點選「圓」，數量「3」，參數自動鎖定「點 1」。完成草圖複製排列。

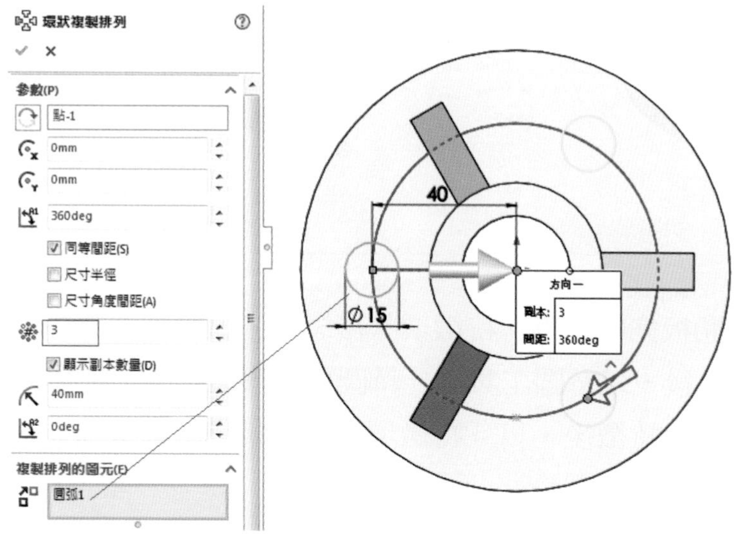

8. 等角視「」，特徵「伸長除料」。除料深度「完全貫穿」。

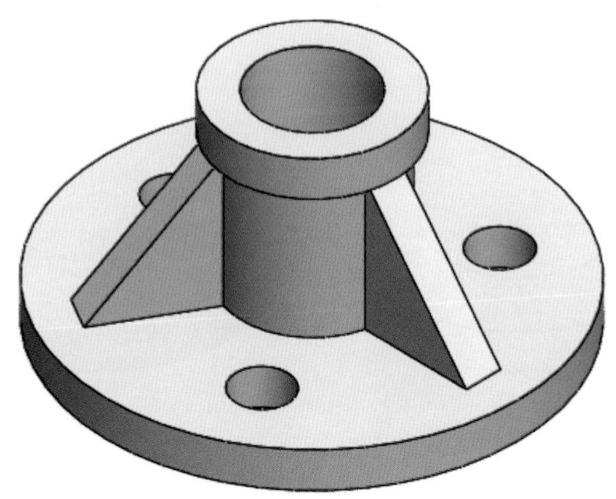

重點提示

肋板的厚度參數有「第一邊」、「兩邊」、「第一邊」三種方向，「兩邊」最常用。

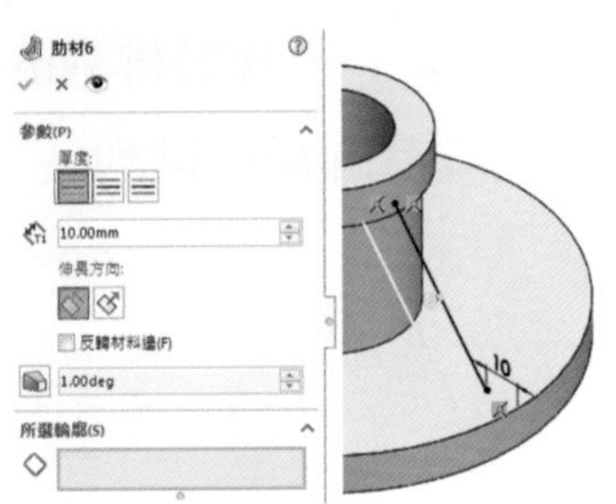

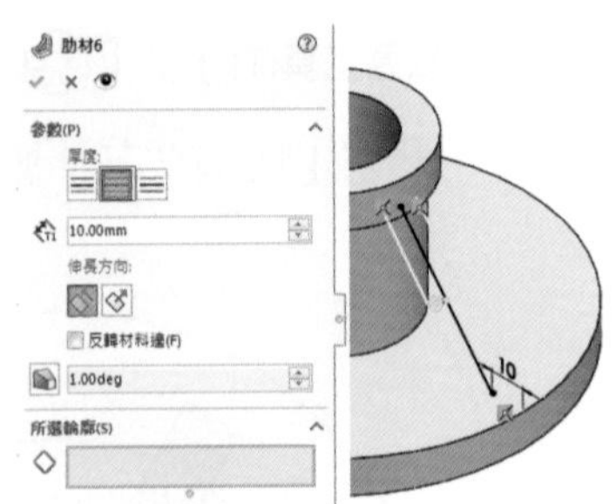

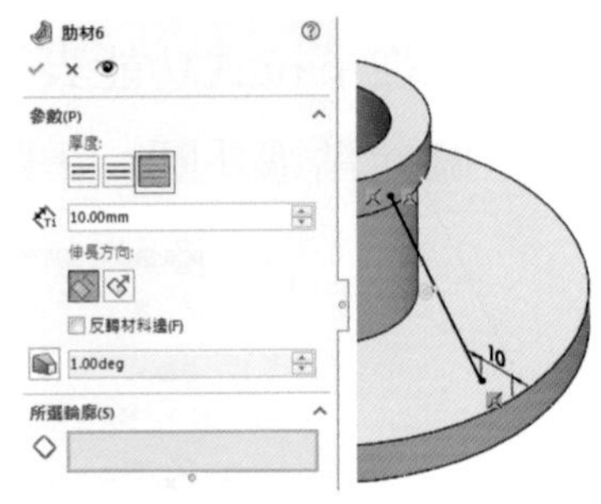

技巧解析

本題型對於肋板完成後以「特徵環狀複製排列」以暫存軸爲轉軸完成。孔則是在草圖繪製「圓」後，以草圖工具之「草圖環狀複製排列」完成草圖複製後，特徵除料。建議完成單一特徵後，以「特徵環狀複製排列」完成特徵之複製。

技巧解析

當肋板靠近邊緣時，會造成肋板特徵產生錯誤，以疊層拉伸產生特徵完成之。

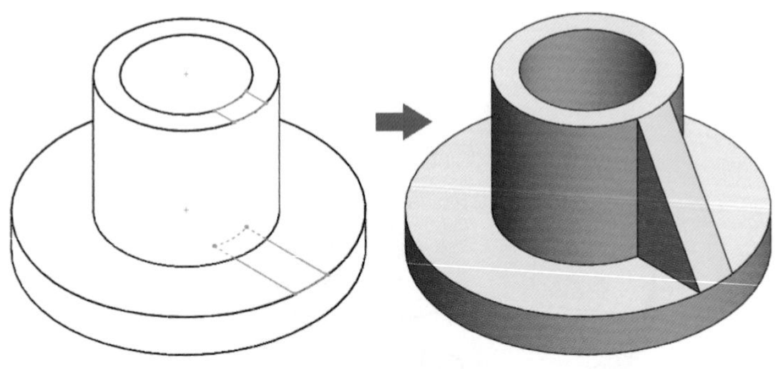

精選範例練習

(A6-1.sldprt)

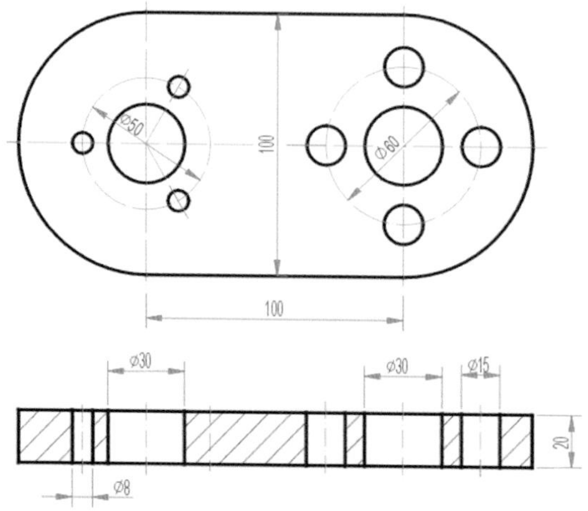

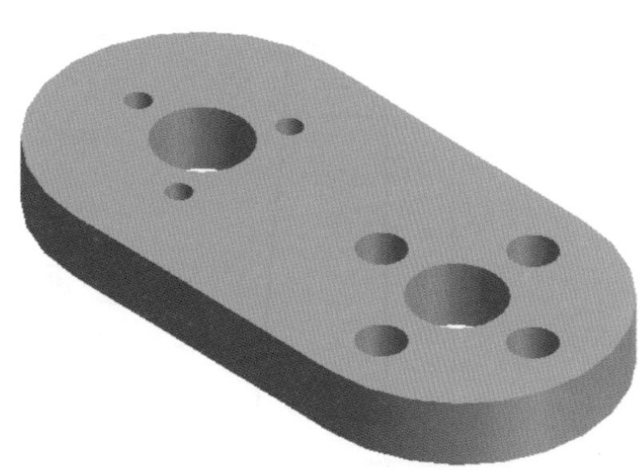

6-2 消波塊環狀複製排列

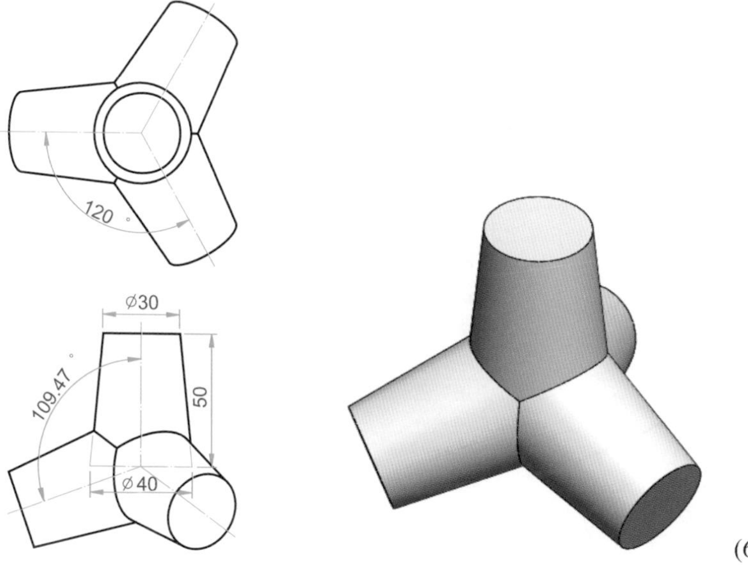

(6-2.sldprt)

1. 前基準面「前基準面」繪製草圖「」，標註尺度「智慧型尺寸」尺度如下圖。特徵旋轉「旋轉填料/基材」

2. 完成旋轉後，檢視顯示暫存軸「暫存軸(X)」（「」/「」），前基準面「前基準面」繪製草圖「」，標註尺度「智慧型尺寸」如下圖，並以限制條件「相互垂直(U)」限制直線「50」與直線「20」之互相垂直，限制直線「50」與直線「15」之互相垂直。特徵旋轉「旋轉填料/基材」

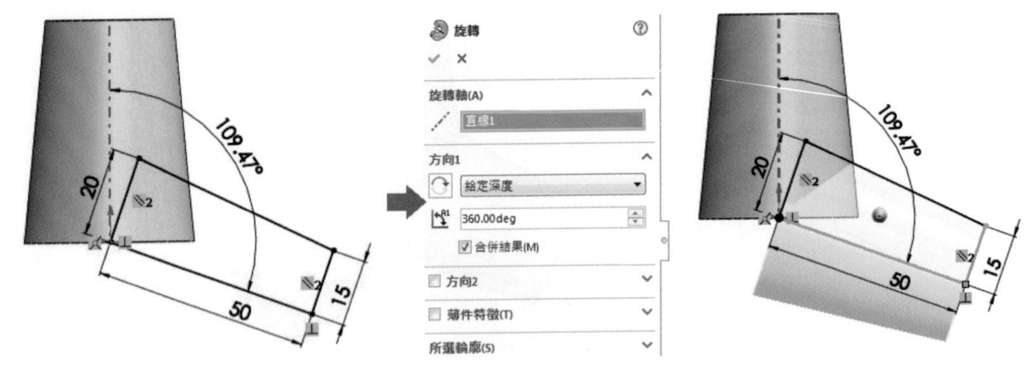

3. 等角視「」，特徵「環狀複製排列」

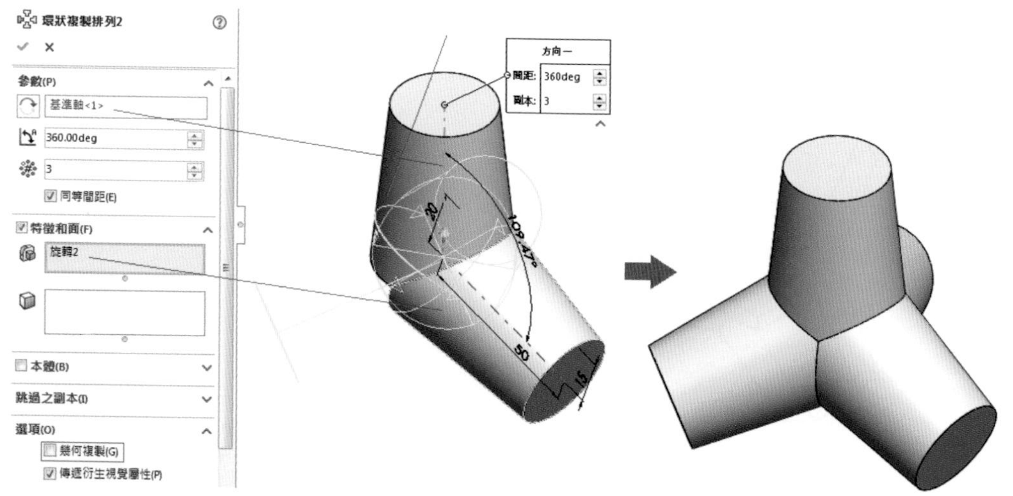

重點提示

下拉式功能表「插入」/「參考幾何」。或直接點選特徵工具列「參考幾何」可快速選取指令。

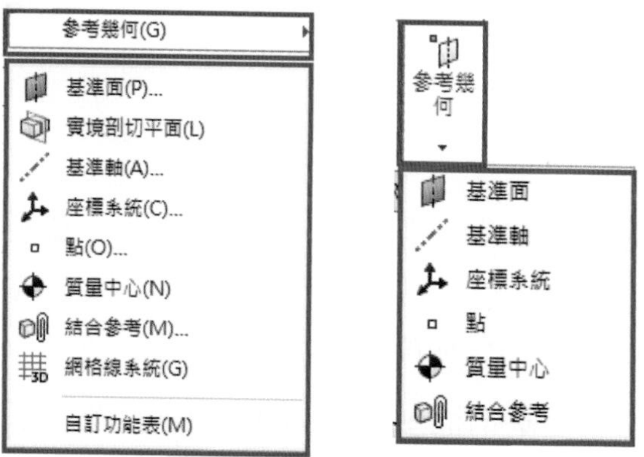

下拉式功能表「插入」/「曲線」。或直接點選特徵工具列「曲線」可快速選取指令。

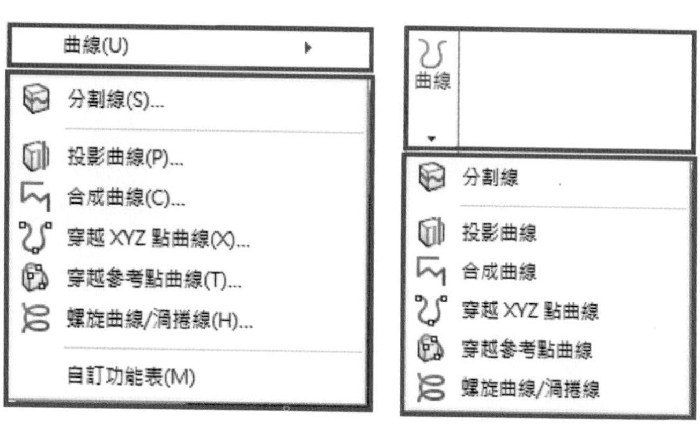

精選範例練習

(A6-2.sldprt)

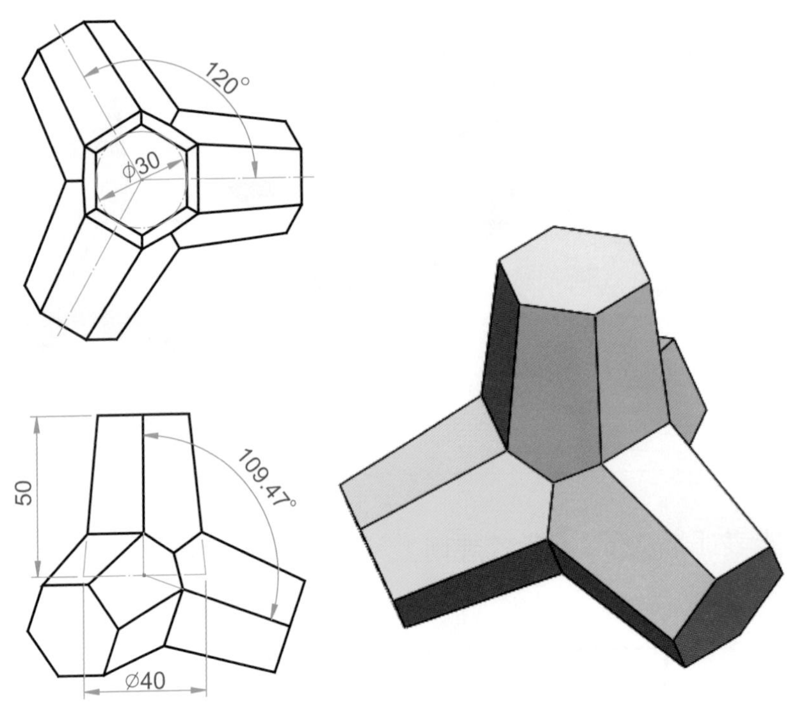

技巧解析

圓柱型消波塊旋轉後可顯示「暫存軸」，並與另一直線爲 109.47°之夾角，旋轉另一隻圓錐柱。直立六角錐柱完成後，需繪製一「中心線」以作爲與前基準面夾 109.47°/2＝54.735°之平面，以作爲「鏡射」平面之用。直立六角錐柱完成後並無「暫存軸」，需以「點」與「上基準面」產生「基準軸」做爲環狀複製排列之基準軸。

精選範例練習

(A6-3.sldprt)

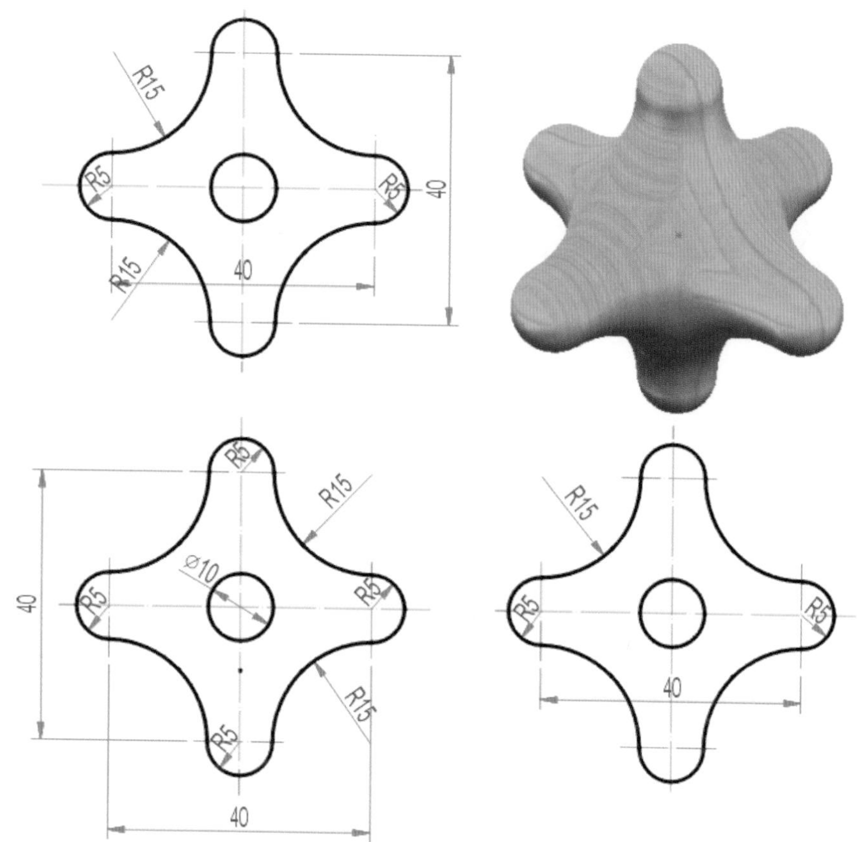

6-3 變化特徵環狀複製排列

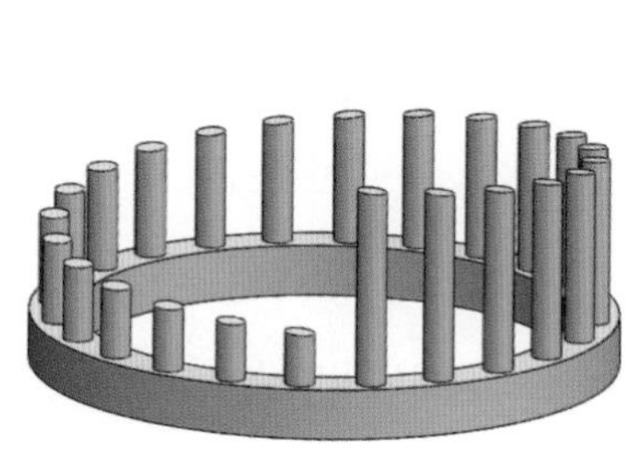

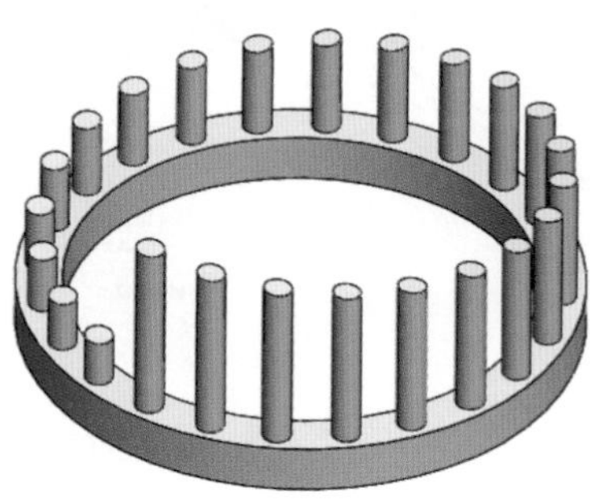

(6-3.sldprt)

1. 以上基準面「上基準面」繪製草圖「」，尺度如下圖所示，特徵「伸長填料/基材」，方向向下「10mm」。

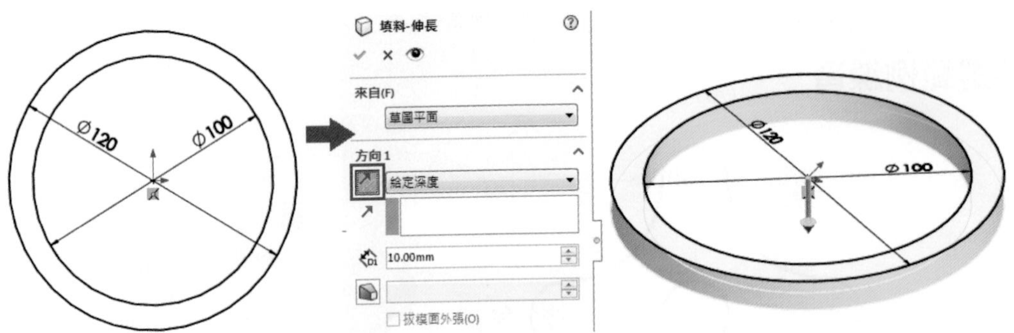

2. 「插入」/「參考幾何」/「基準面(P)...」，點選圖示之面，向上偏移「10」得到「平面1」

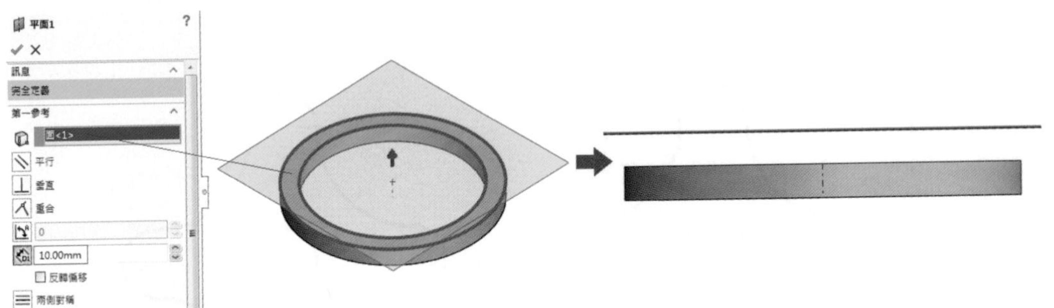

3. 等角視「」於圓環上方平面繪製草圖，直徑 110 之圓，如下圖所示。然後「插入」\「曲線」\「螺旋曲線/渦捲線(H)...」，螺距「30」，圈數「1」。起始角度「0.00°」，順時鐘旋轉。

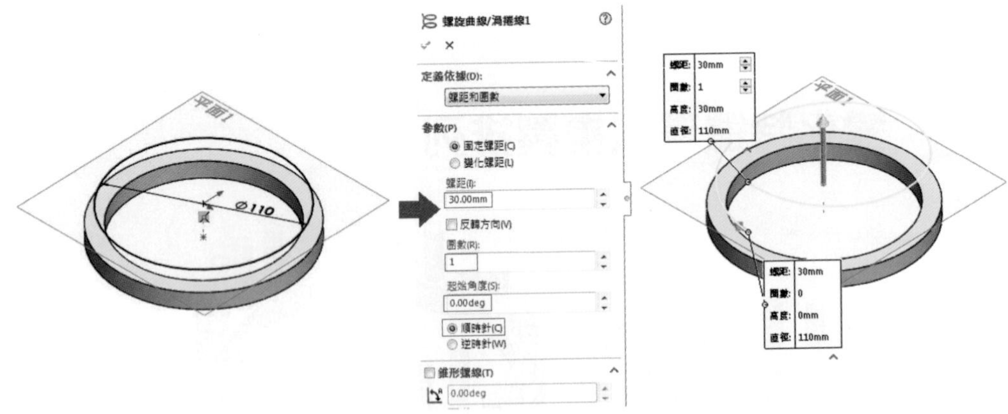

4. 「插入」/「參考幾何」/「基準面(P)...」，點選「螺旋曲線」與「端點 1」產生與螺旋曲線垂直之「平面2」。

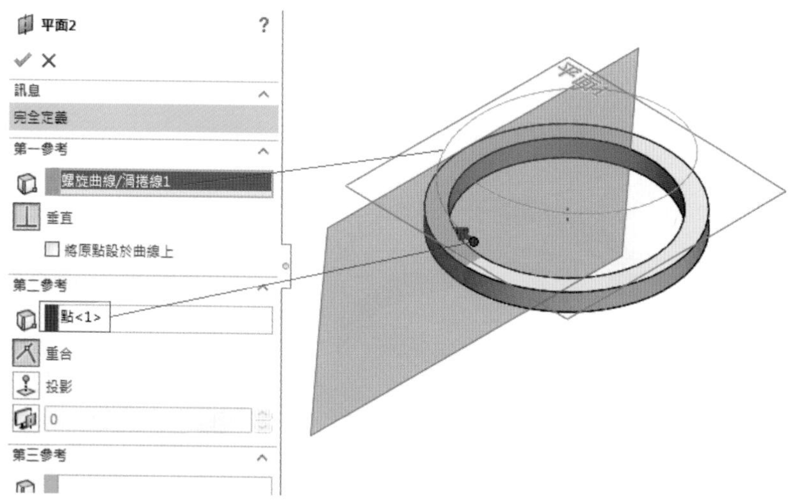

5. 正視於「」於螺旋曲線端之「平面2」繪製草圖「直線」，如下圖所示，結束草圖繪製。然後點選「插入」\「曲面」\「掃出曲面」，得到掃出曲面。

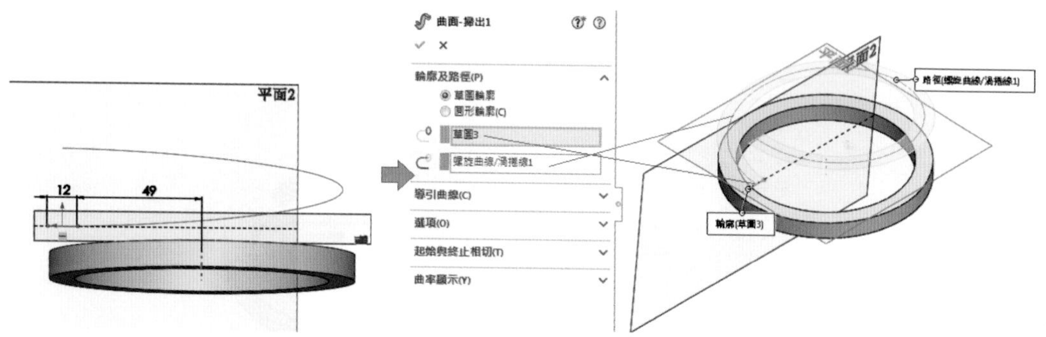

6. 點選下圖藍色面繪製草圖畫圓「」直徑「6」，圓心距離原點 55，角度與直立線夾角「5°」，尺度標註如下圖所示。

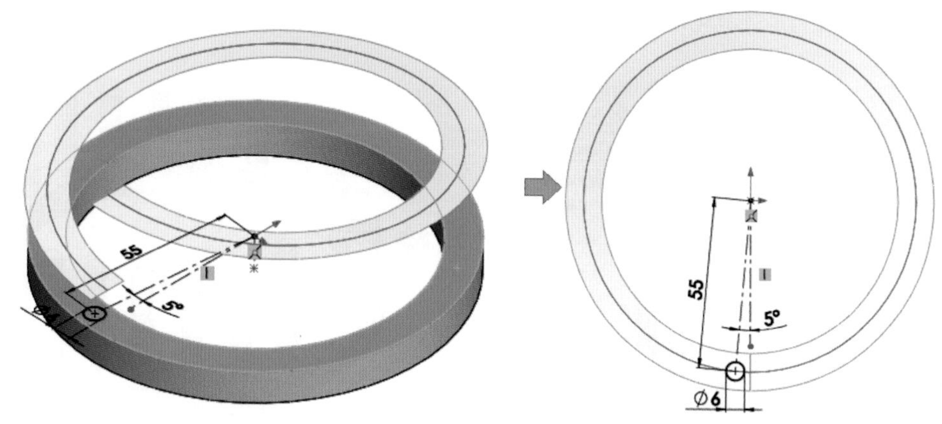

7. 特徵「伸長填料/基材」，方向 1 點選「成形至某一面」，點取掃出曲線。

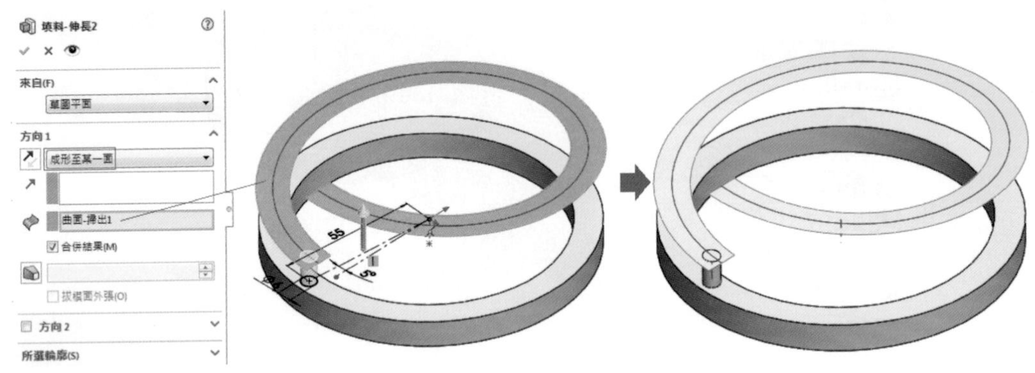

8. 勾選「檢視」/「隱藏/顯示(H)」/「暫存軸(X)」，以「暫存軸」當基準軸，360° 個數 24 個同等間距，複製排列特徵爲「伸長 2」之ϕ6 圓柱，如下圖所示，複製時圓柱高度隨著掃出曲面漸漸升高。

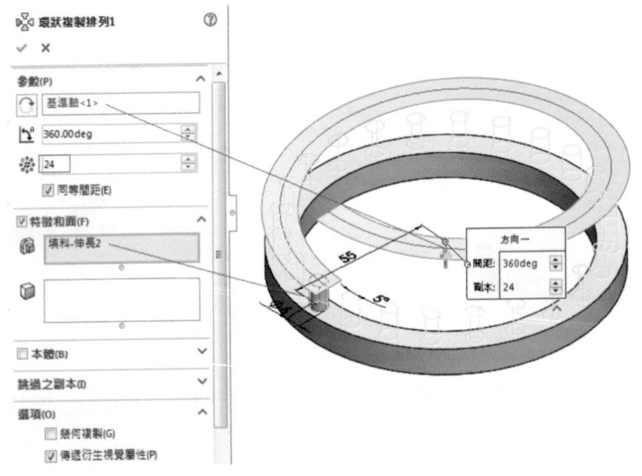

點選曲面按右鍵「」隱藏之。並將草圖的暫存軸等隱藏，完成變化特徵。

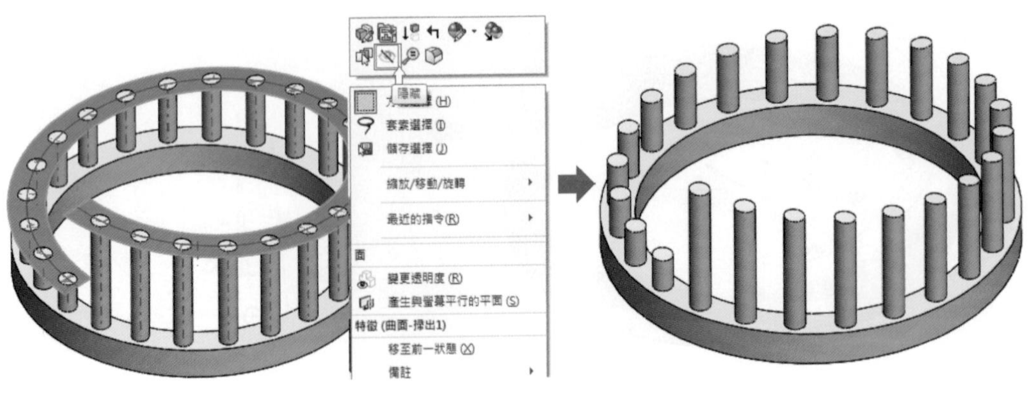

6-4 曲線導出環狀複製排列

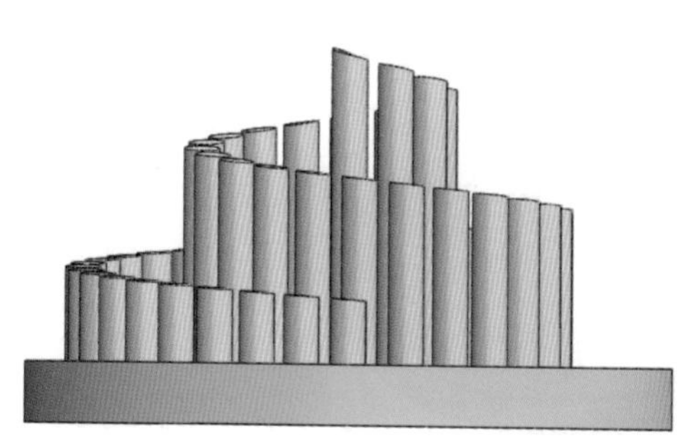
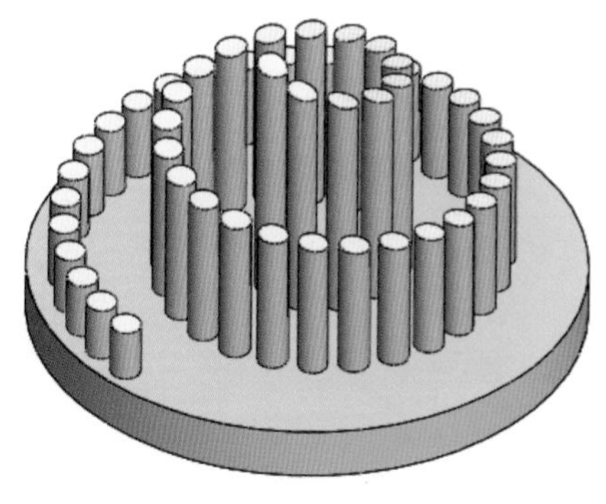

(6-4.sldprt)

1. 上基準面「上基準面」繪製草圖畫圓「」標註尺度直徑「110」。特徵「伸長填料/基材」方向 1「」向下伸長「10」。

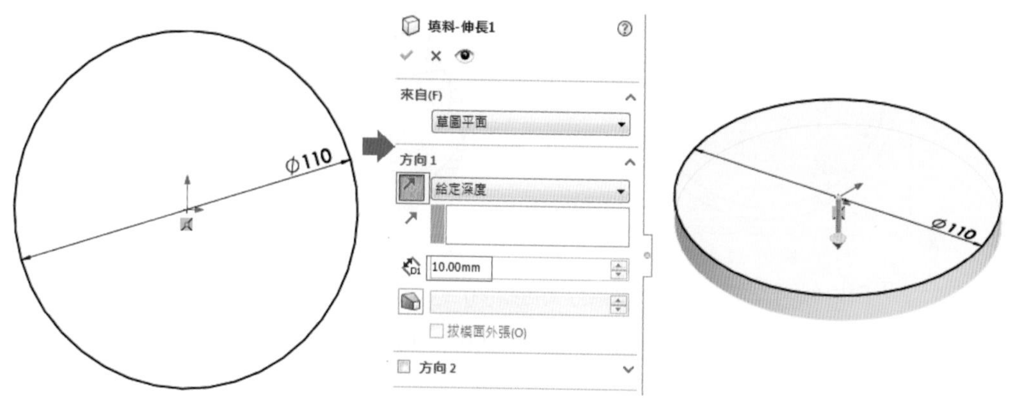

2. 點選基準面（藍色面）繪製草圖畫圓「」。「插入」/「曲線」/「螺旋曲線/渦捲線(H)...」。渦捲線螺距「20」、圈數「2」、起始角度「0.00deg」

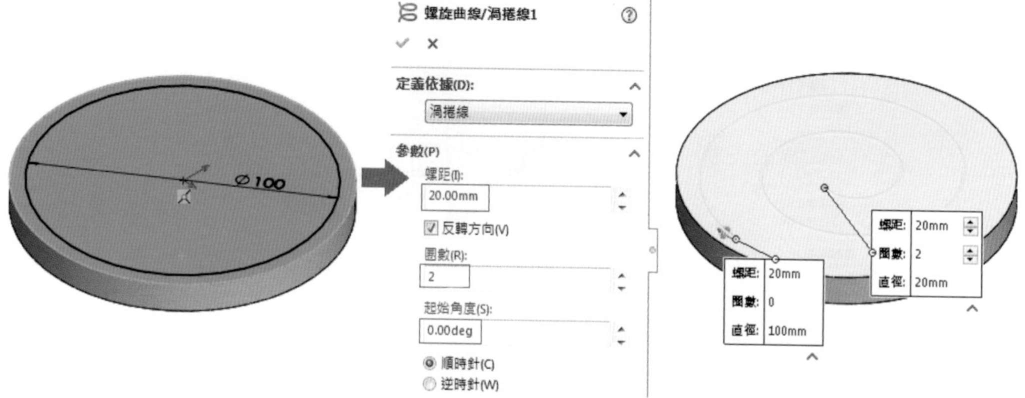

3. 「插入」/「參考幾何」/「基準面(P)...」，與圓柱面平行相距「10」，產生「平面1」。

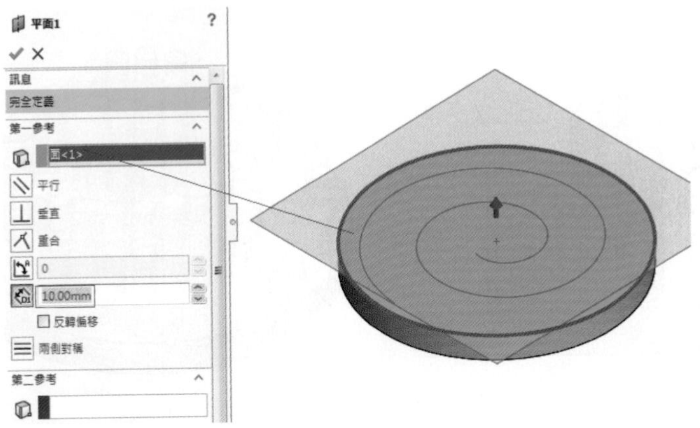

4. 正視於「平面 1」繪製草圖畫圓「」，標註尺度直徑「100」。

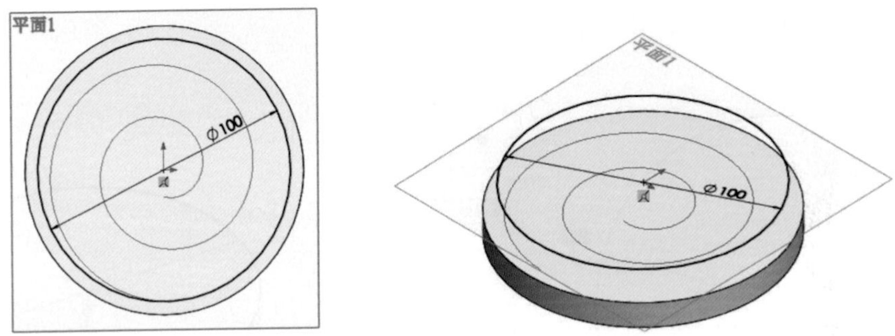

5. 「插入」/「曲線」/「螺旋曲線/渦捲線(H)...」。渦捲線螺距「20」、圈數「2.2」、起始角度「10.00deg」。勾選 V 錐形螺線「45.0deg」。

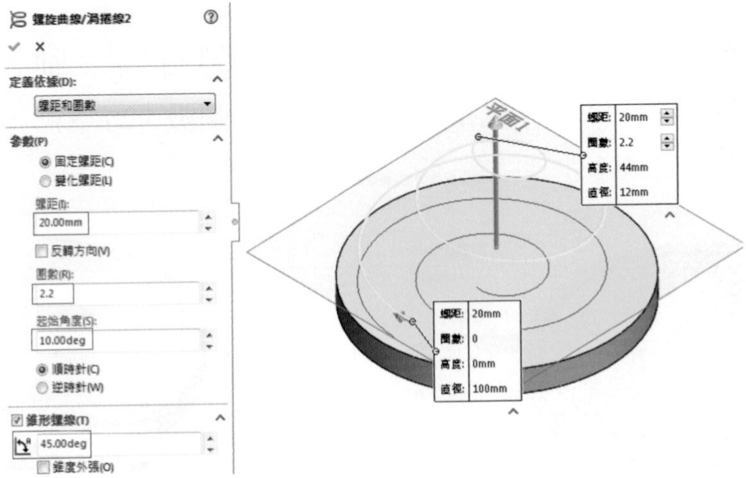

6. 「插入」/「參考幾何」/「基準面(P)...」，點選「螺旋曲線/渦捲線2」之端點與曲線，產生「平面2」。

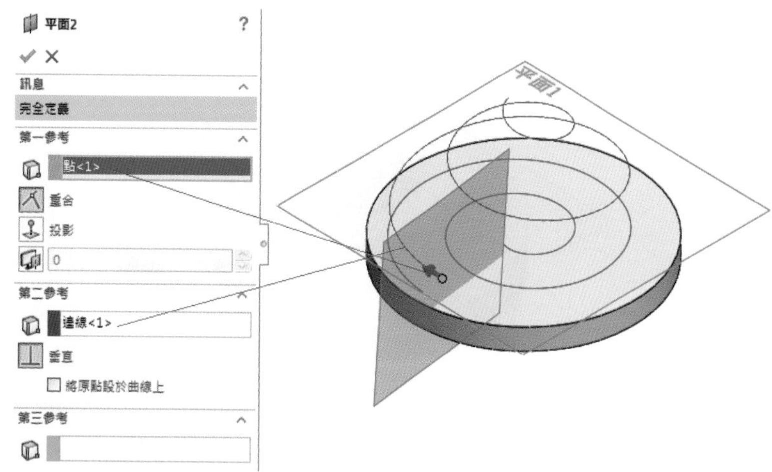

7. 顯示「暫存軸」，正視於「「平面2」」繪製草圖畫線「」，並標註尺度如下圖所示。

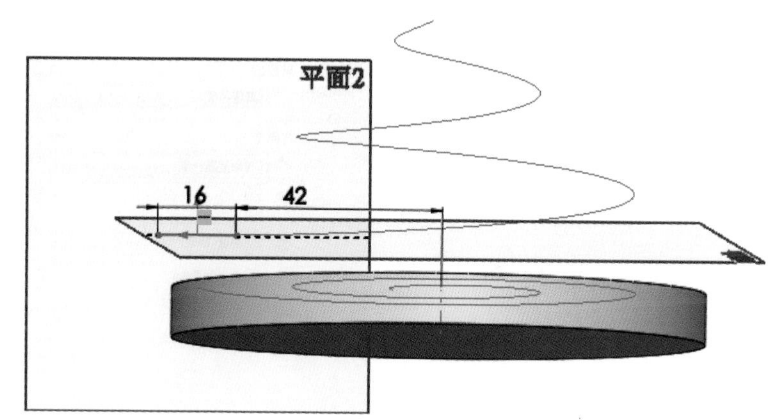

8. 曲面掃出「掃出曲面」產生「曲面-掃出1」。

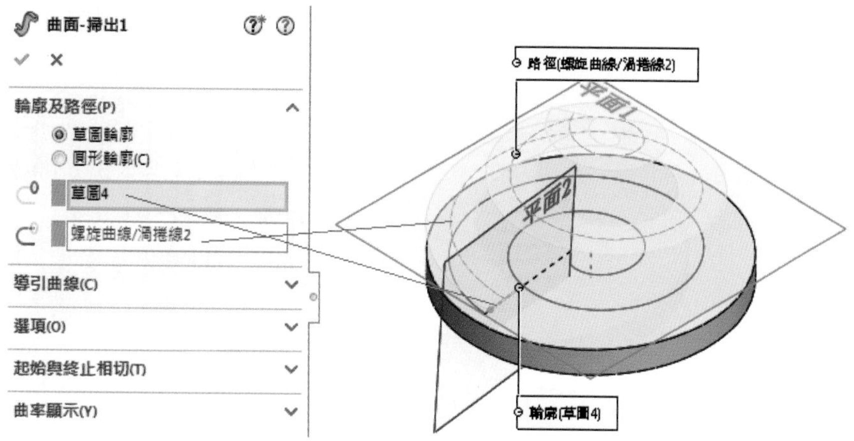

9. 點取藍色面繪製草圖畫圓「」，標註尺度直徑「6」距離原點「50」。

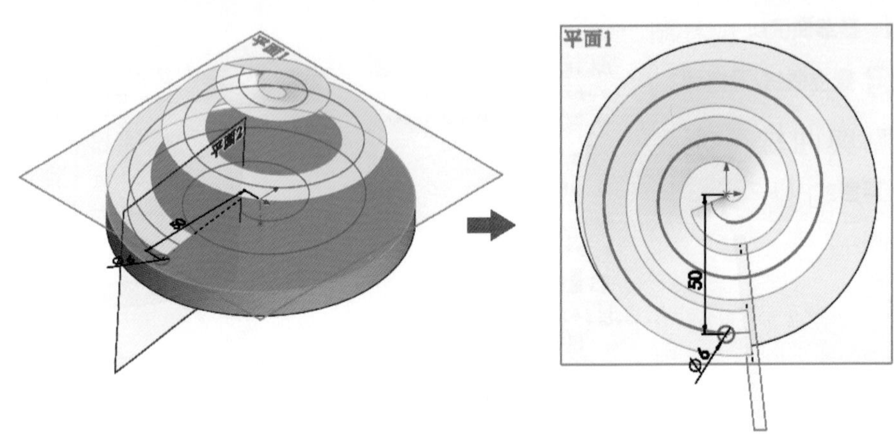

10. 特徵「伸長填料/基材」，方向 1「成形至某一面」，「點選掃出曲面 1」，如下圖所示。

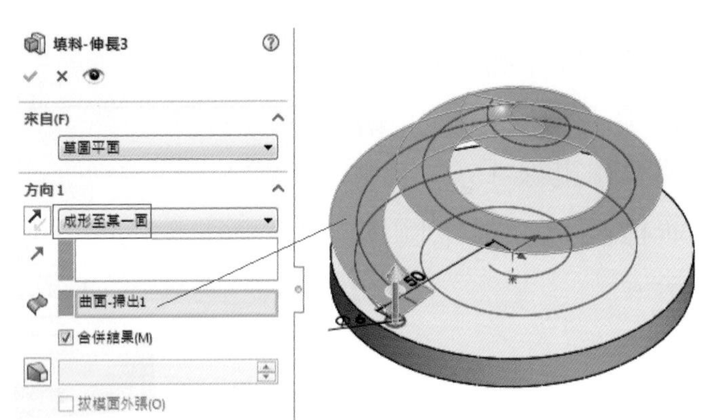

11. 「直線複製排列」/「」/「曲線導出複製排列」。隱藏「掃出曲面」、「暫存軸」、「曲線」，得到依循螺旋曲線內繞且依照螺旋掃出曲面漸漸變高的特徵複製排列。

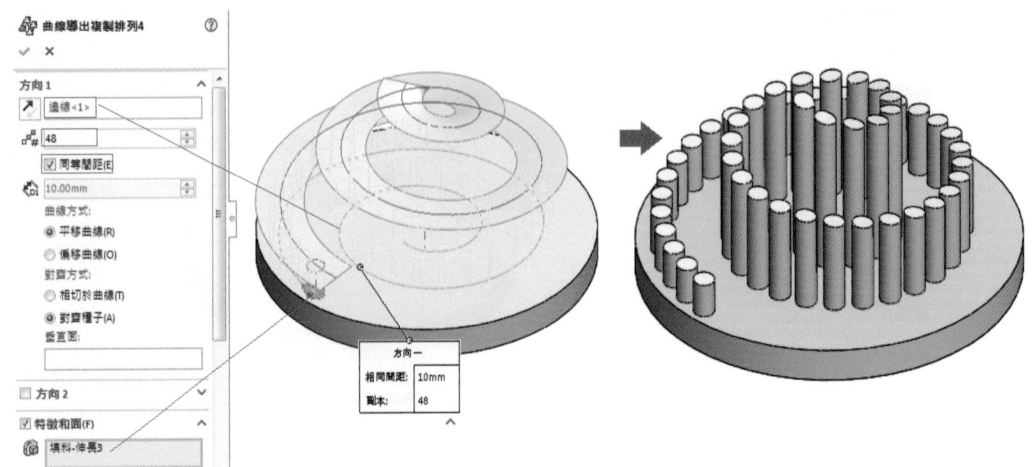

重點提示

曲線導出是指伸長填料圓柱所依循平面上之渦捲線路徑，圓柱會逐漸變高是依據「基材伸長」時「方向」選項是「成形至某一面」，所以依著螺旋掃出之曲面逐漸變高。

6-5 直線排列複製

直線複製是指將物件已存在的一個或多個特徵(Feature)，沿著一條或二條邊線，進行「行」與「列」的複製排列。

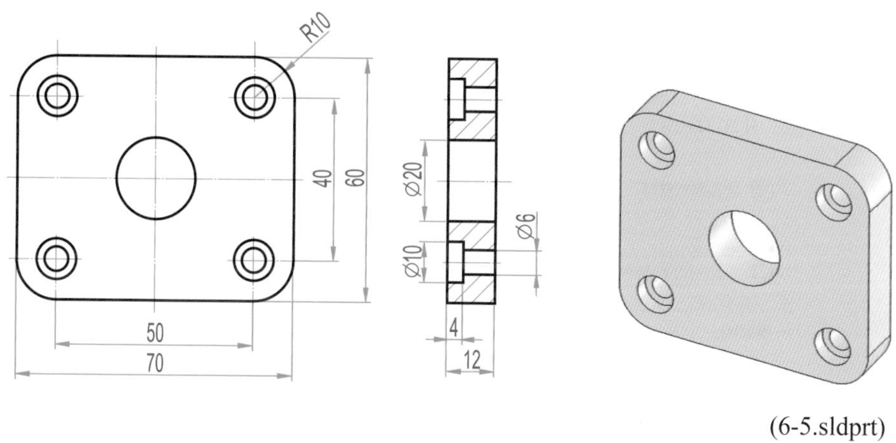

(6-5.sldprt)

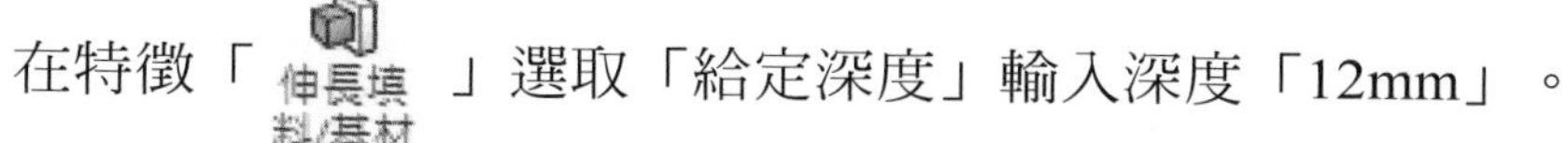

1. 選擇前基準面「前基準面」草圖繪製中心矩形「 」，並標註尺度「智慧型尺寸」。

   在特徵「伸長填料/基材」選取「給定深度」輸入深度「12mm」。

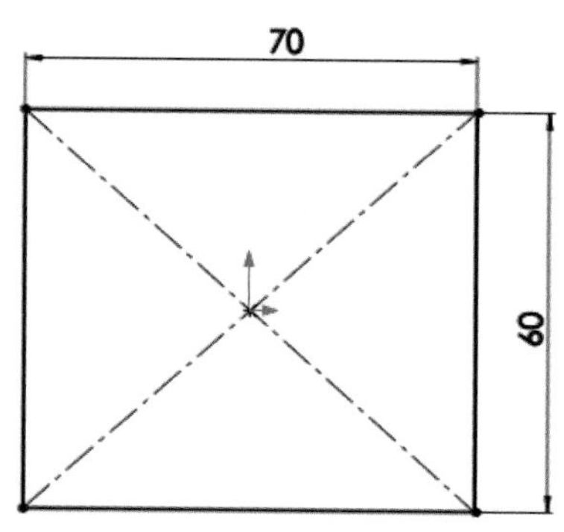

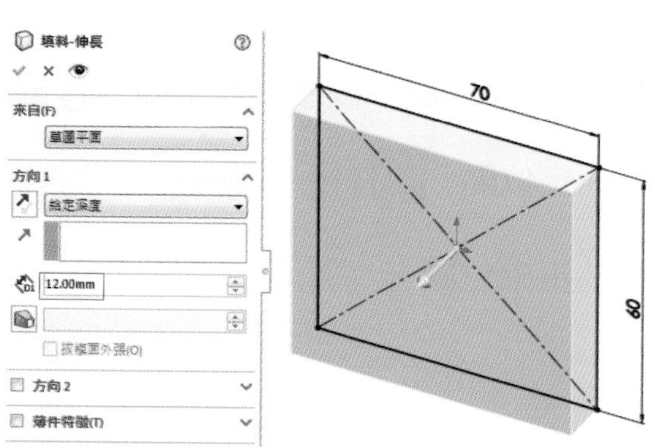

2. 點選工作平面，正視於「」，繪製直徑 20 之圓。特徵「伸長除料」完全貫穿。

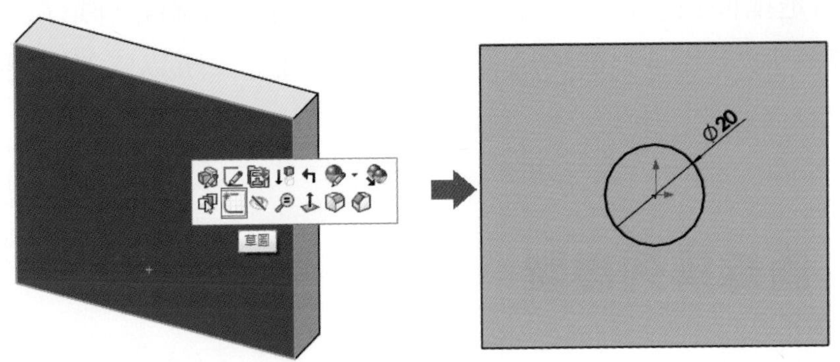

3. 異型孔「異型孔精靈」在鑽孔類型交談框中選取左上角「柱孔」之圖示。

標準：ISO。類型：六角承窩頭。顯示自訂大小：內徑度輸入 6mm，外徑輸 10mm，深度 4mm。

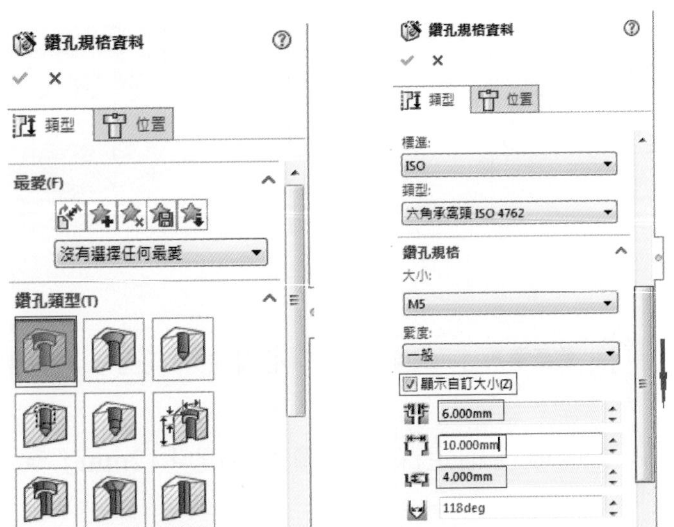

4. 點選「位置」後於鑽孔平面任一定位點「」後，「智慧型尺寸」標註正確位置。

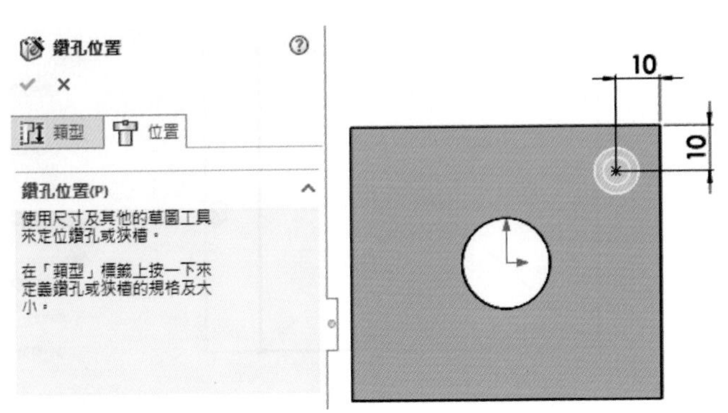

5. 在交談框中按「✔」完成，結束「異型孔精靈」之鑽孔。

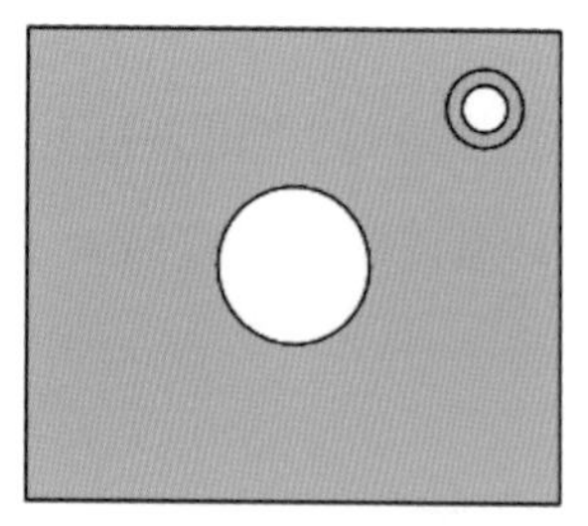

6. 在「特徵工具列」中選取「直線排列 直線複... 」。

方向 1：點選邊緣<1>，輸入間距 40 與個數 2。如果方向相反則點選圖中的箭頭「↗」，調整反轉方向。

方向 2：點選邊緣<2>，輸入間距 50 與個數 2。

複製之特徵：點選特徵管理員中的「M5 六角螺絲的柱孔 1」。

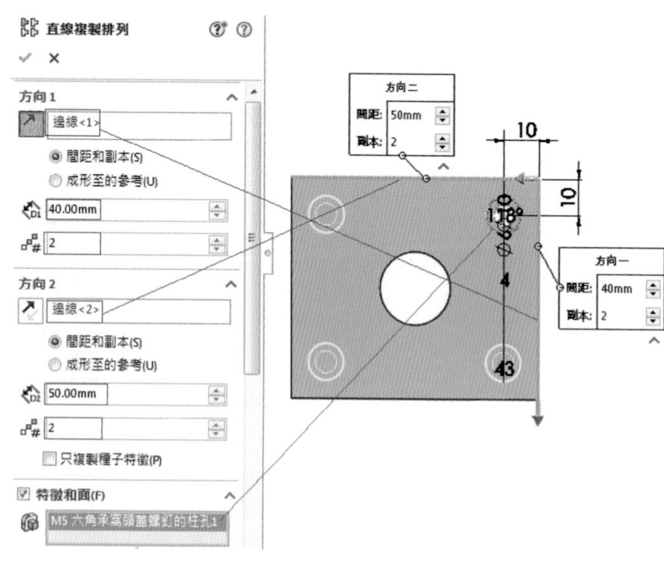

7. 按「✔」後，再完成四邊之圓角「圓角」，「圓角項次」輸入「10」完成。

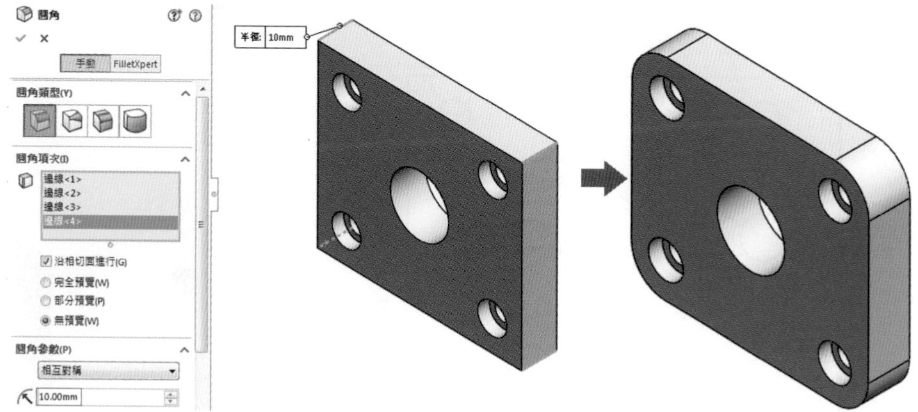

重點提示

異型孔精靈對於特殊的柱孔（配合各種螺釘頭的形式，只要依據 ISO 規範與種類的柱孔都可以很快速的完成。）

精選範例練習 (A6-4.sldprt)

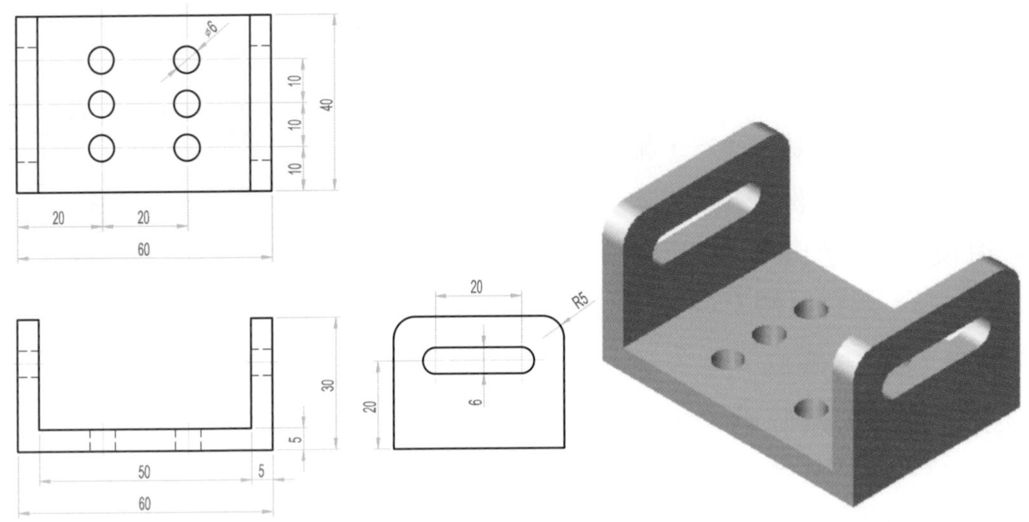

6-6 表格導出複製排列

表格導出是指利用表格將物件已存在的一個或多個特徵做複製排列。

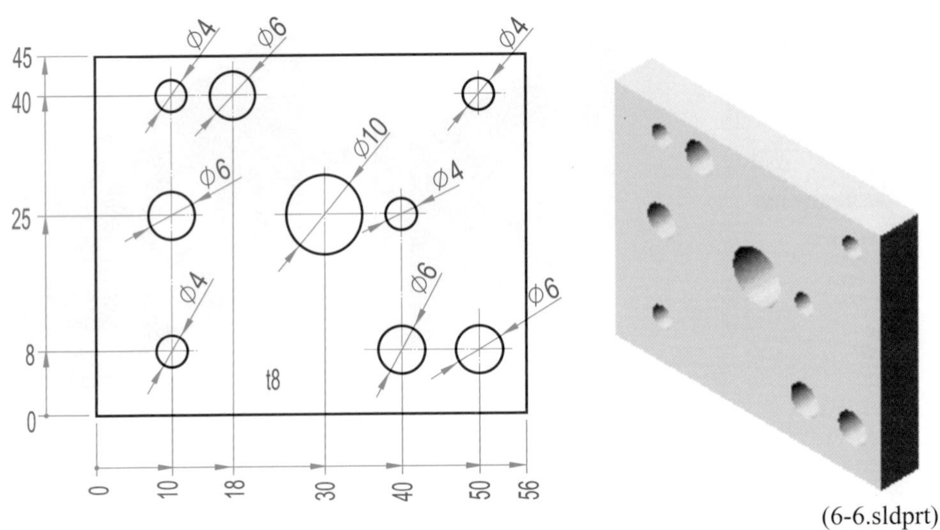

(6-6.sldprt)

1. 選前基準面「前基準面」繪製草圖「角落矩形」，注意矩形左下角在原點「 」位置標註尺度。在特徵工具列中選取「伸長填料/基材」。輸入深度「8mm」。

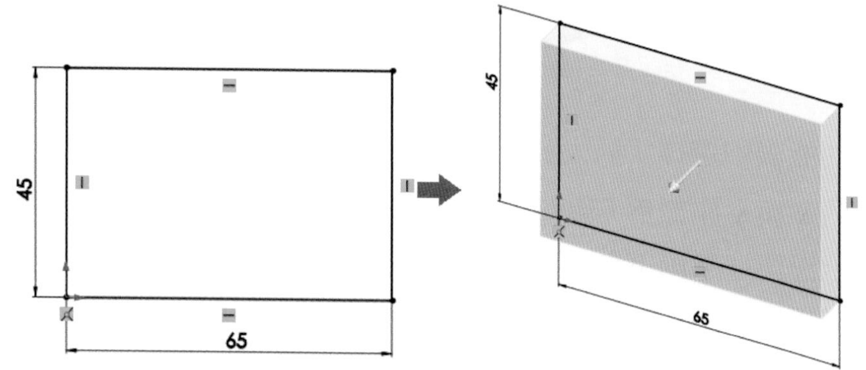

2. 點選工作平面，繪製草圖「 」，標註尺度「智慧型尺寸」。在特徵「伸長除料」。「完全貫穿」。按不等角視「 」。

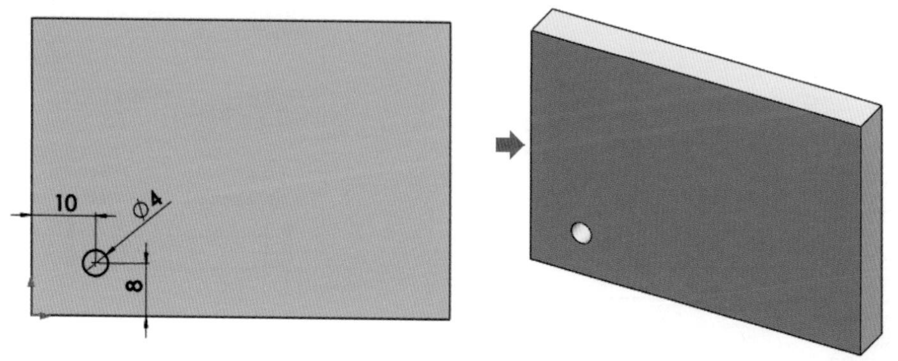

3. 至下拉式功能表中選擇「插入」\「參考幾何」\「座標系統」（**或是**「參考幾何」/「座標系統」），原點選擇左下角頂點。此時 x 軸與 y 軸方向也會被定義。「表格導出」均以所設定座標系統的「原點」爲基準點，輸入時，其 X、Y 值即指其距離基準點之數值。

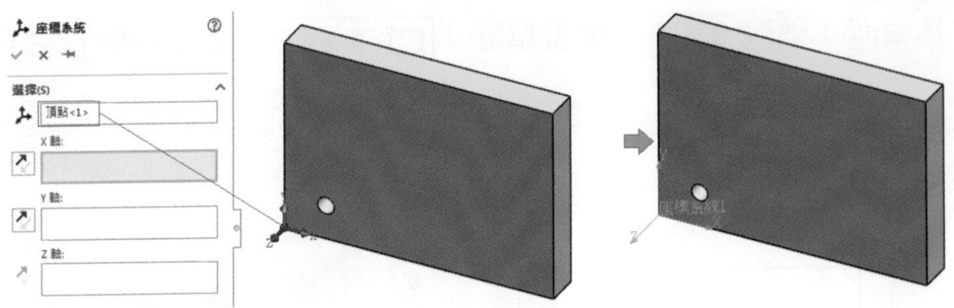

4. 下拉式功能表中選擇「插入」\「特徵複製 / 鏡射」\「表格導出複製排列(T)...」。第 0 點的 x 與 y 座標爲「除料-伸長 1」的圓心位置，設定第 1 點的 x 值爲 10(在儲存格上滑鼠連擊兩下)，y 值爲 40。其餘點之設定如下圖所示。然後按「確定」。複製出了 3 個「ϕ4」圓孔，這 3 個圓孔都是沒有規則的排列，使用「表格導出複製排列」便可輕鬆完成這些圓孔的複製。

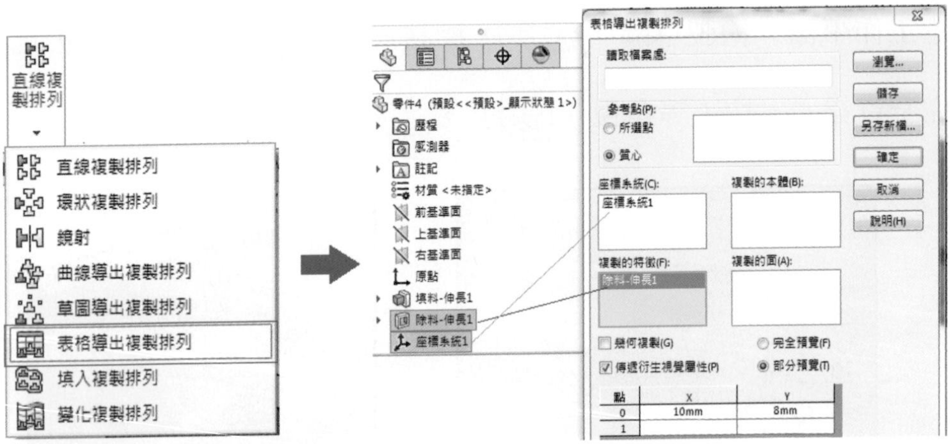

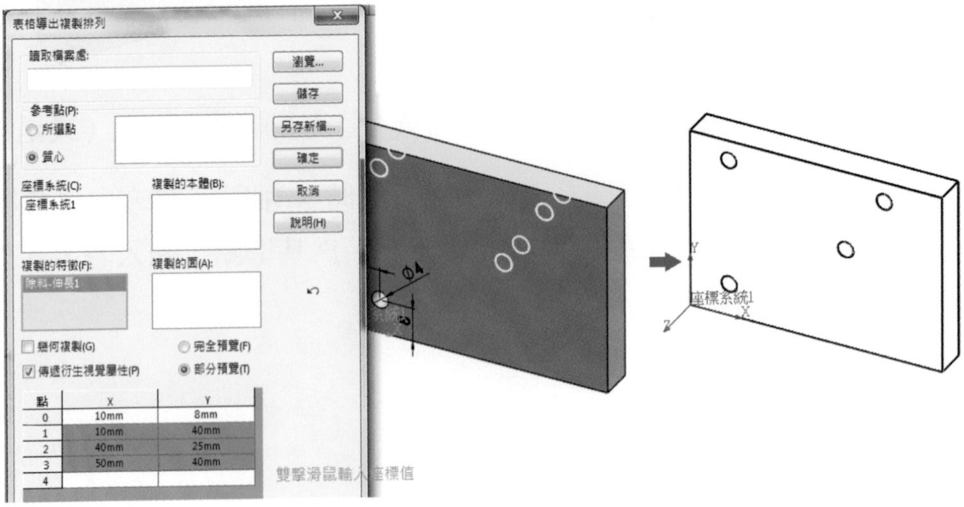

雙擊滑鼠輸入座標值

5. 草圖繪畫圓「」「$\phi6$」之圓孔，並特徵除料「伸長除料」。

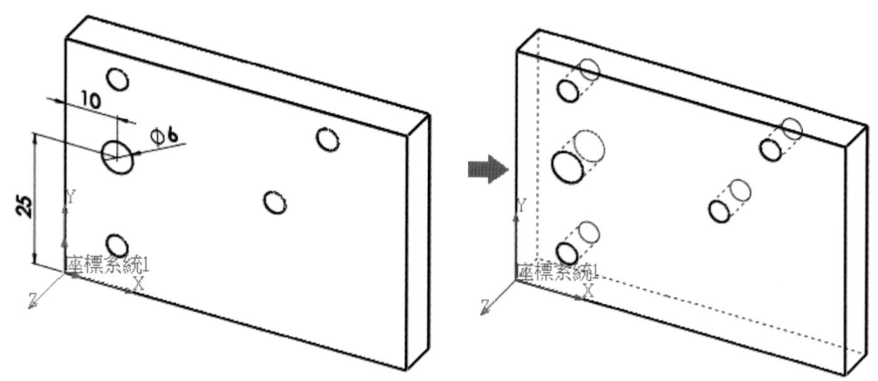

6. 「直線複製排列」/「」/「表格導出複製排列」，如下圖輸入「$\phi6$」之 XY 座標值，完成 3 個複製孔。再繪製直徑 10 之圓除料即完成表格導出複製排列。

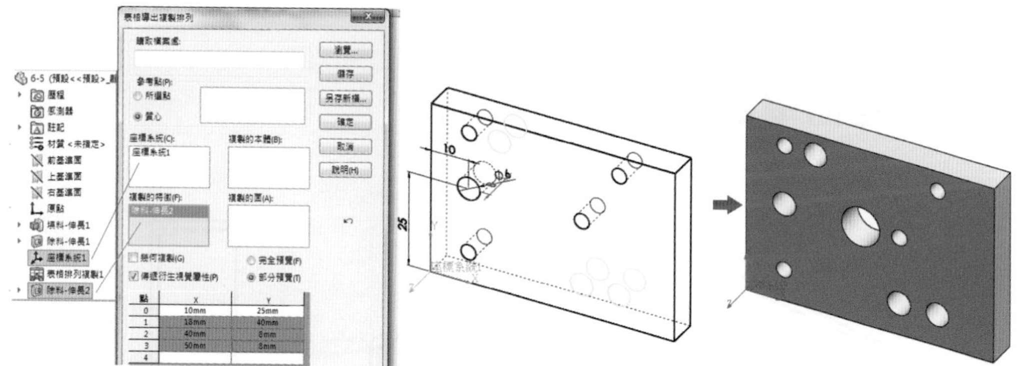

點	X	Y
0	10mm	25mm
1	18mm	40mm
2	40mm	8mm
3	50mm	8mm
4		

精選範例練習

(A6-5.sldprt)

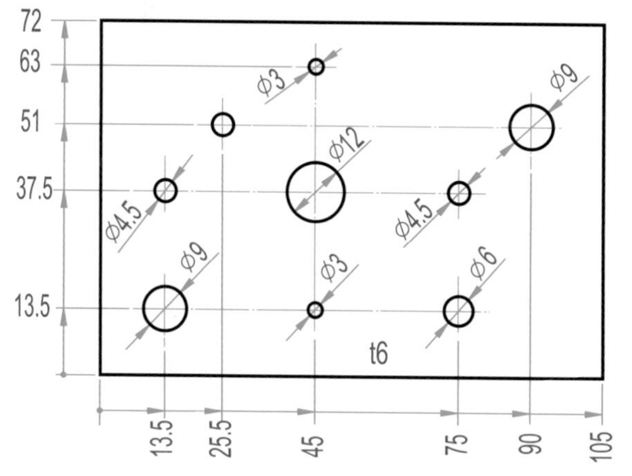

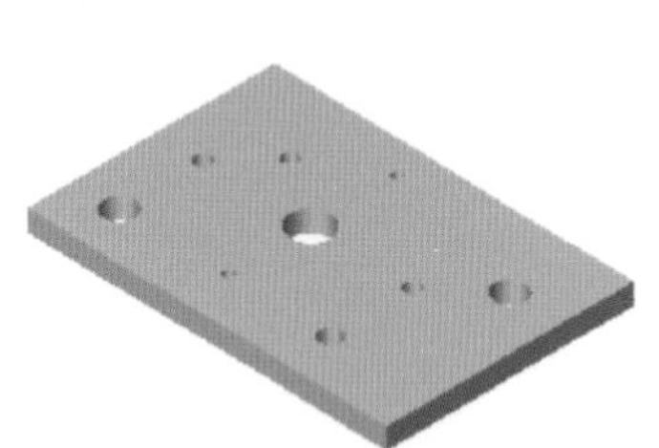

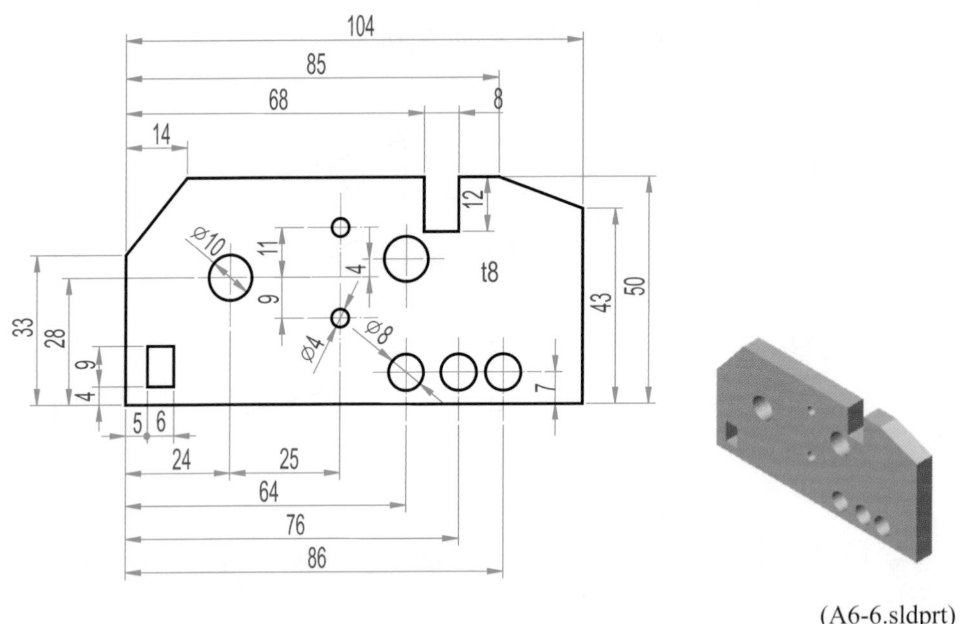

(A6-6.sldprt)

6-7 變化草圖與鏡射

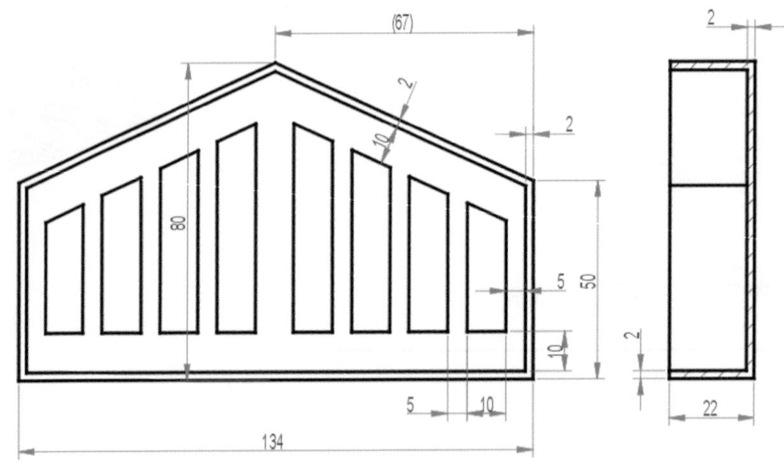

(6-7.sldprt)

1. 選擇前基準面「前基準面」草圖「」繪製「」。標註尺度「」，特徵「伸長填料/基材」伸長 22。

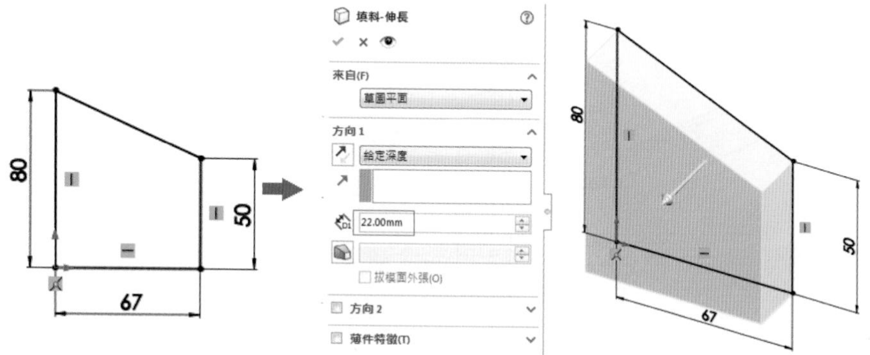

2. 在特徵工具列中選取薄殼「薄殼」，選取兩個面，在薄殼指令中，所選取的面即代表挖除面。輸入薄殼厚度「2mm」。

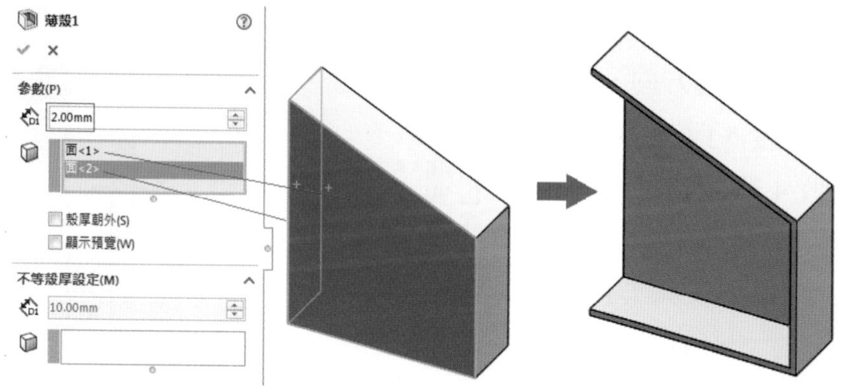

3. 選取作圖平面，按下正視於「」，草圖繪製「草圖」然後點選內邊緣線線偏移圖元「偏移圖元」距離「10」。

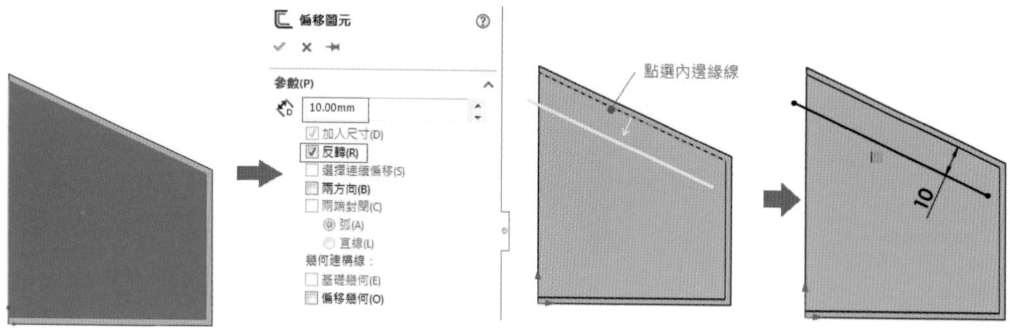

4. 以直線「」繪製草圖後，按修剪「修剪圖元(T)」，選取「修剪至最近端(T)」將多餘線段修剪。特徵「伸長除料」完全貫穿。

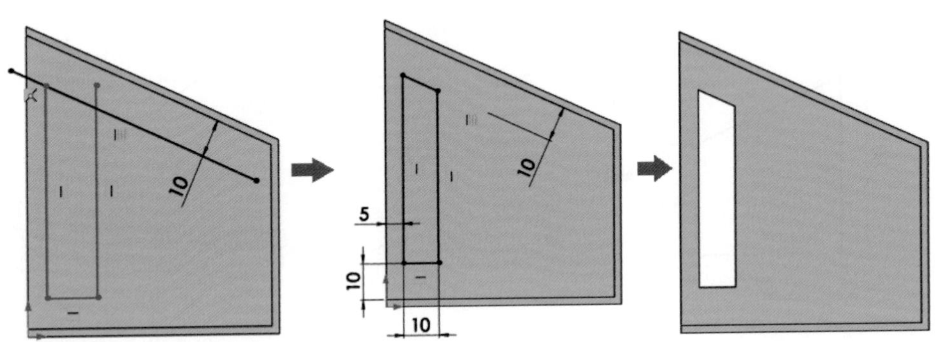

5. 在「特徵工具列」中選取「」。點選特徵管理員中「除料-伸長 1」雙擊後會出現尺度。
方向 1：注意點選方向，在此需點選「尺度 5」，輸入間距 15 與個數 4 個。如果方向相反則點選圖中的箭頭「」，調整反轉方向。
複製之特徵：點選特徵管理員中的「除料-伸長 1」。
選項：勾選「V 變化草圖」。

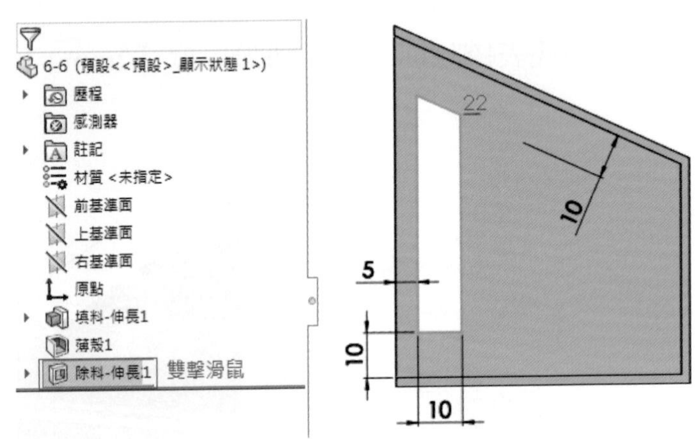

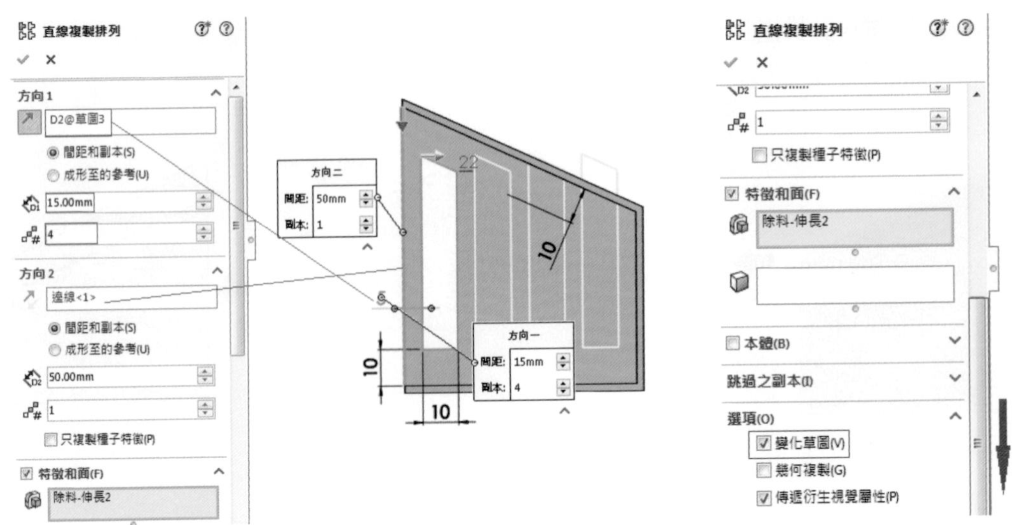

6. 完成後以鏡射「鏡射」，鏡射面如下圖之「面 1」，並應將欲鏡射之特徵全部選取後，完成鏡射。

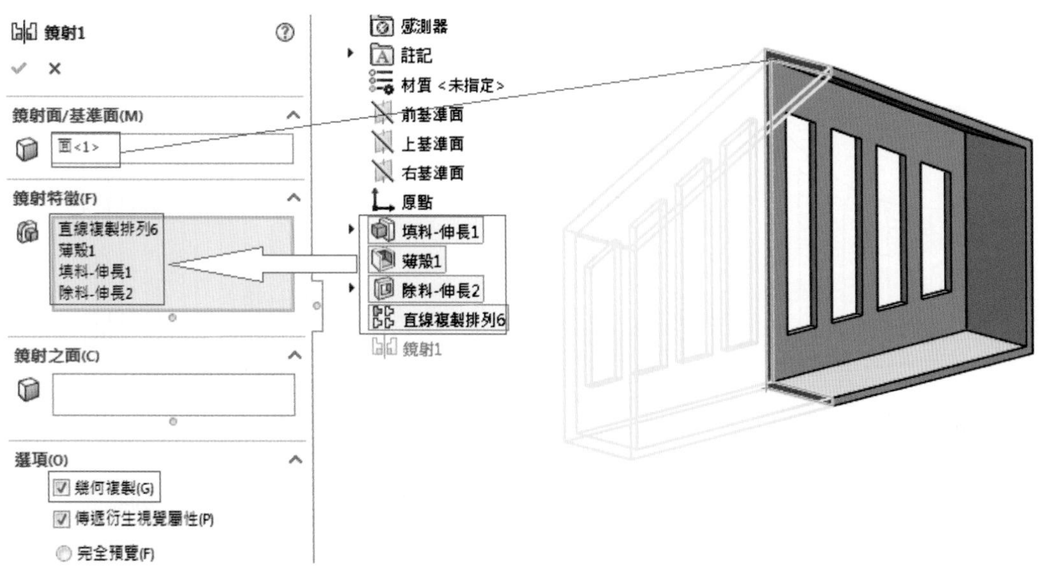

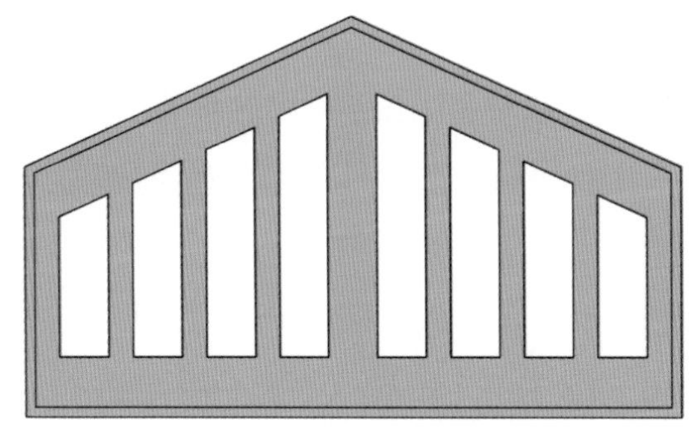

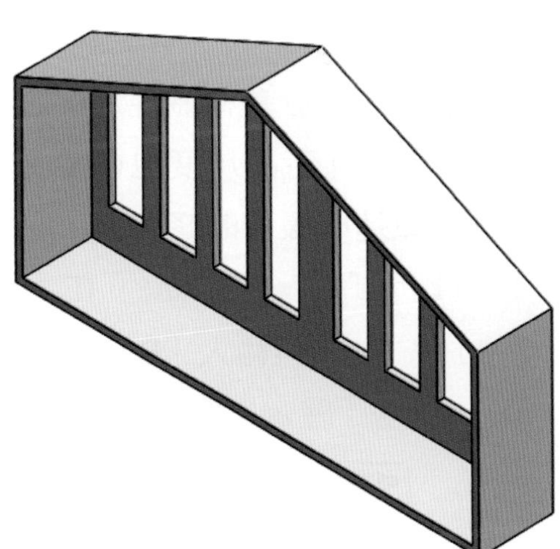

精選範例練習

(E6-7.sldprt)

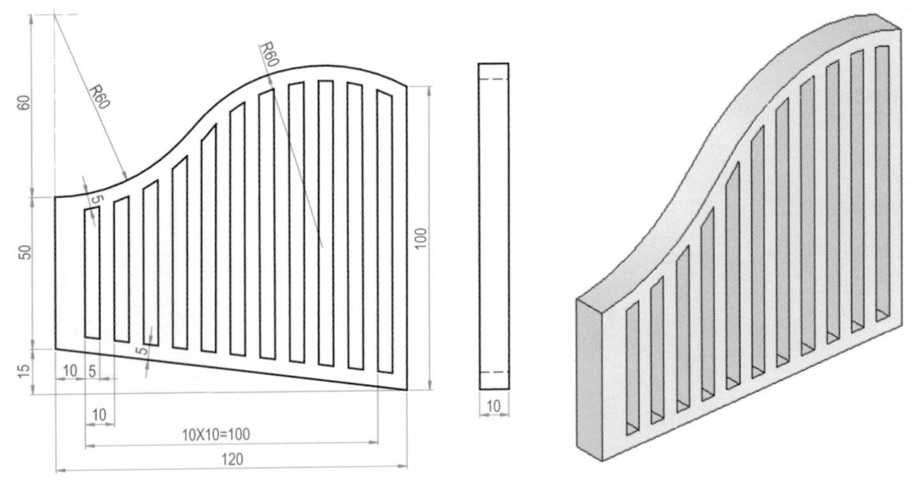

6-8 數學關係式

數學關係式對於有相關性尺度之零件建構，是非常好用的。對於類似的產品，因其型號的改變，產品尺度也會跟著變化。利用數學關係式可以改善因爲尺度設計變更，而避免造成複雜的修改。

1. 「工具」/「Σ 數學關係式(Q)...」在「整體變數」下輸入「A」按 Tab，出現「=」輸入 20 按 Tab。再輸入「B」按 Tab，「＝30」按 Tab。再輸入「C」按 Tab，「＝100」。按「確定」完成數學關係式。

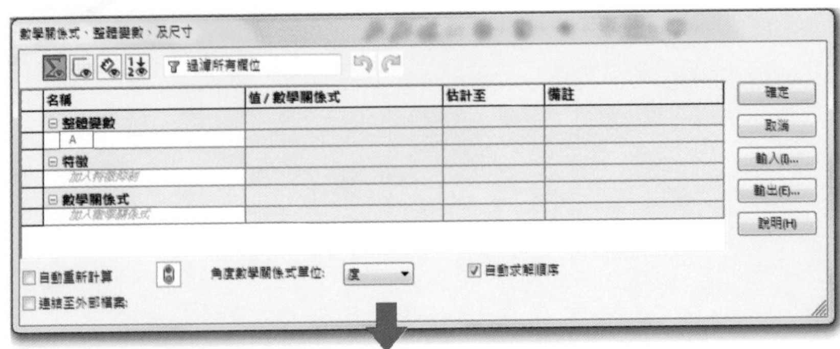

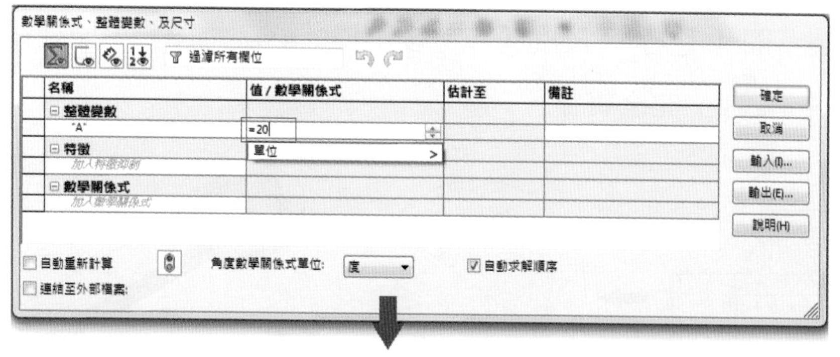

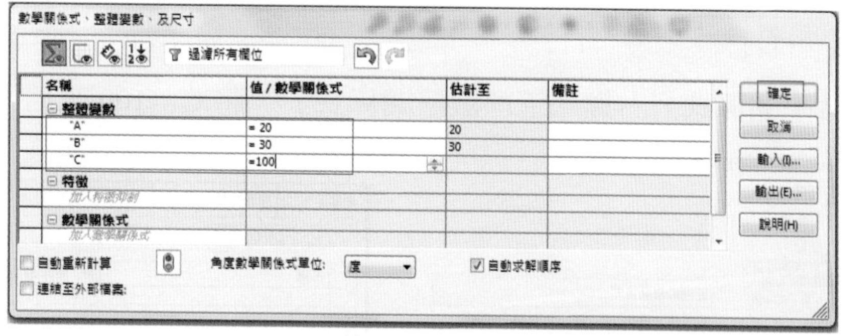

2. 特徵管理員出現「數學關係式」，上基準面繪製草圖畫圓「 」，尺度標註後在修改對話框按「＝」後選「B (30)」完成後尺度爲「Σϕ30」。

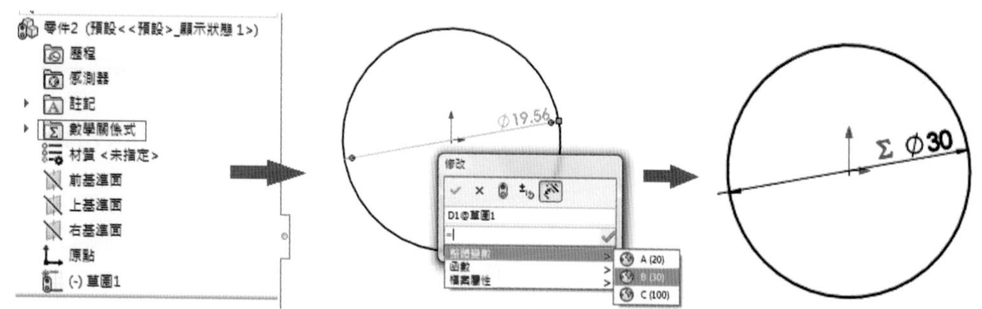

3. 繼續繪製圖形如下圖，長度「＝」，選「C (100)」，標註爲「Σ100」，特徵伸長「伸長填料/基材」厚度「6」。

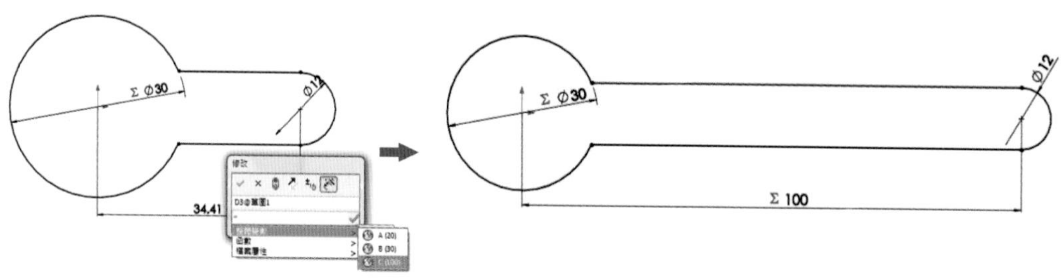

4. 繼續繪製草圖「」，尺度「＝」後選擇「A (20)」，標註為「Σϕ20」，特徵除料「伸長除料」完全貫穿。

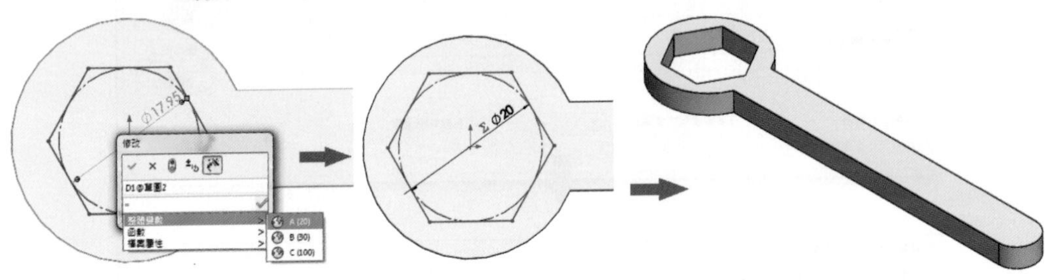

5. 點選「數學關係式」右鍵「管理數學關係式」，將 C＝100 改為 50。

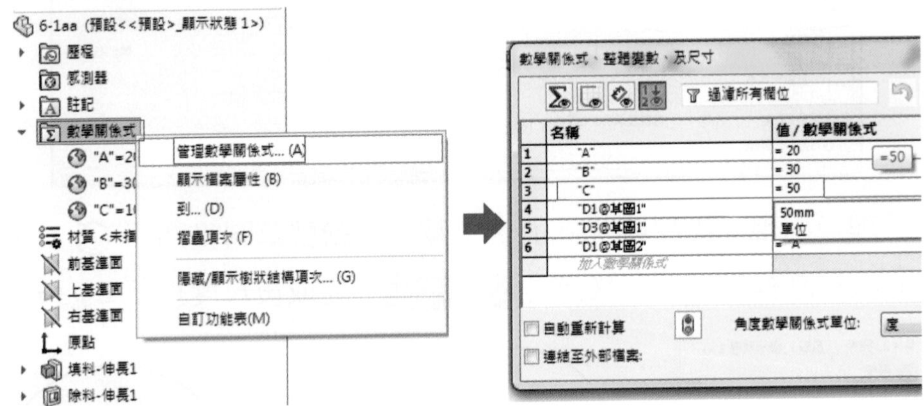

6. 下圖為 C＝50 與 C=100 之比較，利用數學關係式對於類似形狀特徵之模型，可快速的設計變更。

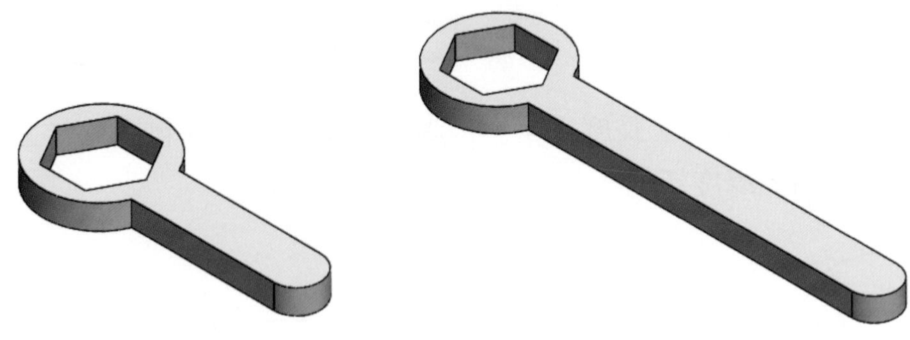

(6-8.sldprt)

一般標註尺度時我們可以直接從視窗上看出長度例如「54.3」、「80」或是圓直徑「ϕ30」等等尺度。但 SolidWorks 有其預設的尺度名稱，例如 D1、D2、D3…..等等「名稱」。尺度可以相同所以「名稱」也可以是相同，但草圖或是特徵各有不同，所以數學關係式所使用之尺度「全名」爲：名稱@草圖或特徵名@零件名。例如：「D1@草圖 2」、「D3@特徵複製(環)1」。

可使用＋、－、＊、/與三角函數 sin、cos 與整數和對數都可計算。

本例圓盤最大直徑尺度 A。中間孔直徑尺度 B，小孔直徑 D，中心距離尺度 C。

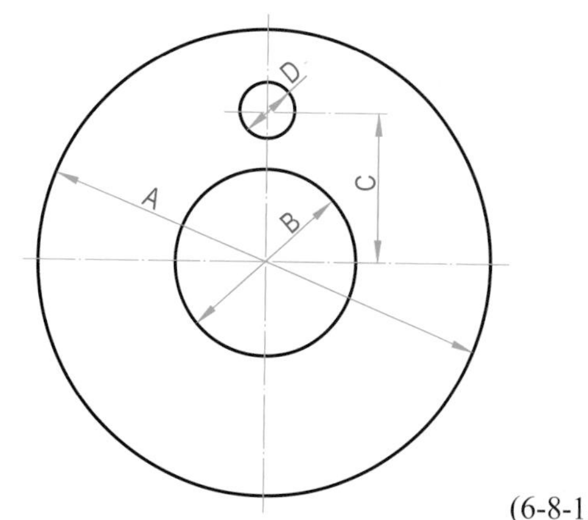

(6-8-1.sldprt)

1. 選取「前基準面」，繪製圓「」，標註尺度並且不修改，伸長基材「伸長填料/基材」，再依序除料「伸長除料」，標註尺度且不修改。

   A 尺度「ϕ110.92」。B 尺度「ϕ43.83」。C 尺度「37.77」。D 尺度「ϕ14.88」

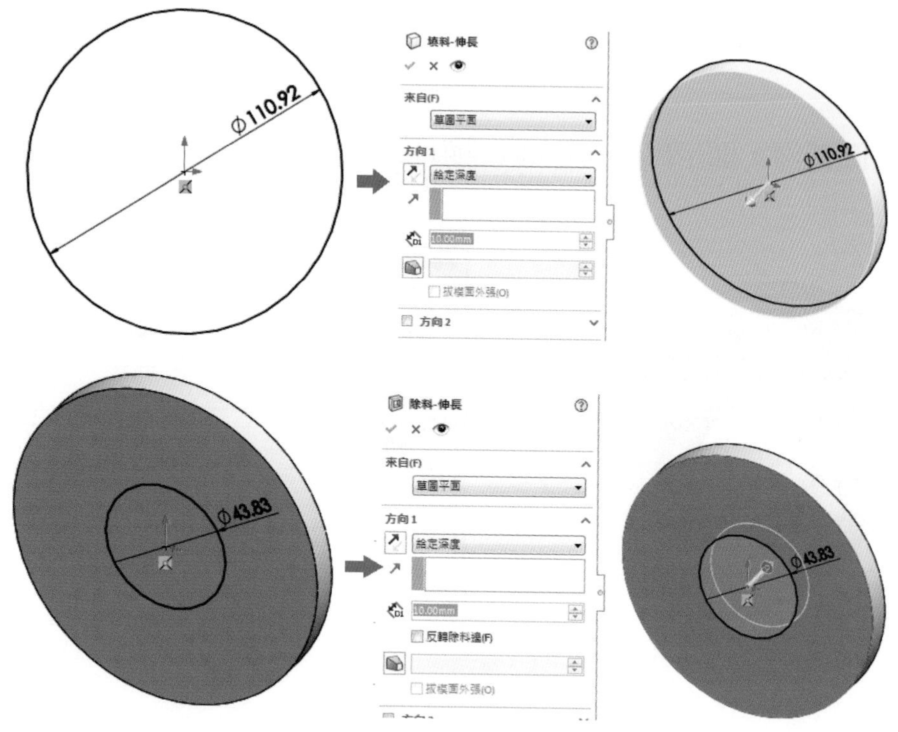

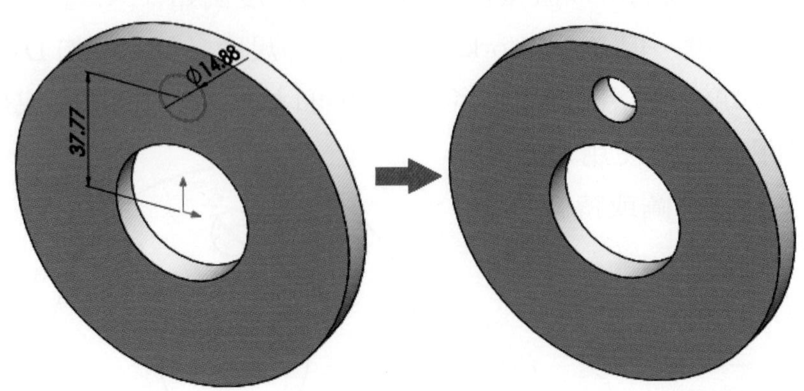

2. 下拉式功能表「工具」\「∑ 數學關係式(Q)...」。出現數學關係式對話框，滑鼠移至「數學關係式」下方之空白格內。

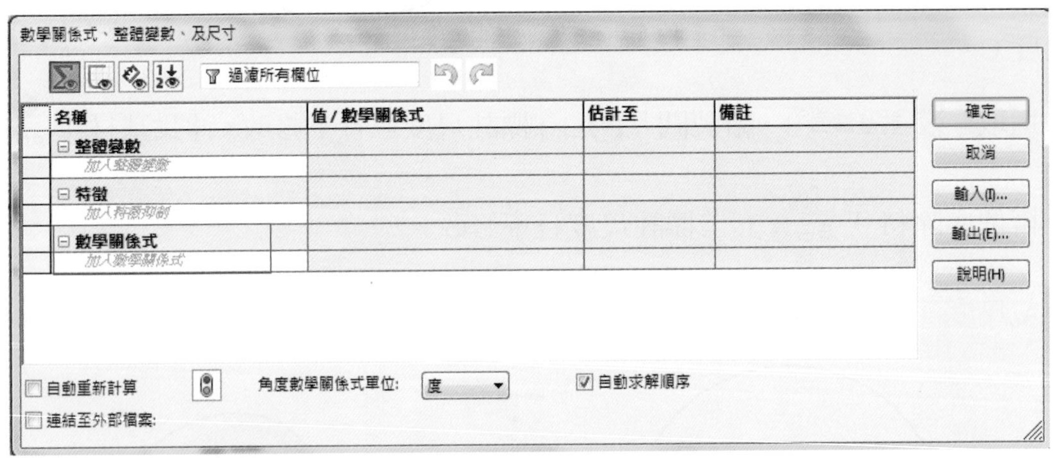

3. 雙擊大圓弧面，顯示出 A 處大直徑ϕ110.92，點選後出現「D1@草圖 1」於對話框中。

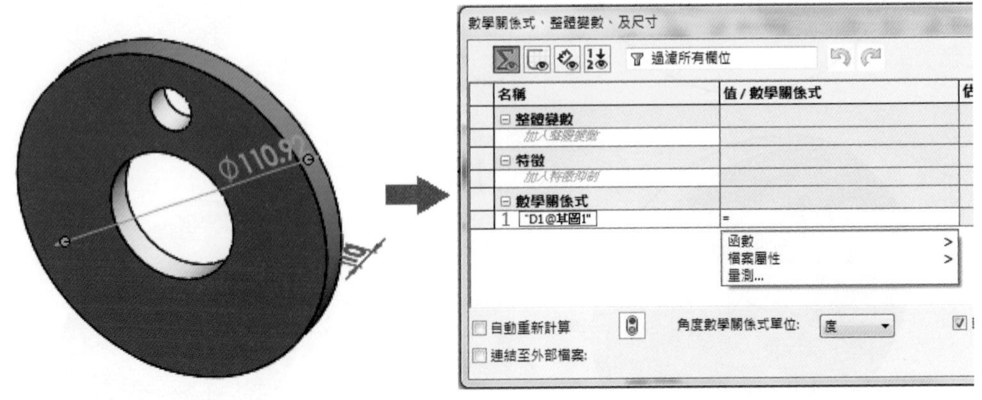

4. 雙擊中間內孔圓弧面 B 尺度處，顯示ϕ48.83，此處欲設定 A 尺度爲 B 尺度之 3 倍，所以對話框中「"D1@草圖 1"＝3*」(紅色爲自行從對話框鍵盤上點取)按 B 處尺度後即出現「"D1@草圖 1"＝3*"D1@草圖 2"」。然後滑鼠點下圖「1」處產生新的對話框如下圖「2」處。

5. 按住「Ctrl」鍵，雙擊各圓弧面將顯示出 A、B、C、D 各出之尺度。本處欲設定關係式爲「尺度 C=(尺度 A+尺度 B)/2＋尺度 B/2」。也就是對話框中顯示之「"D2@草圖 4" =(D1@草圖 2+"D1@草圖 4")/2 ＋"D1@草圖 4" / 2」。

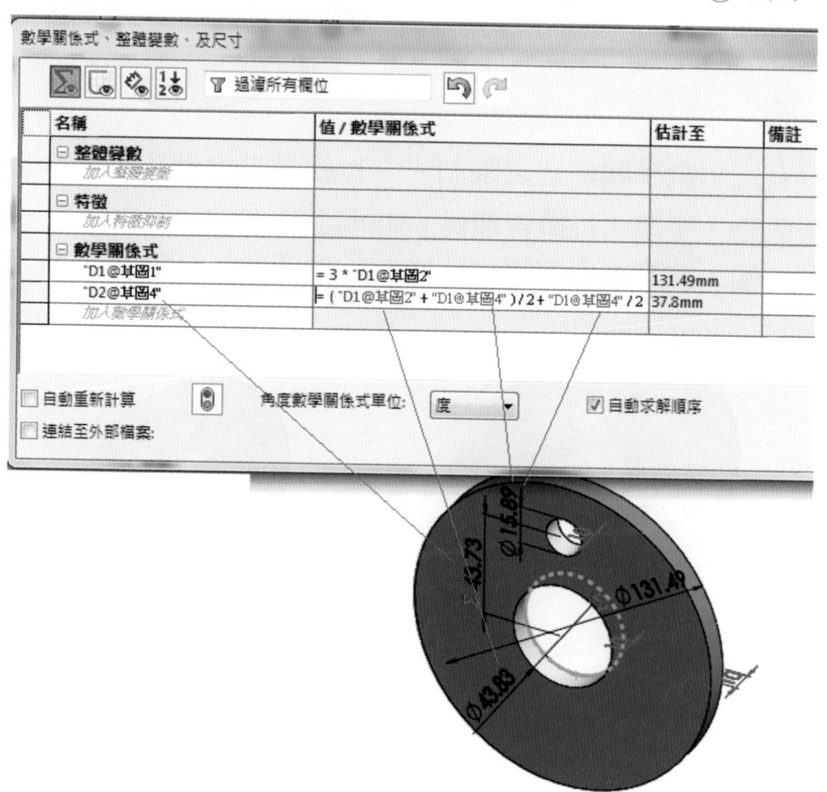

6. 按住「Ctrl」鍵，雙擊各圓弧面將顯示出 A、B、C、D 各出之尺度。本處欲設定關係式為「尺度 D=(尺度 A－尺度 B)/6」。也就是對話框中顯示之「"D1@草圖 3" = ("D1@草圖 1" － "D1@草圖 2") /6」。

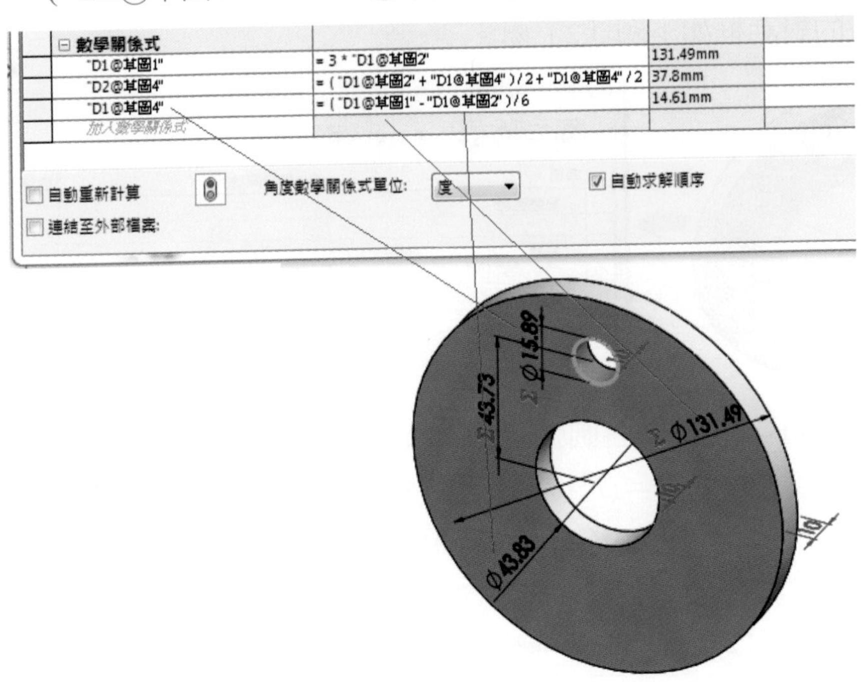

7. 此圓盤已有三項數學關係式之限制。 也就是當內軸孔尺度 B 更改時，其他尺度亦跟著改變，雙擊「特徵管理員」中「除料-伸長 1」之內孔，出現尺度後再雙擊尺度，輸入欲修正之直徑值「30」，按「重新計算 」。

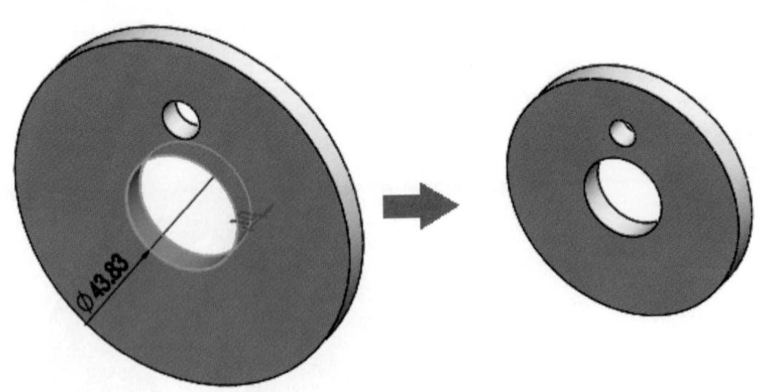

8. 使用暫存軸「　」「　」，點選「環狀複製排列」，不勾選「同等間距」所以間距爲 15，個數爲 2。

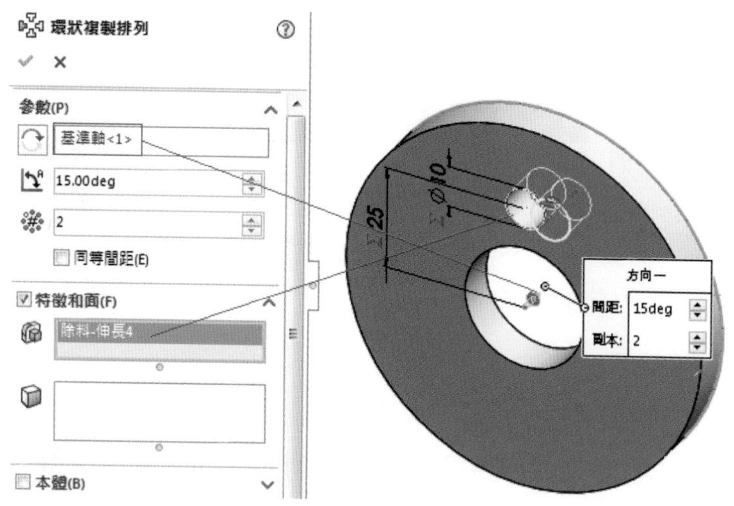

9. 「工具」\「數學關係式」，開啓對話框後。雙擊「特徵管理員」中之「環狀複製排列1」出現 15°與 2，先點選「15°」後輸入「360/」，再點選「2」，將出現「"D2@環狀複製排列 2"=360/"D1@環狀複製排列 2"」，然後按「確定」。

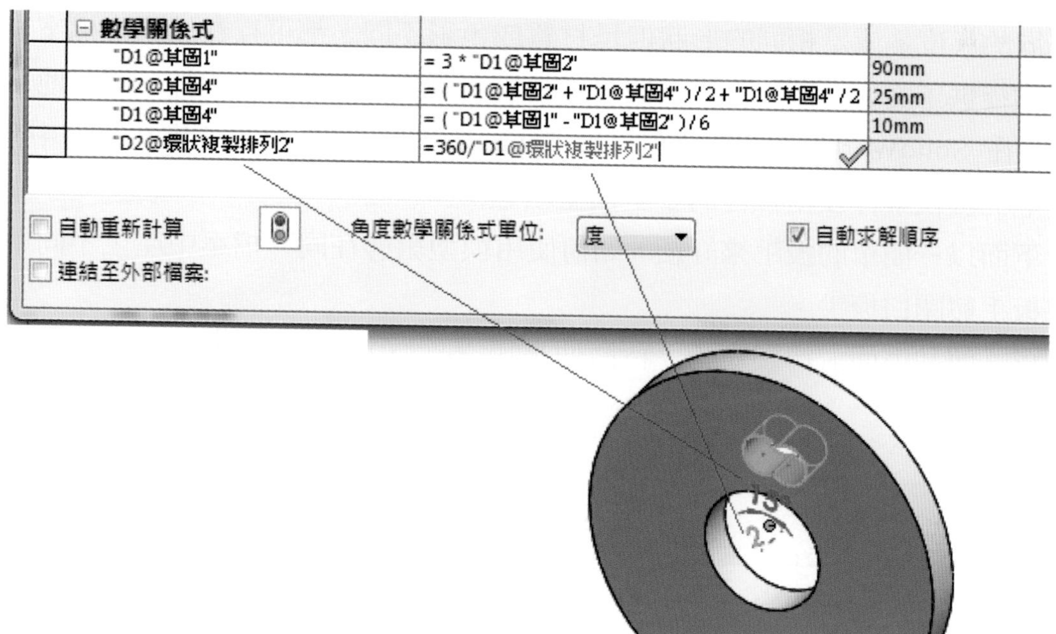

10. 雙擊「環狀複製排列 1」後，雙擊尺度 2，修改為 4，重新計算「」。

重點提示

對於產品設計有因為型號不同，某些尺度一定有差異變化，使用數學關係式，可以讓這些相關性的尺度很快產生關連性，而快速設計變更完成。

6-9 組態

模型組態可以在單一的檔案中對零件或組合件產生多重的變化，例如類似的形狀不同的尺度，或是相同的形狀但是材質或色彩不同。都可存在於同一檔案中。模型組態提供了簡便的方法來發展與管理一群有著不同尺度、零組件、或其他參數的模型。在 SolidWorks 視窗左邊的 Configuration Manager 可以讓您在文件中產生、選擇、並檢視零件及組合件的多重模型組態。

下面以一簡單的扳手來介紹，如何使用模型組態在同一檔案中產生不同型式的開口扳手與閉口扳手。

1. 以「前基準面」繪製草圖，特徵伸長「伸長填料/基材」，如下圖所示。

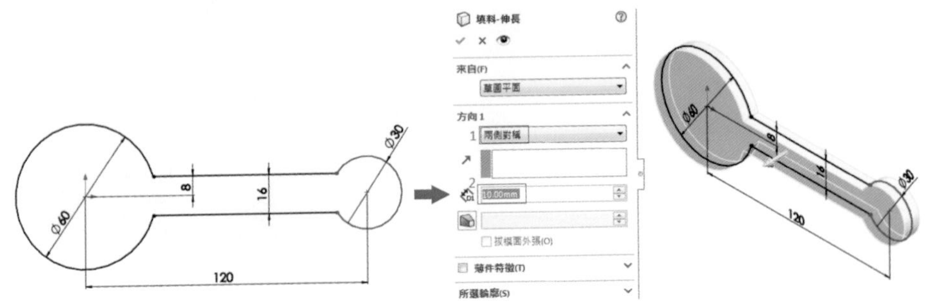

2. 四處尖角特徵倒圓角「圓角」「R10」。點選小圓端平面繪製正六邊形，如下圖所示，特徵除料「伸長除料」。

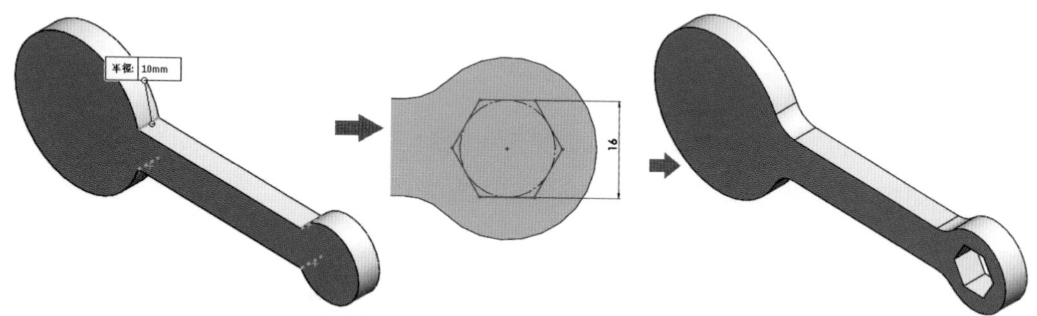

3. 點選特徵管理員上方「」Configuration Manager 模型組態「」，在特徵管理員空白處按「右鍵」，點選「加入模型組態」，輸入模型組態名稱「閉口」。

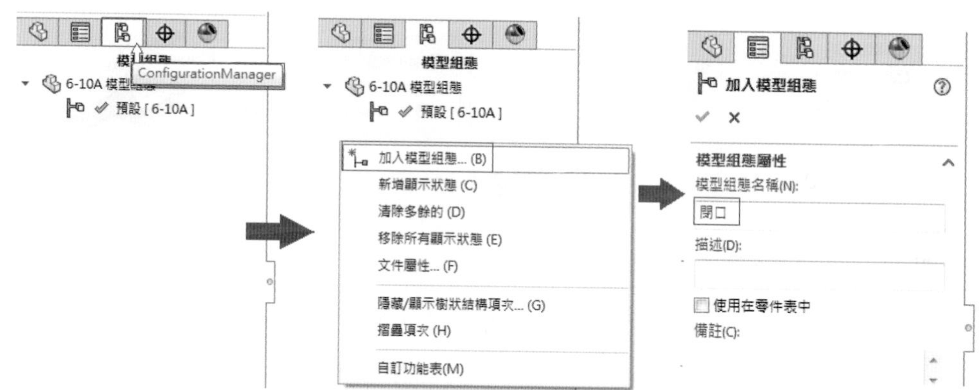

4. 同樣方法新增「開口」模型組態。

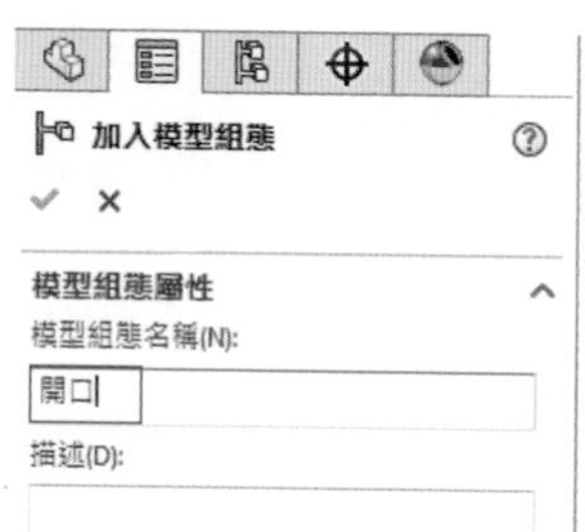

5. 雙擊點選閉口板手組態「閉口 [版手]」出現綠色 V 選，繪製草圖正六邊形除料，如下圖所示。

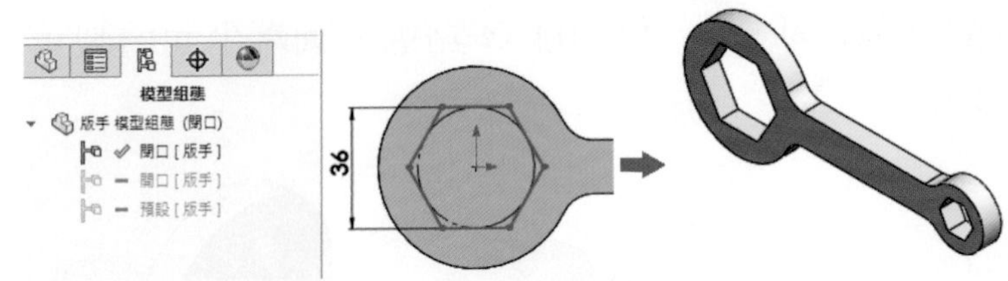

6. 雙擊點選開口「 ✓ 開口 [版手] 」模型組態，零件回復原先為閉口除料之樣式，點選大圓端平面繪製草圖如下圖所示，特徵除料。

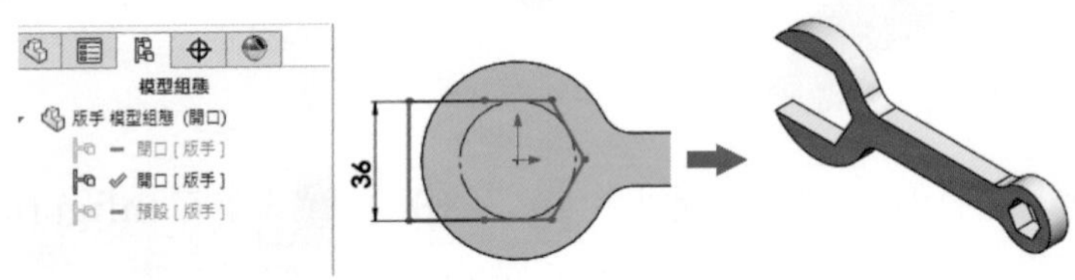

7. 點選模型組態「閉口」與「開口」可以呈現出不同的模型，如下圖所示。

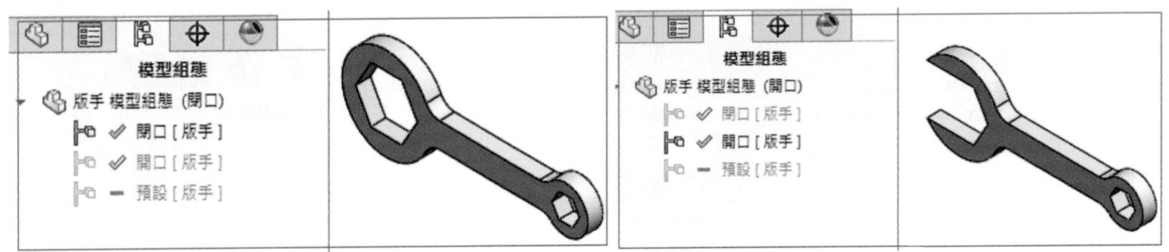

8. 在「閉口」扳手模型組態中，按右鍵「加入導出的模型組態」，在新增模型組態中，模型組態名稱分別輸入「M20」與「M24」。

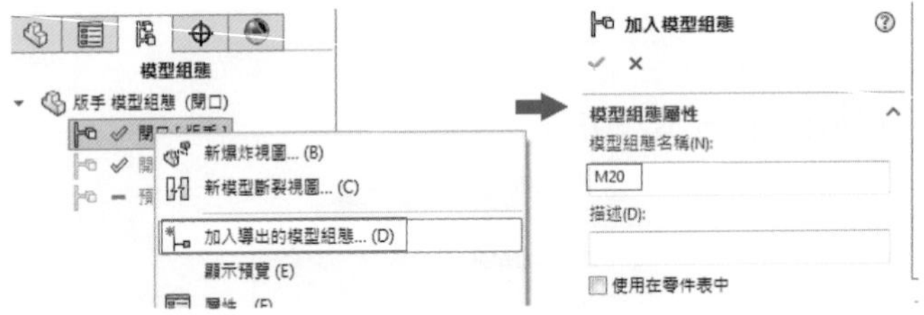

9. 雙擊點選「 ✓ 閉口 [版手] ✓ M20 [版手] 」M20 模型組態，點選正六邊形除料處按「右鍵」之「編輯草圖」，如下圖所示。

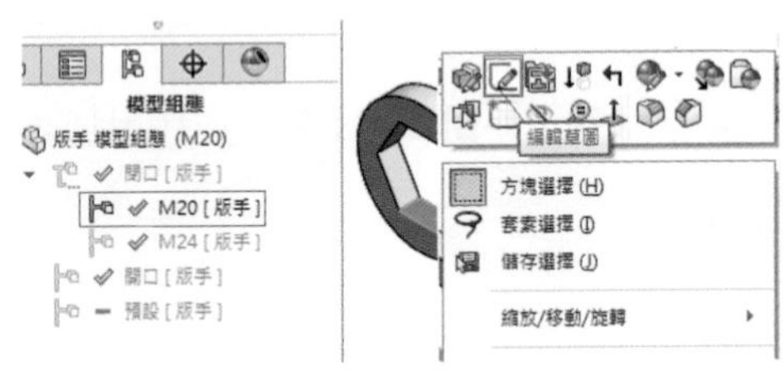

10. 雙擊「36」尺度，出現修改對話框，修改爲 30 並從選項中「[icon]」/「[icon] 此模型組態」選擇「此模型組態」，只適用「此模型組態」，如下圖所示。

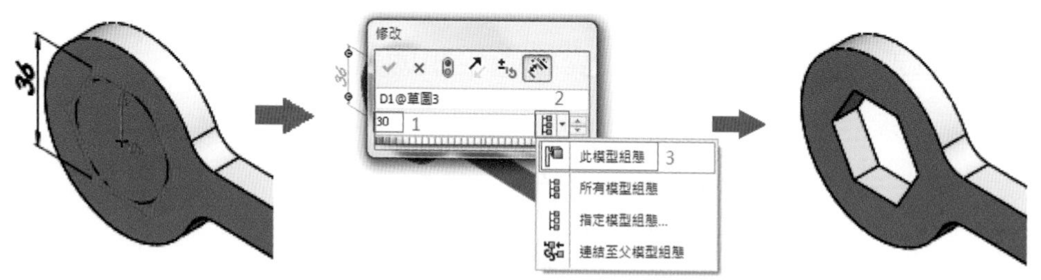

11. 依序完成「閉口」與「開口」板手，尺度有 M20 口徑 30，M24 口徑 36。若將不同模型組態呈現出來之模型，共有四組，如下圖所示。

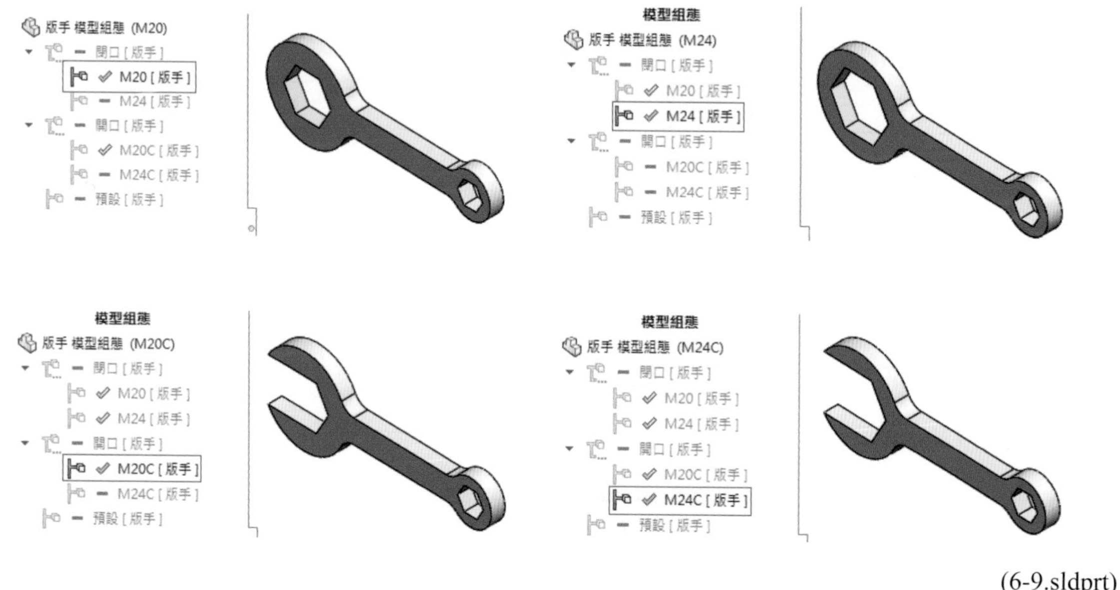

(6-9.sldprt)

重點提示

組態的應用在同類型產品設計時，是非常快速轉換的好工具。可減少同性質產品的設計時間。

6-10 設計表格產生組態

舉 M10 單舌墊圈爲例，以設計表格產生組態其步驟如下：

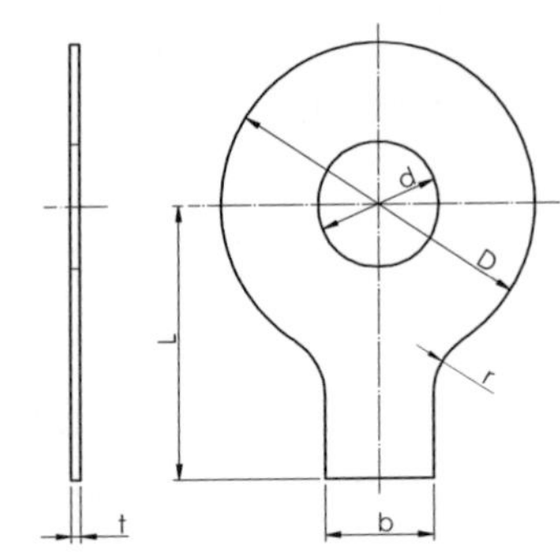

舌墊圈　CNS 159 B2019　節錄

公制螺紋	單舌墊圈					
	d	**D**	**t**	**L**	**b**	**r**
6	6.5	18	0.5	15	6	3
10	10.5	26	0.8	22	9	5
16	17	38	1.2	32	12	6
20	21	45	1.2	36	15	8

1. 選上基準面「上基準面」爲草圖繪製平面，繪製草圖「」後特徵「伸長填料/基材」伸長 0.8mm。

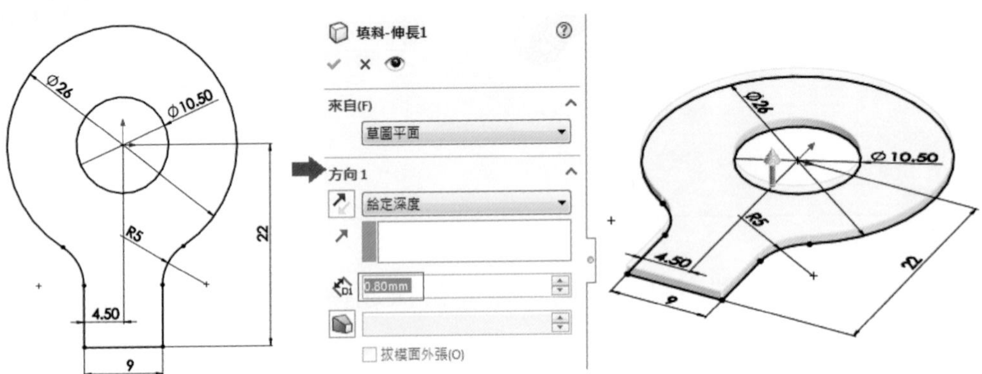

2. 於特徵管理員點選「註記」按滑鼠右鍵，點選「顯示特徵尺寸」。

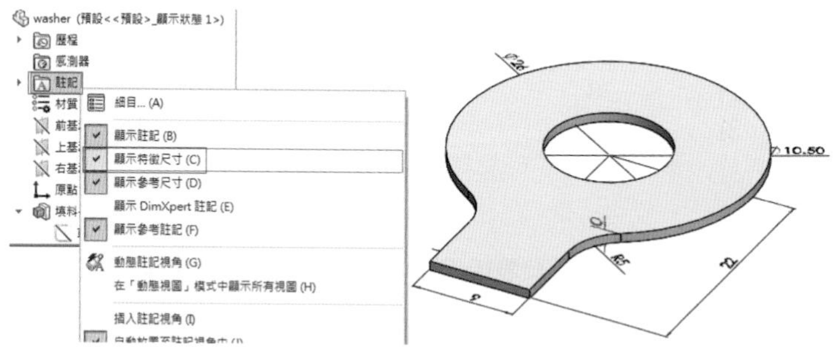

3. 滑鼠右鍵點選ϕ10.50，點選「屬性」。將尺寸屬性\全名：「D1@草圖 1」，以滑鼠圈住成藍色「D1@草圖1」，按右鍵「複製」至 Excel 檔案中。

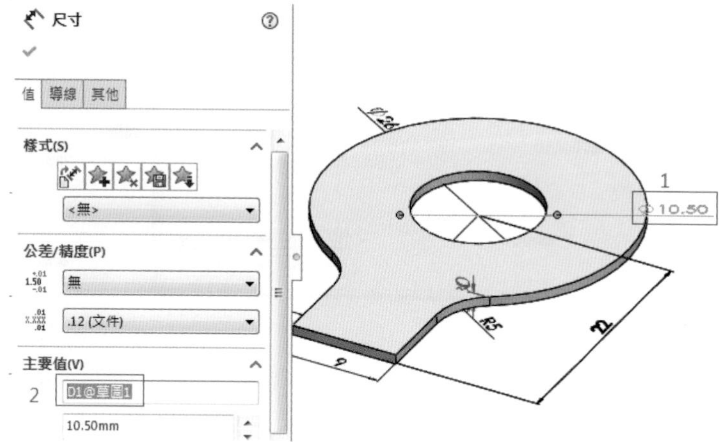

4. 開啓 Excel 檔案。

將複製之尺度全名「D1@草圖 1」按右鍵「貼上」，如下圖所示。

再依序將 d、D、t、L、b、r 尺度之全名複製於 Excel 欄位中，並存檔爲 washer.xls。

	A	B	C	D	E	F	G	H
1	公制螺紋	D1@草圖1	D2@草圖1	D1@填料-伸長1	D3@草圖1	D4@草圖1	D6@草圖1	D5@草圖1
2	M6	6.5	18	0.5	15	6	3	3
3	M10	10.5	26	0.8	22	9	5	4.5
4	M16	17	38	1.2	32	12	6	6
5	M20	21	45	1.2	36	15	8	7.5
6								

5. 「插入」/「表格」/「設計表格(D)...」，選取「來自檔案」與「瀏覽」，開啓 washer.xls。依序下列步驟 1～7 完成設計表格之選取後按「✔」。

6. 在 SolidWorks 下，出現表格，滑鼠點選作圖區「空白處」，出現設計表格產生之組態，然後按「確定」。

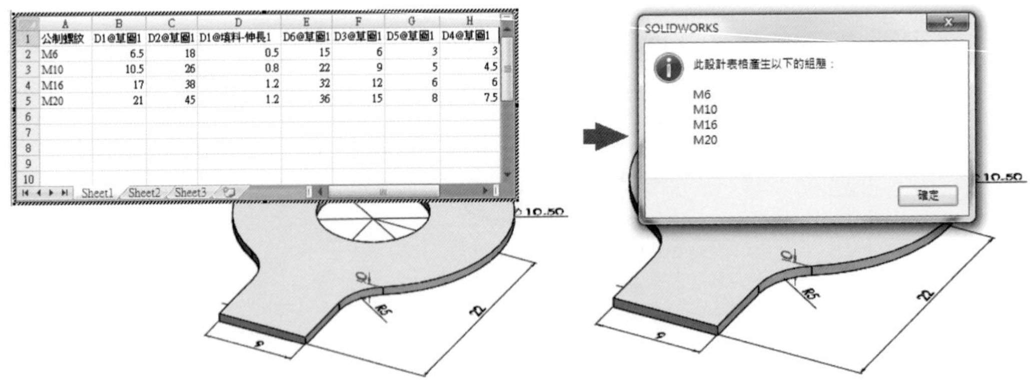

7. 按確定後在「特徵管理員」上方，按下「 」，切換到模型組態。

(6-10.sldprt)

8. 以滑鼠左鍵連擊「M10」二下，將出現模型組態顯示對話框，按確定後，即可得公稱直徑爲 10 之單舌墊圈。

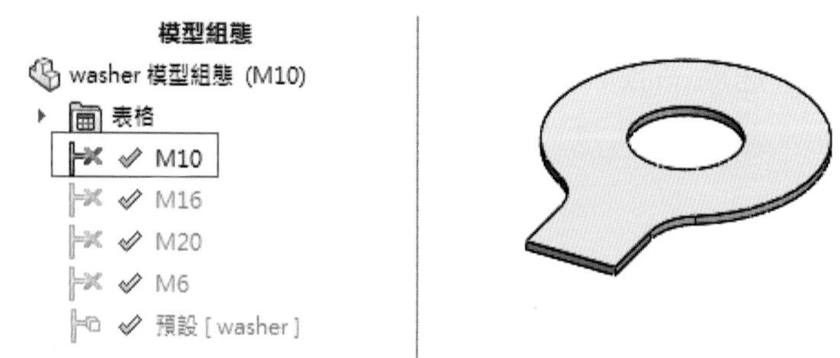

9. 得到以下爲 M16 模型組態之單舌墊圈。

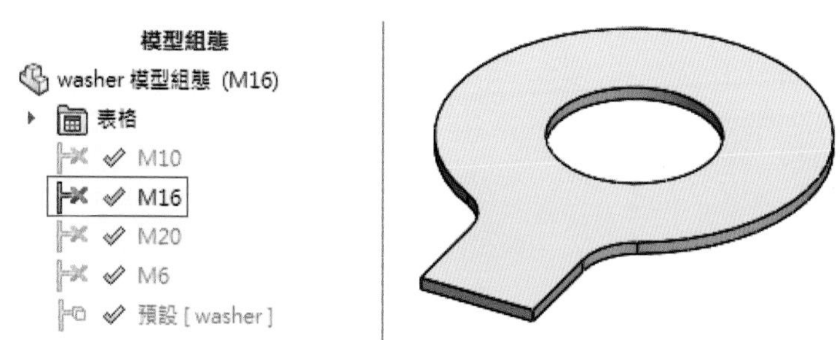

10. 得到以下爲 M20 模型組態之單舌墊圈。

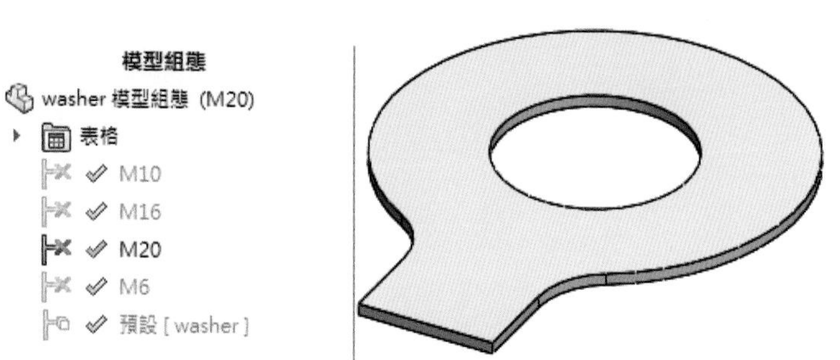

11. 得到以下爲 M6 模型組態之單舌墊圈。

模型組態

washer 模型組態 (M6)
- 表格
  - M10
  - M16
  - M20
  - M6
  - 預設 [washer]

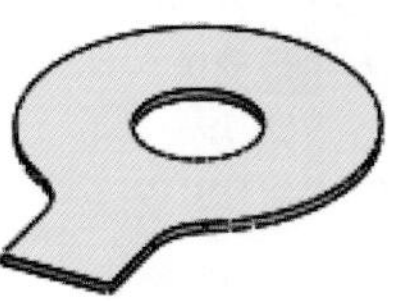

重點提示

對於各種機械標準零件或同性質產品的設計，尺度間並無太多關連性，以設計表格搭配組態，是快速產品設計的好工具。

曲面

7-1　曲面縫織餐盤

7-2　元寶

7-3　曲面圓角

7-4　骰子

7-5　投影曲線

7-6　凹陷

7-7　曲面疊層拉伸

本章你將學到的技能有：

- 平坦曲面
- 伸長曲面
- 縫織曲面
- 曲面加厚為實體薄件
- 縫織曲面產生實體
- 3D 草圖不規則曲線
- 疊層拉伸曲面
- 填補曲面
- 延伸曲面
- 曲面除料
- 投影曲線
- 規則曲面
- 凹陷
- 座標移動零組件
- 曲面圓角
- 曲面疊層拉伸

由線移動而產生的面統稱曲面(Curved Surface)，一般也指平面以外之各種面，體由面組合而成，因此實體圖要產生曲面，可以使用許多與產生實體(例如伸長、旋轉、及掃出)相同的方法。曲面同時也可使用其他功能，如修剪、恢復修剪、及縫織等特徵。而且曲面還比實體更爲彈性，因爲不需要定義曲面間的邊界，一直到設計的最後階段才需定義。此種彈性可幫助產品設計工作者作平滑、延伸曲線的操作，例如在汽車擋泥板或衛浴設備都會用到的曲線設計。

7-1 曲面縫織餐盤

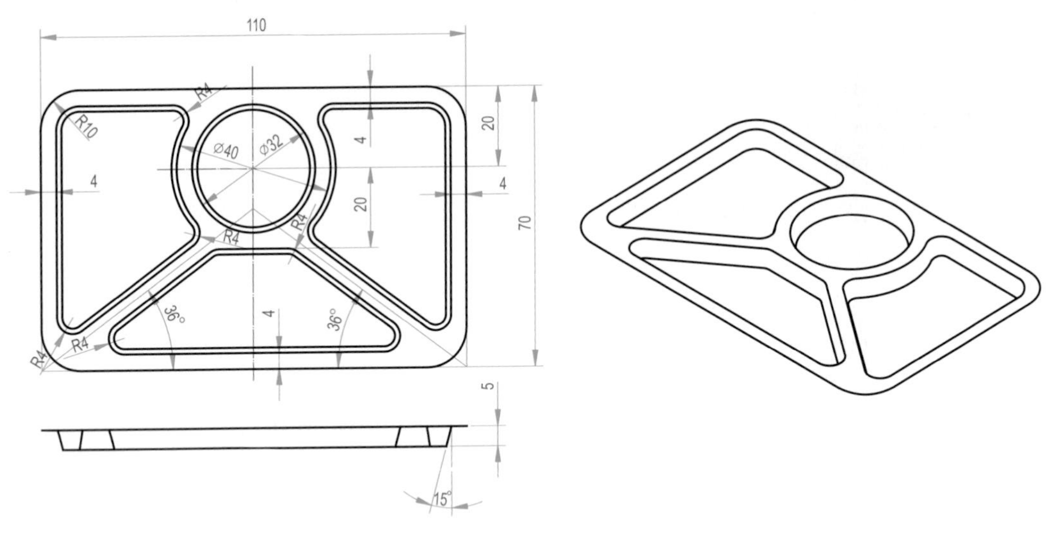

(7-1.sldprt)

1. 以上基準面「上基準面」繪製草圖「草圖」如下圖尺度後。點選「平坦曲面」。

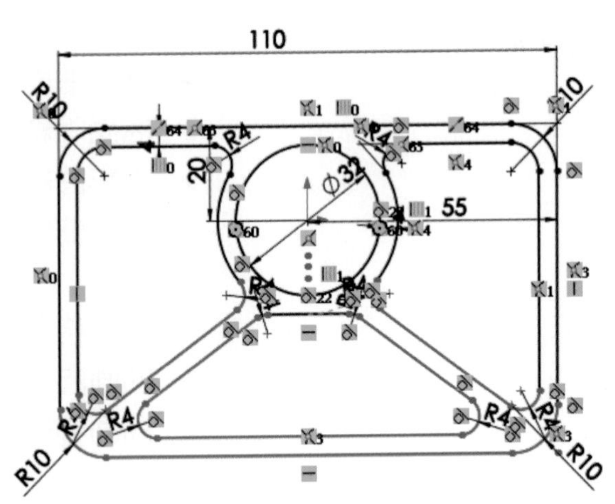

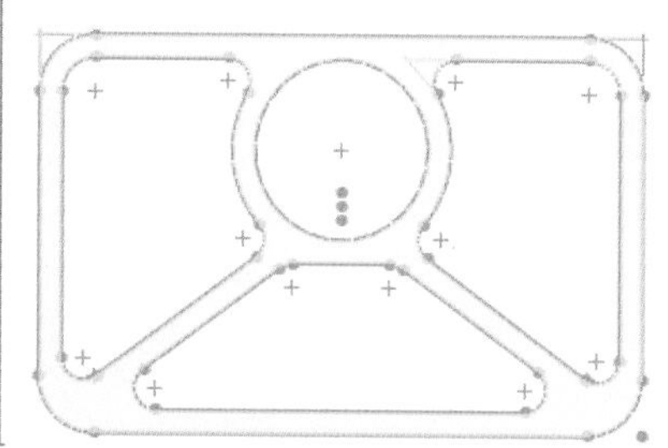

2. 點選「上基準面」，繪製草圖「草圖」，點選「參考圖元」，點選右圖之 8 條邊緣線。

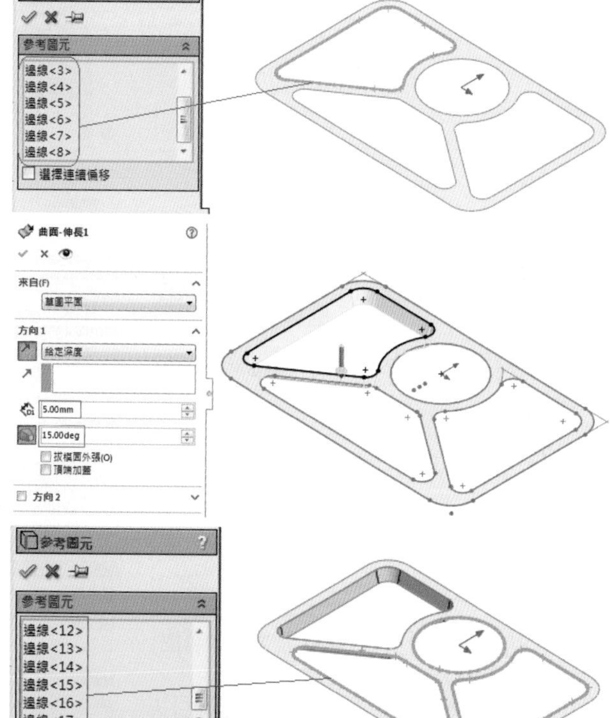

3. 點選曲面之「伸長曲面」，注意伸長方向「向下」，深度「5」，角度「15」。註：此為一區一區完成之伸長曲面。

4. 也可一次全部完成參考圖元繪製如下：繪製草圖「草圖」，點選「參考圖元」，完成草圖。

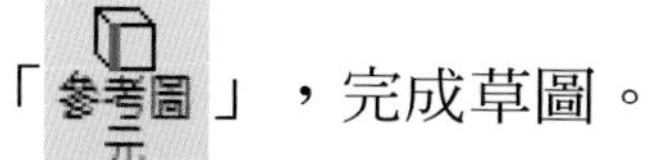

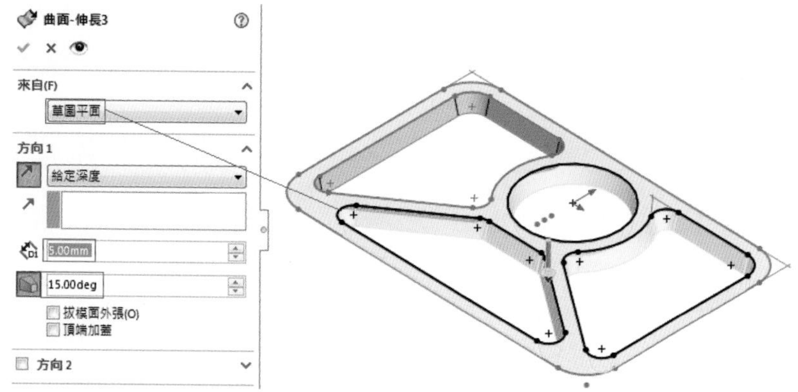

5. 點選曲面「平坦曲面」選取如圖之邊界圖元，完成平坦曲面。

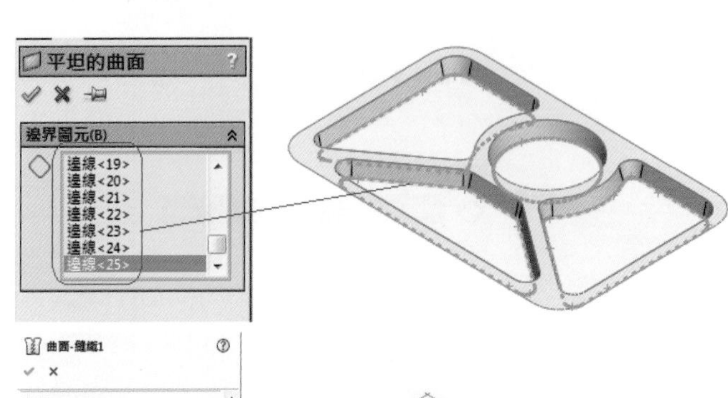

6. 點選曲面之「縫織曲面」。

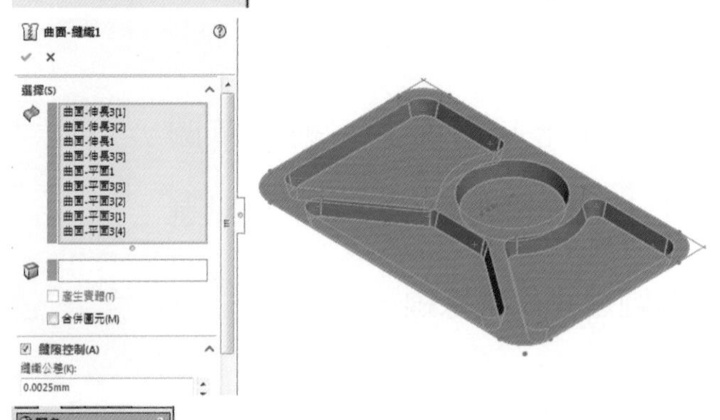

7. 點選曲面之「圓角」，選取邊緣圖元共 8 條，圓角半徑「1」。

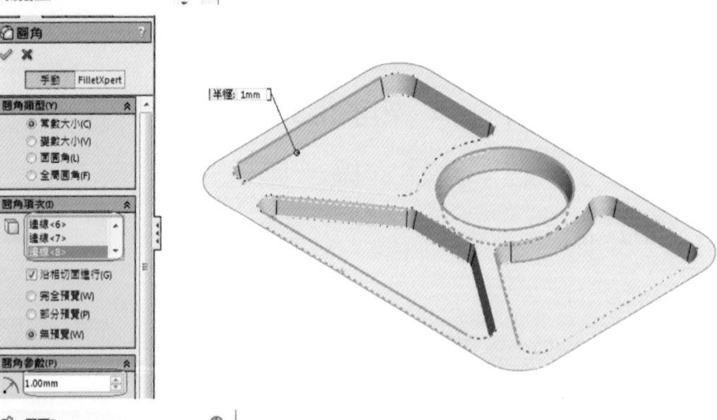

8. 點選曲面之「加厚」中間對稱，厚度「0.5」，完成以曲面繪製之餐盤。

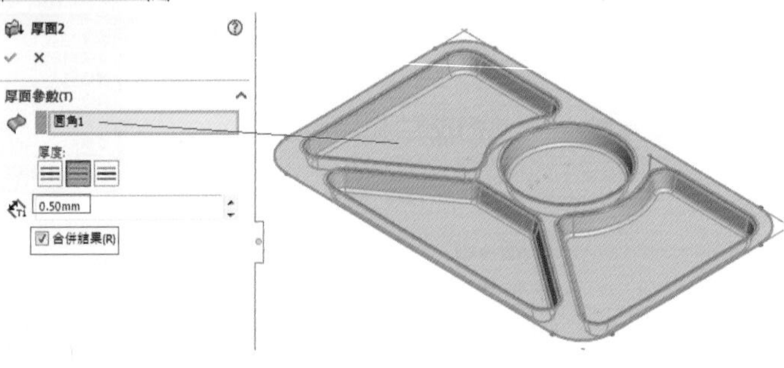

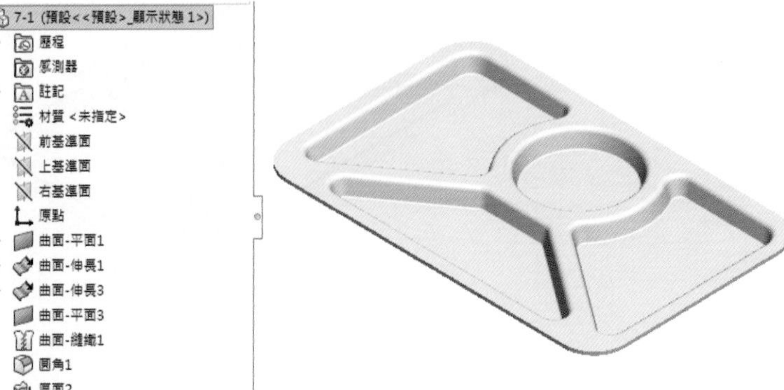

7-2 元寶

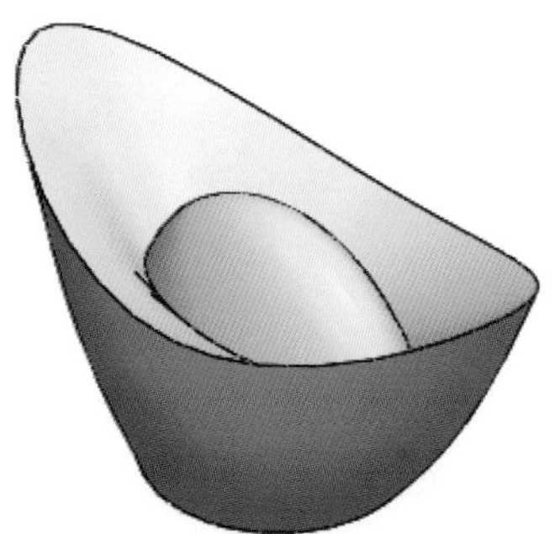

(7-2.sldprt)

1. 以「上基準面」繪製草圖，橢圓長軸「60mm」，短軸「30mm」，如下圖左所示，結束草圖繪製。以「前基準面」繪製 R32 之圓弧，注意以限制條件限制圓弧端點之「貫穿」，然後結束草圖繪製。

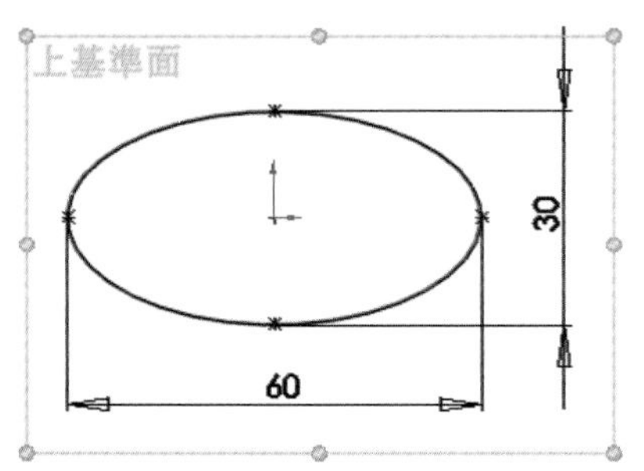

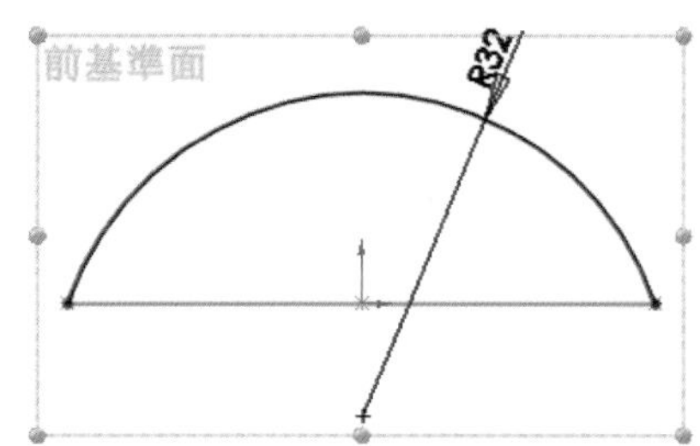

2. 曲面特徵「填補曲面」，以「草圖 2」爲限制曲線。

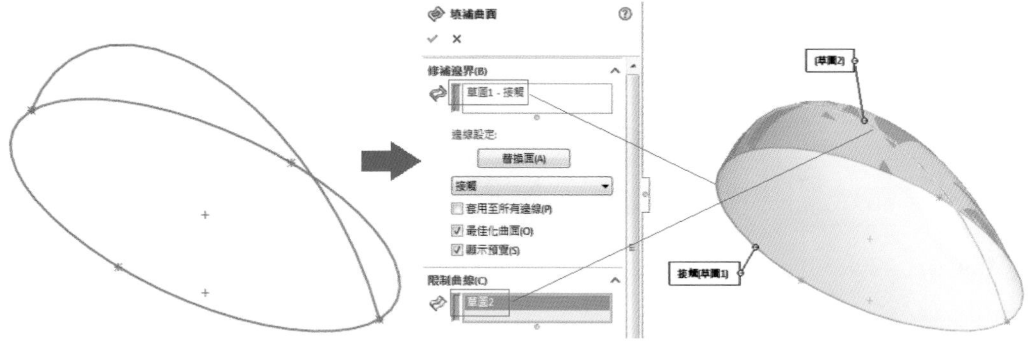

3. 以「前基準面」繪製草圖點「 ▫ 」，尺度如右圖所示，然後結束草圖繪製。

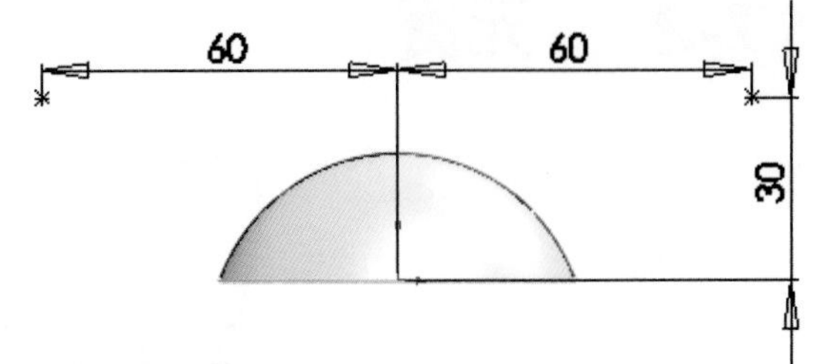

4. 以「上基準面」繪製草圖點「 ▫ 」，尺度如右圖所示，然後結束草圖繪製。

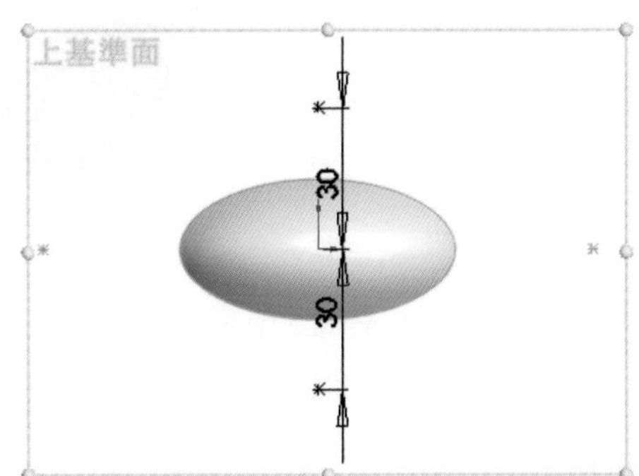

5. 點選「草圖」/「 ▾ 」/「3D 3D草圖」使用不規則曲線「 N 」，將先成完成之四個草圖「點」，連接起來，如右圖所示。

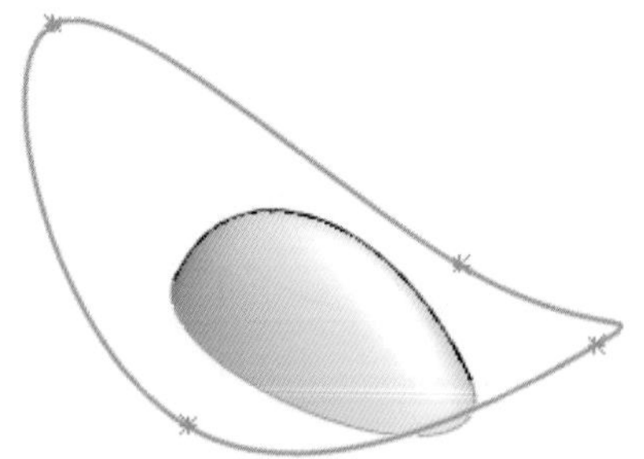

6. 曲面特徵「疊層拉伸曲面」，如下圖所示。

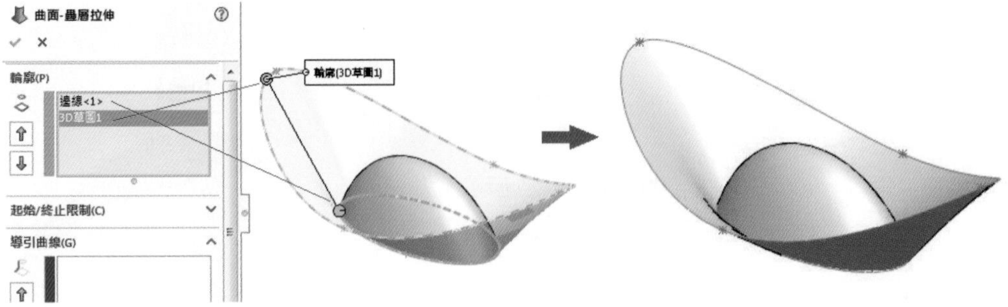

7. 「插入」/「參考幾何」/「 基準面(P)...」從「上基準面」向下平行偏移 10mm，得到「平面 1」，從從「平面 1」向下平行偏移 20mm，得到「平面 2」，如右圖所示。

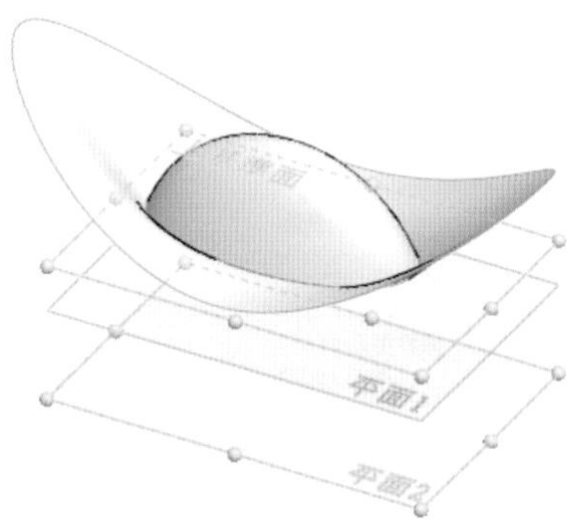

8. 以「平面 2」繪製草圖橢圓，如下圖左所示，然後結束草圖繪製，以「平面 3」繪製草圖直徑 50 之圓，結束草圖繪製。

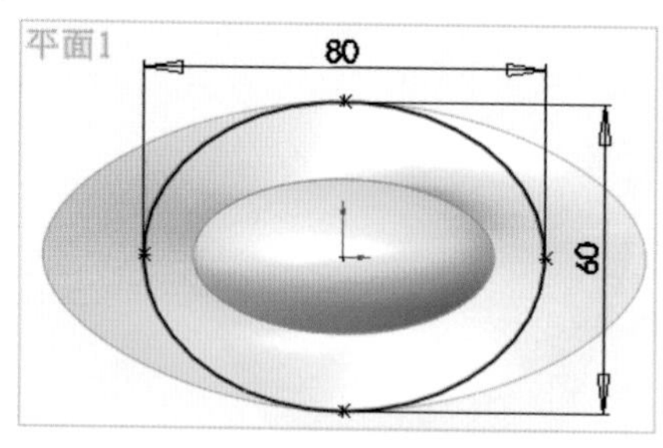

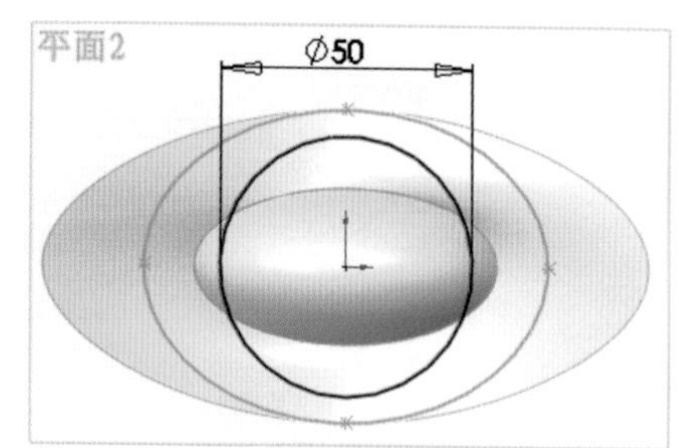

9. 等角視，曲面特徵「疊層拉伸曲面」，如下圖所示。

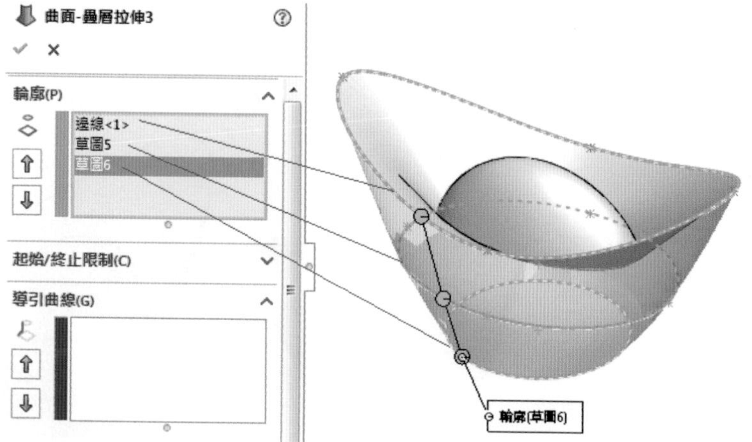

10. 曲面特徵「平坦曲面」，按滑鼠中鍵旋轉視角，將底面圓鋪平，在點取「縫織曲面」。

最重要是勾選「☑ 產生實體(T)」。

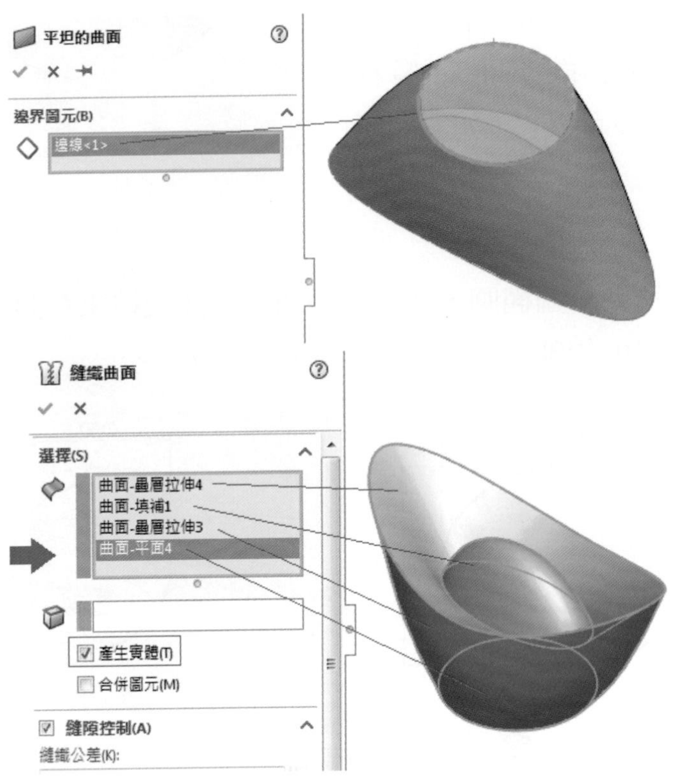

11. 編輯外觀「」後完成金元寶。

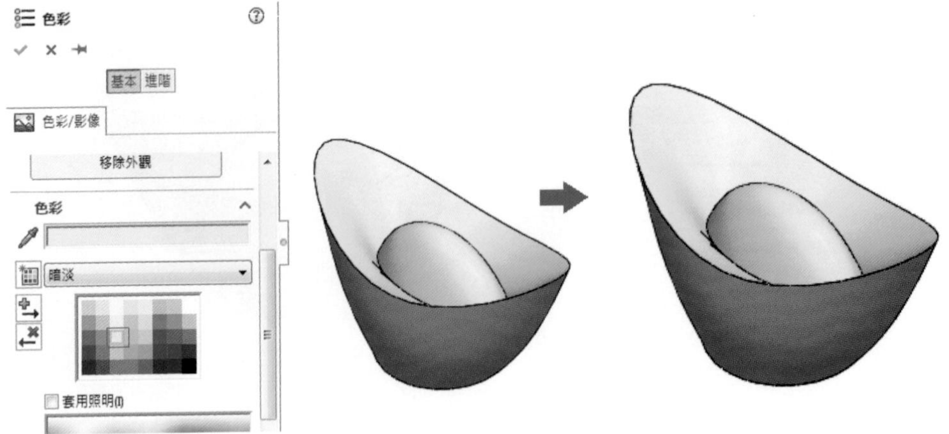

7-3 曲面圓角

1. 以前基準面「前基準面」繪製邊長 40 之正方形，特徵「伸長填料/基材」伸長 40mm。

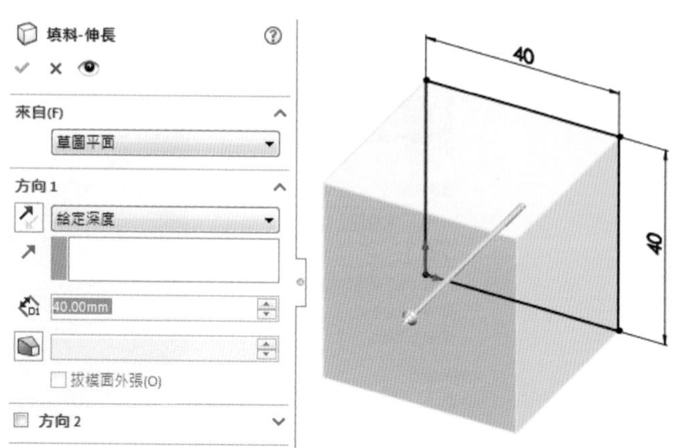

2. 點選藍色面，繪製 R40 之圓弧，如右圖所示。

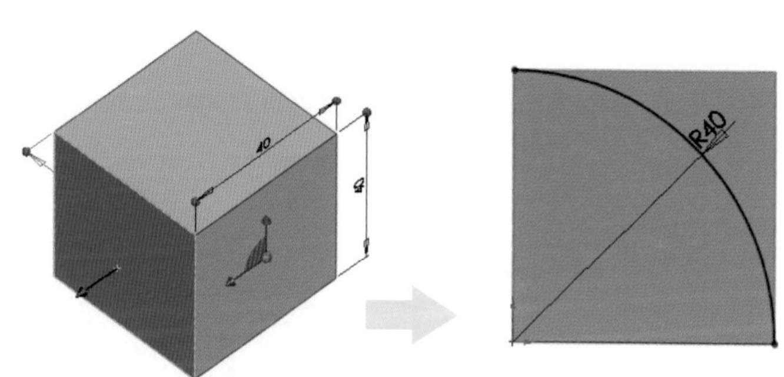

3. 完成三個面的 R40 圓弧，如右圖所示。

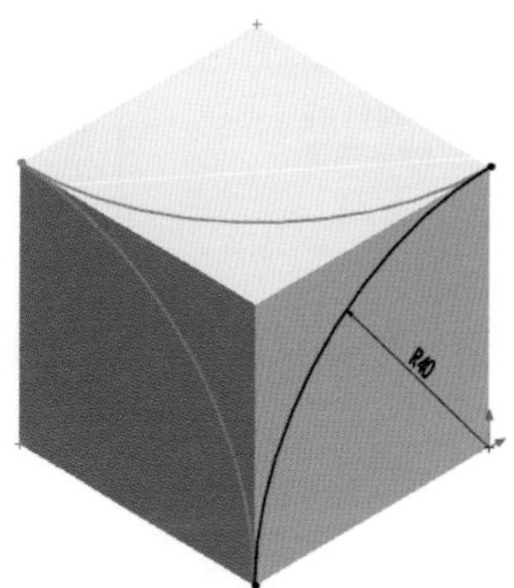

4. 曲面特徵之「填補曲面」，點選 3 個圓弧草圖，完成填補曲面。

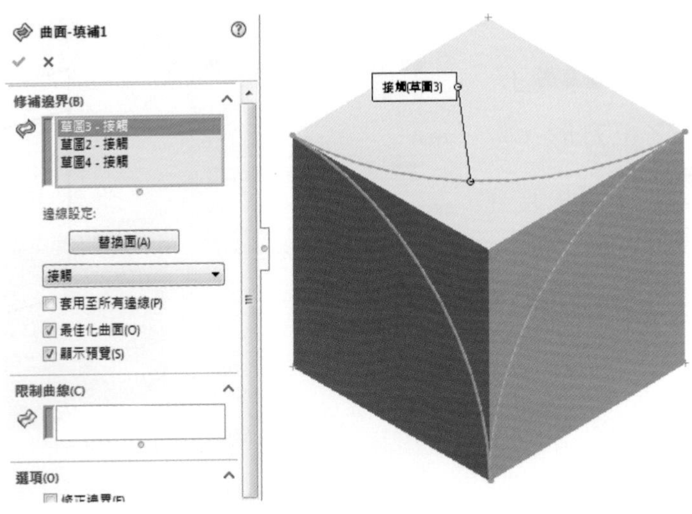

5. 將「填料-伸長 1」按右鍵點選「 」隱藏。顯示出曲面。

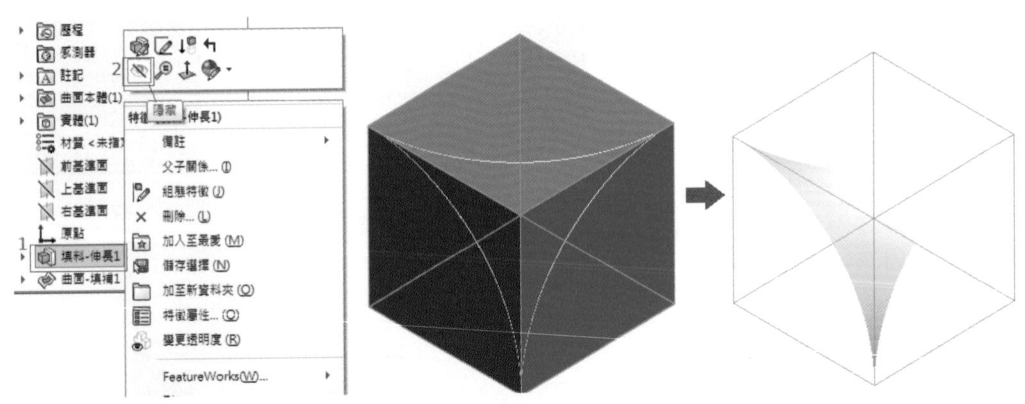

6. 點選「延伸曲面」選取一條延伸的邊線，伸長「5」，延伸類型爲同一曲面。

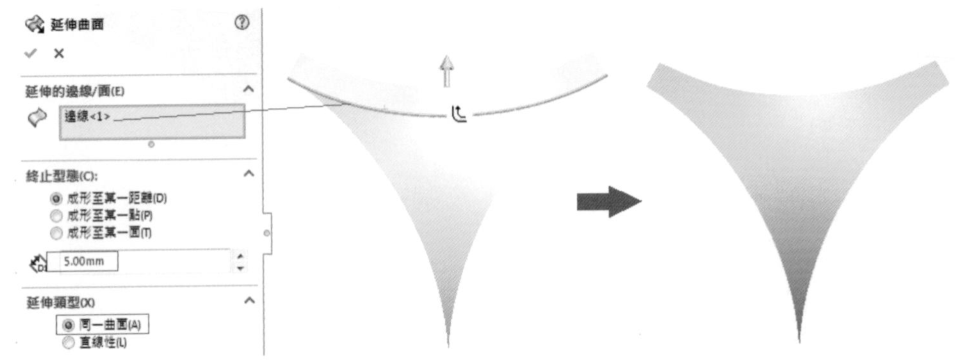

7. 依序完成其他兩邊線之延伸曲面。二等角視「 」曲面特徵之「 曲面除料」，選取曲面。

8. 完成曲面除料後，隱藏「 」曲面，完成利用曲面倒圓角。

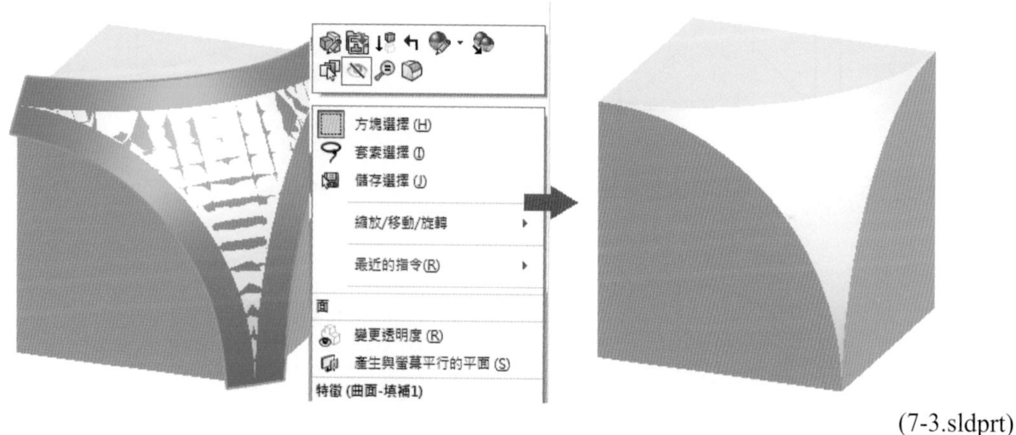

(7-3.sldprt)

7-4　骰子

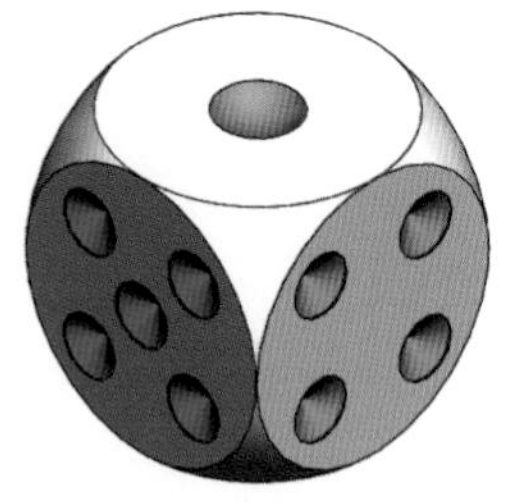

(7-4.sldprt)

1. 點選前基準面「前基準面」繪製草圖「草圖」。點選「中心矩形」繪製矩形。

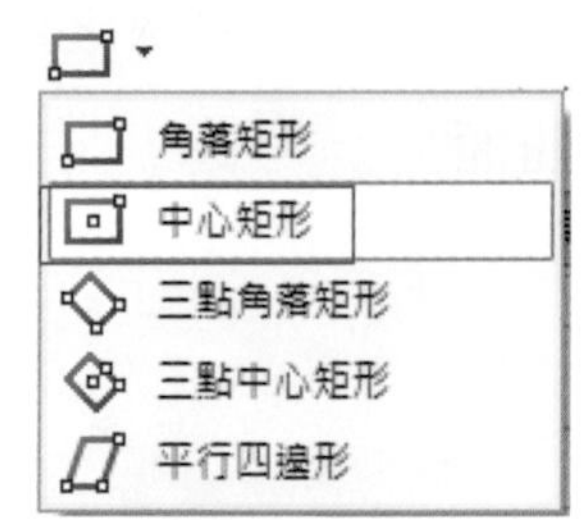

2. 特徵「伸長填料/基材」兩側對稱，伸長「20」。

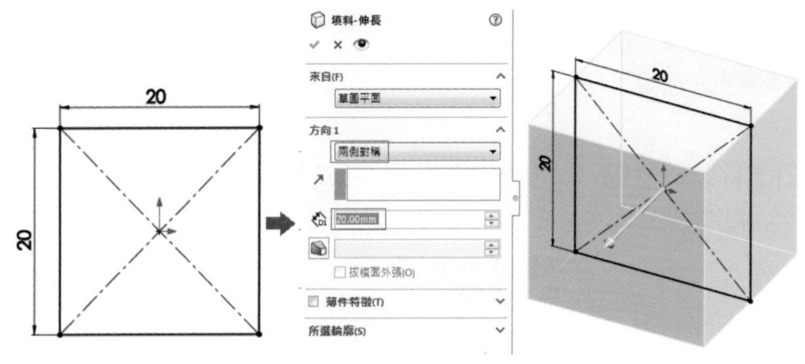

3. 點選前基準面繪製草圖畫圓「」與直線「」然後修剪「修剪圖元(T)」。

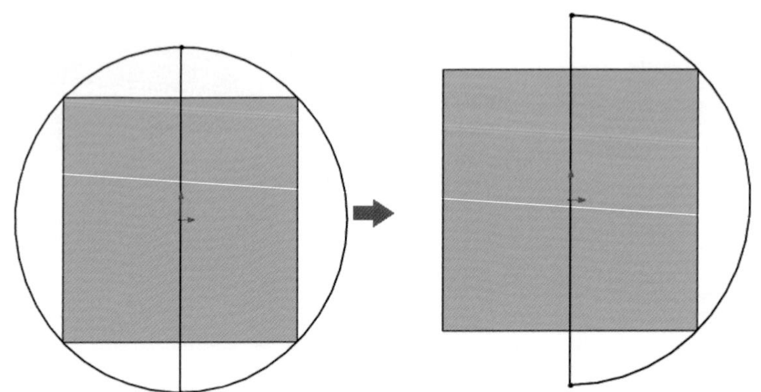

4. 點選直線按右鍵，點選幾何建構線「」，將直線切換成中心線，作爲曲面之旋轉軸。

5. 點選曲面之「旋轉曲面」完成右圖。

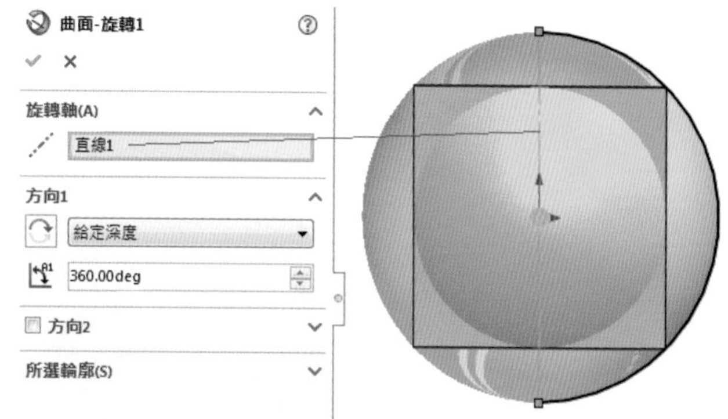

6. 曲面工具列之「曲面除料」，注意反轉除料，向外除料。

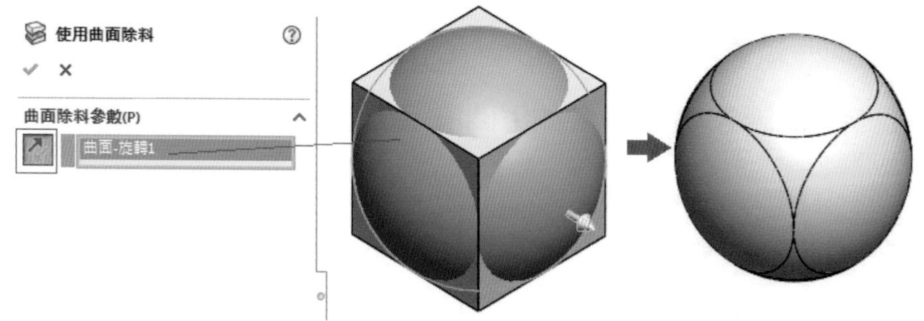

7. 點選曲面後，按右鍵「」隱藏曲面。

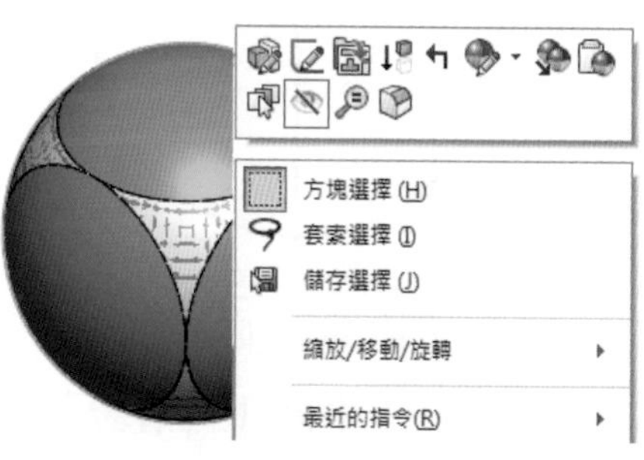

8. 完成曲面除料之模型。以異型孔鑽孔，骰子如下圖。

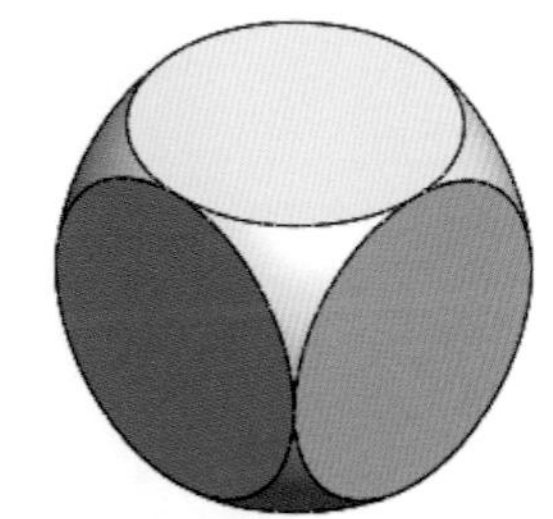

7-5 投影曲線

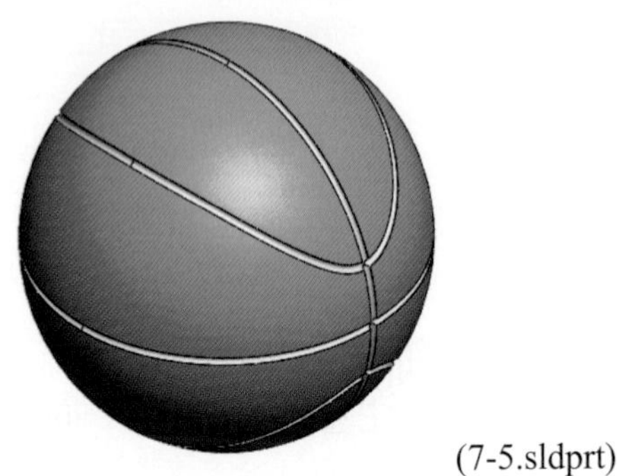

(7-5.sldprt)

1. 以前基準面「前基準面」繪製草圖「」畫圓「」直徑 100 及直線「」，修剪後，特徵旋轉「旋轉填料/基材」，如下圖所示。

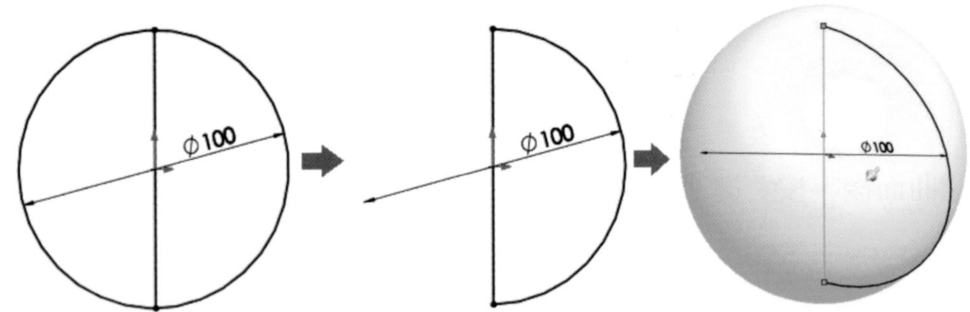

2. 插入「基準面」，以「前基準面」向前平行偏移「60mm」，得到「平面 1」，正視於「平面 1」繪製草圖「直線」，如下圖所示。

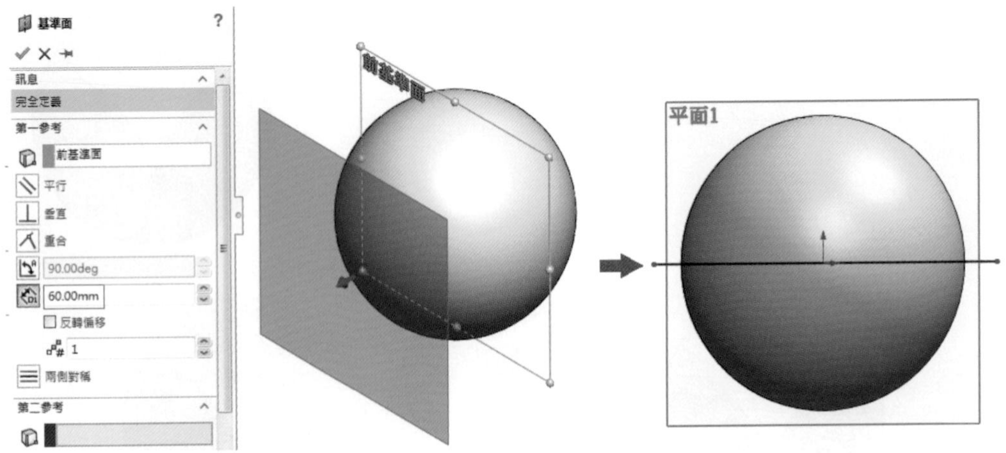

3. 等角視，「插入」\「曲線」\「 投影曲線(P)... 」。選擇「投影草圖到面」。注意反轉投影方向。

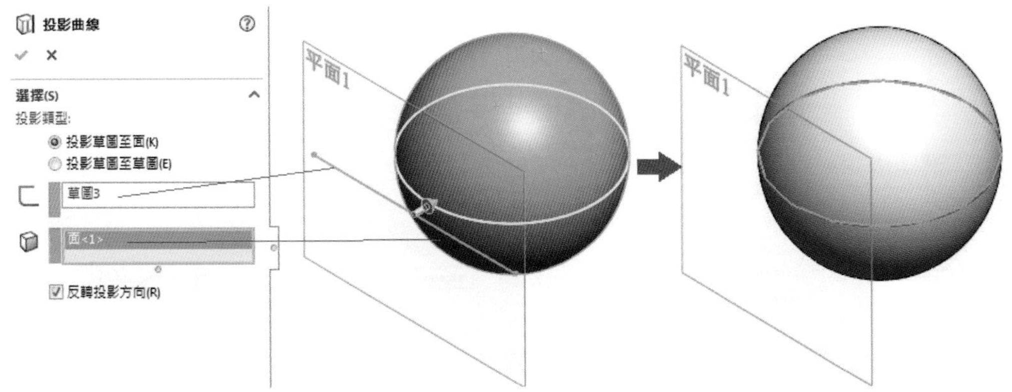

4. 同法偏移「上基準面」平行「60mm」，繪製直線，「插入」\「曲線」\「 投影曲線(P)... 」。

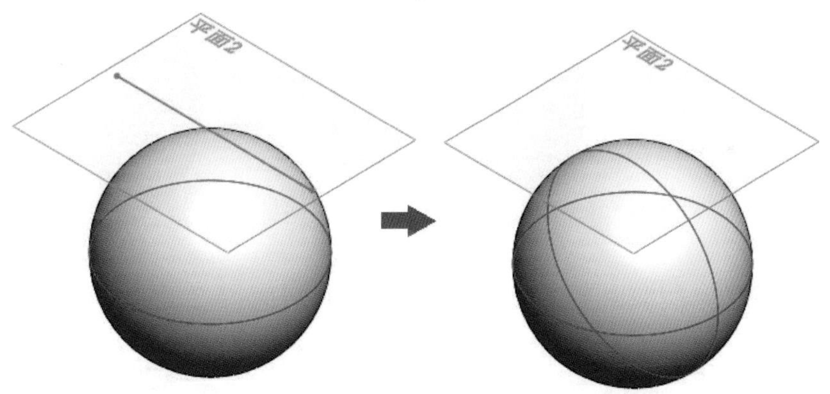

5. 以「平面 2」繪製草圖「 」或是「工具」/「草圖圖元」/「 橢圓(長短軸之半)(E) 」，長軸「95mm」，短軸「65mm」，結束草圖。等角視，「插入」\「曲線」\「 投影曲線(P)... 」。

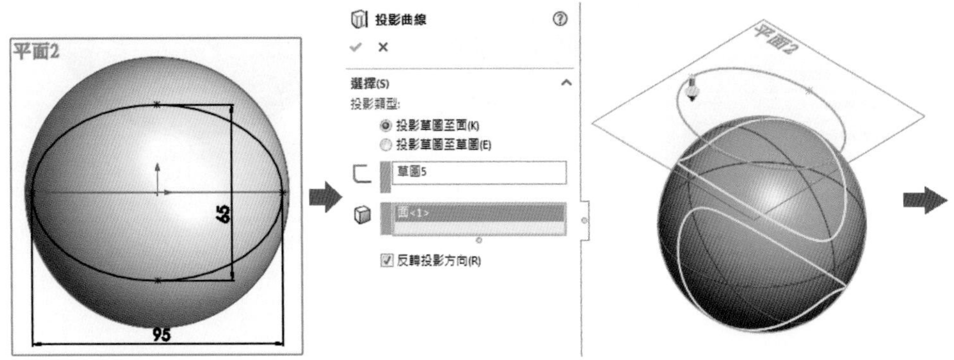

6. 點選「前基準面」繪製草圖，直徑 2 之圓，結束草圖。特徵「插入」\「除料」\「掃出除料」。

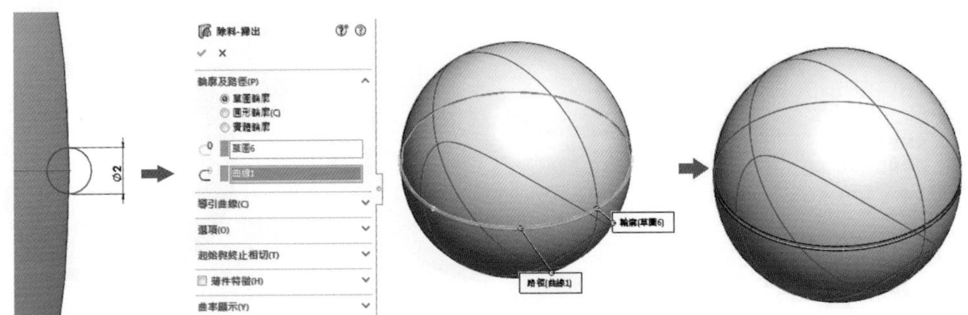

7. 「右基準面」繪製直徑 2 之圓，特徵「掃出除料」。

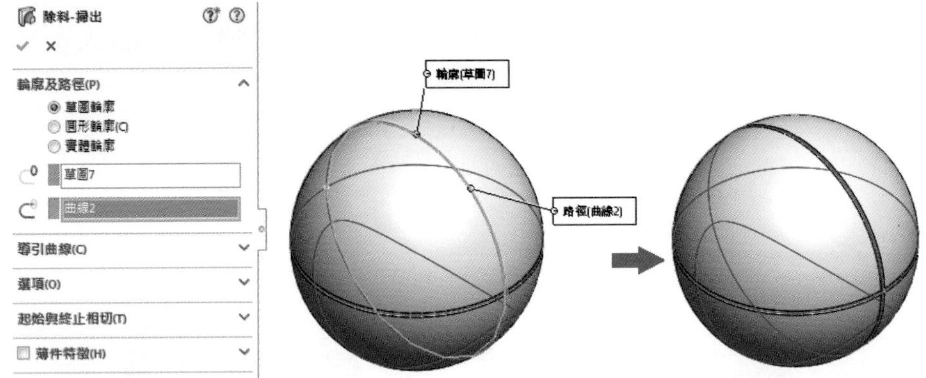

8. 「右基準面」在橢圓投影曲線交會點，繪製直徑 2 之圓，特徵「掃出除料」。

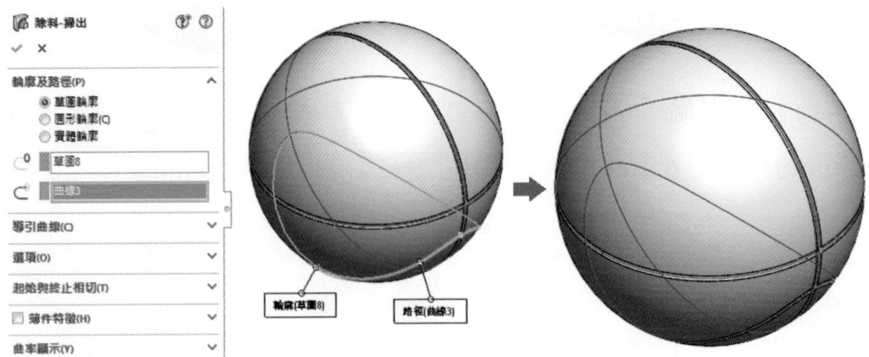

9. 鏡射，橢圓投影曲線掃出之特徵，編輯色彩完成一顆籃球。

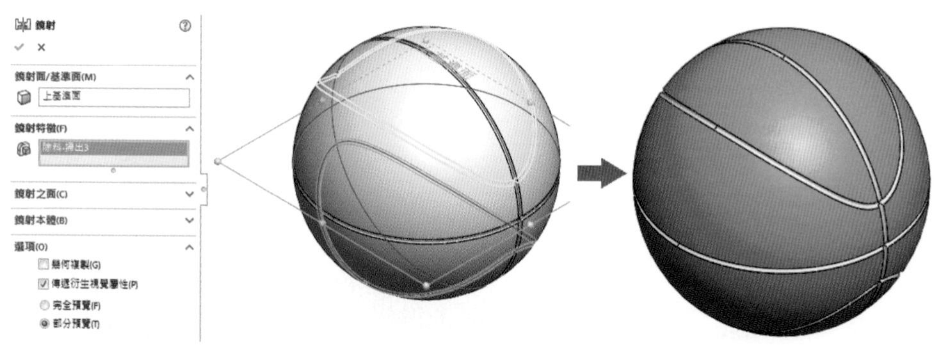

在產品設計時，常想將產品的外形做成較美觀的造型，若只用實體模型技術是比較難完成的。因此當您想要設計外形時，使用曲面技術會是比較好的方法。

7-6　凹陷

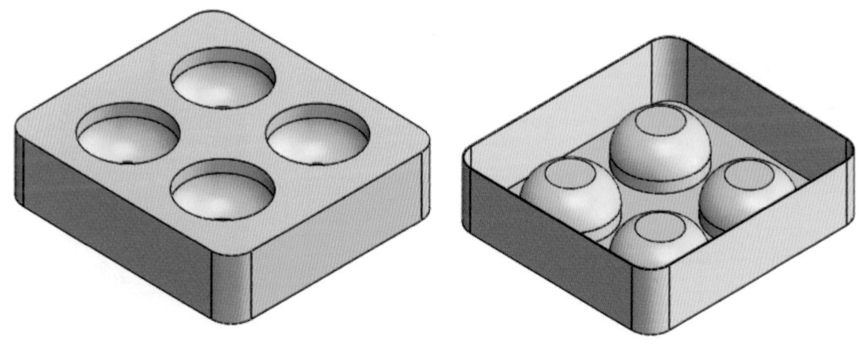

凹陷特徵會在目標本體上產生與所選工具本體輪廓完全相符的偏移內凹或伸長特徵，會使用厚度及餘隙值來產生特徵。

1. 以「前基準面」繪製草圖，尺度如右圖所示，然後特徵「旋轉填料/基材」，完成瓶子造型。

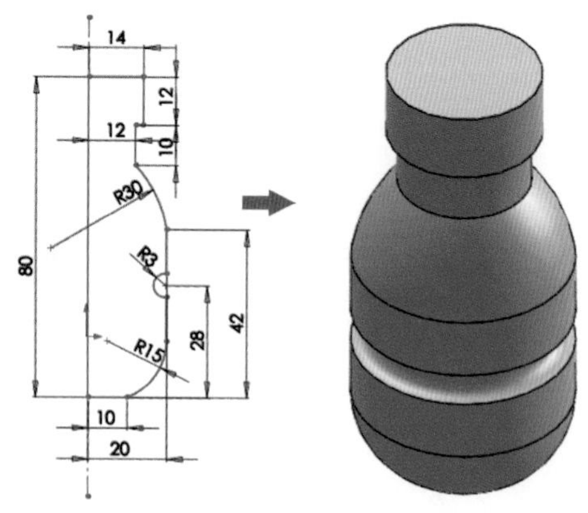

2. 特徵「圓角」，點選三處邊線「R3」。

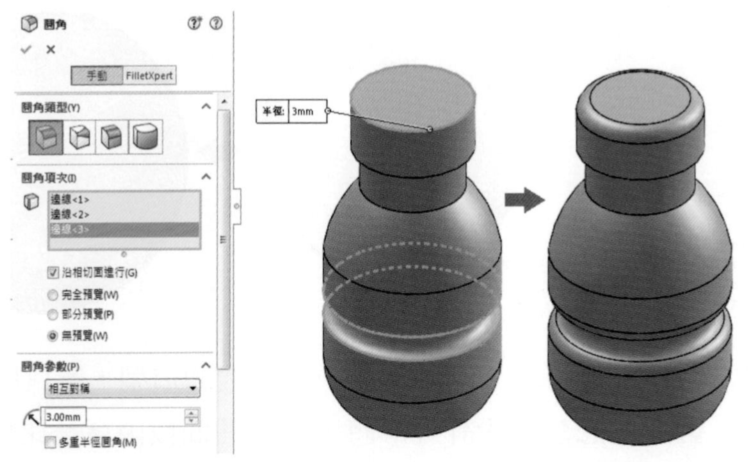

(7-6a.sldprt)

3. 以「上基準面」繪製草圖「」，尺度標註如下圖所示，然後點選曲面特徵「伸長曲面」，「方向 1」向上伸長 90，「方向 2」向下伸長 30。

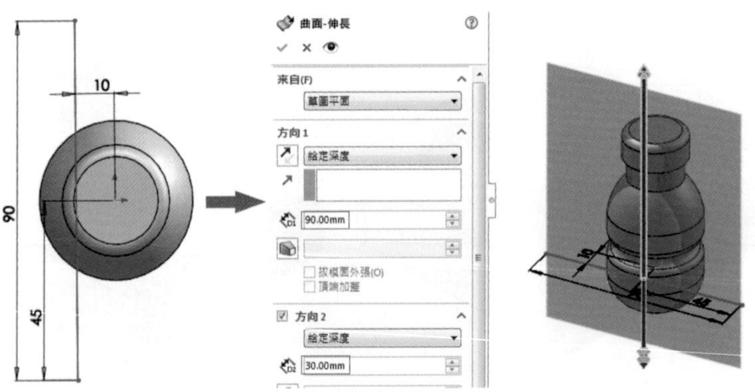

4. 改變瓶子顏色「」爲「橘色」，點選「插入」/「特徵」/「凹陷(N)...」，「目標本體」點選「伸長曲面」，「工具本體區域」點取欲得到凹陷面之瓶子上一點，如下圖所示，從「特徵管理員中」隱藏瓶子滑鼠右鍵按「」。

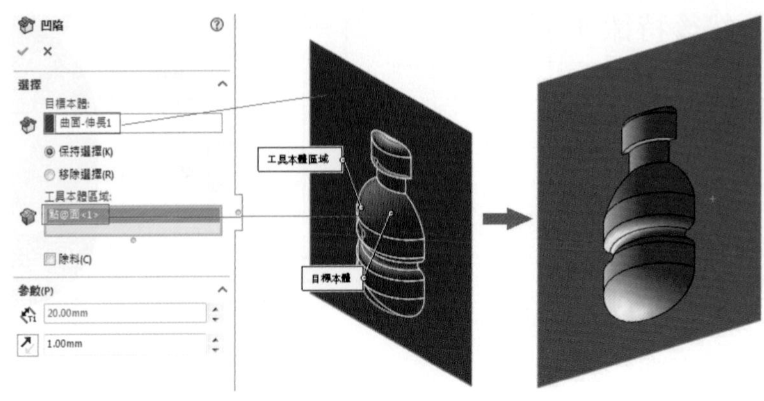

5. 點選「插入」/「特徵」/「 凹陷(N)...」，「目標本體」點選「伸長曲面」，「工具本體區域」點取欲得到凹陷面之瓶子上一點，若勾選 V 除料，則如下圖所示，從「特徵管理員中」隱藏瓶子滑鼠右鍵按「」後，產生挖除之孔。

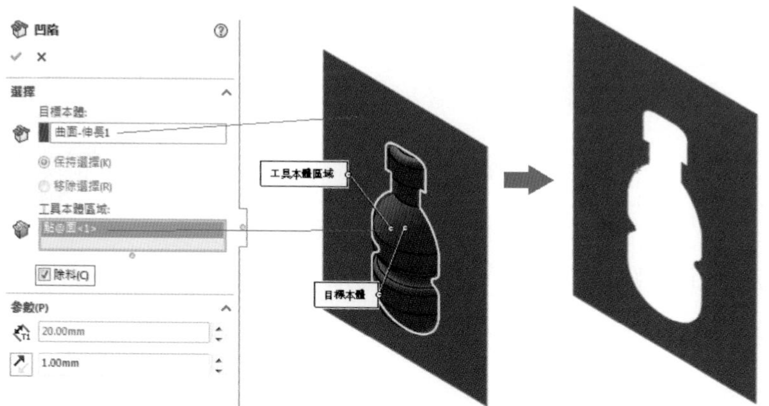

6. 點選曲面特徵「 規則曲面 」，「類型」垂直於曲面，伸長 20，點選四條邊線。

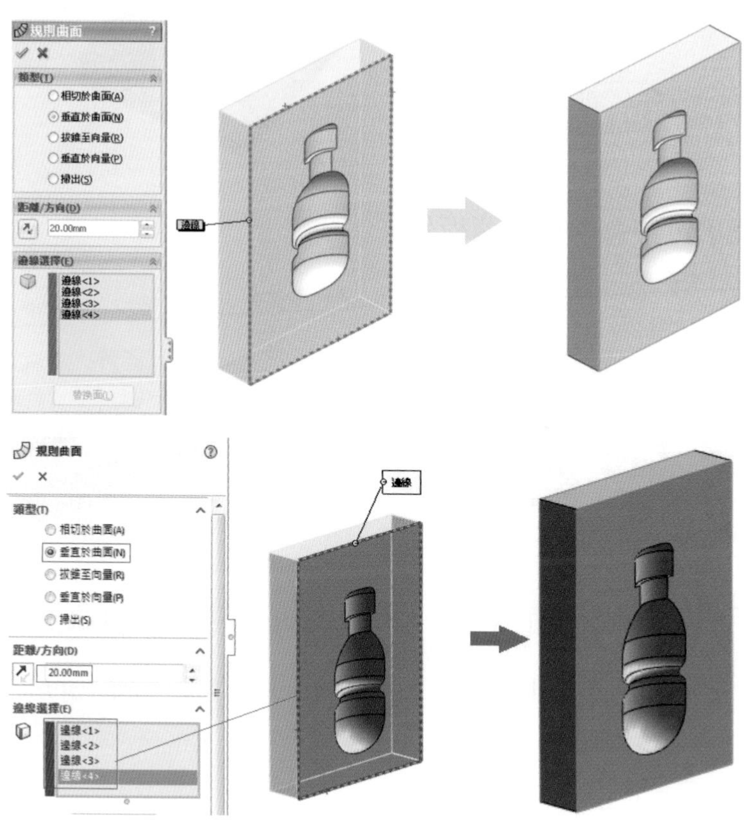

7. 點選曲面特徵「縫織曲面」，將凹陷與規則曲面縫織爲單一曲面。

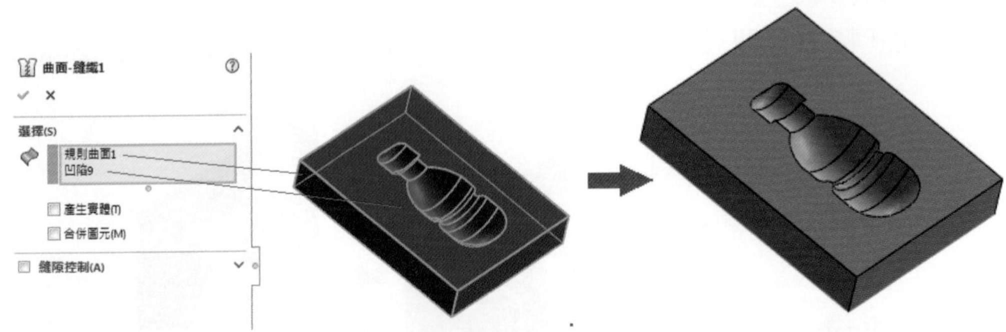

8. 點選「插入」/「填料/基材」/「厚面(T)...」，厚度「」加厚一邊「0.5mm」，如下圖所示。

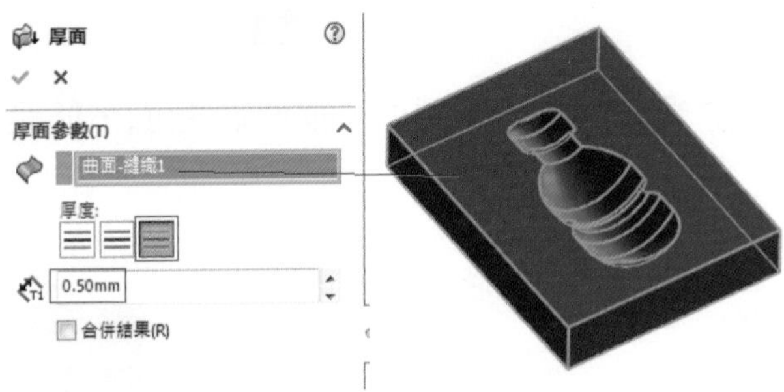

9. 完成單一瓶子包裝盒內襯之薄板件。

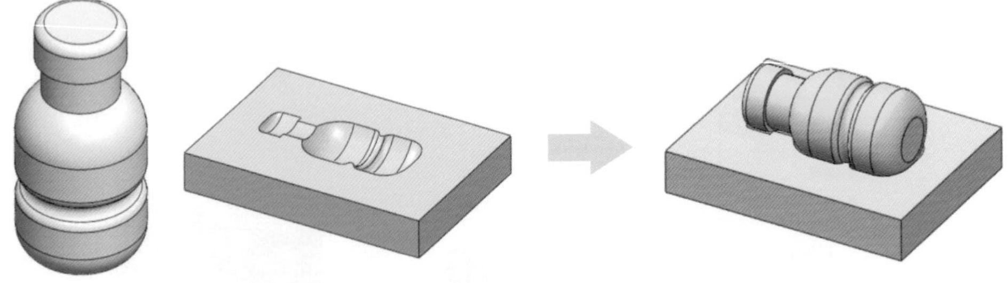

10. 開啓新檔「」，點選組合件「」，插入四個零件(瓶子)，如下圖所示。儲存組合圖名稱「7-6-2.sldasm」。輸入的第 1 個是「固定的」其餘是浮動的。

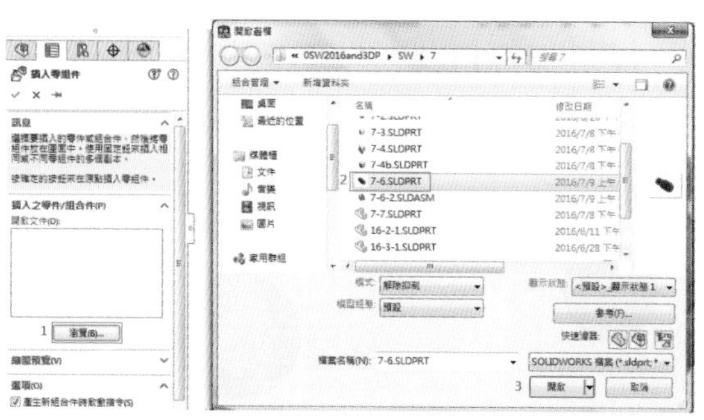
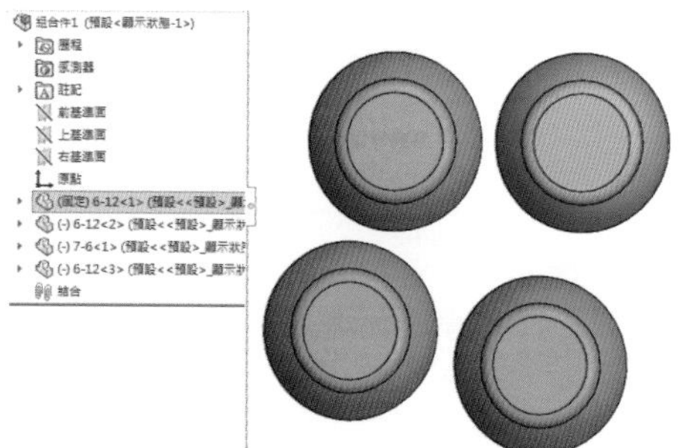

11. 點選「固定」件按「右鍵」出現選項表單，點選「浮動」，如右圖所示。

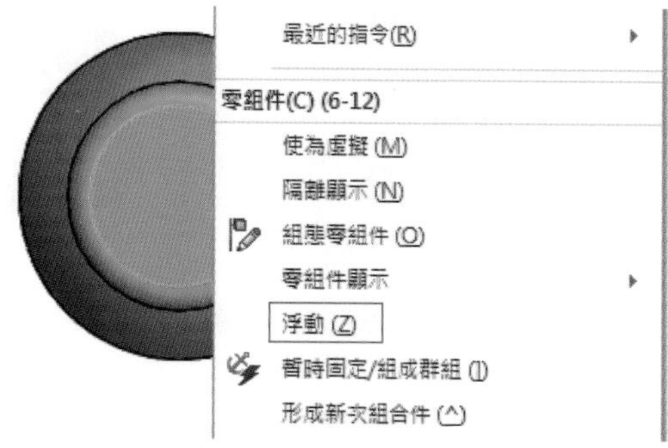

12. 在上視「」移動位置「移動零組件」，在作圖區左下角座標符號為「*上視」X 軸向右為正，Z 軸向下為正。移動模式為「到 XYZ 位置」，點選藍色面零件輸入下圖座標「X0，Y0，Z0」按「確定」，移動至原點位置。

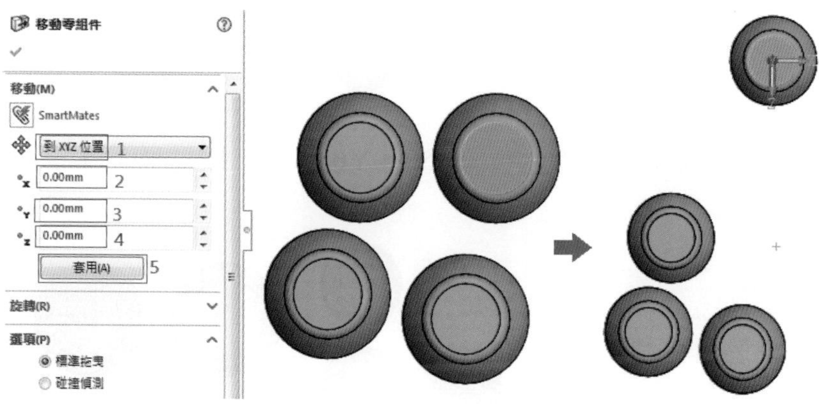

13. 點選藍色面零件輸入下圖座標「X0，Y0，Z50」按「確定」。

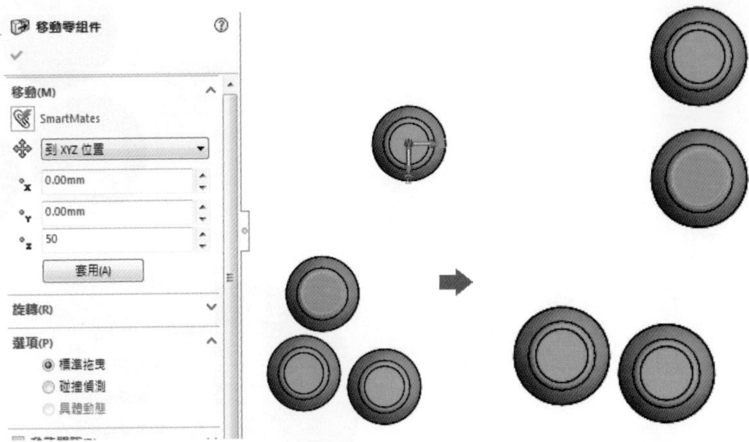

14. 點選藍色面零件輸入下圖座標「X-50，Y0，Z50」按「確定」。

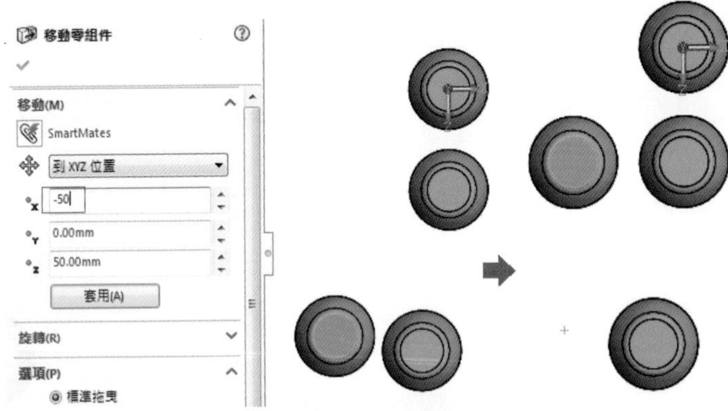

15. 點選藍色面零件輸入下圖座標「X-50，Y0，Z0」按「確定」。

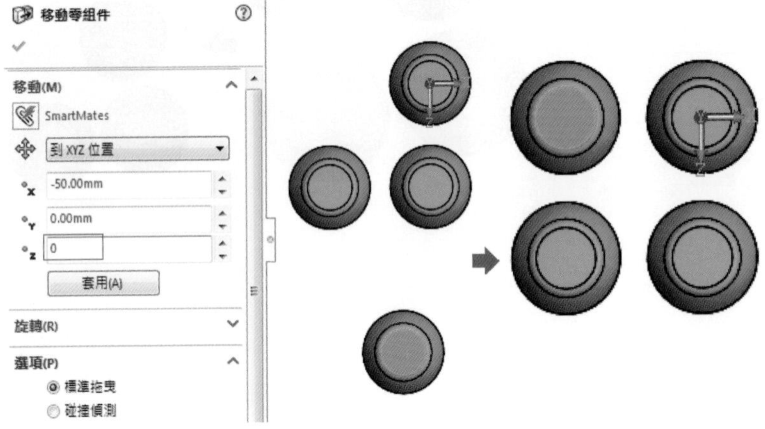

16. 組合件特徵工具列「插入零組件」下方「 ▾ 」之「新零件」，或是「插入」\「零組件」\「新零件」。點選「前基準面」正視於「」繪製草圖「草圖」直線「」位置尺度如下圖所示，直線跨越瓶子兩邊。

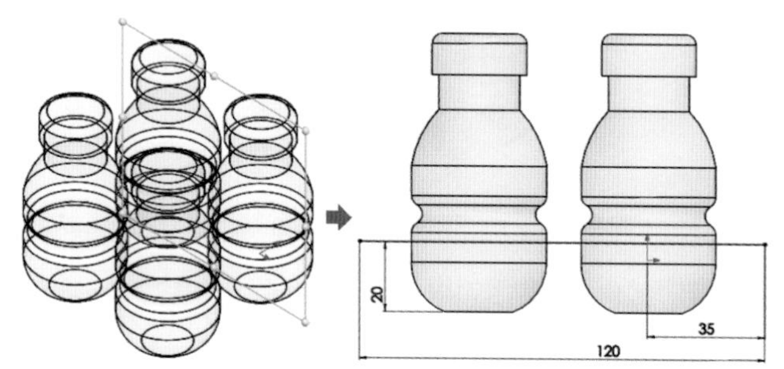

17. 點選曲面「特徵」之「伸長曲面」。標準視角「上基準面」，「方向 1」伸長 80，方向 2 伸長 30，可完全包圍四個瓶子。

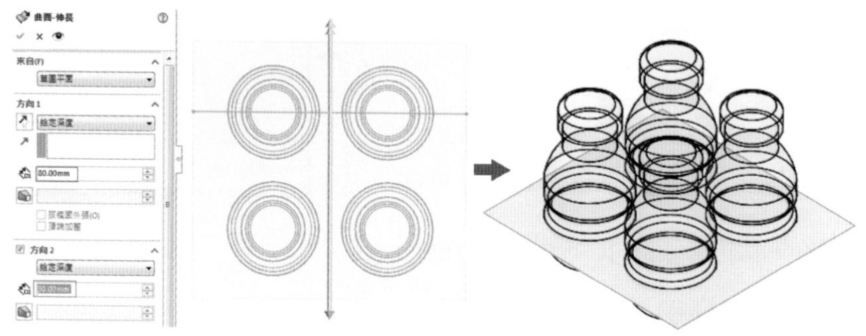

18. 「插入」\「特徵」\「凹陷(N)...」，標準視角以可看到底部之視角最佳，點選曲面為目標本體，瓶底為工具本體區域，如無法一次完成，則分次依序完成「凹陷」，如下圖所示。

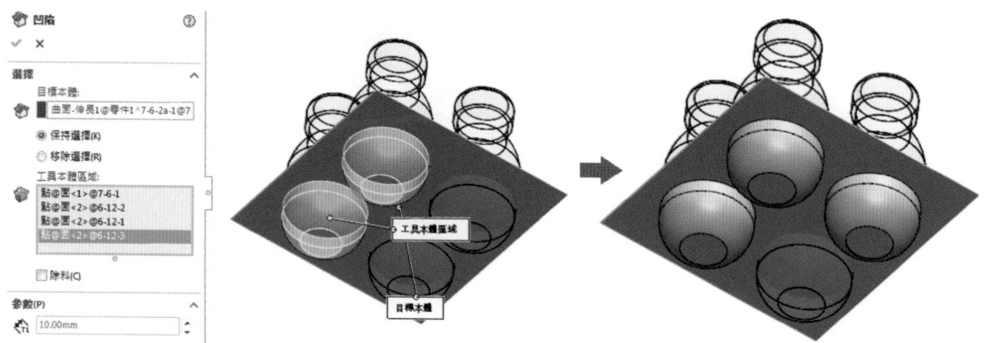

19. 分次完成之凹陷如下圖所示。

20. 點選「[icon]」離開新零件，點取曲面按右鍵「儲存零件(在外部檔案中) (L)」，可將檔案儲存於指定路徑與名稱。

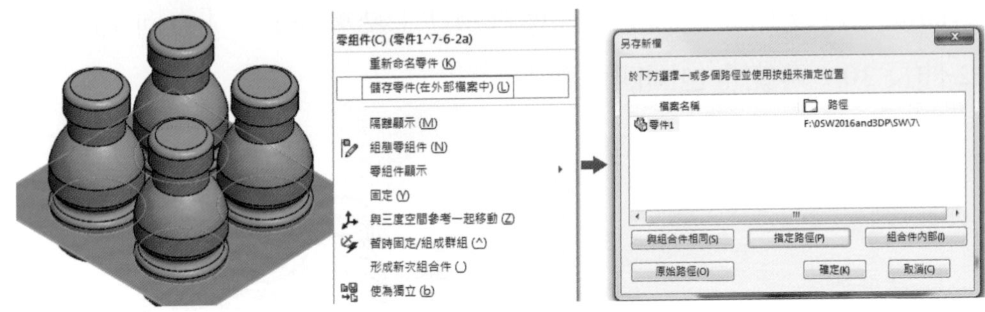

21. 儲存檔案後，開啓零件」。曲面特徵「[icon] 規則曲面」，類型選「垂直於曲面」伸長 30，點選四條邊線，如下圖所示。

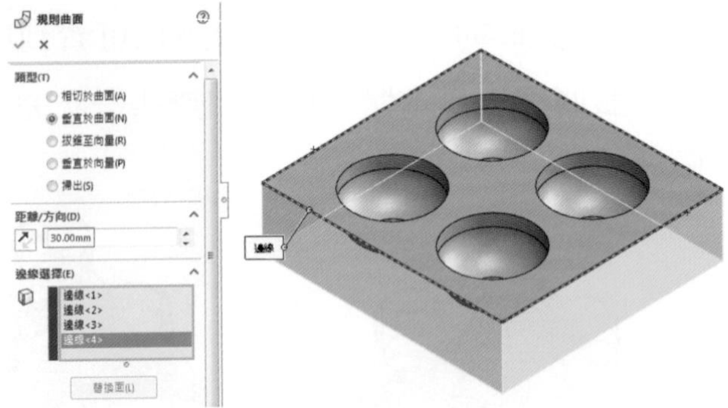

22. 選取「縫織曲面」將所有曲面縫織完成後，倒圓角「圓角」4 條邊線「R10」。

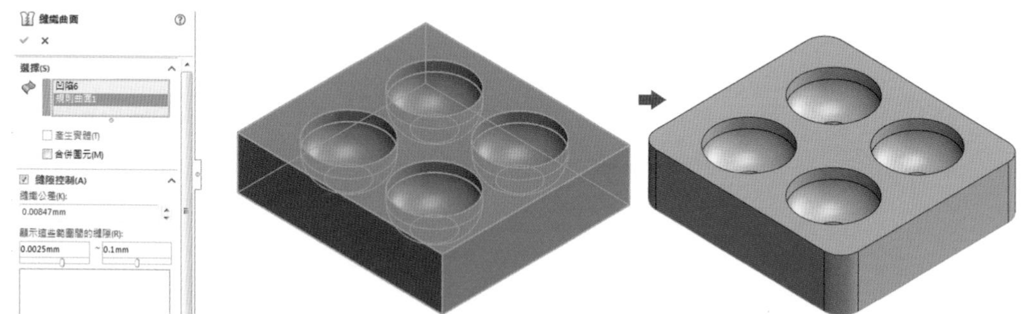

23. 選取「加厚」將曲面向下加厚「0.5」完成薄殼至盛裝盒。

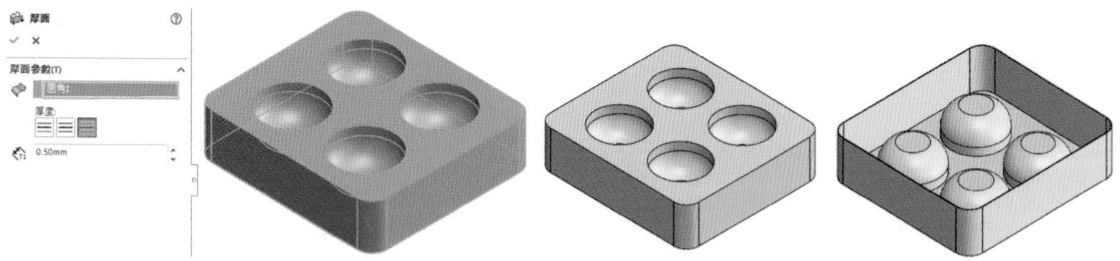

(7-6b.sldprt)

7-7 曲面疊層拉伸

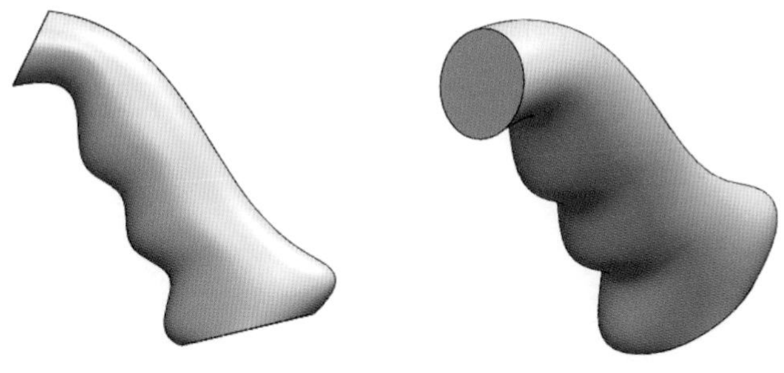

(7-7.sldprt)

1. 選取前基準面「前基準面」繪製草圖，三點定弧「」，尺度如下圖。點選「參考幾何」下之「▾」按「基準面」，選取上端點與圓弧產生「平面 1」，畫圓「」直徑 30。

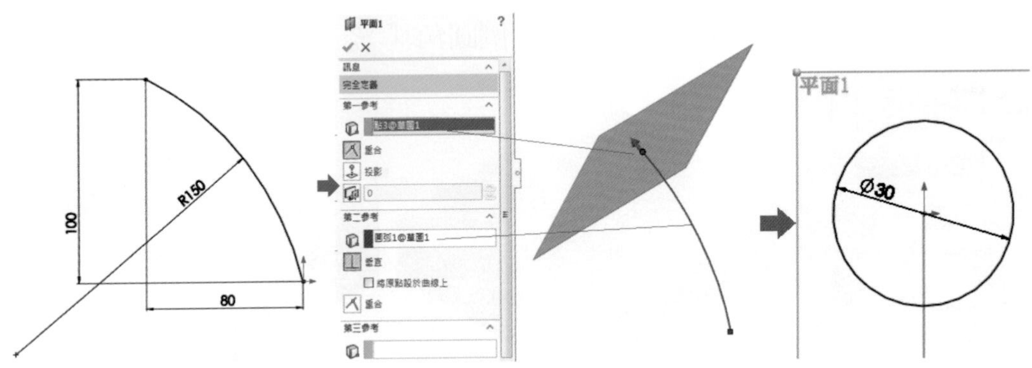

2. 點選「參考幾何」下之「 ▾ 」按「 基準面 」，選取下端點與圓弧產生「平面 2」，畫橢圓「 」長徑 50 短徑 30。

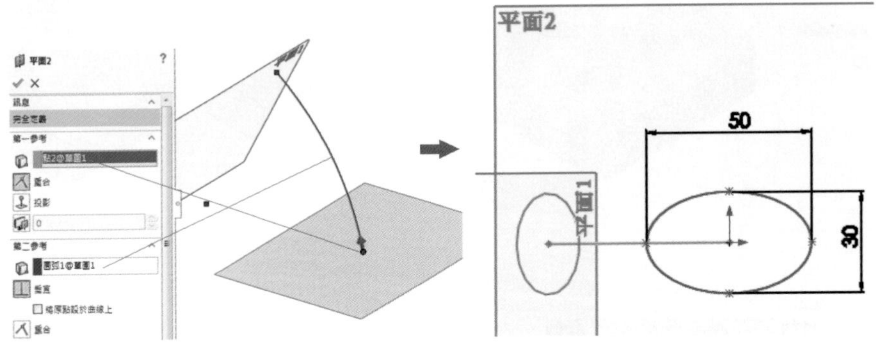

3. 前基準面「 前基準面 」草圖畫不規則曲線「 」，兩端點 1、2 貫穿圓及橢圓，如下圖左所示，完成後結束草圖。重新再選前基準面「 前基準面 」草圖畫不規則曲線「 」，兩端點 3、4 貫穿圓及橢圓，如下圖右所示，完成後結束草圖。

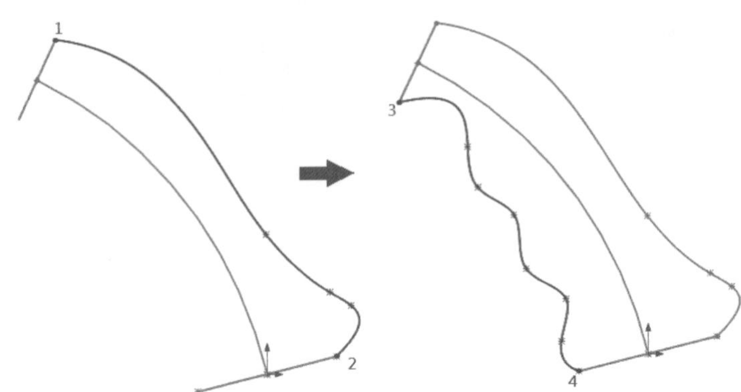

4. 曲面工具列「疊層拉伸曲面」，選取兩端面之圓與橢圓為輪廓，兩條曲線為導引曲線，圓弧為中心線參數，完成曲面之疊層拉伸。

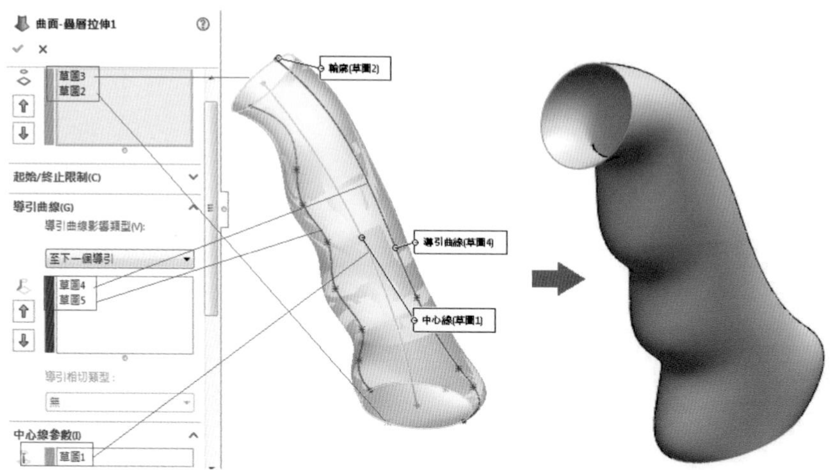

5. 曲面工具列「填補曲面」完成上端曲面填補後按「 ✔ 」。再重新坐下端面之曲面填補。

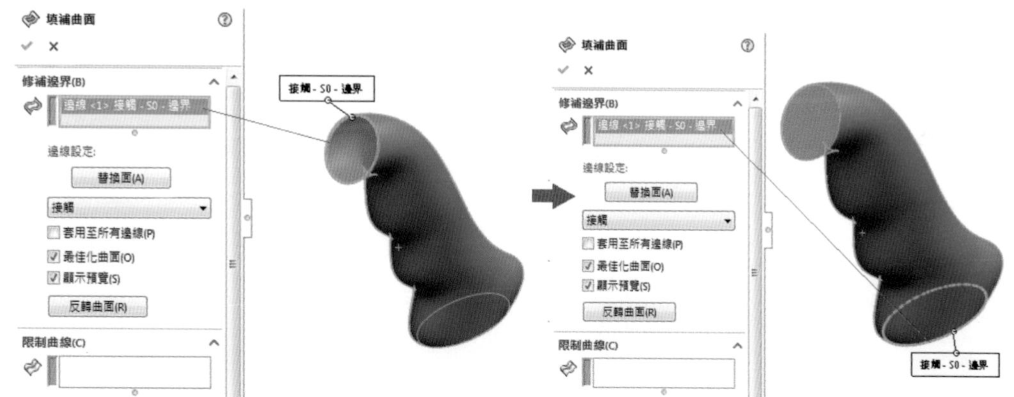

6. 曲面工具列「縫織曲面」，點選 3 個曲面後，勾選 V 產生實體，完成握把之實體。

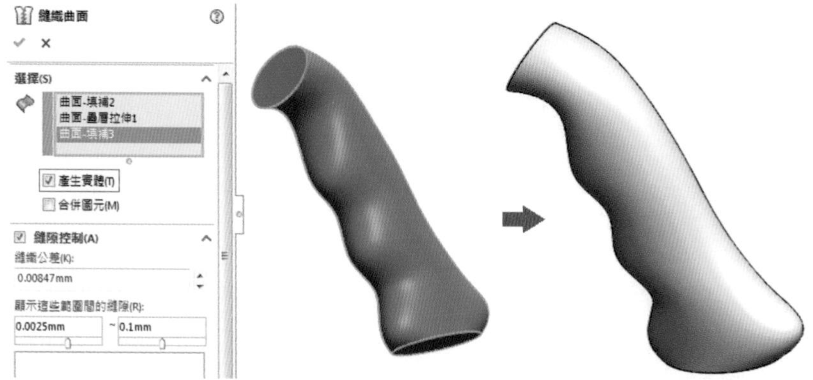

組合件

8-1 組合件

8-2 爆炸視圖(立體分解系統圖)

8-3 爆炸線

8-4 從組合件產生新零件

本章你將學到的技能有：

- 插入零件/組合件
- 組合面重合
- 圓柱面同軸心
- 面平行與對正
- 爆炸線
- 組合件產生新零件

8-1 組合件

請利用所附光碟第八章目錄內之支持架，依照下列步驟將很快學會零件之組合。

1. 開新檔案「」，可從「初學使用者」或是「進階使用者」對話框，點選「組合件」後按「確定」。

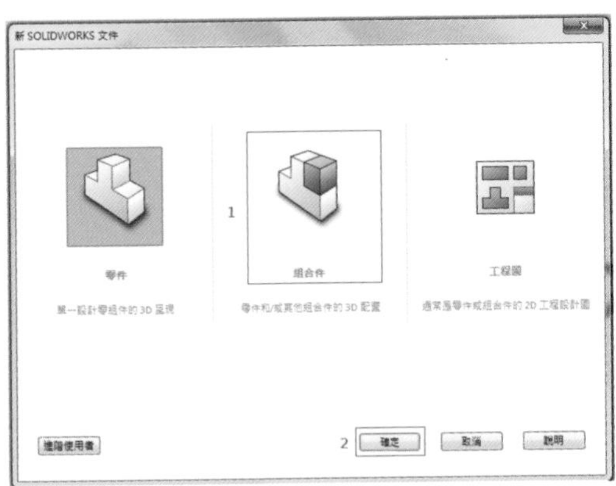

2. 從「開始組合件」對話框，步驟 1「瀏覽」中開啓光碟資料第 8 章，步驟 2 選取「支持架組合件\Part-1」，然後步驟 3 按「確定」。

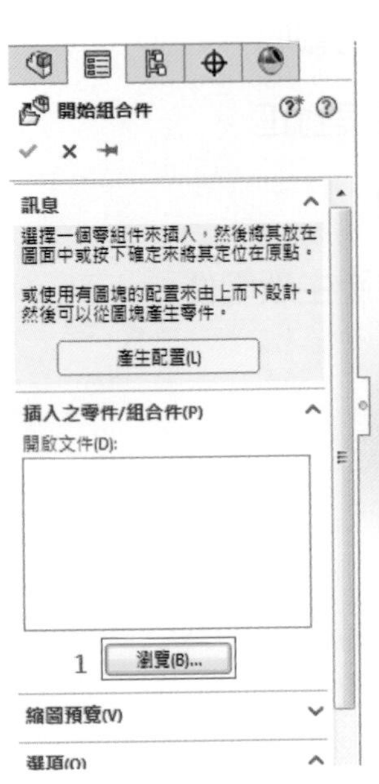

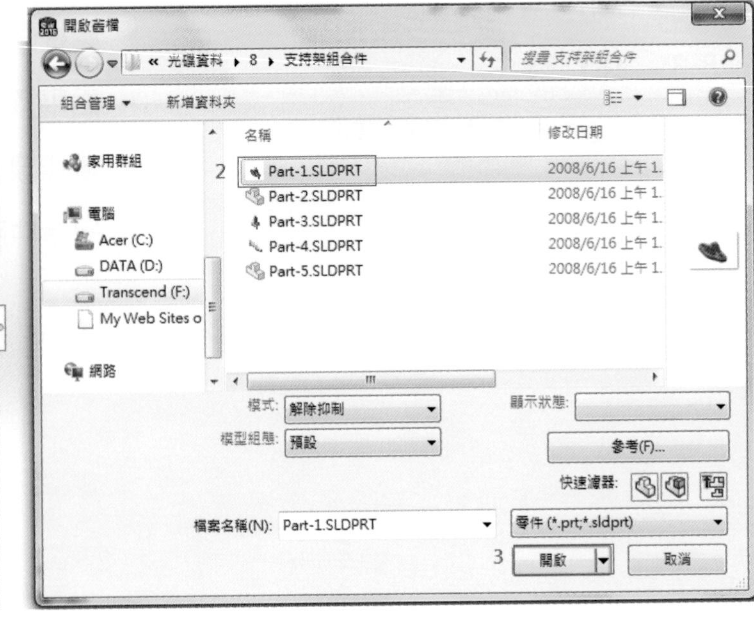

3. 滑鼠指定放置零件位置後，標準視角等角視「 」。滑鼠中鍵滾輪可縮放視窗大小。

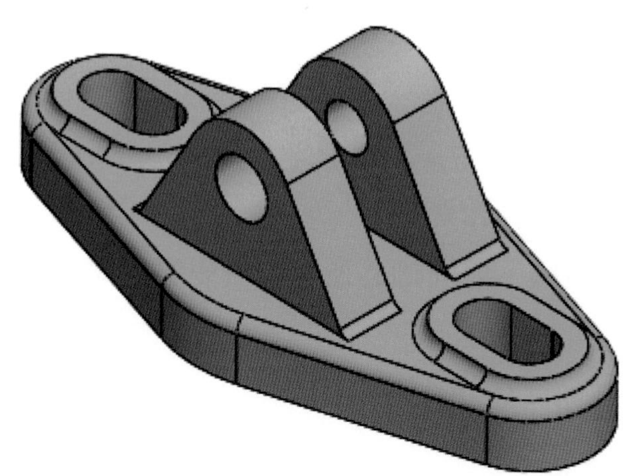

4. 在組合件之特徵工具列點選「插入零組件」，或是下拉式功能表「插入」/「零組件」/「現有的零件/組合件(E)..」，依序插入「Part-2」、「Part-3」、「Part-4」、「Part-5」。

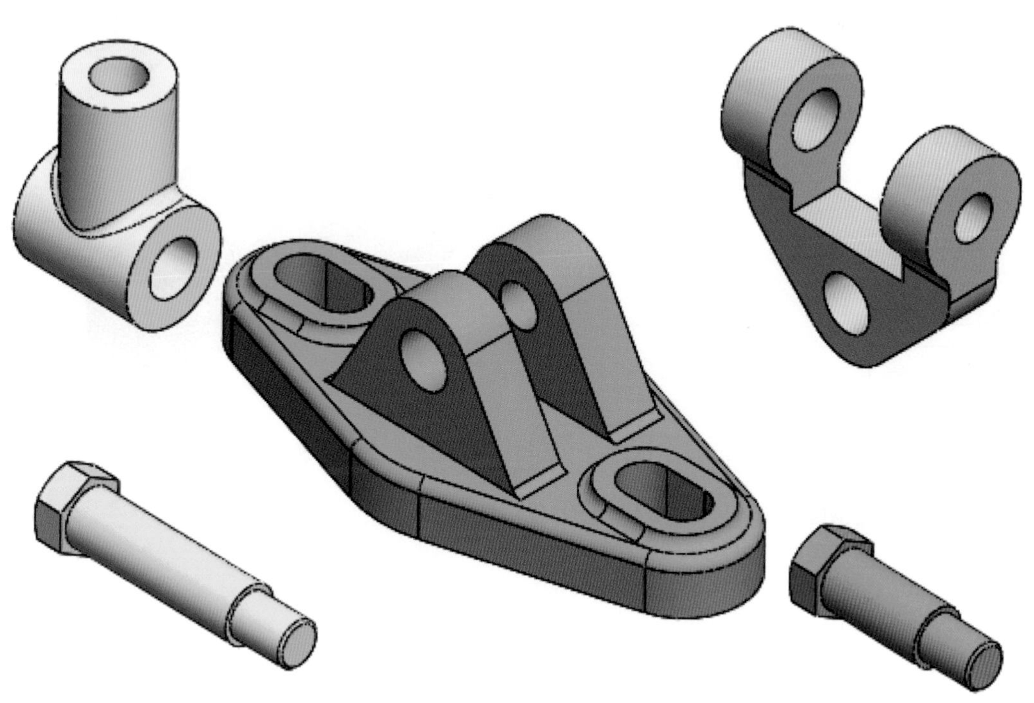

5. 如果插入位置不是恰當，除了第一個插入零件是固定外，其餘各件可以滑鼠移動至適當位置。「零件 1」可以由特徵管理員中「(固定)零件 1<1>」按滑鼠右鍵，改為「浮動」，或直接點取模型後再按「右鍵」將零件改為「浮動」再移至適當位置。

6. 點選「組合件」工具列之「結合」或是「插入/「結合方式(M)...」。點選下圖之兩個圓孔邊緣，標準結合選擇「同軸心(N)」使用「同軸心」時，主要是兩圓弧面中心軸成一直線，但同軸心還有一個變數就是接觸面。調整軸心端面的結合面位置。

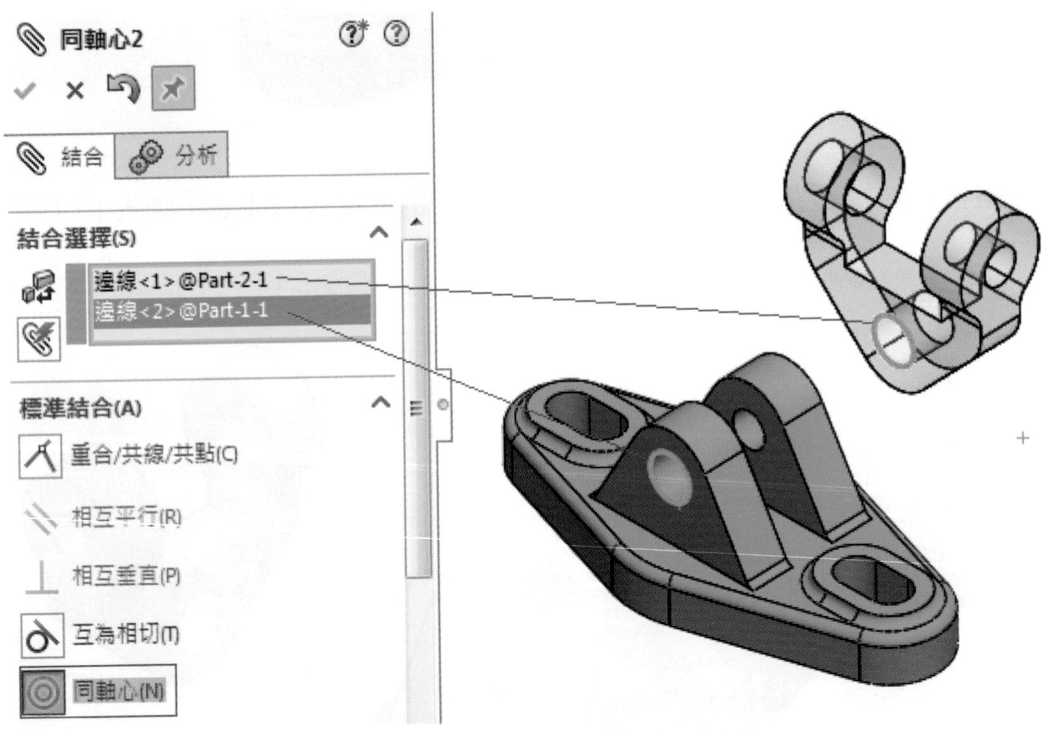

7. 選取欲重合的兩個平面，可按住滑鼠「中鍵」旋轉零件後，再點選平面。再選取「重合/共線/共點(C)」，完成平面之重合。

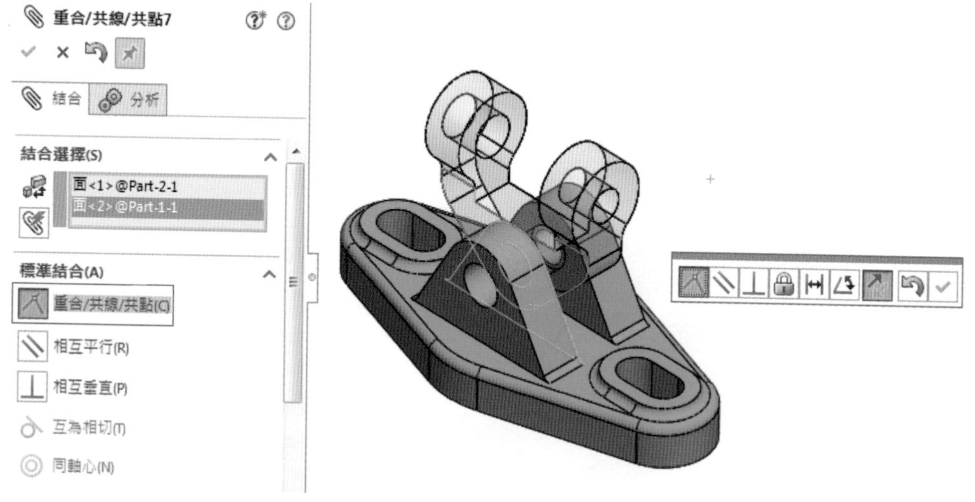

8. 點選下圖之兩個「圓柱面」，自動設定爲「同軸心(N)」，當 發現同軸心之軸向不對時，可點選結合對正之按鈕「　」選擇方向，調整後按「✔」。

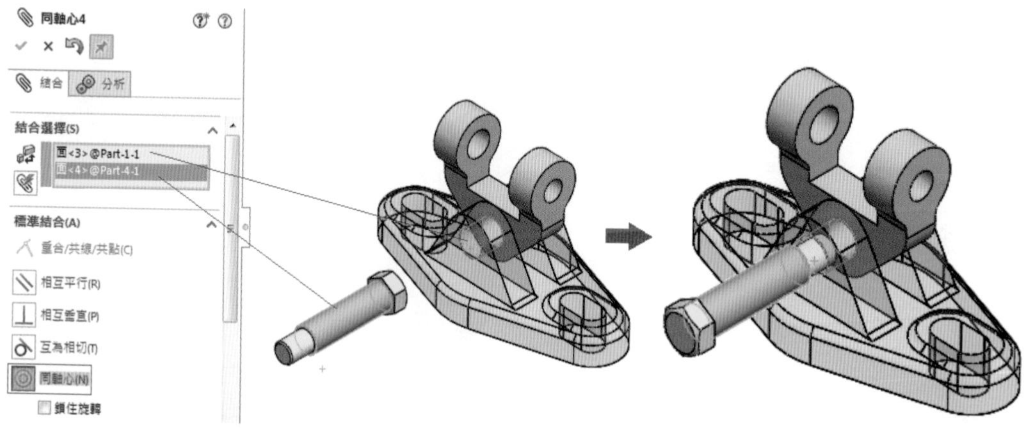

9. 完成同軸心後選擇欲重合或是平行之平面，按住滑鼠「中鍵」旋轉零件後，再點選平面，「重合/共線/共點(C)」。

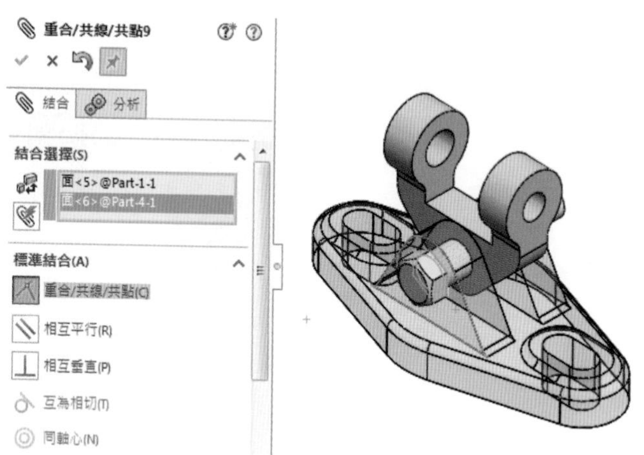

10. 點選如下圖之兩圓孔邊緣線後，按「同軸心(N)」。

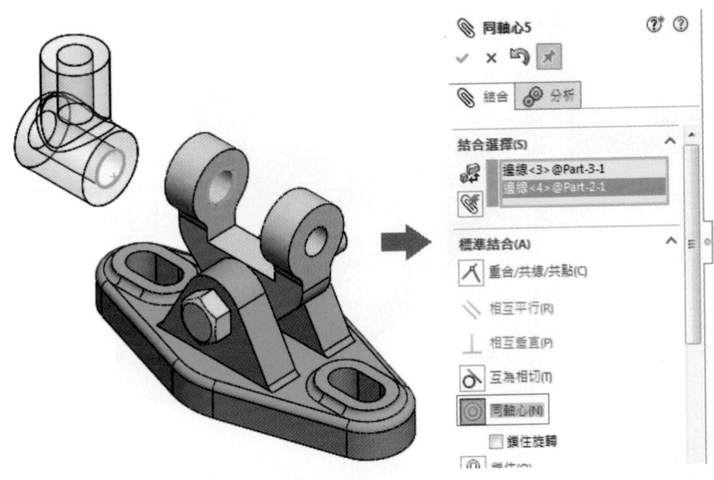

11. 繼續選取平面，選不到的平面可以按滑鼠「中鍵」旋轉後選取，也可如下圖，按住該區域後按滑鼠「右鍵」後「選擇其他 (F)」，選取平面。

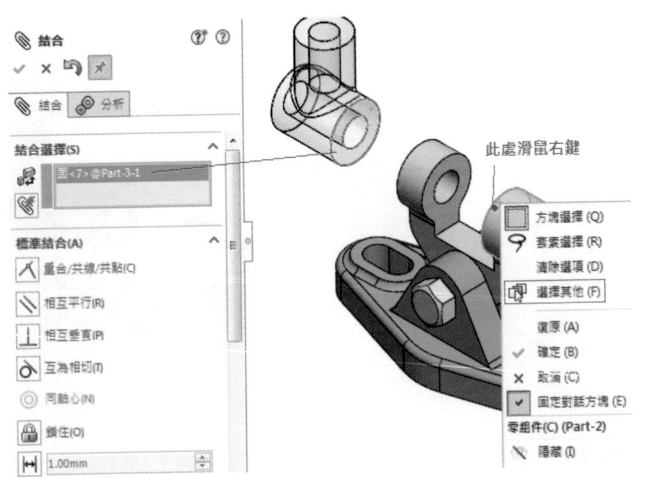

12. 完成面之重合。

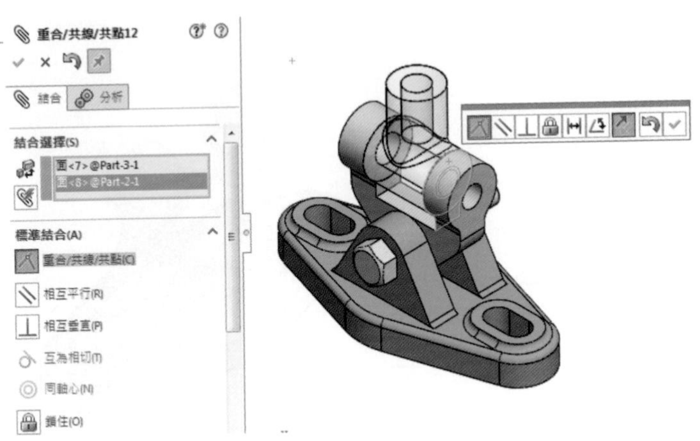

13. 點選下圖之兩個「圓柱面」，自動設定為「◎ 同軸心(N)」。

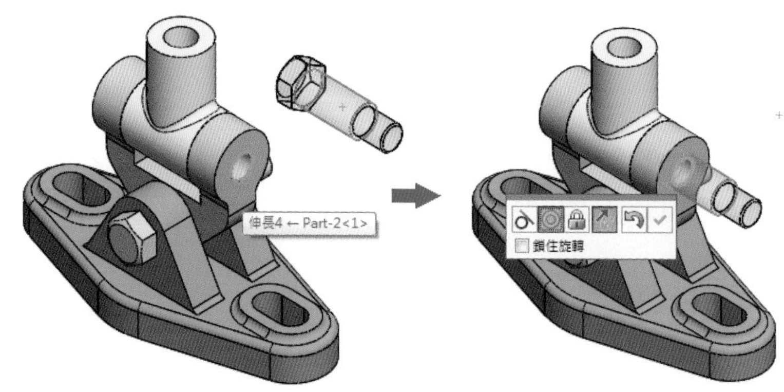

14. 點選平面「1」、「2」後，結合條件為「相互平行(R)」。可調整平行之距離「27.00mm」及勾選尺度之正反向「☑ 反轉尺寸(F)」。

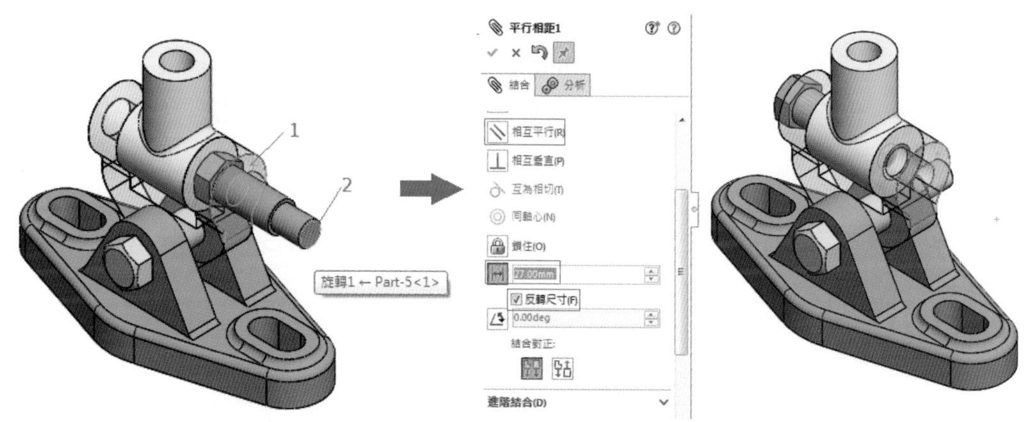

15. 完成組合件，另存檔案 8-1，檔名格式為組合件「組合件 (*.asm;*.sldasm)」。

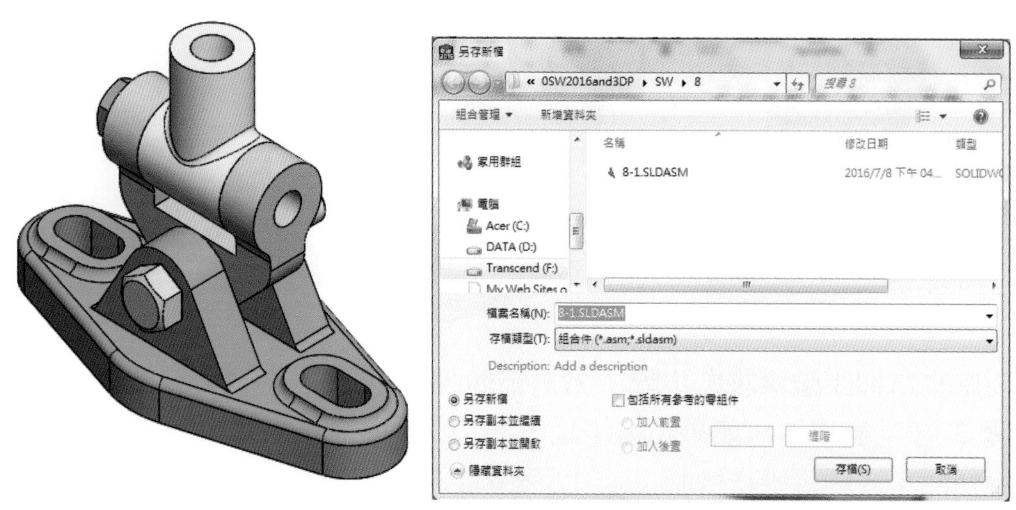

16. 如要修改結合條件，可在「特徵管理員」點選「結合」，選取欲修改之結合方式，按「右鍵」之「編輯特徵」，進行結合條件之修改。

重點提示

對於平行的面有重合或是平行距離，善用「結合對正」或是「反轉尺寸」可以調整配合面是否正確。

8-2 爆炸視圖(立體分解系統圖)

由許多零件組成的物體，依其應有的裝配順序，以同一比例，同一種立體圖法，有系統的畫出所有零件之立體面，即稱爲立體分解系統圖。圖中各零件之軸線須對齊，亦可曲折，但各零件之立體圖需盡量避免重疊，以下介紹組合件畫成系統圖之步驟。

1. 組合件工具列「爆炸視圖」或是「插入」/「爆炸視圖(V)...」，開啓爆炸視圖之對話框。「」。點選「Part-4」出現橘色軸向箭頭，點選「A」處爲藍色向左邊拖曳至適當位置。完成後再選項中選取「完成(D)」。此方式無法得知分開距離。

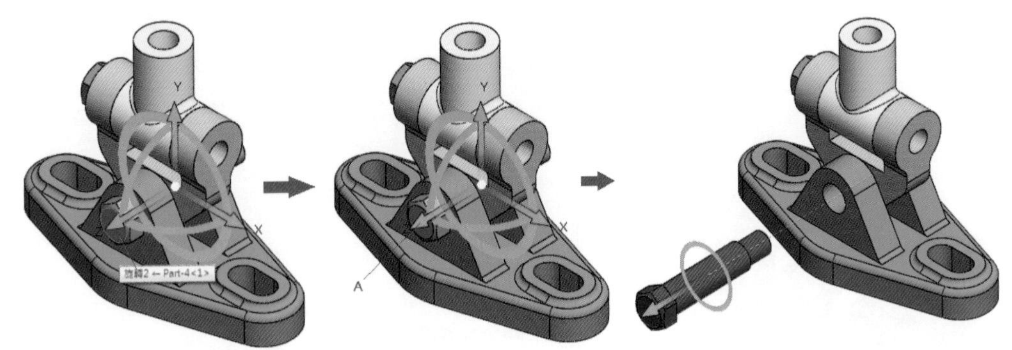

2. 要確實掌握距離應該，步驟 1 方向箭頭(變藍色)，步驟 2 輸入距離「30」，步驟 3 按「套用」，如果距離不足，按「」向上增加距離到「160」時會有預覽功能，當到適當位置時，按「完成(D)」。

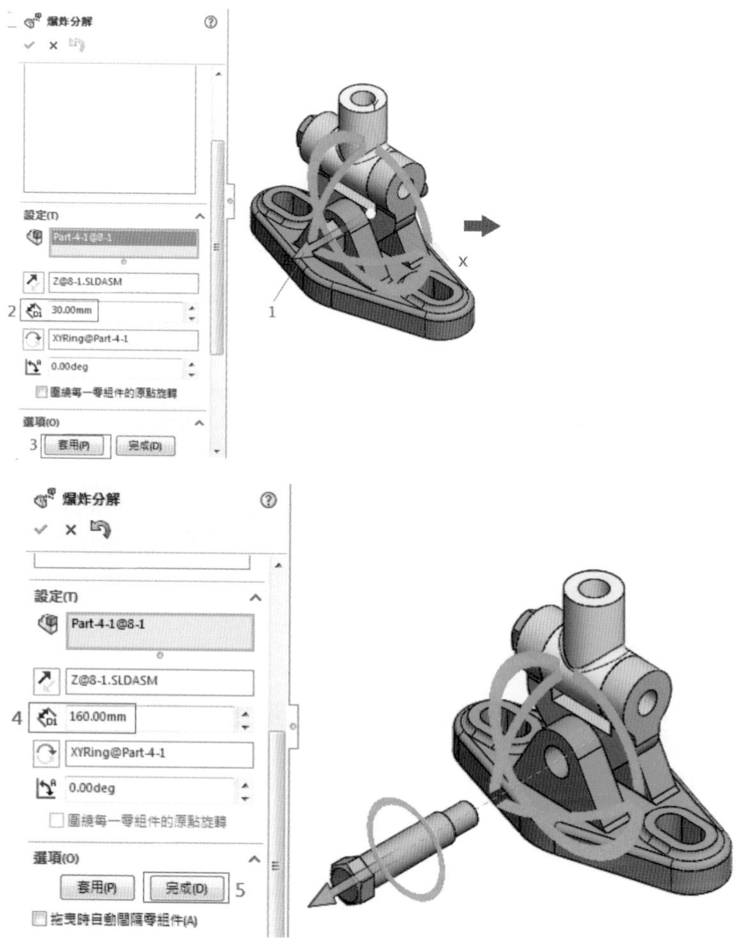

3. 同時點選零件 2、3、5 後，零件皆爲藍色，選取向上之箭頭變藍色，按「套用」預覽距離後再按「⬍」調整距離至「70」。

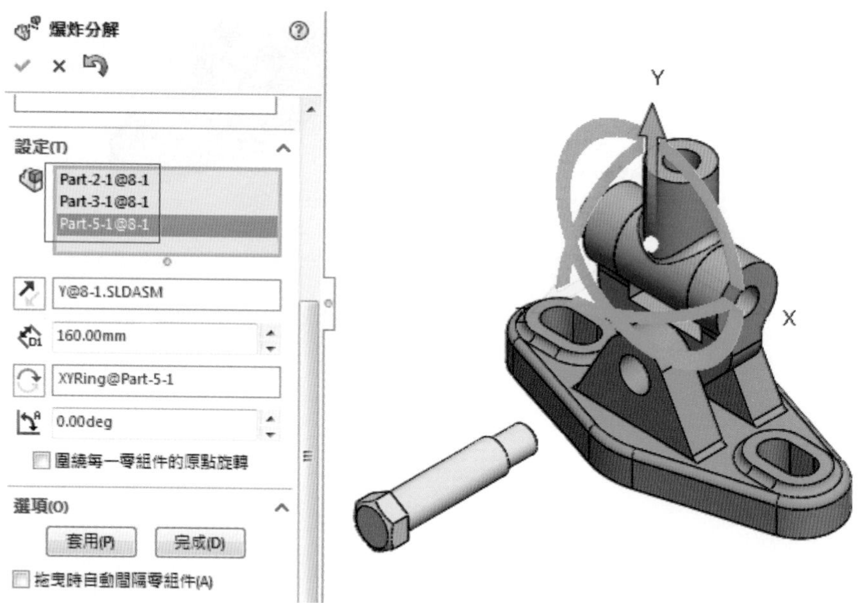

4. 完成三個零件同時分開。

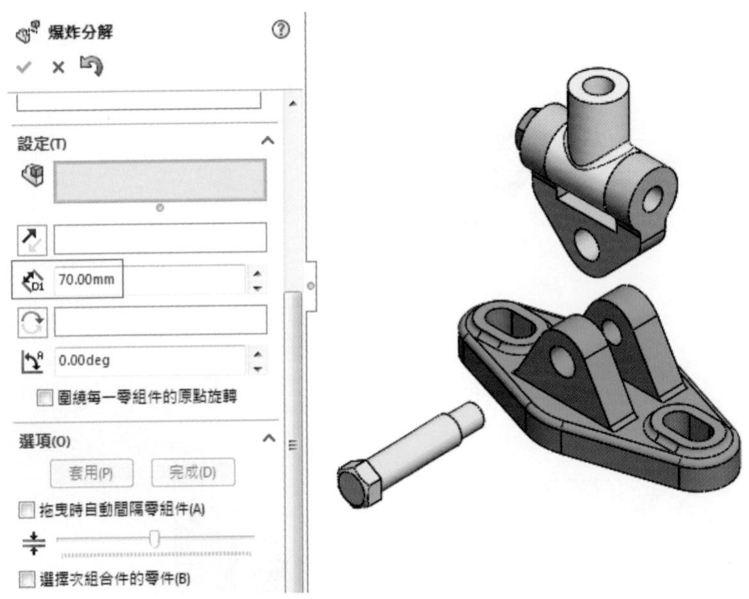

5. 零件 5 向左邊分開，點選箭頭藍色向「右」，點選「 」反轉尺寸，套用預覽後最後距離「90」按「完成」。

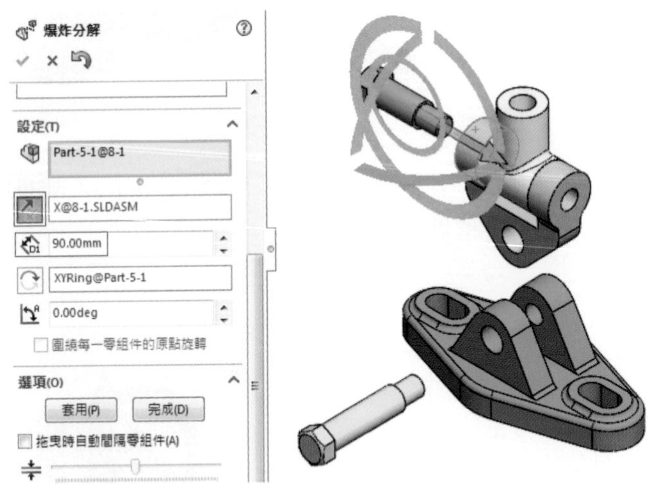

6. 點選零件 3，藍色箭頭向上距離「80」，完成。

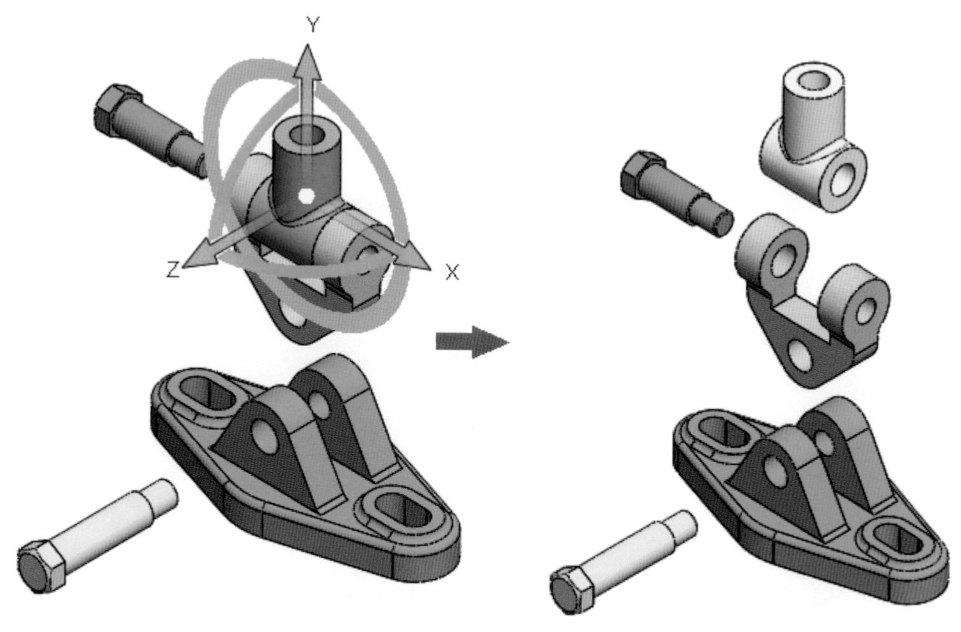

8-3 爆炸線

1. 立體系統圖分解後，一般都有系統等角軸線串連相關零件以作爲組裝之參考依據，此處稱爲爆炸線。點選「爆炸線草圖」，選取組合之圓柱面，產生路徑線後按「✔」。

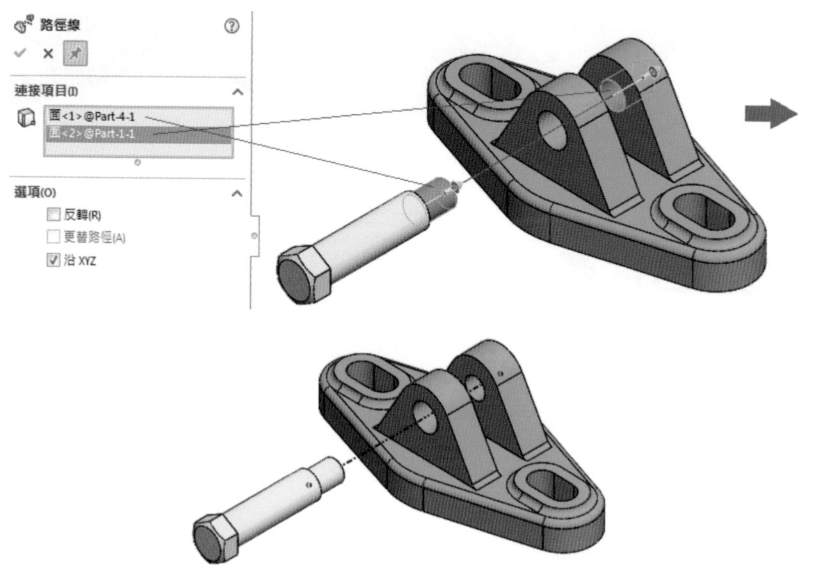

2. 依序點選相貫穿的圓柱面，產生路徑線。

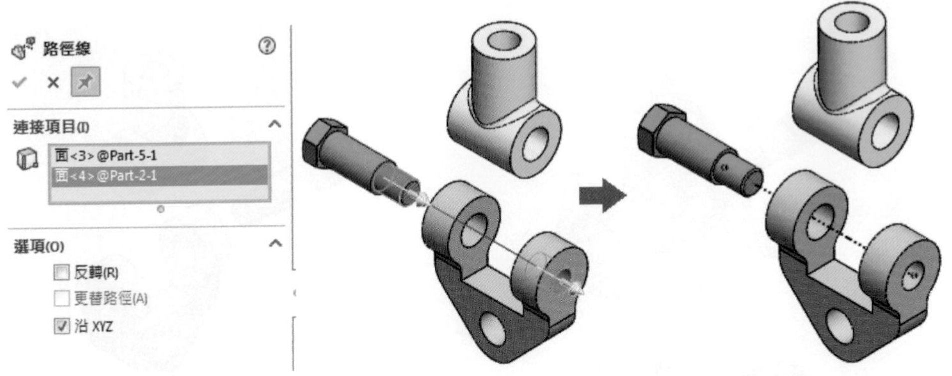

3. 選取組合之圓孔邊緣與同徑之弧，產生路徑線，完成系統圖之路徑線。

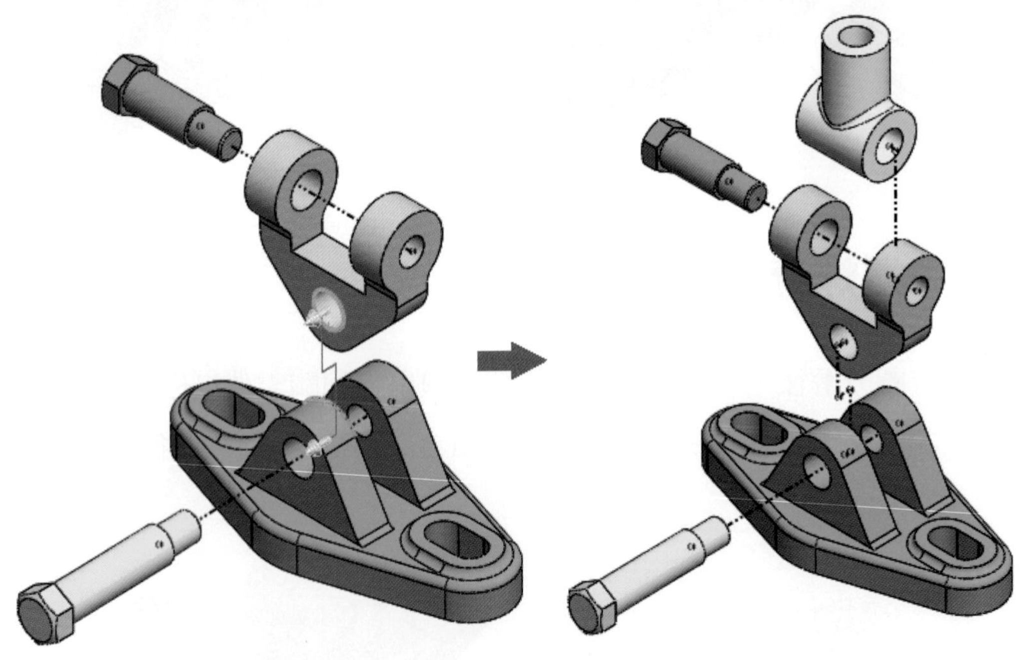

8-4 從組合件產生新零件

在現有組合件中，增加零件，這是一種由上而下的設計方式，不同以往的做好零件規劃設計與製造後再加以組合的設計方式。而是從組合件中依照整體環境與結構、參考組合件的相關尺度，而產生新的零件。

1. 「開啓新檔」\「組合件」，「瀏覽」選取開啓「8-4.sldprt」。

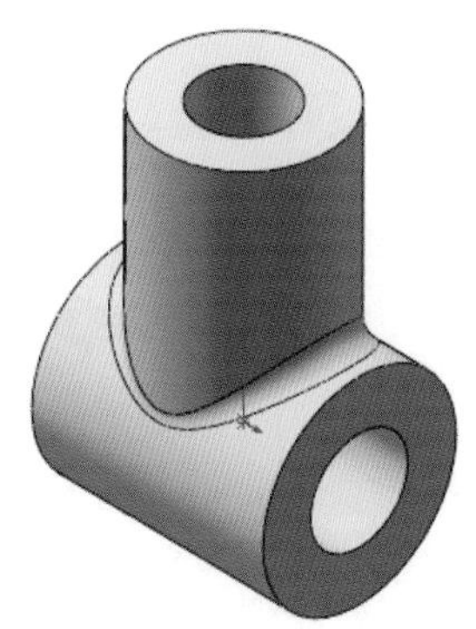

(8-4.sldprt)

2. 組合件「插入零組件」下之「▾」的「新零件」，或是下拉式功能表「插入」/「零組件」/「新零件」。滑鼠移動至下圖平面上，組合件成透明狀，點選邊緣線後「參考圖元」，產生圓形草圖。

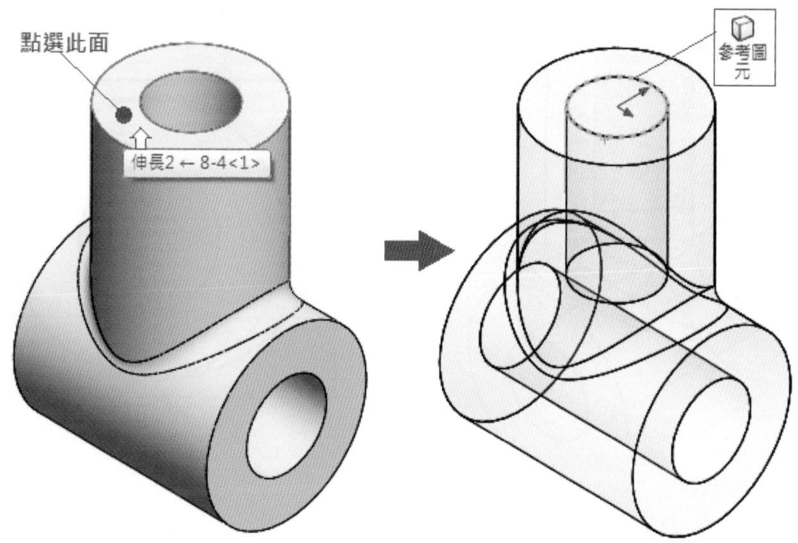

3. 特徵「伸長填料/基材」向下伸長「30」。

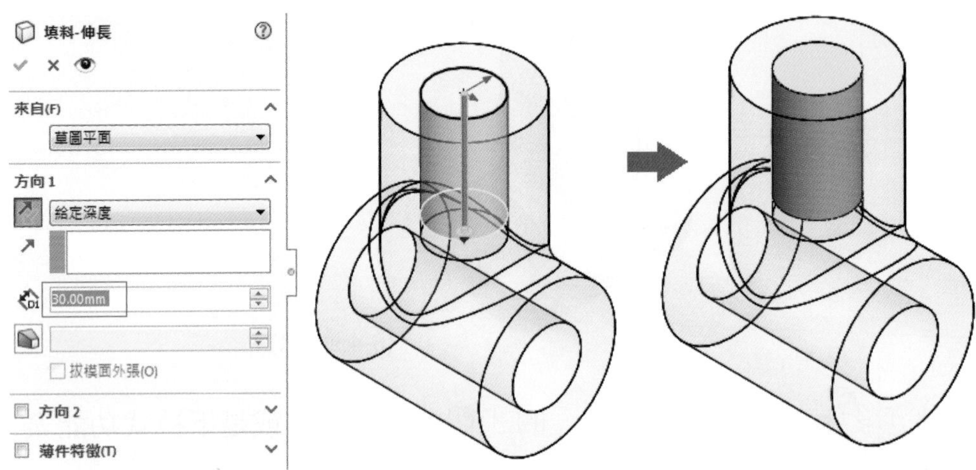

4. 按圓柱面點選「」，繪製正六邊形「」，內切圓直徑「24」。

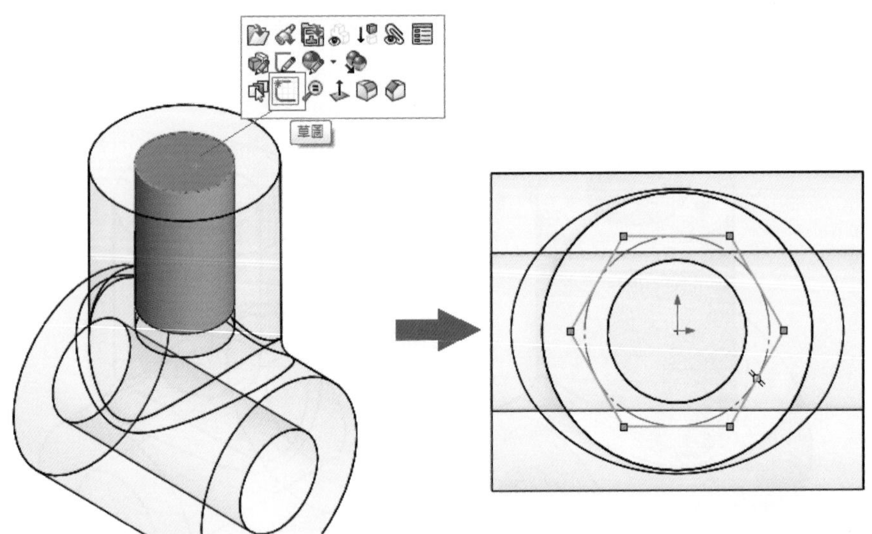

5. 特徵「伸長填料/基材」向上伸長「13」。完成後按右上角「」完成新零件。

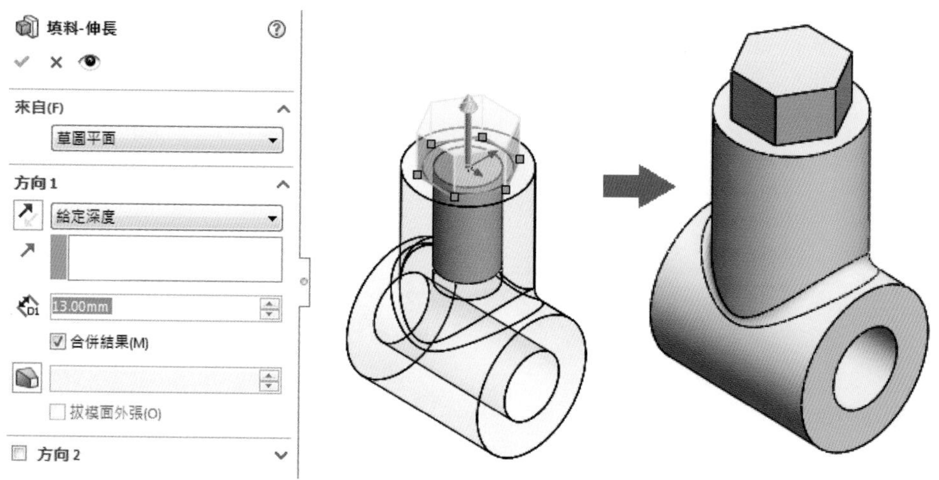

6. 完成後按滑鼠「右鍵」存檔，並應注意存放檔案路徑。

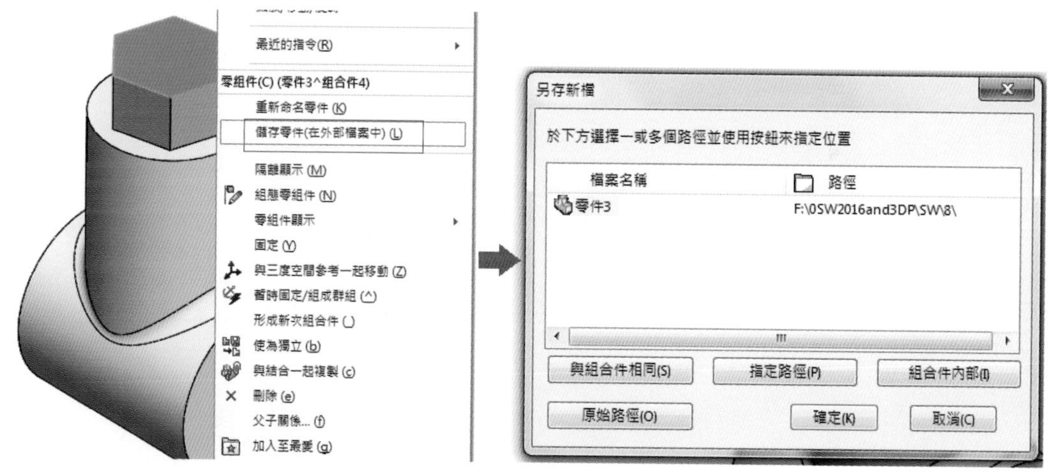

7. 開啓檔案，完成利用現有零件產生新的零件。

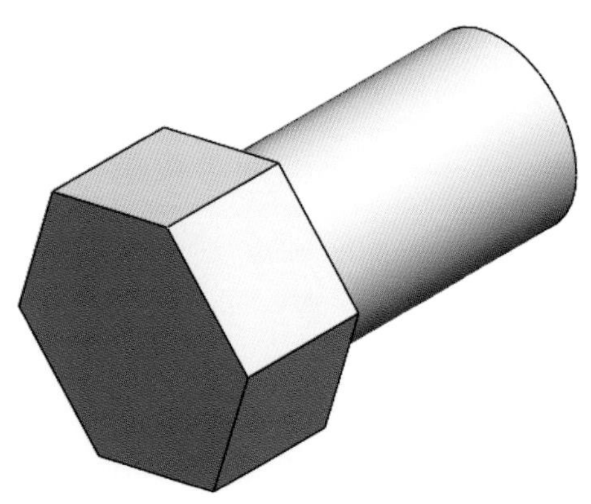

工程圖

9-1　開啓零件為工程圖
9-2　工程圖編輯
9-3　立體剖視圖
9-4　尺度標註

本章你將學到的技能有：

- 新建工程圖
- 建立標準三視圖
- 投影視圖
- 輔助視圖
- 剖面視圖
- 細部放大圖
- 區域深度剖視圖
- 折斷線
- 裁剪視圖
- 標註尺度
- 立體剖面圖

9-1 開啓零件為工程圖

(SolidWorks 採用標準三視圖，是指以正投影原理所投影出之正投影平面視圖，一般常用前視圖、右側視圖與俯視圖來表示，習慣稱爲三視圖。

將下圖轉換成標準三視圖。(開啓光碟內檔案 9-1.sldprt)

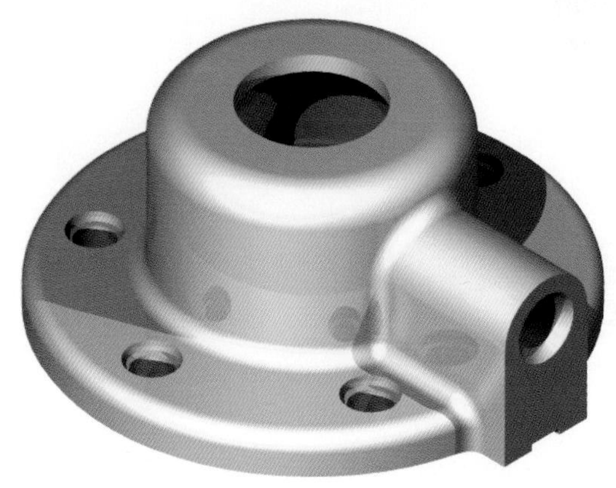

1. 新建立之實體圖欲轉換成工程圖時，切記一定要先將實體圖存檔，再從「開啓新檔 」，可以從「初學使用者」或是「進階使用者」對話框中選取「工程圖」後，按「確定」。

2. 選擇標準圖頁格式，點選「標準範本」可得到包括圖框、標題欄等圖頁範本。

圖頁格式/大小

◉ 標準圖頁大小(A)

1 ☑ 僅顯示標準格式(F)

A0 (ISO)
A1 (ISO)
A2 (ISO)
2 A3 (ISO)
A4 (ISO)

a3 - iso.slddrt　瀏覽(B)...

☑ 顯示圖頁格式(D)

◎ 自訂圖頁大小(M)

寬度(W):　高度(H):

預覽:

寬度:　420.00mm
高度:　297.00mm

3 確定(O)　取消(C)　說明(H)

3. 目前工程圖面尚未完全符合 CNS 標準，因此不建議使用標準圖頁格式，選擇紙張大小為 A3 後，點選「自訂圖頁大小」寬度(W)420高度(H)297，選取「確定」。

圖頁格式/大小

◎ 標準圖頁大小(A)

☑ 僅顯示標準格式(F)

A0 (ISO)
A1 (ISO)
A2 (ISO)
1 A3 (ISO)
A4 (ISO)

a3 - iso.slddrt　瀏覽(B)...

☑ 顯示圖頁格式(D)

2 ◉ 自訂圖頁大小(M)

寬度(W): 420.00mm　高度(H): 297.00mm

預覽:

3 確定(O)　取消(C)　說明(H)

4. 直接進入「模型視角」，插入零件或組合件。如欲打開轉換工程圖之零件，則在步驟 1.「開啓文件」方格內將出現零件名稱。如無欲插入之零件，則點選步驟 2.「瀏覽」，出現開啓舊檔對話框，步驟 3.選取檔案「9-1.sldprt」，步驟 4.「開啓」

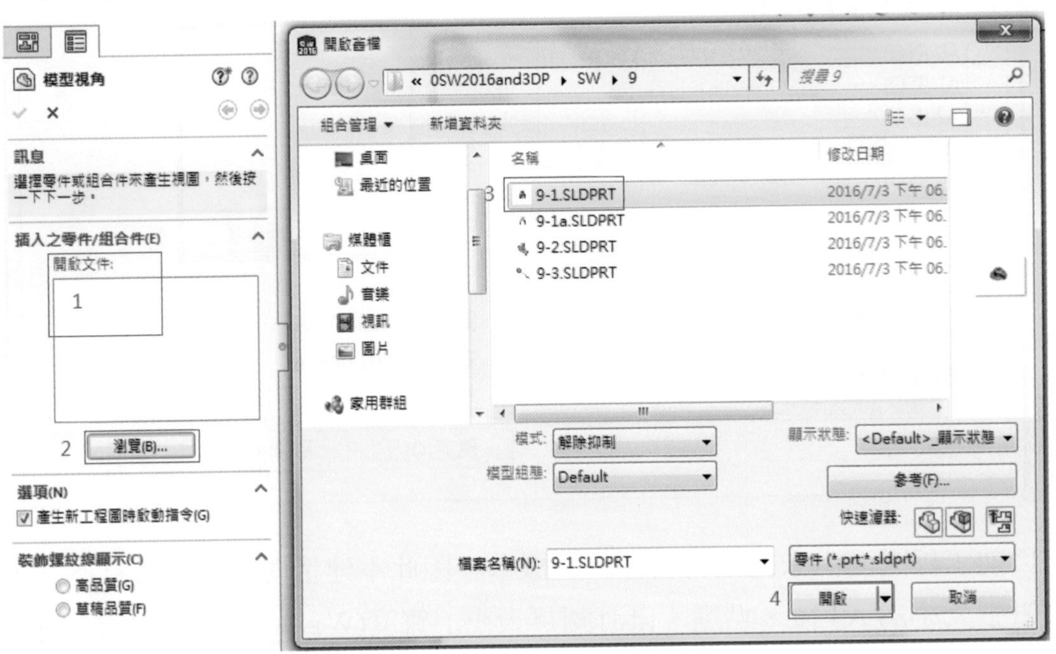

5. 投影視圖對話框，滑鼠點選空白處，出現「前視圖」，依序向上投影「俯視圖」，再向右滑移出現「右側視圖」，向右上角滑移出現「等角圖」。

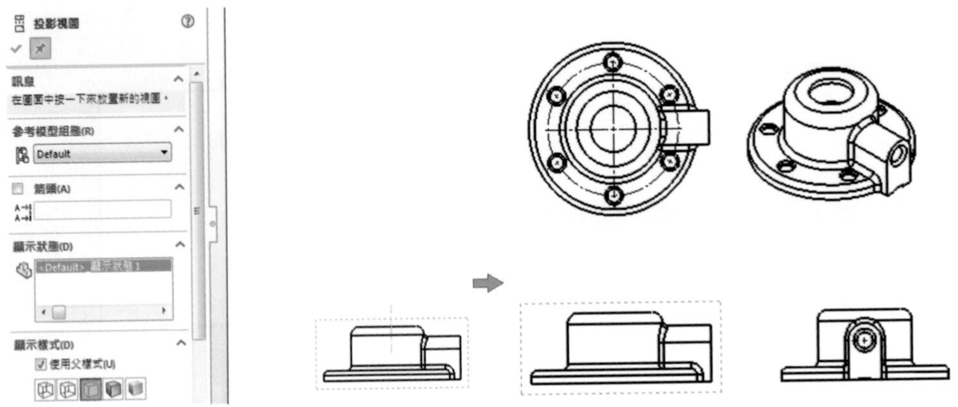

6. 點選「特徵管理員」之「圖頁 1」按滑鼠「右鍵」點選「屬性」，從圖頁屬性對話框，比例是 1：2，投影類型「第三角法」。可以從「圖頁屬性」對話框中，設定圖紙大小、調整比例、選擇投影法為第一角法或第三角法。

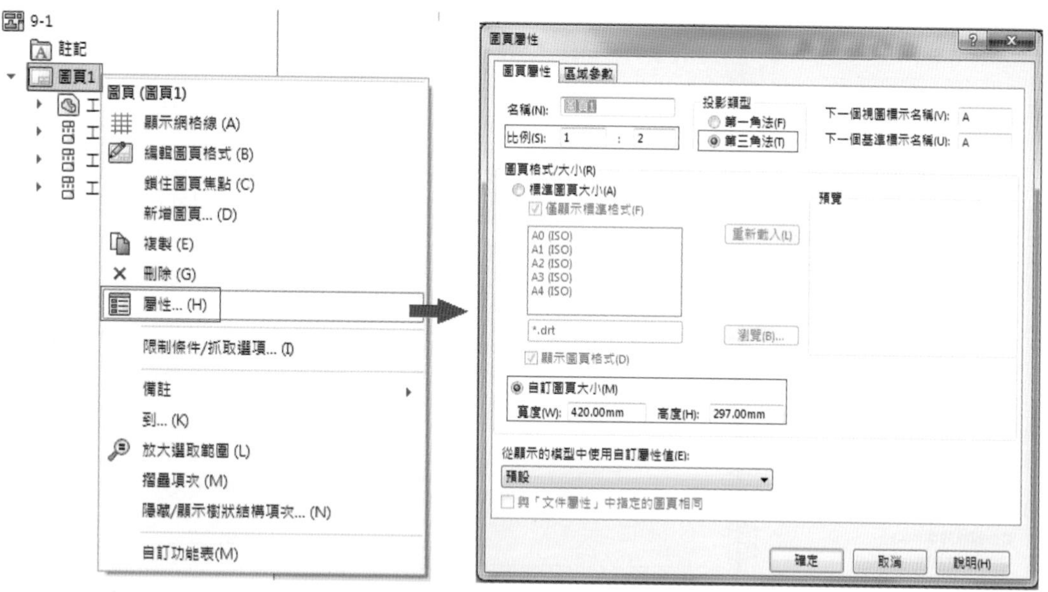

7. 欲直接產生三視圖，點選「標準三視圖」後選取零件後，按「✔」出現標準三視圖。

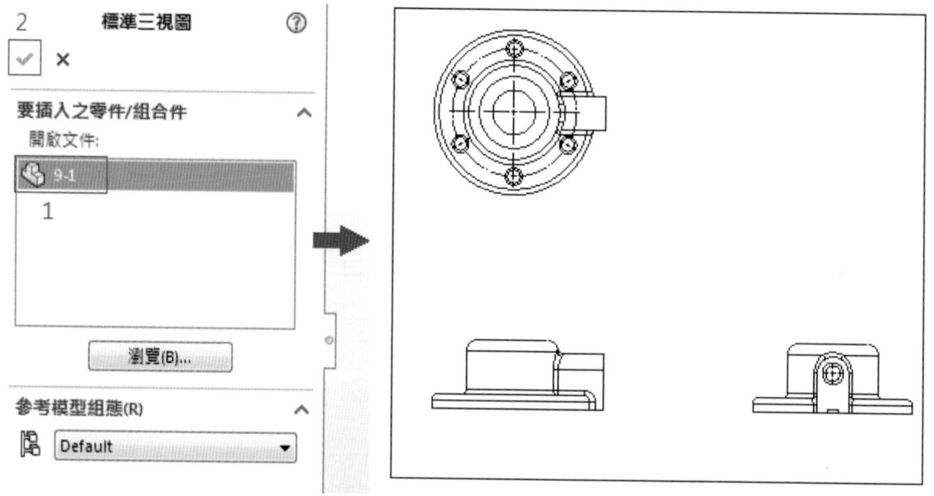

8. 欲再增加新零件之工程圖，點選「模型視角」，可再瀏覽選取新的零件。

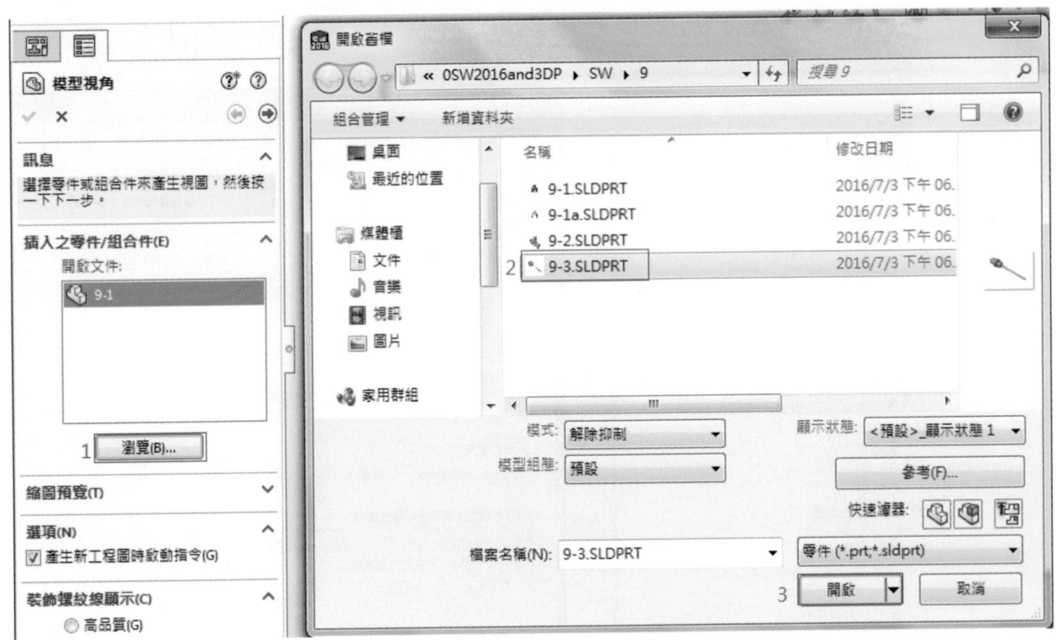

9. 欲顯示虛線時可點選任一視圖，顯示樣式選「」顯示隱藏線，

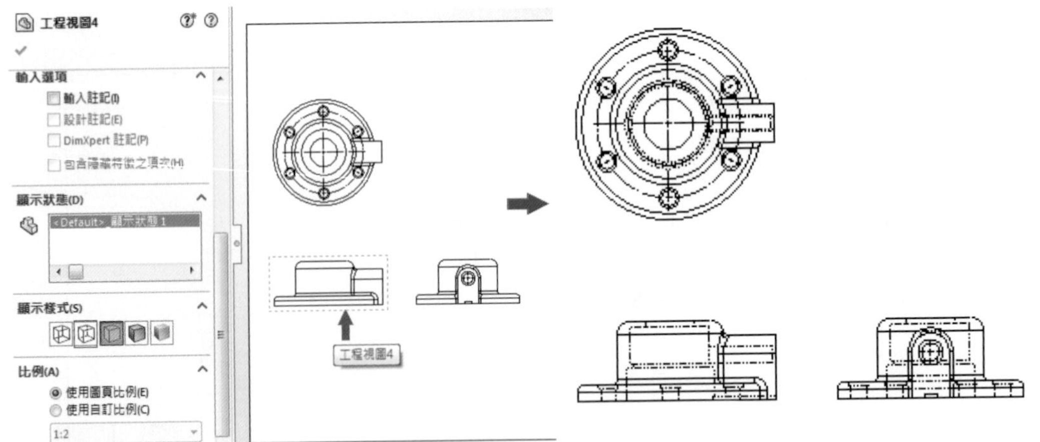

9-2 工程圖編輯

直接轉換之視圖，常不是使用者所要表達的方式，因此就使用者之需要必須作適當之編輯。

9-2-1　移動視圖

可以沿著投影方向移動之視圖被選取後會出現「橘色」虛線框，當滑鼠移按住後變藍色虛線框，將會出現「　」，此時可以將視圖沿著投影方向移動，調整視圖與視圖間之距離，如果點選之視圖另一視圖出現「紅色」框線，則此視圖是前視圖，爲主要來源視圖。其他正投影視圖都是以此視圖投影的，只要移動紅色框線之前視圖則會讓全部視圖移動。

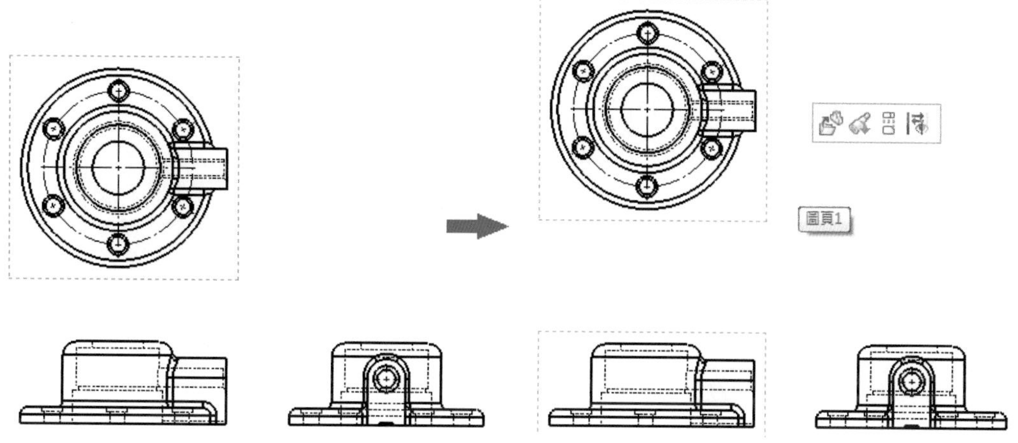

9-2-2　刪除視圖

只要點選欲刪除之視圖，按滑鼠右鍵，出現對話框點選「X 刪除」後，在「刪除確認」之對話框點選「是(Y)」即可刪除該視圖。或直接點選視圖後，按鍵盤的「Delete」鍵。

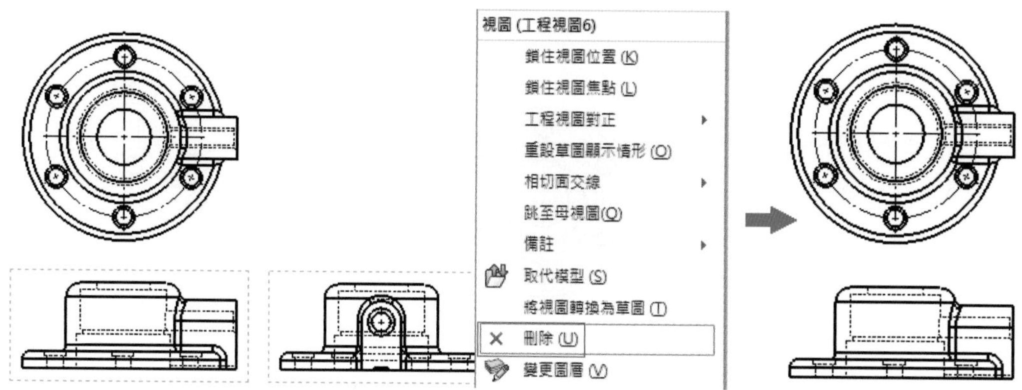

9-2-3 投影視圖

點選欲投影之視圖出現綠色框線後，「插入」\「工程視圖」\「投影視圖」，或工程圖工具列之「投影視圖」，移動滑鼠即可將出現之正投影視圖放置在適當位置，產生新的正投影視圖。可以往「水平」、「垂直」與「45°」方向投影。

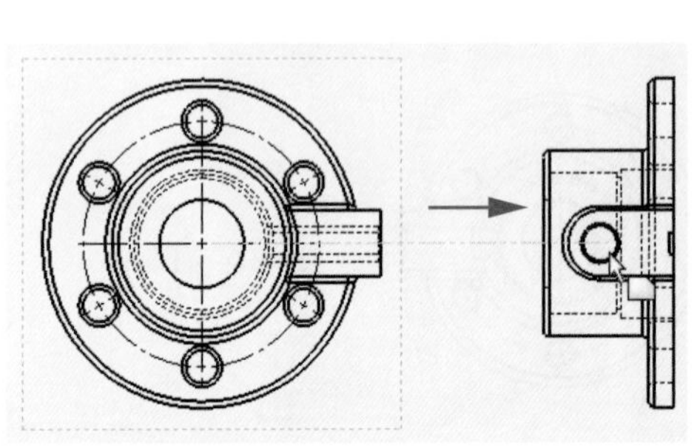

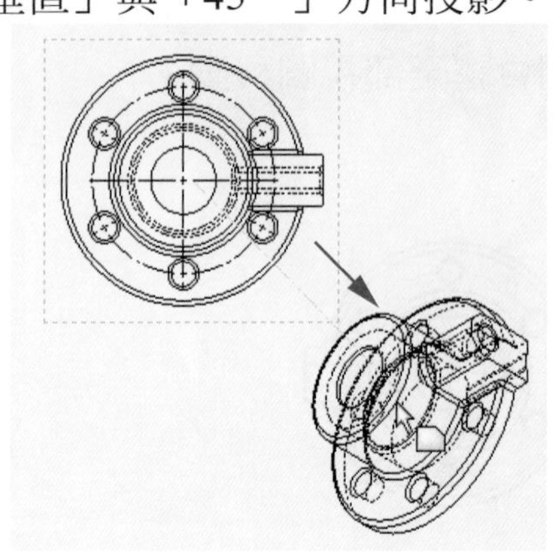

9-2-4 剖面視圖

1. 投影剖面視圖時，可以先繪製割面線位置。如果未事先繪製割面線則點選「插入」\「工程視圖」\「剖面視圖」(剖面視圖)後，將會出現剖面視圖訊息請選取「 」水平，爲割面線位置繼續剖面視圖之完成，例如從 A 點到 B 點，接下來移動滑鼠在適當位置點選滑鼠左鍵，即可出現剖面視圖。

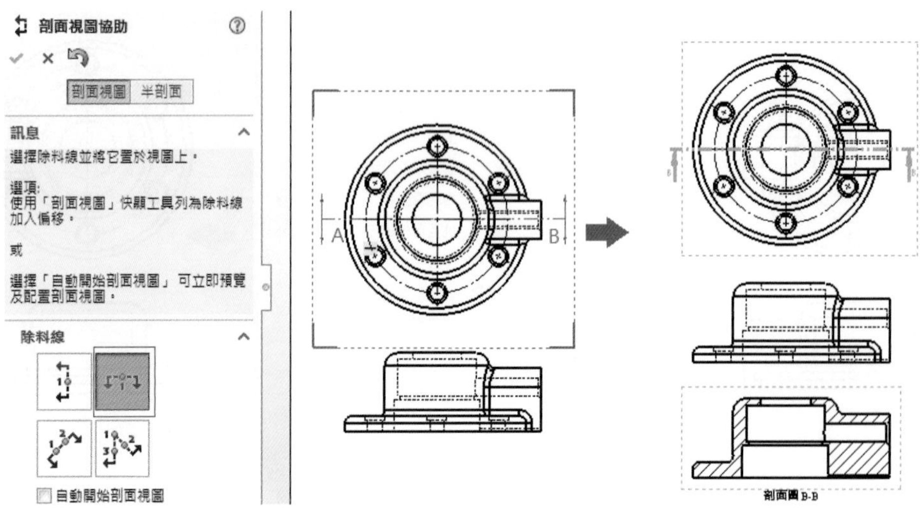

2. 如果要繪製半剖視圖，點選「剖面視圖」之輔助視「」，點圓心 A 點，往水平右拉至 B 點，點選「」再點垂直往下之 C 點，左移至 D 點「✓」，即可得到半剖視圖。

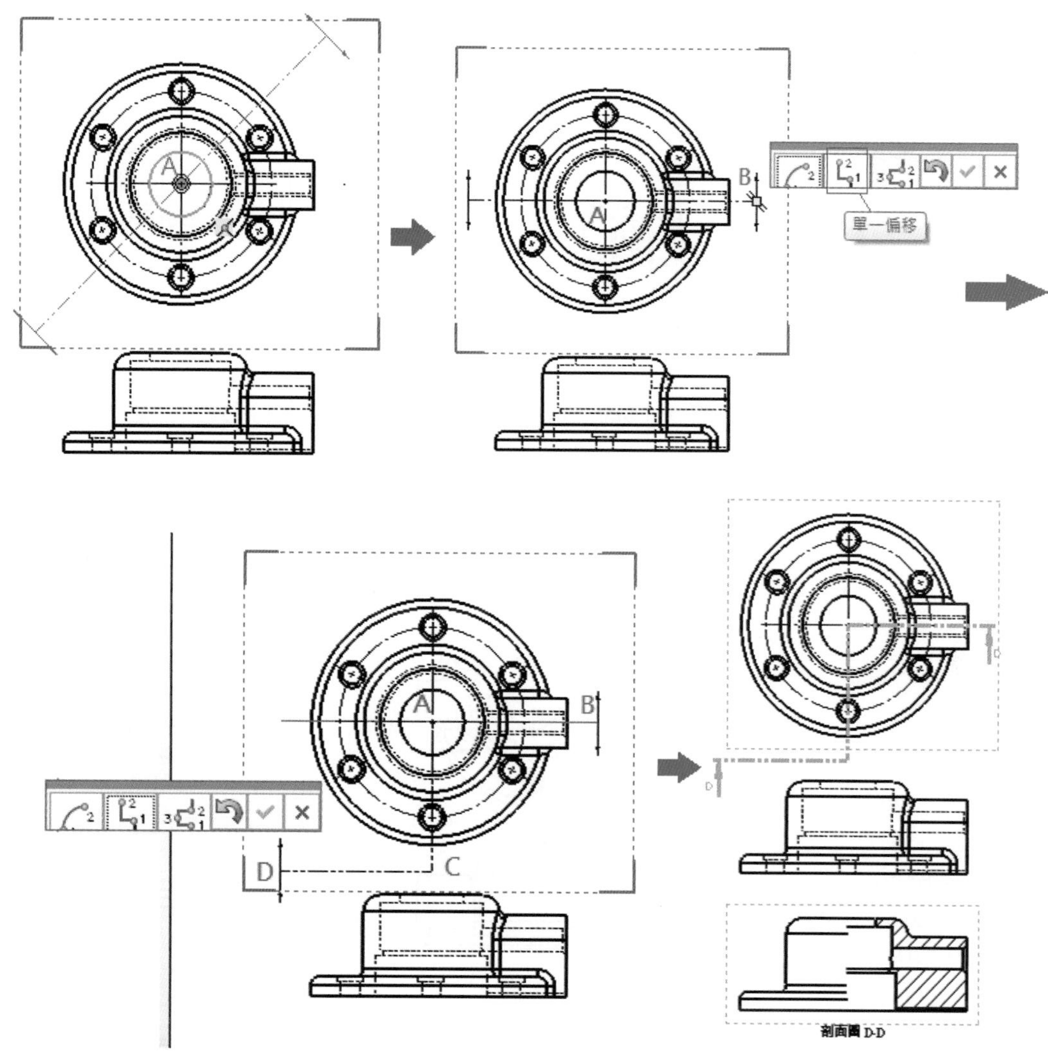

9-2-5 轉正剖視圖

1. 在轉換「轉正剖視圖」，再從功能表點選「**插入**」\「**工程視圖**」\「剖面視圖(S)」點選對正「」，依序選取轉正點 A，右邊水平位置 B，在點選 C 點之小圓圓心，然後「✓」，拖曳滑鼠至適當位置後，即可確定轉正剖視圖之位置，若剖視圖之投影方向相反時，可點選特徵對話框「割面線」之反轉方向選項「 反轉方向(L) 」。

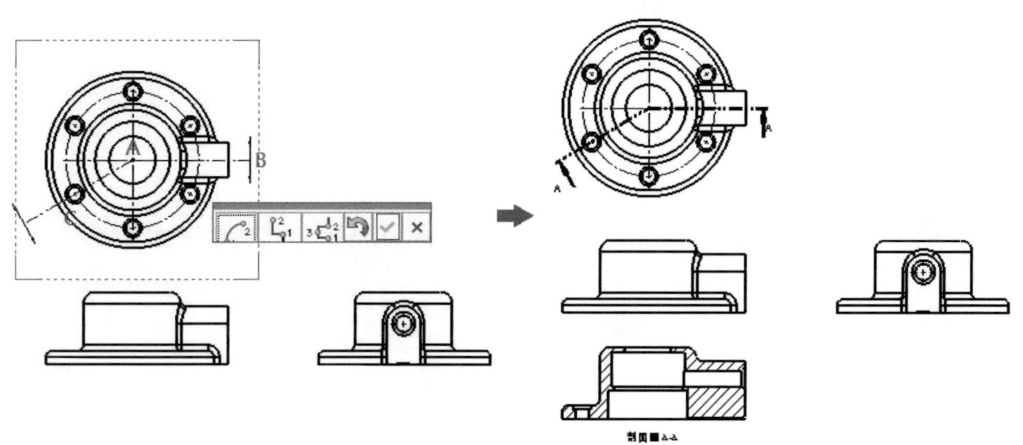

2. 如果點選下圖之轉正位置，移動滑鼠至適當位置後，將出現下圖左之轉正剖面視圖。若按「 反轉方向(L) 」則如下圖右所示。

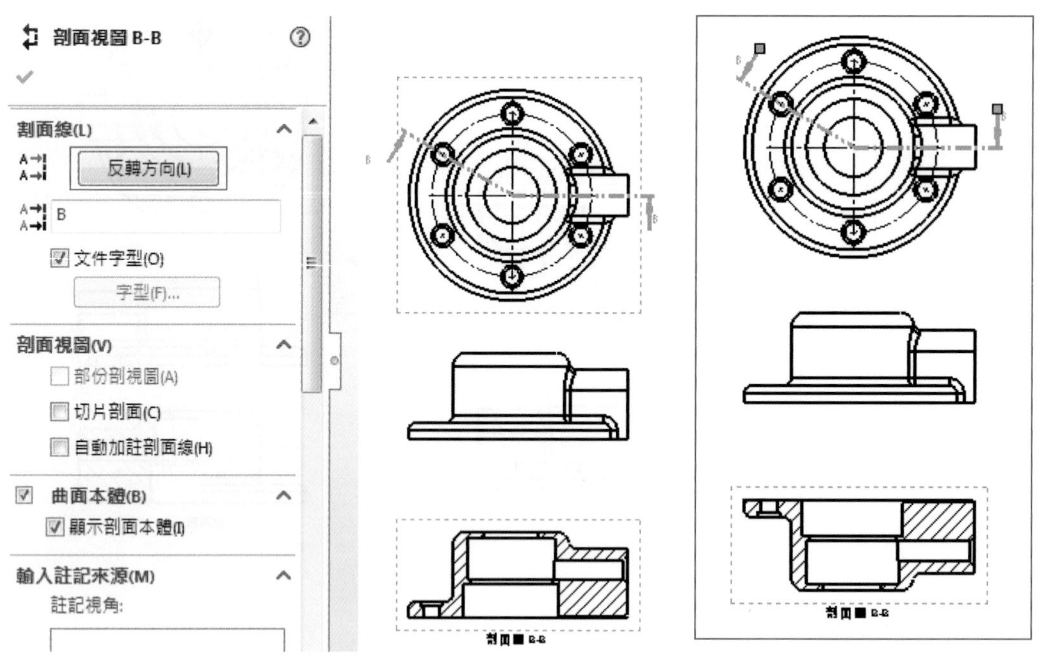

3. 更改割面標示名稱時從特徵管理員中，步驟 1 可將「B」修改，步驟 2 不勾選文件字型。步驟 3 點選「字型」，步驟 4 輸入字高或以點數決定字高，按「確定」後，記得重新計算「 」。

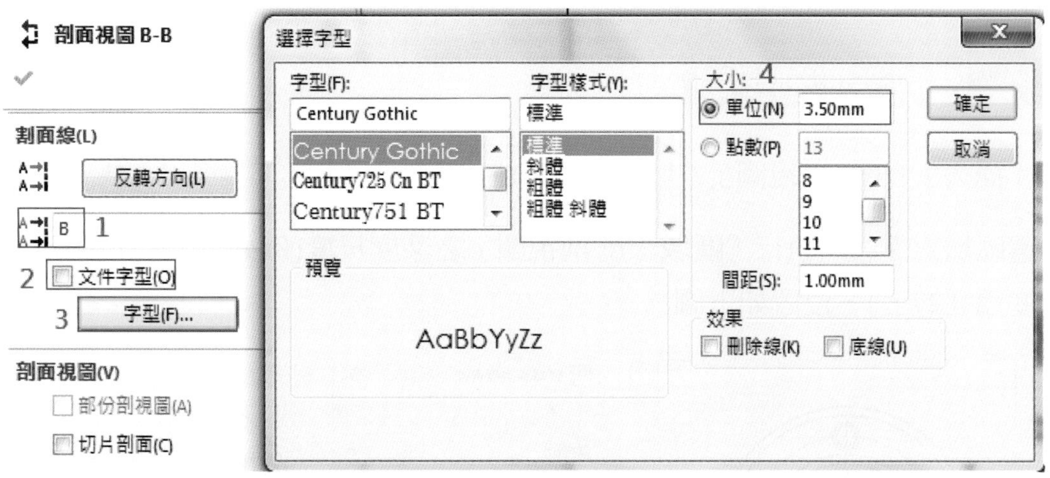

9-2-6　局部放大視圖

欲繪製局部放大視圖，點取「插入」\「工程視圖」\「細部放大圖(D)」或是工具列之「細部放大圖」時，在細部放大視圖訊息中將會提示需繪製一個「圓」來作爲局部放大視圖之區域。

在欲繪製局部放大視圖之處畫一個圓，即出現一個部分視圖，在圖框樣式選項中，選擇「根據標準」樣式即可。

在「使用自訂比例」選項中輸入欲放大之比例值，例如 2：1，即可完成局部放大視圖之繪製。

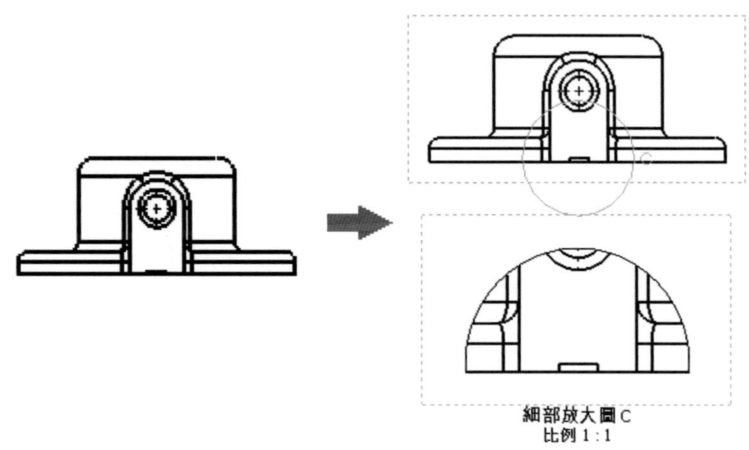

9-2-7 區域深度剖視圖

1. 「插入」/「工程視圖」/「區域深度剖視圖(B)...」或是工具列「區域深度剖視圖」，直接框選區域封閉後，執行「區域深度剖視圖」之深度尺度(例如中心孔位距離頂面高度為「27」)，位置如下圖。

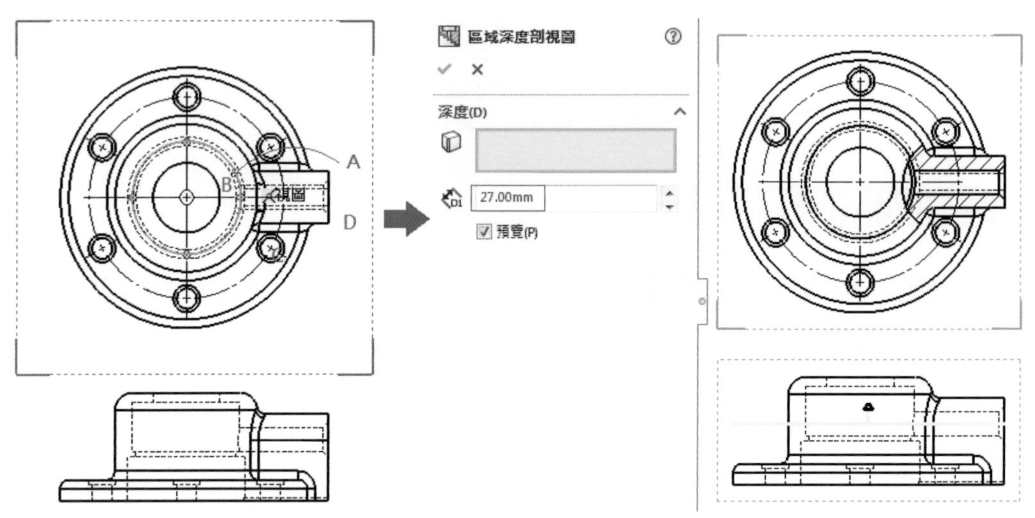

2. 框選區域也可用草圖不規則曲線「」繪製成封閉區域後，按「區域深度剖視圖」產生剖面「深度」可以選擇參考的「邊線」，作為深度之參考。

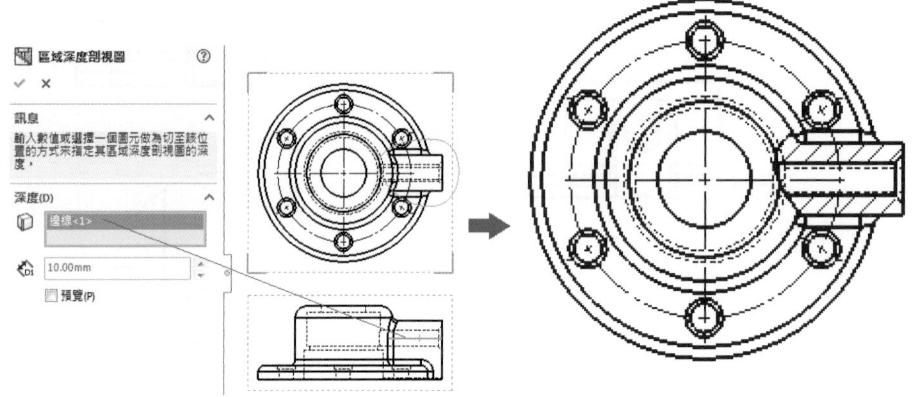

9-2-8　輔助視圖

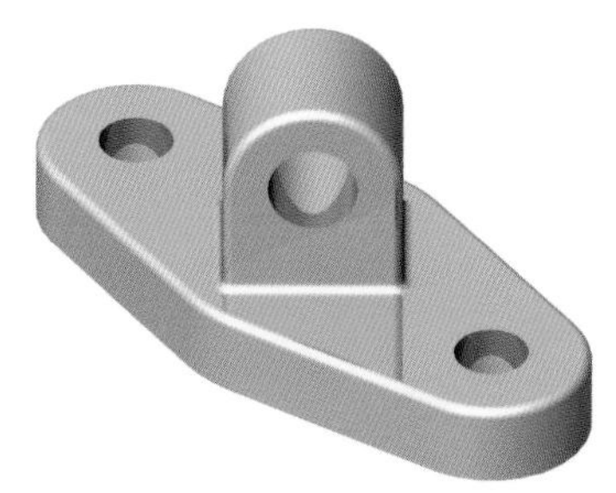

(9-2-1.sldprt)

開啓圖檔 9-2-1.sldprt，轉換成標準三視圖後，點選俯視圖之邊緣直線後，點取「插入」\「工程視圖」\「輔助視圖」(輔助視圖)，即可得到與所選取邊緣直線互相垂直之輔助視圖。

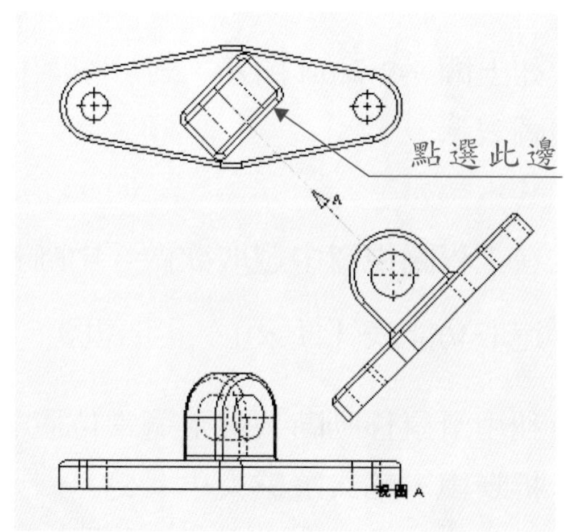

9-2-9　剪裁視圖

一般輔助視圖常有以局部視圖形式表示，對於非正垂投影所得之部分將於省略，以免造成視圖之混亂，因此採用「**剪裁視圖**」以工具列「裁剪視圖」之指令，將封閉界線外的部分移除。

先以直線或不規則曲線繪製局部視圖之封閉區域，然後選取「插入」\「工程視圖」\「裁剪視圖(C)」，即可完成局部視圖。

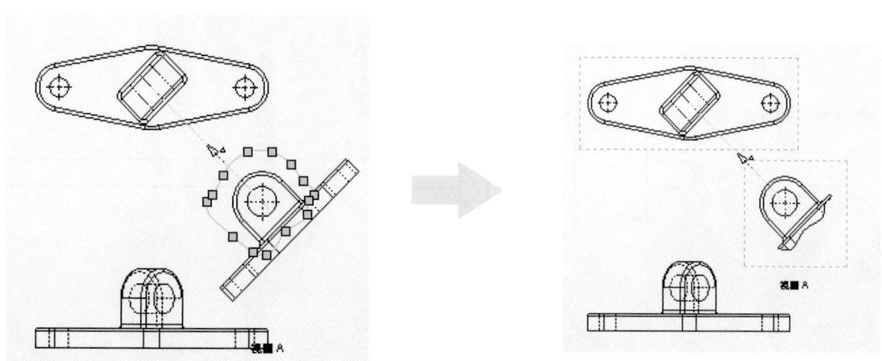

9-2-10 中斷視圖

(9-2-2.sldprt)

如上圖 9-2-2.prt 所示，對於視圖中長度與視圖比例不適當之部分，可以使用斷裂視圖表示。

其步驟如下：

1. 在工程圖視窗中選取欲做「中斷視圖」之視圖。
2. 選取功能表「插入」\「工程圖」\「折斷線」。
3. 利用滑鼠移動斷裂線至適當位置 A 點後，滑鼠在視圖虛線框線區域內出現閃電折斷線，輸入縫隙大小「5」。
4. 完成中斷視圖之繪製。

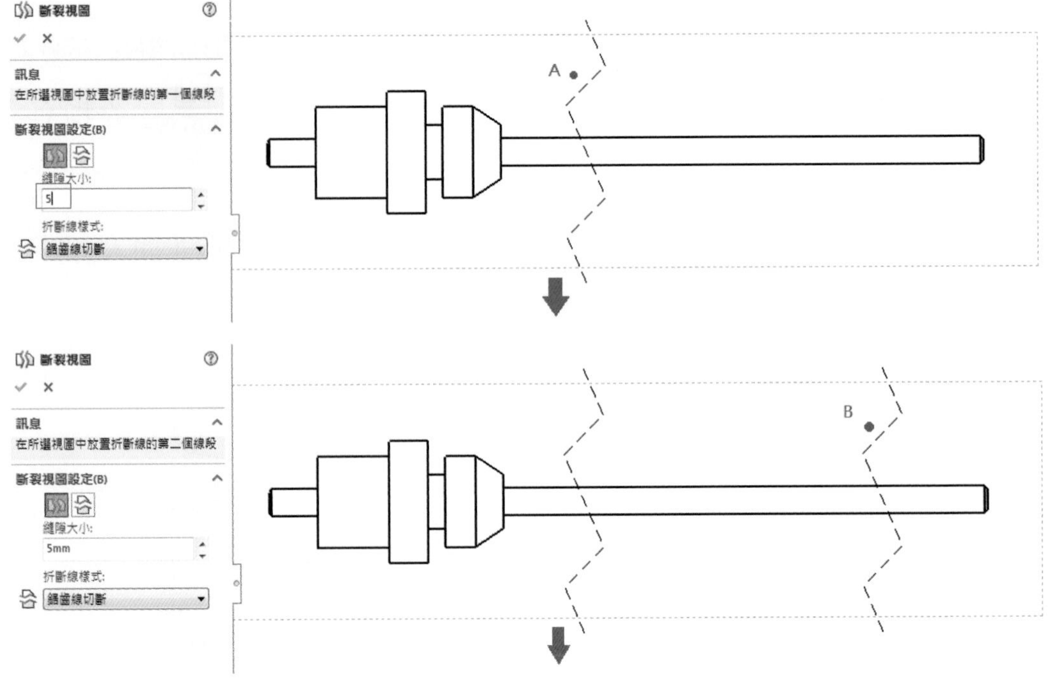

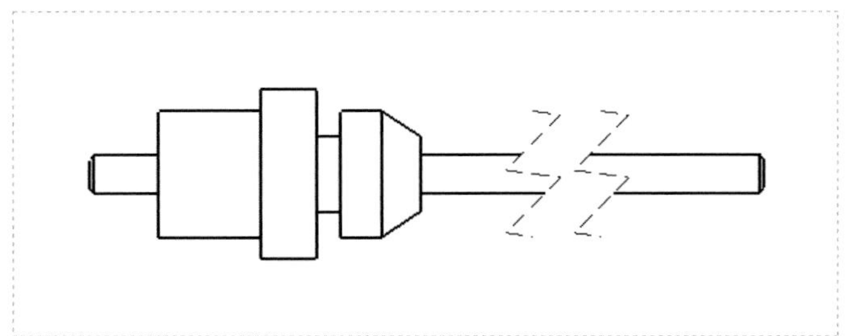

滑鼠指向折斷線後，按右鍵，可以選取折斷線形式。

或是特徵管理員中「折斷線樣式」亦可選取。

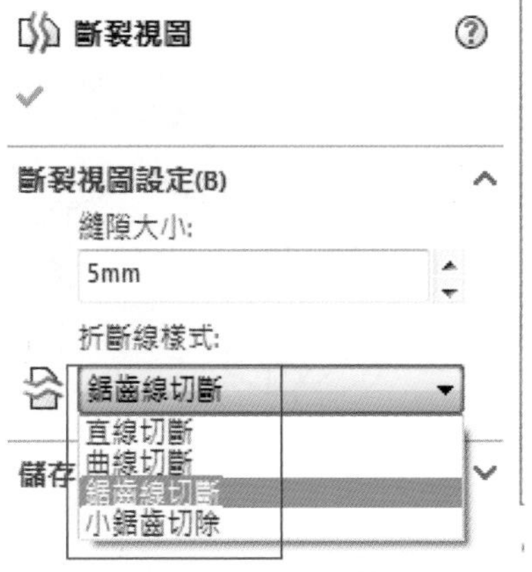

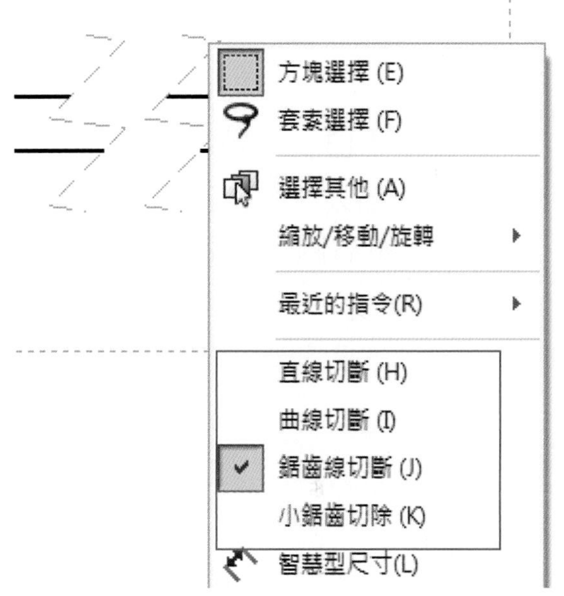

9-3 立體剖視圖

1. 開啓檔案「9-3.sldprt」，如下圖所示。

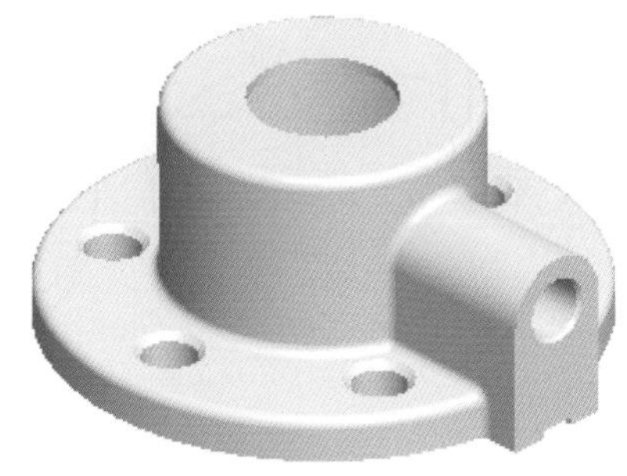

2. 點選「上基準面」，繪製草圖矩形「」，如下圖左所示，然後特徵「伸長除料」。

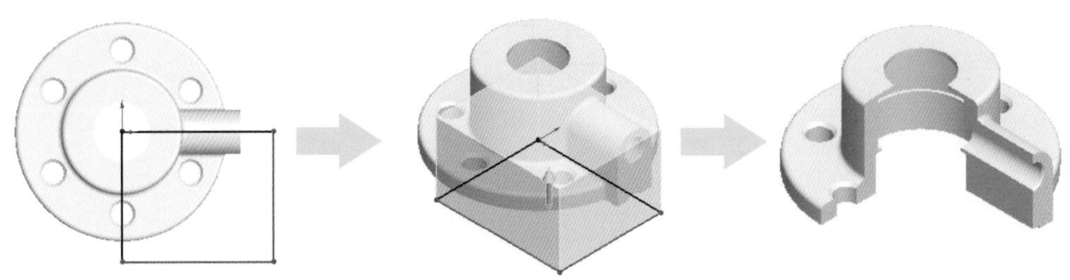

3. 開新檔案「」，點選工程圖，插入「等角視」，如右圖所示按「✔」完成。

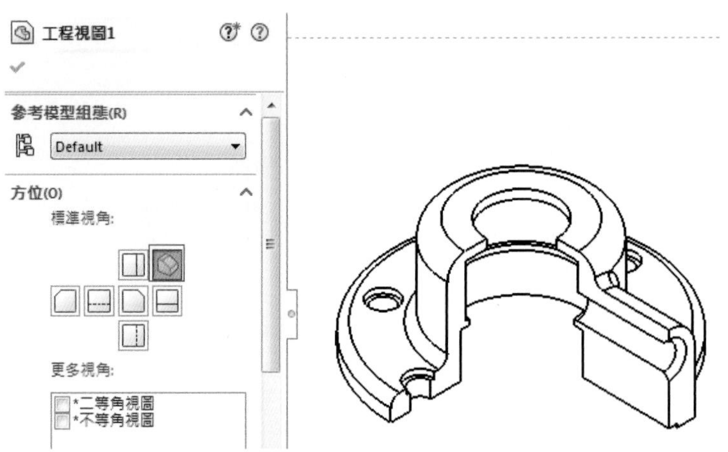

4. 滑鼠點選欲產生剖面線處，按「右鍵」，點選「註記」\「區域剖面線/填入(T)」或是下拉式功能表「插入」/「註記」/「區域剖面線/填入(T)」。

在「區域剖面線/填入」對話框中，屬性「剖面線」，剖面線類型「ANSI31(Iron BrickSt)」，比例「1」，剖面線角度「75°」，如下圖所示，然後按「✔」。

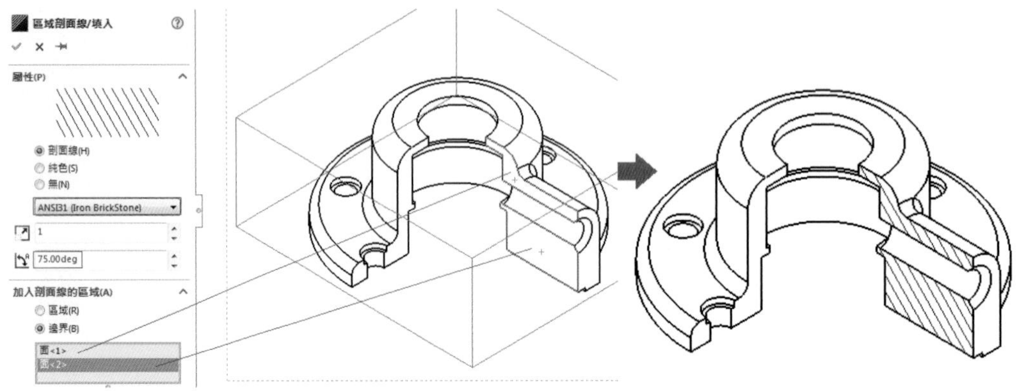

5. 再做另一邊之剖面線，如下圖所示，剖面線角度「15°」。

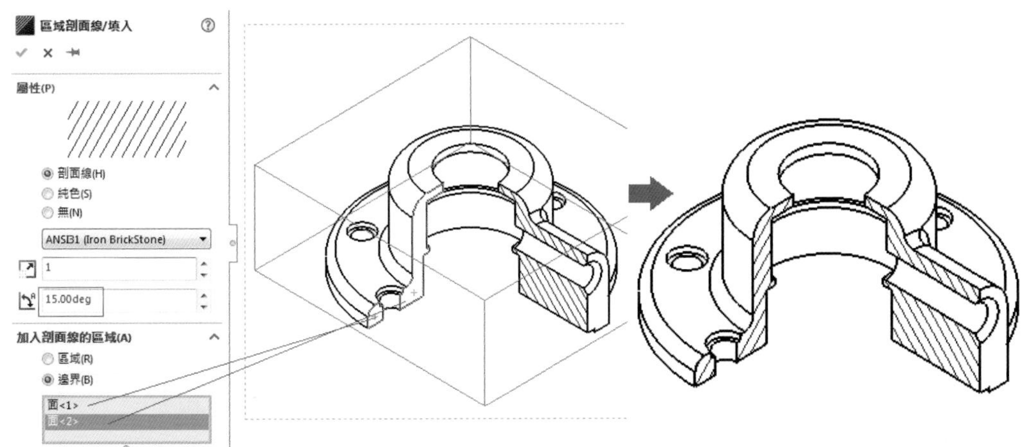

6. 完成立體圖半剖視圖之剖面線繪製。

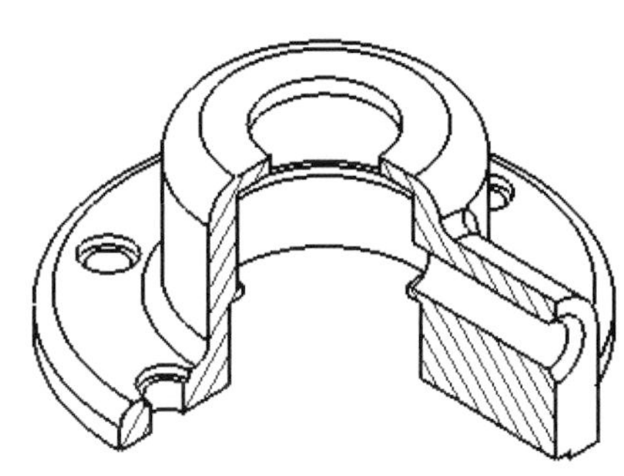

9-4 尺度標註

工程圖完成後點選「插入」\「模型項次」在對話框中「輸入來源」勾選「整個模型」後按「確定」，即可自動產生尺度。自動標註之尺度與建構模型時所給特徵尺度有相關，不建議以此產生工作圖上之尺度標註。

此尺度是在建構模型草圖繪製時所給予之尺度，在工程圖亦可以做尺度之修改與標註，當工程圖之尺度修改時，模型之尺度亦隨之改變，當模型尺度變更時工程圖之尺度與形狀亦同時改變。

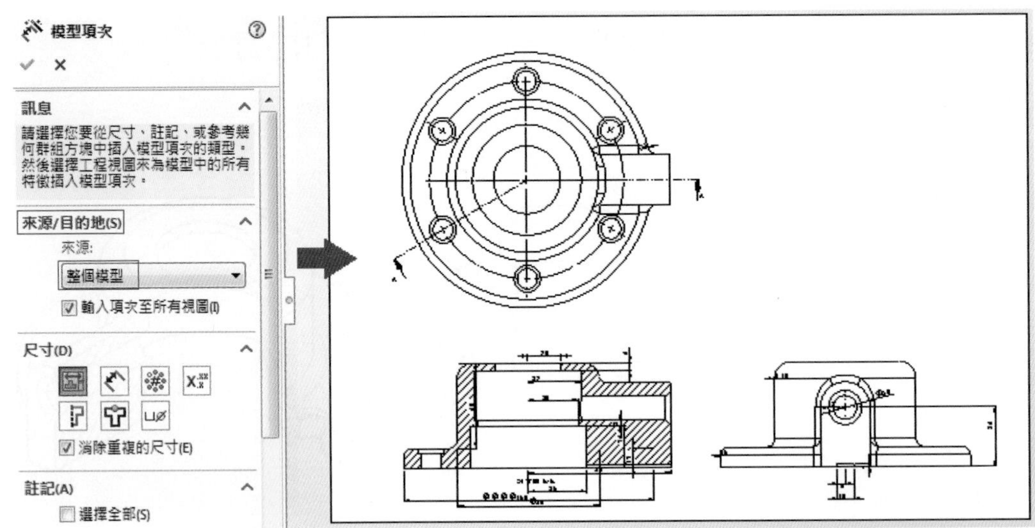

點選「工具」/「標註尺寸」可標註所有尺度。或「智慧型尺寸」可標註所有尺度。

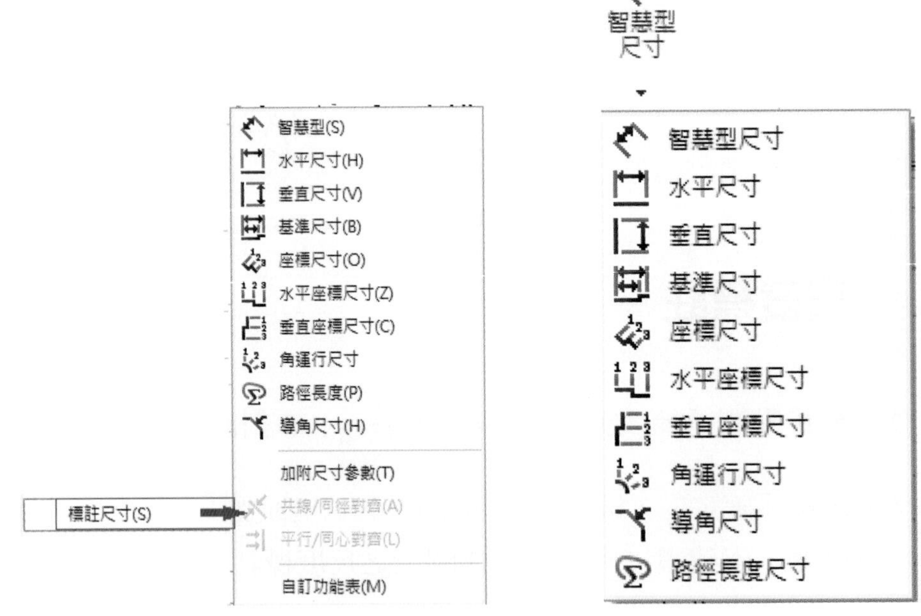

如果欲做更詳盡之表面符號、幾何公差等之標註，可點選欲標註之位置後，按工具列「註記」或是滑鼠「右鍵」從「註記」選項中可以選擇註解、中心符號線、基準特徵符號、幾何公差、註解、表面加工符號(應修正為表面符號)、熔接符號(應修正為銲接符號)等等之標註與註解。

綜合練習

1. 請依據尺度繪製「懸臂樑」(或直接開啓檔案 P9-1.sldprt)，並將其轉換成工程圖，並編輯成符合 CNS3 標準之工作圖。

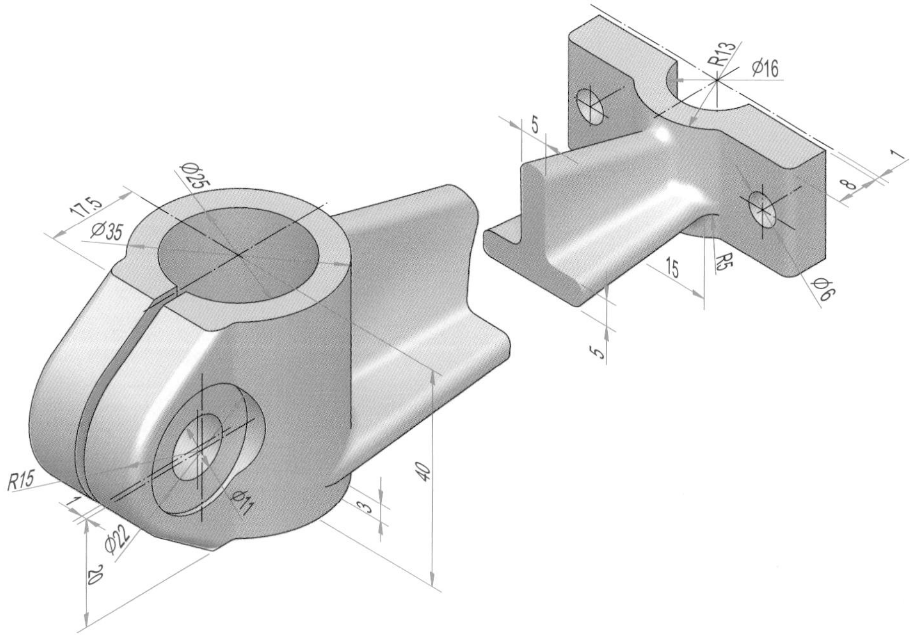

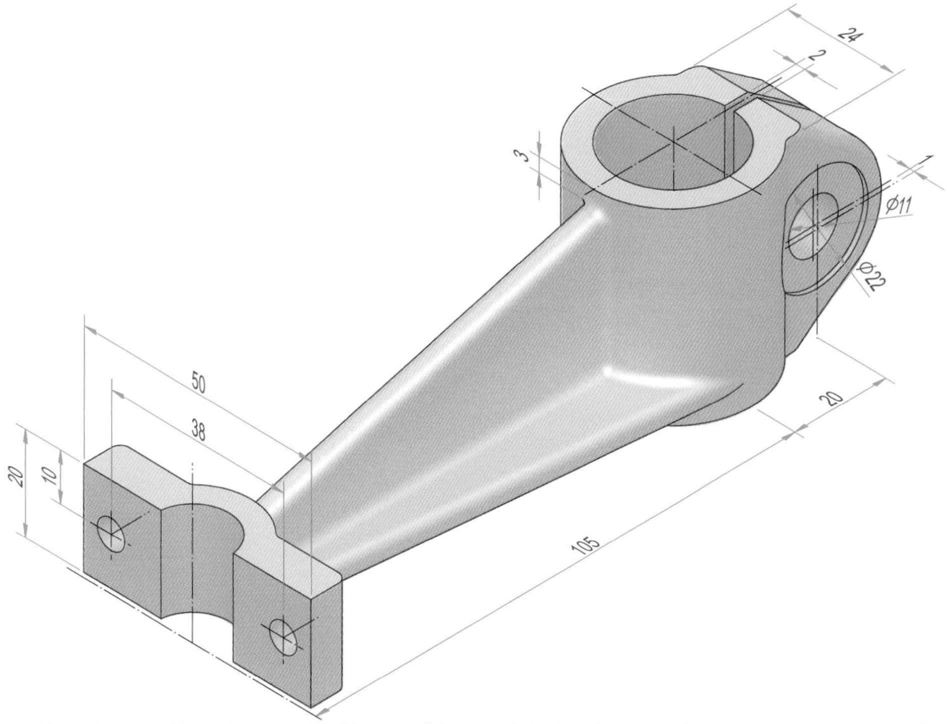

2. 請依據尺度繪製「座蓋」(或直接開啓檔案 P9-2.sldprt)，並將其轉換成工程圖，並編輯成符合 CNS3 標準之工作圖。

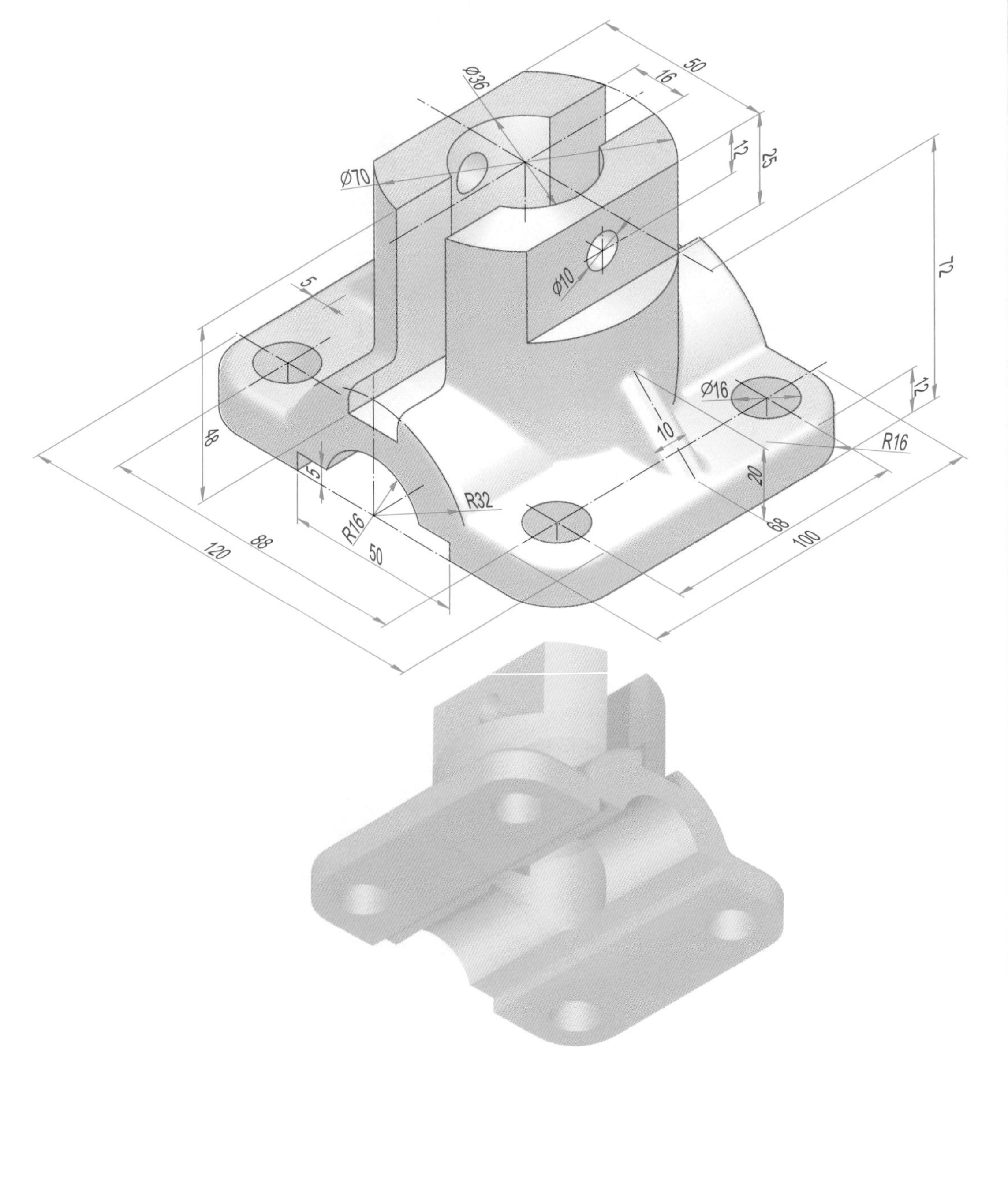

3. 請依據尺度繪製「固定塊」(或直接開啓檔案 P9-3.sldprt)，並將其轉換成工程圖，並編輯成符合 CNS3 標準之工作圖。

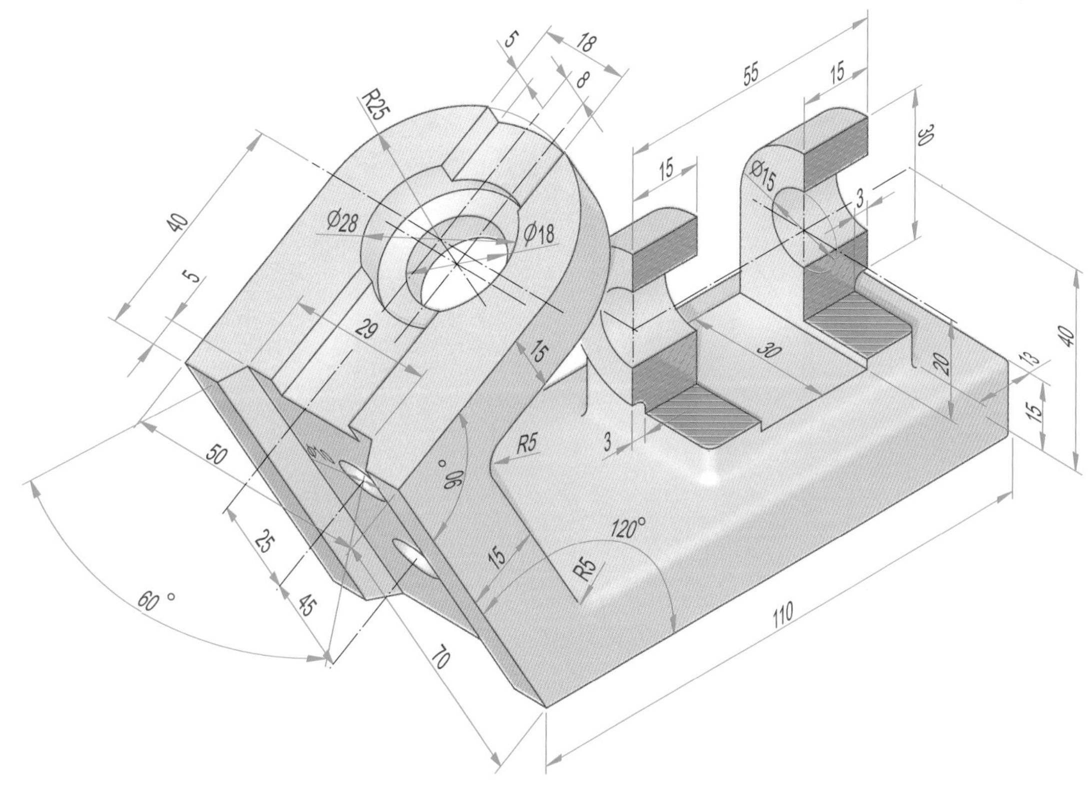

4. 請依據尺度繪製「刀具支座」，(或直接開啟檔案 P9-4.sldprt)並將其轉換成工程圖，並編輯成符合 CNS3 標準之工作圖。

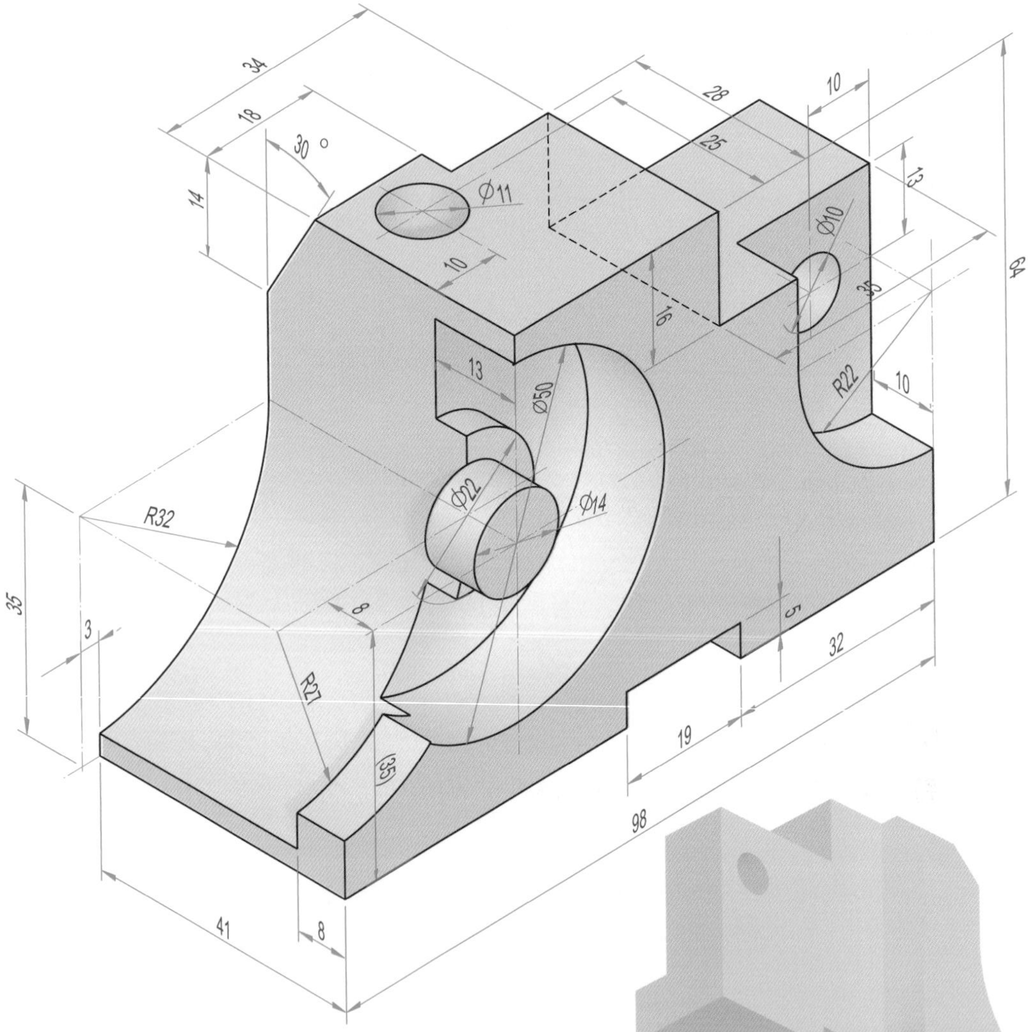

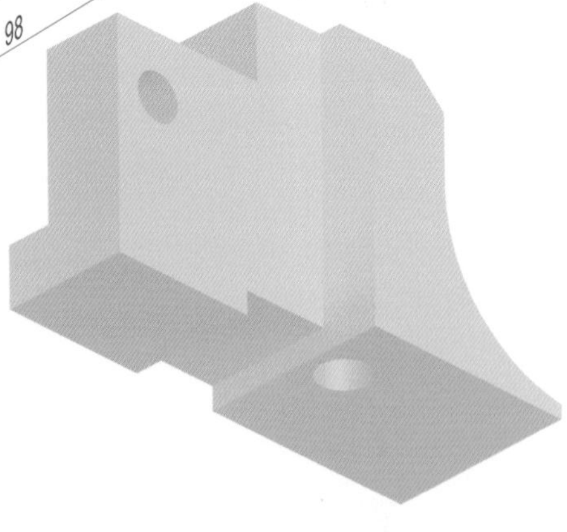

5. 請依據尺度繪製「自動靠座」(或直接開啓檔案 P9-5.sldprt)，並將其轉換成工程圖，並編輯成符合 CNS3 標準之工作圖。

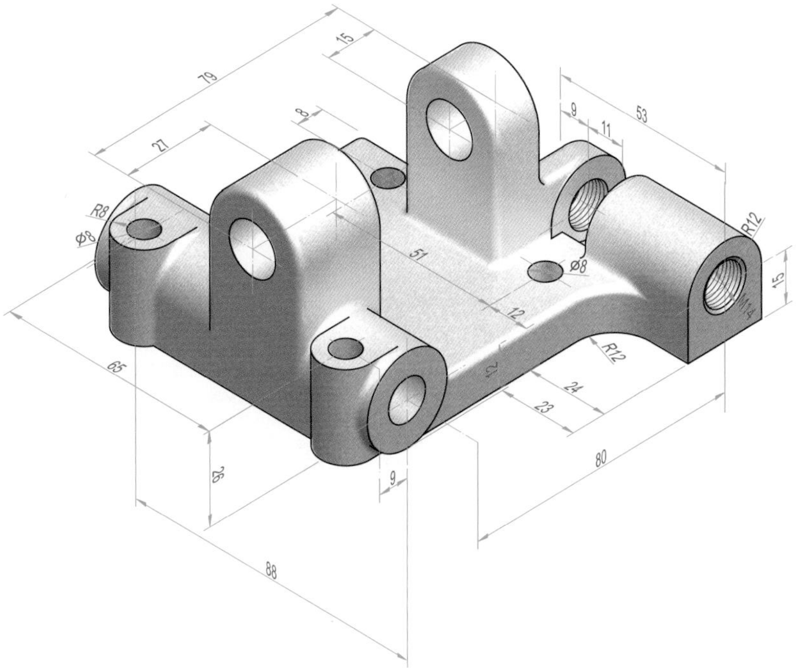

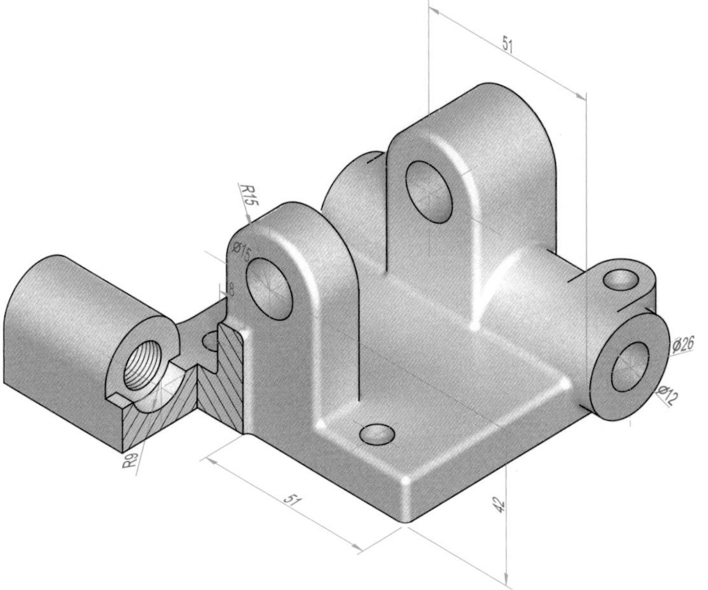

6. 請依據尺度繪製「偏置支架」(或直接開啓檔案 P9-6.sldprt)，並將其轉換成工程圖，並編輯成符合 CNS3 標準之工作圖。

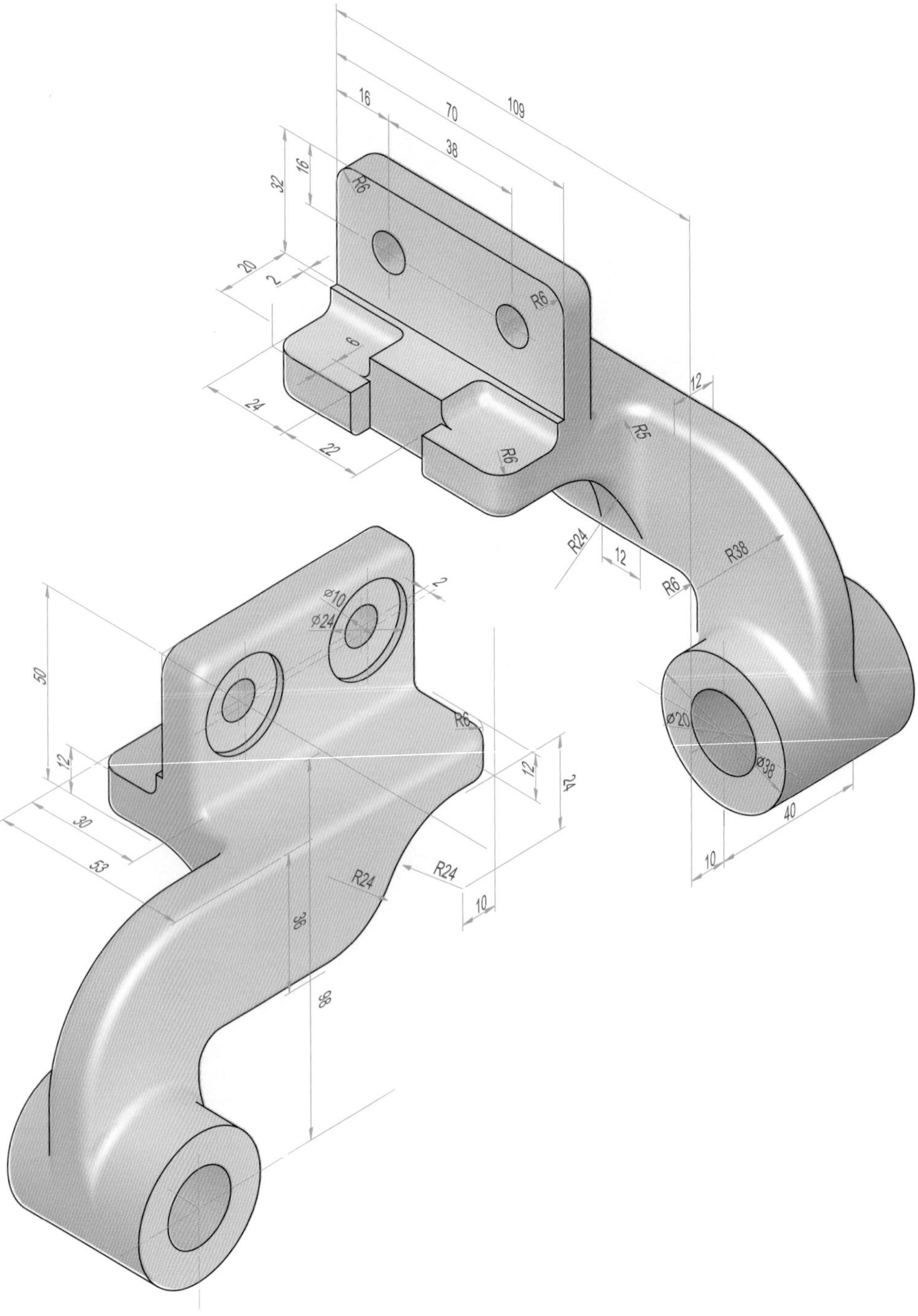

7. 請依據尺度繪製「軸支撐桿」(或直接開啟檔案 P9-7.sldprt)，並將其轉換成工程圖，並編輯成符合 CNS3 標準之工作圖。

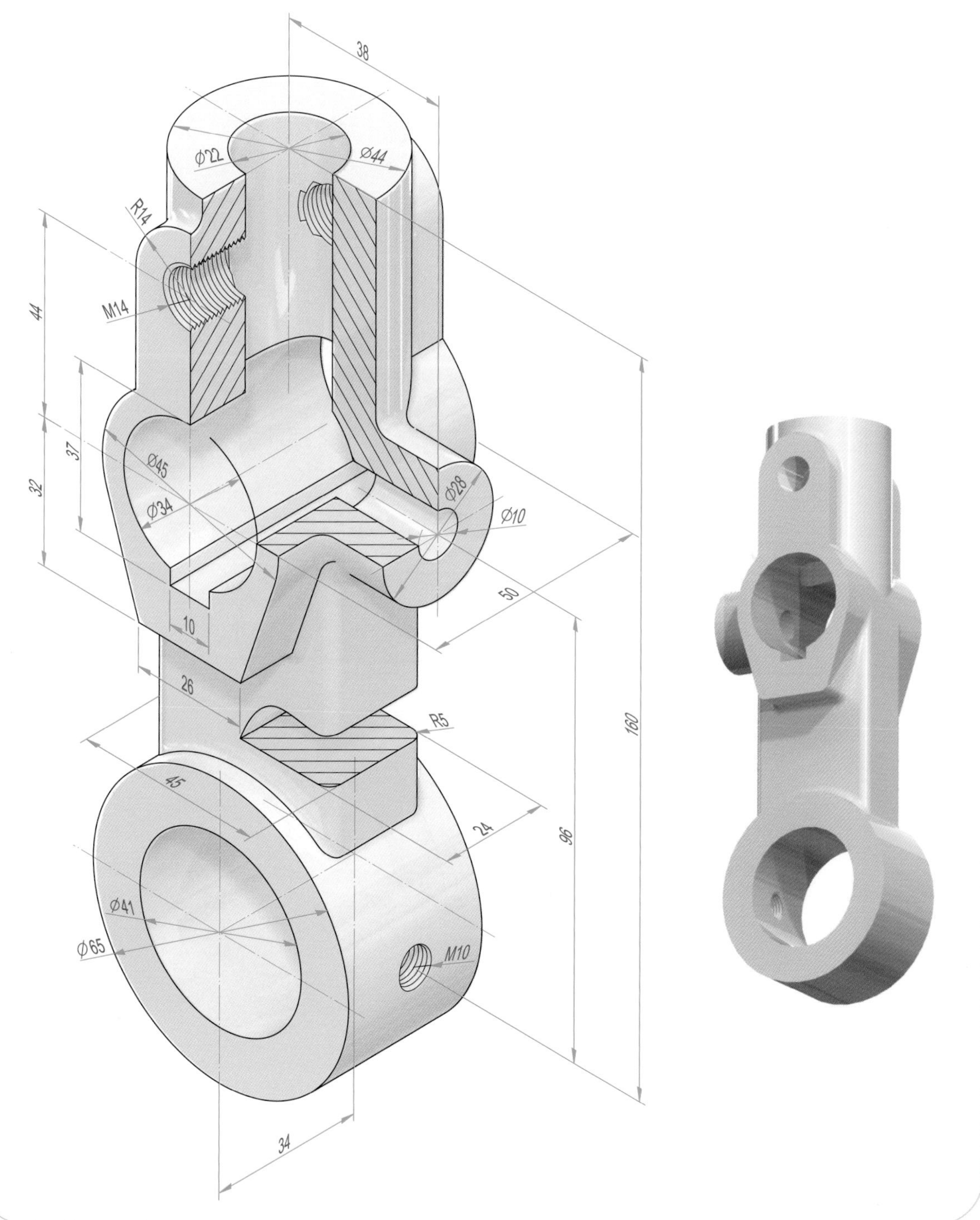

8. 請依據尺度繪製「軸支撐架」(或直接開啓檔案 P9-8.sldprt)，並將其轉換成工程圖，並編輯成符合 CNS3 標準之工作圖。

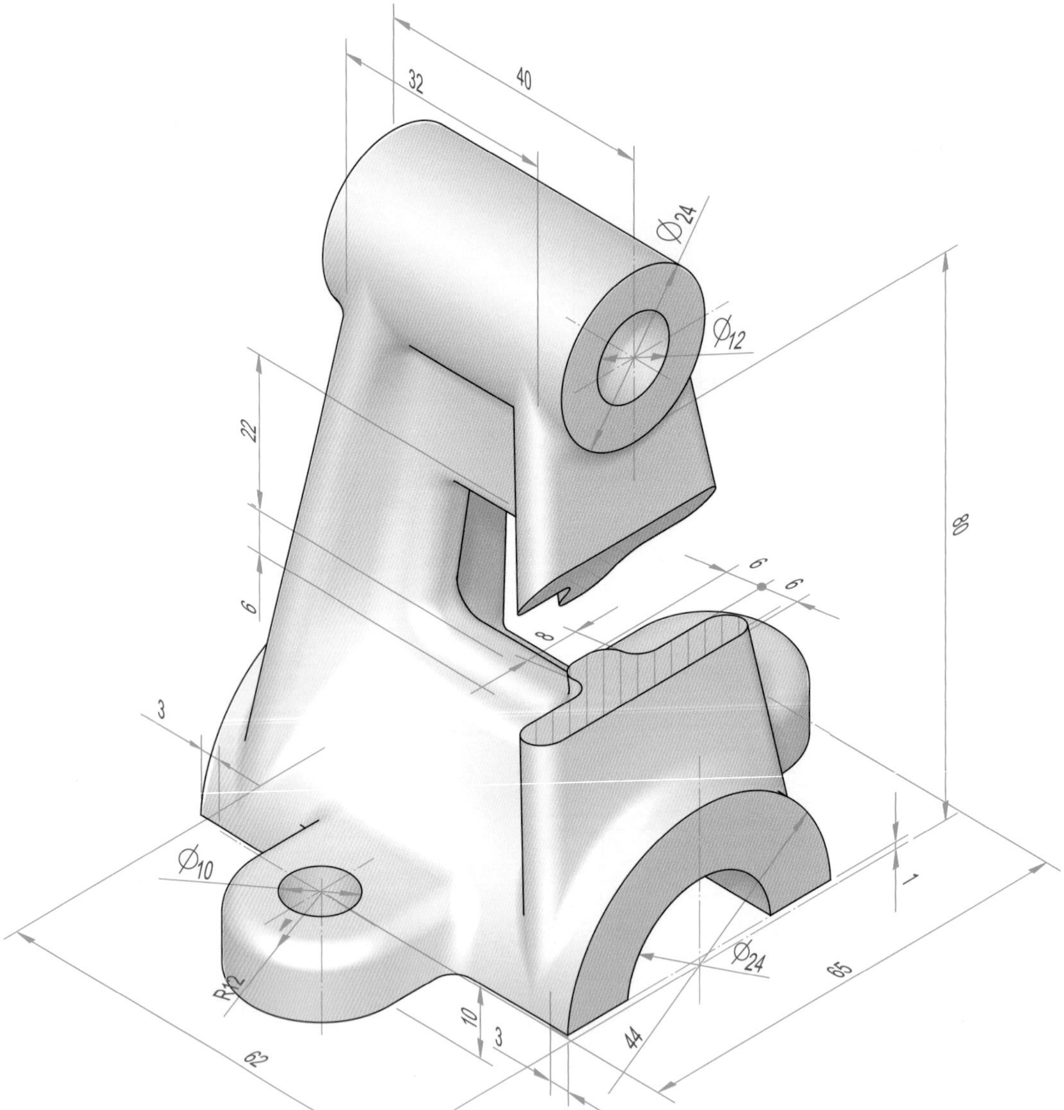

2D to 3D

10-1　電腦圖檔轉成實體圖

10-2　工作圖檔轉成實體圖

本章你將學到的技能有：

- 工程圖檔轉入草圖
- 工程圖檔編輯
- 對正視圖
- 工程圖解析建構立體圖

10-1 電腦圖檔轉成實體圖

2D To 3D 是一項可幫助您將 2D 工程圖轉換爲 3D 實體圖之功能。先將 2D 工程圖轉換爲 SolidWorks 草圖，它可以是來自 AutoCAD 的工程圖，將之輸入 SolidWokrs 工程圖中，再將它輸入到零件文件的一個草圖中。您可以從工程圖文件中複製及貼上工程圖，或您可以直接將工程圖輸入到零件文件的 2D 草圖中。不論在那一種情況下，草圖都必須是零件文件中的單一草圖。

	前視：轉換至 3D 零件時，所選的草圖圖元變爲前視圖。
	上視：轉換至 3D 零件時，所選的草圖圖元變爲上視圖。
	右視：轉換至 3D 零件時，所選的草圖圖元變爲右視圖。
	左視：轉換至 3D 零件時，所選的草圖圖元變爲左視圖。
	下視：轉換至 3D 零件時，所選的草圖圖元變爲下視圖。
	後視：轉換至 3D 零件時，所選的草圖圖元變爲後視圖。
	輔助視：轉換至 3D 零件時，所選的草圖圖元變爲輔助視圖。您必須在另一視圖中選擇一條直線來指定輔助視圖的角度。
	產生新草圖：所選的草圖圖元變爲新草圖。例如，您可以擷取草圖，然後在產生特徵之前對它進行修改。
	修復草圖：可以修正草圖中的錯誤，使草圖可用於伸長或切除一個特徵。典型的錯誤可能是重疊的幾何，小的縫隙、或許多小的線段合併到單一的圖元中。
	對正草圖：在一個視圖中選擇一條邊線來與在第二個視圖中所選的邊線對正。選擇順序是很重要的。
	伸長：從所選的草圖圖元伸長一個特徵，不需要選擇完整的草圖。
	除料：從所選的草圖圖元除料切割出一個特徵，不需要選擇完整的草圖。

註：依據 CNS3，「上視圖」應修改為「俯視圖」，「右視圖」應修改為「右側視圖」，「左視圖」應修改為「左側視圖」，「下視圖」應修改為「仰視圖」。

要從 2D 工程圖產生基材特徵，需要擷取草圖並指定爲適當的視圖。草圖自動摺疊爲正確的方位，這就好比工程圖是一張紙一樣。

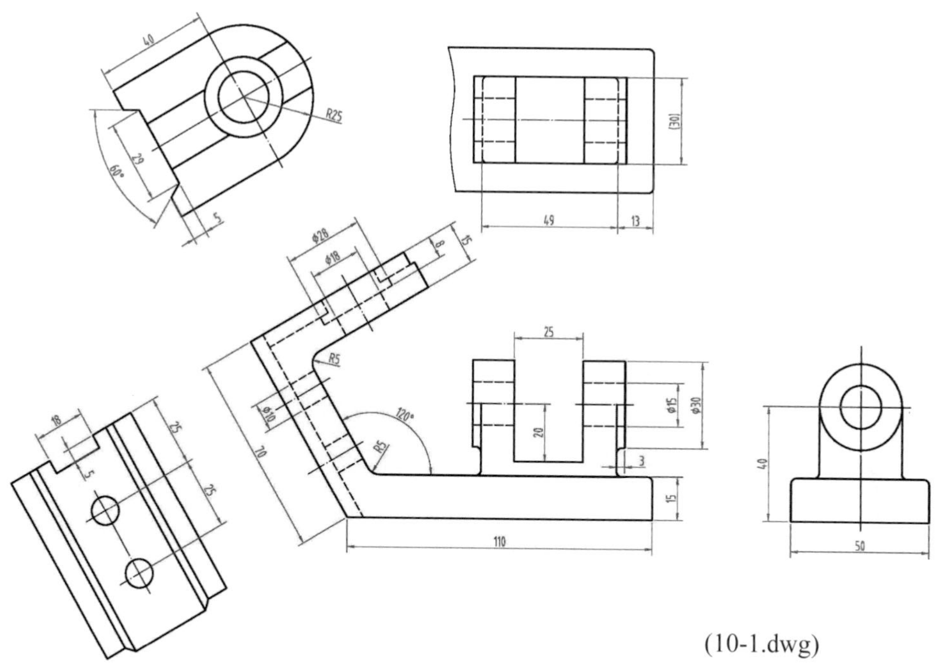

(10-1.dwg)

1. 先開啓一個新的零件檔，點選前基準面「前基準面」，然後下拉式功能表點選「插入」\「DXF/DWG(X)...」。檔案類型「Dwg files(*.dwg)」，選取圖檔後按「開啓」。

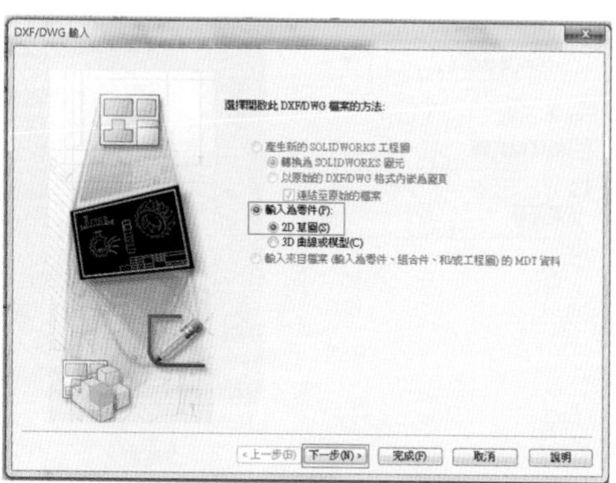

2. 選項中勾選「●所選圖層」將□DIM 尺度圖層關閉，此圖頁爲 2D 草圖，然後按「完成」。

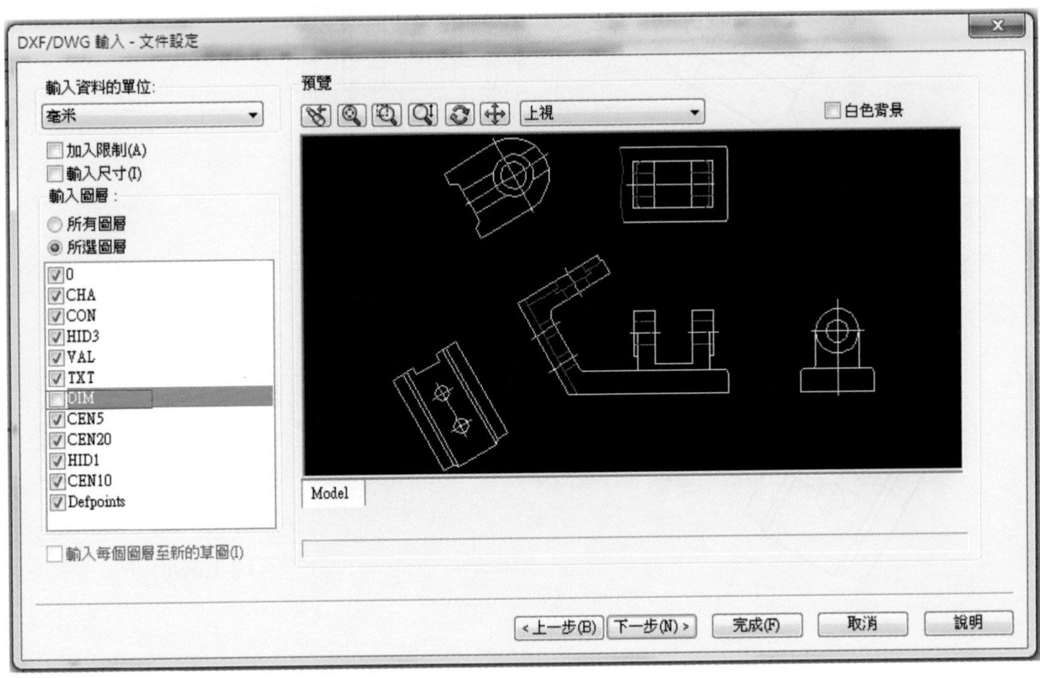

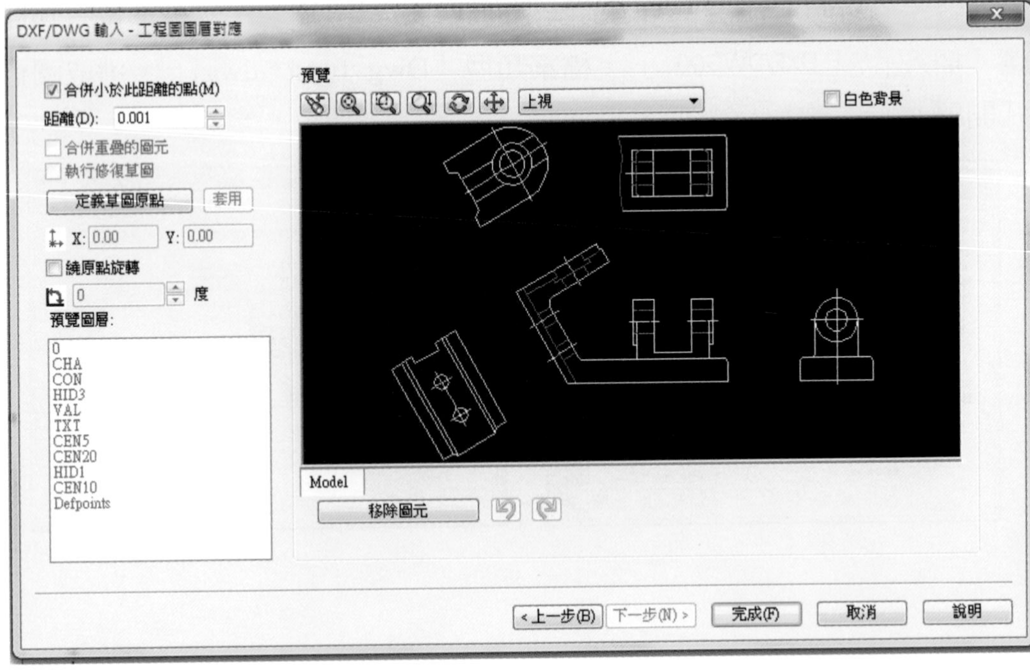

3. DWG 轉換時會有圖元結構問題，可以依據提示啓用圖塊合併選項。

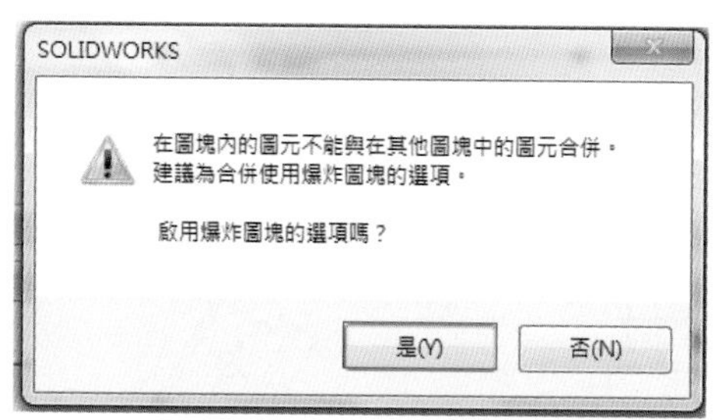

4. 接下來便可以開始擷取草圖的動作了，先以框選的方式將前視圖框選起來，然後按下 2D 到 3D 工具列上的「 加入至前視草圖 」，將所選的視圖定義爲前視圖。您可以發現前視圖變成灰色，表示已定義完成。

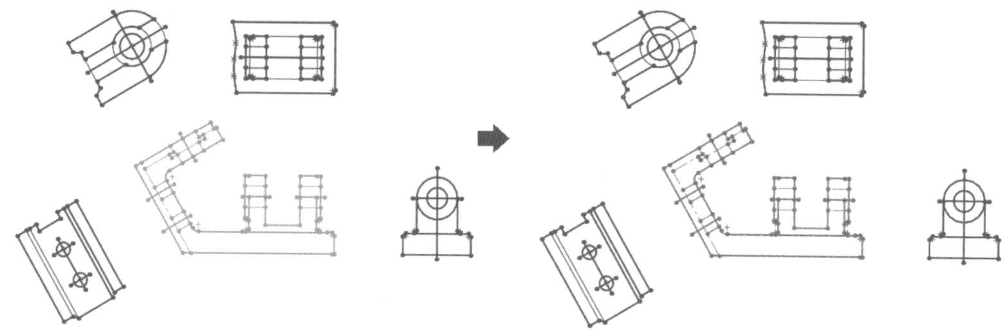

5. 再以框選的方式將俯視圖框選起來，然後按下「2D 到 3D」工具列上的「 加入至上視草圖 」，將所選的視圖定義爲俯視圖。此時俯視圖會摺疊至正確的方位爲水平擺置。

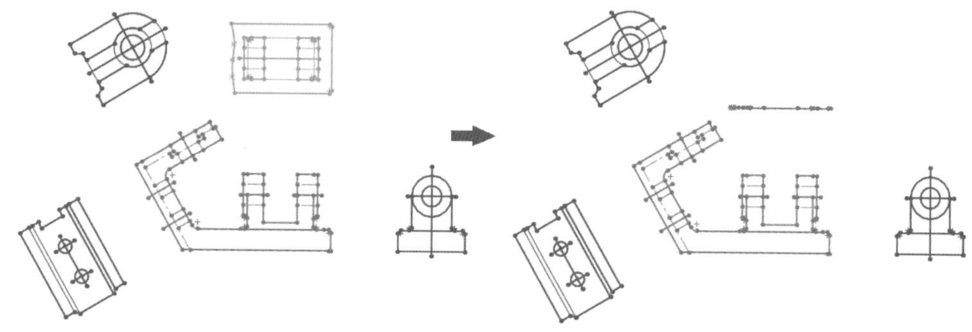

6. 繼續以框選的方式將右側視圖框選起來，然後按下「2D 到 3D」工具列上的「 加入至右視草圖 」，將所選的視圖定義爲右側視圖。此時右側視圖也會摺疊至正確的方位爲直立擺置。

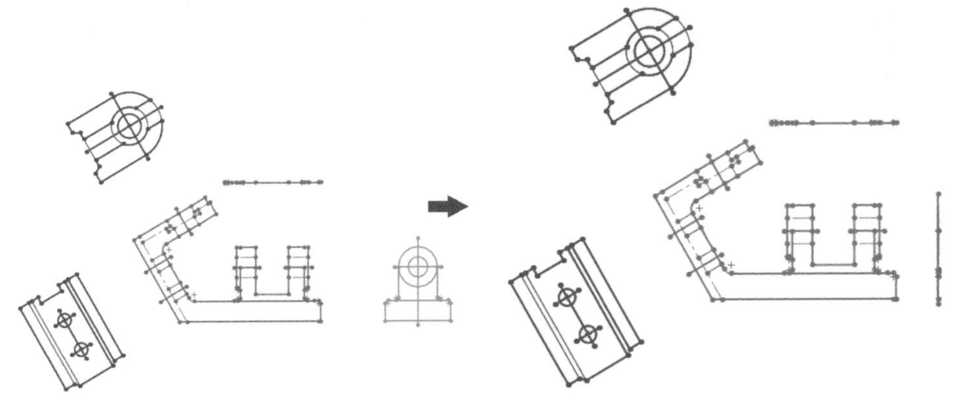

7. 標準視角「等角視」，在擷取完草圖及定義完成視圖之後，您會發現此時的俯視圖及右側視圖並沒有對正，因此我們必需再做一次對正的工作。首先點選如下圖所示的二條邊線，然後點選 2D 到 3D 工具列上的「對正視圖」，此時所選的二條邊線會正確地對齊。

8. 繼續以框選的方式將輔助視圖框選起來，且需按 Ctrl 點取然後在另一視圖中選擇一條直線來指定輔助視圖的角度。再按「2D 到 3D」工具列上的「輔助草圖」，將所選的視圖定義為輔助視圖。此時輔助視圖也會摺疊至正確的方位。

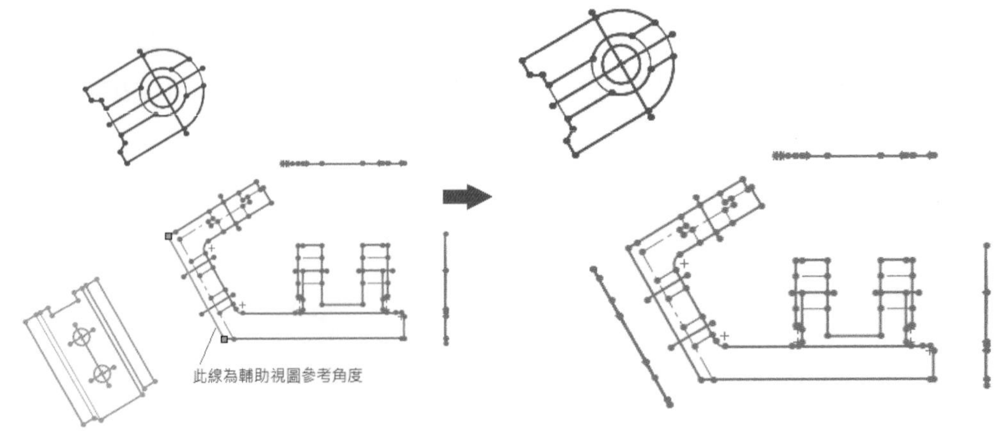

9. 繼續以框選的方式將輔助視圖框選起來，且需按 Ctrl 點取然後在另一視圖中選擇一條直線來指定輔助視圖的角度。再按「2D 到 3D」工具列上的「輔助草圖」，將所選的視圖定義為輔助視圖。此時輔助視圖也會摺疊至正確的方位。

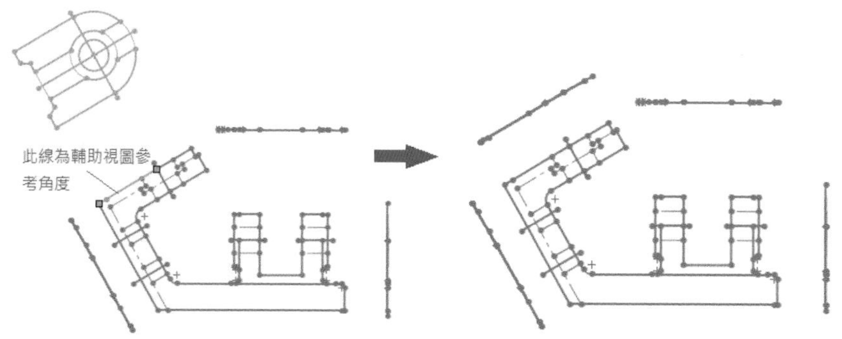

10. 從標準視角「上視 」可見紅色線所指示之右側視圖與俯視圖未對齊。

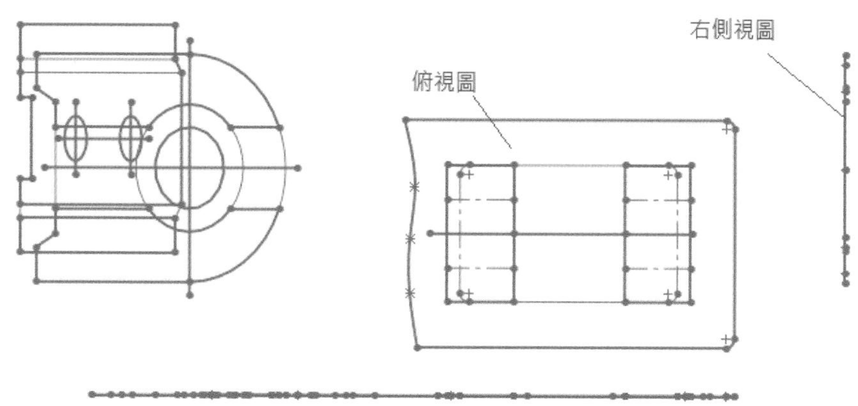

11. 等角視「 」，必需再做一次對正的工作。首先點選如下圖所示的按住 CTRL 選二條中心線，然後點選 2D 到 3D 工具列上的「對正草圖 」，此時所選的二條邊線會正確地對齊。同法再完成其他視圖的對正。

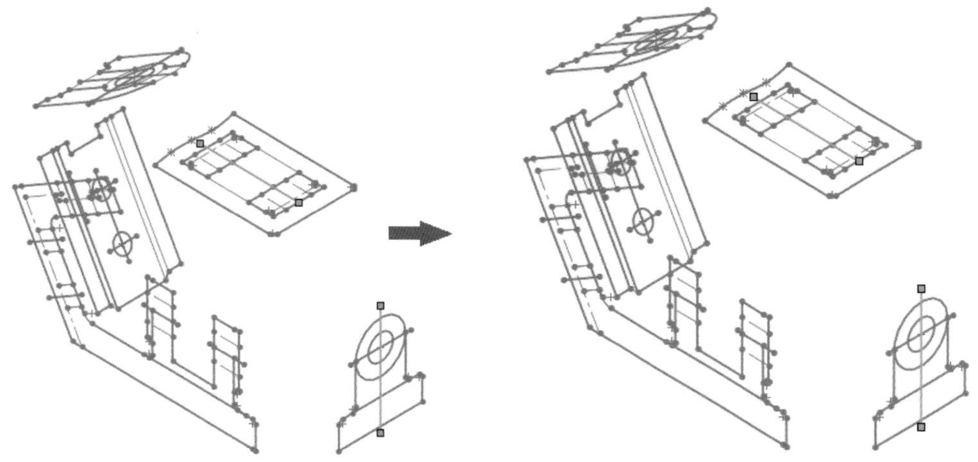

12. 同法再完成其他視圖的對正(若無法完全對正，後續可與實體邊線對正)，結束草圖，特徵管理員中有多個草圖。標準視角「不等角視」，如下圖所示。先點取右側視圖任一直線，再按「伸長填料/基材」，在依下圖點取輪廓及定義條件之點，完成「填料-伸長」。

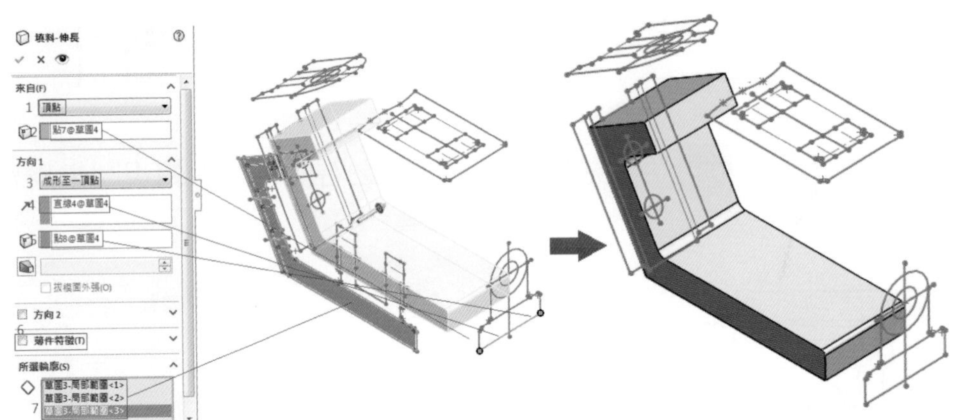

13. 前視圖會因爲產生基材後「隱藏」了，可在特徵管理員之「填料-伸長」下之「草圖」按左鍵之「👁」顯示。

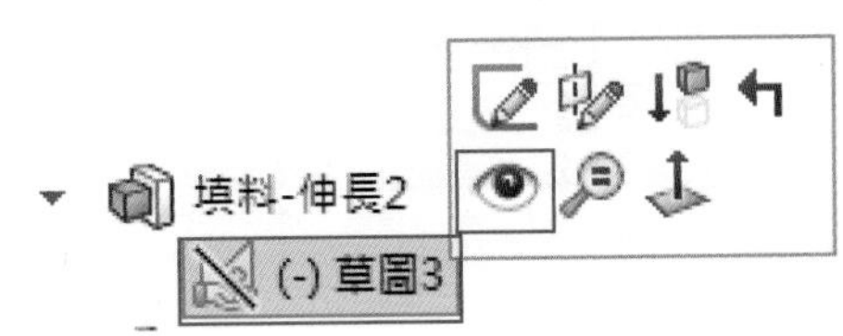

14. 欲完成細部實體伸長，可點選已完成之「填料-伸長」下之「草圖」，點取其他輪廓，伸長特徵。

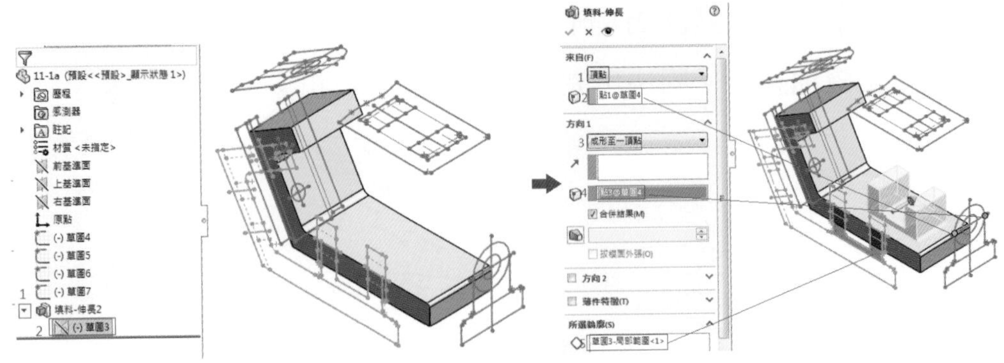

15. 繼續完成右側視圖之圓形特徵，步驟如下圖，有兩處需分別伸長實體。

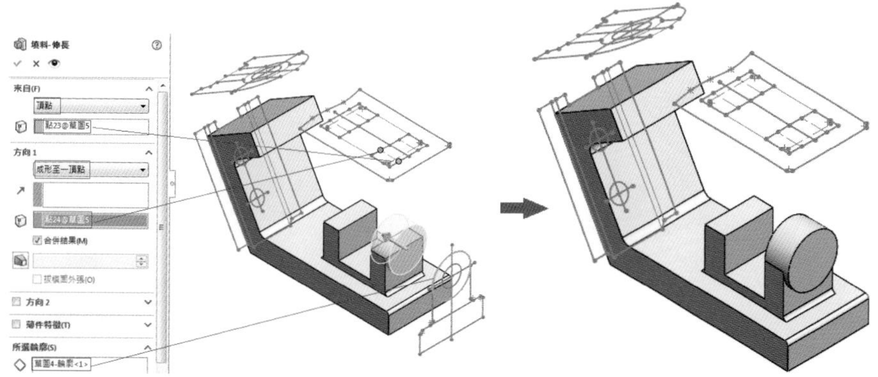

16. 依序點選「特徵管理員」之「基材-伸長」/「草圖」出現「右側視圖」，繼續點選右側視圖之小圓，進行「伸長除料」。

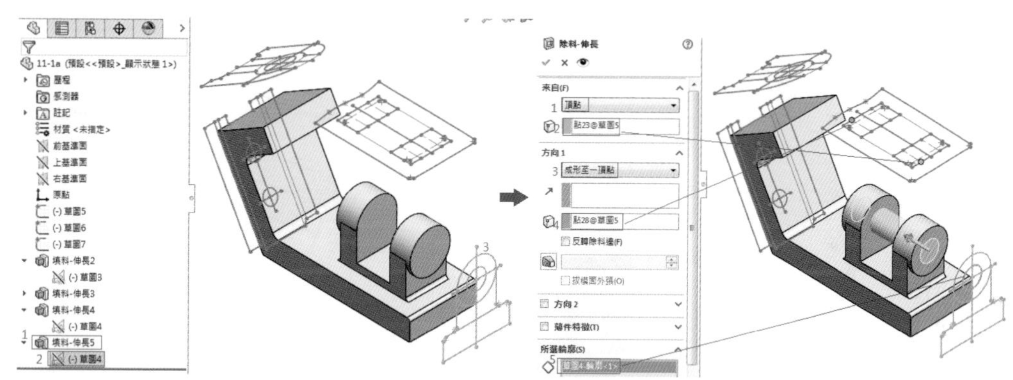

17. 繼續輔助視圖面之圓形特徵伸長，從實體之「頂點 1」伸長到實體「頂點 2」，如下圖所示。

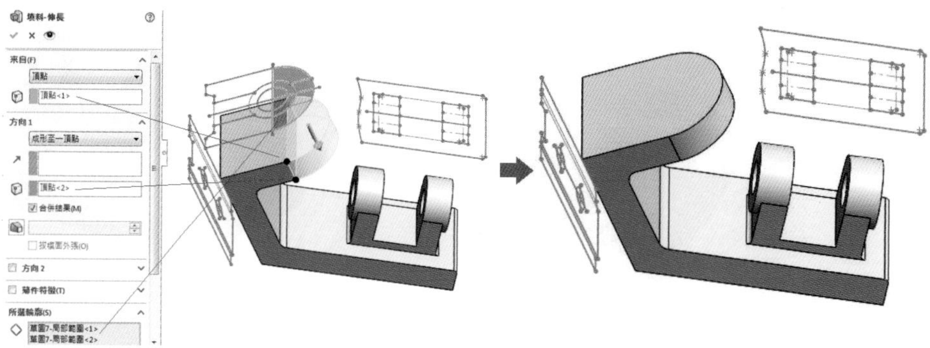

18. 「」顯示輔助視圖與前視圖後，「伸長除料」輔助視圖之大小孔。

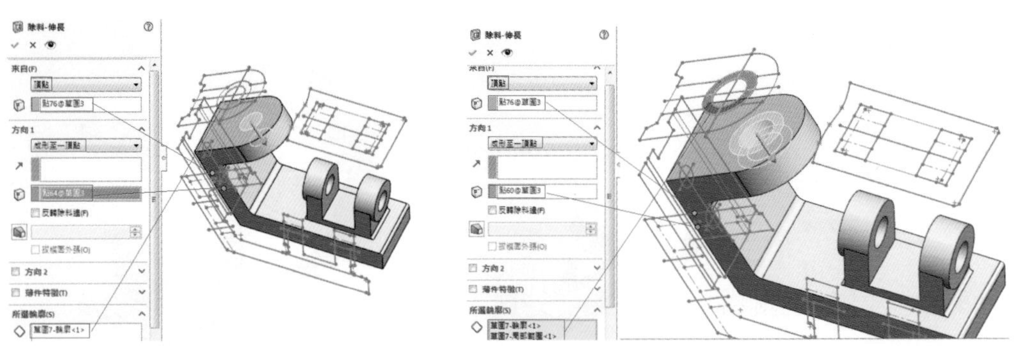

19. 點選「輔助視圖」，點任一線後按右鍵「」編輯草圖，草圖直線「」編輯後，可封閉輪廓。

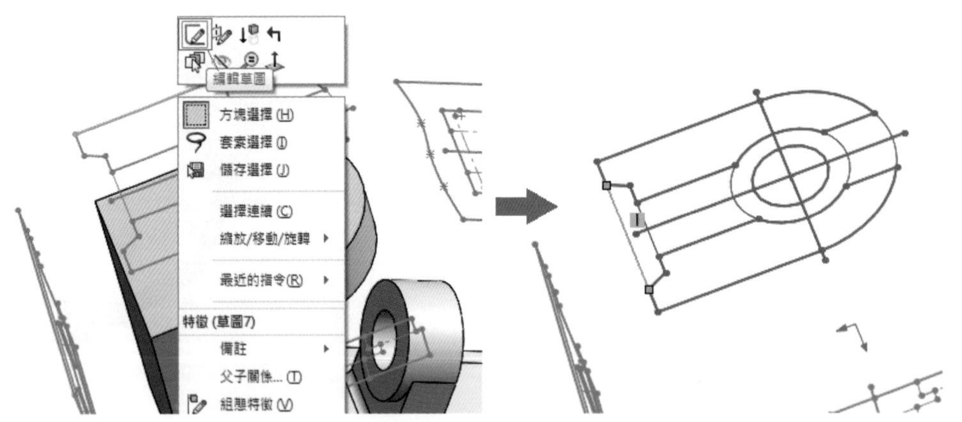

20. 特徵「伸長除料」，完全貫穿後，隱藏「」前視圖、右側視圖與俯視圖。

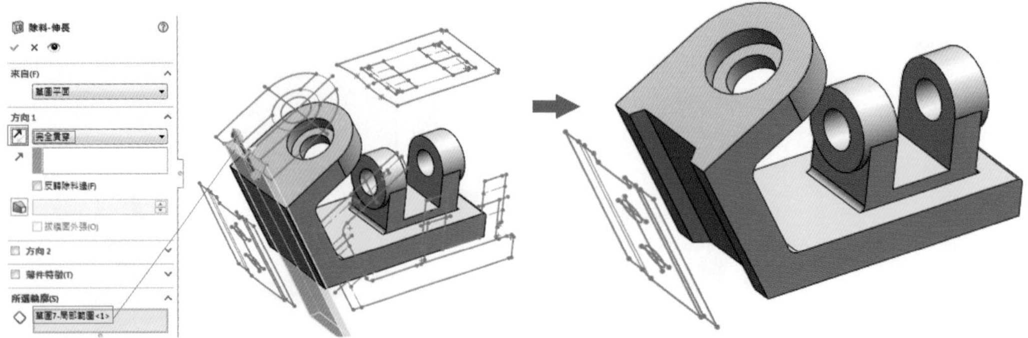

21. 標準視角選俯視圖「」，輔助視圖與實體圖投影上並無對齊，滑鼠轉動視角後，點選草圖之一邊線與實體之一邊線，然後對正「」。

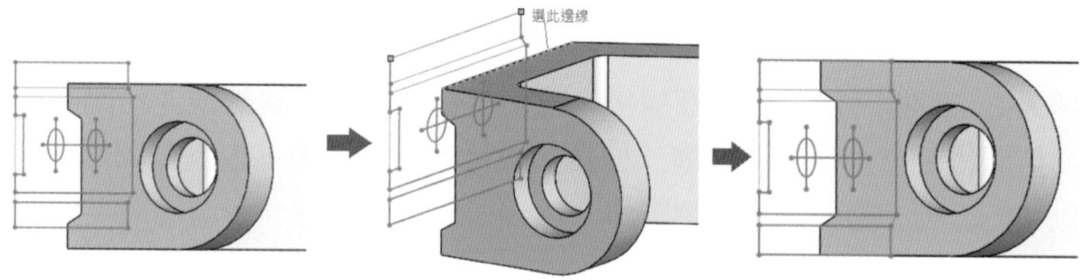

22. 同法，編輯另一輔助視圖，點任一線後按右鍵「」編輯草圖，草圖直線「」編輯後，可封閉輪廓。

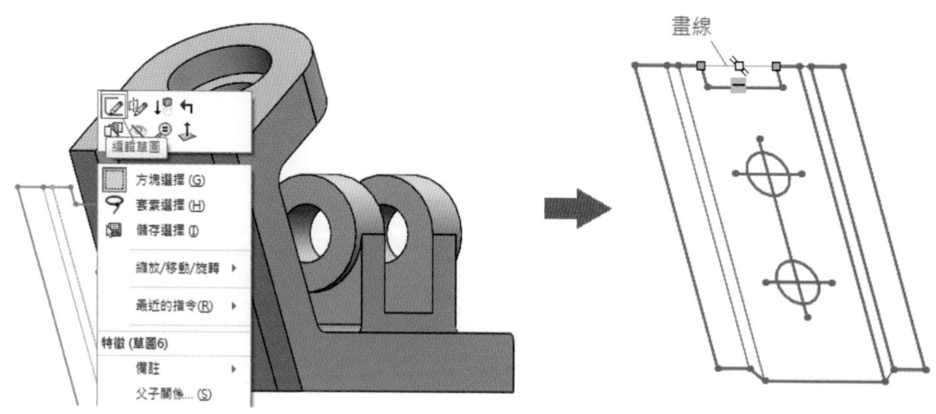

23. 特徵「伸長除料」，完全貫穿後，再做細部檢視圓角等，完成 2D 圖檔轉換成 3D 實體圖。

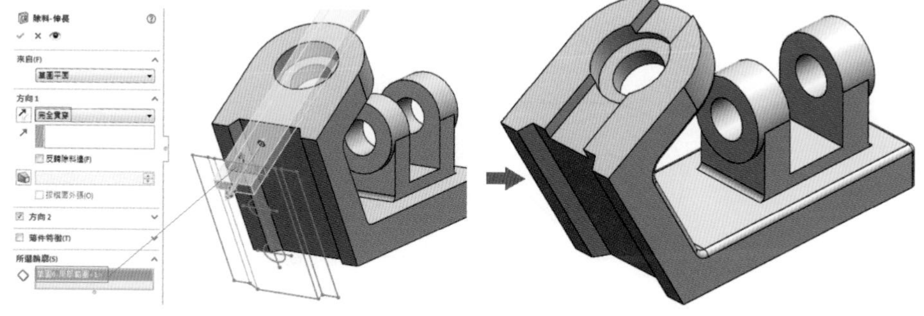

重點提示

以 2D 圖檔轉換爲 3D 實體圖，是指電腦檔案爲平面工作圖(例如 AutoCAD 圖檔之*.dwg 或*.dxf 檔案)，將圖檔插入工作平面(例如：前基準面)後進行將正投影視圖貼附於一個投影箱上(正投影原理)，再進行特徵之伸長或除料等等之編輯，而完成 3D 實體圖。並非將圖檔導入後，幾個指令執行後就可產生立體圖。

技巧解析

插入之工程圖，隱藏尺度圖層後，若發現正投影視圖缺線或非封閉區域，可自行編輯草圖後，產生特徵。點選「伸長」或是「除料」後，點選草圖之任一邊線，依序以「點」到「點」作爲實體距離之依據。應特別注意「所選輪廓」應爲封閉區域，並不得有獨立線段併入，應刪除。

精選範例練習

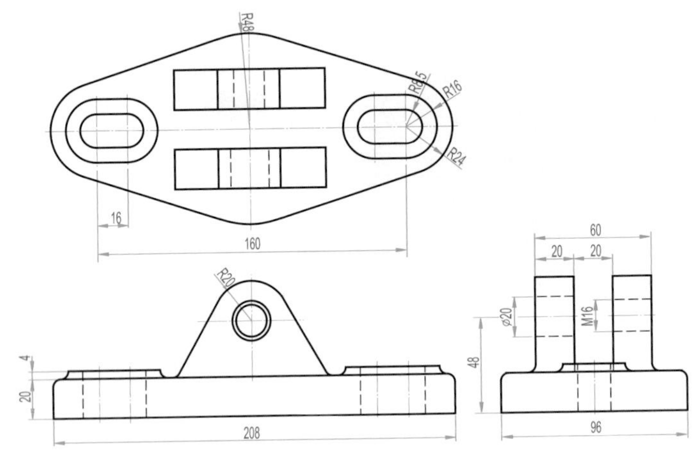

(A10-1-1.dwg)

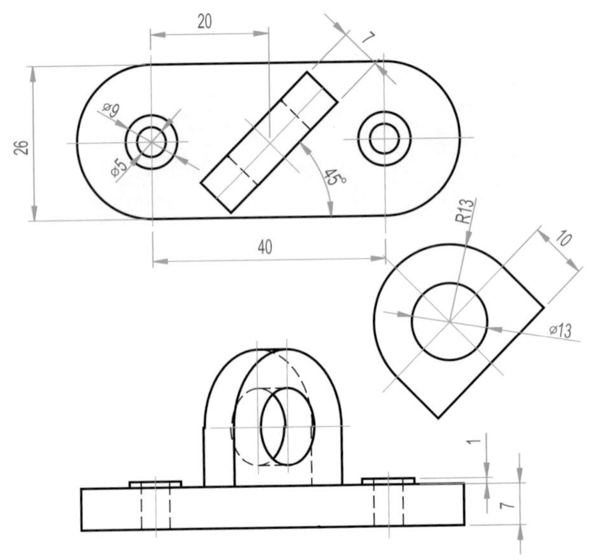

(A10-1-2.dwg)

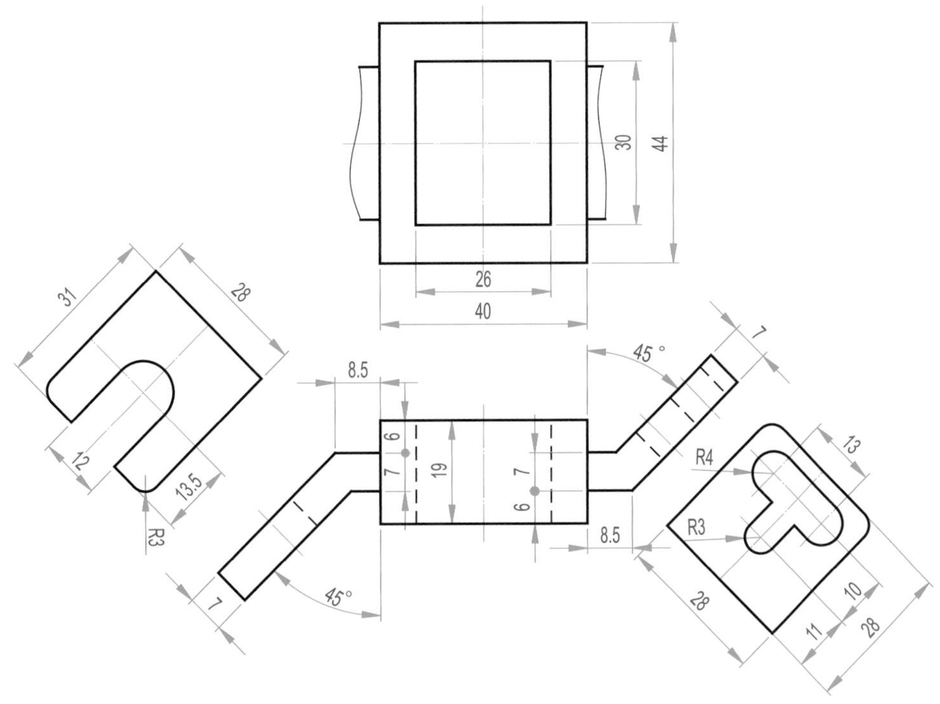

(A10-1-3.dwg)

10-2 工作圖檔轉成實體圖

工作圖檔是指早期以製圖儀器或是徒手畫繪製之紙張圖面，將複雜的平面工作圖轉畫成電腦 3D 立體圖。

對於此技術能力應已學過機械製圖或是圖學之正投影原理，較容易瞭解從平面圖建構成立體圖之步驟為何如此？以下圖為例說明，在解析過程以紅色草圖與**藍色**尺度完成立體圖的建構。

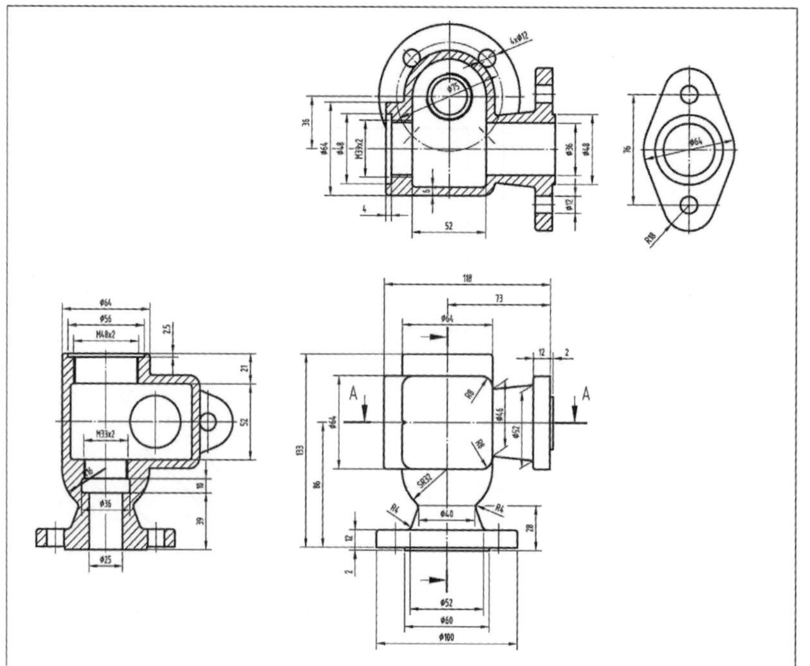

1. 解析工作圖後，從下圖紅色草圖開始繪製，點前基準面「前基準面」繪製草圖「」注意原點「」距離最底部尺度「86」，是將利用通過原點的「上基準面」、「前基準面」與「右基準面」，節省建立新基準面的步驟。完成草圖後，「旋轉填料/基材」完成旋轉特徵。

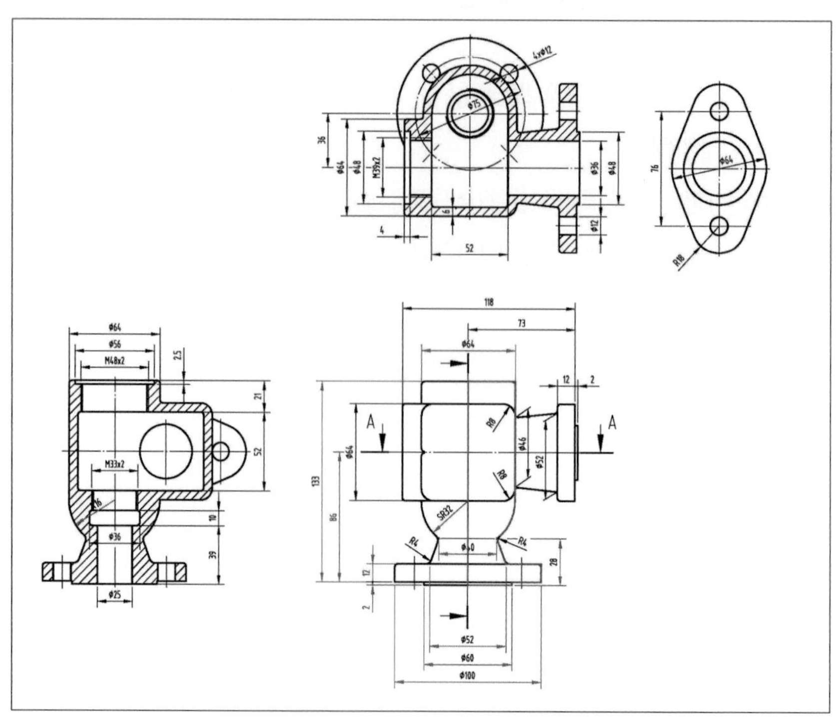

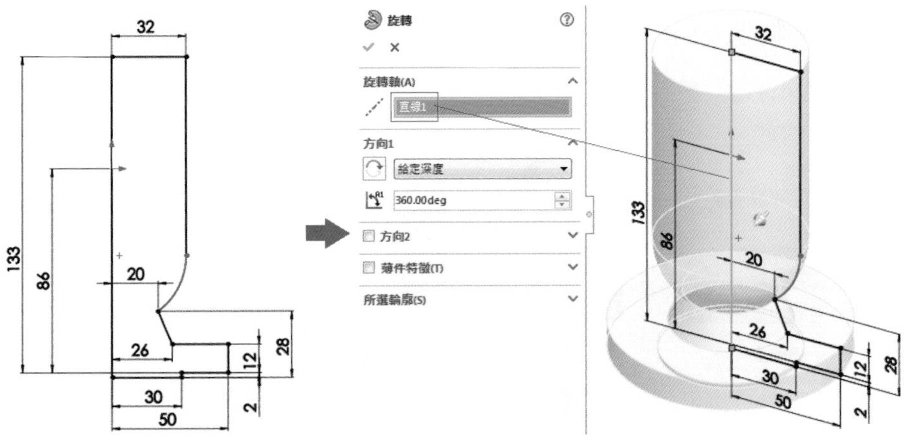

2. 點選「上基準面」繪製紅色草圖與尺度後，特徵「伸長填料/基材」對稱伸長「64」。

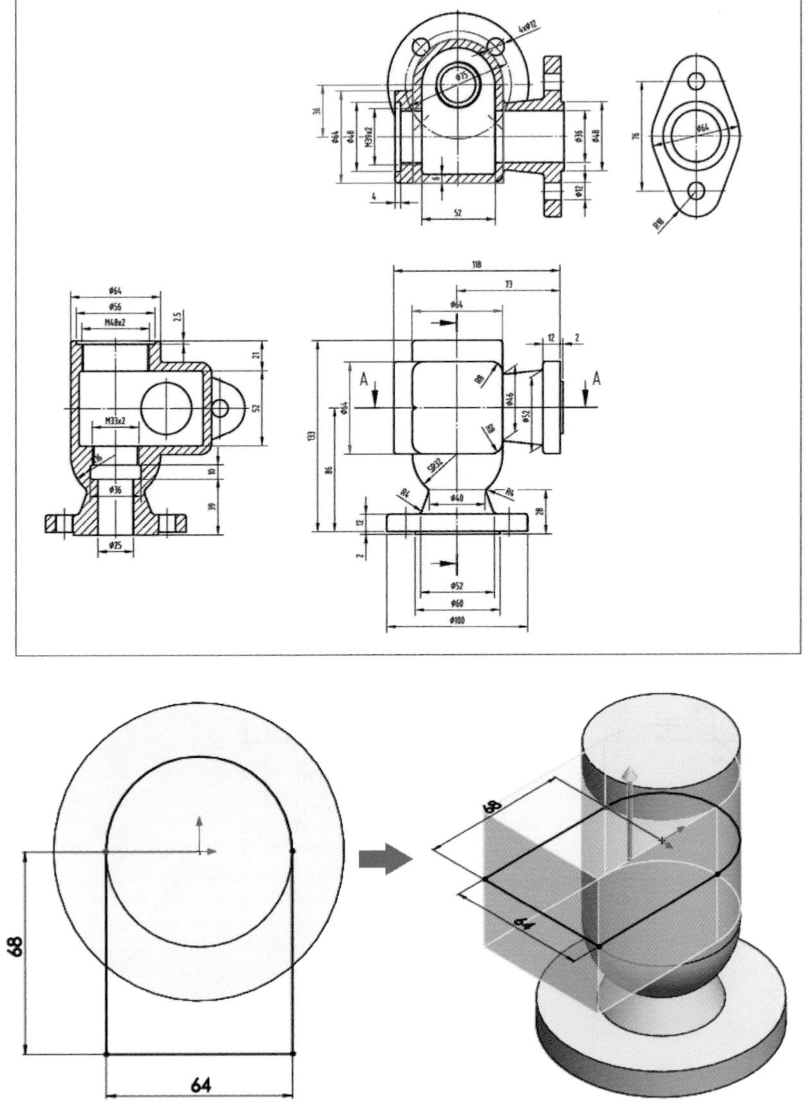

3. 倒圓角 R8，特徵如下圖。

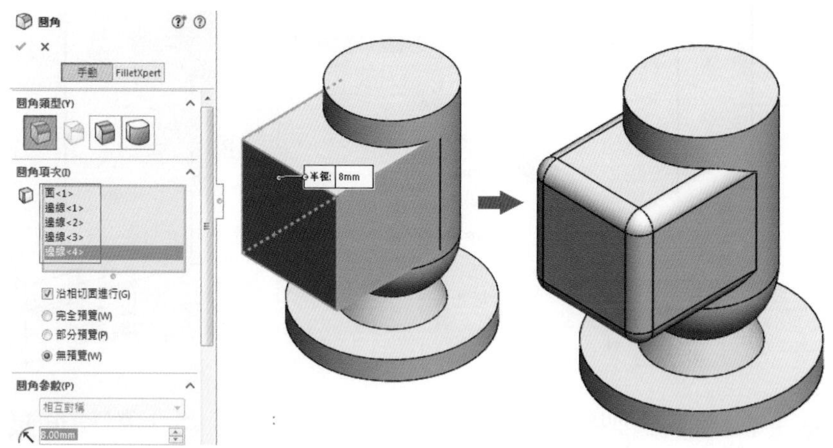

4. 點選「上基準面」繪製紅色草圖與尺度後，草圖尺度圓圈處「28」與「15」尺度是估計值，爲避免特徵之交錯，特徵「旋轉填料/基材」完成。

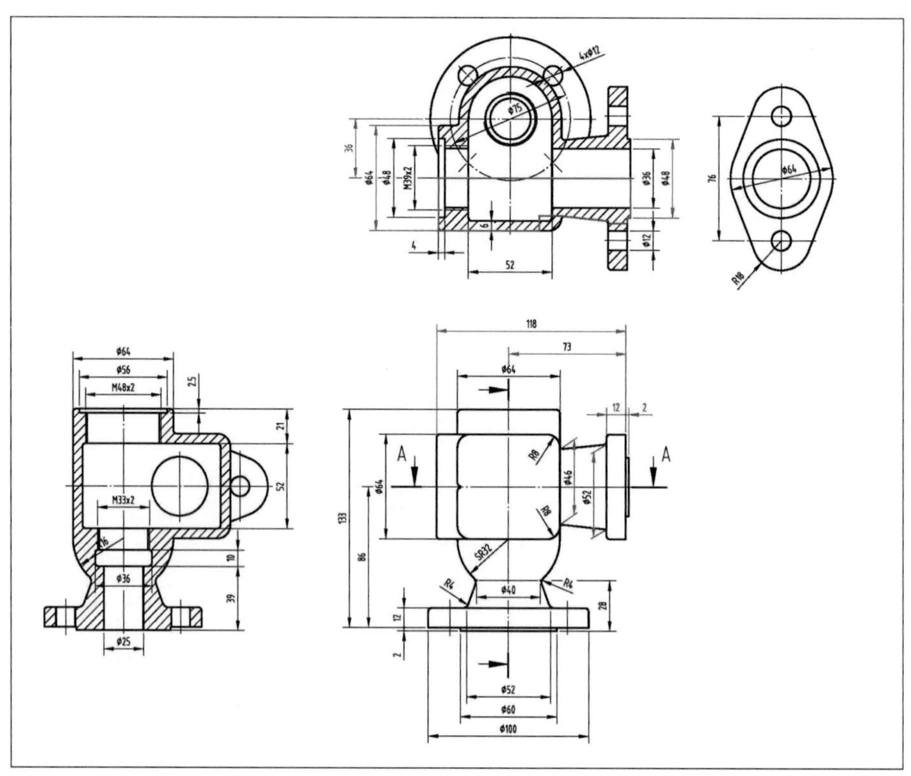

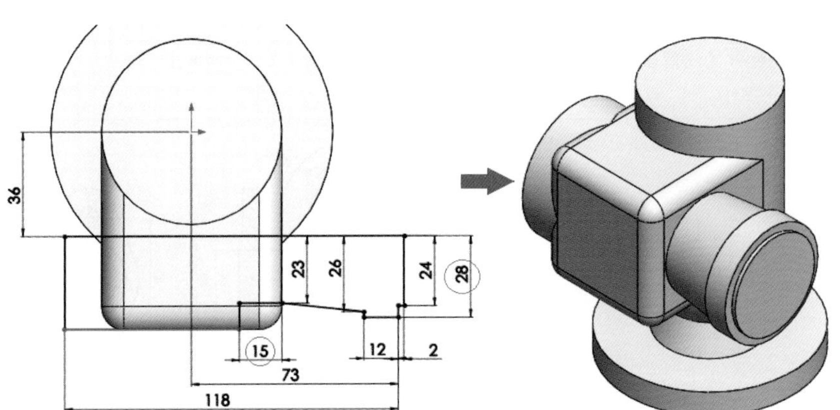

5. 點藍色面爲作圖面「 」注意直線與圓弧之限制條件，相切「 相切(T)」，特徵「伸長填料/基材」伸長「12」。

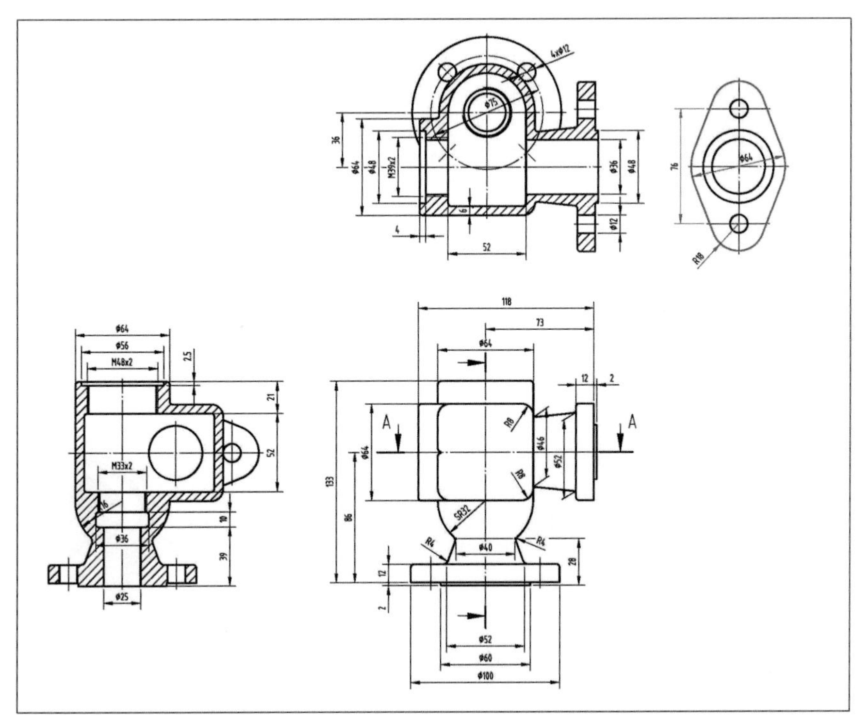

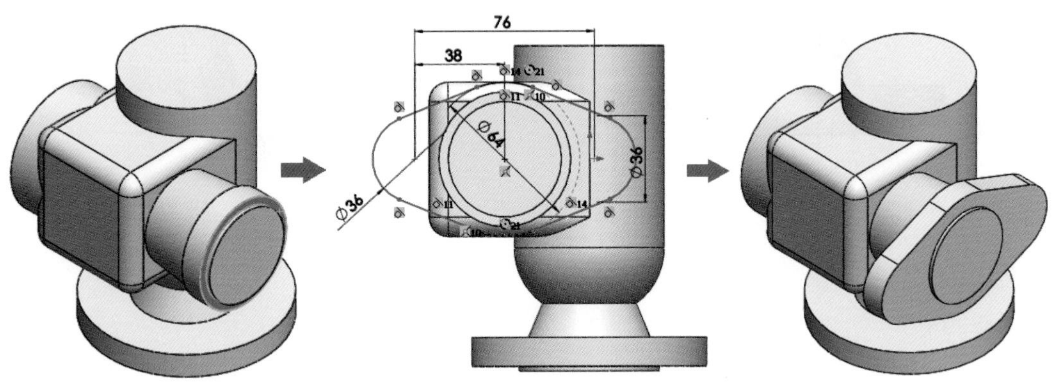

6. 點「右基準面」繪製紅色草圖與尺度後，特徵「旋轉除料」。

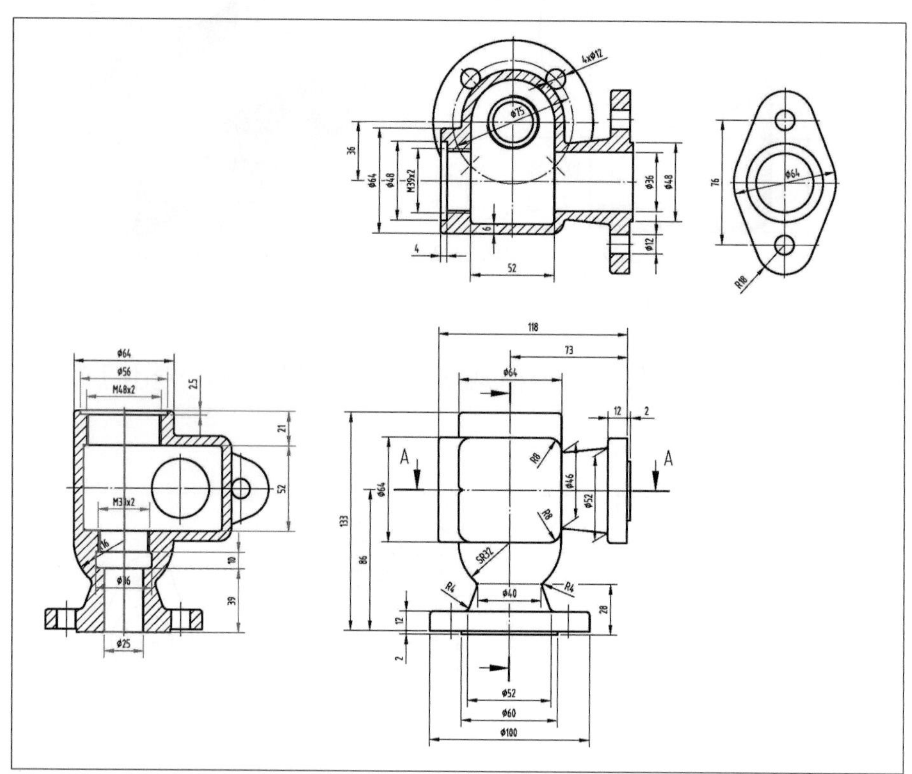

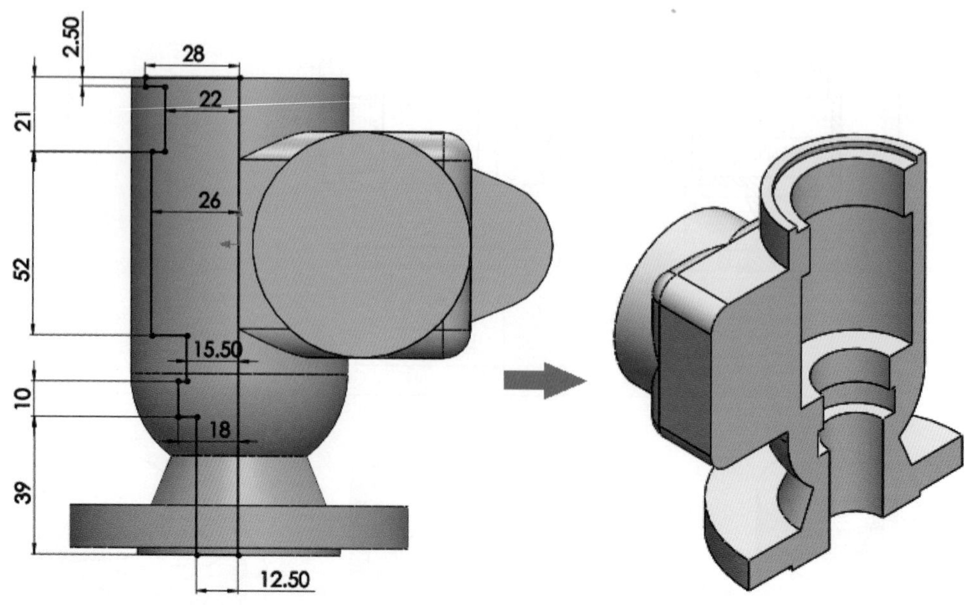

7. 點「上基準面」繪製紅色草圖與尺度後，特徵「伸長除料」對稱除料距離「52」。

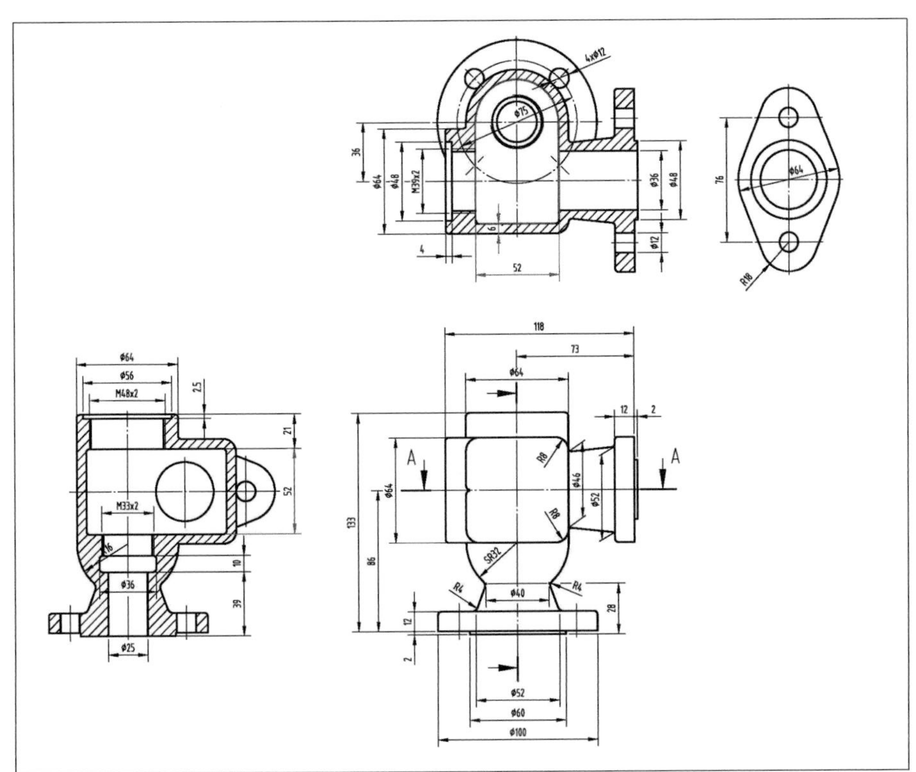

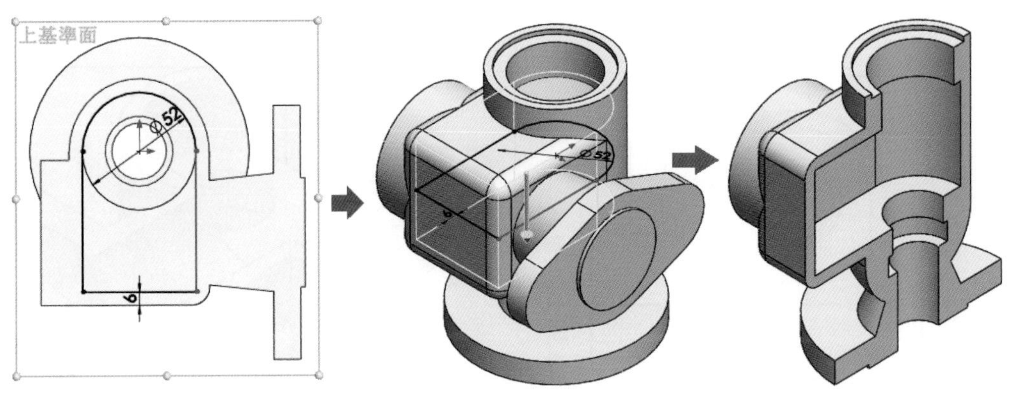

8. 點「上基準面」繪製紅色草圖與尺度後，特徵「旋轉除料」。

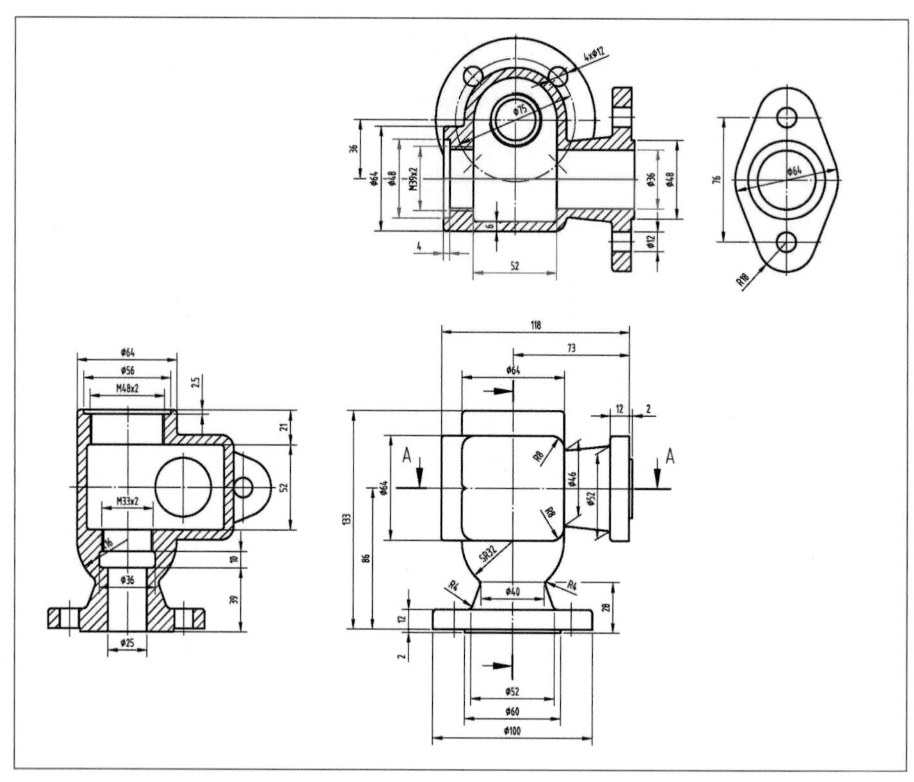

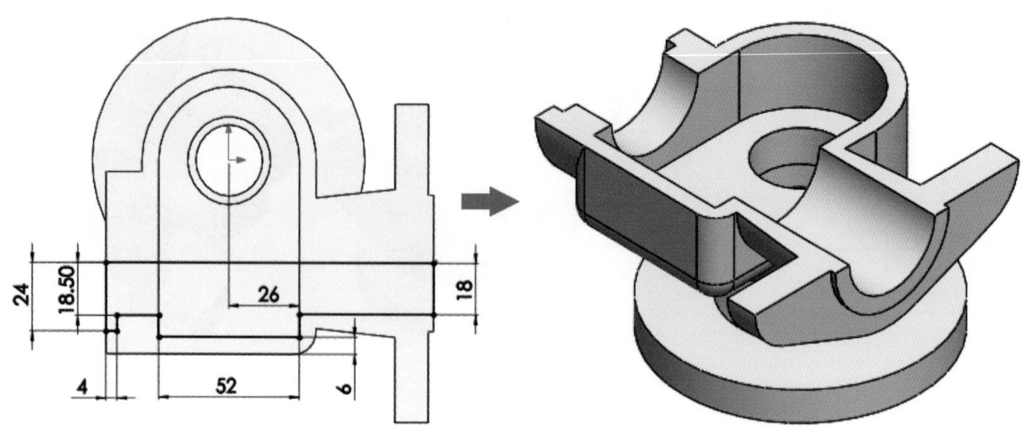

9. 接下來，孔的除料與圓角，完成立體圖(螺紋部分省略)。

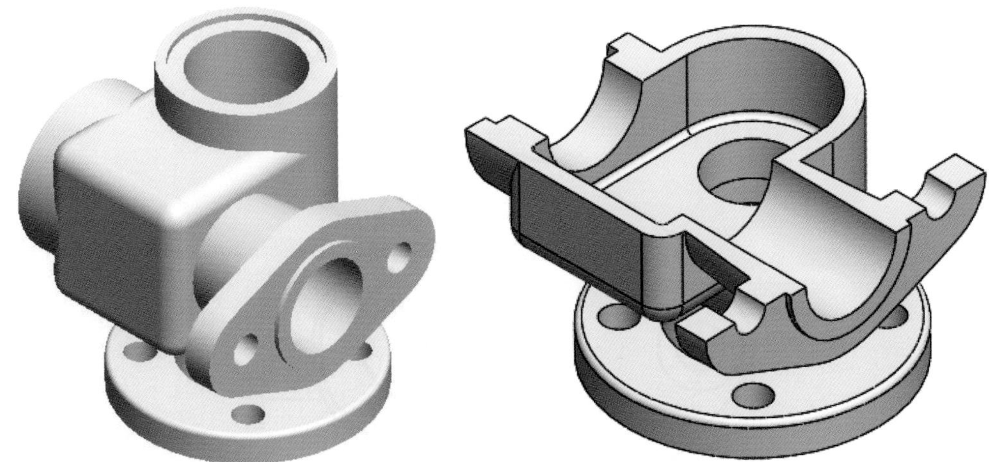

綜合練習

1. (P10-1.sldprt)

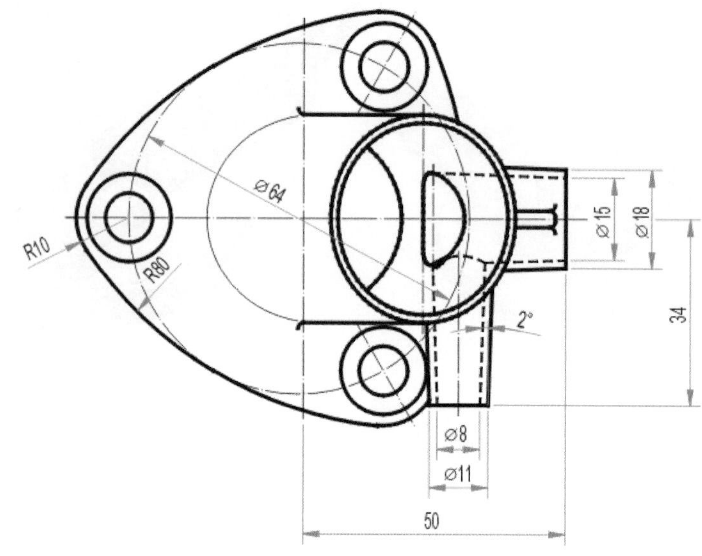

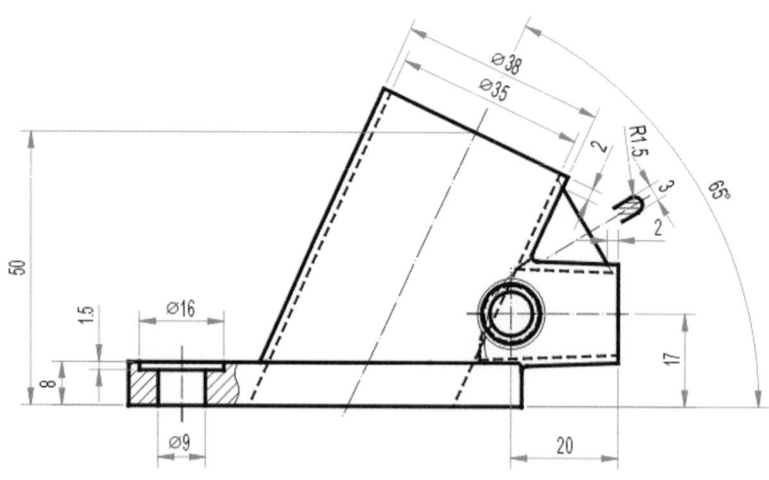

前視圖　　未標註之圓角為 R1

2. (P10-2.sldprt)

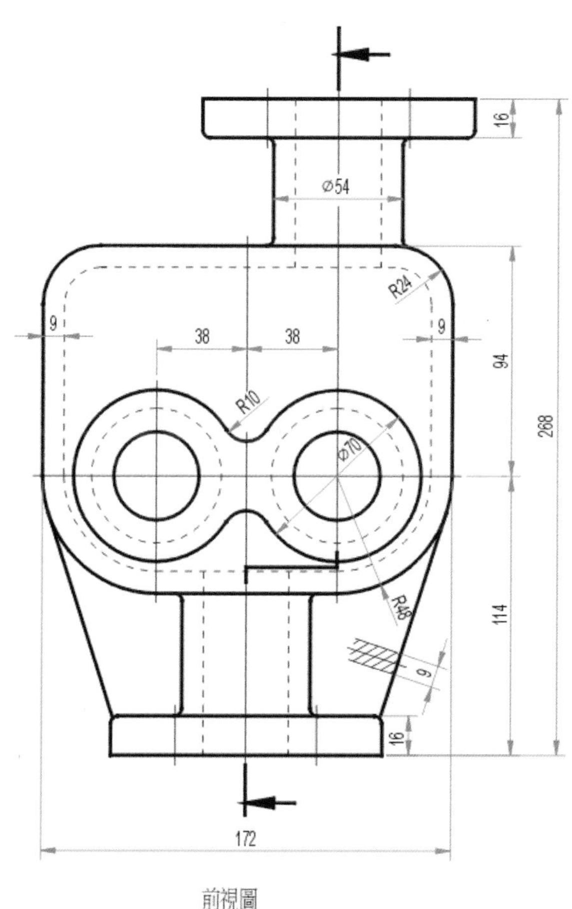

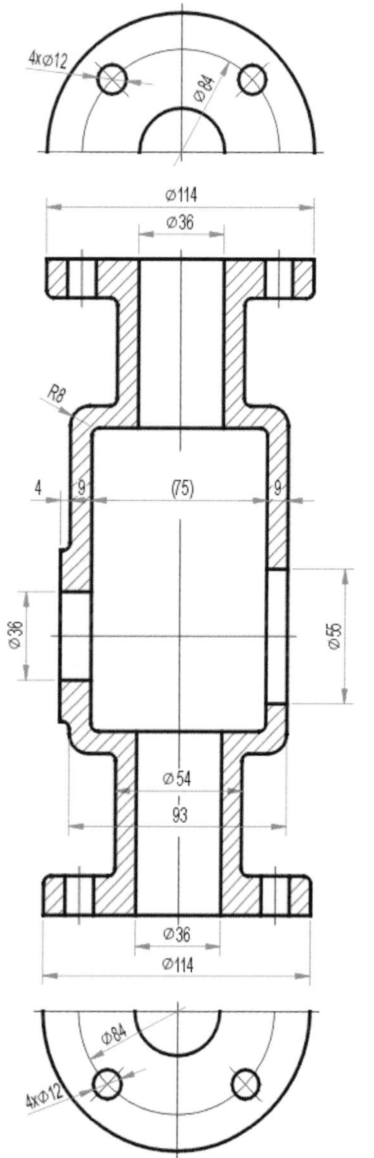

未標註之圓角為 R3

3. (P10-3.sldprt)

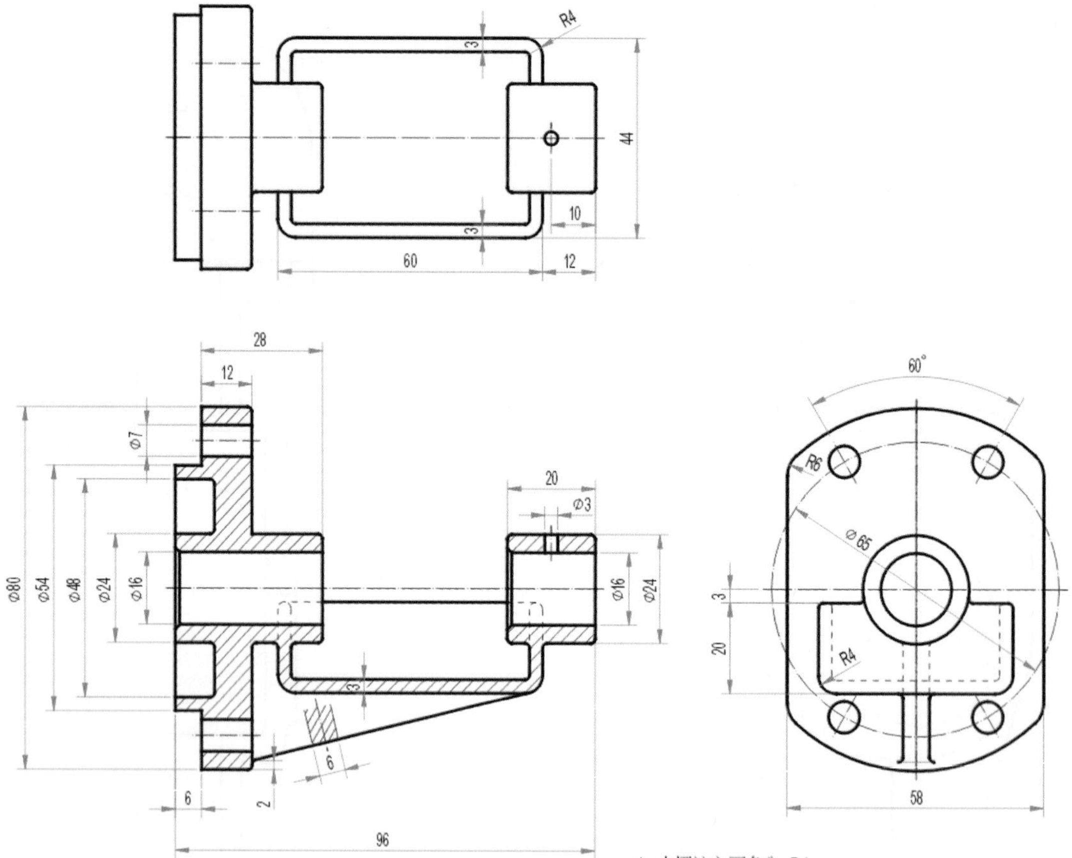

R4
3
44
10
3
60
12
28
12
60°
Ø7
20
Ø3
R6
Ø65
Ø80
Ø54
Ø48
Ø24
Ø16
Ø16
Ø24
3
20
R4
3
6
6
2
58
96

前視圖

1. 未標註之圓角為 R1
2. 未標註之去角為 1x45°

模塑

11-1　皂盒模塑

11-2　側滑塊製作

本章你將學到的技能有：

- 模型縮放
- 建立分模線
- 填補曲面
- 封閉曲面
- 分模曲面
- 模具分割
- 模具移動與旋轉

產品設計後的大量生產，最方便是使用鋼模，材料不論是塑膠、低熔點金屬等，都可以模塑方式開發塑膠模具或壓鑄模具，模塑是指利用模具塑造零件成型，設計時常須考慮分模線拔模斜度、收縮率等專業知識，本書僅介紹模塊實體圖之繪製。

11-1 皀盒模塑

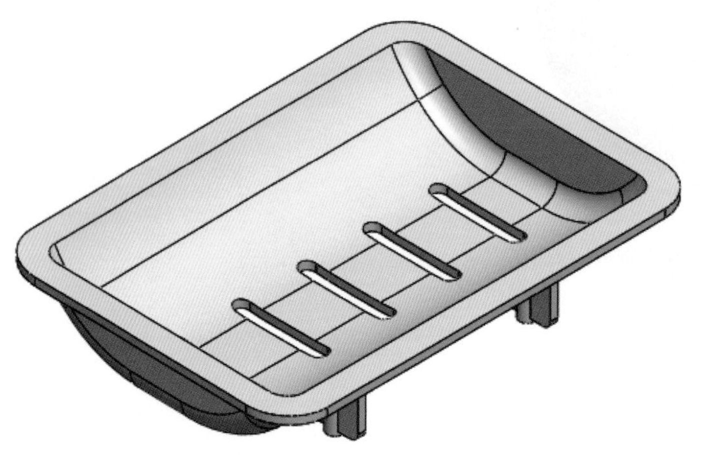

(11-1.sldprt)

1. 開啓「11-1.sldprt」香皀盒，一般塑膠件都會有縮水率問題，也就是熱漲冷縮，熔融塑料高溫時流動塡滿模穴時，保壓冷卻後會有收縮現象，因此尺度會略小，所以在製作模穴時應給予適當放大，收縮率視塑膠材料而定，本處訂爲 1.005，模具工具列包含很多圖標選取「縮放」，或是下拉式功能表「插入」\「模具」\「縮放(A)...」，縮放參數設爲「1.005」。

2. 點取模具工具列，選取「分模線」，建立分模線。點選平面，拔模角「2」度，勾選用作公模與母模的分割與勾選分模面，局部放大視窗方便選取細長平面。按「模具分析」，出現四種顏色所代表意義如下「

正	無拔模	負	跨開

」。訊息提示是黃色背景「此分模線是完整的，但模具無法被分爲公模與母模，您可能需要產生封閉面」，最後按「✔」。

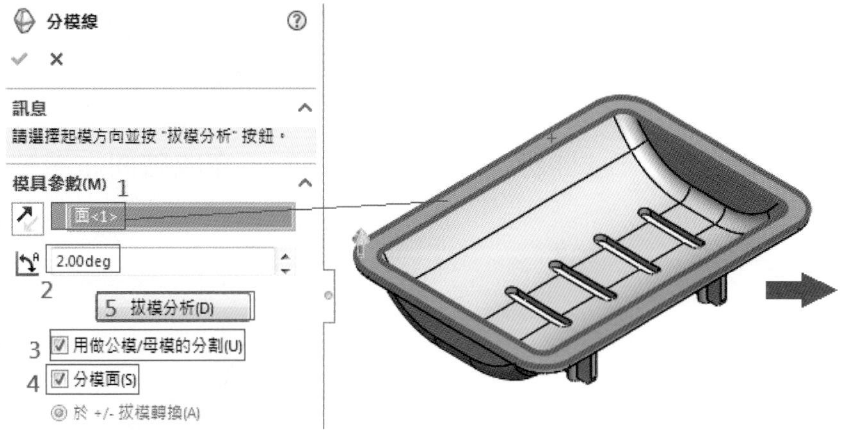

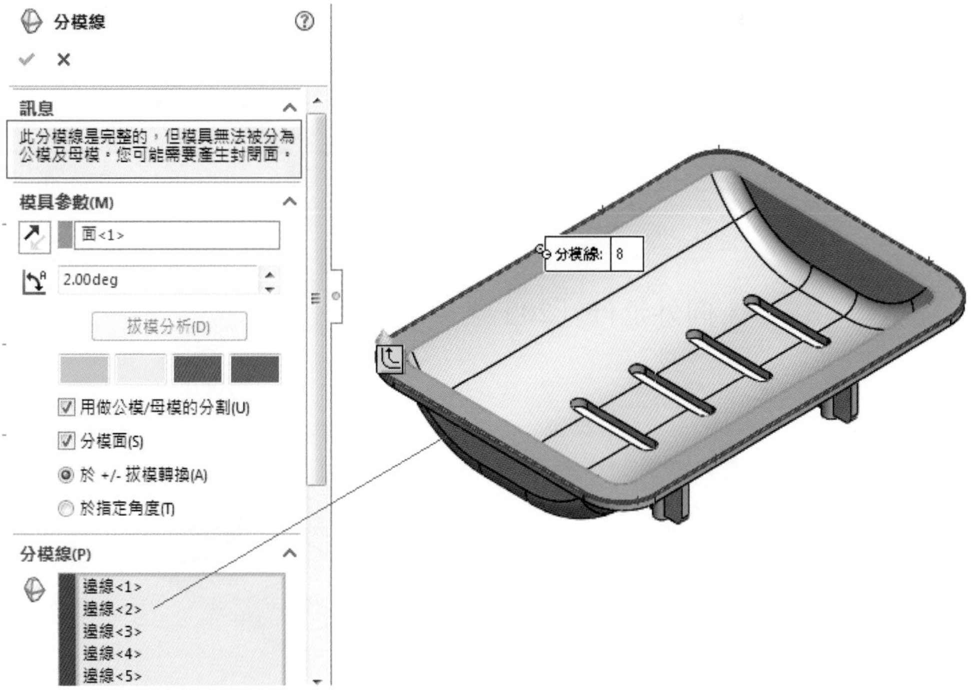

3. 利用模具工具列之「填補曲面」將香皂盒之排水溝縫填補。

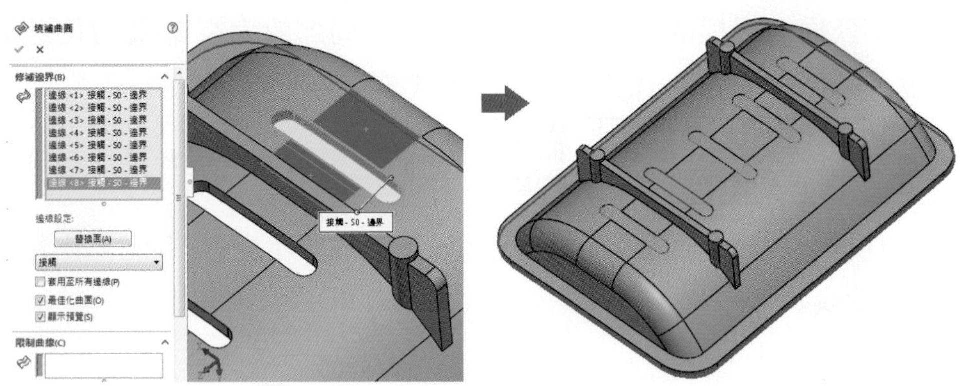

4. 「封閉曲面」是綠色的「模具被分爲公模與母模」，完成破面之填補。

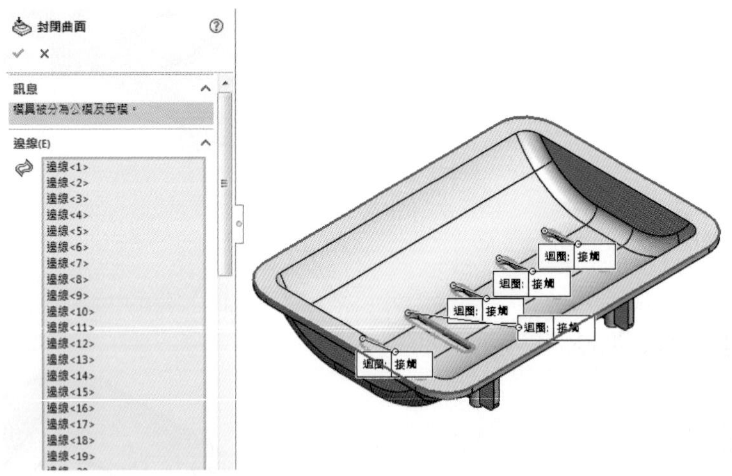

5. 點選「分模曲面」，向外延伸「20」。

6. 模具工具列「模具分割」，點選分模面，正視於「」，繪製草圖「」，並標註尺度如下圖所示。完成後按右上角「」。出現模具分割對話框，標準視角為前視「」，上模塊尺度「20」，下模塊尺度「40」，公模、母模、分模曲面皆自動抓取，按「」。

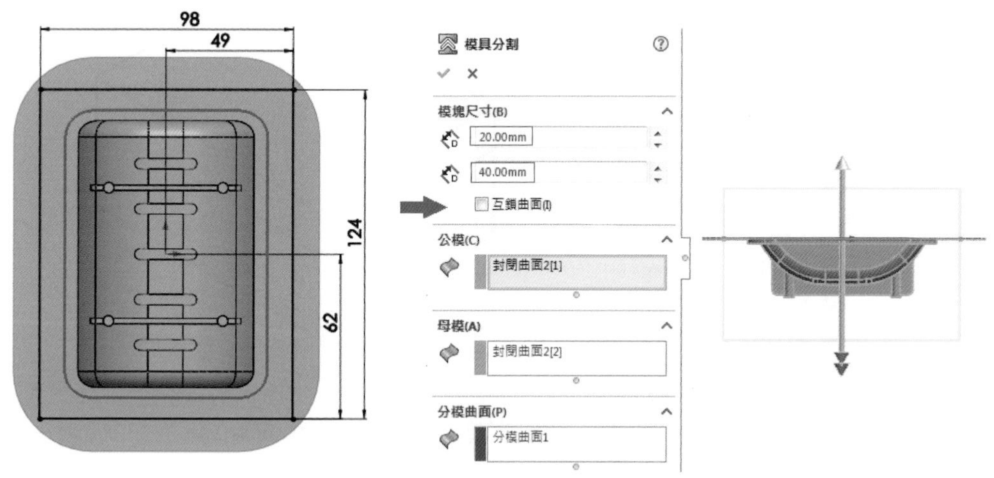

7. 從特徵管理員中「實體(3)」按右鍵「插入至新零件」，按「」後自動產生存檔對話框，按「確定」。

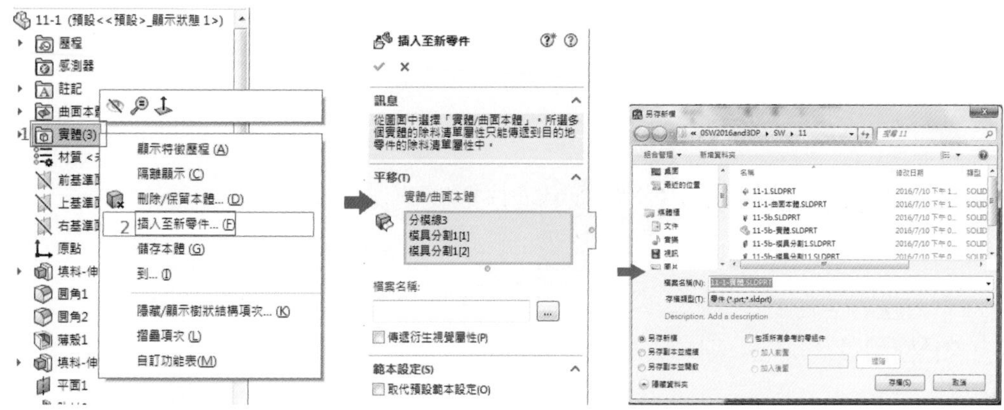

8. 完成模具分割後，可從特徵管理員有基材零件 11-1-1，11-1-2 與 11-1-3 三個零件，以「 」顯示隱藏線模式顯示。

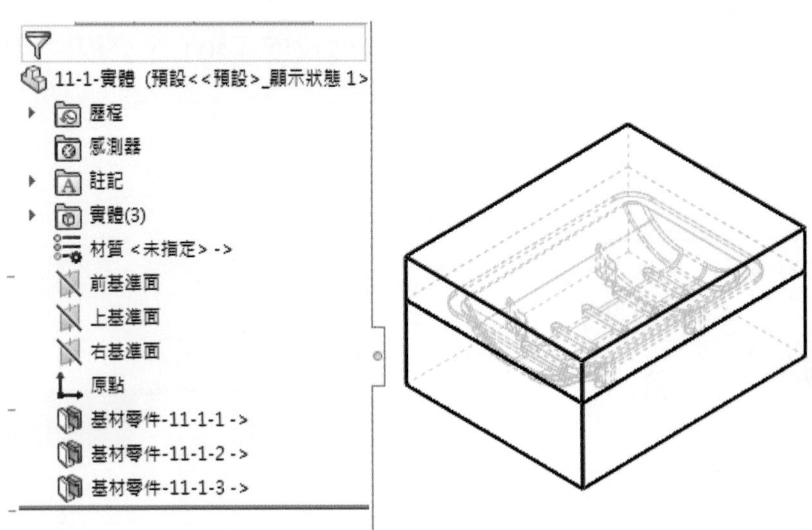

9. 完成模具分割後，點選「插入」\「特徵」\「 移動/複製(V)...」。點選上模塊。控制棒向下滑移，點選「平移/旋轉」，出現對話框。

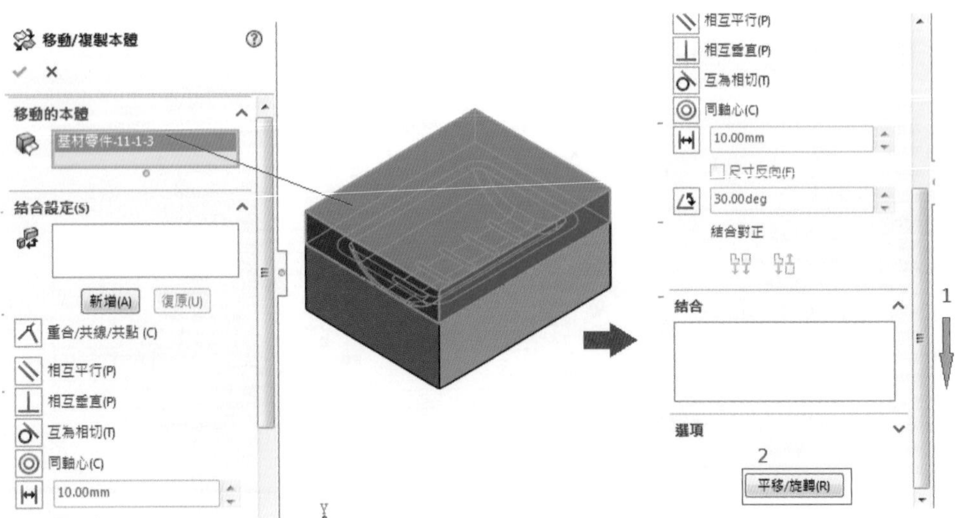

10. 「ΔY」輸入「90」。上模塊向上移動，然後按「✔」。

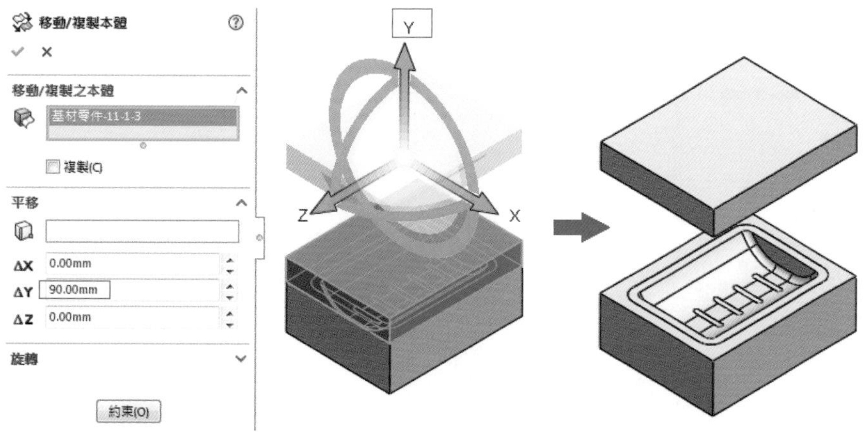

11. 點選下模塊，「ΔY」輸入「-70」。下模塊向下移動，然後按「✔」。完成三個零件之移動，清楚看見模具中公母模的型態。

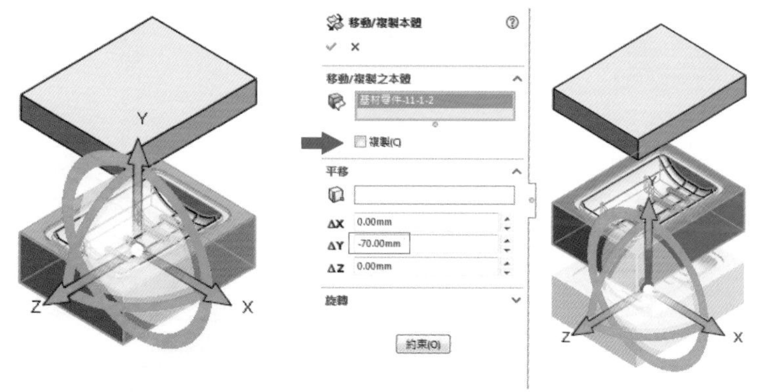

12. 不同視角所呈現三個零件有公母模與產品，公母模型經過 CNC 程式轉換與設定後即可裝配成模具，當然還有很多相關知識的學習，本處不再贅述。

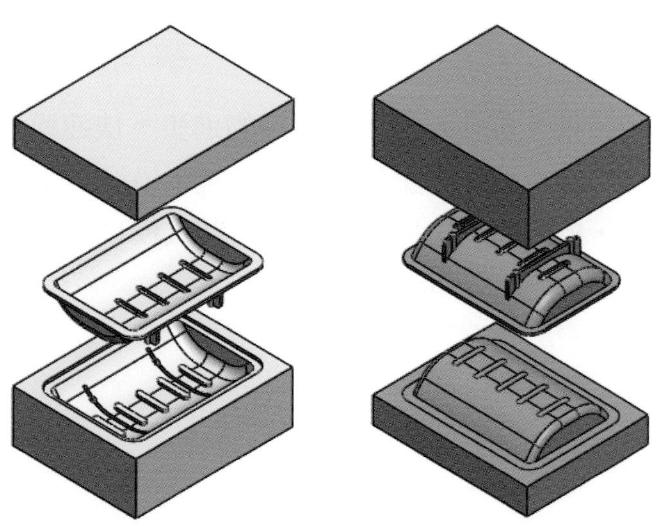

13. 從特徵管理員中「 模具分割1[1] 」按右鍵「插入至新零件」，按「 ✔ 」後自動產生存檔對話框，按「確定」。產生分割模具 1。

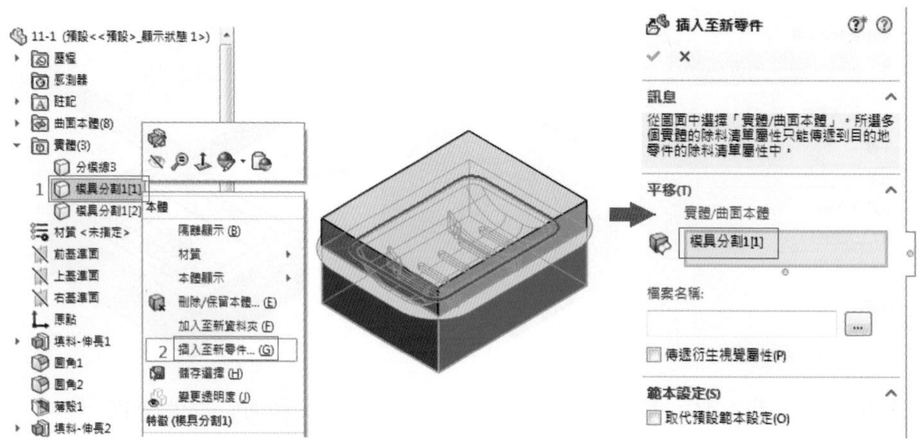

14. 按「 ✔ 」後自動產生存檔對話框，存檔。

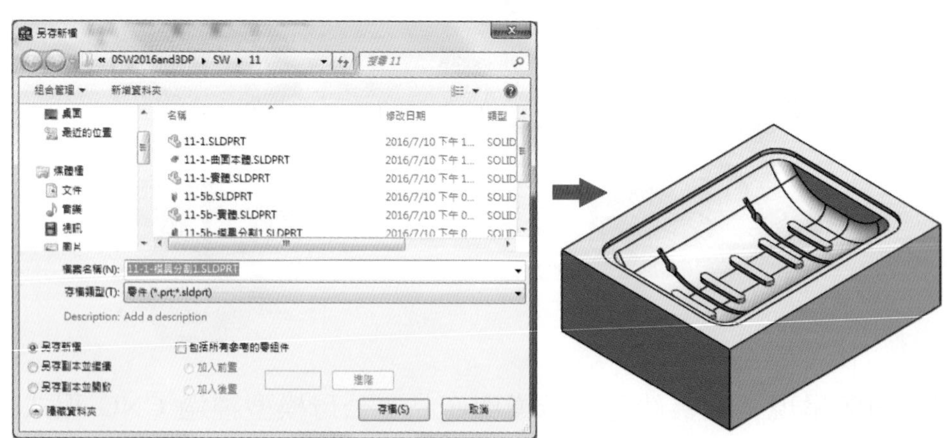

重點提示

拆模是門專業的技術，現在建構實體軟體的進步，快速模具製作提高競爭力，從模型縮放，建立分模線，再針對產品破面之填補，最後封閉曲面之分模面是有很多技術問題需要探討，模塑完成之模具公母模，裝入模具內還要搭配模具的機構如頂出機構、滑塊系統與冷卻系統等等。

11-2　側滑塊製作

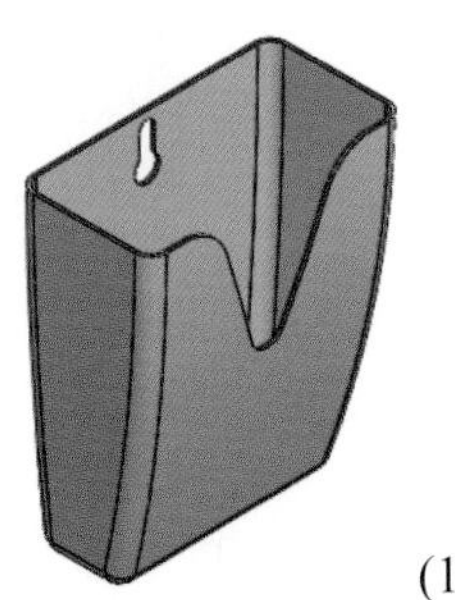

(11-2.sldprt)

1. 選取面「前基準面」繪製草圖並標註尺度，如右圖所示，特徵伸長方向 1 給定深度 40mm。

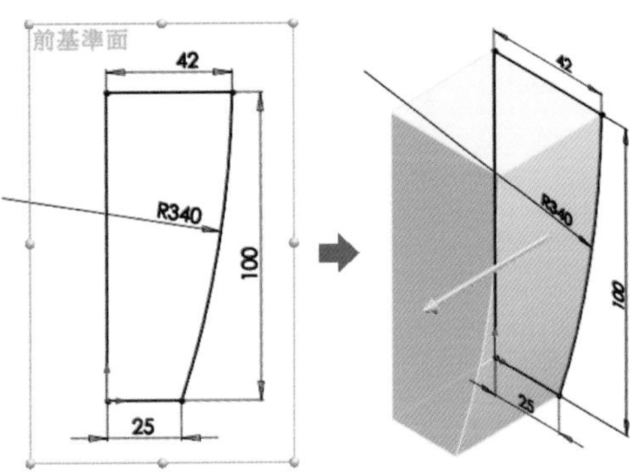

2. 「右基準面」繪製草圖「」標註尺度後如下圖所示，特徵除料「伸長除料」，然後鏡射「鏡射」。

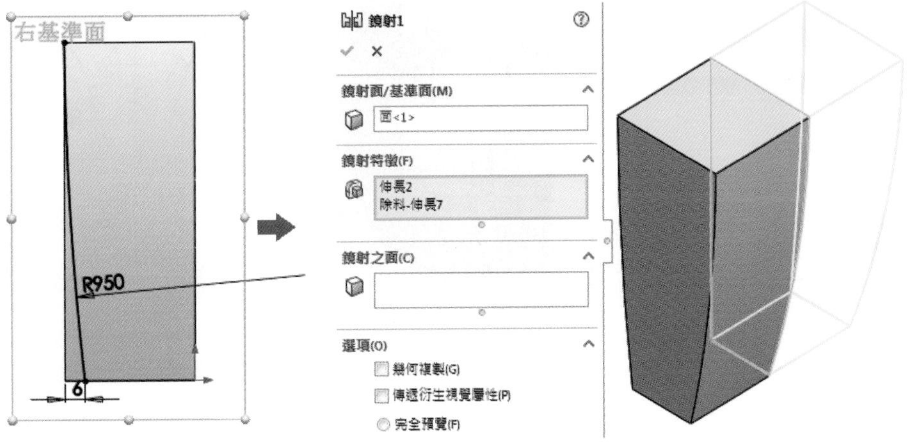

3. 特徵「圓角」，邊線圓角 R5。特徵「薄殼」厚度 1mm，如右圖所示。

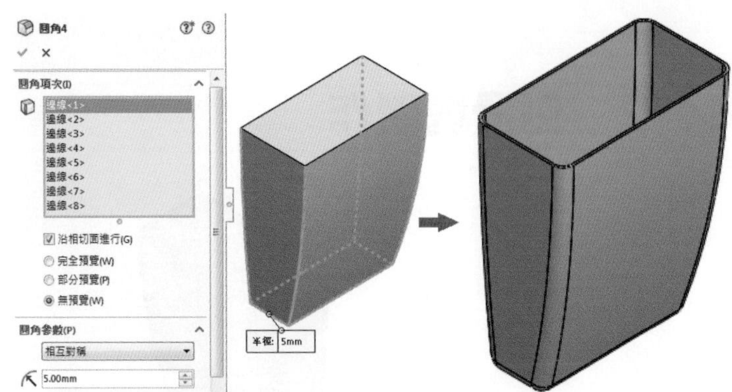

4. 正視於右基準面繪製草圖，尺度如右圖所示，特徵除料「伸長除料」。

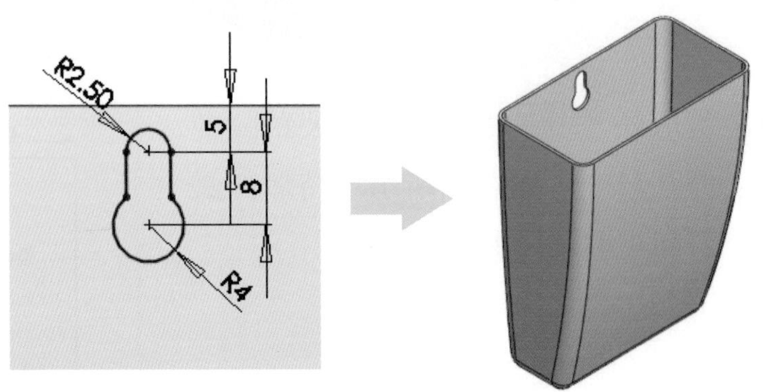

5. 「插入」/「參考幾何」/「基準面(P)...」與「右基準面」平行 20mm，得到「平面 1」，正視於平面 1 繪製草圖，尺度如下圖所示，特徵「伸長除料」。

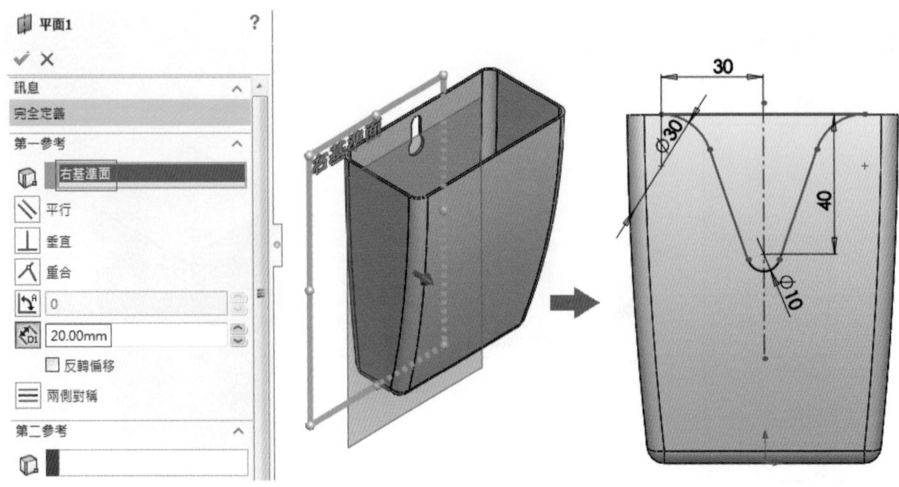

6. 模具工具列選取「縮放」，縮放參數「1.05」。

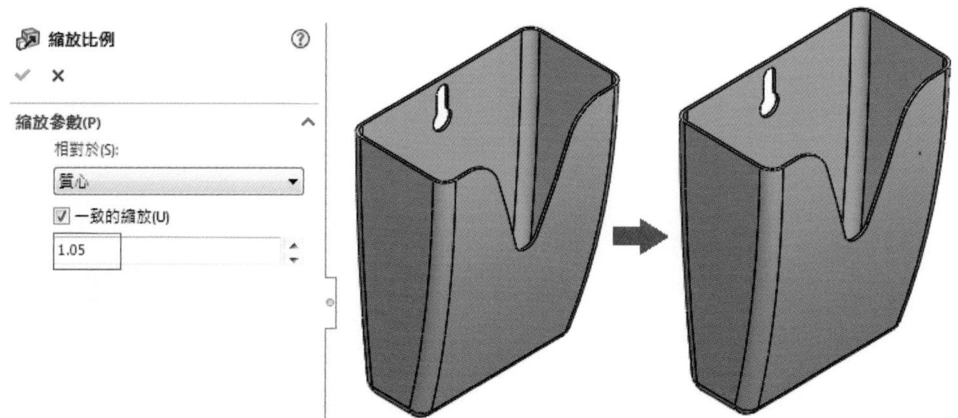

7. 點選模具工具列之「分模線」，選起模方向，拔模角度「1.00°」，按「拔模分析」後，訊息提示是黃色背景「此分模線是完整的，但模具無法被分爲公模與母模，您可能需要產生封閉面」，最後按「✔」。

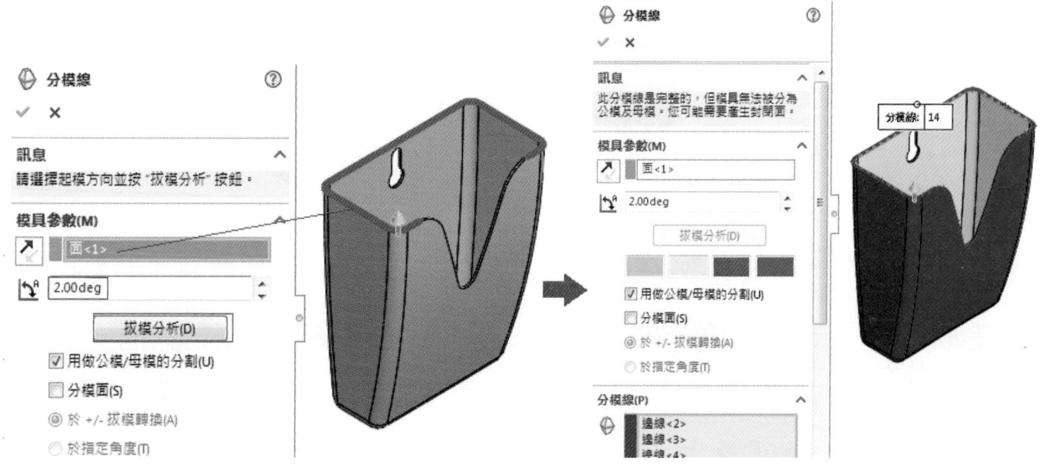

8. 模具工具「封閉曲面」，自動抓取封閉邊線，形成封閉曲面，綠色提示「模具被分爲公模與母模」，但本例封閉曲面應在內側，重新選取邊線<5>邊線<6>邊線<7>邊線<8>。

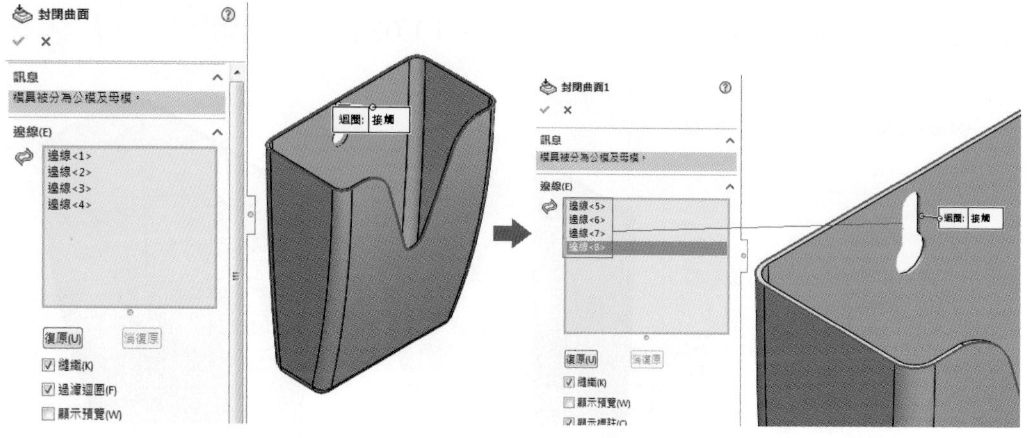

9. 模具工具「分模曲面」向外延伸「30mm」。

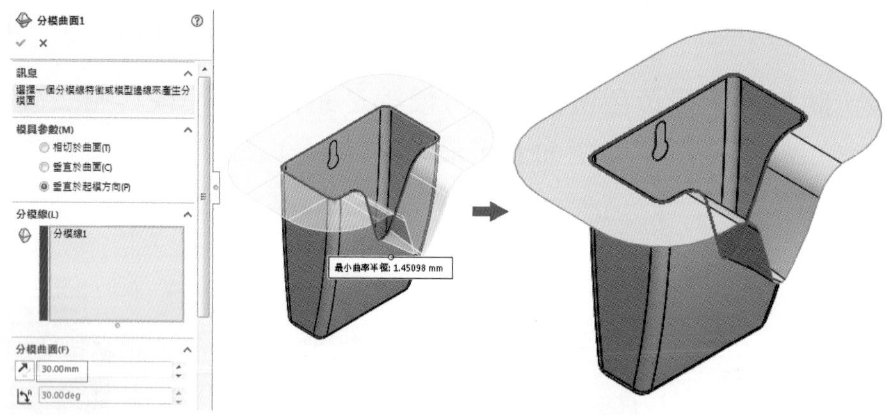

10. 模具工具列「模具分割」，點選分模面，正視於「」，繪製草圖「」，並標註尺度如下圖所示。完成後按右上角「」。出現模具分割對話框，標準視角為前視「」，上模塊尺度「20」，下模塊尺度「120」，公模、母模、分模曲面皆自動抓取，按「✓」。

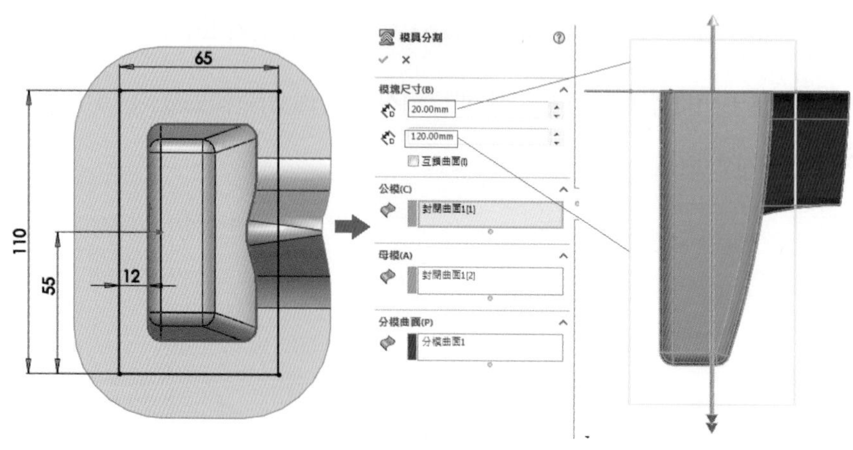

11. 從特徵管理員中「模具分割1[1]」按右鍵「插入至新零件」，按「✔」後自動產生存檔對話框，按「確定」。產生分割模具 1。

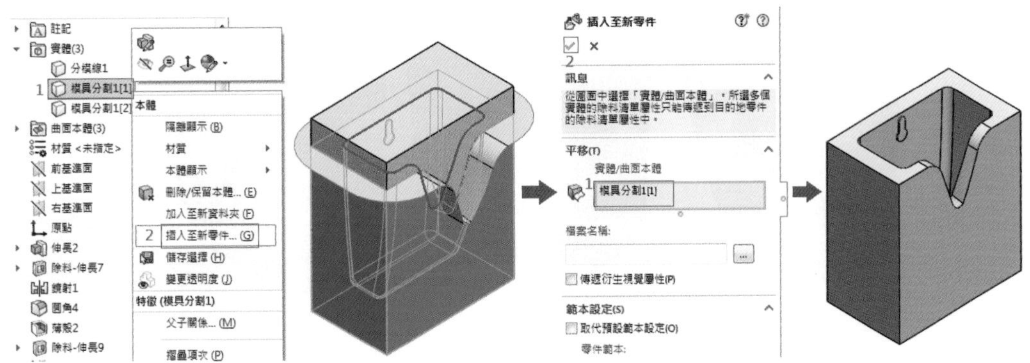

12. 再次從特徵管理員中「模具分割1[2]」按右鍵「插入至新零件」，按「✔」後自動產生存檔對話框，按「確定」。產生分割模具 2。

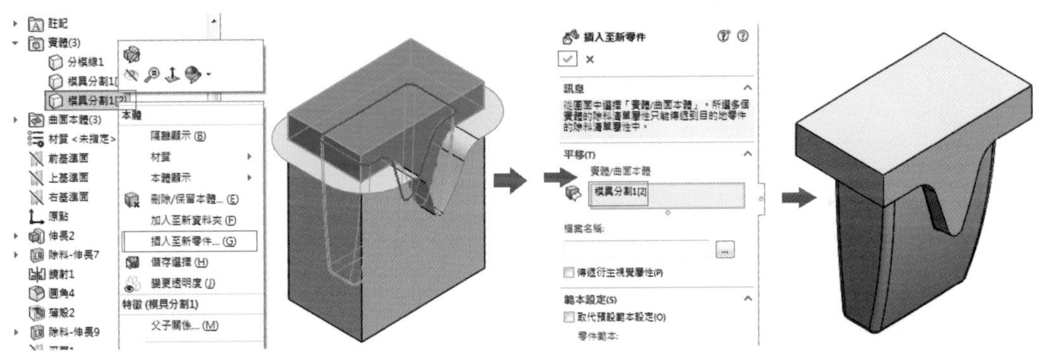

13. 點選掛釘孔後板為基準面繪製草圖，尺度如下圖完成後，模具工具列點選「側滑塊」」。輸入側滑塊伸長方向與長度「完全貫穿」。完成側滑塊之分割。

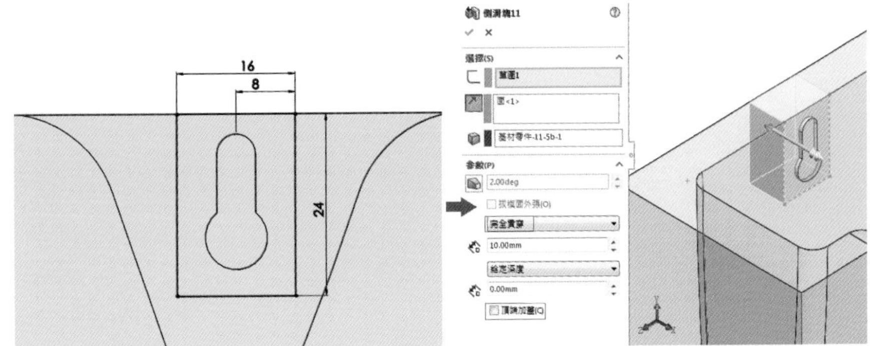

14. 完成模塊之分割。

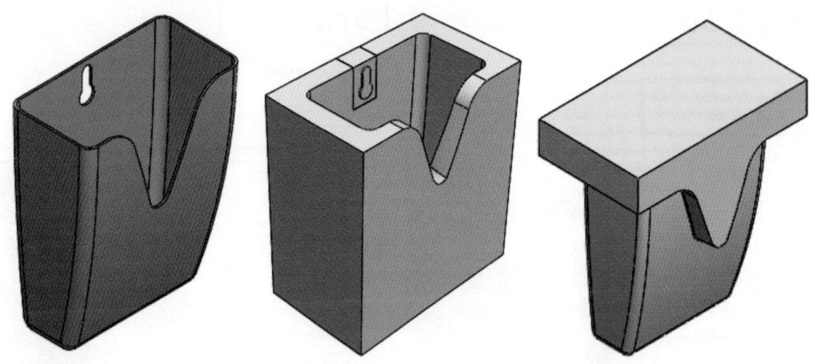

Chapter

12

鈑金

12-1 基材凸緣(Base Metal)

12-2 邊緣凸緣(Edge Flange)

12-3 斜接凸緣 (Miter Flange)

12-4 草圖繪製彎折(Sketched Bend)

12-5 實體薄殼鈑金(12-5.sldprt)

12-6 成形工具(Forming Tools)

本章你將學到的技能有：

- 鈑金基材凸緣
- 鈑金斜接凸緣
- 鈑金邊線凸緣
- 鈑金展開
- 鈑金展平
- 鈑金草圖繪製彎折
- 實體薄殼鈑金
- 成形工具

鈑金零件在立體模型建構中是屬於較特殊的類型，雖然鈑金厚度是固定的，但常帶有圓角、凸緣與彎折。

SolidWorks 提供四種不同種類之鈑金凸緣來產生零件，分別是「基材凸緣」、「斜接凸緣」、「邊線凸緣」。

從下拉式功能表「插入」\「鈑金」。或是點選工具列之「特徵」或「草圖」任何小圖標按右鍵點選「鈑金」出現鈑金工具列。

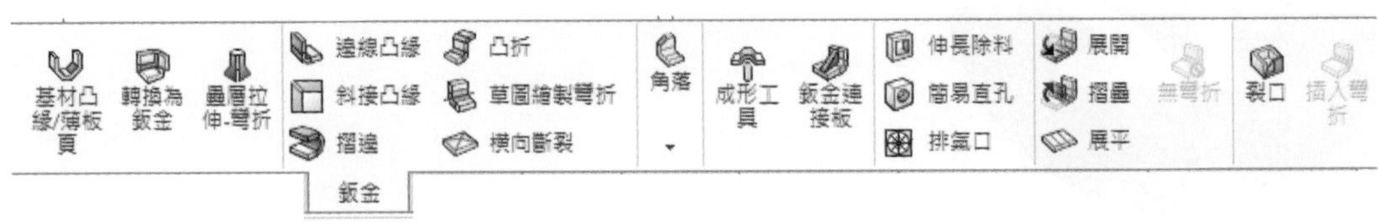

12-1 基材凸緣(Base Metal)

基材凸緣是鈑金零件之基材，建立出最初的鈑金實體，類似實體模型之填料長出，以作爲後續其他鈑金特徵之基材。

1. 點選「前基準面」繪製草圖「草圖」直線「」，標註尺度如下之草圖。

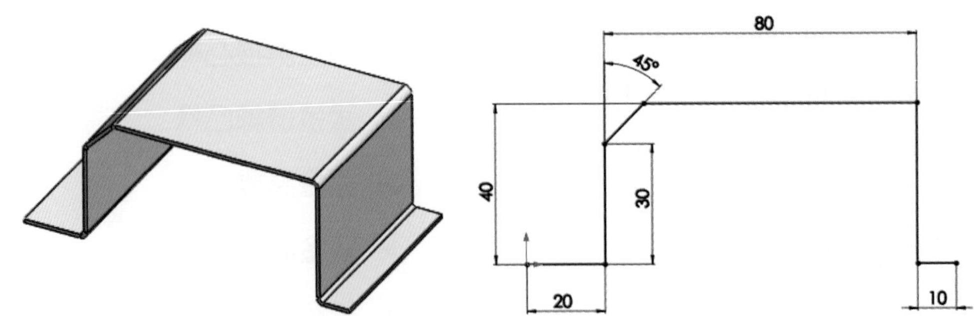

(12-1.sldprt)

2. 從功能表選單中選取「插入」\「鈑金」\「基材凸緣（基材凸緣(A)...)」或點選鈑金工具列「基材凸緣/薄板頁」按鈕。從基材凸緣對話框中「方向 1」給定深度 60，「鈑金參數」輸入鈑金厚度 1.2，彎折半徑 1.2，厚度設定若在內側時請利用反轉方向來轉換，最後點選「✔」來新增此鈑金基材凸緣。

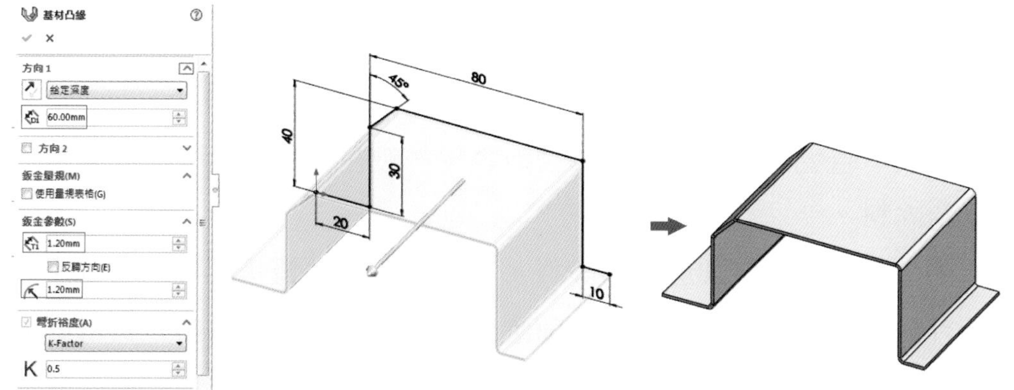

3. 完成基材凸緣後，從特徵管理員中會出現「鈑金」、「基材-凸緣(基材-凸緣)」、「平板型式 平板-型式」。以滑鼠右鍵點選「鈑金」之編輯特徵「」將會出現鈑金特徵對話框，包含鈑金特徵之資訊，「預設彎折半徑」、「彎折裕度」、「自動離隙」等等。

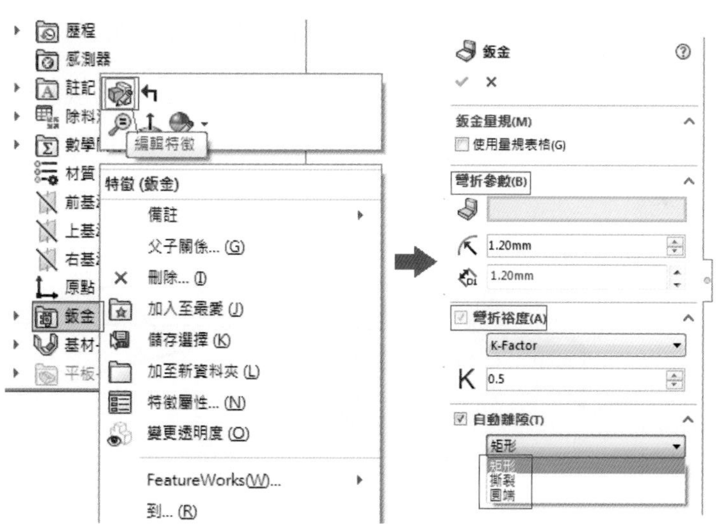

彎折裕度四個選項：

(1) 使用彎折表格：是一指定材料之表格包括基材與彎折半徑之計算厚度，表格檔案在安裝目錄下\lang\Chinese\Sheetmetal Bend Tables 下找到相關資料。

(2) 使用 K-factor：是在彎折計算中所使用的一個常數，代表薄件中立面位置比率，由內側量起，相對於鈑金材料之厚度。

(3) 使用彎折裕度：一般依據經驗或實務來判斷輸入數值。

(4) 彎折扣除：以銳角彎折與實際彎折誤差量的扣除。

離隙有三個選項：

(1) 矩形：在產生矩形除料後包圍在需要彎折離隙之邊緣上。

(2) 撕裂：產生一個裂口或是撕裂離隙，一般在邊緣或面上建立裂口，但不包含除料。

(3) 圓端：產生一個圓形孔槽除料，其包圍在需要彎折離隙的邊緣上。

4. 鈑金件是由鋼板彎折而成，成形前應先做好展開工作再彎折，利用電腦軟體模擬成形後可直接展開取材。

展開方法：

(1) 可從功能表「插入」\「鈑金」\「展開 展開(U)...)」。

「展開」前從對話框中選擇「固定面」後，可個別選擇「展開之彎折」特徵，做局部展開。也可直接點選「集合所有彎折」，直接做全展開，按「 ✔ 」。

(2) 點選鈑金工具列按鈕「 展開 」直接做鈑金展開。

(3) 利用滑鼠右鍵點選「平板型式 1」，做特徵之「恢復抑制」，也可得到平板型式之展開。

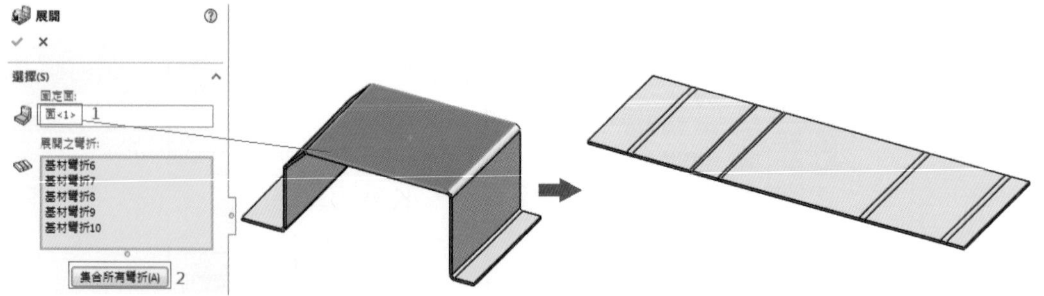

5. 摺疊方法：

(1) 可從功能表「插入」\「鈑金」\「摺疊(摺疊(F)...)」。

「摺疊 摺疊 」前從對話框中選擇「固定面」後，可個別選擇「摺疊之彎折」特徵，做局部展開。也可直接點選「集合所有彎折」，直接做全部摺疊。

(2) 已做展開之鈑金工具列「 展平 」按鈕是下凹的，直接點選下凹按鈕「 展平 → 展平 →」亦可恢復爲摺疊鈑金件。

(3) 利用滑鼠右鍵點選「平板型式 1」，做特徵之「抑制」，也可將平板型式抑制爲摺疊。

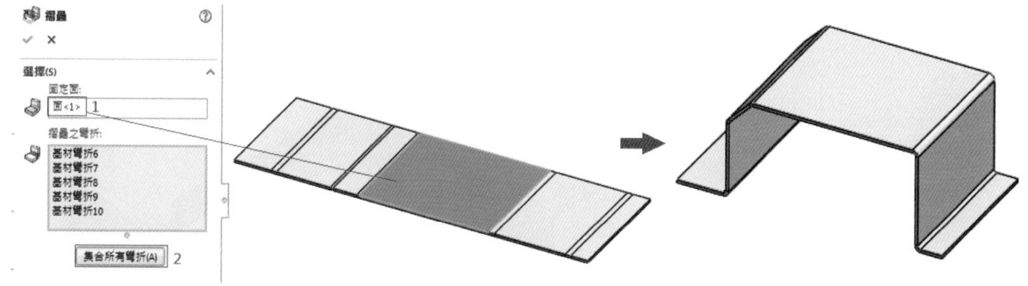

12-2 邊緣凸緣(Edge Flange)

邊緣凸緣是指在鈑金基材的邊緣上可以增加凸緣，從功能選單「插入」\「鈑金」\「邊緣凸緣(邊線凸緣(E)...)」或鈑金工具列「 邊線凸緣 」按鈕。

1. 前基準面「 前基準面 」繪製草圖「 草圖 」直線「 」，尺度如下圖。「 基材凸緣/薄板 」參數如下圖。

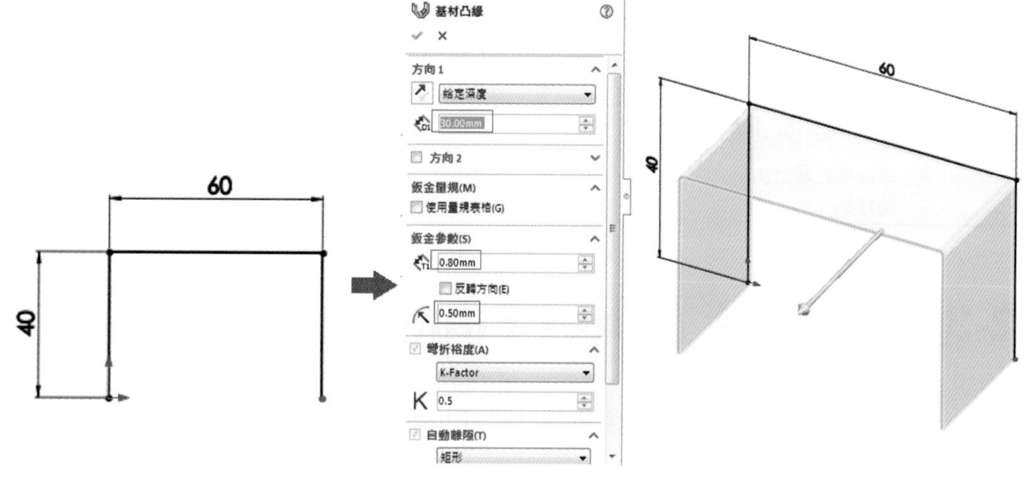

(12-2.sldprt)

2. 點選「 邊線凸緣 」邊緣線後，凸緣參數會出現「邊線<1>」，使用預設半徑，預設角度「90」，凸緣長度「8」，或是利用滑鼠左右移動調整至適當位置，參數如下圖。

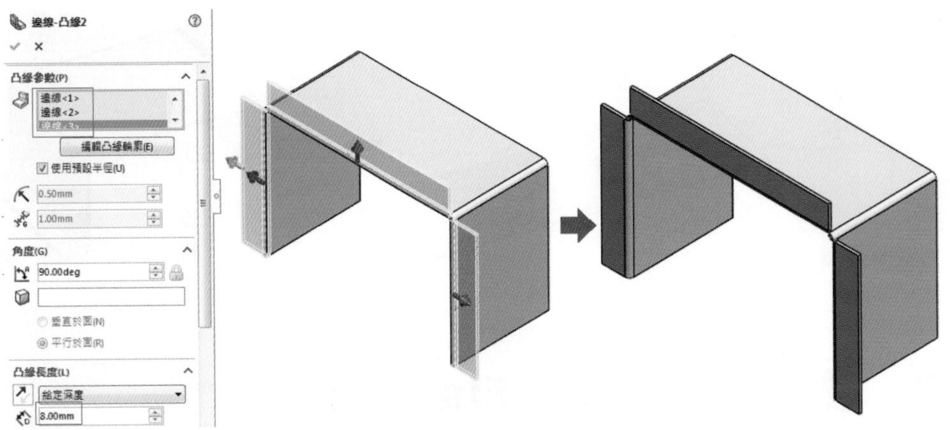

3. 凸緣長度計算方式有三種，凸緣位置有五種，鈑金裝配之需求而定。按「展平」即可展開爲平板件。

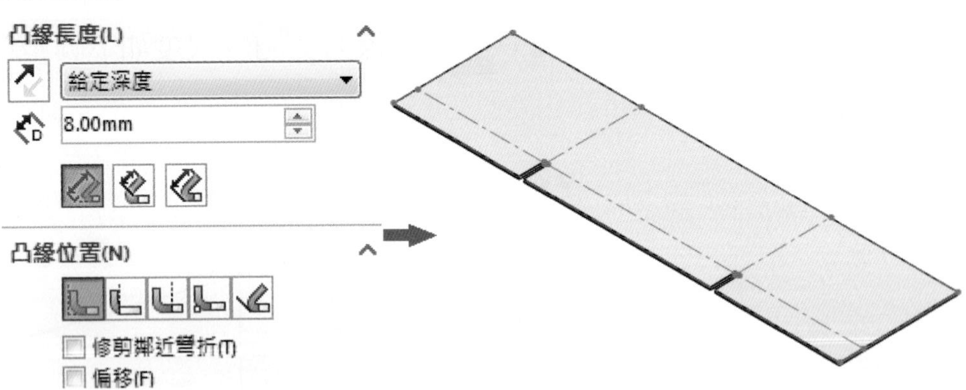

12-3 斜接凸緣 (Miter Flange)

斜接凸緣是用來建立鈑金基材邊緣上的凸緣，點選相關邊緣後會自動產生裂口之凸緣。需注意產生斜接凸緣前必須在與邊緣線互相垂直之基準面上繪製凸緣之草圖輪廓。

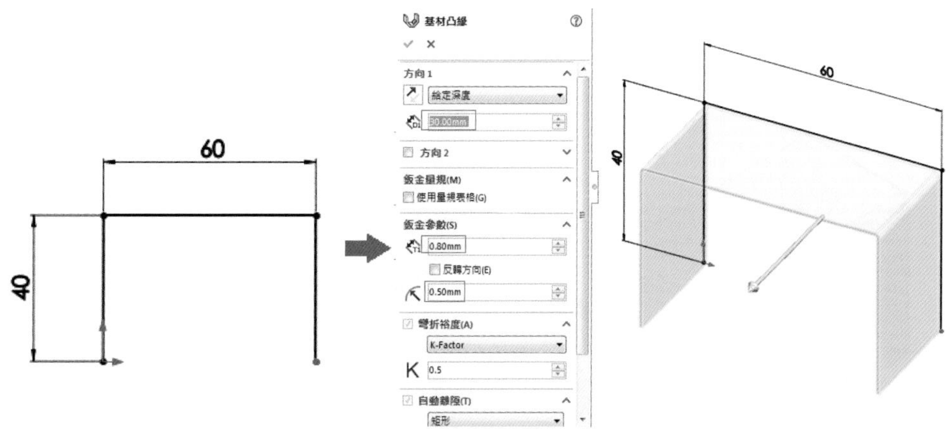

(12-3.sldprt)

1. 在與直立邊緣線「垂直」之基準面上繪製草圖「」標註長度「6」後按「」。功能選單「插入」\「鈑金」\「斜接凸緣(斜接凸緣(M)...)」，或鈑金工具列點選「 斜接凸緣 」。在對話框「斜接參數」點選邊緣線，決定凸緣位置爲「材料內側」、「材料外側」或「向外彎折」，輸入縫隙距離，電腦會自動提醒縫隙距離是否足夠。

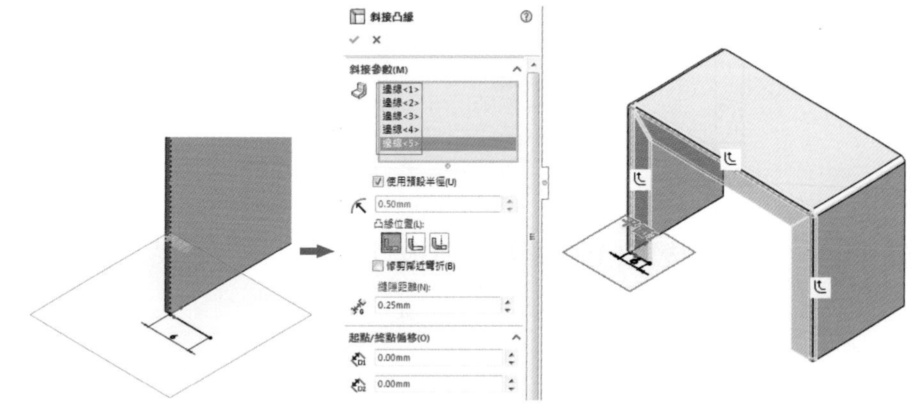

2. 完成之凸緣相接處會自動產生裂口與離隙，特徵管理員中斜接凸緣產生了三個斜接彎折，按右鍵「」可編輯特徵，自訂彎折裕度。

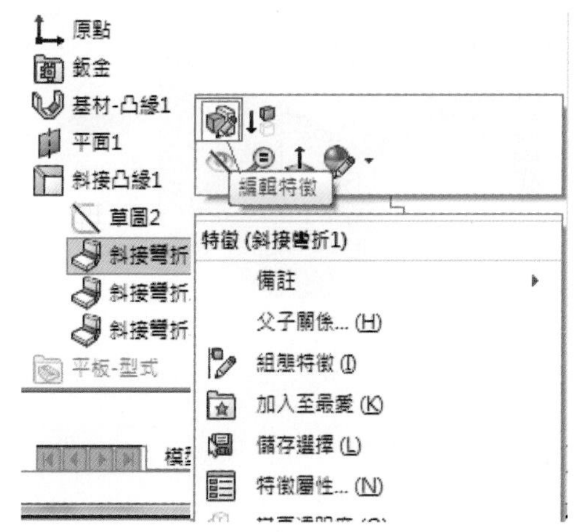

3. 按「」後可自動展平成薄板件。

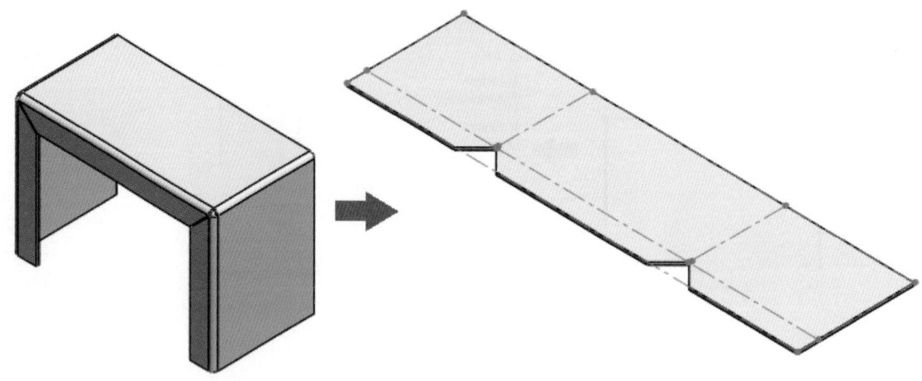

4. 轉折草圖長出凸緣與其展開，對於工業上之空調縮口是常用的零件。

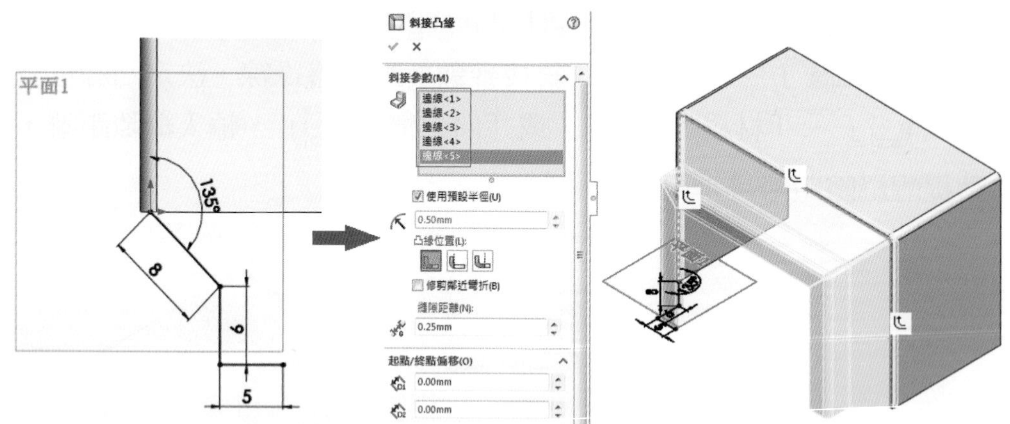

5. 按「展平」後可自動展平成薄板件。

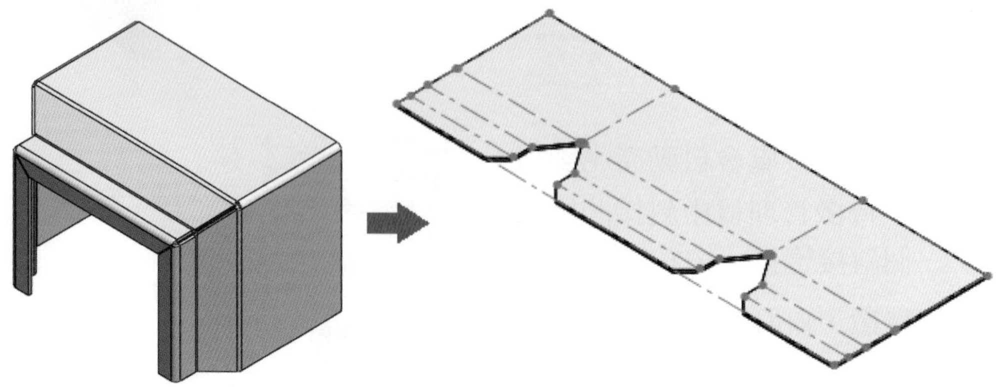

12-4　草圖繪製彎折(Sketched Bend)

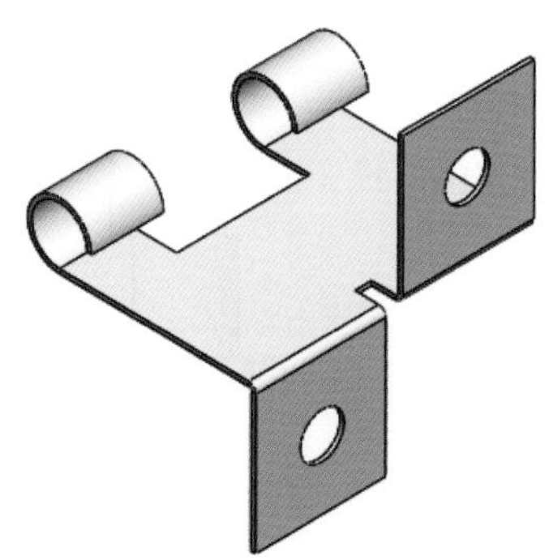

(12-4.sldprt)

薄鈑金件可以利用草圖繪製工具之直線作爲彎折線，可在任何鈑金件上做各種角度的彎折。

1. 繪製草圖後以基材凸緣「基材凸緣/薄板」，兩側對稱長出鈑金素材，長度 50。

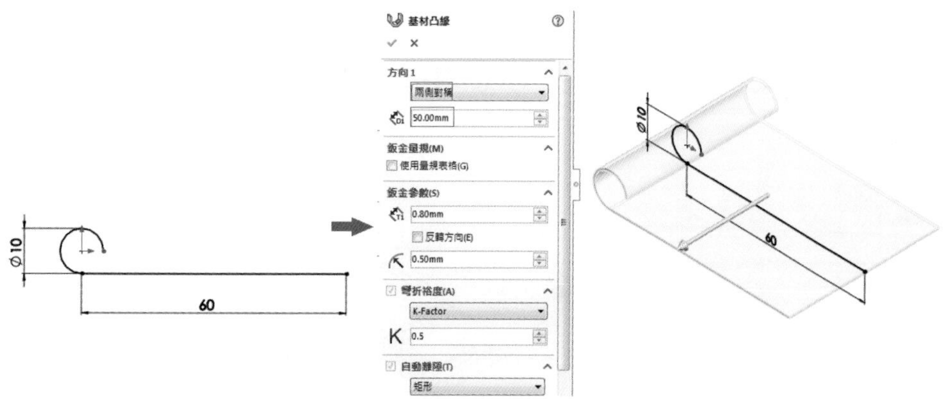

2. 上基準面依照圖示尺度繪製草圖後，特徵除料「伸長除料」，在方向 1 與方向 2 選擇「完全貫穿」。

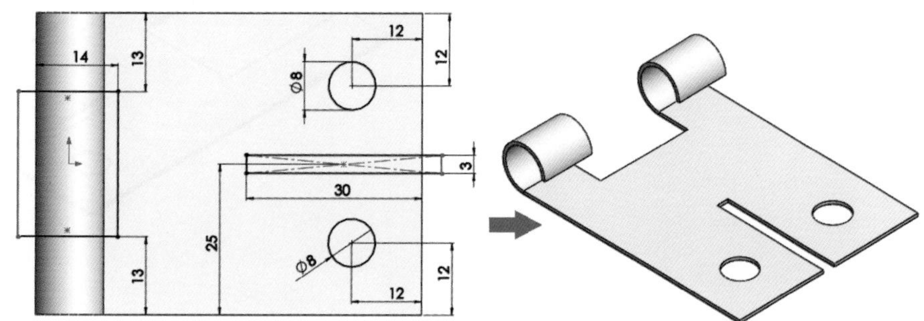

3. 以草圖繪製直線當彎折線。點選功能表「插入」\「鈑金」\「草圖繪製彎折(草圖繪製彎折(S)...)」或工具列「草圖繪製彎折」按鈕。點選固定面並輸入彎折角度「90」與彎折方向向下。

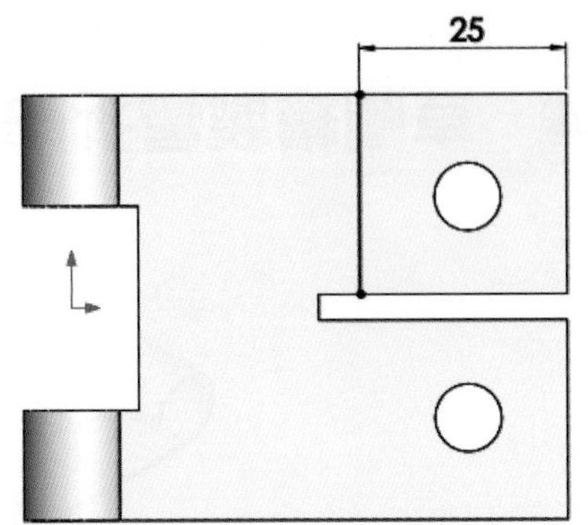

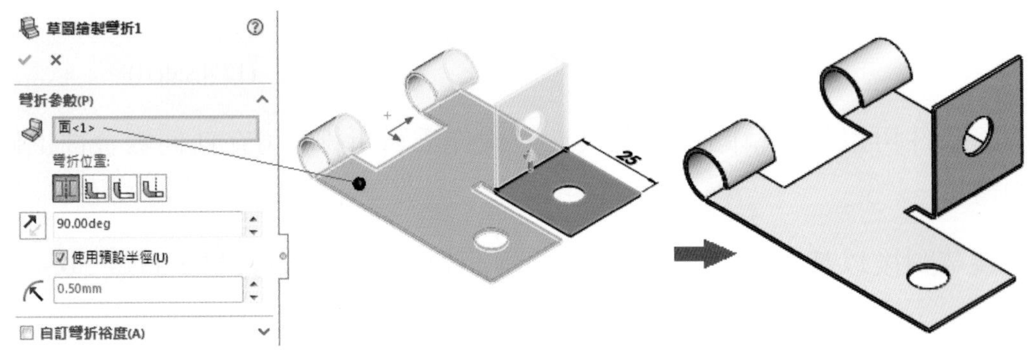

4. 繪製另一直線做另一邊之彎折，注意彎折方向向上。

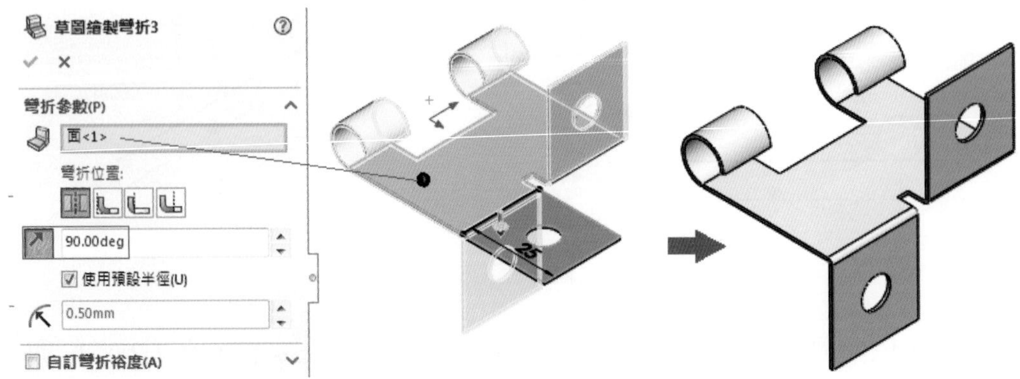

5. 「展平」後展開圖如右圖。

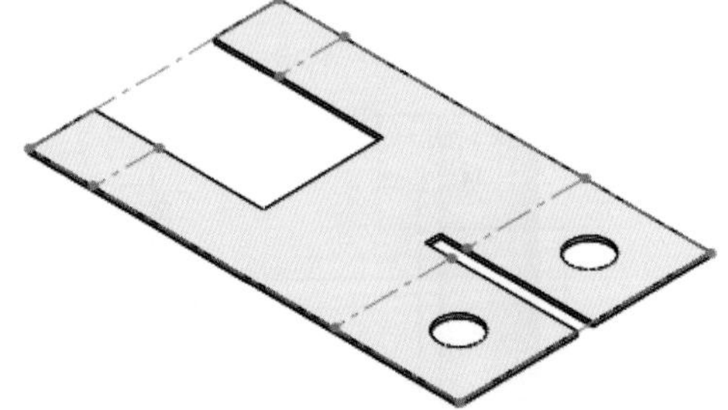

12-5 實體薄殼鈑金 (12-5.sldprt)

如果鈑金造型較為複雜時，純粹利用基材凸緣有時不易繪製，可利用一般實體繪製出外觀後，產生薄殼，再利用裂口與彎折即可完成薄殼鈑金。

1. 點選上基準面「上基準面」繪製正六邊形，內切圓直徑 100，伸長 90，拔模內角 20 度。

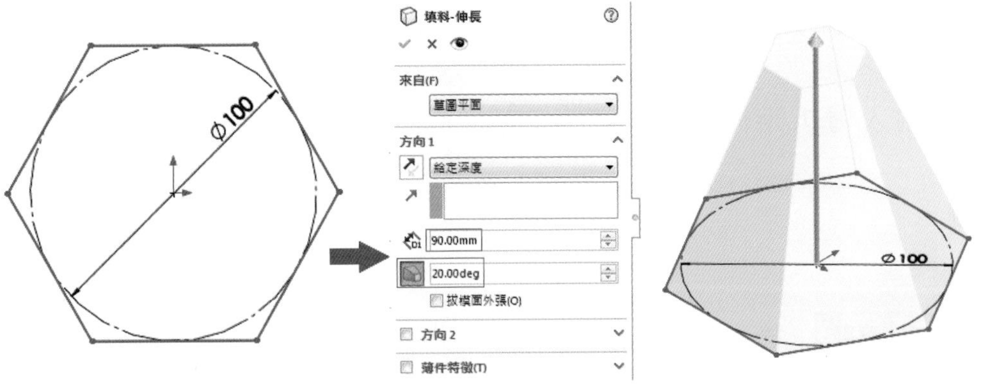

2. 以前基準面繪製如右圖之草圖，除「伸長除料」料。

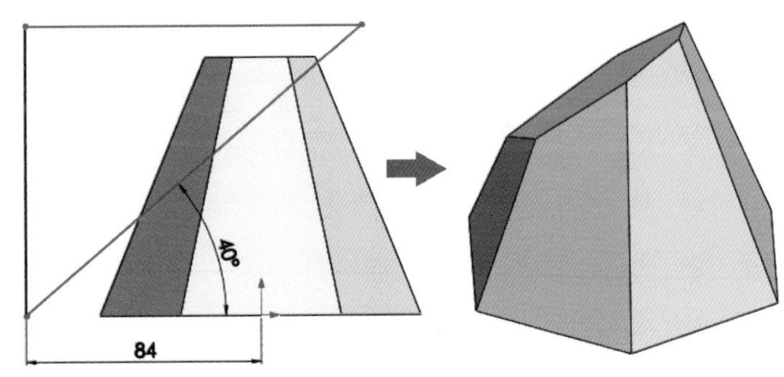

3. 特徵「薄殼」，點選頂面與底面，薄殼厚度 0.8。

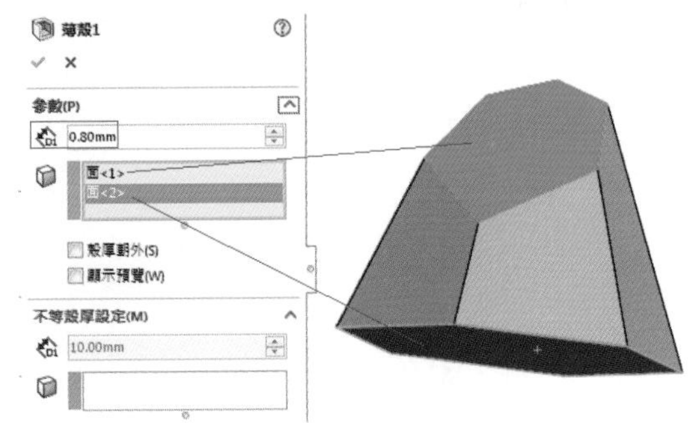

4. 點選「裂口」邊線如右圖所示。

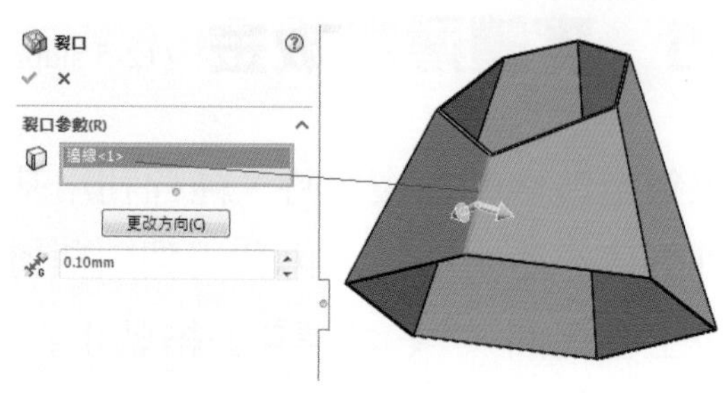

5. 點選「插入彎折」之固定面後，輸入彎折半徑 0.3。

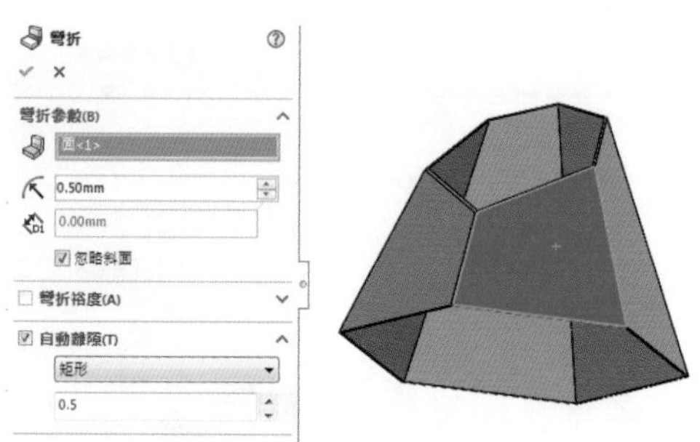

6. 點選「展平」後自動選取展開之彎折，按「✓」完成展開。

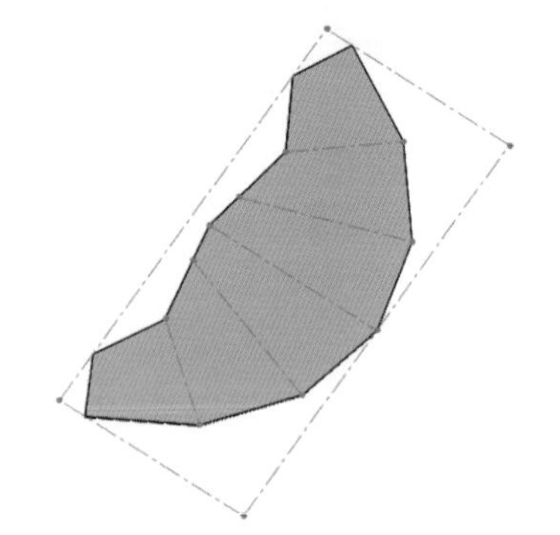

精選範例練習

依據尺度，製作三角錐薄件鈑金，厚度 0.5。

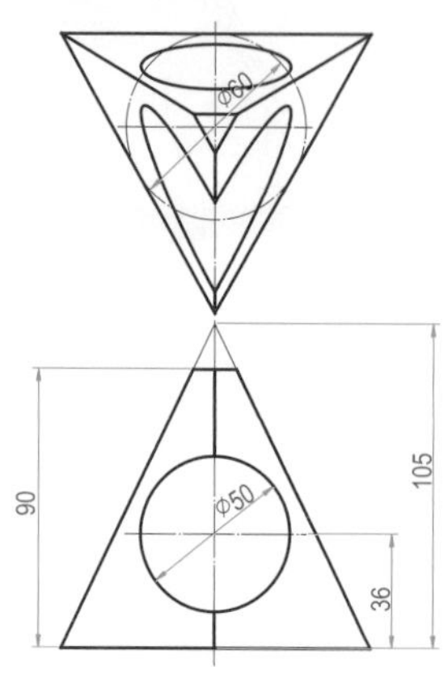

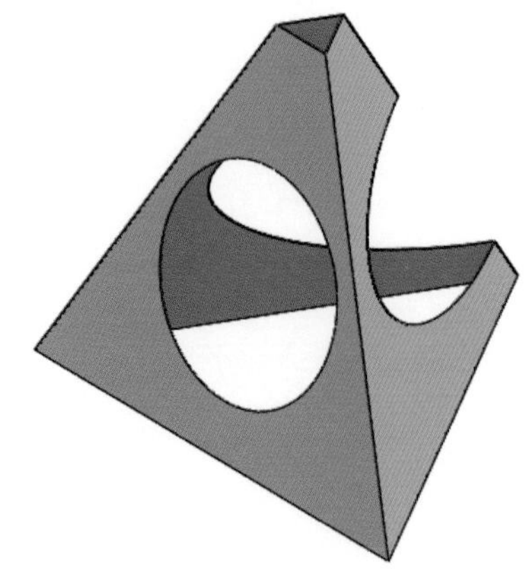

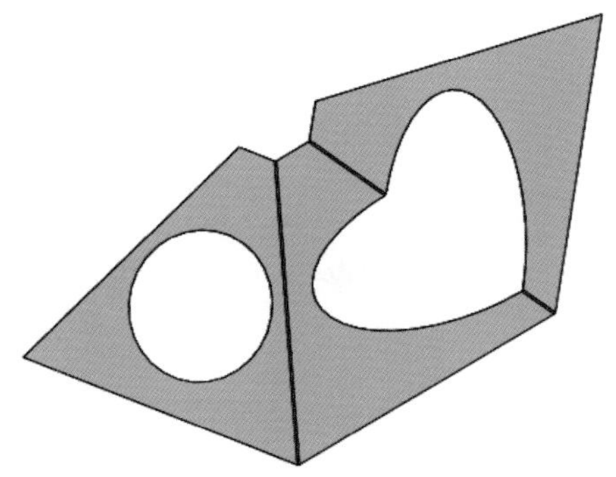

12-6　成形工具(Forming Tools)

鈑金零件成形過程中常須應用彎折、引伸、沖壓等等之變形加工，成形工具就是將這些沖模衝製成之表面特徵放置在 Palette Forming Tools 檔案目錄下。從「工具」\「特徵調色盤」可以開啓 C:\Program Files\SolidWorks\data\ Palette Forming Tools\Louvers\louver 鈑金散熱口成形工具，將鈑金鋼板沖壓成散熱風口，當滑鼠拖曳至適當位置尚未放開左鍵時，按「Tab」鍵可以將成形工具翻轉成形方向。

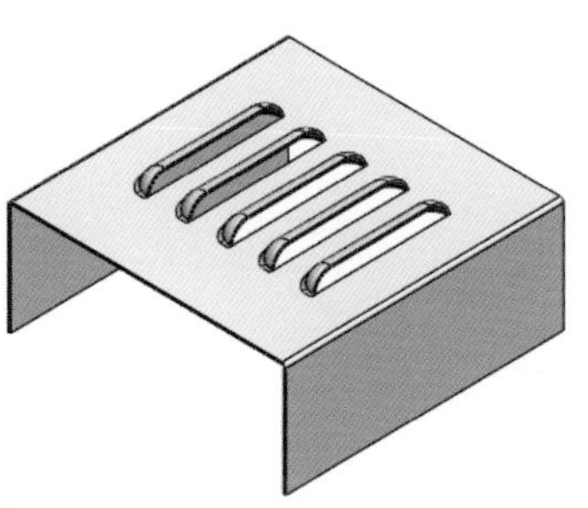

(12-6.sldprt)

1. 「前基準面」繪製草圖，鈑金工具列「基材凸緣/薄板」，伸長「100」鈑金厚度「0.8」。

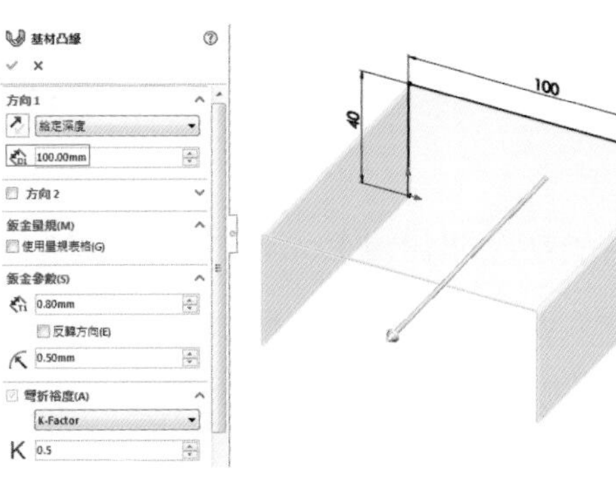

2. 點選作圖區右上角「Design Library 」依序 1～5 點選到成形工具 Louver。

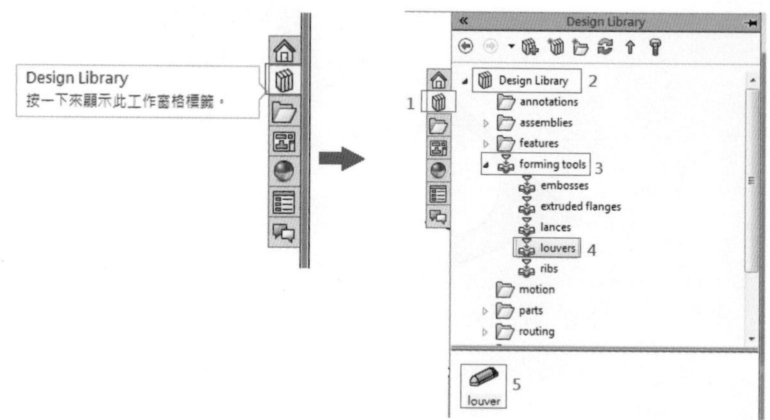

3. 點選後拖曳至適當位置後，未放開左鍵時按「Tab」鍵翻轉成形方向。放開滑鼠後出現「置放成形特徵」對話框，提示使用尺度標註去確定成形位置。

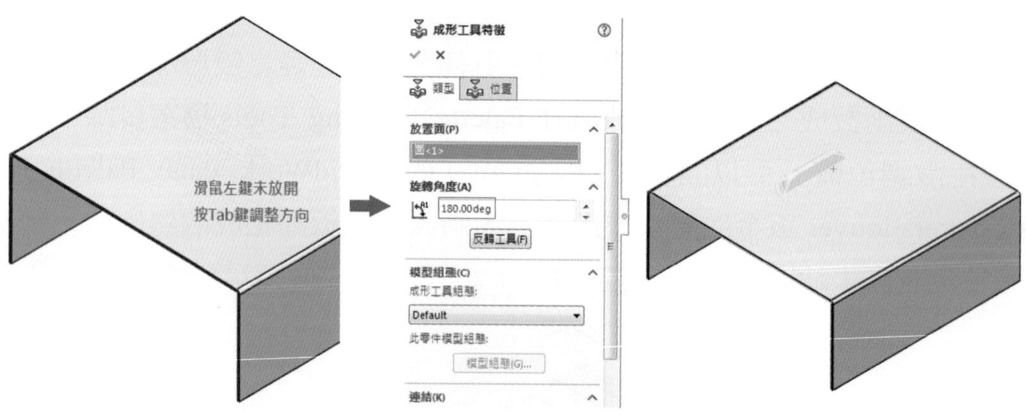

4. 標註尺度後按對話框「完成」，即可從特徵管理員中產生「Louver」。

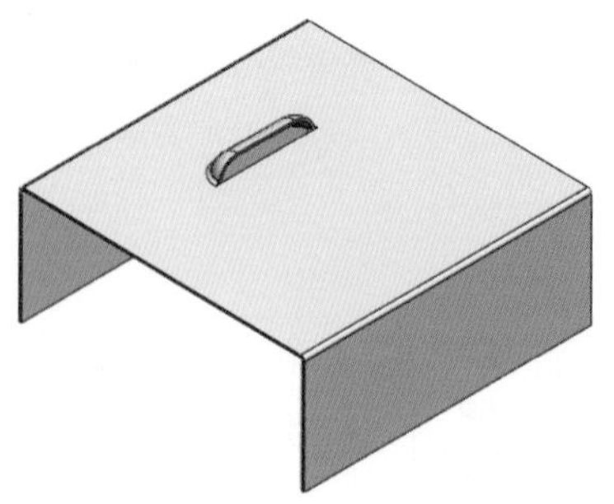

5. 特徵管理員「Louver1」右鍵編輯特徵「 」，點選「 位置」可以使用智慧型尺寸「智慧型尺寸」標註如下之尺度。

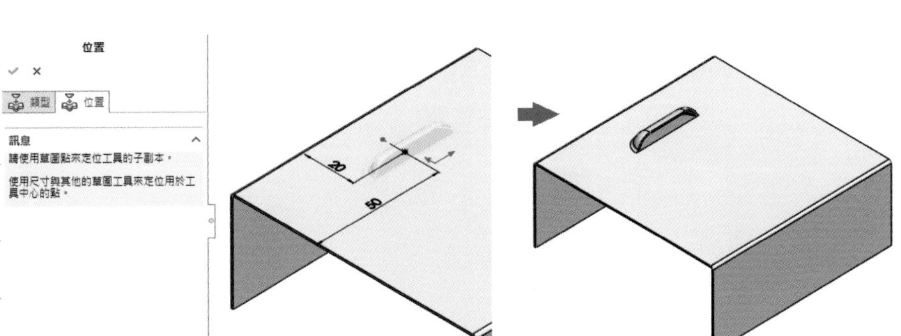

6. 成形工具尺度調整：如下圖所示，點選「 」(Design Library)按滑鼠右鍵點選「Louver」，從特徵管理員中點選欲修改項目，按滑鼠右鍵「編輯草圖」。將草圖之長度「32」改為「48」，可直接存檔或另存其他檔名。

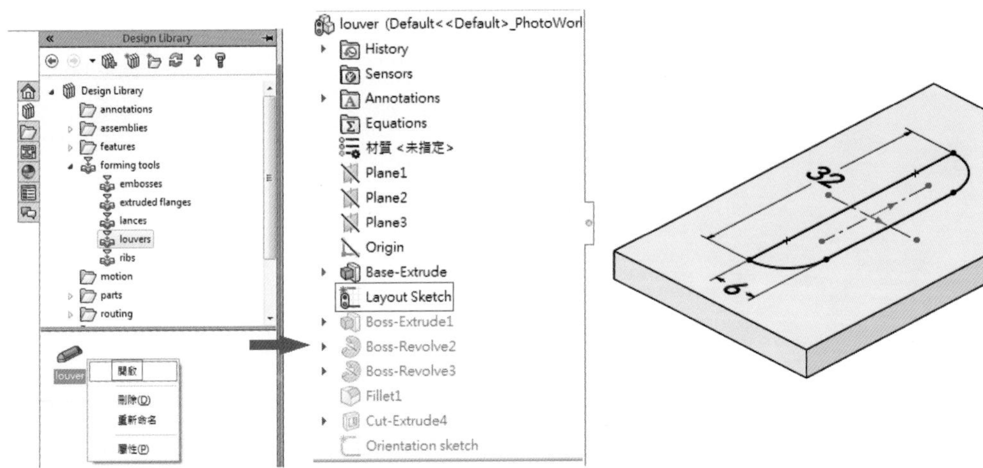

7. 利用特徵之直線複製排列「直線複製排列」產生多個散熱風口，如果方向不對按「 」調整方向。

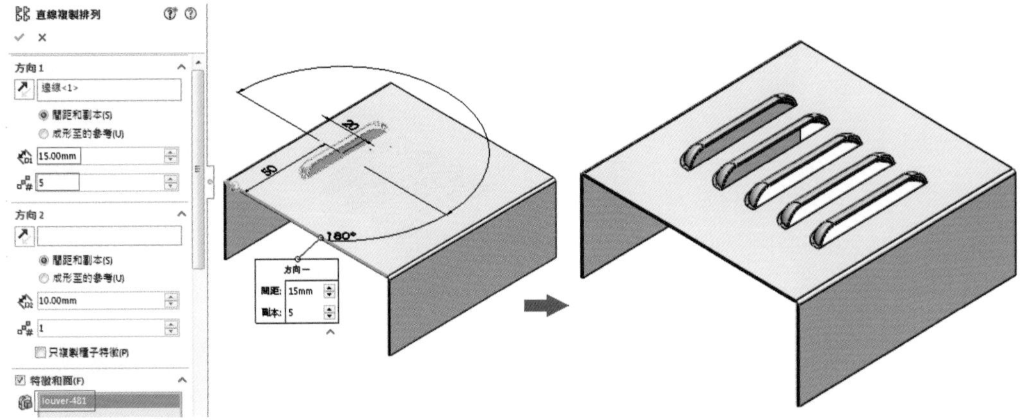

綜合設計

13-1 薄件特徵設計變更

13-2 杯子與浮雕字

13-3 螺旋樓梯

本章你將學到的技能有：

- 薄件特徵的應用
- 分割線的應用
- 縫織曲面成實體
- 浮雕字
- 曲線導出複製排列

13-1 薄件特徵設計變更

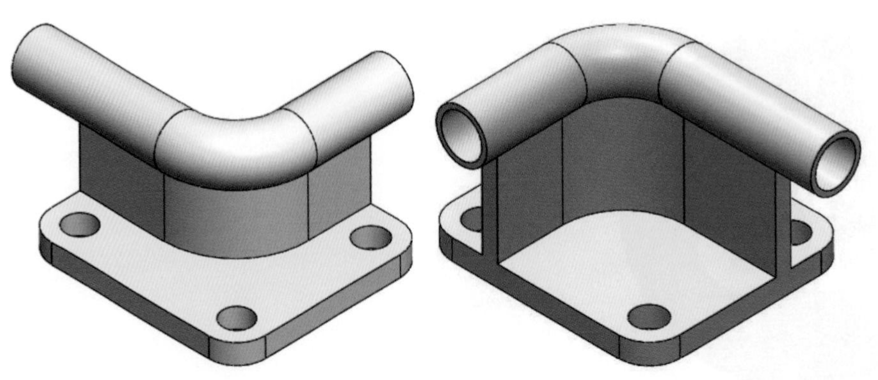

(13-1.sldprt)

1. 上基準面「上基準面」繪製草圖「」從原點「」向右畫水平直線後，滑鼠靠向右端點，轉變成右上方畫弧完成後直線垂直向上，標註尺度如下圖。完成後點選「右基準面」畫圓「」直徑「10」，完成草圖後，選取特徵工具列掃出「掃出填料/基材」。

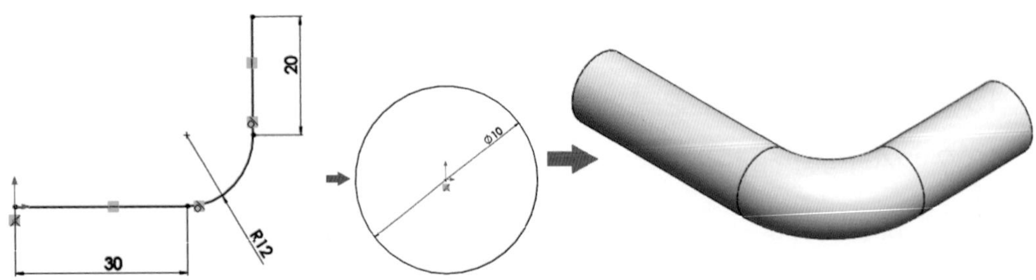

2. 自由移動視角，特徵「薄殼」兩端面厚度「1」。

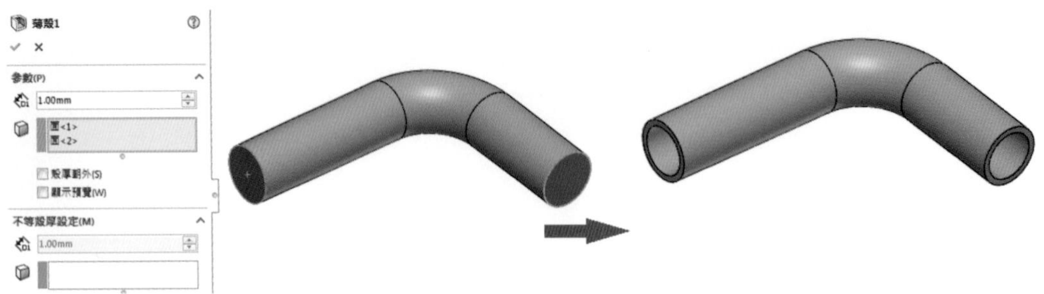

3. 等角視「 」，特徵工具列「參考幾何」下之「 基準面」，上基準面向下平行偏移「16」，建立「平面 1」。

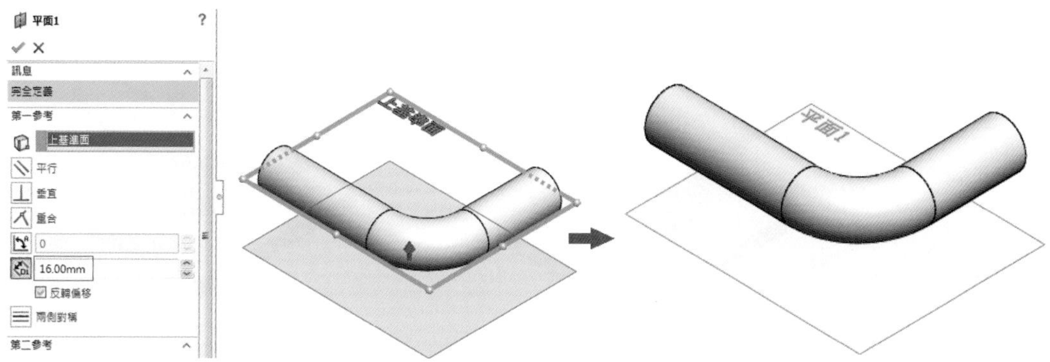

4. 點選「平面 1」按正視於「 」，繪製草圖「 」，尺度如下圖，特徵工具列「伸長填料/基材」向下伸長「4」。

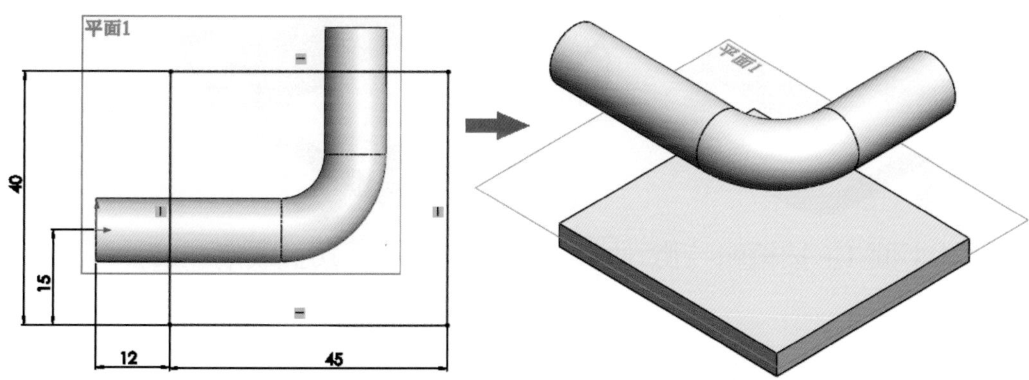

5. 正視於「平面 1」繪製草圖「 」，將「 草圖1」以「參考圖元」投影至「平面 1」上，也投影兩邊線後「修剪圖元(I)」如下之草圖，按等角視「 」。

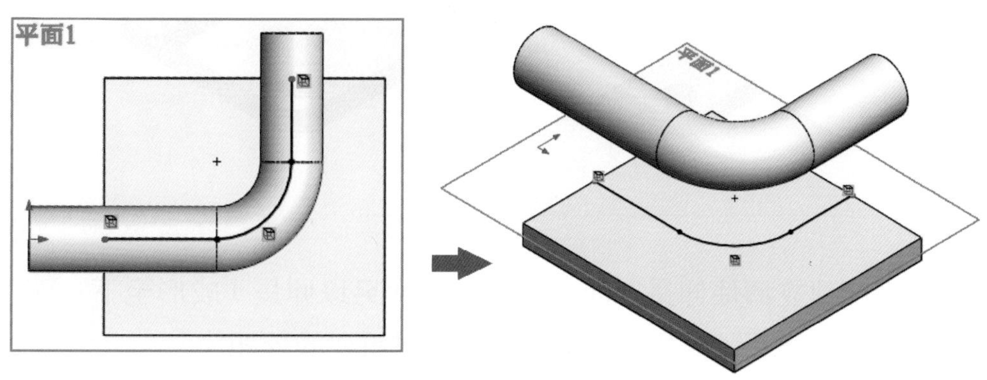

6. 特徵工具列「伸長填料/基材」選取「草圖 4」自動產生薄件特徵「方向 1」以「成形至下一面」自動到圓弧外面停止。薄件厚度「3」。

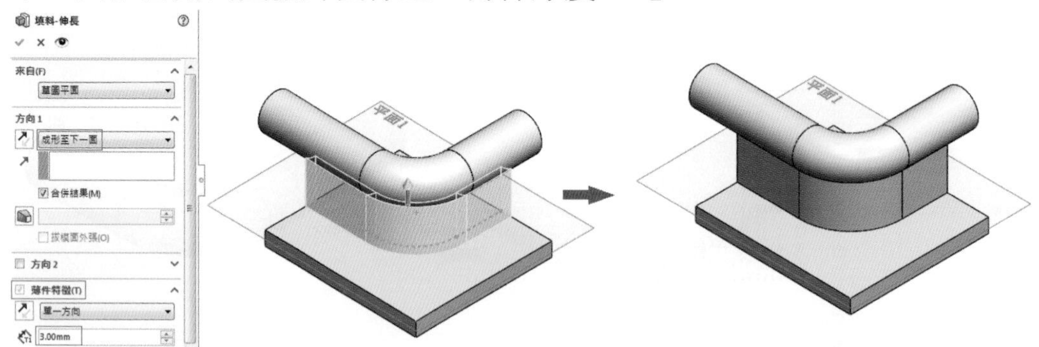

7. 完成圓角「圓角」R6 與圓孔「」直徑「6」，除料「伸長除料」。

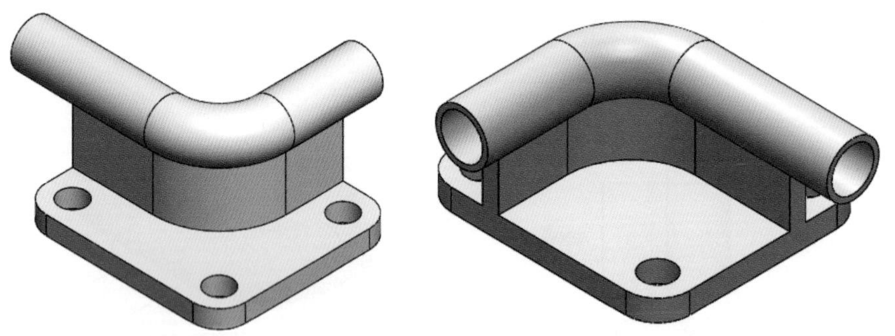

8. 修改「平面 1」按編輯特徵「」，其距離從「16」改為「25」，這一個動作完成如下。

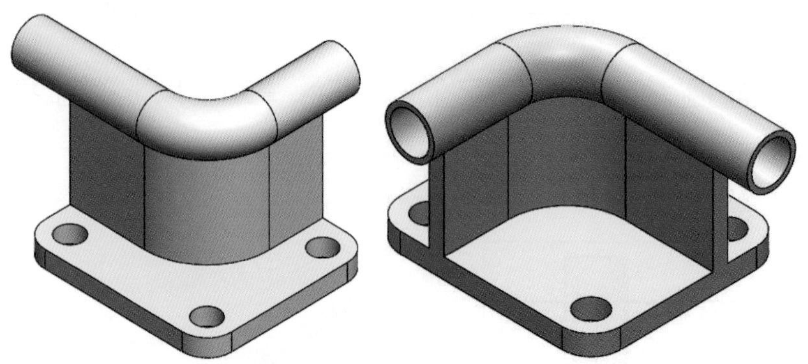

技巧解析

本例以線條建立薄件伸長，而不是以肋板。另以伸長「成形至下一面」，可以快速產生新的設計變更，是學習 3D 實體建構很重要的課題。

13-2 杯子與浮雕字

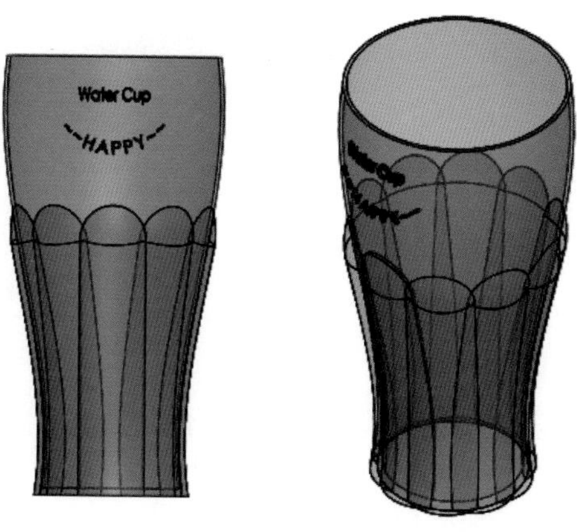

(13-2.sldprt)

1. 前基準面「前基準面」繪製草圖「草圖」特徵旋轉「旋轉填料/基材」。

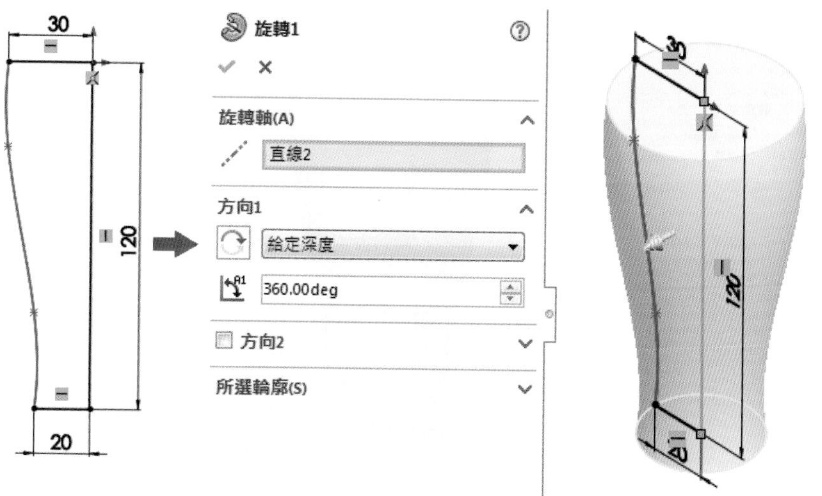

2. 在杯子頂面草圖「草圖」畫中心線「中心線(N)」，尺度如下圖。特別注意 A、B 點之位置在邊緣上，完成草圖。點選「前基準面」繪製下圖之長矩形與相切圓弧，寬度對齊 A、B 兩點。

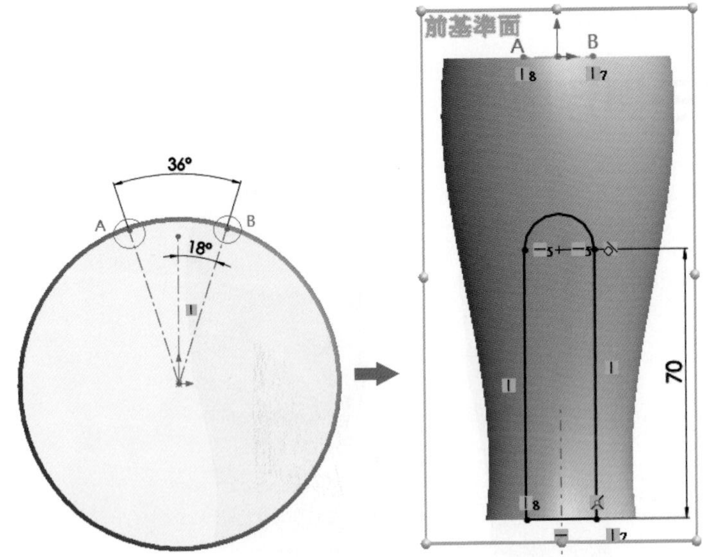

3. 點選「模具工具」工具列「分割線」，長矩形草圖投影至杯面前半部爲分割線。

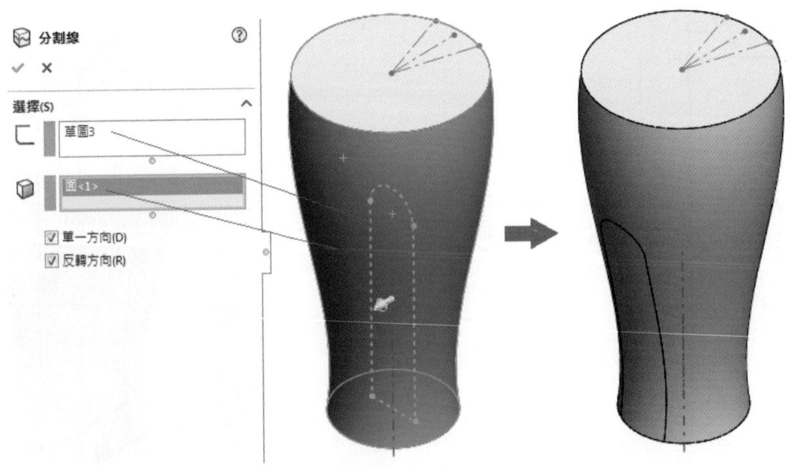

4. 杯子底部草圖畫弧「」半徑 R12，如下圖所示。曲面工具列「掃出曲面」。

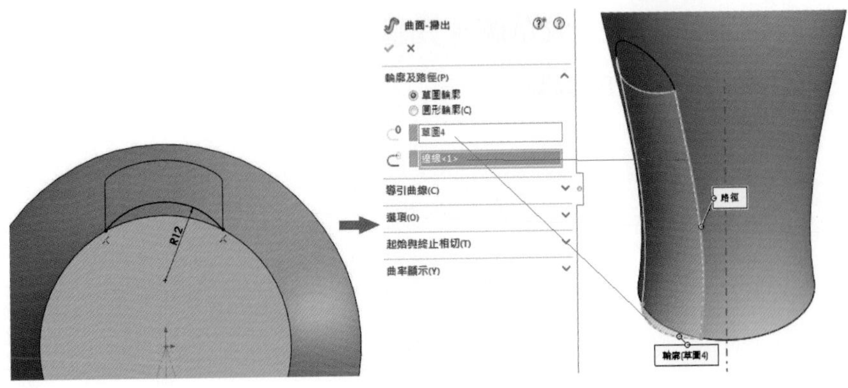

5. 點選「右基準面」繪製草圖「」，圓弧之兩端與曲線相交，尺度如下。曲面「疊層拉伸曲面」完成缺口之曲面。

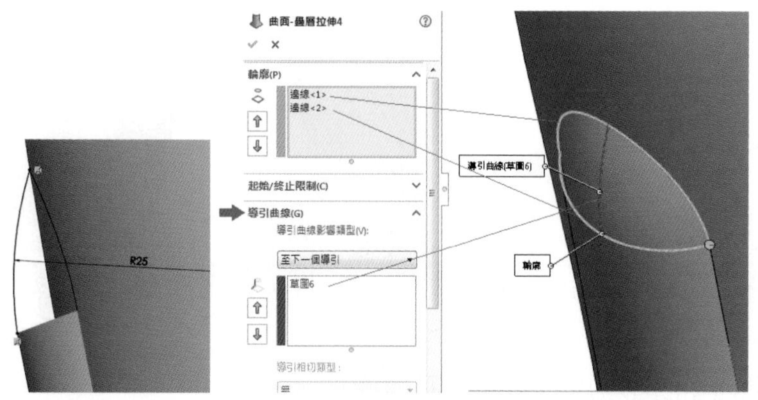

6. 底部以邊界「邊界曲面」填補後，選取「縫織曲面」，將四個曲面縫織。尤其是「面<1>」要按滑鼠右鍵「選擇其他(E)」才能選取「面@分割線1」分割線之區域，勾選「產生實體」。

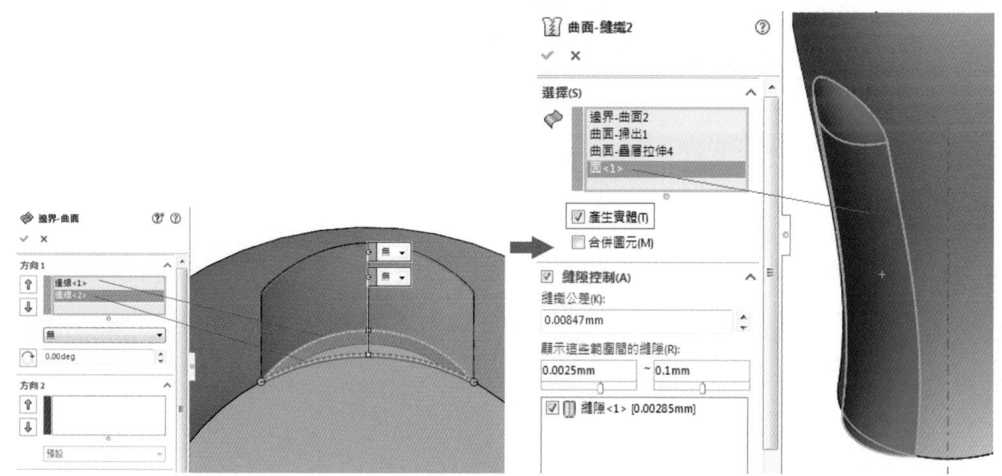

7. 檢視暫存軸，特徵「環狀複製排列」，勾選「本體」點取「曲面-縫織」，環狀複製 10 個。

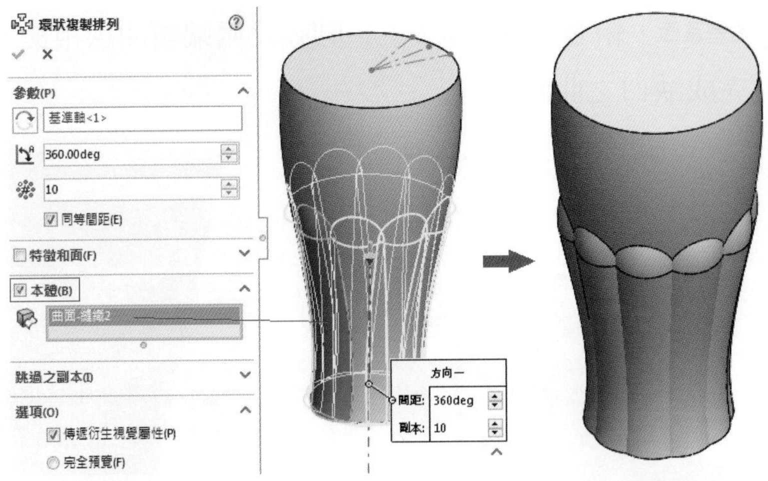

8. 「薄殼」上面厚度「1」，下面厚度「2」。

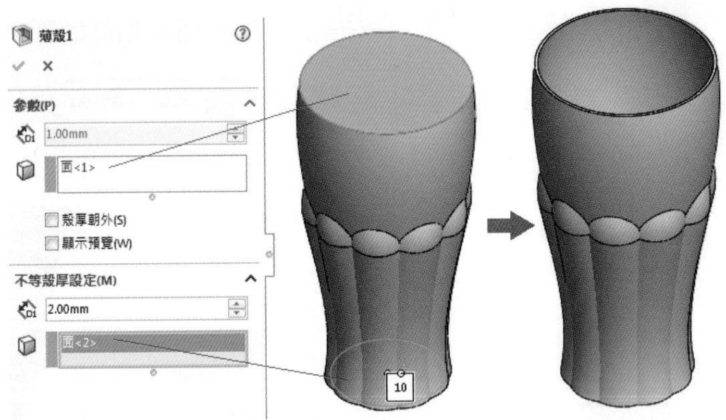

9. 前基準面畫中心線「中心線(N)」尺度如下，按「A」輸入草圖文字，曲線以「中心線」為參考基準，輸入文字「Water Cup」，文字至中調整間距，步驟如下圖所示。

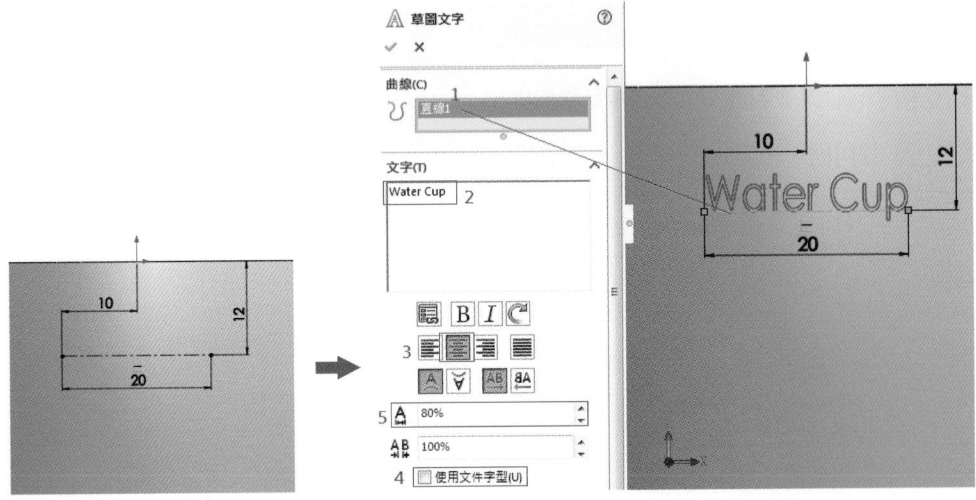

10. 特徵「伸長填料/基材」來自「曲面/面/基準面」從外緣面伸長「1」。

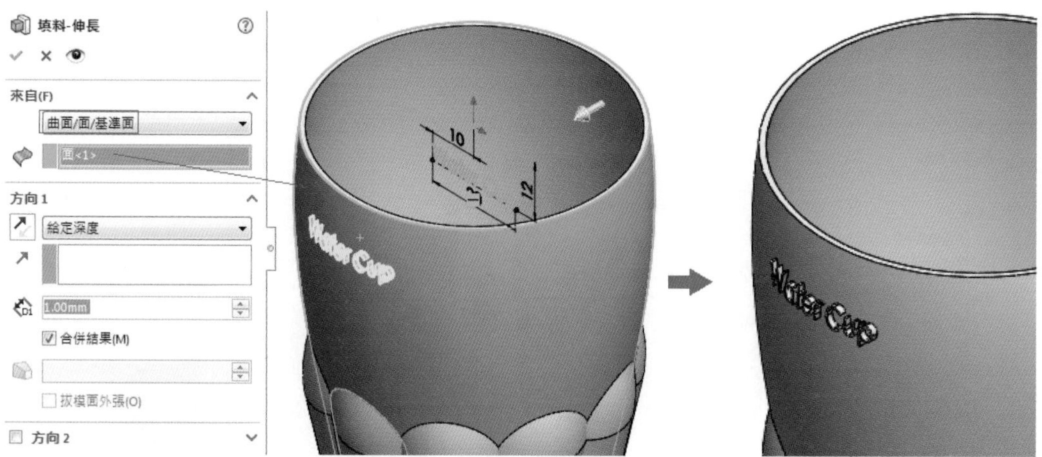

11. 前基準面畫圓弧轉成中心線格式後，按「A」輸入草圖文字，曲線以「中心線」為參考基準，輸入文字「～～HAPPY～～」，文字至中調整間距，步驟如下圖所示。

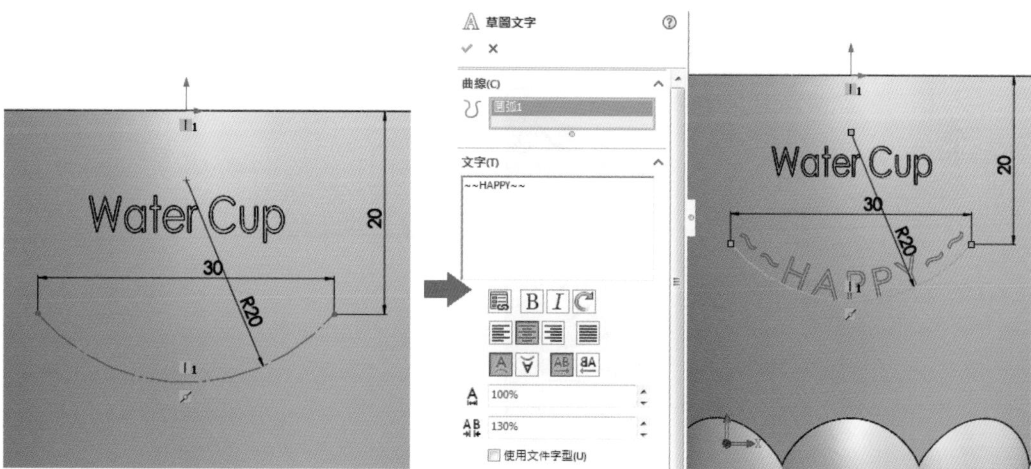

12. 特徵「伸長填料/基材」來自「曲面/面/基準面」從外緣面伸長「1」。選取「」材質光澤藍色玻璃。

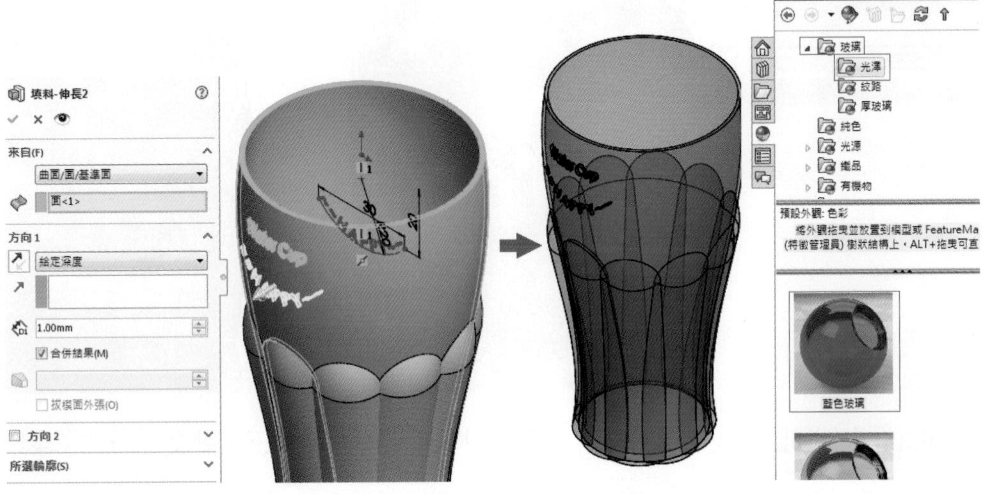

13-3 螺旋樓梯

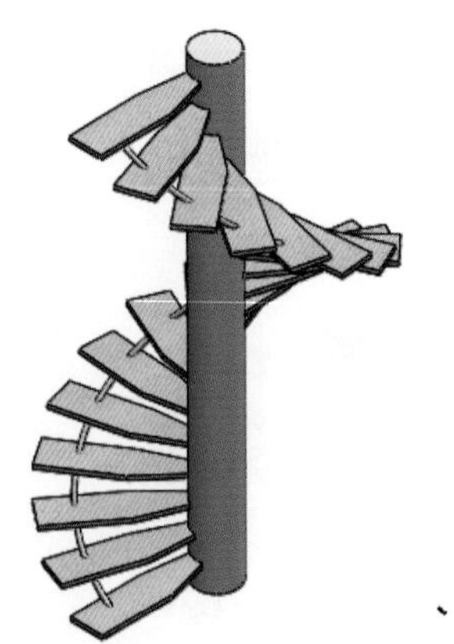

(13-3.sldprt)

1. 上基準面繪製草圖「」畫圓「」直徑「100」。等角視「」，特徵工具列「曲線」下之「螺旋曲線/渦捲線」，螺距「200」，圈數「1」，起始角度「0」，順時針之螺旋線。

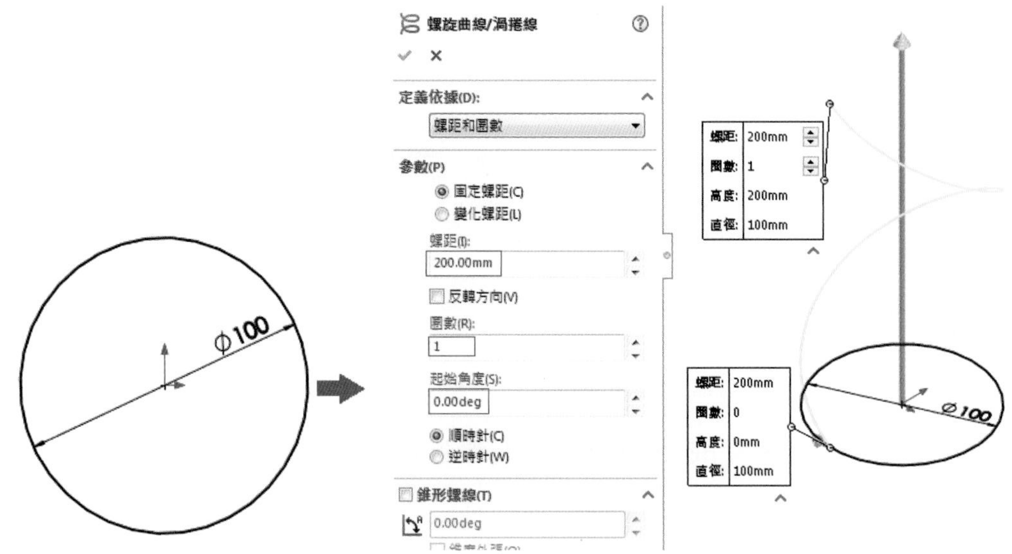

2. 特徵工具列「參考幾何」下之「基準面」，建立「平面1」繪製草圖「」直徑「2」。

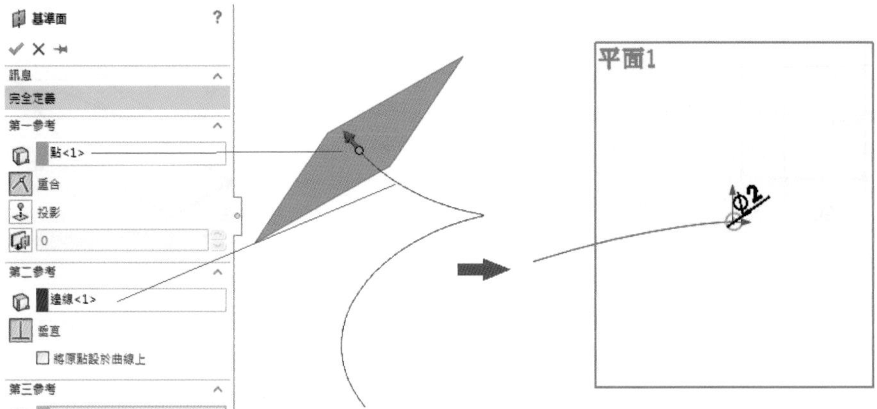

3. 特徵工具列「掃出填料/基材」，掃出螺旋特徵。

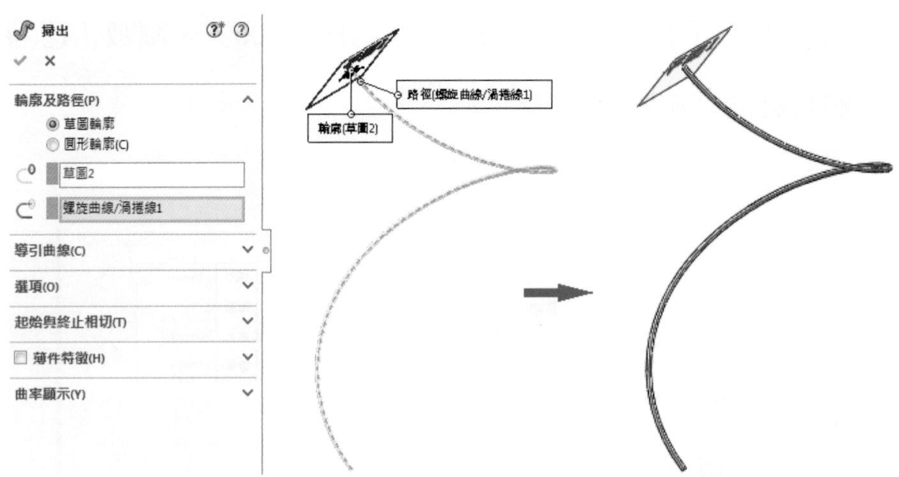

4. 「上基準面」繪製草圖畫線「」並標註尺度。特徵「伸長填料/基材」方向為「兩側對稱」距離「3」，完成樓梯板，並編輯外觀顏色「」為淡橘色以做區別。

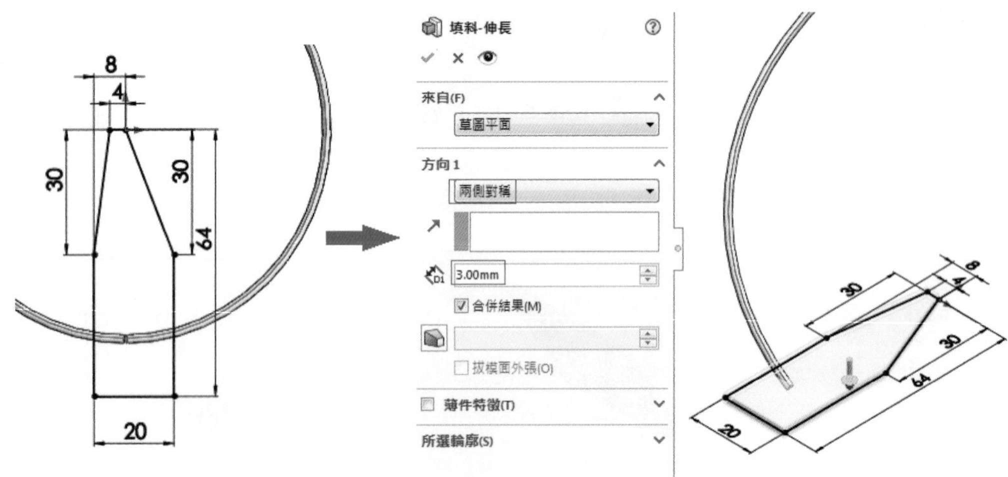

5. 「上基準面」繪製草圖畫圓「」直徑「20」，特徵「伸長填料/基材」方向

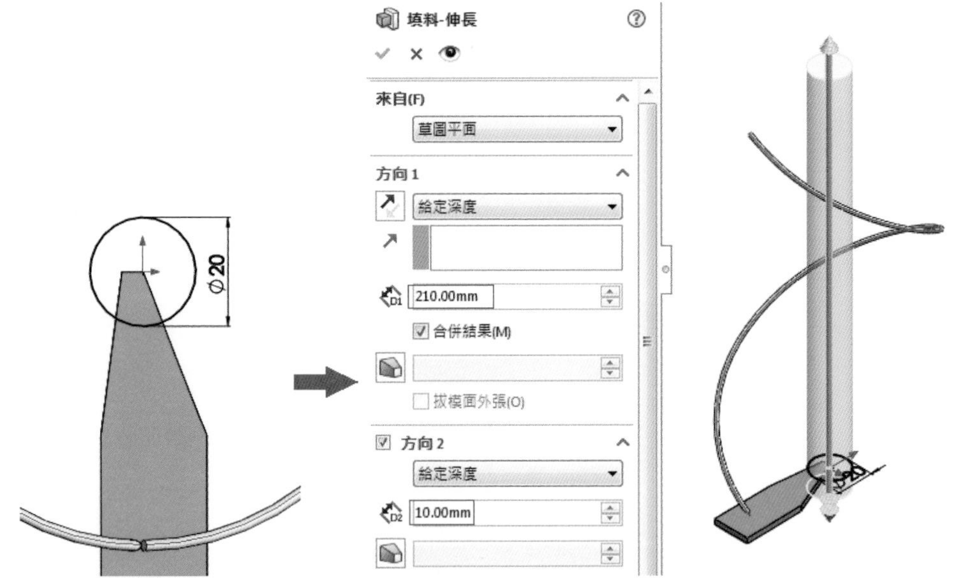

6. 選取特徵工具列「直線複製排列」下之「曲線導出複製排列」，點選之參數如下圖所示。

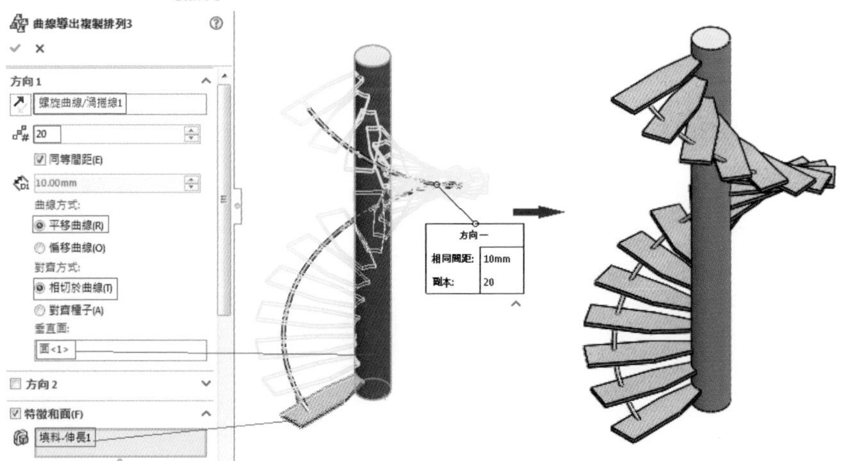

重點提示

本例子作曲線導出複製排列時，「垂直面」之選取，有可能因爲版本差異，造成無法完成的繞著圓柱旋轉而上樓梯。

3D 列印

14-1 需自行切片之 3D 列印機操作流程

14-2 內建切片之 3D 列印機操作流程

14-3 組合件成品列印

14-4 拆解支撐層

本章你將學到的技能有：

- STL 檔案轉檔
- 自行設定切片
- 內建產生切片
- 不同機型 3D 列印
- 組合件 3D 列印
- 支撐層的設計與拆解

3D 列印機為方便快速的塑膠模型生產機台，可印製塑膠成品，省去模具開發時間，快速並低成本取得設計成品實體，適合用於產品設計、創建模型原型，及小批量生產。目前市面上 3D 列印技術分為許多種，並以熔融沉積成型(Fused deposition modeling, FDM)為較經濟且大宗之機台。

FDM 機台又分為兩大類型：其一為列印前需自行使用切片軟體，可將所繪製之 STL 檔軟換成 G-code 檔，方可列印；其二為 3D 列印機已內建切片功能，只需將 STL 檔放入 3D 列印機操作介面中，即可列印。前者列印設定彈性較大，但過程較繁複；後者操作簡易，但許多列印設定已綁定，無法自行修改調配，較適合初學者。

本章將介紹此兩大類型之 3D 列印機，機型分別為 AT-168(盈妤精密科技)及 UP! Plus 3D 2(國航科技代理)，並詳細介紹操作流程與設定，方便讀者將自行設計之模型實體檔，列印成 3D 成品。

14-1 需自行切片之 3D 列印機操作流程

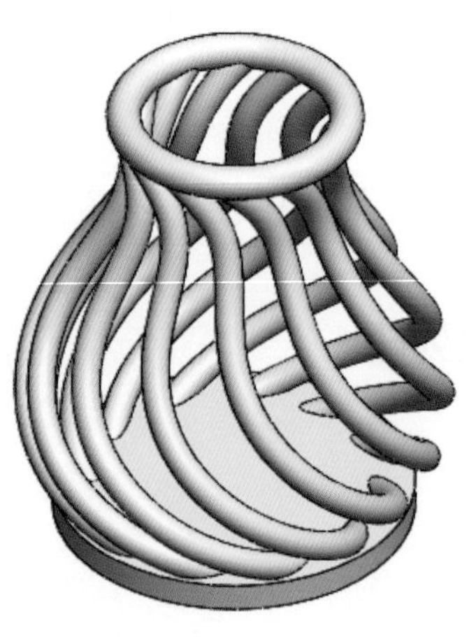

(14-1.sldprt)

本節將以盈妤精密科技之 3D 列印機台作流程說明

1. 將 14-1.sldprt 檔案開啓後，另存「STL (*.stl)」檔案類型。開啓 KISSlicer 切片軟體

2. 開啓後進入介面，依照下圖設定各樣參數。

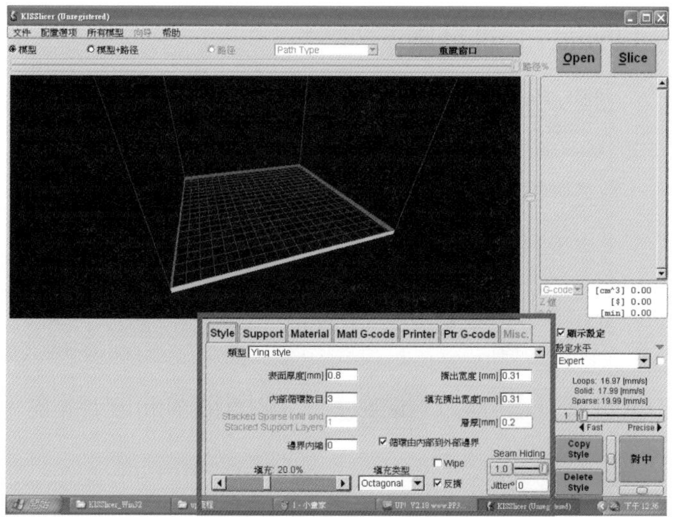

3. 依照下圖設定「Style」之參數。

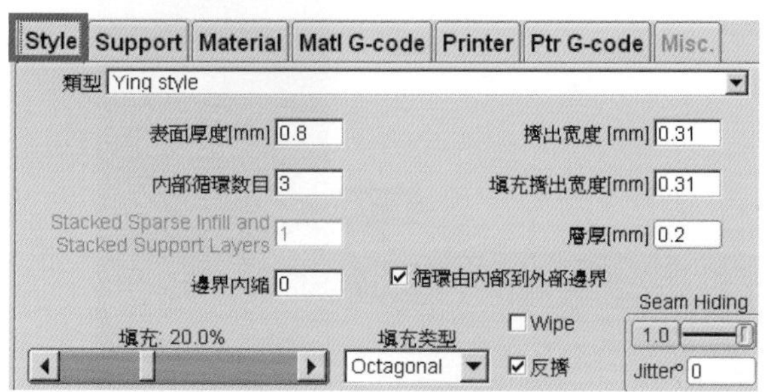

4. 依照下圖設定「Support」之參數，「Support Rough」 爲支撐層選項，亦可將支撐層點選「off」關閉。

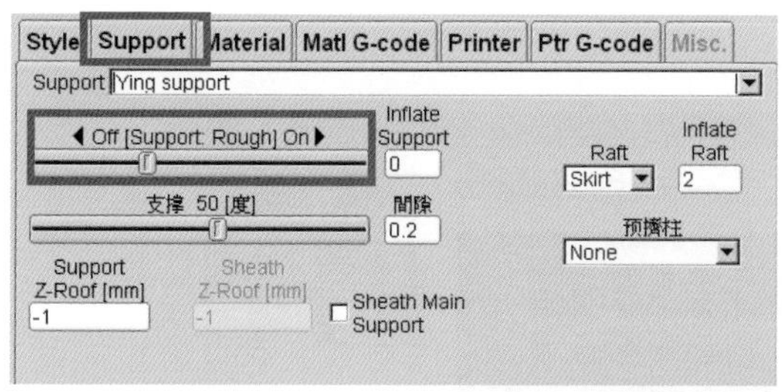

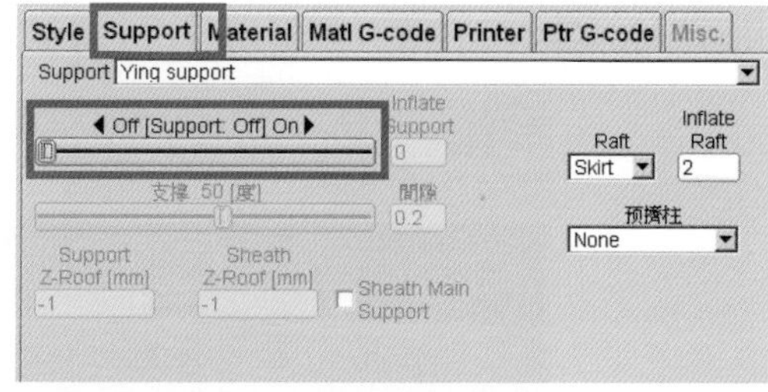

5. 依照下圖設定「Material」之參數。

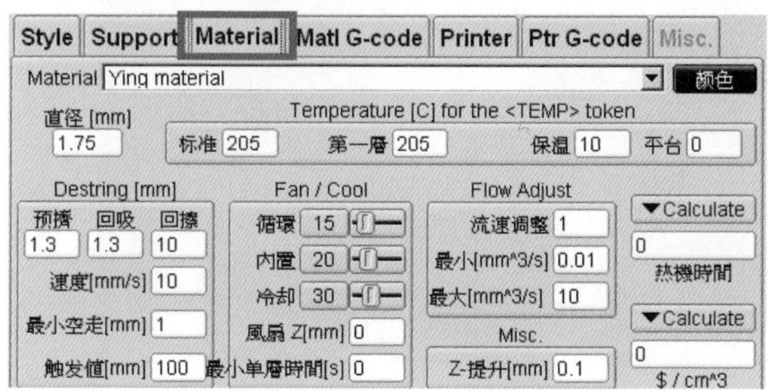

6. 依照下圖設定「Printer」之參數。

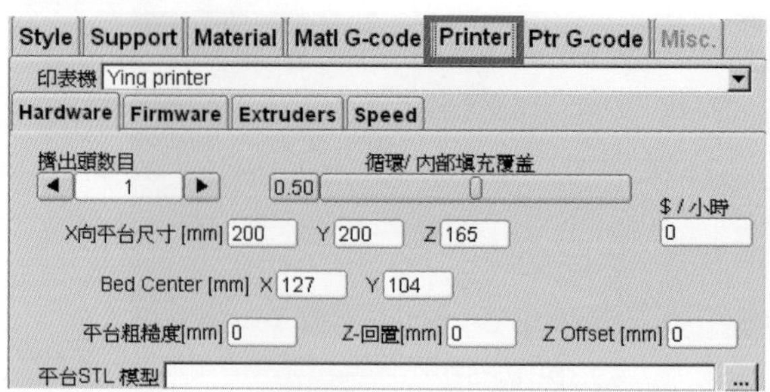

7. 設定完上述之參數後，點選「Open」，選擇欲列印的檔案，並點選「開啓」。

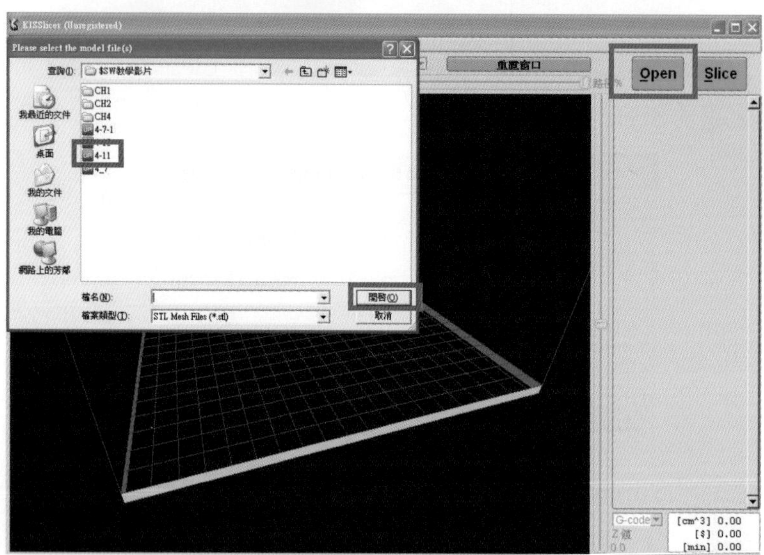

8. 開啓檔案後，由於檔案過小則需放大。

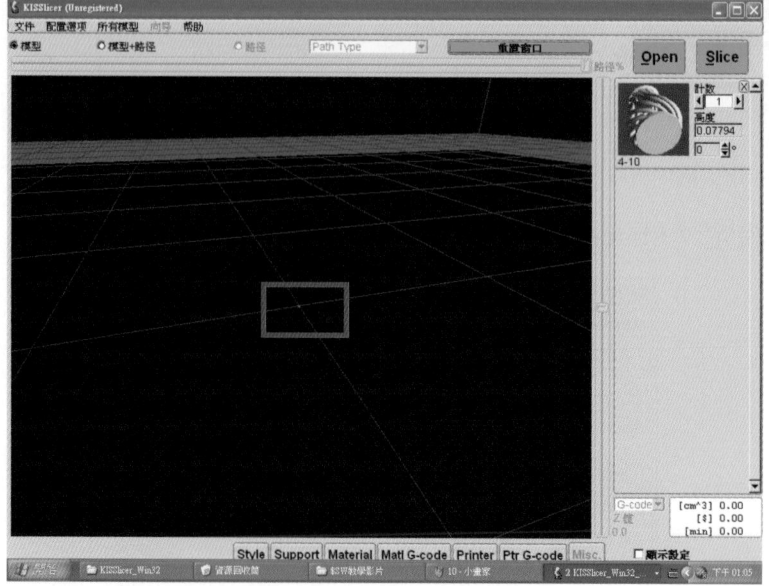

9. 「高度(Height) 」設定為 30mm。

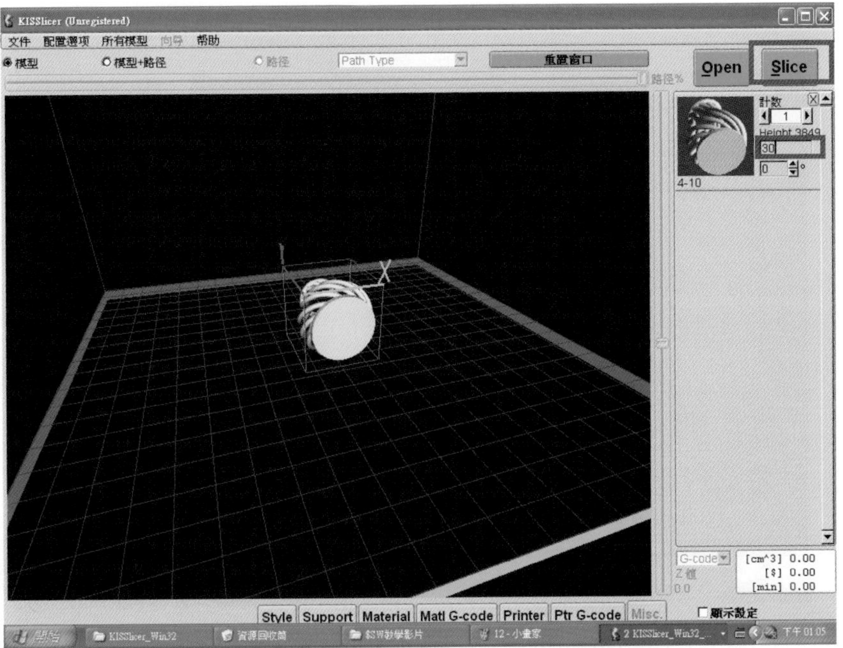

10. 選擇「變換軸」，再選擇「Y 軸鏡像」，將實體轉正。

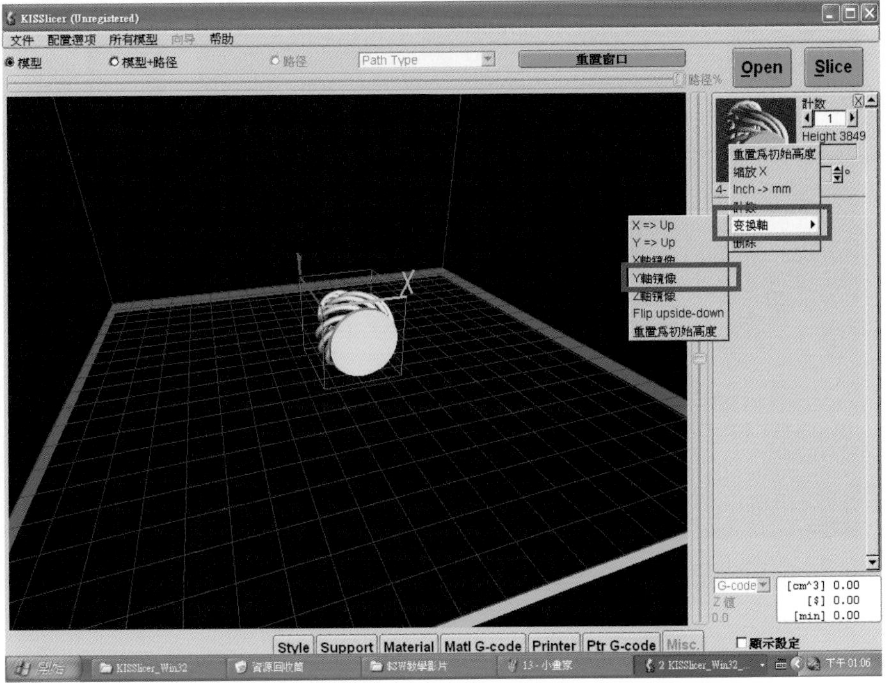

11. 此時可以再輸入高度數值，如已達想要高度，即可點選「Slice」開始切片。

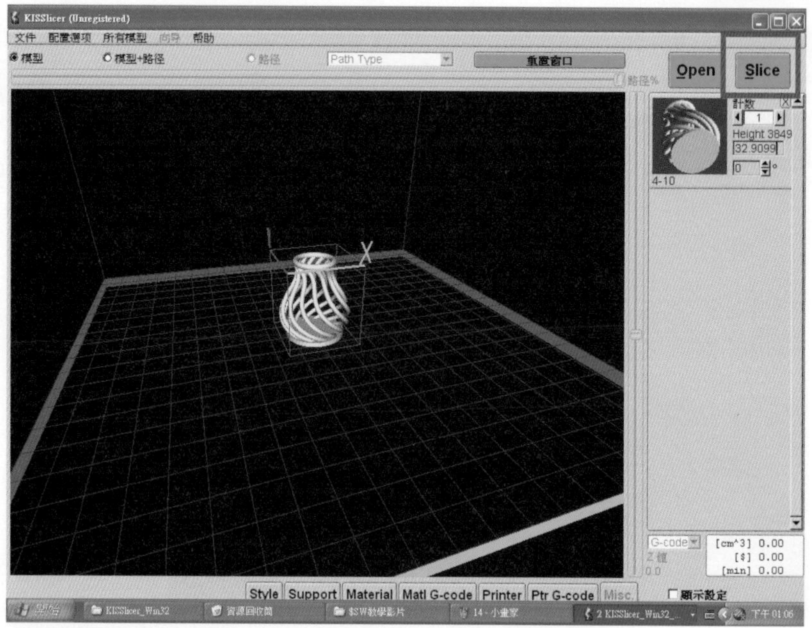

12. 軟體切片中，請稍待片刻。

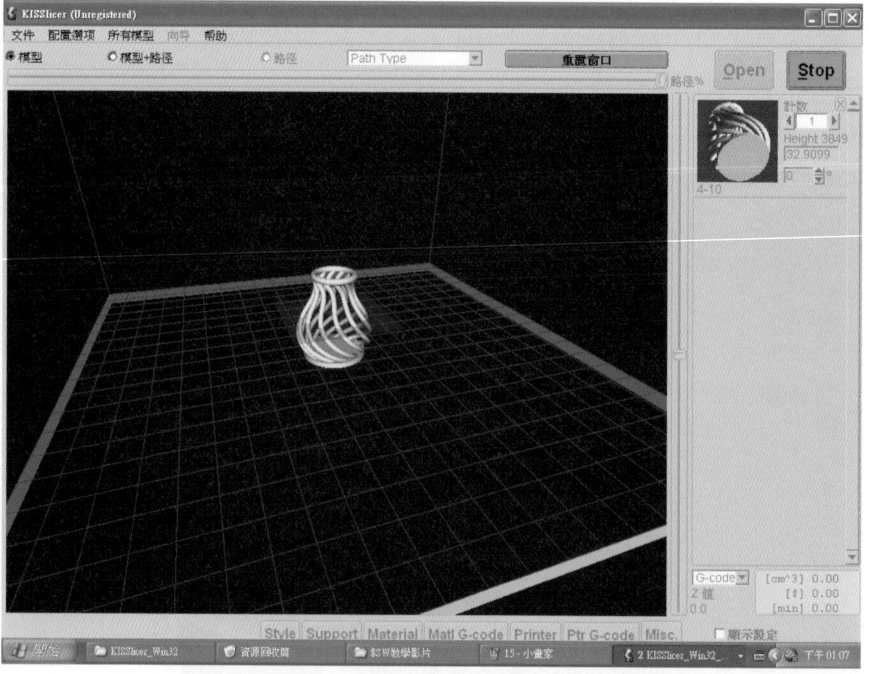

13. 切片完成選擇「Save」將切片檔案存檔。

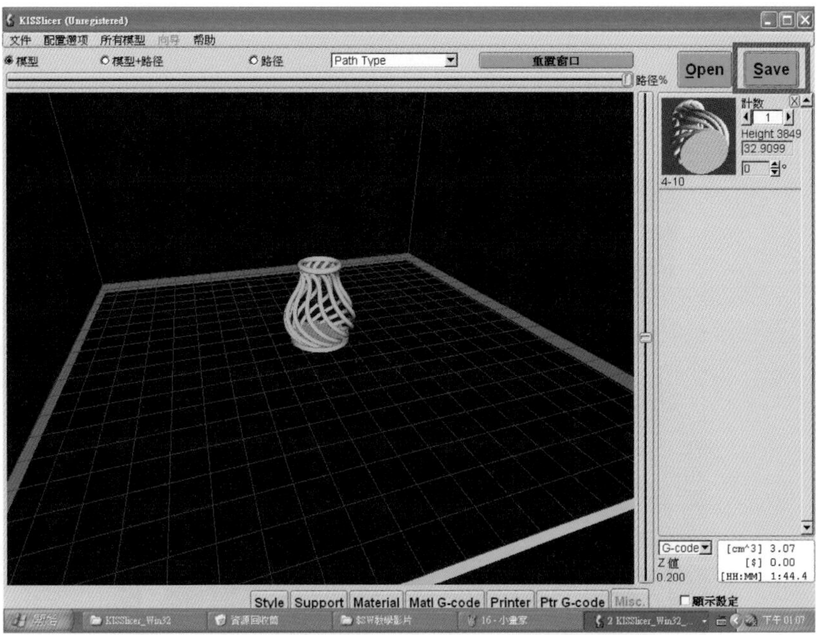

14. 選擇要存放之位置，並點選「儲存」，儲存完成即可關閉切片軟體，將 G-code 檔案存放在 mini SD 卡中，以利印製動作。

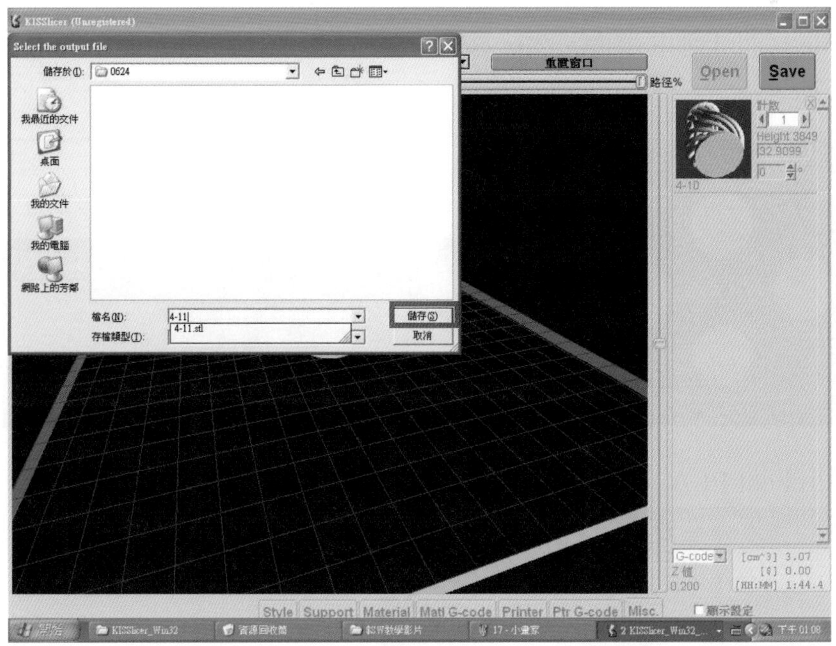

3D 印表機預備

升溫

1. 開啓前方電源開關。

2. 按「Home」鍵回到主畫面。然後按「Enter」鍵，選擇「Quick Setting」再按「Enter」鍵確定。

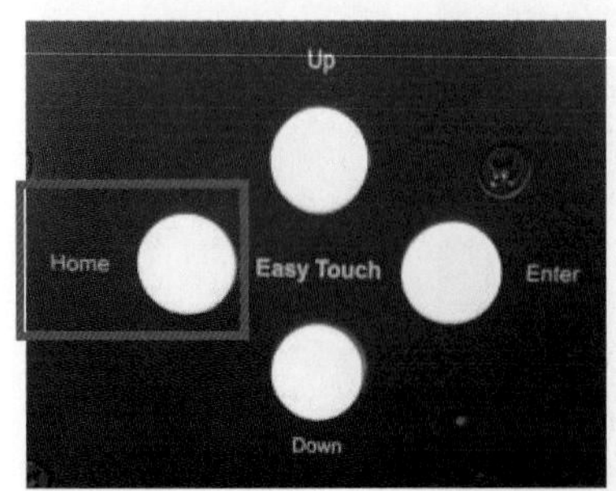

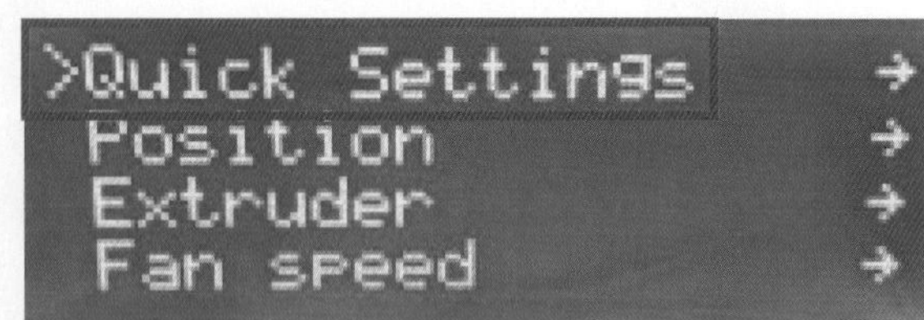

3. 選擇「Preheat PLA」，再按「Enter」鍵確定。

4. 按「Home」鍵兩次回到主畫面，檢查 Preheat 是否爲 PLA。升溫到 200~205 ℃即可開始列印。

E:200.4/200°C→100%
Z: 0.00 mm
Buffer: 0
Preheat PLA

E:200.4/200°C→100%
Z: 0.00 mm
Buffer: 0
Preheat PLA

擠出餘料

1. 按「Home」鍵回到主畫面，再按「Enter」鍵。然後選擇「Position」，再按「Enter」鍵確定。

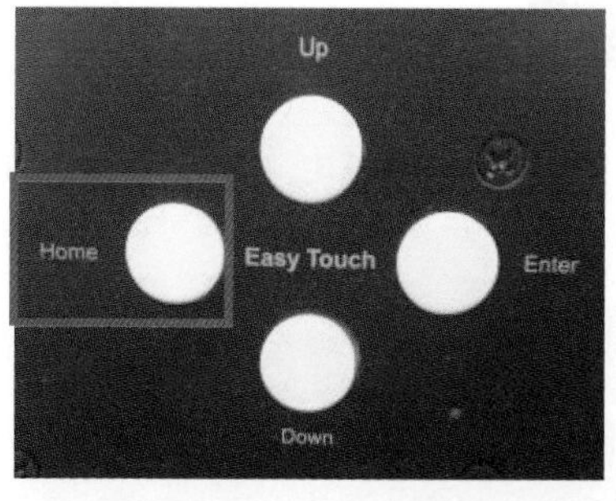

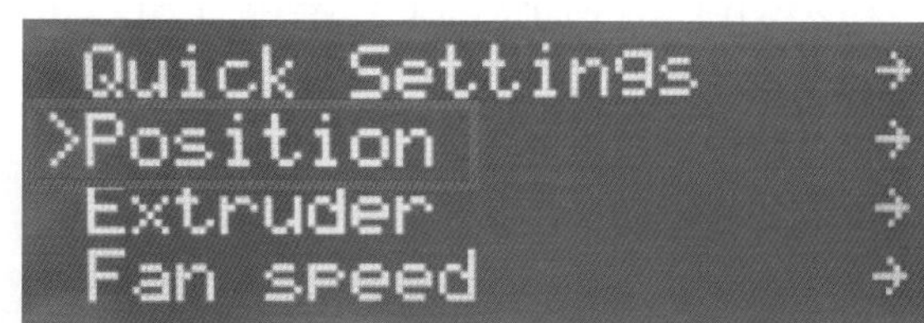

2. 進入畫面後，按「Down」鍵到最後一個選項，選擇「Extra Position」再按「Enter」鍵確定。進入下圖畫面後，按「up」鍵擠出一些餘料並將其移除。

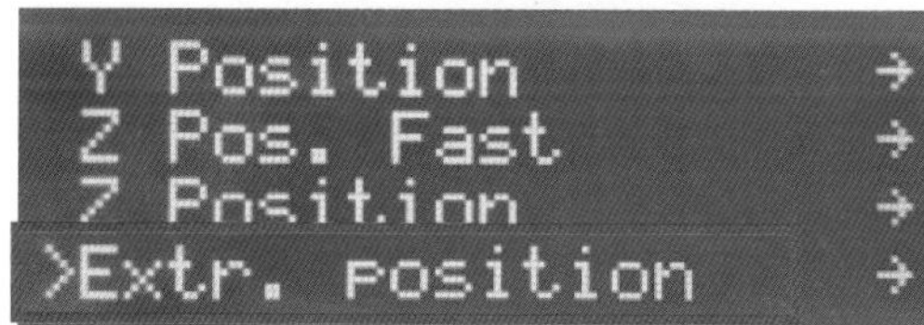

E: 0.00 mm
1 click = 1 mm

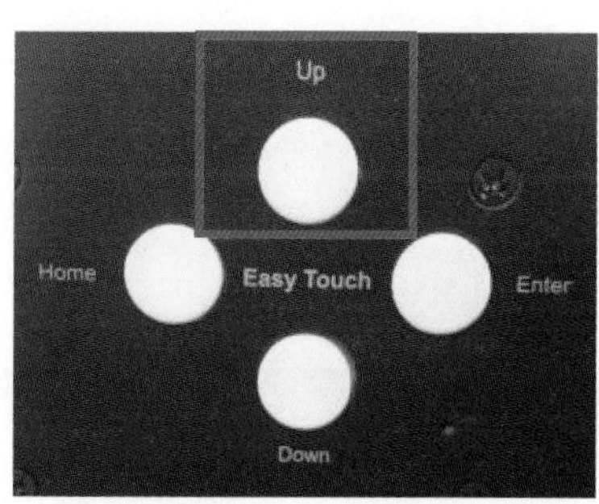

3D 列印機開始列印

1. 按「Home」鍵回到主畫面，再按「Enter」鍵。

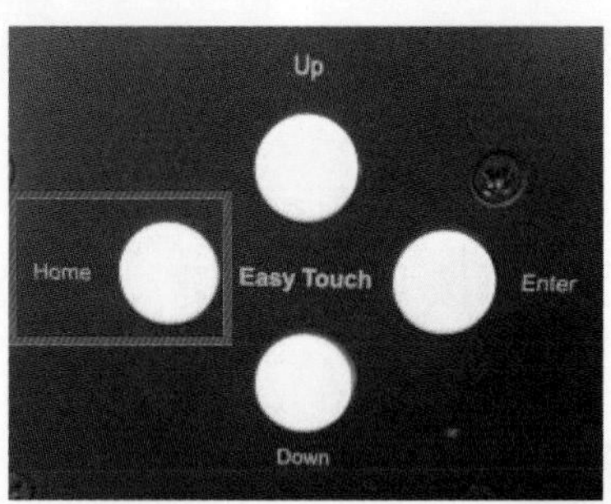

2. 按「Down」鍵到下一頁，選擇「SD card」，再按「Enter」鍵確定。然後選擇「Print file」。

3. 選擇欲列印的資料夾再按「Enter」鍵確定，然後選擇欲列印的檔案再按「Enter」鍵確定

4. 開始列印，前方液晶螢幕顯示列印進度。

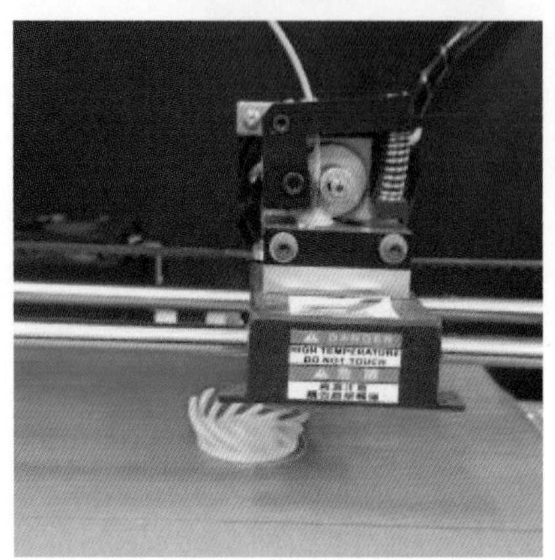

5. 列印完成不需等待即可取件

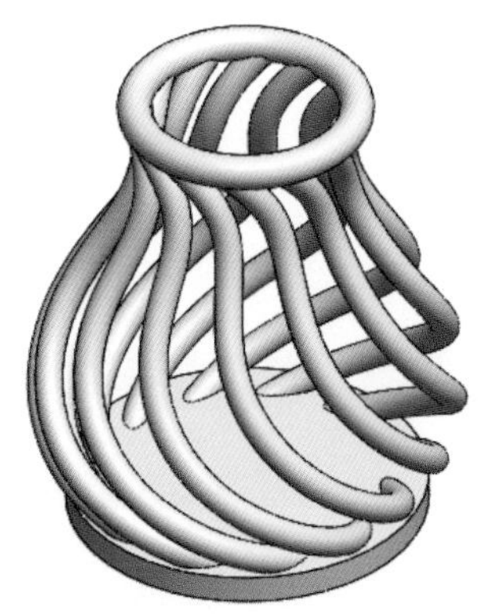
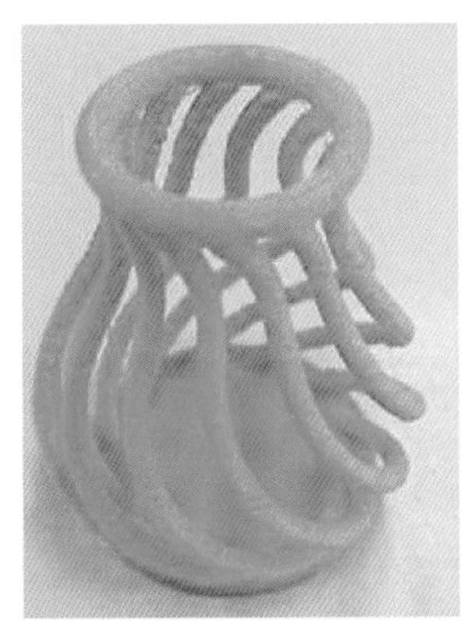

14-2　內建切片之 3D 列印機操作流程

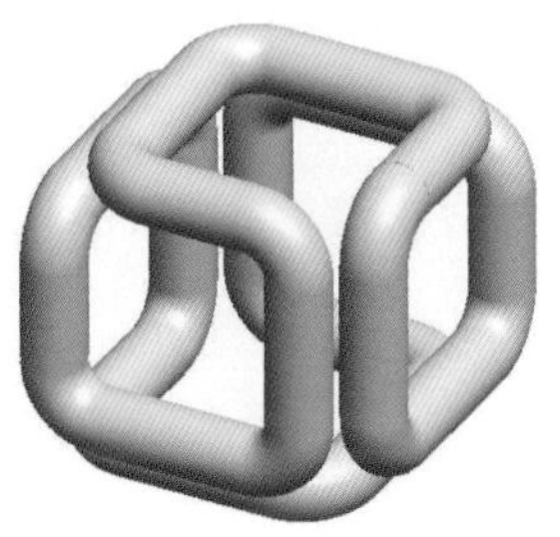

(14-2.sldprt)

本節將以 UP! 3D Printer Plus 2 之 3D 列印機台作流程說明

3D 印表機預備

1. 開啓後方電源開關(前方已亮橘燈) ，下圖左所示。
2. 開啓前方電源開關(長按一秒後亮綠燈)，並確認黑色列印平板以正確夾持於 3D 列印平台上，且緊密配合。下圖右所示。

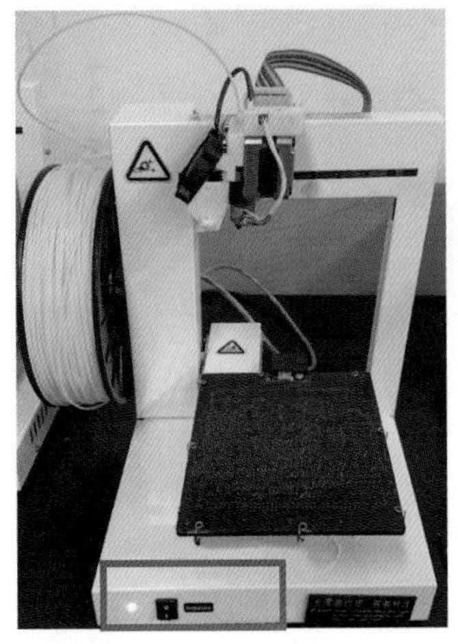

列印檔案預備

1. 開啓 UP 軟體，進入軟體主畫面。

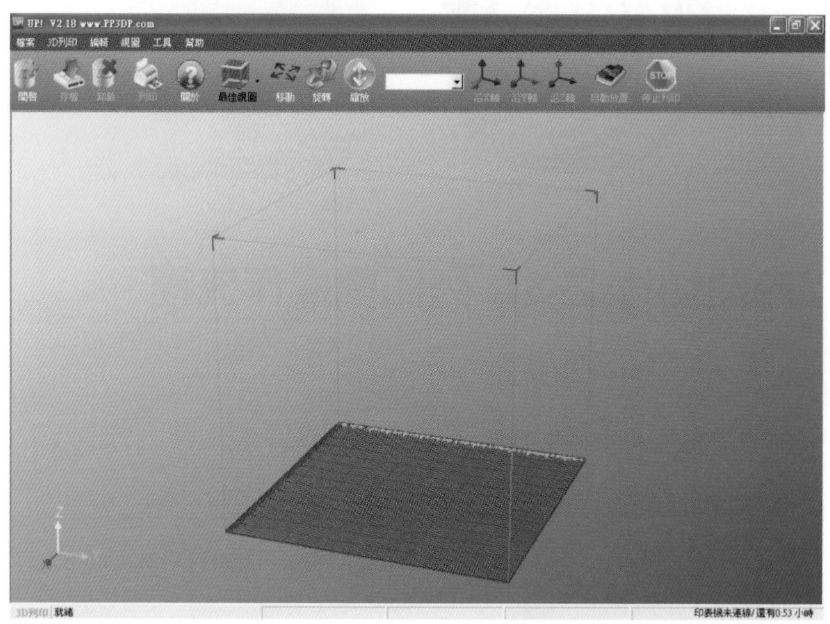

2. 點選「 3D 列印」，並點選「平台預熱 15 分鐘」，下圖左所示。
3. 點選「開啓」(選擇欲列印之 STL 檔)，下圖右所示。

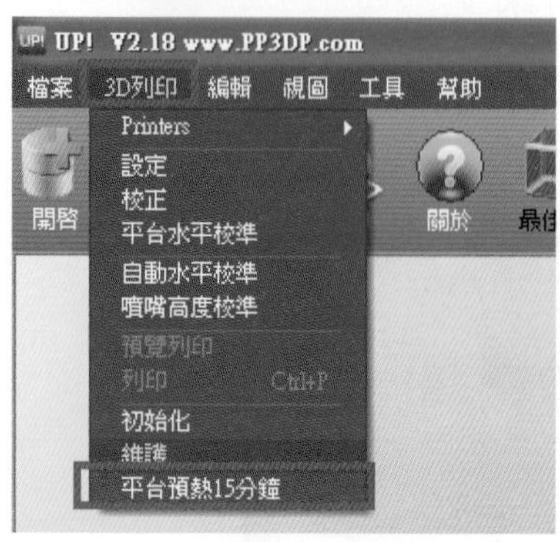

4. 放置後因檔案太小需要縮放。

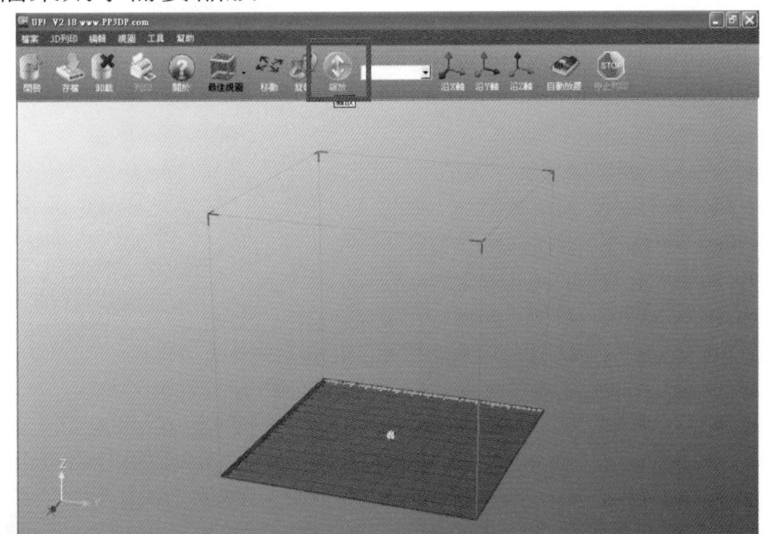

5. 點選「縮放」，輸入 10 倍，再點選「縮放」，縮放後實體變大 10 倍。(此時可自行選擇縮放比例)

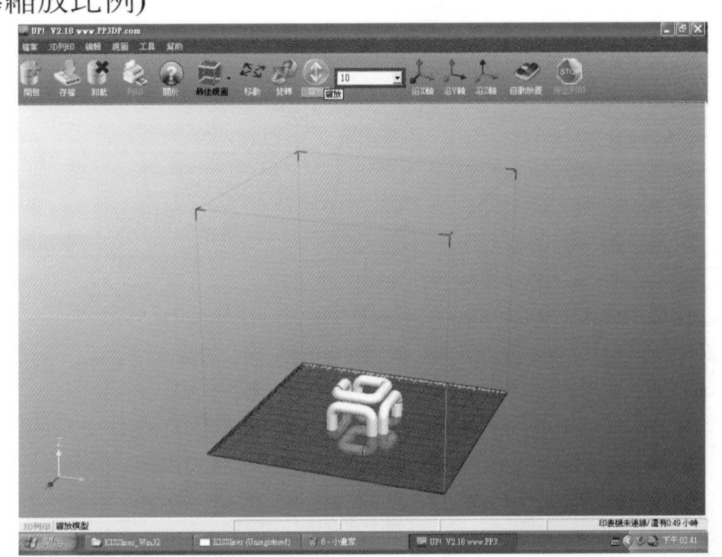

6. 實體已轉正，但此時實體最底面沉在列印平台下，需點選「自動放置」，將實體底面自動貼於列印平台。(亦可點「旋轉」，再選「沿X軸」或「沿Y軸」或「沿Z軸」，將實體擺放成不同方位)

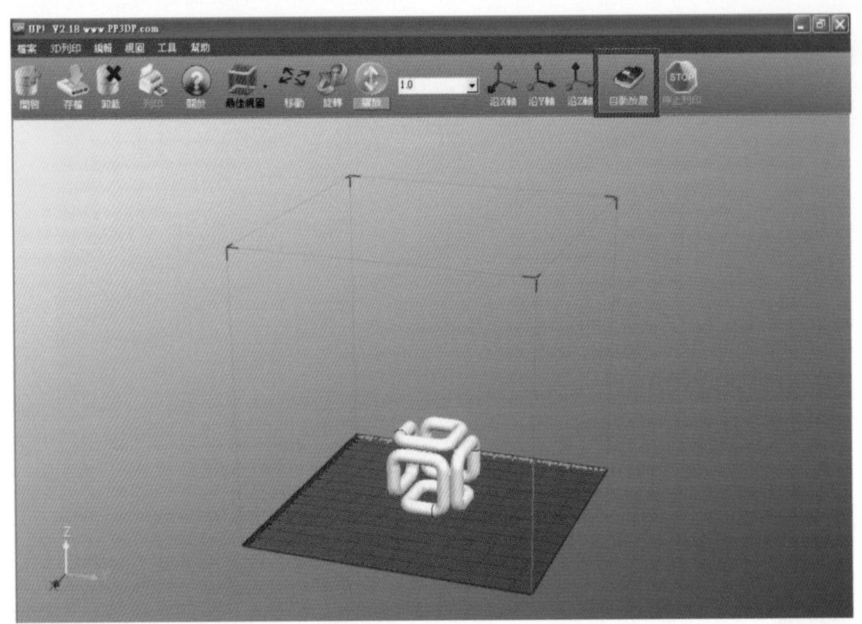

7. 點選「3D 列印」，點選「預覽列印」。
8. 點選「選項」。

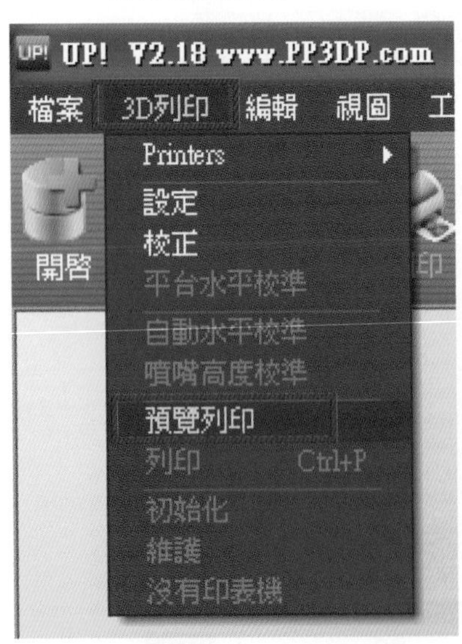

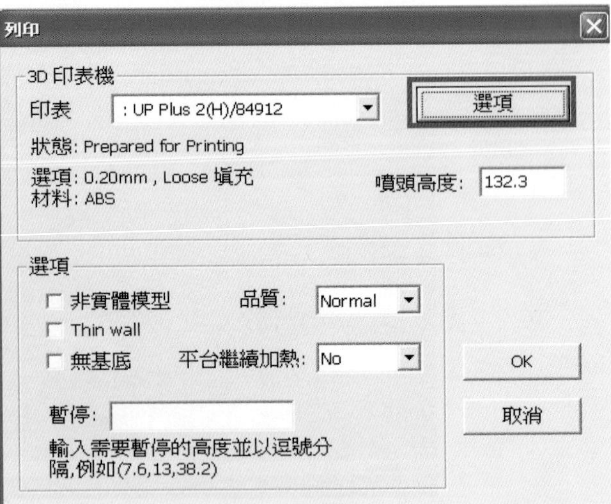

9. 點選「恢復默認參數」(亦可修改列印架構)， 點選「OK」，下頁圖左所示。再點選「OK」，下頁圖右所示。

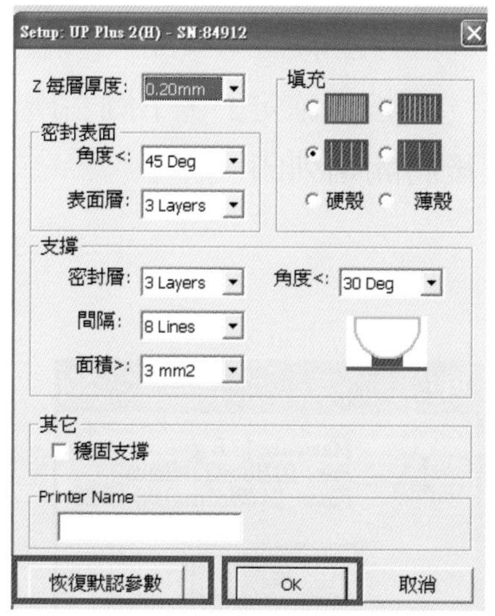

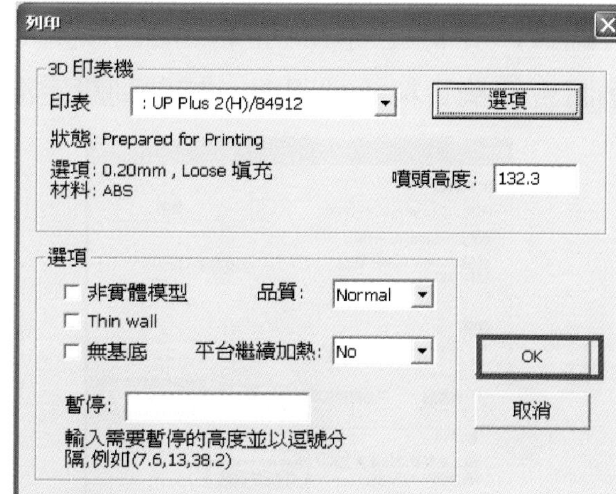

10. 顯示列印所預估之時間，點選「確定」。

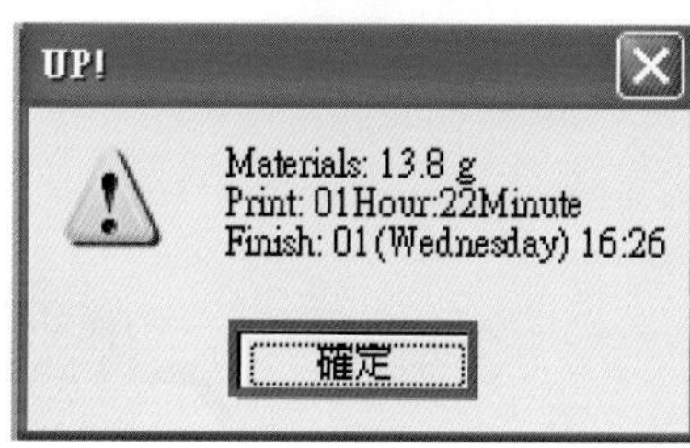

3D 列印機開始列印

1. 等待下方顯示平台溫度上升至 75℃以上。

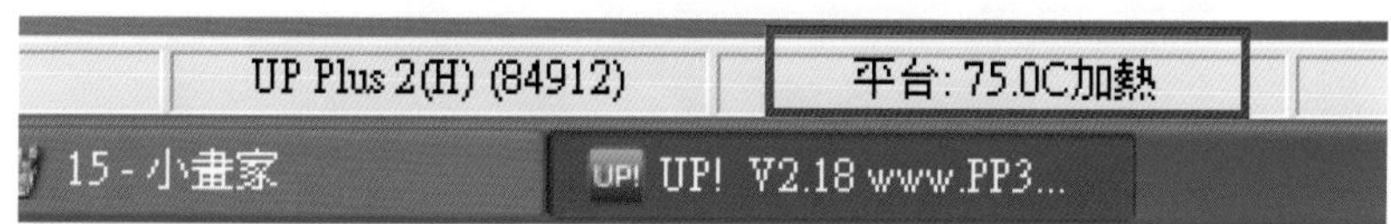

2. 點選「3D 列印」，再點選「列印」。

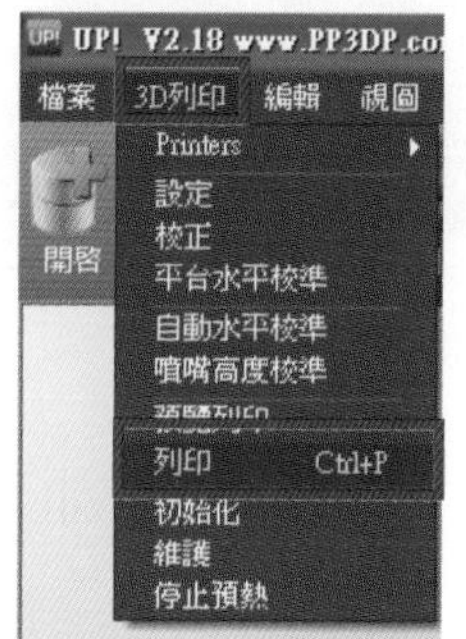

3. 選擇「OK」，平台繼續加熱選擇「60min」(可自行依照列印成品大小選擇加熱分鐘數)，下圖左所示。螢幕將顯示列印時間，再按「確定」，下圖右所示。電腦將會傳輸資料給列印機，加熱到設定溫度後將開始列印。

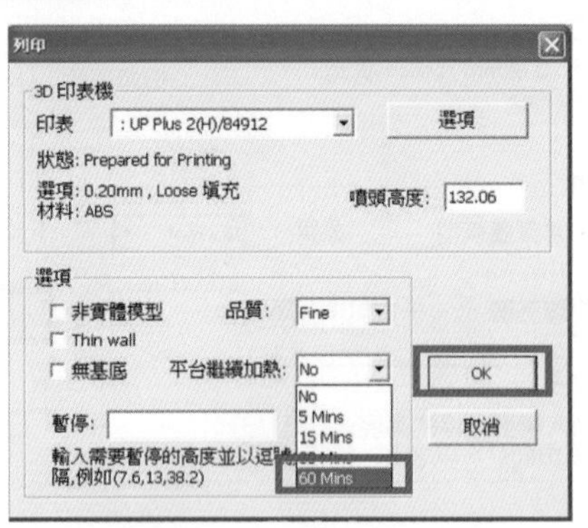

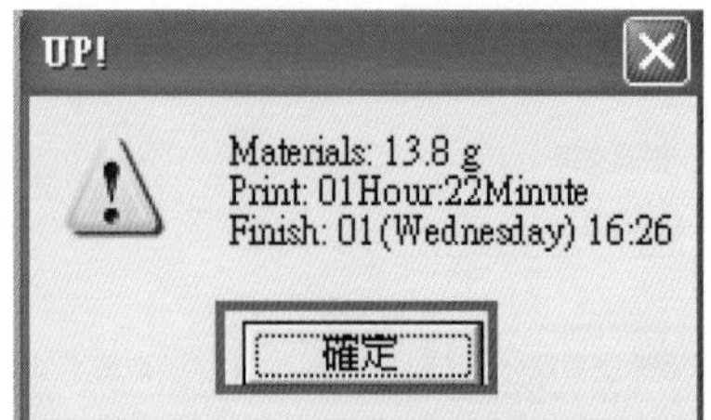

4. 印表機前方橘燈快速閃爍代表資料於電腦端傳輸至印表機，傳輸結束後閃爍燈停止，此時方可關閉電腦。

5. 開始列印。

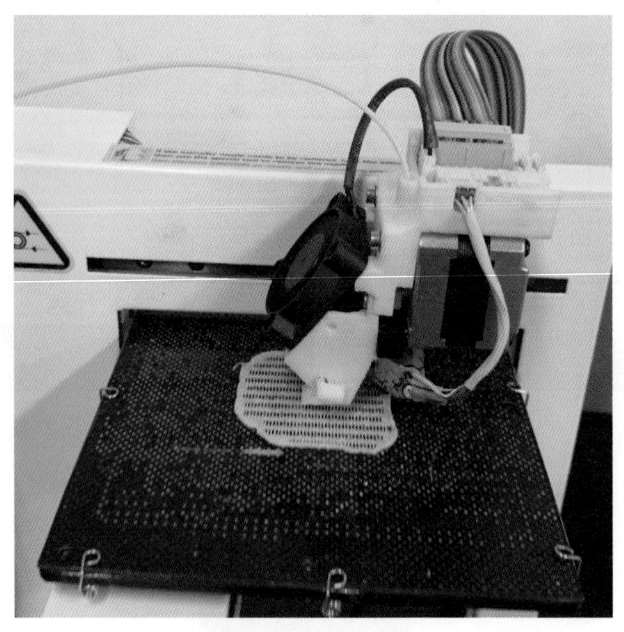

列印完成

1. 列印完成後靜置 30 分鐘，方可取下黑色列印板(需注意高溫燙手)。使用黑色小鏟子(原廠配件)，將列印成品小心取下。

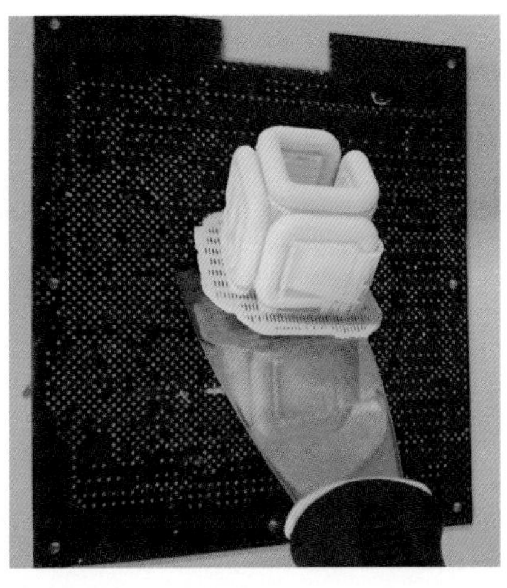

2. 取下後，利用手或工具小心移除周圍支撐層。移除後，完成 3D 列印成品。

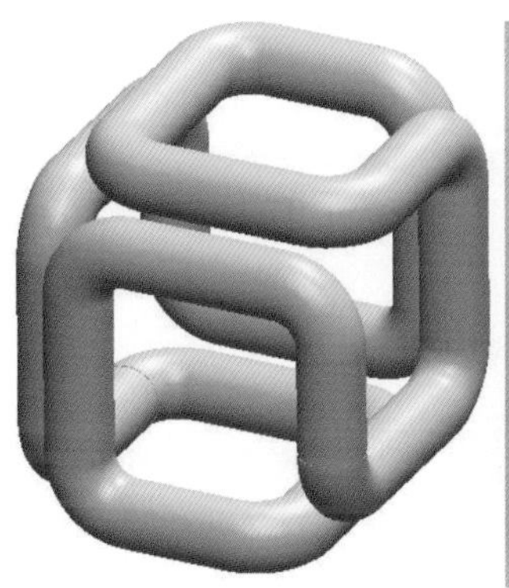

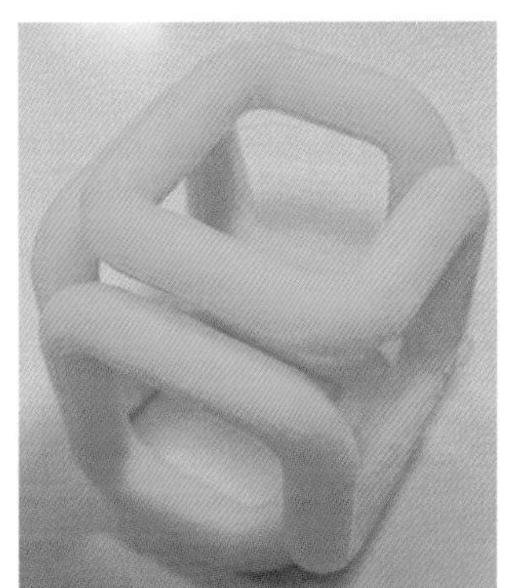

14-3 組合件成品列印

3D 列印最大優點之一爲可一次完成零組件成品，不需裝配即可一次成形。

下面將介紹三個零件檔(分別爲件 1、件 2 及件 3)組合成組件成品之列印過程：

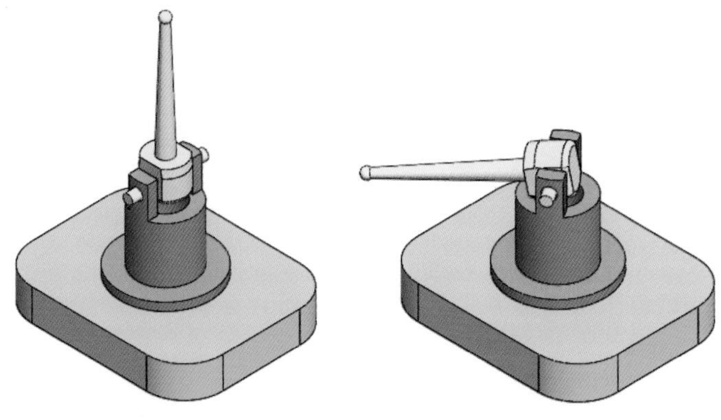

(14-3.sldasm)

列印之 STL 檔預備

1. Solidworks 圖檔轉換：將 Solidworks 組合檔開啓，需先將組合檔轉換成單一零件檔，方可轉成單一 STL 檔。此組合檔之件 1 可沿 Z 軸轉動，件 2 及件 3 可沿 Y 軸轉動。

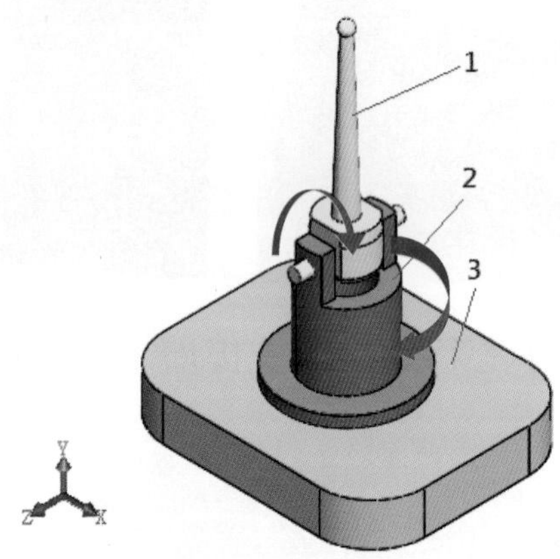

2. 點選「另存新檔」，存檔類型選擇「Part(*.prt,*.sldprt)」。

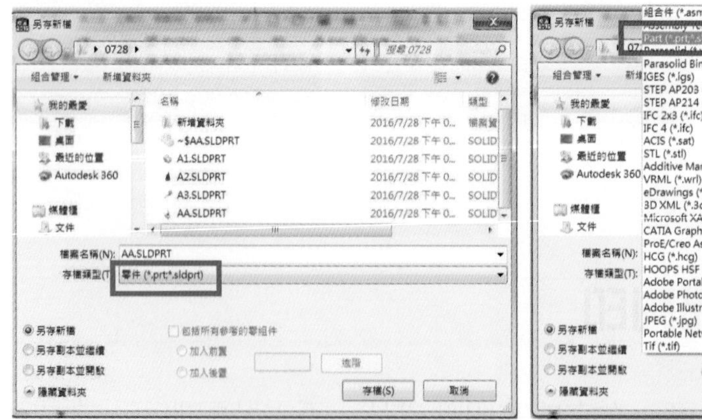

3. 「開啓舊檔」，點選剛才存檔之零件「*.SLDPRT」檔。
4. 點選「是(Y)」。

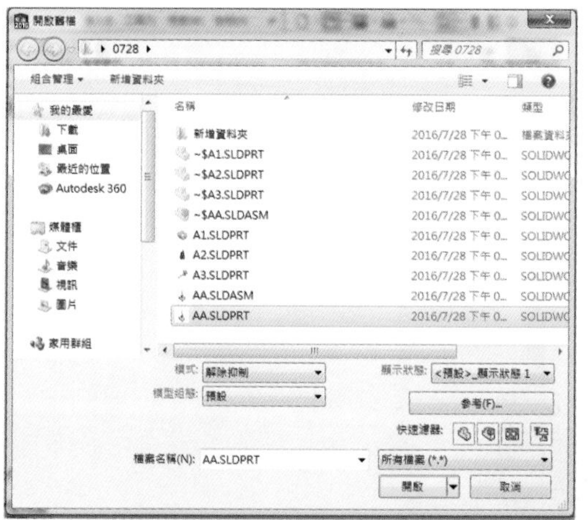

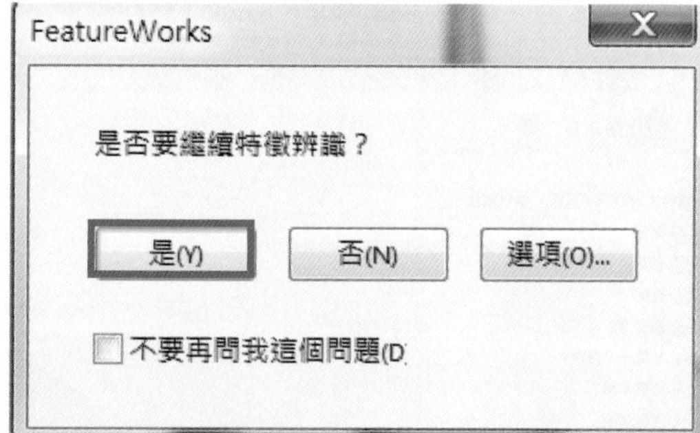

5. 點選「確定」。

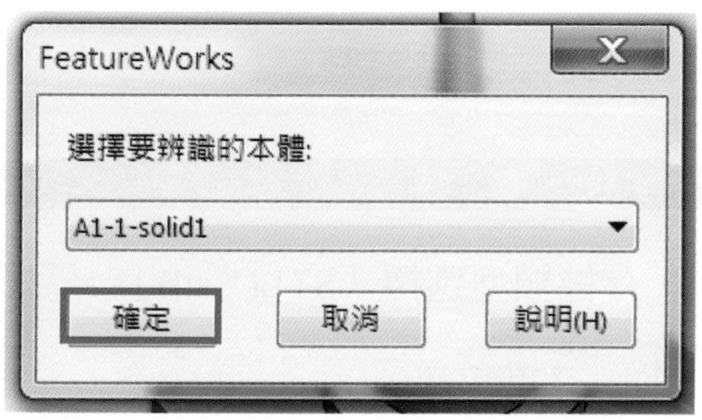

6. FeatureWorks，點選「✓」。

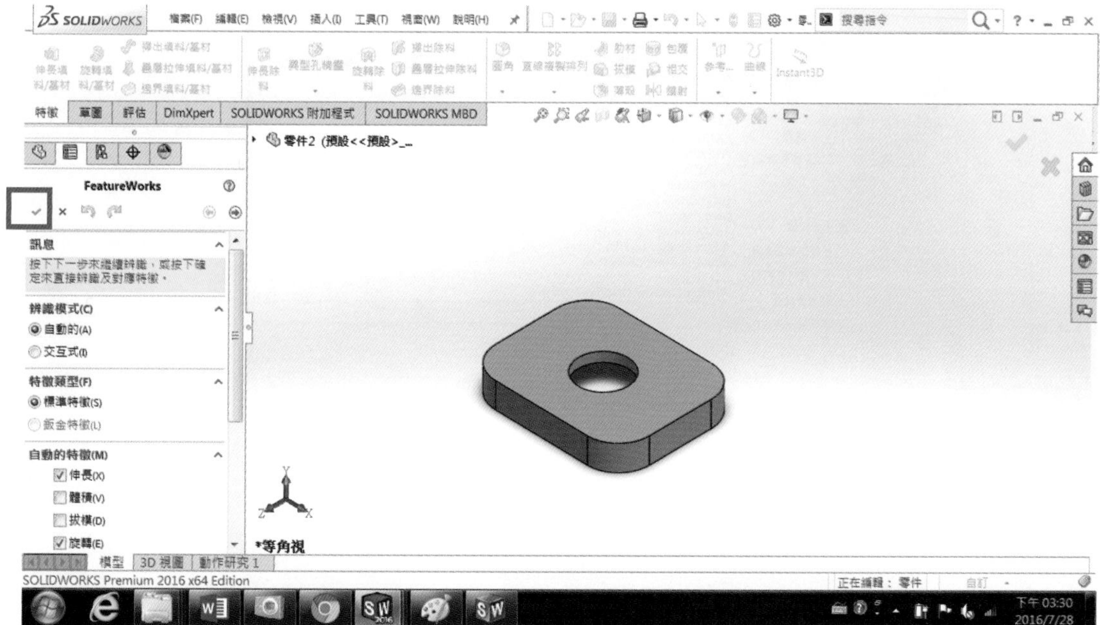

7. 此時檔案為單一零件 Part 檔。

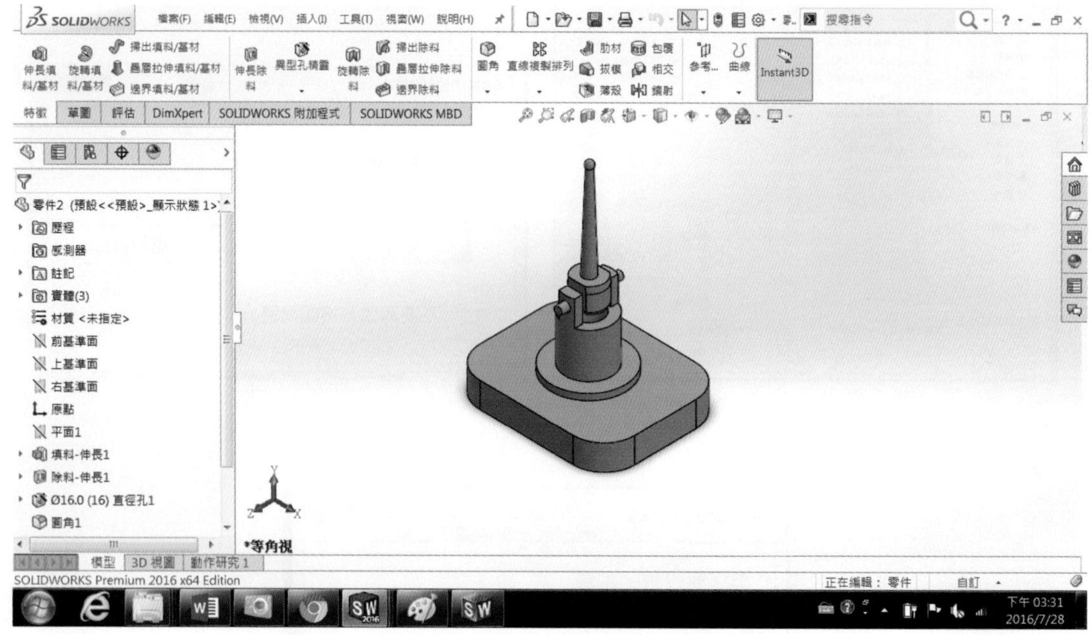

8. 點選「另存新檔」，存檔類型選擇「STL(*.stl)」。

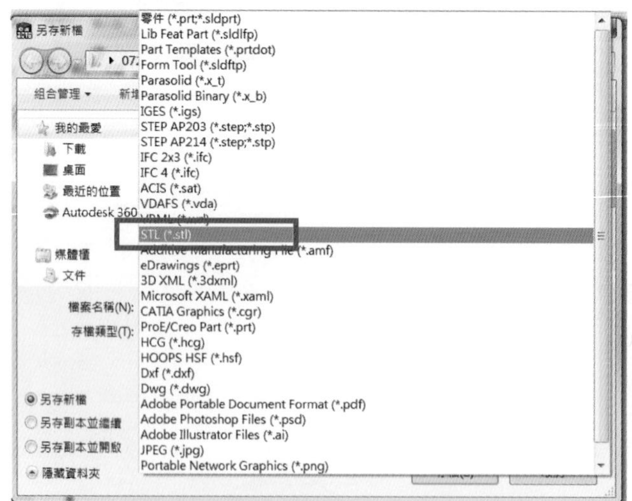

9. 點選「 是(Y) 」。

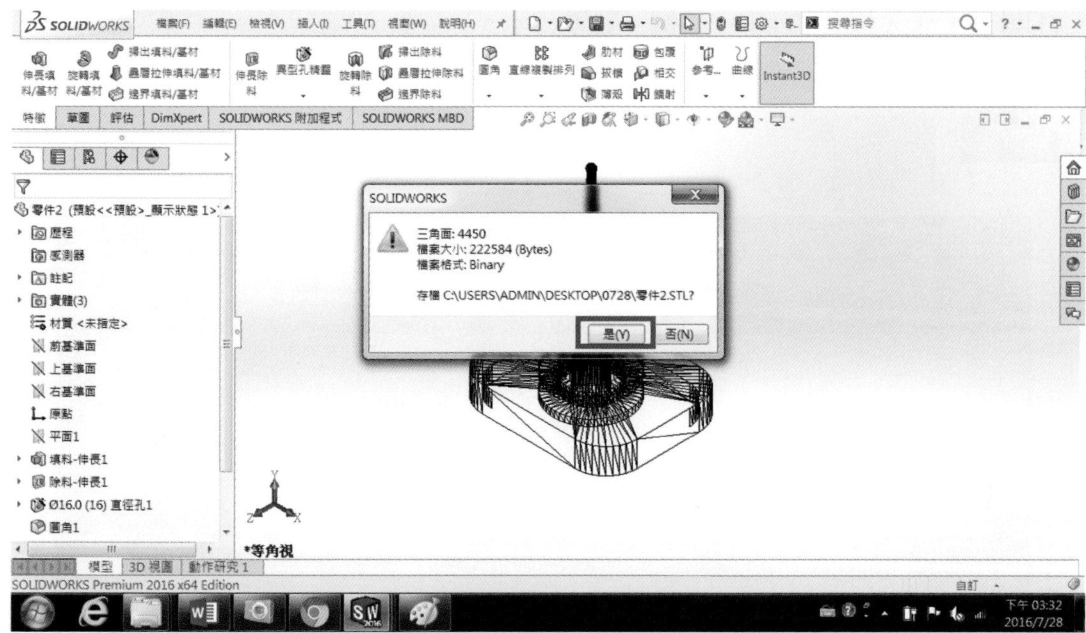

10. 檔案已轉成 STL 檔，方可列印。

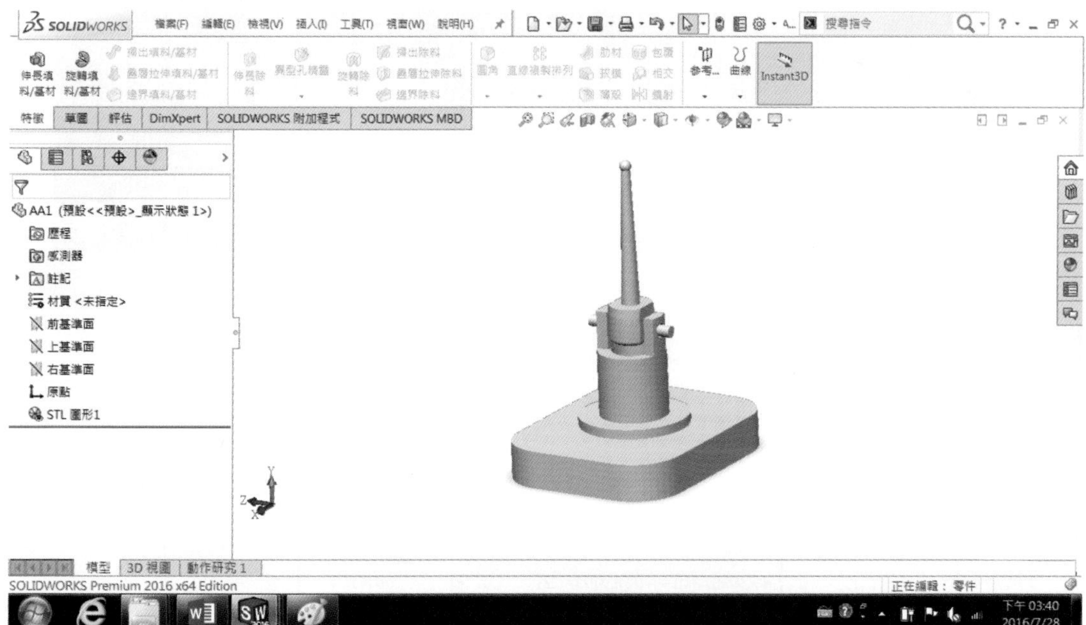

列印檔案預備

1. 打開 UP 進入操作介面，點選「開啓」。

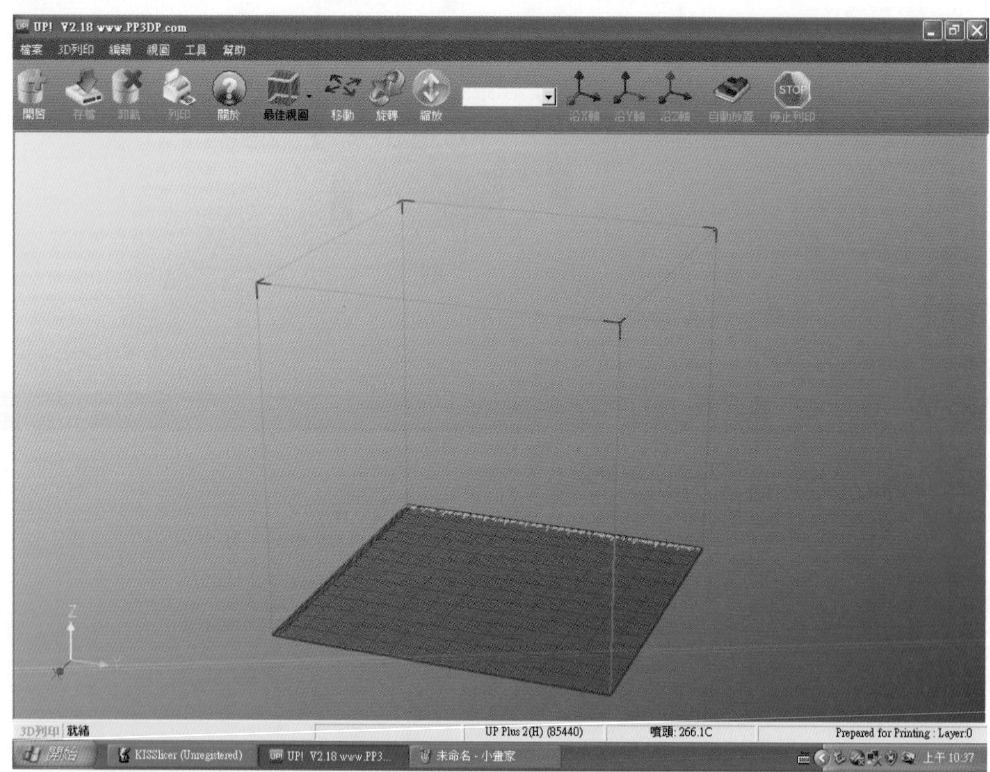

2. 開啓欲列印之 STL 檔。

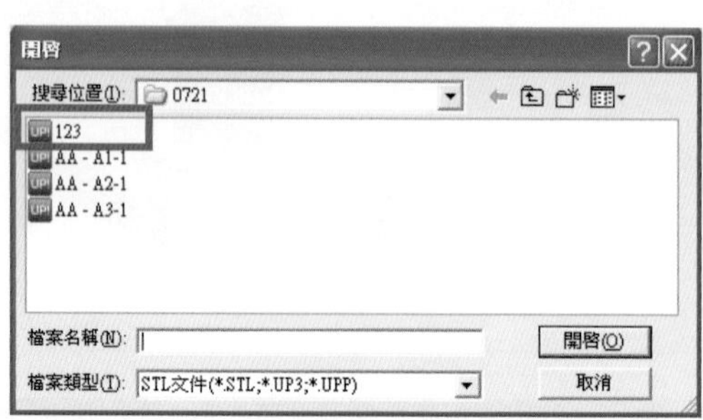

3. 檔案已匯入介面。

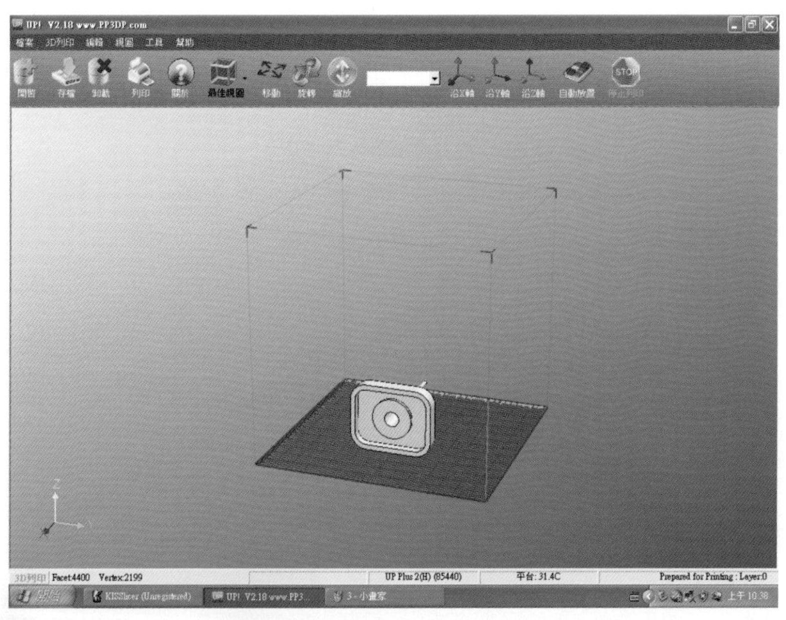

4. 點選「旋轉」，再點選「沿Y軸」。

5. 實體已轉正，但此時最底面沉在列印平台下，需點選「自動放置」，將實體底面自動貼於列印平台。

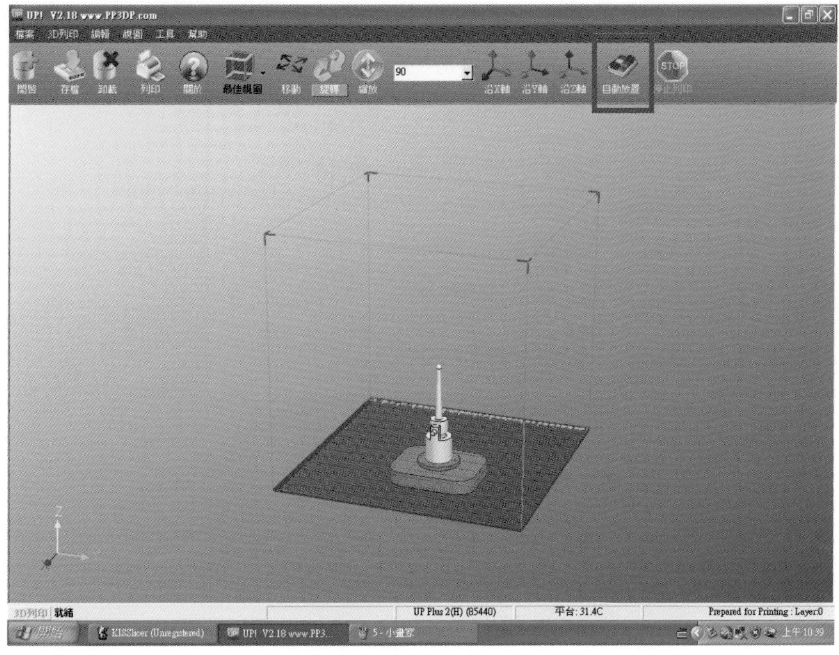

6. 點選「預覽列印」。

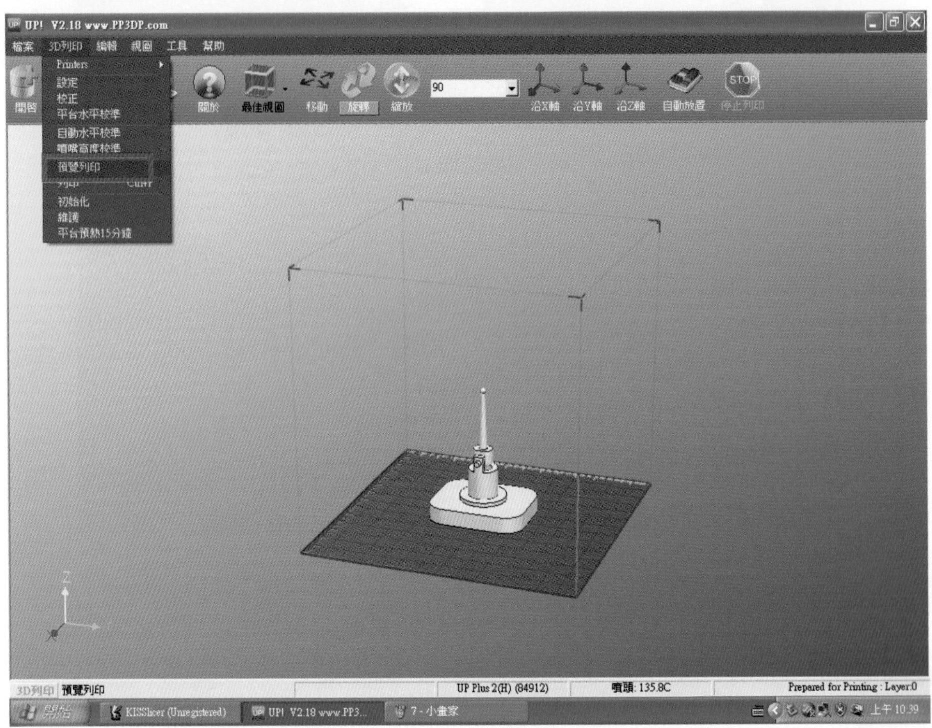

7. 點選「 選項 」。

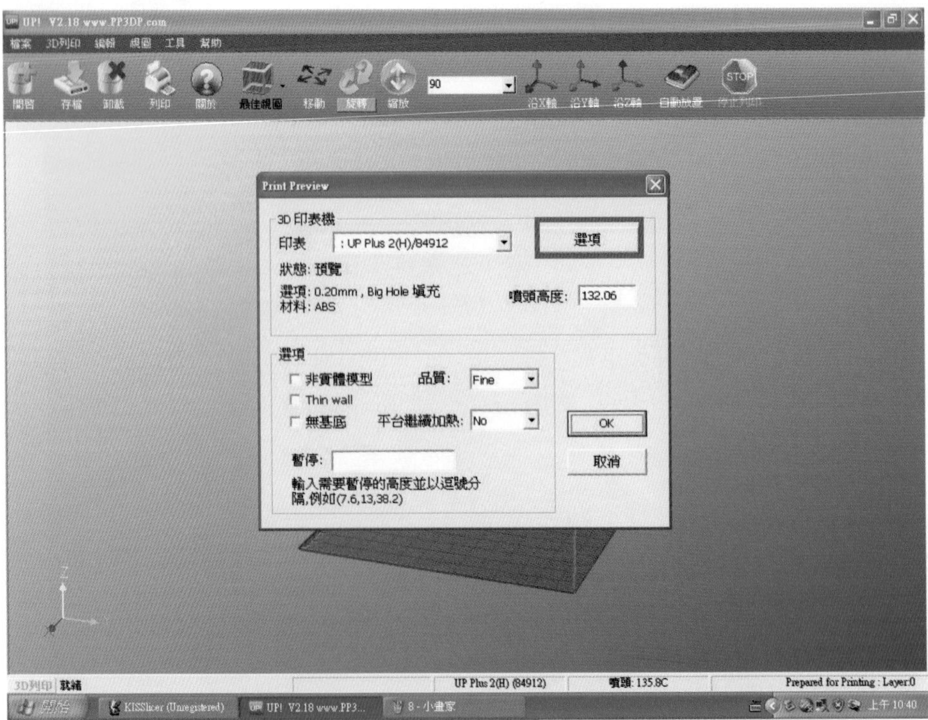

8. 點選「恢復默認參數」(亦可修改列印架構)，點選「OK」，下圖左所示。再點選「OK」，下圖右所示。

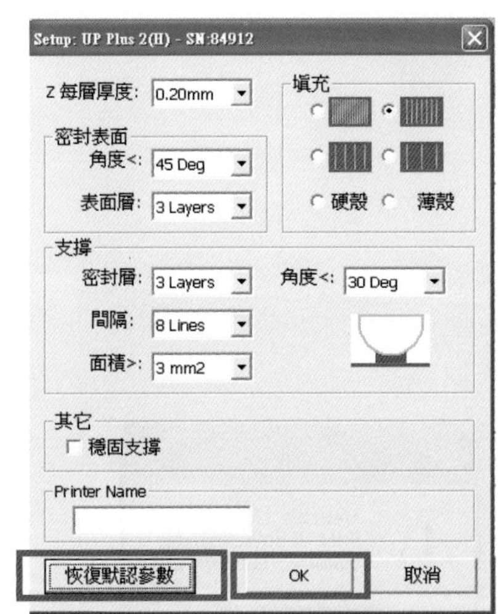

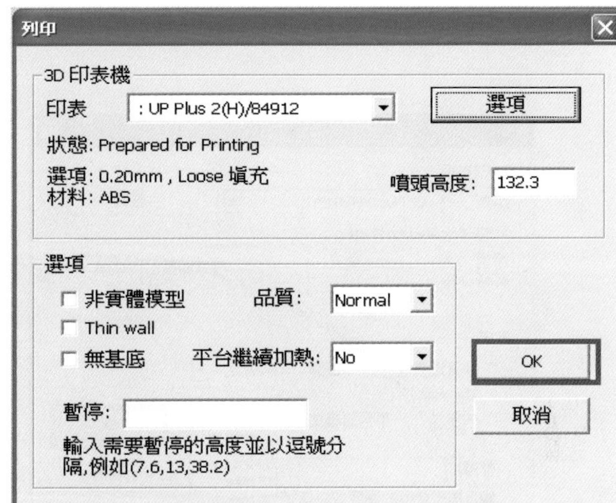

9. 螢幕顯示預計列印時間，點選「確定」。

3D 列印機開始列印

1. 等待下方顯示平台溫度上升至 75° C 以上，即可點選「3D 列印」，再點選「列印」。

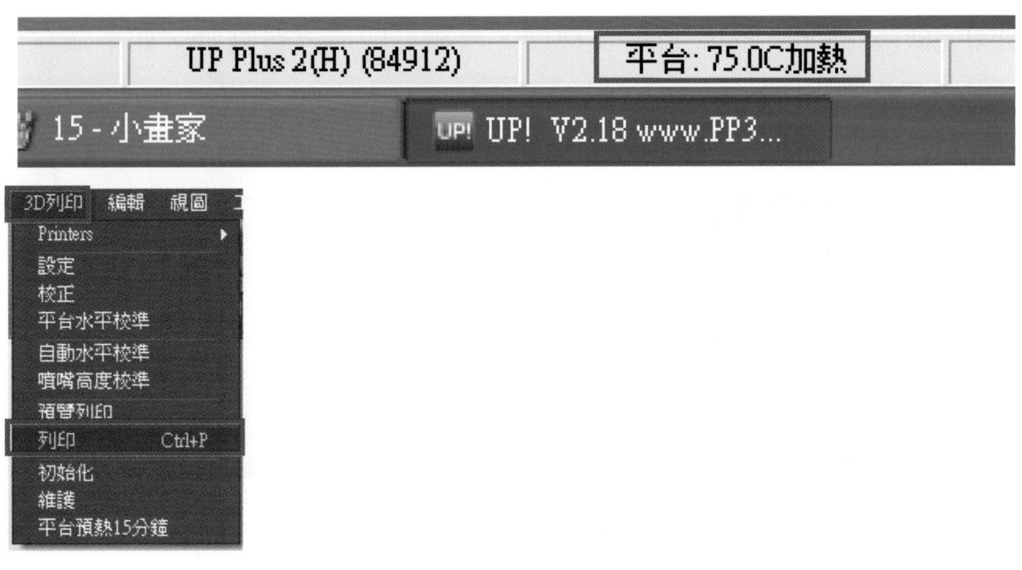

2. 選擇「OK」，平台繼續加熱選擇「60min」(可自行依照列印成品大小選擇加熱分鐘數)， 再點選「OK」下圖左所示。螢幕將顯示列印時間，再按「確定」，下圖右所示。電腦將會傳輸資料給列印機，加熱到設定溫度後將開始列印。

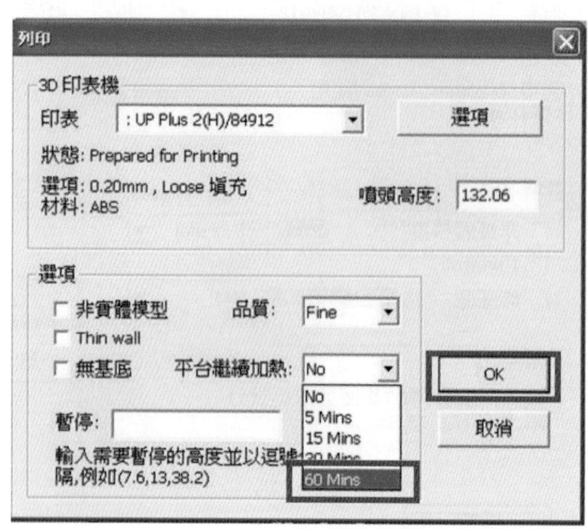

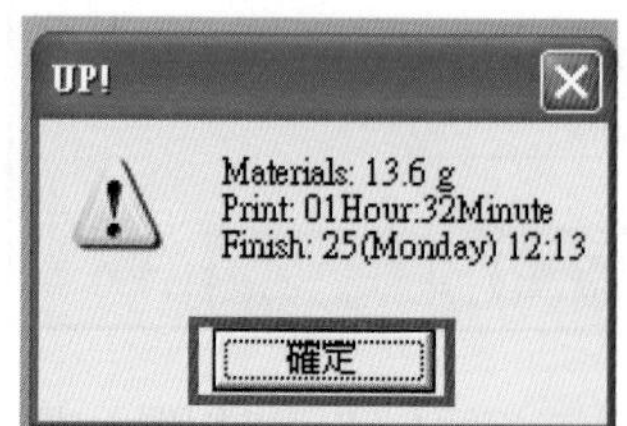

14-4 拆解支撐層

3D 列印縱然快速方便，但許多列印成品因結構的關係，通常列印機會自動給予支撐層，它像是成品的支架，以利列印塑料一層層地往上堆疊，不會因重力而往下塌陷。列印完成後可徒手或使用工具(如斜口鉗、小剪刀、刀片)小心地拆解支撐層。某些支撐因藏於內部較難移除，使組合件造成配合上的干涉。以下將舉例幾種方式，可使零組件之內部支撐層，較易拆解的方法，提供讀者嘗試。

1. 列印完成(成品如下圖)需拆解支撐層，零組件成品方可轉動，如下圖左。
2. 當列印選項選擇「恢復默認參數」時成品下半部內部填充滿支撐層，孔與洞配合部分較難拆解，造成無法轉動，底面內部支撐層如下圖右。

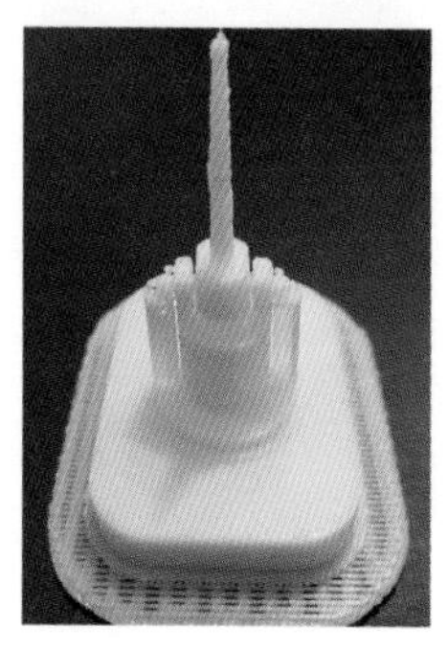

默認參數之成品底部支撐層

3. 爲解決支撐層拆解困難的問題，提供讀者幾種參考方式：

   (1) 改變列印選項參數，「密封層」選擇「2 Layers」，「間格」選擇「15Line」，「面積」>選擇「10mm^2」，使內部支撐層變疏，及上半部支撐大幅減少，如下圖，成品將較容易拆解。

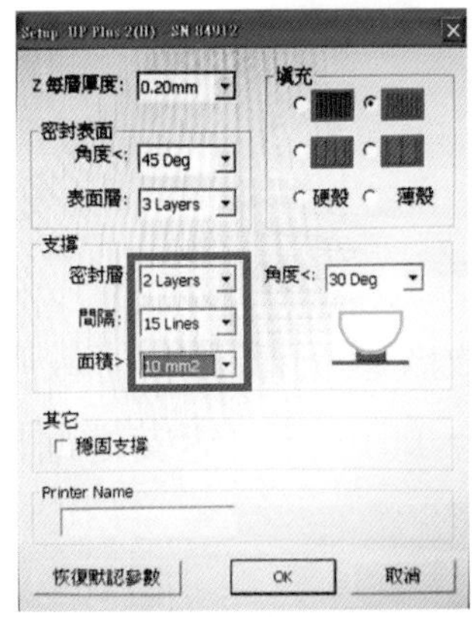

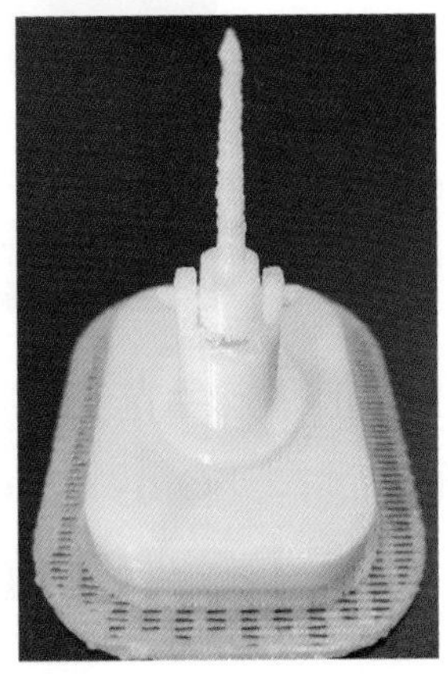

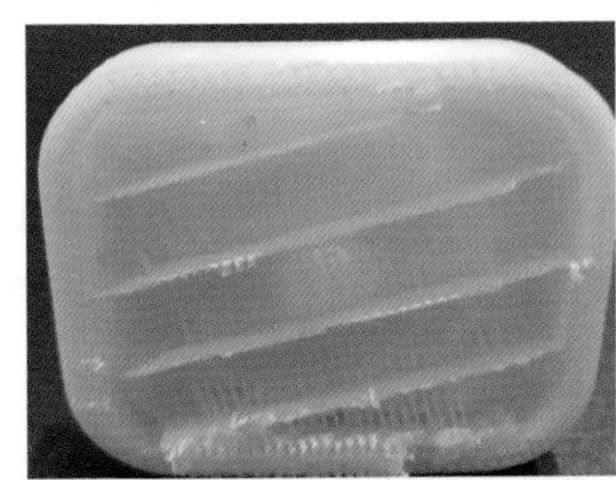

參數修正後之成品底部支撐層

   (2) 嘗試將成品擺置不同方向，使支撐層列印方向改變，將較好拆解。如下圖將成品躺置平台上列印，成品內部支撐層堆疊方式與結構將改變，其支撐層移除較容易許多。

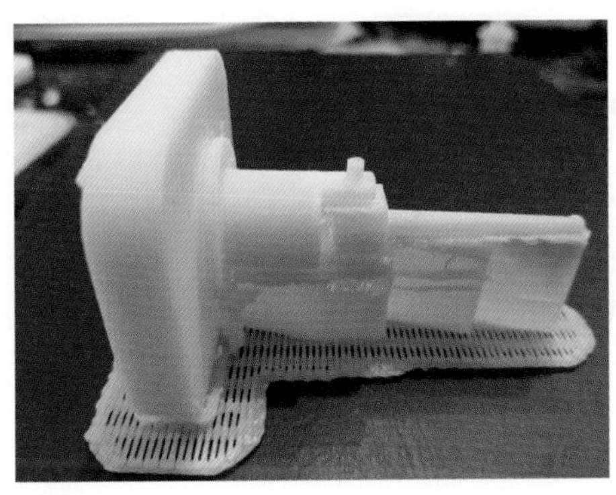

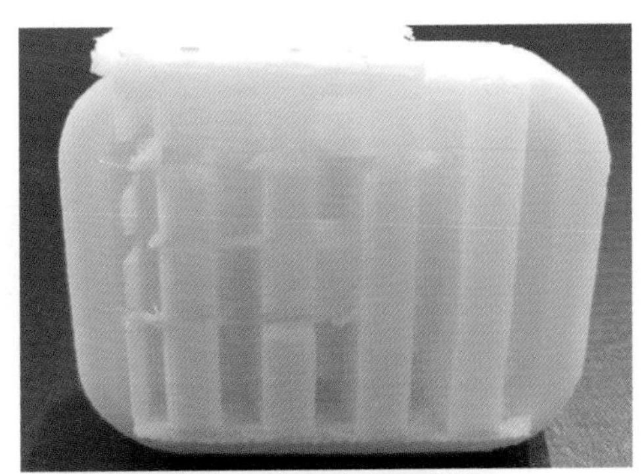

轉置後之成品底部支撐層

   (3) 如不影響成品結構及美觀的情況下，可將實體設計方便拆解支撐層的開口槽，本例將開四個長條型開口，如下圖，方便工具(如刀片或小剪刀)深入內部以拆解支撐。

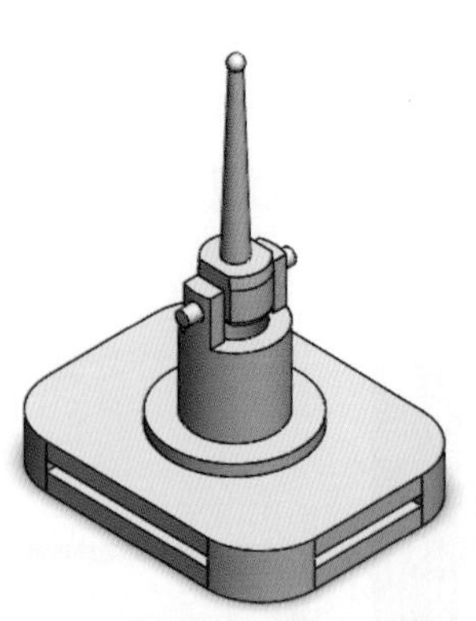

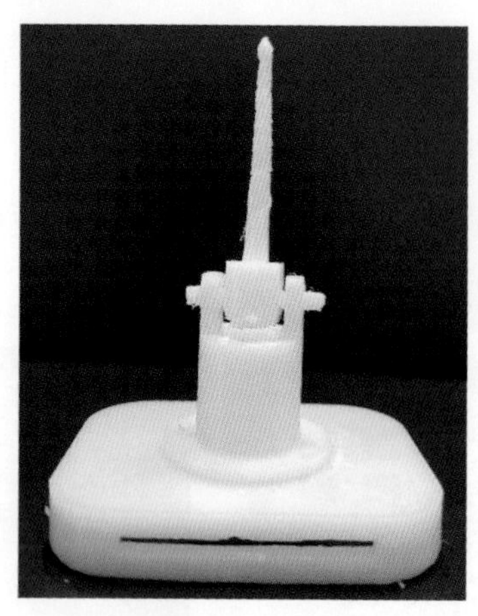

(4) 自行設計支撐層(如下圖)，可將配合處支撐材改成較細截面，將較容易移除，設定列印時將支撐面積選擇「Only Base」，即可將內建支撐層關閉。

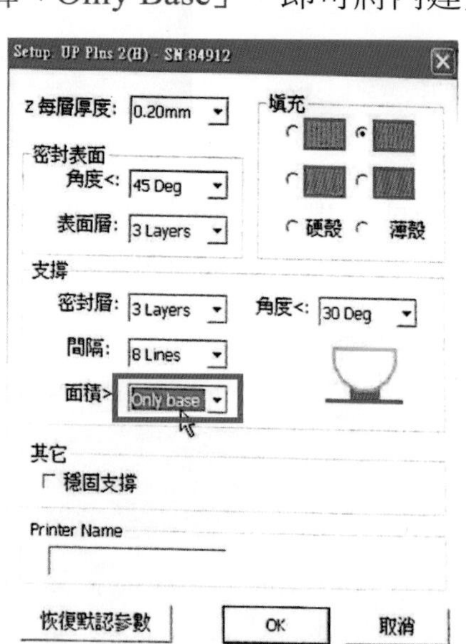

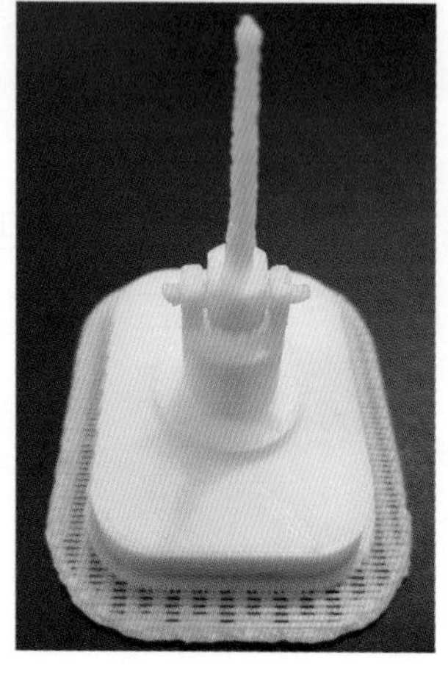

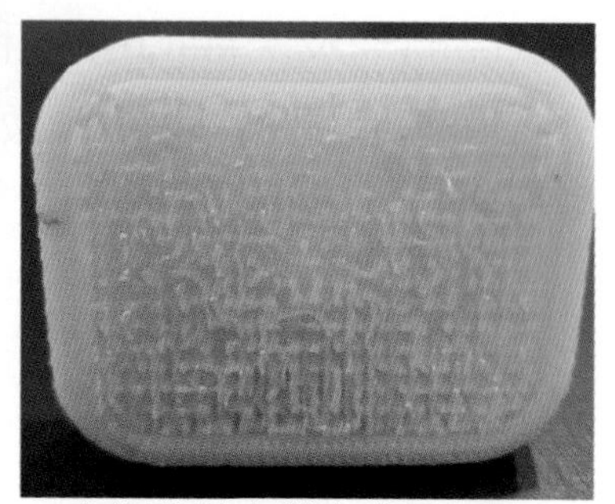

自行設計支撐之成品底面

4. 拆解後成品可自由轉動。

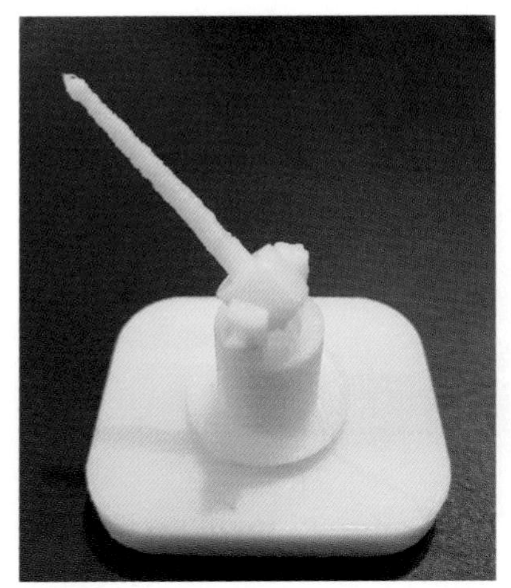

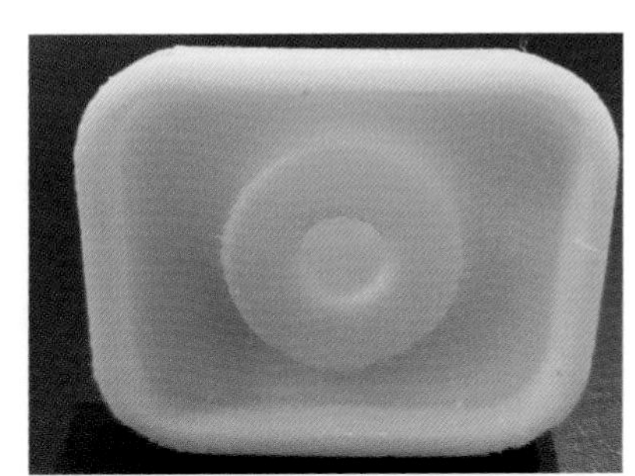

支撐層拆解後成品底部

技巧解析

不同形狀之列印成品，支撐層堆疊方式與結構將有所不同，如遇到較難拆解支撐的實體，讀者可嘗試減少支撐設定、轉置列印方向、自行設計開口槽(方便將工具深入，方可移除支撐)或是自行繪製較好拆解的支撐等方法。不同形狀的列印成品解決方法亦不同，讀者可參考以上方法，並加以嘗試。

綜合練習

請開啟(P14-1.sldprt)檔案，練習 3D 列印。

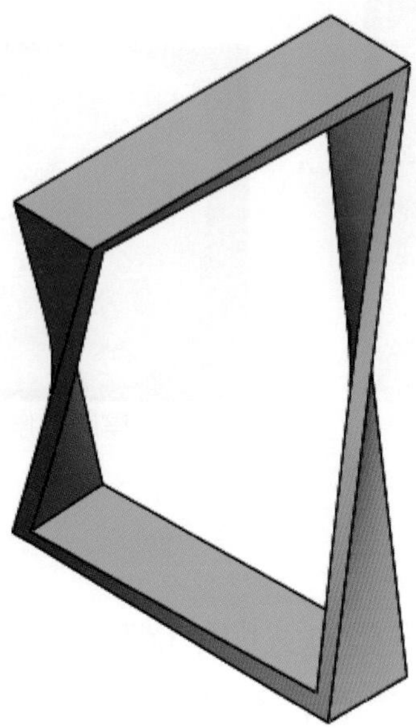

P14-1.sldprt

歡迎加入 全華會員

● 會員獨享

會員享購書折扣、紅利積點、生日禮金、不定期優惠活動…等。

● 如何加入會員

填妥讀者回函卡直接傳真（02）2262-0900 或寄回，將由專人協助登入會員資料，待收到 E-MAIL 通知後即可成為會員。

如何購買 全華書籍

1. 網路購書

全華網路書店「http://www.opentech.com.tw」，加入會員購書更便利，並享有紅利積點回饋等各式優惠。

2. 全華門市、全省書局

歡迎至全華門市（新北市土城區忠義路 21 號）或全省各大書局、連鎖書店選購。

3. 來電訂購

(1) 訂購專線：(02) 2262-5666 轉 321-324
(2) 傳真專線：(02) 6637-3696
(3) 郵局劃撥（帳號：0100836-1　戶名：全華圖書股份有限公司）
※　購書未滿一千元者，酌收運費 70 元。

全華網路書店 www.opentech.com.tw
E-mail: service@chwa.com.tw

※ 本會員制如有變更則以最新修訂制度為準，造成不便請見諒。

廣　告　回　信
板橋郵局登記證
板橋廣字第540號

行銷企劃部　收

23671
新北市土城區忠義路21號
全華圖書股份有限公司

讀者回函卡

填寫日期：　／　／

姓名：＿＿＿＿ 生日：西元＿＿年＿＿月＿＿日 性別：□男 □女

電話：（ ）＿＿＿＿ 傳真：（ ）＿＿＿＿ 手機：＿＿＿＿

e-mail：（必填）

註：數字零，請用 Φ 表示，數字 1 與英文 L 請另註明並書寫端正，謝謝。

通訊處：□□□□□

學歷：□博士 □碩士 □大學 □專科 □高中・職

職業：□工程師 □教師 □學生 □軍・公 □其他

學校／公司：＿＿＿＿ 科系／部門：＿＿＿＿

・需求書類：

□ A. 電子 □ B. 電機 □ C. 計算機工程 □ D. 資訊 □ E. 機械 □ F. 汽車 □ I. 工管 □ J. 土木

□ K. 化工 □ L. 設計 □ M. 商管 □ N. 日文 □ O. 美容 □ P. 休閒 □ Q. 餐飲 □ B. 其他

・本次購買圖書為：＿＿＿＿ 書號：＿＿＿＿

・您對本書的評價：

封面設計：□非常滿意 □滿意 □尚可 □需改善，請說明＿＿＿＿

內容表達：□非常滿意 □滿意 □尚可 □需改善，請說明＿＿＿＿

版面編排：□非常滿意 □滿意 □尚可 □需改善，請說明＿＿＿＿

印刷品質：□非常滿意 □滿意 □尚可 □需改善，請說明＿＿＿＿

書籍定價：□非常滿意 □滿意 □尚可 □需改善，請說明＿＿＿＿

整體評價：請說明＿＿＿＿

・您在何處購買本書？

□書局 □網路書店 □書展 □團購 □其他＿＿＿＿

・您購買本書的原因？（可複選）

□個人需要 □幫公司採購 □親友推薦 □老師指定之課本 □其他＿＿＿＿

・您希望全華以何種方式提供出版訊息及特惠活動？

□電子報 □ DM □廣告（媒體名稱＿＿＿＿）

・您是否上過全華網路書店？（www.opentech.com.tw）

□是 □否 您的建議＿＿＿＿

・您希望全華出版那方面書籍？＿＿＿＿

・您希望全華加強那些服務？＿＿＿＿

～感謝您提供寶貴意見，全華將秉持服務的熱忱，出版更多好書，以饗讀者。

全華網路書店 http://www.opentech.com.tw　　客服信箱 service@chwa.com.tw

2011.03 修訂

親愛的讀者：

感謝您對全華圖書的支持與愛護，雖然我們很慎重的處理每一本書，但恐仍有疏漏之處，若您發現本書有任何錯誤，請填寫於勘誤表內寄回，我們將於再版時修正，您的批評與指教是我們進步的原動力，謝謝！

全華圖書　敬上

勘誤表

書號		書名		作者	

頁數	行數	錯誤或不當之詞句	建議修改之詞句

我有話要說：（其它之批評與建議，如封面、編排、內容、印刷品質等・・・）